电力系统稳定性

张俊勃　刘　云　黄钦雄　谢志刚　著

科学出版社

北　京

内 容 简 介

本书系统地介绍了电力系统稳定性基础研究体系，提供了研究电力系统稳定性的普适方法。首先梳理电力系统稳定问题的历史发展脉络，明确电力系统稳定性相关术语的定义，总结电力系统稳定性研究体系和研究路径。然后介绍电力系统稳定性研究路径的基础环节，包括电力系统功率特性、电力系统动态特性以及动态分析方法。在此基础上，介绍电力系统在静态、暂态和振荡过程中涉及的稳定机理、稳定特性以及各类稳定分析方法和稳定分析判据。最后介绍电力系统稳定性的提升方法，包括电力系统静态稳定、暂态稳定和振荡稳定的控制机理及其所对应的规划和控制思路等。

本书可作为电气类专业高年级本科生及研究生“电力系统稳定性”相关课程的教材，也可供从事新型电力系统和新型能源体系相关工作的人员在实际工作中参考。

图书在版编目(CIP)数据

电力系统稳定性/张俊勃等著. —北京：科学出版社，2023.3
ISBN 978-7-03-075163-8

Ⅰ. ①电…　Ⅱ. ①张…　Ⅲ. ①电力系统稳定–稳定控制–研究
Ⅳ. ①TM712

中国国家版本馆 CIP 数据核字(2023)第 044628 号

责任编辑：余　江/责任校对：王　瑞
责任印制：张　伟/封面设计：迷底书装

科学出版社 出版
北京东黄城根北街 16 号
邮政编码：100717
http://www.sciencep.com
北京建宏印刷有限公司 印刷
科学出版社发行　各地新华书店经销
*
2023 年 3 月第　一　版　开本：787×1092　1/16
2024 年 1 月第二次印刷　印张：25 1/4
字数：614 000
定价：128.00 元
(如有印装质量问题，我社负责调换)

前　言

电力系统是一个涵盖电能生产、传输、分配及消费等环节的复杂非线性动力学系统，其核心任务是将汇集到的电能持续安全地传输至用户侧。自电力系统诞生以来，电力系统稳定问题就作为其重要核心难题备受关注，并伴随电力系统的发展不断变化。

现今，在能源革命和碳达峰、碳中和目标下，新能源并网比例不断增加，终端用能泛电气化程度不断提高，电力系统要素发生变化，呈现出高比例电力电子特性。相比同步电机专一的自然特性，电力电子设备动态特性相对复杂多变，使电力系统动态过程呈现更丰富的特征。传统电力系统稳定研究体系围绕交流同步机及其相互作用展开，相关动态分析及稳定分析理论和方法在高比例电力电子电力系统中的适用性受到质疑，对电力系统稳定性研究提出了新的需求。

高比例电力电子电力系统的稳定问题涵盖电力电子和电力系统两个二级学科，其突出特征体现在电力电子设备短时过流能力存在限制、动态特性由控制主导、各类控制间相互作用复杂以及并网点相位可突变等，这使电网内部功率动态分配呈现新的特点，处理不当会引起设备脱网、振荡等问题，从而诱发系统性失稳。针对这些问题，需要从电力电子和电力系统两个领域入手开展稳定性研究。但是，稳定问题的科学研究链条很长，工程实践体系庞大，针对如何提高系统稳定性这一现实需求，需要追根溯源回答一系列问题：

电力系统中有哪些元件要素？

各元件的功率特性和动态特性如何？

用怎样的数学模型描述各类不同的元件？

当各类元件组合在一起时，系统在时序过程中会展现出怎样的动态特性？

应该用何种方法来分析系统的动态特性？

在什么特性条件下电力系统无法正常满足用户的用电需求，体现出失稳特性？

各类失稳现象的特征及其背后的机理是什么？

在抽象出失稳特征和机理后，如何据此提出有效的稳定分析方法？

如何形成系统的稳定判据，用更为简单的方式快速评估系统稳定性？

电力系统网架参数和各类控制将如何影响系统动态特性和系统稳定性？

如何合理进行系统规划以及设计控制方法，以提高系统稳定性？

如何将提高稳定性的方法落实到实施层面？

在上述系列问题中，电力系统动态特性及分析方法揭示了系统在动态过程中的变化情况，是研究稳定机理、稳定特性及稳定分析方法的基础，其方法在实际应用时需要落地为具体的算法程序。在以往计算机能力相对较弱的时代，电力系统动态分析的实施重点关注数学方程的简化，以节省计算资源。但如今计算机能力已极大提高，方程简化问题已非主要矛盾，新的关注点应该放在方程的建立、求解算法的改进及整体流程的自动化处理上。

同时，人工智能的发展也给电力系统稳定性研究带来了新思路，各类基于数据的稳定分析方法被相继提出，形成数据主导与知识模型主导的双研究路径。相比知识模型主导的稳定性研究路径，数据主导的路径略去了稳定机理抽象和特性分析的过程，具有自动化程度高、速度快等工程应用优势。但是，当新场景出现时还需要稳定机理和稳定特性相关知识以指导数据驱动模型的修订。同时，稳定机理和稳定特性的研究也越发需要借助大量数据支撑。考虑到知识是未来双路径融合的基础，本书将更多地聚焦基于知识的稳定性研究路径。

考虑到时代发展引起的各种变化，本书重新梳理了电力系统稳定问题的研究思路，力求从更高维度、更广范围的架构视角看待电力系统稳定问题，从而抽象出研究电力系统稳定问题的方法论路径。在此路径下，电力系统稳定问题被定义为电力系统运行的一类基本问题：对于由不同设备组成的电力系统，如何保障其系统组织和功能的有效性？围绕这一基本问题，无论系统组成要素如何变化，在明白了设备并网特性后，系统级的分析和控制在方法论层面都是相通的，只不过在具体落实时需要进行实例化，以便采用更先进的策略予以保障。

本书主要内容将围绕电力系统稳定性基础研究体系展开，涵盖系统元件模型、功率特性、动态特性、动态分析方法、稳定机理、稳定特性、稳定判据、稳定分析方法、稳定作用机理以及提高稳定性的方法等，形成了一套方法论体系框架，并重点阐述该框架涉及的科学思想和底层逻辑。由于电力系统稳定性所涉及的领域非常广泛，本书还对所用的电力系统稳定性术语进行了特别说明，以避免术语指代不清所造成的歧义或误解。同时，本书对相关内容进行了聚焦，略过了大量元件模型的详细介绍，直接采用典型元件模型并基于此进行后续分析和推导；在介绍电力系统动态分析方法时，以相对简单和更适合大网络的机电暂态分析方法为主；在介绍稳定控制领域时，以控制机理为主，对控制手段、方法和算法只进行简要介绍；将大篇幅的公式推导放在附录中。

读者在阅读本书时，可以从方法论层面出发，理解稳定问题的思想、演化以及发展历程；也可以按照阅读教材的方式，理解稳定问题的原理、分析方法、控制理念等相关内容。

本书共 7 章，其中，第 1 章由张俊勃、谢志刚执笔，第 2、4 章由张俊勃、谢志刚、黄钦雄执笔，第 3、5 章由张俊勃、黄钦雄执笔，第 6 章由刘云、张俊勃执笔，第 7 章由张俊勃、黄钦雄、谢志刚执笔，附录由刘云、黄钦雄和谢志刚整理。

本书的出版离不开众多前辈、师长的指导和帮助，以及团队研究生的共同努力，在此要特别感谢管霖、蔡泽祥两位教授的指导，以及陈政、曾繁宏、吴滋坤、余伟洲、周杨等的辛勤工作。本书得到广东省自然科学杰出青年基金项目(2018B030306041)、广州市科技计划项目(202102020413)和华南理工大学的资助，在此表示感谢。

尽管本书在体系安排、素材取舍、文字叙述等方面不断完善，但由于作者水平有限，难免存在疏漏，恳切期望读者给予批评和指正。

作　者

2022 年 6 月于广州五山

目 录

第1章　绪　论

1.1　电力系统稳定的历史概述

电力系统的核心任务是将其他能源转化成电能，并将其持续、安全、高效地输送到用户侧供其使用，满足用户的正常用电需求。用图 1-1 所示的示意图表示这一过程，即外界向源侧输入有功功率 P_m，源侧输出功率 $\dot{S}_{E1}$，经由输电网络，最终有功率 $\dot{S}_{E2}$ 输送至负荷侧，以此满足负荷侧功率需求 $\dot{S}_L$。

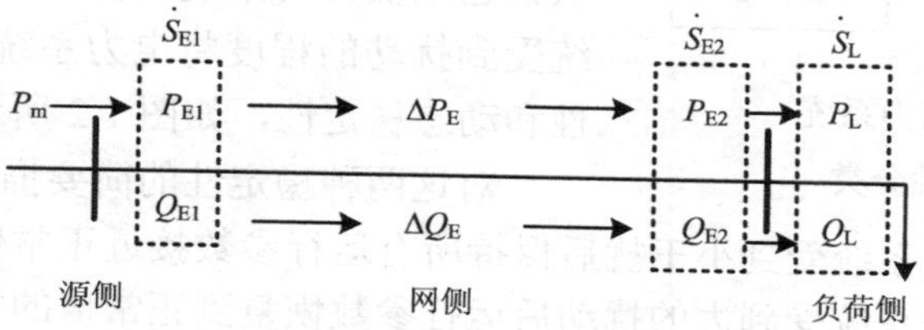

图 1-1　电力系统功率传输示意图

为了维持电力系统功率传输的安全性和高效性，人们建成了包含海量组成元件、覆盖广阔空间范围的现代电力系统。这是一个极其庞大的复杂动力学系统。运行时，系统中各个元件相互影响，各区域间密切关联，某个元件故障或某个区域受到扰动可能引起全系统连锁反应，导致源侧输送至负荷侧的功率与负荷侧所需的功率不相匹配，使系统整体偏离正常运行状态，甚至造成电能输送阻塞并引发大规模停电事故，酿成灾难性后果。因此，保障电力系统正常运行，使其核心任务得以顺利实施，是电力系统运行的基本问题之一，我们称其为电力系统稳定问题。

自电力系统诞生以来，电力系统稳定问题一直是人们关注的焦点，对电力系统稳定性的研究也随电力系统的发展不断扩充和深入。

1882 年，世界上第一个完整的电力系统诞生于纽约，由一台直流发电机通过地下电缆给半径 1.5km 内的 59 个用户供电，负荷全部由白炽灯组成。这个系统规模小，组成要素也较为简单，当发电机或电缆出现故障时，就会导致系统崩溃，系统抗干扰能力非常差。此时，系统中重要元件的正常运行问题就是系统的稳定问题。

20 世纪初期，为降低长距离输电损耗，电力系统逐渐由直流输电转为交流输电。电力系统发电站数量不断增加，分布区域更为广阔，电力系统覆盖的范围也逐渐增大。当时，发电站通过地下电缆与负荷相互连接构成电网。当网络中某一处出现故障时，电能可经由网络中其他路径向负荷供电，避免停电事故，电力系统的抗干扰能力有所增强。但同时，输电距离的增长使得电缆的重要性更为明显。如何确定电缆传输容量极限，进而最大限度地发挥电缆本身的传输性能，成为当时的研究热点。

1920 年，美国通用电气工程师 Charles 指出，随着发电机容量的增大，需要对发电机的输出功率加以限制进而保证输电网络中的任意一点不出现因功率过载导致的过热问题，电力系统热稳定首次作为一个重要问题被认识。

1924 年，第一个针对电力系统稳定测试的实验室实验结果报告被发表，该实验主要测试了不同网络阻抗下输电线路所能输送的最大功率。自此，人们逐渐认识到输电线路最大传输功率不仅会受到高电阻引起发热问题的限制，还会受到网络阻抗参数的影响，即输电线路的传输容量不仅存在热稳定极限，也存在静态稳定功率极限。

1925 年，第一次实际电力系统现场稳定性实验被实施，主要测试了系统在输电线路发生闪络、短路等故障下主要电气量的动态特性。

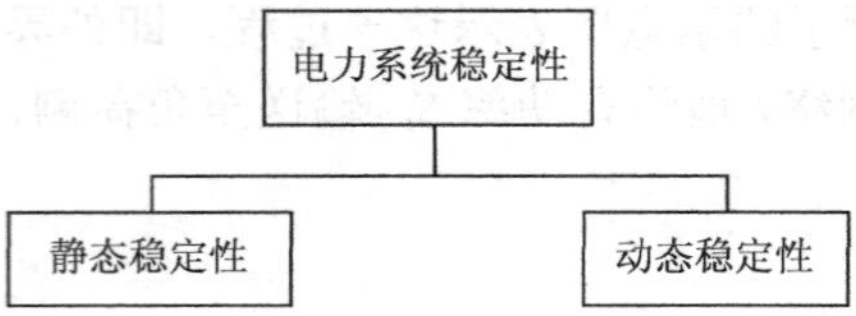

图 1-2　早期对电力系统稳定性的习惯性分类

早期电力系统一般由远方水电站经长距离输电线向大城市负荷中心供电，其结构相对简单，抗干扰能力较差。因此，早期人们对电力系统稳定性的认识也主要针对系统的抗干扰能力，并按照电力系统受到扰动的程度将电力系统稳定性分为静态稳定性和动态稳定性，如图 1-2 所示。

对这两种稳定性的简要描述如下。

(1)静态稳定性：系统受到小干扰后保持所有运行参数接近正常值的能力。

(2)动态稳定性：系统受到大的扰动后运行参数恢复到正常值的能力。

随着电力系统规模的增大，系统中发电机容量和数量在不断增长，人们也更加重视发电机对电力系统稳定性的影响。

1925 年，美国工程师 C. L. Fortescue 提出同步发电机是输电线路的延伸，指出电力系统实际上是一个有惯性的机械传动系统，提出了电力系统暂态稳定性的概念，将其定义为系统受到扰动后保持稳定运行的能力，并认为同步发电机及其励磁系统是影响电力系统暂态稳定性的主要因素。C. L. Fortescue 提出的“暂态稳定性”覆盖了早期“静态稳定性”和“动态稳定性”的内涵，并重新将“静态稳定性”定义为电力系统在负载恒定时保持稳定运行的能力。

1926 年，美国学者 R. D. Evans 和 C. F. Wagner 在研究影响输电线路稳定运行的因素时提出了系统振荡的概念，指出当同步发电机的功角不同步时，同步发电机之间会出现往复的能量交换现象，并提出采用状态方程来定量分析系统振荡的方法。

此后，随着人们对电力系统稳定性认识的逐渐加深，提高电力系统稳定性的方法被陆续提出。1927 年，在长距离输电线路间配置电容器进而提高系统静稳极限的方法被提出。1928 年，美国工程师 R. E. Doherty 指出发电机快速励磁系统可显著提高电力系统运行稳定性。1937 年，美国通用电气公司工程师 C. R. Mason 指出在设置输电线路保护的继电器装置参数时应考虑系统振荡问题，避免系统振荡导致保护继电器误动。

20 世纪中期，随着人们用电需求的进一步增长，为实现资源互济并降低电力系统对设备备用容量的需求，电力系统开始走向区域互联。互联电力系统规模大增，使电力系统振荡问题增多，稳定问题变得更加复杂。

1964 年，美国西北联合系统和西南联合系统进行互联试行，期间，人们观测到西北联合系统存在 0.05Hz 左右、西南联合系统存在 0.18Hz 左右的振荡现象，这种现象造成了联络线过流跳闸。这是首次观测到互联系统振荡现象，即区间振荡现象。这种振荡与以往观察到的区间内系统振荡现象相比具有振荡频率更低、振荡功率更大的特性，又称其为超低频振荡。

1969年，美国学者F. P. Demello和C. Concordia发表经典著作*Concepts of Synchronous Machine Stability as Affected by Excitation Control*。文中采用考虑发电机暂态电势变化的Phillips-Heffron模型（单机无穷大母线系统）对电力系统低频振荡问题进行机理分析，指出系统低频振荡是由特定情况下励磁控制提供的负阻尼作用抵消了同步电机、励磁绕组和机械摩擦等产生的正阻尼，从而使系统在欠阻尼的情况下将扰动逐渐放大引起的功率增幅振荡现象。

1970～1971年，美国Mohave电厂先后发生两次因发电机轴系扭振引发的大轴损坏事件。在此之前，为了实现电力系统大范围区域互联，人们在长线路中加入串联电容补偿装置，以减小输电线路阻抗。这两次事件后，人们开始认识到在电网中增加串补可能与汽轮机组机械系统之间产生相互作用，进而引发扭振。此后，发电机轴系不再被看成一个单质块刚体。1973年，次同步谐振（sub-synchronous resonance，SSR）、次同步振荡（sub-synchronous oscillation，SSO）、感应发电机效应（induction generator effect，IGE）和暂态扭矩放大（torque amplified，TA）等概念被相继提出。同年，扭振（模态）互作用（torsional (mode) interaction，TI）等概念出现，用于揭示暂态扭矩（transient torque）产生的稳定问题。

互联电力系统的规模扩大不仅使稳定问题变得更为多样，还使系统失稳影响变得更为严重。1965年9月，由于继电器的瞬时高压故障，美国尼亚加拉到安大略地区一条输电线路跳闸，使得原本流向多伦多的电能转移到纽约西区，导致线路发生堵塞，发电机不得不停机以避免转子被烧毁。之后，一系列连锁反应被引发，导致大量发电站因不堪重负相继跳闸，事故范围不断扩大，最终引发美国东北部大规模停电。此次停电面积达到了20.72万平方千米，受影响人口达3000万人。

互联电力系统事故的复杂性和严重危害性使电气工程师、公众和政府管理机构更加重视电力系统稳定问题。20世纪七八十年代，针对大规模电力系统稳定性的研究步入高峰期。1974年，论文集《大规模电力系统稳定》被发表，其序言部分提出，电力系统各类稳定问题可分为以下三类。

(1)静态不稳定：主要指系统内由于功角过大，发电机间同步能力减弱，以致失去同步的现象。

(2)动态不稳定：主要指小干扰引起振荡形式失步和大干扰下发电机第一摆未失步但在后续摆动中出现的增幅振荡引起的失步。

(3)暂态不稳定：主要指系统受到大干扰后发电机在第一摆中失去同步的现象。

1976年，国际大电网会议第32委员会（CIGRE Committee 32'）也对各类稳定问题进行了分析总结，提出了关于稳定性分类的调查报告，将电力系统稳定性分为静态稳定性、动态稳定性和暂态稳定性。

针对互联电力系统稳定问题，当时不同学者都有其独特的理解并采用了不同的语言进行描述，对相关术语的定义并没有达成共识。为了避免术语混乱带来的思想混乱和交流低效问题，美国电气电子工程师学会（IEEE）在1981年提出了电力系统稳定性分类体系，将电力系统稳定性分为静态稳定性和暂态稳定性，并对其进行了明确定义。

(1)静态稳定性/小干扰稳定性：系统在稳定状态下受到小干扰后达到与受到干扰前相同或相似的运行状态的能力。

(2) 暂态稳定性/大干扰稳定性：系统在稳定状态下受到干扰后达到一个可以接受的稳态运行状态的能力。

上述“干扰”是指电力系统参数或状态发生变化。其中，小干扰的“小”，是指可用系统的线性方程来描述系统的过渡过程；大干扰的“大”，是指不可用线性化方程来描述系统的过渡过程。

在借鉴了众多国内外学者对于电力系统稳定问题的定义和分类的基础上，我国于 1981 年颁布《电力系统安全稳定导则》，将电力系统稳定性分为静态稳定性、动态稳态性和暂态稳定性，如图 1-3 所示。

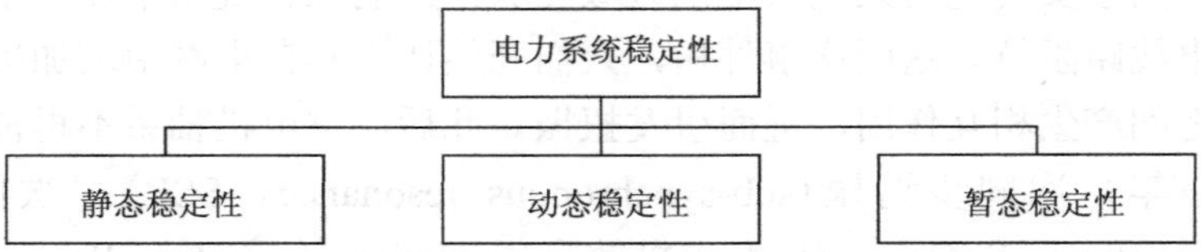

图 1-3 我国 1981 版《电力系统安全稳定导则》中对电力系统稳定性的分类

《电力系统安全稳定导则》对这三种电力系统稳定性的定义如下。

(1) 静态稳定性：电力系统受到小干扰后，不发生自发振荡和非周期性的失步，自动恢复到起始运行状态的能力。

(2) 动态稳定性：电力系统受到小的或大的干扰后，在自动调节装置和控制装置作用下，保持长过程稳定运行的能力。

(3) 暂态稳定性：电力系统受到大干扰后，各同步电机保持同步运行并过渡到新的或者恢复到原来稳态运行方式的能力。

实际上，20 世纪中期的电力系统失稳事故大多与系统振荡问题有关。自 F. P. Demello 和 C. Concordia 采用阻尼转矩原理解释系统振荡机理后，大量学者以此为基础讨论如何有效抑制电力系统振荡。1981 年，E. V. Larsen 和 D. A. Swann 对前人的众多研究成果进行了总结分析，发表了经典著作 *Apply Power System Stabilizers*。该著作包含三个部分，详细地介绍了电力系统稳定器(power system stabilizers，PSS)的基本概念、调节特性及其在实际运用中需要考虑的问题。此后，电力系统稳定器作为抑制系统振荡的有效装置被广泛应用于电力系统中，显著提高了电力系统稳定性。

同步发电机是早期电力系统的重要组成部分，因此早期对电力系统稳定性的研究也重点关注保持同步发电机功角稳定以及同步运行的能力。20 世纪八九十年代，许多国家和地区相继出现许多难以用同步发电机功角稳定性来解释的大范围电压失稳事故，这对电力系统稳定性研究提出了新的挑战。

1987 年 7 月 23 日，日本东京地区持续高温，当地用电需求增加，并在中午时达到用电负荷顶峰，其峰值远超电网供电能力。当时，东京电网无功补偿不足，又缺乏低电压减载设施，负荷的增加导致母线电压下降到正常值的 74%，进而引起电流激增，导致线路保护动作，使东京三个变电站全部停电，损失了 8168MW 负荷，造成大面积停电事故，影响近 280 万人。

东京大停电事故的显著特征为负荷增加，这导致负荷端母线电压下降，在达到电力系统承受负荷极限后，电压失稳。而在电压突然下降之前，整个过程中同步发电机转子角及母线电压相角并未发生明显变化。当时，人们将这种新型的电力系统失稳现象称为电力系统静态电压失稳/小扰动电压失稳，并在之后开始对其进行深入研究。

1988年，Tiranuchit提出可用电力系统潮流分析的雅可比矩阵的最小奇异值作为系统静态电压稳定的判定指标，从而定量刻画系统当前状态与电压稳定极限状态间的距离。然而，计算实际系统雅可比矩阵的最小奇异值非常困难，需耗费大量时间和资源。为解决该问题，基于矩阵奇异值分解理论和稀疏存储技术的快速最小奇异值计算方法被提出。1996年，为弥补奇异值计算量大的缺点，基于扩展等面积法的电网电压稳定裕度计算方法被提出，该方法可直接求出给定运行边界下的极限负荷。

除了由于负荷增加导致的电压失稳外，同一时期国际上还发生了多起由于系统故障或其他类型大扰动引起电压失稳进而引发大规模停电事故的案例，如1989年魁北克大停电、1996年美国西部电力系统大停电等。

魁北克大停电起源于1989年3月12日傍晚发生的一次强磁暴。该事件使得魁北克电网主变压器饱和并产生大量谐波电流，导致多个变电站的多台静止无功补偿装置(static var compensator，SVC)因电容器组过负荷跳闸，随后系统电压大幅度下降，大量输电线路相继跳闸，魁北克电力系统瞬间失去9450MW(魁北克电力系统的44%)发电容量。之后，系统其余部分电压大幅下降，低压减载装置相继启动，切除了约2800MW负荷，但因失去的发电容量太大，无法使系统发电和负荷间电力供需恢复平衡，最终引发大面积停电事故，导致加拿大600多万人9h无电可用。

美国西部电力系统大停电起源于爱达荷州与怀俄明州间的三回345kV输电线路因闪络故障和保护误动作相继断开，爱达荷州有功和无功功率出现大幅缺额。随后，西部俄勒冈州以及东北部蒙大拿州对爱达荷州送入大量有功和无功功率，造成西部主联络线电压下降，并先后使得蒙大拿州及俄勒冈州至爱达荷州的两回230kV输电线因过负荷而切除，爱达荷州电压严重下降，与该州相邻的500kV太平洋联络线全部因低电压而跳闸断开，最终美国西部输电系统解列为五个独立系统。本次事故影响了150万～200万用户，并使爱达荷州首府Boise的地铁失去电源，交通一度陷入堵塞，造成极其不良的社会影响。

上述事故的显著特征为电力系统发生故障或受到其他类型的大扰动后，在系统暂态过程中某些负荷母线电压发生不可逆转的快速下降，并最终引发系统崩溃。在事故发生后，人们对事故进行了反思和探索，大扰动下的电压稳定问题成为关注对象。

1990年，日本东京大学Sekine采用数值仿真方法研究了恒定电压母线向感应电动机负荷供电的简单电力系统的电压失稳特点，指出电压失稳发生在负荷接近系统临界功率时，由线路故障诱发。埃及学者El-Sadek用更详细的感应电动机负荷模型研究电压失稳过程，表明影响暂态过程中电压能否保持稳定的主要因素是综合负荷中感应电动机负荷的比重、感应电动机特性及其所带机械负荷的特性。

早期分析电力系统大干扰电压稳定性的主要方法为数值仿真法，但是其计算量较大，难以适用于大规模系统，因此能大幅减少计算量的能量函数法也就逐渐被应用于大干扰电压稳定分析。

在电力行业快速发展的同时，卫星与通信行业也迎来了巨大进步。1993年，全球定位系统(GPS)全面民用，极大地推动了电力系统量测装置的发展。1994年，A. G. Phadke等在 IEEE 电力系统继电保护和控制委员会下设立了一个研究小组，专门研究同步相角测量(phasor measurement unit，PMU)和通信接口标准等内容。此后，基于 GPS 的同步相角测量装置开始在电力系统中推广应用。借助 PMU，人们解决了相角观测这一难题，使全面观测电力系统动态行为成为可能，也因此推动了各类复杂场景下电力系统动态特性的深入研究。

2001 年，我国颁布了 DL 755—2001《电力系统安全稳定导则》，替代了 1981 版《电力系统安全稳定导则》。2001 版导则综合考虑了 20 世纪末期频发的电力系统电压失稳事故以及当时国内外学者对电力系统稳定性的认识，将电力系统稳定性分为静态稳定性、动态稳定性、暂态稳定性和电压稳定性，如图 1-4 所示。其中，前三类稳定性与 1981 版《电力系统安全稳定导则》的描述相同，而电压稳定性为首次引入。导则中将电压稳定性定义为电力系统受到小的或大的扰动后系统电压能够保持或恢复到允许的范围内，不发生电压崩溃的能力。

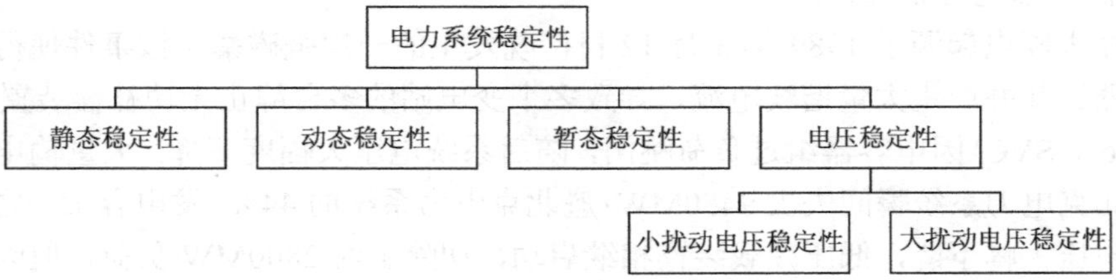

图 1-4　我国 2001 版《电力系统安全稳定导则》中对电力系统稳定性的分类

事实上，在当时的大规模互联系统中，除电压失稳问题外，频率崩溃问题和区间振荡问题也随着互联规模的扩大变得尤为显著。

在大规模系统中，当系统受到扰动而出现较大功率缺额时，频率会大幅下降。而频率的下降又将使得汽轮发电机组出力下降或跳闸，有功功率进一步减少，导致系统频率持续下降的恶性循环，引发电力系统频率崩溃问题，造成严重的电力系统稳定事故。当时，电力系统频率崩溃事故并不罕见，并且造成了巨大的不良影响。其中，典型的事故为 1996 年马来西亚电网频率崩溃事故以及 2003 年意大利电网频率崩溃事故。

1996 年，马来西亚电网频率崩溃起源于隔离开关闪络导致 Paka 地区失去 922MW 电源，随后系统频率快速下降。在频率降至 49Hz 时，当地电网与新加坡电网解列，触发三轮低频减载装置动作(动作频率依次为 49Hz、48.8Hz 和 48.5Hz)，共计切除负荷 1413.5MW(计划切除 1579MW)。但是，系统随后发生了预期之外的机组停运，导致系统频率下降至 47.5Hz，达到机组跳闸临界频率，引发大量燃气机组连续跳闸，最终导致马来西亚的国家电网在 16 秒内全停。

2003 年，意大利电网崩溃事故起源于意大利与瑞士间的一条 380kV 线路 Mettlen-Lavorgo 对线下树木发生闪络且重合闸不成功，该事故导致该线路潮流转移，另一线路过载。此后，瑞士调度中心和意大利调度中心协调将意大利的受电功率在 10min 内减少了 300MW。然而，上述措施并未消除该线路的过载状态，导致该线路因过热弧垂在 3 时 25 分时对线下树木发生闪络并切除。两条联络线的切除导致意大利电网与欧洲主网解列。此后，意大利北部电网发生暂态电压崩溃，导致部分电厂被切除，但负荷侧低频减载未能抑制频率持续下降，导致系统频率下降至 47.5Hz，引发意大利电网崩溃。

上述事故表明，随着电力网络规模的扩大和联络线输送功率的提升，机组切除和联络线切除造成的功率缺额日益增大，极易导致频率出现较大偏移。同时，随着机组容量的增大，机组正常运行允许的频率偏移限值更加苛刻，较大的频率偏差将引发机组切除等连锁反应，即系统某一环节的局部故障可能会进一步引发级联故障，使得故障范围和影响不断扩大，最终导致电网解列。而对受端电网而言，解列事故会导致电网失去主要供电通道，出现极大功率缺额，此时如果低频减载等控制措施配置不合理，将引发系统频率崩溃，诱发大面积停电。由此可见，频率稳定问题成为电力系统稳定问题中不容忽视的重要部分。随后，大量学者针对频率稳定问题做了广泛研究，稳态频率预测以及低频减载等方法不断完善。

与此同时，大规模系统互联还诱发了更为突出的区间振荡问题。2001～2003 年，我国逐步实现了东北电网与华北电网联网，川渝电网与华中电网联网，东北、华北、华中、川渝电网联网等，形成了地跨 14 个省(自治区、直辖市)、装机容量超过 1.4 亿 kW 的大规模同步交流系统。在四大电网联网工程的小干扰稳定试验和实际运行中，超低频振荡现象频发，各互联子系统间出现区间振荡模式。其中，东北电网、华北电网的发电机组整体对着华中电网、川渝电网的发电机组振荡，频率为 0.1～0.2Hz；东北电网与华北电网、川渝电网与华中电网之间的区间振荡频率在 0.3Hz 左右。

与本地振荡不同，区间振荡是区域机群间的相互振荡，涉及面更广，危害性更大，且传统本地 PSS 对区间振荡的作用有限，成为电网在更广空间范围内跨区互联，进而实现资源互济的障碍，也成为当时电力系统安全稳定运行的重要挑战。为了解决该问题，以直流互联为代表的大区间异步互联方案成为电力系统跨区互联的新路径，并直接促成了多年之后交直流混联电网的建设浪潮。

2004 年，CIGRE 第 38 委员会与 IEEE 的系统动态行为委员会联合制定并颁布了新版电力系统稳定问题的定义和分类，如图 1-5 所示。

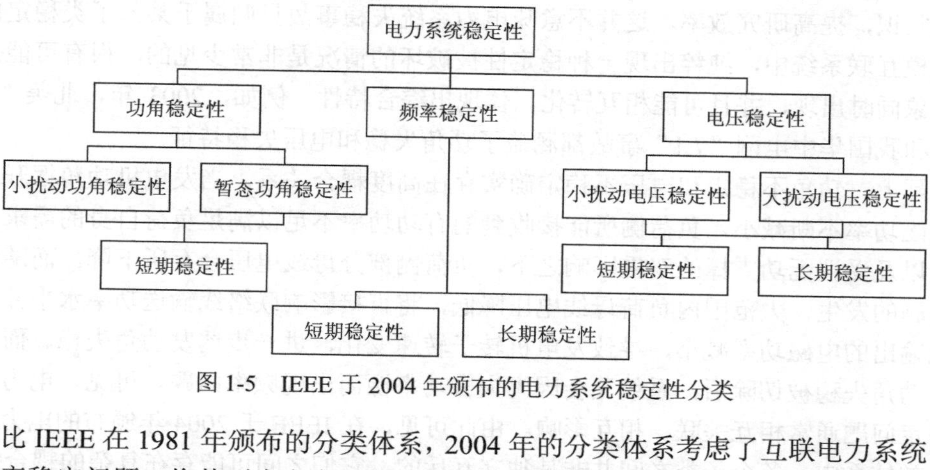

图 1-5 IEEE 于 2004 年颁布的电力系统稳定性分类

相比 IEEE 在 1981 年颁布的分类体系，2004 年的分类体系考虑了互联电力系统电压稳定及频率稳定问题，将其列为电力系统稳定问题的两个独立领域，并在时间尺度上考虑了电压和频率的短期稳定性和长期稳定性。另外，2004 版分类体系将原来的静态稳定性和动态稳定性合称为功角稳定性。对这三类电力系统稳定性的简要介绍如下。

(1)功角稳定性表征互联电力系统中同步发电机保持同步的能力。功角失稳主要由同步转矩和/或阻尼转矩不足引起。功角失稳后，功角会由0°～360°周而复始地变化，功率会从正方向转到负方向。功角失稳分析计算时间一般为10～20s，因此功角稳定性主要体现在短期时间尺度，它又包含系统在小扰动下维持同步的静态稳定性和受到大扰动后维持同步的暂态稳定性。其中，功角静态失稳涵盖两种类型：一是因同步转矩不足而引起的功角非周期增长导致的失步；二是因阻尼转矩不足导致的系统出现增幅的低频振荡而造成失步，包括本地、区间、控制和扭振等模式。

(2)电压稳定性是指在给定初始条件下，电力系统遭受扰动后，系统所有母线维持稳定电压的能力。它依赖于系统供电与负荷需求间的平衡，受到无功功率平衡及负荷特性影响。电压稳定性可分为大扰动(如短路、机组和线路切除)后系统电压维持在可接受水平的稳定性，以及小扰动下(如负荷变化)的稳定性。电压不稳定问题涉及负荷响应速率，涵盖从毫秒级的快速响应(如感应电动机)到分钟级的慢速响应(如带热效应控制的负荷)，失稳持续时间可能是几秒至几十分钟，因此在时间尺度上又可粗略划分为短期稳定性和长期稳定性。

(3)频率稳定性是指系统受到严重扰动后发电和负荷需求出现非常大的不平衡时系统仍能保持频率稳定的能力。造成频率失稳的原因是系统出力和负荷需求不平衡。频率不稳定时，系统潮流、电压等会出现大幅波动，引起系统中控制及保护动作。频率不稳定的过渡过程从几秒到几分钟不等，依次涉及低频减载、发电机控制保护、机组过速保护和负荷调压调频系统等，又可分为短期稳定性和长期稳定性。

上述分类方法是从用电需求(电压、频率、相角)、时间尺度(短期、长期)和扰动特性(小扰动、大扰动)三个维度对电力系统稳定问题进行划分，初步形成了电力系统稳定问题的基本框架，在很大程度上推动了电力系统稳定性研究。此后，发电机保护、发电机励磁、负荷频率控制、FACTS控制等领域的相关理论和成果不断完善并应用于实际系统，大规模电力系统稳定控制理论和方法逐渐完善。

值得注意的是，对电力系统稳定性进行分类和定义的主要目的是统一术语，以促进业界达成共识，提高研究效率。这并不意味电力系统失稳事故只归属于某一子类稳定问题。在大规模互联系统中，纯粹出现一种稳定性被破坏的情况是非常少见的，很有可能是多种失稳现象同时出现，并且可能相互转化，体现出综合特性。例如，2003年，北美“8.14”大停电和我国华中电网“7.1”事故都涵盖了功角失稳和电压失稳特征。

实际上，功角不稳定和电压不稳定确实存在高度耦合关系。当发电机功角摆开，其发出的电磁功率不断减小，负荷侧所能接收到的有功功率不足以满足负荷自身的需求，在负荷特性以及受端无功支撑的双重影响之下，负荷侧部分母线电压会有所下降。而随着电压稳定问题的发生，大范围内负荷母线电压降低，将直接影响联络线输送功率水平并使同步发电机输出的电磁功率减小，导致发电机转子转速变化，进一步诱发功角失稳。而当发电机由于功角失稳被切除后，系统又会因为失去功率源而出现频率问题。可见，电力系统中各类稳定问题通常相互关联、相互影响。由此可见，在IEEE于2004年颁布的电力系统稳定性分类体系中，各个子类之间并非是独立互斥的，它们之间可能存在复杂的耦合关系。

21世纪以来，随着计算机、通信、电力电子等技术的发展及相关装备的应用，电力系统呈现出信息物理耦合及电力电子化特性。

信息物理耦合体现为电力系统和电力通信系统间的依赖关系显著增强，并在电力系统调度与控制系统高度自动化之后显现。电力系统调度依赖于电力通信系统的正常运行，而电力通信系统又需要电力系统提供电力支持，二者相互影响，相互依存。

2003 年 9 月 23 日，北欧发生大停电事件，起因是一个发电站失效，引起更多电力节点脱离电网，导致大量电力通信系统节点因失去供电电源而失效，进而主网调度系统无法对整个电网进行有效调控，诱发更大规模的停电事故。该事件表明，在电力与信息相依的复杂网络中，当一类网络节点发生故障时，可能会导致另一类网络中从属节点发生故障，由此引发连锁反应，最终使得相依网络崩溃。

2010 年，美国学者 Buldyrev 在 *Nature* 上发表著名论文 *Catastrophic Cascade of Failures in Interdependent Networks*，揭示相依网络的鲁棒性问题。该论文提出了相依网络级联失效的模型和分析框架，刻画了相依网络级联失效的过程，指出规模越大的相依网络应对随机故障的鲁棒性越差，与单类型网络的情况完全相反。这表明，假如缺乏有效的稳定控制方法，随着电力系统规模的不断扩大，电力系统发生失稳事故的可能性将变得更高。

电力系统的电力电子化起源于直流输电的复苏。人类社会天然存在的源荷分布不均衡要求电网加强互联，进而以较低经济代价解决大时空尺度下电力电量平衡问题，而这需要电网通过加强网架、接续送电的方式形成大规模同步电网，或者通过直流输电方式将远方大电源送入受端电网。前面提到，互联交流电网因区间振荡问题出现建设规模瓶颈，事实上建设更大规模的同步电网还将面临短路容量大增、电压等级持续增高后经济效益递减等问题。而高压直流(high voltage direct current，HVDC)输电在远距离、大容量输电方面有经济性优势，且大区电网间通过直流异步互联可有效降低运行管理难度、简化稳定控制复杂度，因而成为被选中的技术路线。

2007 年前后，为缓解我国广东地区电力电量不足的压力，天广(天生桥–广州)、贵广(安顺–广东肇庆)、三广(三峡–广东惠州)、贵广二回(兴仁–广东深圳)等直流通道陆续投产，形成了交直流混联大电网。

然而，直流输电的广泛应用也引入了新的稳定问题。当 HVDC 为受端交流电网提供电能时，换流站消耗的无功功率可能占到直流系统传输有功功率的 50%～60%，导致受端交流电网电压稳定问题尤为严重。同时，在暂态过程中，交直流系统相互作用更加复杂，交流系统故障引起的电压跌落将导致换流站无功补偿容量下降，引起交流系统暂态电压稳定问题，导致换流站电压进一步下降，引起换流站换相失败，致使直流闭锁，进一步加剧交流系统暂态电压稳定问题，甚至出现潮流大范围转移以及功角和频率稳定问题。

在交直流混联电网快速发展的同时，新能源发电技术也逐步走向成熟。大量新能源通过电力电子变换器并网发电，使电力系统电力电子化态势加速。与同步发电机不同，电力电子设备由半导体开关器件构成，并网同步特性由控制策略决定，导致电力系统的动态特性逐渐由同步发电机“物理同步”主导向由电力电子装备“控制同步”主导转变。同时，电力电子并网装备包含多个时间尺度的受控动态行为，并网装备内电势对扰动的响应受装备内不同时间尺度控制器驱动，表现出不同的动态特性。此外，如图 1-6 所示，新能源通过电力电子装备并网时，不同控制间相互作用复杂。在电力电子化系统中，同步发电机、电力电子并网设备及电力网络的自然特性和控制特性相互耦合，在暂态过程中呈现出复杂的动态特性和许多新型的失稳现象，尤以风力发电功率汇集系统的振荡问题最为显著。

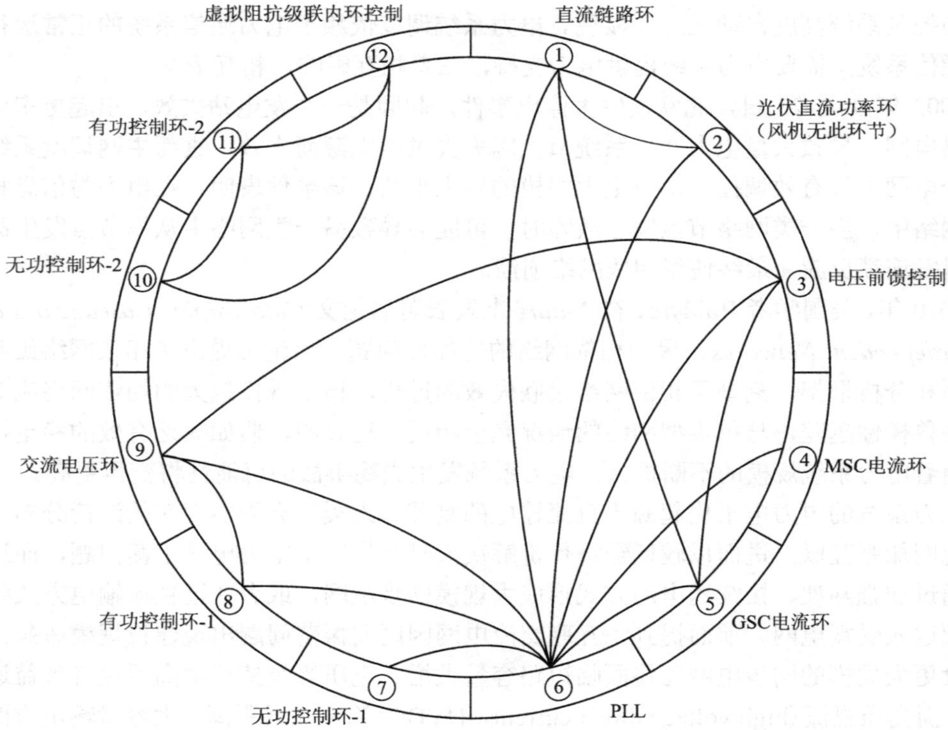

图 1-6　新能源通过电力电子装备并网时不同控制间不完全相互作用关系

2009 年，美国得克萨斯州一处由双馈风机(doubly-fed induction generator，DFIG)组成的风电场与 75%串联补偿线路相互作用引发 20Hz 左右的次同步振荡；2011 年，加拿大布法罗里奇地区的 DFIG 风电场串补系统出现 9～13Hz 的次同步振荡；2012 年，我国华北沽源地区大规模 DFIG 风电场发生了由串补装置引起的 6～8Hz 次同步振荡；2015 年，我国新疆哈密地区北部由直驱式永磁同步风力发电机(direct drive permanent magnet synchronous generator，PMSG)构成的大规模风电场在弱交流电网下出现了 20～80Hz 的次/超同步振荡。以上事故导致风电机组撬棒电路大量损坏，风机大面积脱网，给风机厂商、发电公司和电网公司带来了巨大的经济损失。

与传统电力系统振荡问题相比，大规模风电汇集系统引发的电力系统新型振荡问题体现出以下共性特征：

(1)机理上涉及电力电子装备、可再生能源机组和交直流电网间的动态相互作用，与旋转机组惯性和轴系动态主导的传统机电(低频)振荡、次同步振荡有本质的区别。

(2)振荡频率范围宽，包含机械扭振和电气振荡频段，有激发谐振的风险。

(3)振荡的频率、阻尼或稳定性受变流器和电网诸多参数，乃至风、光等外部条件的影响，具有影响因素复杂、大范围时变的特征。

上述新型振荡问题严重威胁电网设备安全、系统稳定和用电质量，已成为制约新能源高效消纳的瓶颈之一。为此，学术界和产业界掀起了新一轮研究热潮，通过特征分析法、阻抗法等评估电力电子化电力系统的振荡失稳风险。

电力电子化电力系统的组成要素和结构相比传统电力系统发生了巨大变化，使电力系统稳定问题的内涵也随之发生改变。无论是我国在 2001 年颁布的导则，还是 IEEE 在 2004 年定义的电力系统稳定性分类，其适用性都显得不足。

2019 年，在考虑了更多稳定问题和分析视角后，我国颁布了 GB 38755—2019《电力系统安全稳定导则》，用于替代 DL 755—2001《电力系统安全稳定导则》。2019 版导则根据电力系统失稳的物理特性、受扰动的大小以及研究稳定问题时考虑的时间尺度和设备、过程分类，将电力系统稳定性分为功角稳定性、电压稳定性和频率稳定性三大类以及若干子类，如图 1-7 所示。

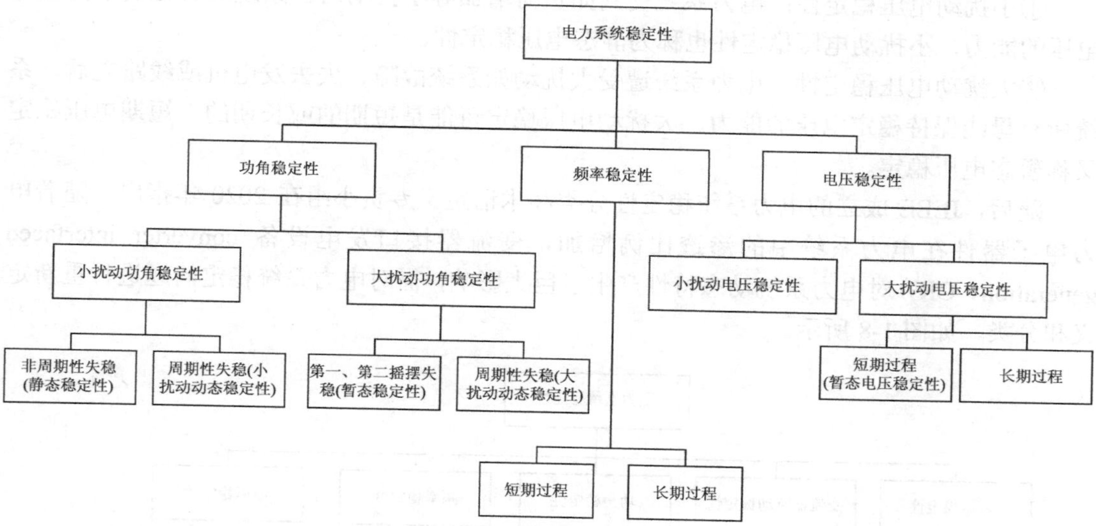

图 1-7　我国 2019 版《电力系统安全稳定导则》中对电力系统稳定性的分类

该导则对各类稳定性的定义如下。

(1) 功角稳定性：同步互联电力系统中的同步发电机受到扰动后保持同步运行的能力。功角失稳由同步转矩或阻尼转矩不足引起，同步转矩不足导致非周期性失稳，而阻尼转矩不足导致振荡失稳。

①小扰动功角稳定性：电力系统遭受小扰动后保持同步运行的能力，它由系统的初始运行状态决定。小扰动功角失稳可表现为转子同步转矩不足引起的非周期失稳以及阻尼转矩不足造成的转子增幅振荡失稳。

(a) 静态稳定性：电力系统受到小扰动后，不发生功角非周期性失步，自动恢复到起始运行状态的能力。

(b) 小扰动动态稳定性：电力系统受到小的扰动后，在自动调节和控制装置的作用下，不发生发散振荡或持续振荡的能力。

②大扰动功角稳定性：电力系统遭受严重故障时保持同步运行的能力，它由系统的初始运行状态和受扰动的严重程度共同决定。

(a) 暂态稳定性：电力系统受到大扰动后，各同步电机保持同步运行并过渡到新的或恢复到原来稳态运行方式的能力，通常指保持第一、第二摇摆不失稳的功角稳定性。

(b) 大扰动动态稳定性：电力系统受到大的扰动后，在自动调节和控制装置的作用下，系统不发生发散振荡或持续的振荡，能够保持较长过程的功角稳定性的能力。

(2) 频率稳定性：电力系统受到严重扰动后，发电和负荷需求出现大的不平衡情况下，系统频率能够保持或恢复到允许的范围内、不发生频率崩溃的能力。频率稳定问题是一种短期或长期现象。

(3) 电压稳定性：电力系统受到小的或大的扰动后，系统电压能够保持或恢复到允许的范围内，不发生电压崩溃的能力。根据扰动的大小，电压稳定性分为小扰动电压稳定性和大扰动电压稳定性。

①小扰动电压稳定性：电力系统受到如负荷增加等小扰动后，系统所有母线维持稳定电压的能力，小扰动电压稳定性也称为静态电压稳定性。

②大扰动电压稳定性：电力系统遭受大扰动如系统故障、失去发电机或线路之后，系统所有母线保持稳定电压的能力。大扰动电压稳定可能是短期的或长期的。短期电压稳定又称暂态电压稳定。

随后，IEEE 成立的电力系统稳定性分类和术语定义专责小组在 2020 年指出，随着电力电子器件在电力系统中的渗透比例增加，变流器接口发电设备(converter interfaced generation，CIG)对电力系统动态特性产生了巨大影响，需对电力系统稳定问题进行重新定义和分类，如图 1-8 所示。

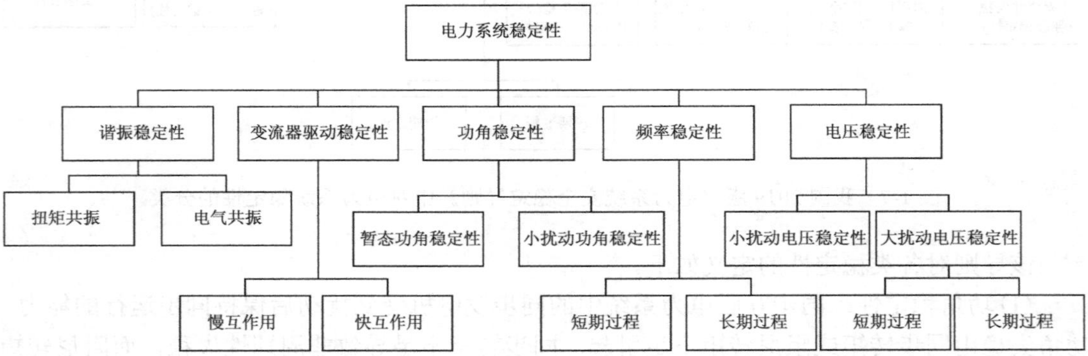

图 1-8　IEEE 在 2020 年颁布的电力系统稳定性分类体系

在 2020 年发表的 IEEE 新版电力系统稳定性分类体系中，电力系统稳定性分为谐振稳定性、变流器驱动稳定性、功角稳定性、频率稳定性和电压稳定性五大类。其中有关功角稳定性、频率稳定性和电压稳定性的描述与我国 2019 年颁布的《电力系统安全稳定导则》中的描述基本相同，这里不再赘述。而谐振稳定性和变流器驱动稳定性为首次单独引入，其简要解释如下。

(1) 谐振稳定性：包括电气共振和扭矩共振两个子类，前者是指 CIG 设备与电网在纯电气意义上动态相互作用引发的电磁振荡，包括早期被归为 SSR 的感应发电机效应(induction generator effect，IGE)，以及电力电子控制参与的次同步控制相互作用(subsynchronous control interaction，SSCI)。后者主要指旋转机组的机械系统与含交流串补、直流、SVC/STATCOM 等的电网之间相互作用引发的振荡稳定性，包括经典的次同步谐振(SSR)和设备型 SSO。

(2) 变流器驱动稳定性：CIG设备的多时间尺度控制特性会导致机、网之间既有机电暂态又有电磁暂态的耦合互动，从而引发宽频率范围的振荡现象，基于频率大小可划分为慢互作用(slow interaction)和快互作用(fast interaction)两个子类。前者频率较低，典型如小于10Hz；后者频率相对较高，典型如数十到数百赫兹，乃至上千赫兹。

今天，电力系统已经发展成要素繁多、层级丰富、覆盖范围广阔的复杂动力学系统，其稳定问题相比百年前已经有了极大丰富和扩展。党的二十大报告指出，“积极稳妥推进碳达峰碳中和”，“加快规划建设新型能源体系”。未来，随着“双碳”战略推进、电力市场化改革和新型能源体系建设，电力系统将朝着新型电力系统方向发展，其组成要素和组织方式将会变得更加多样和复杂，各类控制、信息系统和约束条件的增加，以及这些要素之间的相互作用，将使电力系统面临更加多样和复杂的新稳定问题。由此，从历史经验入手，以一种演化论思维来研究和深入认识电力系统稳定的发展路径，掌握电力系统稳定问题的基础研究方法，将变得尤为重要。

1.2 对电力系统稳定问题的再认识

电力系统的运行任务是在合理利用能源和运行设备能力的条件下，持续地向用户提供足量、高质的电能。当电力系统失稳时，可能导致系统崩溃并造成大面积停电。因此，电力系统稳定问题是电力系统运行业务中一项核心问题。此外，电力系统发展至今，组成要素不断变化，电力系统稳定问题也不断呈现出新的变化和内涵。考虑到电力系统稳定问题的发展历史已有百年，期间已积累了足够多的历史数据和样本，从历史演化论的角度，有必要对电力系统稳定问题进行重新审视和再认识，以构建更宏观的框架，继往开来。

在本节中，将首先明确电力系统稳定问题中涉及的相关专业术语，分析电力系统稳定问题的认识规律；然后从多个角度出发重新认识电力系统稳定问题，进而提出电力系统稳定问题的研究体系；最后介绍电力系统稳定分析方法。

1.2.1 电力系统稳定术语定义

电力系统稳定性是一个研究对象广、研究环节多的复杂性问题，涵盖了电力系统功率特性、动态特性、动态分析方法、稳定特性、稳定机理、稳定分析、稳定判据、稳定作用机理、提高稳定性的方法和稳定控制算法等。为了避免歧义和理解混乱，本书对相关术语进行如下定义。

1. 功率特性

功率特性是指电力系统中复功率 $\boldsymbol{S}$、节点电压 $\boldsymbol{V}$ 以及相应相角 $\boldsymbol{\theta}$ 之间的函数关系，即

$$\boldsymbol{S}=f(\boldsymbol{V},\boldsymbol{\theta})$$

根据研究对象的不同，功率特性又可分为并网端口功率特性、发电端功率特性、负荷侧功率特性等。并且，在不同的边界条件和相平面坐标下，可根据功率特性绘制出不同的功率特性曲线。根据系统中各个设备的功率特性所绘制的功率特性曲线将汇集于某一坐标体系下的某一点或某个超平面，该交点或该超平面表征了电力系统当下的状态 $\{\boldsymbol{S}, \boldsymbol{V}, \boldsymbol{\theta}\}$。

2. 动态特性

上述电力系统的状态$\{\boldsymbol{S}, \boldsymbol{V}, \boldsymbol{\theta}\}$在系统受到扰动后会发生变化，电力系统的动态特性就是指该状态在系统受扰后的动态过程中的移动轨迹，即$\{\boldsymbol{S}, \boldsymbol{V}, \boldsymbol{\theta}\}$随时间$t$的动态变化轨迹。

3. 动态分析方法

电力系统动态分析方法是对电力系统动态特性进行分析的方法，即分析研究$\{\boldsymbol{S}, \boldsymbol{V}, \boldsymbol{\theta}\}$随时间$t$的变化轨迹的方法。常用的动态分析方法包括电磁暂态分析方法和机电暂态分析方法，需要根据分析业务所考虑的时间尺度列写被分析对象的元件模型，即相应的微分方程组或(和)代数方程组，然后通过数值计算求解$\{\boldsymbol{S}, \boldsymbol{V}, \boldsymbol{\theta}\}$随时间$t$的变化轨迹。

4. 稳定特性

电力系统的稳定特性指在特定电力系统运行场景下，系统受到扰动并走向失稳的过程中，电力系统状态$\{\boldsymbol{S}, \boldsymbol{V}, \boldsymbol{\theta}\}$随时间$t$的变化轨迹，又可称为失稳形态或者失稳模式。

5. 稳定机理

电力系统稳定机理是指电力系统受到扰动后保持或失去稳定的因果逻辑，并体现出原理性和规律性。电力系统稳定机理主要回答什么时候电力系统会出现不稳定以及为什么会出现不稳定的问题。

稳定机理研究涵盖并网设备的稳定机理、设备并网的稳定机理以及系统级稳定机理，其中，并网设备的稳定机理主要关注设备内部的自然特性、控制特性以及它们之间的因果作用关系，以确保设备正常工作；设备并网的稳定机理主要关注设备在不同并网端口动态特性下能否保持并网运行；系统级稳定机理则关注各个设备并网组成系统时，各个设备与电网相互作用、设备间通过电网相互作用等复杂系统要素之间因果作用涉及的稳定问题。

同时，稳定机理研究还覆盖从并网设备失稳向系统失稳的发展过程中，不同范围、各个阶段下的主导稳定问题，以及它们之间的相互转换规律，以确保系统不因级联故障或失稳范围扩散走向大停电事故。

6. 稳定分析

电力系统稳定分析研究电力系统在特定运行场景下是否会发生失稳。与电力系统动态分析不同，电力系统稳定分析强调失稳过程的物理机理和稳定特性，在一定程度上可以给出系统距离失稳边界的距离，常用的方法包括李雅普诺夫第一法(暂态能量函数法)、第二法(特征分析法)及基于 Hopf 分岔理论的振荡分析法等。

7. 稳定判据

电力系统稳定判据包括两类。一类是根据稳定机理和稳定分析方法抽象得到的判别公式或者指标。例如，某台并网同步发电机阻尼转矩在某一频率区间为负值，则系统将出现振荡失稳现象。另一类是根据电力系统动态特性曲线直接得到的稳定性判别公式或者指标。例如，多机系统任意两台同步发电机的相位角摆开 180°，则系统功角失稳。

8. 稳定作用机理

电力系统稳定作用机理是指，系统中某一变量或参数的调整对系统整体动态特性产生影响，将这种影响和稳定特性进行关联，则可获悉该变量或参数的调整对系统稳定性的影响机制或规律，称为稳定作用机理。

9. 提高稳定性的方法

提高电力系统稳定性的方法是指基于稳定作用机理，即变量和参数对系统动态特性和稳定特性的影响规律，从规划的层面对电力系统网架参数等进行合理设计，或采用合适的控制方法，使电力系统动态特性按预期的方向改变，进而提高系统稳定性。

提高稳定性的方法包括合理的系统规划以及合适的稳定控制方法，它们是提高电力系统稳定性的两个相辅相成的侧面。电力系统规划给系统运行和稳定控制提供初始条件，需要对稳定控制中使用的储能容量、无功补偿装置容量等进行考虑，为稳定控制方法留出足够的裕度与动作空间；同时，稳定控制的能力也需要反馈给规划，以便在规划时提出相应的需求。

10. 稳定控制算法

稳定控制算法指在具体实施稳定控制时，可用源码形式写入计算机芯片的数学过程，是稳定控制方法的实例化。例如，具体的某个数学计算公式或者知识推理函数等。

在对电力系统稳定性相关术语进行定义和区分后，可得出电力系统稳定问题的一般性研究过程，如图1-9所示。

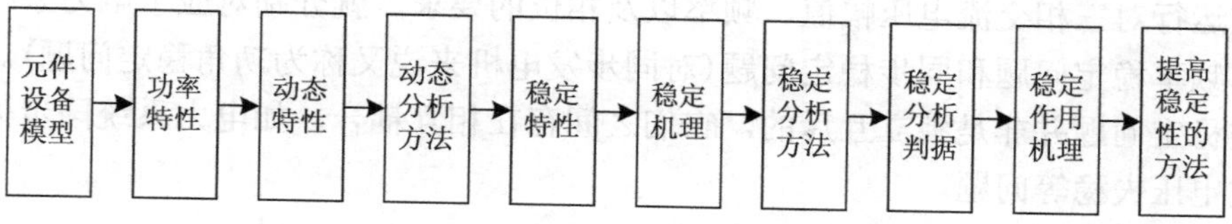

图1-9 电力系统稳定问题研究的一般过程

首先，从元件设备特性出发，提出元件设备模型，进而可分析各个设备和端口的功率特性，并据此分析系统的静态运行点。其次，分析设备并网后系统运行点在系统受扰后呈现的动态特性，即电力系统运行点在受扰后的动态变化过程。接下来，基于动态分析方法，可研究系统的动态特性，得到受扰后系统运行点随时间变化的动态轨迹。然后，以系统动态特性为基础，分析系统稳定特性，揭示系统稳定机理，并将相关物理过程进行数学建模，形成相应的稳定分析方法，用于更一般和更广泛的稳定分析。在此基础上，可提出用于判断系统是否稳定的判别公式或指标，形成各类稳定判据，从而可在实际系统中通过量测数据辨别系统稳定性。最后，基于稳定特性和稳定机理进一步研究系统中变量或参数变化对稳定特性的作用规律，揭示电力系统稳定作用机理，涵盖电力系统网架参数以及电力系统控制方法对电力系统动态特性和稳定性的影响规律，并根据实际条件从规划的层面对电力系统网架参数等进行合理设计以及采用合适的控制方法，提高电力系统的稳定性。

1.2.2　多角度再认识电力系统稳定问题

由电力系统稳定性百年研究历史可以看出，电力系统稳定的基本问题诞生于电能持续、安全、高效供给这一基本职能，并关注系统运行点随时间变化的动态过程。电力系统稳定问题随着电力系统组成要素、规模和组织结构的变化不断发展，在不断扩大的时空范围内体现出不同的稳定机理。因此，可以从相关视角出发，重新审视电力系统稳定问题。

1. 电力系统基本职能视角

电力系统的基本职能为持续、安全、高效地将三相交流电传输至用户侧，满足用户的用电需求，使各类电气设备能够持续、安全地运行。因此，电力系统稳定性的要求首先体现为各类电气设备的安全运行和规模化制造需求。考虑各类用电设备在批量生产时需要降低设计复杂度，在大规模并网运行时需要长期处于优良运行状态，电力系统各电气设备处的交流电压的幅值、频率和相位需要保持长期恒定，其原因在于：

(1) 电压幅值的波动会影响设备的寿命，甚至导致设备无法正常工作或被损坏；

(2) 频率的波动会造成电机的转矩波动，影响电机的正常运行；

(3) 当系统中两个电源之间相位持续摆开时，意味着两个电源以两种不同的频率工作，根据正弦信号的叠加定理，电气设备处电网电压将呈现调制波形式，使各类电机电磁功率脉动，对发电机来说无法输出频率恒定的电能，对电动机来说将输出脉动转矩，也会影响电动机的正常运行。

因此，要保证电力系统中各电气设备的正常运行，就必须保证整个电力系统中三相交流电压的幅值、频率和相位长期恒定，这是电力系统稳定问题的基本内涵。此时，电气设备的稳定运行对三相交流电压幅值、频率以及相位的要求，就分别对应了电力系统电压稳定问题、频率稳定问题和同步稳定问题(对同步发电机来说又称为功角稳定问题)。当然，以上三类稳定问题并非是独立互斥的，它们之间存在相互耦合，如电力系统同步失稳有可能会引发电压失稳等问题。

2. 不同扰动大小与动态分析视角

研究电力系统在不同扰动下的动态特性，需要建立电力系统动态分析模型。根据扰动对电力系统状态的影响，以及电力系统响应的情况不同，需要有针对性地采用不同的动态分析模型。

如果系统受到的扰动较小，如缓慢的负载变化或发电机出力变化等，那么系统状态量变化也相对较小，就可以用线性化微分方程来描述电力系统的动态变化过程，并将其归入小扰动稳定问题的范畴。

如果系统受到的扰动较大，如线路三相故障、大型机组切除等，那么系统的状态量就会发生较大变化，甚至出现阶跃性突变，此时就需要采用非线性微分方程来描述电力系统的动态变化过程，并将其归入大扰动稳定问题的范畴。

进一步细分大扰动下系统的动态过程，如果触及保护、离散前馈控制等事件，此时系统的动态变化过程为非线性离散过程，需要根据具体的触发事件采用分段函数或状态转移模型的方式描述这一序贯动态过程；而如果大扰动不触及离散控制事件，则动态过程为非线性连续过程，在扰动后期还可采用分岔理论等分析系统的极限环存在性问题。

3. 扰动后动态过程视角

电力系统在受扰后一般会经历暂态以及暂态后恢复过程，然后过渡至准稳态乃至稳态。这一动态过程的三个阶段分别对应了历史上电力系统稳定问题中的暂态稳定问题、振荡稳定问题和静态稳定问题。

(1)暂态稳定问题关注系统受扰后，在状态变化较为剧烈的暂态过程中能量能否快速收敛，进而从故障前的运行点向另一个可能的稳定运行点过渡。需要强调的是，系统在暂态过程中可能引发保护、稳控等动作，使系统在过渡情况下受到二次扰动，从而进入状态持续变化的序贯暂态过程。因此，暂态稳定问题需要考虑系统受扰后保护及稳控的动作过程，以及相应的序贯暂态过程。

(2)振荡稳定问题关注暂态后系统进入状态量振荡波动的恢复过程时振荡能否收敛，即系统各处能量能否渐近收敛的问题。站在系统整体角度看，振荡的本质是组成系统的各个设备在自然或控制特性作用下与电网间或相互之间能否达成一致性均衡。如果各个设备的控制配合不协调或自然特性不协调，则可能不存在一致均衡点，或即使存在均衡点也难以收敛至该点，那么系统将持续振荡甚至发散。

值得注意的是，相对于暂态过程，系统在暂态后恢复过程中的扰动较小，因此振荡稳定问题也常称为小扰动稳定问题。但实际上振荡稳定问题也可能在大扰动期间出现，并在系统的非线性特性处出现分岔现象。考虑到实际系统的扰动量大小与系统体现出线性和非线性特性之间的关系难以明确界定，为避免术语混乱，本书将不从扰动量大小出发对稳定问题进行分类，而从动态过程阶段出发，将暂态后恢复过程中的振荡稳定问题定义为系统振荡问题。

(3)静态稳定问题关注系统在经历暂态和振荡过程后能否建立起新的稳定运行状态，即新的长期稳定运行点是否存在。当系统处于稳定运行点时，系统能够保持功率平衡，即原动机供给发电机的功率总是等于发电机输入系统供负荷消耗的功率；同时，系统中所有运行设备的电压、频率、电流等都在允许的范围内，所有同步电机可保持同步运行；再次，组成系统的各个设备在自然或控制特性作用下相互达成一致性均衡。

4. 观测系统动态过程的时间尺度视角

图1-10显示了电力系统在不同时间尺度下的动态行为，可粗略分为波过程、电磁暂态过程、机电暂态过程以及能动变化过程。在分析电力系统某一动态过程时，可以将其他过快和过慢过程看成已知条件或边界条件，重点关注对所分析过程有重要影响的因素，从而使得分析过程简化。

各种过程的关注点和应用范围大致如下：

(1)波过程主要与运行操作(如开关动作)、变流器控制以及雷击时的过电压有关，涉及电流、电压波的传播，时间尺度在亚微秒级至毫秒级，一般在研究过电压时考虑，在电力系统稳定分析中较少考虑。

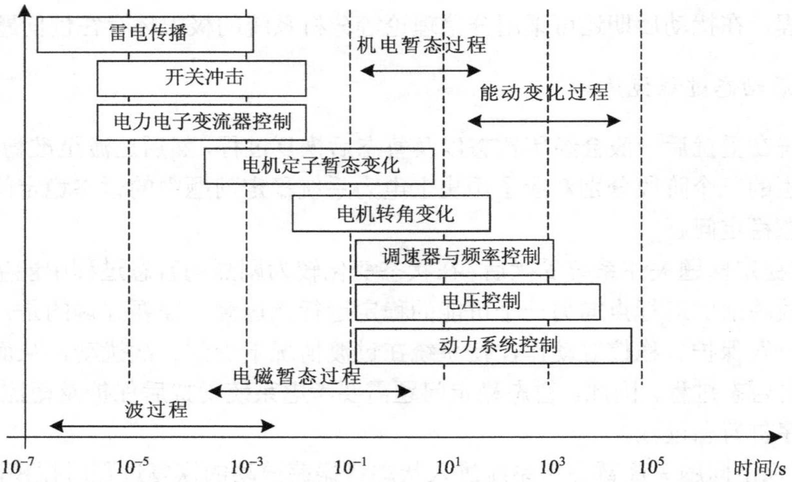

图 1-10　电力系统在不同时间尺度下的动态行为

(2) 电磁暂态过程主要与电力电子变流器控制以及系统故障有关，涉及各类元件中电场和磁场以及相应的工频电压和电流幅值的变化，持续时间比波过程略长，时间尺度为亚毫秒至秒级别。在对电磁暂态过程进行分析时，需要考虑电机定子暂态变化和转角变化等，可用于分析电力系统次/超同步振荡、谐振等现象。

(3) 机电暂态过程涉及电力系统中机械和电气耦合作用过程，用于分析同步发电机的功角、系统频率、电压以及发电功率等随着时间变化的过程，时间尺度为秒级。在对大电网机电暂态过程进行分析时，可对机组进行合并和简化，但需重点关注发电机和电动机电磁转矩变化引起的电机转子机械运动变化以及机组励磁、调速系统等响应，并且需要考虑该过程下的低频振荡问题等。

(4) 能动变化过程主要关注电力系统中能源供给的变化过程，时间尺度为秒至分钟级。在对能动变化过程进行研究时，需要构建能源供给系统的分析模型，也会涉及电力系统超低频振荡问题。

电力系统动态行为由设备及其控制系统的动态行为组成，设备及其控制系统响应特性的时间尺度不同，则系统受扰后由一个运行状态过渡到另一个运行状态的时间尺度就不同，由此导致系统在不同时间尺度下失稳的观测时间尺度不同。对于振荡问题而言，次/超同步振荡主要涉及电磁暂态过程，低频振荡主要涉及机电暂态过程，超低频振荡和部分低频振荡问题主要涉及能动过程。

5. 观测系统动态过程的空间尺度视角

电力系统是各类复杂设备在空间上的组合。在最大的空间尺度上，电力系统稳定性表现为系统整体稳定，即系统中的各状态量的幅值都在允许的范围内，系统可持续将电源侧产出电能安全、高效地输送至用户侧，满足用户侧的用电需求。进一步，要保障系统整体稳定性，就必须保障系统中各并网设备稳定，还需要考虑小空间尺度上的稳定问题。当系统中的任一设备失稳，尤其是关键设备失稳时，如果保护控制装置没有及时将失稳设备切除，则设备失稳将引起扰动扩散；即使保护控制装置及时切除了失稳设备，系统也会因此受到扰动，有可能诱发连锁故障，使系统中其他设备因失稳被相继切除，导致扰动范围进一步扩大，造成恶性循环；若系统无法在暂态后过渡到一个新的稳定运行状态，则会引发系统崩溃。例如，切除失稳发电机组将导致频率下降，若频率下降至危险水平，其他发电机组也将被迫切除，使得频率进一步下降，导致系统频率崩溃。

6. 系统组成要素的机理特性视角

电力系统失稳的原因是多样的，即使系统中各个设备均处于稳定运行状态，系统也并非一定处于稳定运行状态，这是因为系统的稳定性会受到设备自然特性、控制特性以及各设备间自然特性及控制特性的耦合特性影响，导致各个设备间及设备与整个系统间存在复杂的相互作用，极易引起系统振荡。当振荡在一定条件下产生，而相关控制措施没有及时进行抑制时，振荡可能不断增强扩散并诱发保护与稳控动作，形成连锁反应，最终造成系统失稳。例如，发电机组间振荡效应可能在系统中不断扩散，导致线路过流跳闸，进而引起潮流大范围转移，诱发系统全面失稳。

此外，不少设备如电力电子变流器等装载了大量复杂控制装置，在外界扰动激励下，设备运行状态会受不同时间尺度控制器的影响，进而影响整个系统在不同时间尺度下的动态行为及特性。同时，不同设备通过电网相互连接，不同控制器在不同时间尺度下相互作用，可能在广泛频率范围内产生振荡，使电力系统振荡机理变得极为复杂，进而影响电力系统振荡稳定性。

综合以上六种视角不难看出，面对一个规模庞大、结构复杂、要素繁多的电力系统，其稳定问题已然成为一类高维度、综合性难题，如图1-11所示。将图1-11与图1-1～图1-4以及图1-6和图1-7进行对比，不难看出在电力系统稳定问题的百年研究历史中，IEEE电力与能源协会和我国的能源局及行业协会不断提出的电力系统稳定问题分类体系，是采用树状结构对这一高维度、综合性问题进行低维简化表达，呈现出的是业界在某一时期对电力系统稳定问题的关注侧面。不难想象，随着能源革命、电力市场化和信息化建设，电力系统在组成要素、规模和组织结构方面将持续发展，图1-11所示的体系也将不断丰富，电力系统稳定问题将变得更加复杂，对研究的方法论、手段和工具将提出越来越高的要求。

1.2.3　电力系统稳定问题的分析方法

电力系统稳定问题包含两个层面的分析，一是电力系统动态分析，二是电力系统稳定分析，两者分析对象不同，具有层次递进关系，下面分别讨论。

1. 电力系统动态分析

电力系统动态分析主要分析电力系统的动态特性，分析对象是电力系统状态$\{\boldsymbol{S}, \boldsymbol{V}, \boldsymbol{\theta}\}$在动态过程中随时间的变化轨迹。

动态分析一般从电力系统元件模型入手，通过列写元件动态特性微分方程组，并以系统稳态运行时的状态量作为微分方程组的初始条件，求出系统状态量随时间变化的曲线。按照所考虑元件模型和时间尺度的不同，动态分析方法可进一步分为电磁暂态分析方法和机电暂态分析方法。

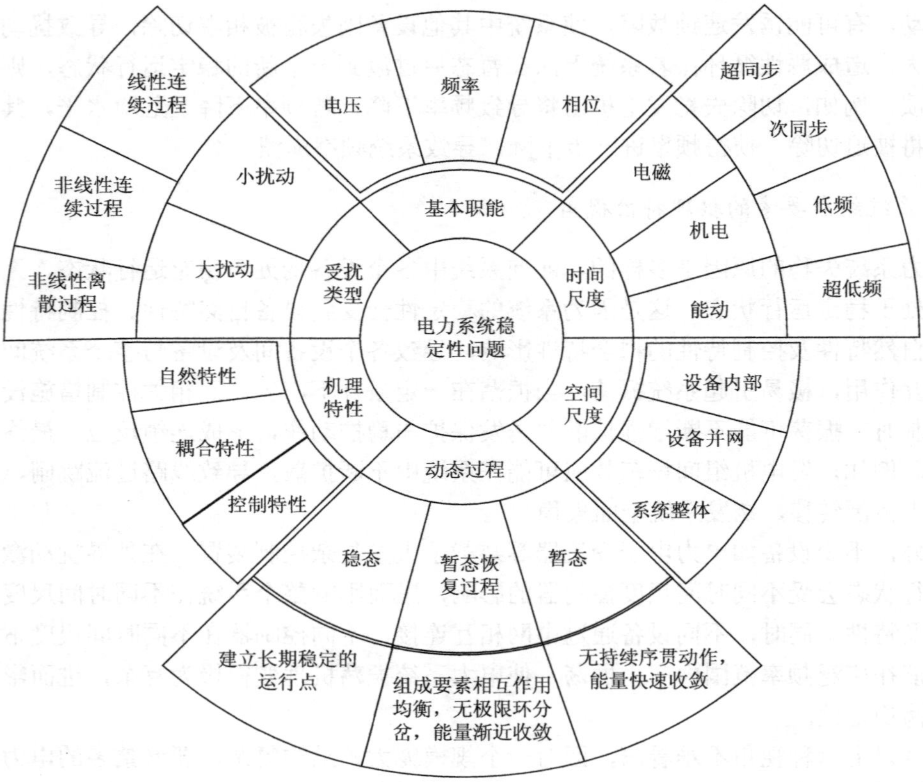

图 1-11　多维视角下电力系统稳定问题

1) 电磁暂态分析

电磁暂态分析对应电磁暂态过程时间尺度，一般采用三相瞬时值来描述系统，考虑电容、电感等元件动态过程，建立描述元件动态过程的微分方程或偏微分方程进行求解。

电磁暂态分析考虑了元件的详细模型，涉及元件的电磁耦合、非线性以及输电线路的分布参数等，分析步长一般为微秒至毫秒级，分析较为精细，可描述系统在微秒、毫秒级的动态特性，广泛用于三相不对称、波形畸变以及高次谐波等分析。但同时，电磁暂态分析计算复杂度较高，在实际运用时多结合分析任务要求将部分元件用平均值模型替代，并采用并行计算等技术手段提高分析效率。

目前，常用的电磁暂态分析软件有美国能源部主导开发的 EMTP (electro-magnetic transient program)、在 EMTDC 基础上发展而来的 PSCAD/EMTDC (power systems computer aided design/electro-magnetic transients including DC) 以及我国清华四川能源互联网研究院研发的 CloudPSS (power system simulator based on cloud computing) 等。

2) 机电暂态分析

机电暂态分析对应机电暂态时间尺度，一般基于工频正弦波假设条件，采用相量值代替交流电气量瞬时值描述电力系统动态过程，从而将电力系统由三相网络转换为正序网络进行计算。

机电暂态分析对元件模型进行了一定程度上的简化，分析相对简单，分析步长一般为毫秒级，可描述系统在秒级乃至更长时间过程内的动态特性，一般用于揭示系统的机电功率交换、功频特性及振荡特性等。

目前，常用的机电暂态分析工具有西门子旗下的PSS/E(power system simulator/engineering)、德国DIgSILENT GmbH公司研发的DIgSILENT(digital simulation and electrical network)，以及中国电力科学研究院自主研发的PSASP(power system analysis software package)和引进吸收再转化的PSD-BPA(power system department-bonneville power administration)等。

2. 电力系统稳定分析

电力系统稳定分析考察的是电力系统在某一状态下的稳定性，分析对象是电力系统以某一状态为初态，受扰之后系统的能量、阻尼、平衡点状态等特征，并给出相应的稳定裕度。由此可见，电力系统稳定分析是建立在电力系统动态分析基础之上的命题。

电力系统稳定分析方法不再单纯构建和求解电力系统微分方程组，而是从物理角度出发，构建稳定分析函数或者稳定分析模型，以系统的状态量为输入，求解稳定分析函数或模型的输出，进而判断系统是否会失去稳定或者计算系统的稳定裕度。

随着电力系统规模的增大、组成元件种类的增加以及组织结构的复杂化，电力系统稳定问题变得更加复杂，人们研究电力系统稳定性的分析方法也分化出两类主要路径，即知识主导的研究路径和数据主导的研究路径，如图1-12所示。

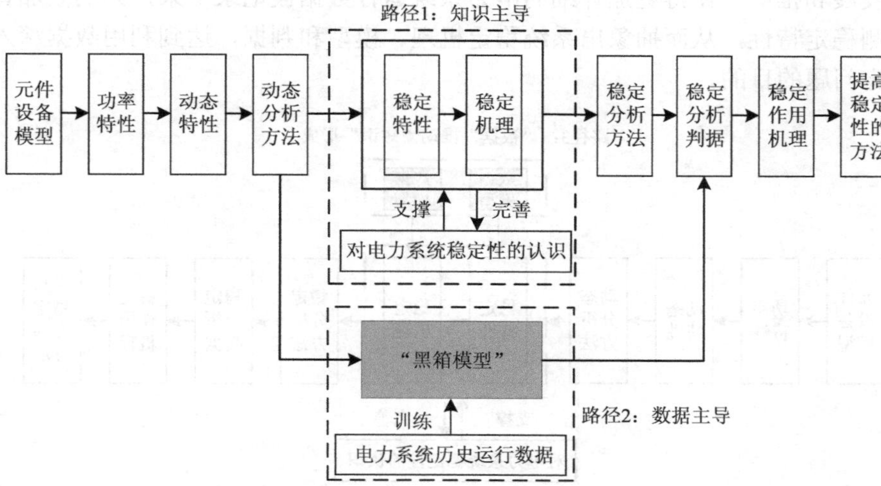

图1-12 知识主导和数据主导下的两类研究路径

1)知识主导的稳定分析路径

传统电力系统稳定问题的研究路径是以系统的动态特性为基础抽象出稳定特性和稳定机理，再以此为基础提出稳定分析方法，用于辨别电力系统在特定条件下是否处于稳定状态或用于指导相应的电力系统稳定裕度计算，这种方法论层面的路径其实是一种领域知识主导的稳定分析研究路径。

在知识主导的路径下，电力系统稳定问题的研究有赖于已有的理论基础，稳定分析方法的发展会进一步完善电力系统理论知识体系，其中的核心环节是电力系统稳定特性的提取和机理知识抽象。随着人们对电力系统认识的不断深入，大量基于知识的稳定分析方法被相继提出，包括静态稳定域分析、等面积分析法、暂态能量函数分析法、特征分析法和基于 Hopf 分岔的稳定分析法等，使知识主导的稳定分析路径成为研究电力系统稳定问题最主要的路径。

2)数据主导的稳定分析路径

随着电力系统的不断发展，电力系统稳定问题变得更加多样且复杂，要抽象出电力系统稳定特性和稳定机理变得更加困难。因此，一些学者期望跳过稳定特性分析和稳定机理抽象的环节，从电力系统大量的历史动态数据出发，期望借助人工智能、统计数据分析等技术，直接对电力系统稳定性进行评估，这就形成了数据主导的稳定分析路径。

在数据主导的稳定分析路径下，稳定特性和稳定机理被看作一个“黑箱”，可略去相应的分析和抽象过程，从而直接从大量电力系统历史动态数据中“学习”电力系统运行状态与稳定性评估指标之间的映射关系，其核心在于映射模型的构建和学习算法的设计。随着人工智能、大数据等技术的不断发展，大量基于数据的电力系统稳定分析与评估方法被提出，包括基于模式识别的稳定分析方法、基于人工神经网络的稳定分析方法等。

事实上，上述两类稳定分析方法的研究路径并非相互对立或者平行，而是相互影响，相互促进，并且逐渐走向融合的。

一方面，知识主导的研究路径在朝着“数据”方向靠拢，如图 1-13 所示。电力系统量测装置的发展和推广，使得更加详细的电力系统运行数据被记录下来，人们更加青睐于通过数据观测稳定特性，从而抽象出系统稳定机理、模型和判据，达到利用数据深入认识电力系统稳定问题的目的。

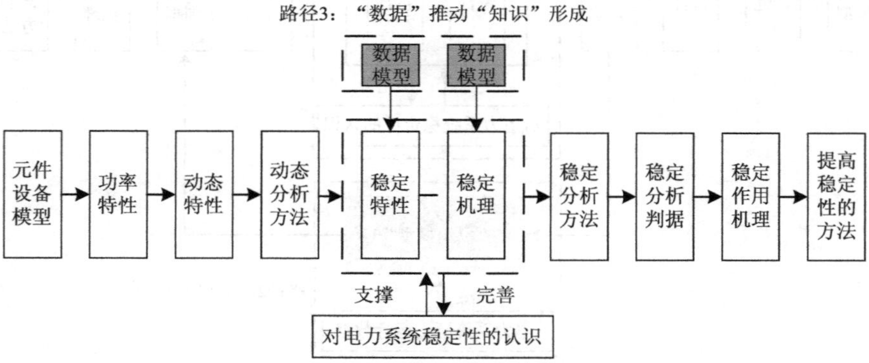

图 1-13　知识主导的研究路径朝“数据”方向靠拢

另一方面，数据主导的研究路径对知识的依赖性也不断增强，如图 1-14 所示。电力系统稳定问题复杂度越来越高，利用简单回归、分类和浅层神经网络等统计学习模型分析电力系统稳定性的适用性变得越来越差。因此，即便是数据主导的稳定分析方法，也需要根据对电力系统稳定问题的认识选择合适的分析模型。例如，在构建基于神经网络的电力系统稳定分析模型时，研究者需要在卷积神经网络、循环神经网络以及深度前馈神经网络等多类神经网络模型中进行选择，基于电力系统稳定特性和稳定机理，确定模型的参数、拟合函数和反馈回路等，从而提高稳定分析结果的准确性。

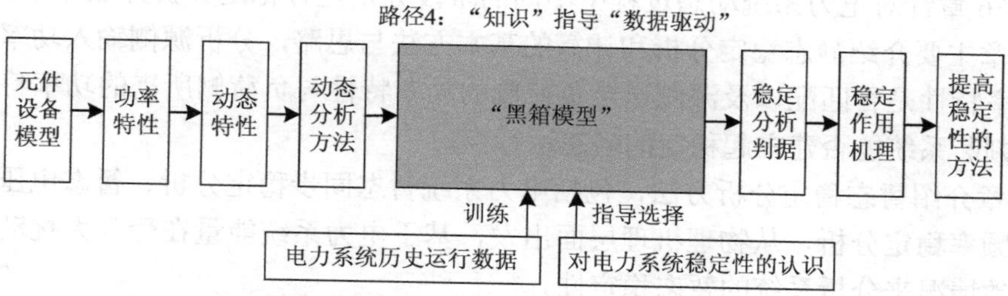

图 1-14 数据主导的研究路径对知识的依赖性不断增强

本书将聚焦知识主导的稳定分析方法研究路径，从电力系统稳定特性和稳定机理出发，介绍相关稳定分析方法。至于数据主导的电力系统稳定分析方法，重点关注的是数据模型的构建和训练算法的设计，相关内容需要以大量人工智能知识为基础，本书仅在个别章节的深入和展望处进行适当讨论，不再具体展开。感兴趣的读者可以查阅相关文献和书籍进行研读与学习。

1.3 本书的主要内容

本书所做工作是从演化发展以及系统架构的视角对电力系统稳定问题重新进行梳理，并融入作者的基本观点和研究心得。本书的主要内容将围绕"知识主导的电力系统稳定分析路径"展开，整体内容框架如图 1-15 所示。

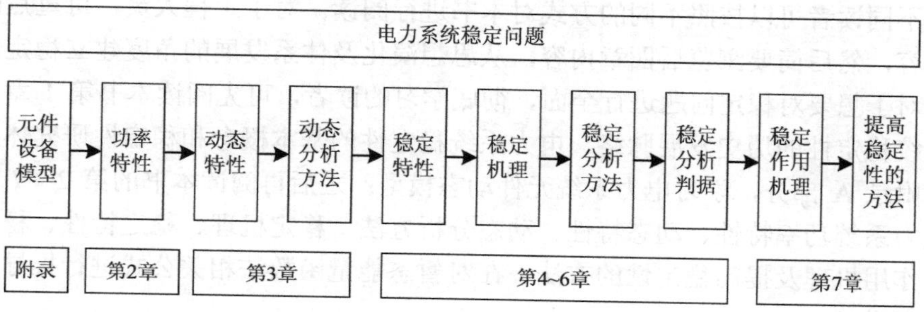

图 1-15 本书内容的主体框架

下面介绍各个章节的主要内容。

第 1 章首先回顾了人们对电力系统稳定问题的认识和研究历程，然后从不同角度出发对电力系统稳定问题进行了再认识，介绍稳定问题的基本概念、表现形式和分析方法，是全书框架的介绍。

第 2 章介绍电力系统功率特性和计算方法，分析不同场景下电力系统源侧和负荷侧的功率特性曲线。该章的内容是后续进行电力系统动态分析和稳定分析的基础。

第 3 章介绍电力系统动态分析的基本原理与思路，分析受扰后系统各状态量随时间变化的动态过程，即系统运行点在受扰后的动态变化轨迹。该章的内容是后续讨论电力系统静态稳定、暂态稳定以及振荡三大类问题的基础。

第 4～6 章针对电力系统动态过程中不同的阶段分别进行稳定分析方法介绍。

第 4 章主要介绍静态稳定分析和计算的基本方法与思路，分析源侧输入功率特性与源侧送出功率特性是否匹配以及源侧送至负荷侧的功率特性与负荷侧所需的功率特性是否匹配，以此判断系统能否建立起稳定的静态运行点。

第 5 章介绍暂态稳定分析方法，包括电力系统暂态同步稳定分析、暂态电压稳定分析以及暂态频率稳定分析，从物理机理层面出发，基于电力系统能量在受到大扰动后的动态分布及收敛情况来分析系统的暂态稳定性。

第 6 章聚焦电力系统振荡问题，介绍四种基本分析方法，即特征分析法、阻抗法、复转矩系数法和 Hopf 分岔理论，之后针对在线分析和新能源电力系统分别介绍大规模特征分析的数值计算方法和考虑不确定性的概率特征分析法，分析电力系统运行状态是否会在扰动下振荡以及系统振荡能否收敛，即电力系统振荡稳定问题。

在介绍电力系统动态特性和各类稳定问题分析方法后，第 7 章将进一步讨论提升电力系统稳定性的方法，根据参数对系统动态特性和稳定性的影响机理，分析如何合理设计电力系统网架参数以及如何合理设计电力系统稳定控制方法，以此提高电力系统稳定性。

本书最后提供了两个附录，附录 A 是电力系统机电暂态分析涉及的各类元件的动态模型，每类模型都提供了相应的框图和数学方程，读者在阅读第 3 章时可根据附录 A 进行相应建模，编写相关程序；附录 B 是书中部分复杂公式的推导，对于正文中没有详细展开的数学证明或推导过程，可在此处进行查阅。

本书可供从事新型能源体系规划建设、电力系统运行调度等领域的技术、科研、管理人员在实际工作中参考，也可作为相关专业高年级本科生以及研究生学习电力系统稳定性的教材。不同读者可以按照不同的方式对本书进行阅读。对于工程人员，可重点阅读本书前三章内容，然后简要浏览后四章内容，从思想演化及体系发展的角度建立稳定问题的分析框架。对于想要对稳定问题进行全面、彻底学习的读者，可先阅读本书第 1 章内容，了解电力系统稳定性的历史发展脉络、电力系统稳定性的基本概念和稳定性研究体系；然后阅读本书附录 A 部分，学习电力系统元件动态模型；之后再阅读本书的第 2～7 章，理解并掌握电力系统功率特性、动态特性、动态分析方法、稳定机理、稳定特性、稳定分析方法、稳定作用机理及提高稳定性的方法。在对暂态能量函数法相关公式进行推导时，可查阅附录 B 部分。

参 考 文 献

邓建峰, 2003. 一种电力系统频率稳定的快速预测算[J]. 高电压技术, 29(6): 52.

董晓亮, 谢小荣, 李江, 等, 2015. 大型风电场中不同位置的风机对次同步谐振特性影响程度的比较分析[J]. 中国电机工程学报, 35(20): 5173-5180.

冯治鸿, 刘取, 倪以信, 等, 1992. 多机电力系统电压静态稳定性分析——奇异值分解法[J]. 中国电机工程学报, 12(3): 10-19.

黄青青, 2019. 电压稳定和功角稳定交互影响评估研究[D]. 北京: 华北电力大学.

李峰, 管霖, 钟杰峰, 等, 2005. 广东交直流混合电网的运行稳定性研究[J]. 电网技术, 29(11): 1-4.

李明节, 于钊, 许涛, 等, 2017. 新能源并网系统引发的复杂振荡问题及其对策研究[J]. 电网技术, 41(4): 1035-1042.

李岩, 黎小林, 饶宏, 等, 2008. 贵广二回直流输电工程自主创新成果[J]. 南方电网技术, 2(6): 36-40.
汤涌, 李晨光, 朱方, 等, 2003. 川电东送工程系统调试[J]. 电网技术, 27(12): 14-21.
汤涌, 朱方, 张东霞, 等, 2001. 华北—东北联网工程系统调整试验[J]. 电网技术, 25(11): 46-49.
汪娟娟, 张尧, 夏成军, 等, 2008. 交直流电力系统暂态电压稳定性综述[J]. 电网技术(12): 30-34.
谢小荣, 刘华坤, 贺静波, 等, 2018. 电力系统新型振荡问题浅析[J]. 中国电机工程学报, 38(10): 2821-2828, 3133.
徐泰山, 薛禹胜, 韩祯祥, 1996. 用 EEAC 法分析小扰动电压稳定[J]. 电力系统自动化(8): 13-17.
张靖, 文劲宇, 程时杰, 2006. 基于向量场正规形方法的功角和电压稳定特征分析[J]. 电力系统自动化, 30(12): 12-16.
张瑞琪, 闵勇, 侯凯元, 2003. 电力系统切机/切负荷紧急控制方案的研究[J]. 电力系统自动化, 27(18): 6-12.
张文涛, 邱宇峰, 郑旭军, 1996. GPS 及其在电力系统中的应用[J]. 电网技术, 20(5): 38-40.
BALANCE J W, GOLDBERGS, 1973. Subsynchronous resonance in series compensated transmission lines[J]. IEEE transactions on power apparatus and systems, 92(5): 1649-1658.
BOWLER C E J, EWART D N, CONCORDIA C, 1973. Self excited torsional frequency oscillations with series capacitors[J]. IEEE transactions on power apparatus and systems, 92(5): 1688-1695.
BULDYREV S V, PARSHANI R, PAUL G, et al., 2010. Catastrophic cascade of failures in interdependent networks[J]. Nature, 464(7291): 1025-1028.
BURNETT R, BUTTS M M, 1994. Synchronized phasor measurements of a power system event[J]. IEEE transactions on power systems, 9(3): 1643-1650.
DEMELLO F P, CONCORDIA C, 1969. Concepts of synchronous machine stability as affected by excitation control[J]. IEEE Transactions on power apparatus and systems, 88(4): 316-329.
EVANS R D, BERGVALL R C, 1924. Experimental analysis of stability and power limitations[J]. Transactions of the American institute of electrical engineers, 43: 39-58.
EVANS R D, WAGNER C F, 1926. Studies of transmission stability[J]. Transactions of the American institute of electrical engineers, 45: 51-94.
FORTESCUE C L, 1925. Transmission stability analytical discussion of some factors entering into the problem[J]. Transactions of the American institute of electrical engineers, 44: 984-1003.
HAMMAD A E, EL-SADEK M Z, 1989. Prevention of transient voltage instabilities due to induction motor loads by static VAR compensators[J]. IEEE transactions on power systems, 4(3): 1182-1190.
HATZIARGYRIOU N, MILANOVIC J, RAHMANN C, et al., 2020. Definition and classification of power system stability–revisited & extended[J]. IEEE transactions on power systems, 36(4): 3271-3281.
IEEE Power System Engineering Committee, 1982. Proposed terms and definitions for power system stability[J]. IEEE transactions technical report.
KAPPENMAN J G, 1996. Geomagnetic storms and their impact on power systems[J]. IEEE power engineering review, 16(5): 5.
KUNDUR P, PASERBA J, AJJARAPU V, et al., 2004. Definition and classification of power system stability IEEE/CIGRE joint task force on stability terms and definitions[J]. IEEE transactions on power systems, 19(3): 1387-1401.
KURITA A, SAKURAI T, 1988. The power system failure on July 23, 1987 in Tokyo[C]. Proceedings of the 27th IEEE conference on decision and control. IEEE: 2093-2097.

LARSEN E V, SWANN D A, 1981. Applying power system stabilizers part Ⅰ: General concepts[J]. IEEE transactions on power apparatus and systems, (6): 3017-3024.

LARSEN E V, SWANN D A, 1981. Applying power system stabilizers part Ⅱ: Performance objectives and tuning concepts[J]. IEEE transactions on power apparatus and systems, (6): 3025-3033.

LARSEN E V, SWANN D A, 1981. Applying power system stabilizers Part Ⅲ: Practical considerations[J]. IEEE transactions on power apparatus and systems, (6): 3034-3046.

LIU J, MOLINAS M, 2020. Impact of inverter digital time delay on the harmonic characteristics of grid-connected large-scale photovoltaic system[J]. IET renewable power generation, 14 (18): 3809-3815.

NICKLE C A, LAWTON F L, 1926. Abridgment of an investigation of transmission-system power limits[J]. Journal of the AIEE, 45 (9): 864-874.

OVERBYE T J, MARCO C D, 1991. Voltage security enhancement using energy based sensitivities[J]. IEEE transactions on power systems, 6 (3): 1196-1202.

PHADKE A G, PICKETT B, ADAMIAK M, et al., 1994. Synchronized sampling and phasor measurements for relaying and control[J]. IEEE transactions on power delivery, 9 (1): 442-452.

SCHLEIF F R, WHITE J H, 1966. Damping for the northwest-southwest tieline oscillations-an analog study[J]. IEEE transactions on power apparatus and systems, (12): 1239-1247.

SEKINE Y, OHTSUKI H, 1990. Cascaded voltage collapse[J]. IEEE transactions on power systems, 5 (1): 250-256.

SHAO B, ZHAO S, GAO B, et al., 2021. Adequacy of the single-generator equivalent model for stability analysis in wind farms with VSC-HVDC systems[J]. IEEE transactions on energy conversion, 36 (2): 907-918.

SHAO B, ZHAO S, GAO B, et al., 2021. Sub-synchronous oscillation characteristics and analysis of direct-drive wind farms with VSC-HVDC systems[J]. IEEE transactions on sustainable energy, 12 (2): 1127-1140.

STEINMETZ C P, 1920. Power control and stability of electric generating stations[J]. Transactions of the American institute of electrical engineers, 39 (2): 1215-1287.

TIRANUCHIT A, EWERBRING L M, DURYEA R A, et al., 1988. Towards a computationally feasible on-line voltage instability index[J]. IEEE transactions on power systems, 3 (2): 669-675.

VANDENBERGHE F, GREBE E, KLAAR D, et al., 2004. Final report of the investigation committee on the 28 September 2003 blackout in Italy[R]. UCTE report.

WAGNER C F, EVANS R D, 1927. Abridgment of static stability limits and the intermediate condenser station[J]. Journal of the AIEE, 46 (12): 1423-1430.

WANG L, XIE X, JIANG Q, et al., 2014. Investigation of SSR in practical DFIG-based wind farms connected to a series-compensated power system[J]. IEEE transactions on power systems, 30 (5): 2772-2779.

第2章 电力系统功率特性

在第 1 章中提到，电力系统稳定问题是电力系统的基本问题之一，其关注的是电力系统功率传输功能的持续性。因此，电力系统功率特性是研究电力系统稳定问题的基础。

考虑到电力系统由节点和线路组成，源荷直接连接到网络或通过电力电子逆变器并网，电力系统的整体功率特性由各个节点的功率注入和输出特性以及节点到节点间的功率传输特性决定。从数学的角度分析，电力系统的运行点即所有节点功率特性相互匹配形成的交点，其随时间的动态移动形成电力系统动态过程。因此，在研究电力系统稳定问题时，首先需要认识电力系统功率特性的描述和计算方法，然后分析系统是否能将源侧发出的功率输送至负荷侧。

本章首先介绍二端口网络的电磁功率特性；然后，考虑二端口网络一端为同步发电机、电力电子并网逆变器、负荷等设备元件，另一端为无穷大系统时的功率特性；接下来，介绍网络参数变化及并网设备采用不同控制策略时功率特性的变化；最后，介绍复杂电力系统的功率特性。

需要注意的是，本章的讨论以标幺值表示各量，不区别相电压和线电压、单相功率和三相功率。

2.1 二端口网络的功率特性

2.1.1 二端口网络功率特性的一般表达

任意二端口网络两端的电压和电流可表示为图 2-1 的形式，为方便后续表述，将两侧端口分别记作 1 侧和 2 侧。

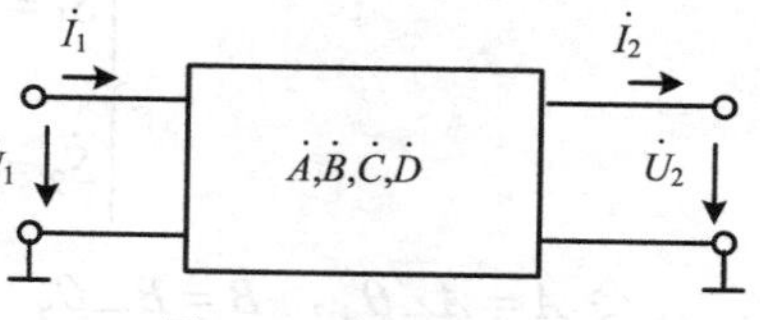

图 2-1 二端口网络

1 侧和 2 侧电压、电流间的关系可用 T 参数矩阵的形式来表示：

$$\begin{bmatrix}\dot{U}_1\\ \dot{I}_1\end{bmatrix}=\begin{bmatrix}\dot{A} & \dot{B}\\ \dot{C} & \dot{D}\end{bmatrix}\begin{bmatrix}\dot{U}_2\\ \dot{I}_2\end{bmatrix} \tag{2-1}$$

其中，$\dot{A}$、$\dot{B}$、$\dot{C}$、$\dot{D}$为二端口网络方程复系数，$\dot{A}$、$\dot{D}$无量纲，$\dot{B}$是阻抗系数，$\dot{C}$是导纳系数。$\dot{A}$、$\dot{B}$、$\dot{C}$、$\dot{D}$可由节点导纳方程具体计算得到，其中：

$$\dot{A}=-\frac{\dot{Y}_{22}}{\dot{Y}_{21}},\quad \dot{B}=-\frac{1}{\dot{Y}_{21}},\quad \dot{C}=-\frac{\dot{Y}_{11}\dot{Y}_{22}-\dot{Y}_{12}\dot{Y}_{21}}{\dot{Y}_{21}},\quad \dot{D}=-\frac{\dot{Y}_{11}}{\dot{Y}_{21}} \tag{2-2}$$

式中，方程系数矩阵可逆，即$\dot{Y}_{12}=\dot{Y}_{21}$，因此$\dot{A}\dot{D}-\dot{B}\dot{C}=1$。

在二端口网络中，1 侧和 2 侧端口均可以接入电压源或电流源。根据接入电源形式的不同，可获得不同的二端口网络功率特性表达式。值得注意的是，二端口网络功率特性一般表达为受控量和网络参数的函数关系式。当端口接入电压源时，受控量为电压源电压的幅值及其相角；当端口接入的是电流源时，受控量为电流源发出电流的幅值及其功率因数角。

在实际电力系统分析中，由于电压和频率控制需要，很难出现二端口网络两侧均接入电流源的情况，因此二端口网络中至少有一端为电压源。在忽略了二端口网络两侧都为电流源的情况后，二端口网络接入电源的形式分为两种：第一种为两侧都接入电压源，第二种为一侧接入电压源而另一侧接入电流源。下面分别对这两种电源接入形式的二端口网络功率特性表达式进行具体讨论。

1. 两侧端口均接入电压源

两侧端口均接入电压源时，令端口 1 电压为 $\dot{U}_1 = U_1\angle\theta_{U1}$，端口 2 的电压为 $\dot{U}_2 = U_2\angle\theta_{U2}$，此时二端口电源的受控量为两端电压幅值 U_1、U_2 和两端电压相角 θ_{U1}、θ_{U2}。二端口网络的复功率方程可表达为如下形式：

$$
\begin{aligned}
\dot{S}_1 &= f_1(U_1, U_2, \theta_{U1}, \theta_{U2}) \\
\dot{S}_2 &= f_2(U_1, U_2, \theta_{U1}, \theta_{U2})
\end{aligned}
\tag{2-3}
$$

下面推导 f_1 和 f_2 的具体形式。

由式(2-1)可得，端口两侧电流 $\dot{I}_1$、$\dot{I}_2$ 可表示为

$$
\begin{cases}
\dot{I}_1 = \dfrac{1}{\dot{B}}\left(\dot{D}\dot{U}_1 - \dot{U}_2\right) \\
\dot{I}_2 = \dfrac{1}{\dot{B}}\left(\dot{U}_1 - \dot{A}\dot{U}_2\right)
\end{cases}
\tag{2-4}
$$

从而二端口网络的复功率方程为

$$
\begin{cases}
\dot{S}_1 = P_1 + \mathrm{j}Q_1 = \dot{U}_1\dot{I}_1^* = \dfrac{U_1{}^2\dot{D}^*}{\dot{B}^*} - \dfrac{\dot{U}_1\dot{U}_2{}^*}{\dot{B}^*} \\
\dot{S}_2 = P_2 + \mathrm{j}Q_2 = \dot{U}_2\dot{I}_2^* = -\dfrac{U_2{}^2\dot{A}^*}{\dot{B}^*} + \dfrac{\dot{U}_2\dot{U}_1{}^*}{\dot{B}^*}
\end{cases}
\tag{2-5}
$$

令 $\dot{A} = A\angle\theta_A$，$\dot{B} = B\angle\theta_B$，$\dot{C} = C\angle\theta_C$，$\dot{D} = D\angle\theta_D$，则式(2-5)可写成

$$
\begin{cases}
\dot{S}_1 = \dfrac{U_1^2 D}{B}\angle(\theta_B - \theta_D) - \dfrac{U_1U_2}{B}\angle(\theta_B + \theta_{U1} - \theta_{U2}) \\
\dot{S}_2 = -\dfrac{U_2^2 A}{B}\angle(\theta_B - \theta_A) + \dfrac{U_1U_2}{B}\angle(\theta_B - \theta_{U1} + \theta_{U2})
\end{cases}
\tag{2-6}
$$

在电力系统分析和计算中，常将输入阻抗 $\dot{Z}_{11}$ 和 $\dot{Z}_{22}$ 以及转移阻抗 $\dot{Z}_{12}$ 引入上述复功率计算公式。记 $\dot{Z}_{11} = |Z_{11}|\angle\varphi_{11}$、$\dot{Z}_{22} = |Z_{22}|\angle\varphi_{22}$、$\dot{Z}_{12} = |Z_{12}|\angle\varphi_{12}$。对于图 2-1 所示的二端口网络，令 $\dot{U}_2 = 0$，便得

$$
\dot{Z}_{11} = \frac{\dot{U}_1}{\dot{I}_1} = \frac{\dot{B}}{\dot{D}}, \quad \dot{Z}_{12} = \frac{\dot{U}_1}{\dot{I}_2} = \dot{B}
\tag{2-7}
$$

反过来，令 $\dot{U}_1 = 0$，便有

$$\dot{Z}_{22}=\frac{\dot{U}_2}{-\dot{I}_2}=\frac{\dot{B}}{\dot{A}} \tag{2-8}$$

这里 $\dot{Z}_{11}$ 和 $\dot{Z}_{22}$ 分别为端口 1 和端口 2 的输入阻抗，$\dot{Z}_{12}$ 为端口 1 和端口 2 之间的转移阻抗，此时式(2-6)可转化为

$$\begin{cases}\dot{S}_1=\dfrac{U_1^2}{|Z_{11}|}\angle\varphi_{11}-\dfrac{U_1U_2}{|Z_{12}|}\angle(\varphi_{12}+\theta_{U1}-\theta_{U2})\\ \dot{S}_2=-\dfrac{U_2^2}{|Z_{22}|}\angle\varphi_{22}+\dfrac{U_1U_2}{|Z_{12}|}\angle(\varphi_{12}-\theta_{U1}+\theta_{U2})\end{cases} \tag{2-9}$$

如果将阻抗角用相应的余角表示，即 $\varphi_{11}=90°-\alpha_{11}$ 和 $\varphi_{12}=90°-\alpha_{12}$，并将复功率计算公式按有功和无功分别展开，可得

$$\begin{cases}P_1=\dfrac{U_1^2}{|Z_{11}|}\sin\alpha_{11}+\dfrac{U_1U_2}{|Z_{12}|}\sin(\theta_{U1}-\theta_{U2}-\alpha_{12})\\ Q_1=\dfrac{U_1^2}{|Z_{11}|}\cos\alpha_{11}-\dfrac{U_1U_2}{|Z_{12}|}\cos(\theta_{U1}-\theta_{U2}-\alpha_{12})\end{cases} \tag{2-10}$$

$$\begin{cases}P_2=-\dfrac{U_2^2}{|Z_{22}|}\sin\alpha_{22}+\dfrac{U_1U_2}{|Z_{12}|}\sin(\theta_{U1}-\theta_{U2}+\alpha_{12})\\ Q_2=-\dfrac{U_2{}^2}{|Z_{22}|}\cos\alpha_{22}+\dfrac{U_1U_2}{|Z_{12}|}\cos(\theta_{U1}-\theta_{U2}+\alpha_{12})\end{cases} \tag{2-11}$$

式(2-10)和式(2-11)即二端口网络两侧均接入电压源时的功率传输特性表达式。

2. 1 侧接入电流源，2 侧接入电压源

1 侧接入电流源，2 侧接入电压源时，令端口 1 的电流为 $\dot{I}_1=I_1\angle\theta_{I1}$，端口 1 的电压为 $\dot{U}_1=U_1\angle\theta_{U1}$，端口 2 的电压为 $\dot{U}_2=U_2\angle\theta_{U2}$。此时，二端口电源的受控量为电流幅值 I_1，电流源端的功率因数角 $\beta_1=\theta_{U1}-\theta_{I1}$，电压源幅值 U_2 和电压相角 $\angle\theta_{U2}$。二端口网络的复功率方程可表达为如下形式:

$$\begin{cases}\dot{S}_1=f_3(I_1,\beta_1,U_2,\theta_{U2})\\ \dot{S}_2=f_4(I_1,\beta_1,U_2,\theta_{U2})\end{cases} \tag{2-12}$$

下面推导 f_3 和 f_4 的具体形式。

由式(2-1)可得，端口 1 电压 $\dot{U}_1$ 和端口 2 电流 $\dot{I}_2$ 可表示为

$$\dot{U}_1=\frac{1}{\dot{D}}(\dot{B}\dot{I}_1+\dot{U}_2) \tag{2-13a}$$

$$\dot{I}_2=\frac{1}{\dot{D}}(\dot{I}_1-\dot{C}\dot{U}_2) \tag{2-13b}$$

则二端口复功率方程为

$$
\begin{cases}
\dot{S}_1 = P_1 + \mathrm{j}Q_1 = \dot{U}_1\dot{I}_1^* = \dfrac{I_1^2\dot{B}}{\dot{D}} + \dfrac{\dot{U}_2\dot{I}_1^*}{\dot{D}} \\
\dot{S}_2 = P_2 + \mathrm{j}Q_2 = \dot{U}_2\dot{I}_2^* = \dfrac{\dot{U}_2\dot{I}_1^*}{\dot{D}^*} - \dfrac{\dot{C}^*U_2^2}{\dot{D}^*}
\end{cases}
\tag{2-14}
$$

令 $\dot{A} = A\angle\theta_A$，$\dot{B} = B\angle\theta_B$，$\dot{C} = C\angle\theta_C$，$\dot{D} = D\angle\theta_D$，则式(2-14)可以写成

$$
\begin{cases}
\dot{S}_1 = \dfrac{I_1^2B}{D}\angle(\theta_B - \theta_D) + \dfrac{U_2I_1}{D}\angle(\theta_{U2} - \theta_{I1} - \theta_D) \\
\dot{S}_2 = \dfrac{U_2I_1}{D}\angle(\theta_{U2} - \theta_{I1} + \theta_D) - \dfrac{CU_2^2}{D}\angle(\theta_D - \theta_C)
\end{cases}
\tag{2-15}
$$

在式(2-1)中，令 $\dot{I}_1 = 0$，便有

$$
\frac{\dot{U}_2}{-\dot{I}_2} = \frac{\dot{D}}{\dot{C}} = \dot{Z}_{22}
\tag{2-16}
$$

将式(2-16)代入式(2-15)可得

$$
\begin{cases}
\dot{S}_1 = I_1^2|Z_{11}|\angle\varphi_{11} + \dfrac{U_2I_1}{D}\angle(\theta_{U2} - \theta_{I1} - \theta_D) \\
\dot{S}_2 = \dfrac{U_2I_1}{D}\angle(\theta_{U2} - \theta_{I1} + \theta_D) - \dfrac{U_2^2}{|Z_{22}|}\angle\varphi_{22}
\end{cases}
\tag{2-17}
$$

令 $\varphi_{11} = 90° - \alpha_{11}$、$\varphi_{22} = 90° - \alpha_{22}$，将式(2-17)展开可得

$$
\begin{cases}
P_1 = I_1^2|Z_{11}|\sin\alpha_{11} + \dfrac{U_2I_1}{D}\cos(\theta_{I1} - \theta_{U2} + \theta_D) \\
Q_1 = I_1^2|Z_{11}|\cos\alpha_{11} - \dfrac{U_2I_1}{D}\sin(\theta_{I1} - \theta_{U2} + \theta_D)
\end{cases}
\tag{2-18}
$$

$$
\begin{cases}
P_2 = \dfrac{U_2I_1}{D}\cos(\theta_{I1} - \theta_{U2} - \theta_D) - \dfrac{U_2^2}{|Z_{22}|}\sin\alpha_{22} \\
Q_2 = -\dfrac{U_2I_1}{D}\sin(\theta_{I1} - \theta_{U2} - \theta_D) - \dfrac{U_2^2}{|Z_{22}|}\cos\alpha_{22}
\end{cases}
\tag{2-19}
$$

将 $\beta_1 = \theta_{U1} - \theta_{I1}$，即 $\theta_{I1} = \theta_{U1} - \beta_1$ 代入式(2-18)和式(2-19)，令 $\gamma = \theta_{U1} - \theta_{U2} + \theta_D$，根据三角函数和角公式可得

$$
\begin{cases}
P_1 = I_1^2|Z_{11}|\sin\alpha_{11} + \dfrac{U_2I_1}{D}(\cos\gamma\cos\beta_1 + \sin\gamma\sin\beta_1) \\
Q_1 = I_1^2|Z_{11}|\cos\alpha_{11} - \dfrac{U_2I_1}{D}(\sin\gamma\cos\beta_1 - \cos\gamma\sin\beta_1)
\end{cases}
\tag{2-20}
$$

$$
\begin{cases}
P_2 = \dfrac{U_2I_1}{D}\left[\cos\gamma\cos(\beta_1 + 2\theta_D) + \sin\gamma\sin(\beta_1 + 2\theta_D)\right] - \dfrac{U_2^2}{|Z_{22}|}\sin\alpha_{22} \\
Q_2 = -\dfrac{U_2I_1}{D}\left[\sin\gamma\cos(\beta_1 + 2\theta_D) - \cos\gamma\sin(\beta_1 + 2\theta_D)\right] - \dfrac{U_2^2}{|Z_{22}|}\cos\alpha_{22}
\end{cases}
\tag{2-21}
$$

同时，由式(2-7)和式(2-13)可得

$$\dot{U}_1 = \dot{I}_1 \dot{Z}_{11} + \frac{\dot{U}_2}{\dot{D}} \tag{2-22}$$

对 $\dot{Z}_{11}$ 进行实虚部展开可得

$$\dot{U}_1 = \dot{I}_1 (R + \mathrm{j}X) + \frac{\dot{U}_2}{\dot{D}} = \dot{I}_1 R + \mathrm{j}X\dot{I}_1 + \frac{\dot{U}_2}{\dot{D}} \tag{2-23}$$

由此可画出如图 2-2 所示的相量图。

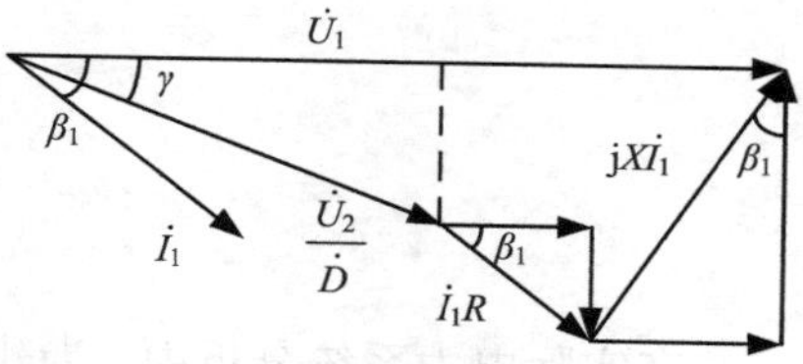

图 2-2　一侧端口接电流源另一侧端接电压源下各变量相量图

根据相量图可得

$$\sin\gamma = \pm \left| D(XI_1\cos\beta_1 - RI_1\sin\beta_1)/U_2 \right| \tag{2-24}$$

在实际系统中，两电压源的相角差 $\theta_{U1} - \theta_{U2}$ 通常大于 0°且小于 90°，θ_D 接近 0° 且可能为负数。因此，γ 的范围为–90°～90°。由此，式(2-24)中正负号的取值需要根据实际网络中 γ 的取值进行讨论。如果 $0° < \gamma < 90°$，则取正号；如果 $-90° \leqslant \gamma \leqslant 0°$，则取负号。由式(2-24)可得

$$\cos\gamma = \sqrt{1-\sin^2\gamma} = \sqrt{1-\left[\frac{DI_1(-R\sin\beta_1 + X\cos\beta_1)}{U_2}\right]^2} \tag{2-25}$$

将式(2-24)和式(2-25)代回式(2-20)和式(2-21)，即可得到二端口网络中 1 侧接入电流源，2 侧接入电压源时的功率传输特性表达式。其中，I_1、β_1、U_2 为控制量。

$$P_1 = I_1^2|Z_{11}|\sin\alpha_{11} + I_1\left(\sqrt{\left(\frac{U_2}{D}\right)^2 - [I_1(X\cos\beta_1 - R\sin\beta_1]^2}\cos\beta_1 + I_1(X\cos\beta_1 - R\sin\beta_1)\sin\beta_1\right)$$

$$Q_1 = I_1^2|Z_{11}|\cos\alpha_{11} - I_1\left(I_1(X\cos\beta_1 - R\sin\beta_1)\cos\beta_1 - \sqrt{\left(\frac{U_2}{D}\right)^2 - [I_1(X\cos\beta_1 - R\sin\beta_1)]^2}\sin\beta_1\right)$$

$$P_2 = I_1\left(\sqrt{\left(\frac{U_2}{D}\right)^2 - [I_1(X\cos\beta_1 - R\sin\beta_1]^2}\cos(\beta_1 + 2\theta_D) + I_1(X\cos\beta_1 - R\sin\beta_1)\sin(\beta_1 + 2\theta_D)\right) - \frac{U_2^2}{|Z_{22}|}\sin\alpha_{22}$$

$$Q_2 = -I_1\left[I_1(X\cos\beta_1 - R\sin\beta_1)\cos(\beta_1 + 2\theta_D) - \sqrt{\left(\frac{U_2}{D}\right)^2 - [I_1(X\cos\beta_1 - R\sin\beta_1)]^2}\sin(\beta_1 + 2\theta_D)\right] - \frac{U_2^2}{|Z_{22}|}\cos\alpha_{22} \tag{2-26}$$

2.1.2　电力系统的二端口网络功率特性分析

在 2.1.1 节中，二端口网络中任意一端的功率特性都可以表达为接入电源的受控参数以及网络参数的函数关系式，且网络参数是不随受控源变化的常数项。此时，二端口网络功率特性的因变量为端口发出的有功功率和无功功率，自变量为端口接入电源的受控参数。

当二端口网络两侧都接入电压源时，二端口电源的受控量为两端电压幅值U_1、U_2和两端电压相角θ_{U1}、θ_{U2}，相应的功率特性可用式(2-27)的形式表达；而当二端口一侧接入电流源，另一侧接入电压源时，二端口电源的受控量为电流幅值 I_1、电流源端的功率因数角β_1、电压源幅值U_2和电压相角θ_{U2}，此时二端口功率特性可用式(2-28)进行表达。

$$\begin{aligned} P_1 &= g_1(U_1,\theta_{U1},U_2,\theta_{U2}) \\ Q_1 &= g_2(U_1,\theta_{U1},U_2,\theta_{U2}) \end{aligned} \tag{2-27}$$

$$\begin{aligned} P_1 &= h_1(I_1,\beta_1,U_2,\theta_{U2}) \\ Q_1 &= h_2(I_1,\beta_1,U_2,\theta_{U2}) \end{aligned} \tag{2-28}$$

在实际电力系统分析中，为建立全网统一的频率，二端口网络中至少有一端为电压源。若认为该端为无穷大系统，则可认为该端的电压$U\angle\theta_U$保持恒定不变，从而在式(2-27)和式(2-28)中将该端的电压看作常数，然后分析非无穷大端口的功率特性。此时，待讨论端口的功率特性可表示为该端口的电压U和θ_U或电流I和β的函数。

例如，当 1 侧接入电压源，2 侧为无穷大母线时，2 侧的$U_2\angle\theta_{U2}$保持恒定，若假设 1 侧端口下发电设备具有较大的发电容量，能够通过控制使得端口电压 U_1 保持恒定，那么可进一步将 P_1、Q_1 表示为电压相角θ_{U1}的函数。此时 1 侧的功率特性可表示为式(2-29)，其图像如图 2-3(a)所示。

$$P_1 = \frac{U_1^2}{|Z_{11}|}\sin\alpha_{11} + \frac{U_1U_2}{|Z_{12}|}\sin(\theta_{U1}-\theta_{U2}-\alpha_{12}) = g_1(\theta_{U1}) \tag{2-29a}$$

$$Q_1 = \frac{U_1^2}{|Z_{11}|}\cos\alpha_{11} - \frac{U_1U_2}{|Z_{12}|}\cos(\theta_{U1}-\theta_{U2}-\alpha_{12}) = g_2(\theta_{U1}) \tag{2-29b}$$

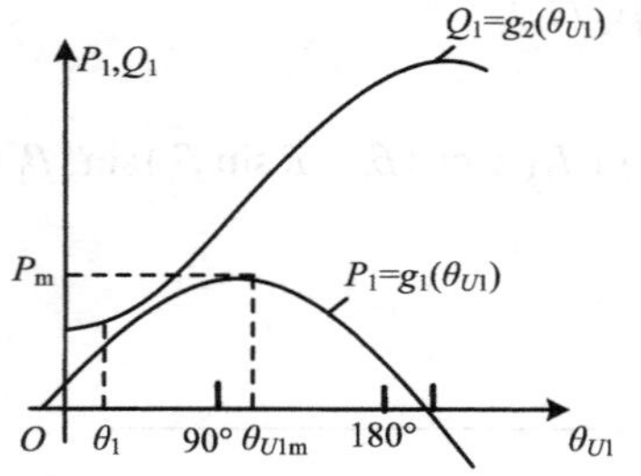

(a) P_1、Q_1与θ_{U1}的关系

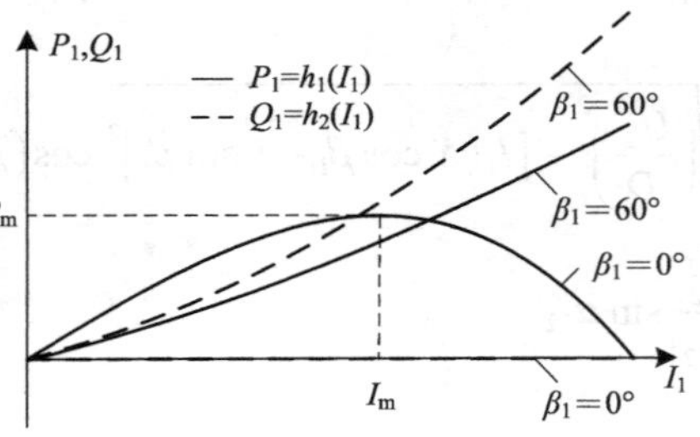

(b) P_1、Q_1与I_1的关系

图 2-3　送端功率特性曲线

从图 2-3(a)中可以看出，1 侧端口输送的有功功率存在极限值 P_m，在输送的有功功率达到极限值 P_m前，可通过增大 1 侧电压相角θ_{U1}，即 1 侧电压和 2 侧电压的相角差δ_U来增大 1 侧向无穷大系统输出的有功功率。此外，假若$\alpha_{12}>0°$，当θ_{U1}在θ_1～180° 变化时，1 侧端口发出的无功功率随着θ_{U1}的增大而增大，说明为了输送有功，需要配置相应的无功。当θ_{U1}在θ_1～90° 范围变化时，有功与无功均随相角差的增大而增大，说明此时有功输送越多，需要配置的无功也越多。

再如，当 1 侧接入电流源，2 侧为无穷大母线时，若假设 1 侧电流源的功率因数角β_1可通过控制保持恒定(通常控制 $\beta_1 \geqslant 0°$)，那么可进一步将 P_1 表示为电流源电流幅值 I_1 的函数。当 β_1、U_2 和 θ_{U2} 保持恒定时，可将式(2-24)和式(2-25)表达为

$$\sin\gamma = \frac{DI_1(-R\sin\beta_1 + X\cos\beta_1)}{U_2} = kI_1 \tag{2-30}$$

$$\cos\gamma = \sqrt{1-\sin^2\gamma} = \sqrt{1-(kI_1)^2} \tag{2-31}$$

式中，k 为常数项。将式(2-24)和式(2-25)代回式(2-20)可得

$$\begin{aligned} P_1 &= I_1^2|Z_{11}|\sin\alpha_{11} + \frac{U_2 I_1}{D}\left[\sqrt{1-(kI_1)^2}\cos\beta_1 + kI_1\sin\beta_1\right] = h_1(I_1) \\ Q_1 &= I_1^2|Z_{11}|\cos\alpha_{11} - \frac{U_2 I_1}{D}\left[kI_1\cos\beta_1 - \sqrt{1-(kI_1)^2}\sin\beta_1\right] = h_2(I_1) \end{aligned} \tag{2-32}$$

其图像大致如图 2-3(b)所示。

从图 2-3(b)中可以看出，在无穷大系统中，当 1 侧为电流源且电流源的功率因数角 β_1 取不同值时，1 侧端口的功率特性曲线相差较大。当 $\beta_1 > 0°$ 时，电流源送出的无功功率为正值，即电流源在发出无功功率，并且在一定范围内，其发出的无功功率和有功功率都随着电流幅值的增大而增大；当 $\beta_1 = 0°$ 时，电流源发出的无功功率恒为零，端口输送的有功功率存在极限值 P_m，在输送的有功功率达到极限值 P_m 前，可通过增大 1 侧电流幅值来增大输送的有功功率。值得注意的是，电流源的电流幅值 I 可以分解为 d 轴电流 I_d 和 q 轴电流 I_q，即 $|I| = \sqrt{I_d^2 + I_q^2}$。在相同电流幅值且 I 较小时，若 I_d 所占比例更高，则其发出有功功率变大。并且在实际中电流源存在容量限制，即 $I \leqslant I_{max}$，因此一般都令 $I_q = 0$，即 $\beta_1 = 0°$，以此使得电流源输送更多的有功功率，而无功功率则通过外加并联电容进行补偿。

以上电力系统二端口网络功率特性完全适用于复杂电力系统的二端口网络等效情形。例如，对图 2-4 所示的两侧均为同步发电机的双机系统，可以把两端发电机的阻抗、变压器和输电线路的阻抗和导纳，以及所接负荷(用等值阻抗表示)全部收入二端口网络中，应用两侧端口均接入电压源的二端口功率特性进行分析。相关表达式同式(2-10)和式(2-11)，此时可用 E_1 和 E_2 分别替代 U_1 和 U_2，用 δ 替代 $\dot{E}_1$ 和 $\dot{E}_2$ 的相位差。

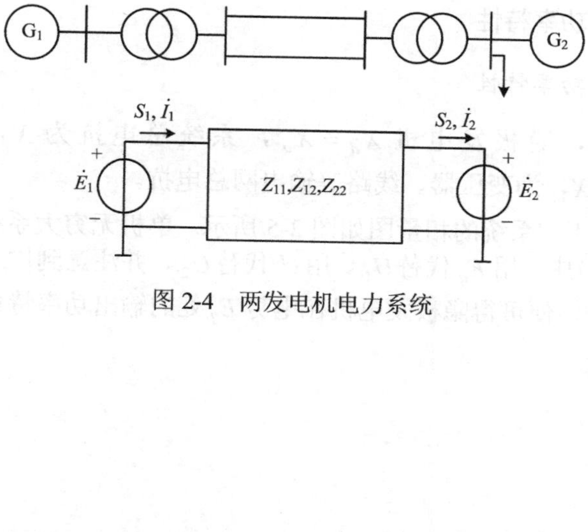

图 2-4　两发电机电力系统

2.2　单机无穷大系统的功率特性

传统单机无穷大系统是指单台发电机通过变压器、输电线路与无穷大容量母线连接的输电系统。为方便分析，有时还略去各元件的电阻和导纳，如图 2-5 所示。本书将并网逆变器端口也看作单机无穷大系统的一类，将并网点看成“单机”进行讨论，从而拓展传统“单机无穷大”的概念。

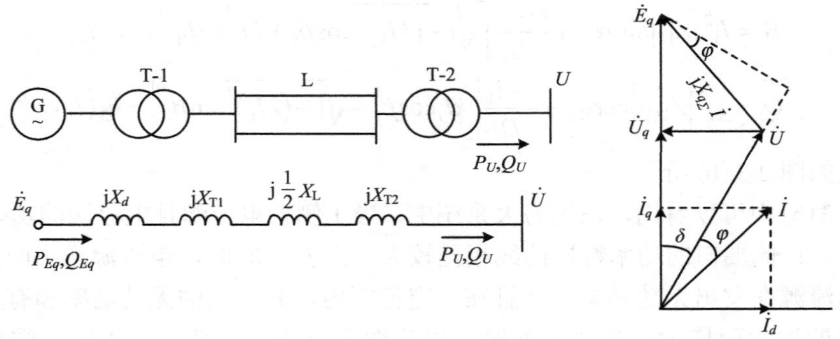

图 2-5　简单电力系统的等值电路及相量图

单机无穷大系统的功率特性实际上包含两方面的内容：一方面是机端输入的功率特性，另一方面是机端送出的功率特性。

机端输入功率特性描述了外部向发电机或新能源设备输入功率的情况。对同步发电机来说，机端输入的功率即通过原动机传入的机械功率；对并网逆变器来说，源侧输入的功率即逆变器直流侧提供的功率，逆变器直流侧的功率可来源于风机、光伏发电板等的输出。在静态工作条件下，机端输入功率一般为恒定值，因此对于输入功率特性无须过多讨论。

机端送出功率特性关注并网设备向系统输送的功率随系统参数的变化，本质上是从并网设备端口看向电网侧的功率特性，可以沿用 2.1 节的二端口功率特性进行分析。在分析单机无穷大系统中源侧向系统侧送出的功率特性时，通常认为受端无穷大系统的电压、相角等量能够保持恒定，因此将关注点聚焦于并网设备的电压 $\dot{U}$ 或电流 $\dot{I}$ 对功率特性的影响。

2.2.1　同步发电机的功率特性

1. 隐极发电机的功率特性

如图 2-5 所示，隐极发电机 $X_d = X_q$，系统总电抗为 $X_{d\Sigma} = X_d + X_{\mathrm{TL}}$，其中 $X_{\mathrm{TL}} = X_{\mathrm{T1}} + 0.5X_{\mathrm{L}} + X_{\mathrm{T2}}$ 为变压器、线路等输电网总电抗。

在给定运行条件下，系统的相量图如图 2-5 所示。单机无穷大系统是两机系统的特例，在式(2-10)和式(2-11)中，用 E_q 代替 U_1、用 U 代替 U_2，并注意到 $|Z_{11}| = |Z_{12}| = |Z_{22}| = X_{d\Sigma}$，且 $\alpha_{11} = \alpha_{12} = \alpha_{22} = 0°$，便可得隐极发电机在电势 E_q 处的输出功率特性为

$$
\begin{cases}
P_{Eq}=\dfrac{E_q U}{X_{d\Sigma}}\sin\delta \\
Q_{Eq}=\dfrac{E_q^2}{X_{d\Sigma}}-\dfrac{E_q U}{X_{d\Sigma}}\cos\delta
\end{cases}
\tag{2-33}
$$

无穷大系统接收到的功率为

$$
\begin{cases}
P_U=\dfrac{E_q U}{X_{d\Sigma}}\sin\delta \\
Q_U=\dfrac{E_q U}{X_{d\Sigma}}\cos\delta-\dfrac{U^2}{X_{d\Sigma}}
\end{cases}
\tag{2-34}
$$

当电势 E_q 及电压 U 恒定时，可以画出隐极发电机简单电力系统功率特性曲线如图 2-6 所示。

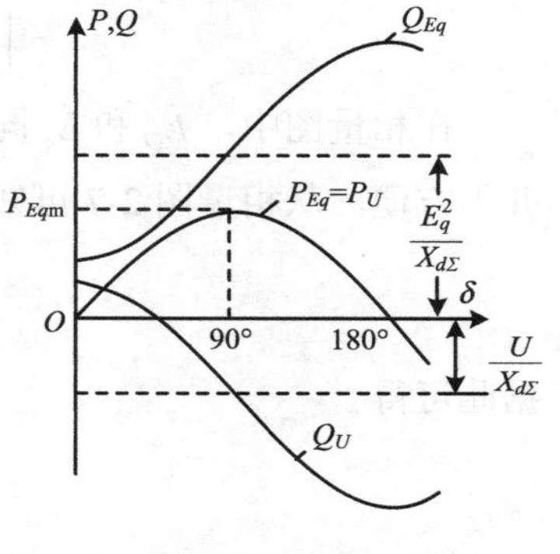

图 2-6　隐极发电机的功率特性

从图 2-6 中可以看出，单机无穷大系统中隐极发电机的功率特性曲线与二端口网络中 1 侧为电压源时的功率特性曲线相似。隐极发电机的输出有功功率随功角 δ 的增大，先逐渐增大至功率极限 P_{Eqm}，而后逐渐减小。因此，当发电机输出的有功功率未达到功率极限前，通过增大发电机的功角，即发电机内电势与无穷大母线电压间的相角差，可有效增大发电机向系统的输出功率。

此外，当功角 δ 从 0° 变化到 180° 时，隐极发电机输出的无功功率 Q_{Eq} 逐渐增大，无穷大系统处接收的无功功率 Q_U 逐渐减小，并逐渐由吸收无功功率转为发出无功功率，Q_{Eq} 与 Q_U 的差值逐渐增大。实际上，Q_{Eq} 与 Q_U 之差即为在系统等值电抗 $X_{d\Sigma}$ 上消耗的无功功率。由此可见，当功角 δ 由 0° 变化到 90° 时，随着同步发电机输出功率的增加，其输出的无功功率逐渐增加，但在系统等值电抗 $X_{d\Sigma}$ 上消耗的无功功率也增大，输送至无穷大系统的无功功率不断减小甚至无穷大系统需要发出无功功率。

当发电机无励磁调节时，电势 E_q 为常数。从式(2-33)可见，这种情况下隐极发电机的功率极限为 $P_{Eqm}=\dfrac{E_q U}{X_{d\Sigma}}$，对应功角 $\delta_{Eqm}=90°$。在一般情况下，当 δ 为功率表达式中唯一的变量时，可按 $\dfrac{\mathrm{d}P}{\mathrm{d}\delta}=0$ 确定功率极限对应的功角，并据此算出功率极限值。

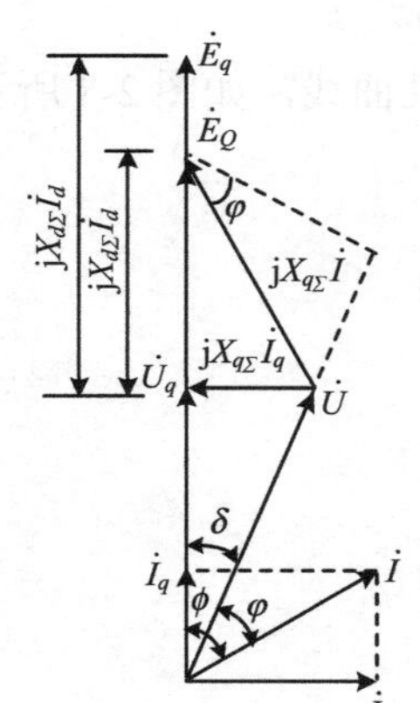

图 2-7　凸极发电机的相量图

2. 凸极发电机的功率特性

含凸极发电机的简单系统在给定运行方式下的相量图如图 2-7 所示。由于凸极发电机转子纵轴与横轴不对称，电抗 $X_d \neq X_q$，图中，$X_{d\Sigma}=X_d+X_{\mathrm{TL}}$，$X_{q\Sigma}=X_q+X_{\mathrm{TL}}$。如果采用等值隐极发电机法，引入一个计算用的电势 $\dot{E}_Q$ 和 X_q 表示凸极发电机的等值电路，利用式(2-33)，将 E_q 换成 E_Q、将 $X_{d\Sigma}$ 换成 $X_{q\Sigma}$，便可得凸极发电机在电势 E_Q 处的输出功

率特性为

$$\begin{cases} P_{Eq} = \dfrac{E_Q U}{X_{q\Sigma}} \sin\delta \\ Q_{Eq} = \dfrac{E_Q^2}{X_{q\Sigma}} - \dfrac{E_Q U}{X_{q\Sigma}} \cos\delta \end{cases} \tag{2-35}$$

给定系统运行初态，即已知 $P_U = UI\cos\varphi$ 和 $Q_U = UI\sin\varphi$，结合图 2-7 可计算 E_Q 和 δ：

$$\begin{cases} E_Q = \sqrt{\left(U + \dfrac{Q_U X_{q\Sigma}}{U}\right)^2 + \left(\dfrac{P_U X_{q\Sigma}}{U}\right)^2} \\ \delta = \arctan \dfrac{P_U X_{q\Sigma} / U}{U + Q_U X_{q\Sigma} / U} \end{cases} \tag{2-36}$$

在相量图中，$\dot{E}_Q$ 和 $\dot{E}_q$ 同相位，但 E_Q 的数值将随运行状态变化而变化，用它计算功率并不方便。从相量图 2-7 可知

$$I_d = \frac{E_q - U\cos\delta}{X_{d\Sigma}} = \frac{E_Q - U\cos\delta}{X_{q\Sigma}} \tag{2-37}$$

据此可得

$$\begin{aligned} E_Q &= \frac{X_{q\Sigma}}{X_{d\Sigma}} E_q + \left(1 - \frac{X_{q\Sigma}}{X_{d\Sigma}}\right) U\cos\delta \\ \frac{E_Q}{X_{q\Sigma}} &= \frac{E_q}{X_{d\Sigma}} + \left(\frac{X_{d\Sigma} - X_{q\Sigma}}{X_{d\Sigma} X_{q\Sigma}}\right) U\cos\delta \end{aligned} \tag{2-38}$$

将式(2-38)代入式(2-35)整理后可得

$$\begin{cases} P_{Eq} = \dfrac{E_q U}{X_{d\Sigma}} \sin\delta + \dfrac{U^2}{2} \cdot \dfrac{X_{d\Sigma} - X_{q\Sigma}}{X_{d\Sigma} X_{q\Sigma}} \sin 2\delta \\ Q_{Eq} = \dfrac{1}{X_{q\Sigma}} \left[\dfrac{X_{q\Sigma}}{X_{d\Sigma}} E_q + \left(1 - \dfrac{X_{q\Sigma}}{X_{d\Sigma}}\right) U\cos\delta\right]^2 - \dfrac{E_q U}{X_{d\Sigma}} \cos\delta - \left(\dfrac{X_{d\Sigma} - X_{q\Sigma}}{X_{d\Sigma} X_{q\Sigma}}\right) U^2 \cos^2\delta \end{cases} \tag{2-39}$$

当电势 E_q 恒定时，可画出凸极发电机的简单电力系统功率特性曲线，如图 2-8 所示。

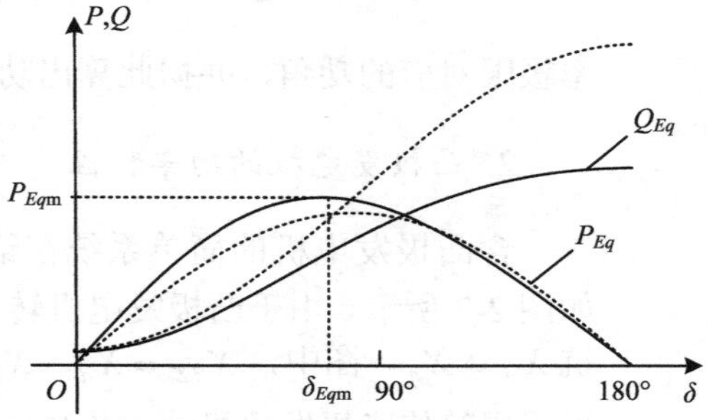

图 2-8　凸极发电机的功率特性

从图 2-8 中可以看到，相比于隐极发电机的有功功率特性，凸极发电机的有功功率特性多了一项与发电机电势 E_q 无关的两倍功角正弦项。该项是由发电机纵、横轴磁路情况不同，存在不同大小的磁阻引起的，故又称为磁阻功率。磁阻功率的出现一方面增大了发电机输出有功功率极限 P_{Eqm}，另一方面由于附加的磁阻功率是两倍功角正弦项，有功功率与功角呈非正弦的关系。进而，根据 $\mathrm{d}P/\mathrm{d}\delta=0$ 求出的凸极发电机取得功率极限 P_{Eqm} 时对应的功角 δ_{Eqm} 也将小于 90°。

此外，由于发电机 $X_{d\Sigma}>X_{q\Sigma}$，$E_Q<E_q$，当 δ 从 0° 到 180° 变化时，对比式(2-34)和式(2-32)可知，随着 δ 的增大，E_Q 与 E_q 的差将不断增大，E_Q^2 将明显小于 E_q^2，此时凸极发电机发出的无功功率也将小于隐极发电机发出的无功功率，且 δ 越大，二者之间的差值越大。

2.2.2　新能源并网逆变器的功率特性

对于新能源并网逆变器而言，其交流侧输出特性取决于所采用的控制策略。一般来说，可以根据控制策略将并网逆变器分为两类——构网型(grid-forming，GFM)或跟网型(grid-following，GFL)。构网型逆变器一般等效为一个电压源，跟网型逆变器一般等效为一个电流源。本章的讨论重点是端口的输出特性，并非新能源并网逆变器的控制，因此只需要把握不同控制策略下并网逆变器的等效形式即可。

与同步发电机的输出特性相同，并网逆变器的输出特性也可以沿用 2.1 节介绍的输出特性计算方法进行计算。值得注意的是，在分析新能源并网逆变器时，主要关注的是逆变器并网点和系统整体之间的关系，而不是逆变器输出端和系统间的关系。并且，由于逆变器输出端与并网点的距离较小，通常不存在稳定问题，因此本书不讨论逆变器输出端的特性，只关注逆变器并网点的功率特性。

1. 构网型逆变器并网点的功率特性

构网型逆变器的一种基本实现框图如图 2-9 所示，图中功率环稳态采用下垂控制，无专门的暂态控制，电压外环控制设定电压 q 轴分量 V_q 的参考值为 0，使得逆变器稳定工作时并网点电压 $\dot{V}$ 定位在 d 轴上。此外，在逆变器并网点通常会通过控制接入不同的并联电容的方式改善并网点的功率特性，相关内容将会在 2.4.4 节、2.5.2 节和 2.5.3 节进行介绍。此处先从简单出发，暂不考虑并网点的并联电容。记并网点电压 $\dot{V}$ 与电网电压 $\dot{U}$ 的夹角为 δ'，并假设电网电压 $\dot{U}=U\angle 0°$，则图 2-9 可等效为图 2-10 的形式，其中各变量的相量关系如图 2-11 所示。

图 2-11 中，θ 为 $\dot{U}$ 与 $\dot{I}$ 之间的夹角，β 为并网点电压 $\dot{V}$ 和逆变器输出电流 $\dot{I}$ 之间的夹角，即逆变器的功率因数角，σ 为逆变器端口输出电势 $\dot{E}$ 和并网点电压间 $\dot{V}$ 的夹角。值得一提的是，当不考虑并网点电容补偿时，逆变器的功率因数角即为并网点功率因数角。

对于图 2-10 所示电路，利用式(2-10)和式(2-11)，用 V 代替 U_1、用 U 代替 U_2，并注意到 $|Z_{11}|=|Z_{12}|=|Z_{22}|=X_\Sigma$，且 $\alpha_{11}=\alpha_{12}=\alpha_{22}=0°$，便可得并网逆变器并网点的输出功率为

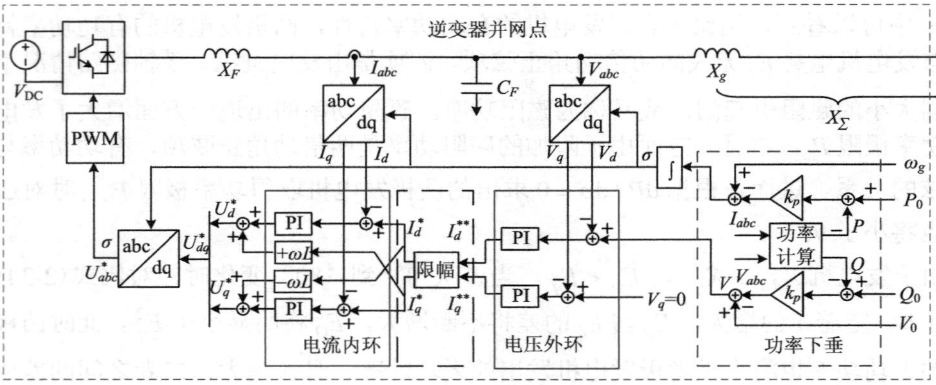

图 2-9　构网型逆变器基本实现框图

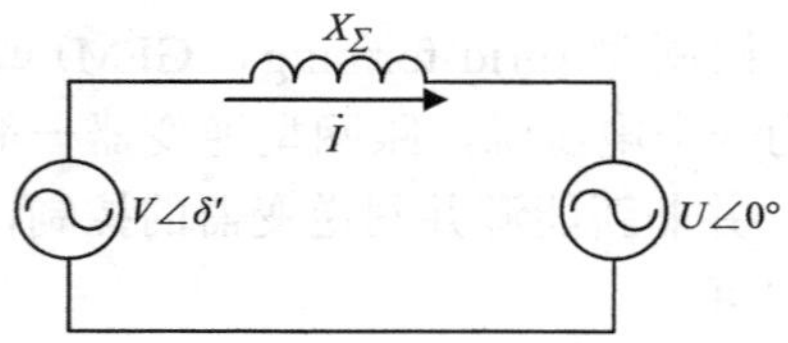

图 2-10　构网型逆变器单机无穷大系统的等效形式

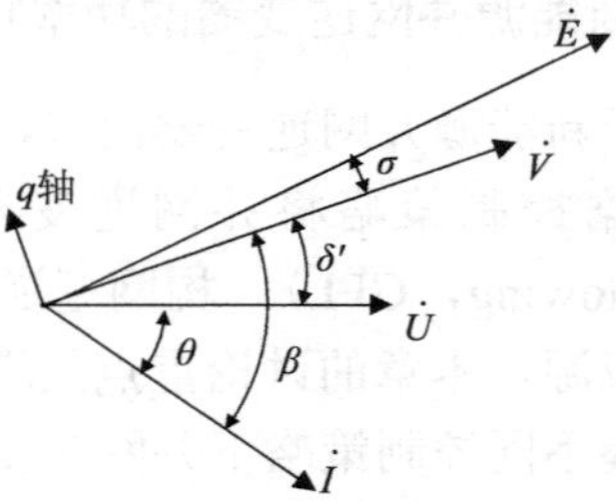

图 2-11　构网型逆变器各变量相关关系

$$
\begin{cases}
P_{Eq} = \dfrac{VU}{X_\Sigma}\sin\delta' \\
Q_{Eq} = \dfrac{V^2}{X_\Sigma} - \dfrac{VU}{X_\Sigma}\cos\delta'
\end{cases}
\tag{2-40}
$$

无穷大系统侧接收的功率为

$$
\begin{cases}
P_U = \dfrac{VU}{X_\Sigma}\sin\delta' \\
Q_U = \dfrac{VU}{X_\Sigma}\cos\delta' - \dfrac{U^2}{X_\Sigma}
\end{cases}
\tag{2-41}
$$

需要注意的是，对于图 2-9 所示的构网型并网逆变器，为避免逆变器由于输出电流过流而损坏，通常需要在控制环节中对逆变器的输出电流进行限制，如图 2-9 中虚线框处的限幅环节。常用逆变器限流方式有 *dq* 轴电流比例限幅和 *dq* 轴电流动态限幅。下面对采用 *dq* 轴电流动态限幅的构网型逆变器限流时并网点的功率特性进行分析，对于采用其他限流方式的构网型逆变器，其分析过程和方法也类似。

dq 轴电流动态限幅的要求是，电流幅值达到限幅值时优先保障 *d* 轴电流的增长，减少 *q* 轴电流。此时，记电压外环 PI 调节器的输出为 I_d^{**}、I_q^{**}、$I_{\text{mag}} = \sqrt{\left(I_d^{**}\right)^2 + \left(I_q^{**}\right)^2}$，限幅环节的电流给定输出信号为

$$I_d^* = \begin{cases} I_d^{**}, & I_d^{**} < I_{\max} \\ I_{\max}, & I_d^{**} \geqslant I_{\max} \end{cases} \tag{2-42}$$

$$I_q^* = \begin{cases} I_q^{**}, & I_{\text{mag}} < I_{\max} \\ \sqrt{(I_{\max})^2 - (I_d^{**})^2}, & (I_{\text{mag}} \geqslant I_{\max}) \cap (I_d^{**} \leqslant I_{\max}) \\ 0, & I_d^{**} > I_{\max} \end{cases}$$

当电流达到限幅时，逆变器将退变成一个电流源，全电流幅值恒为 $I_{\max}$，如图 2-12 所示。

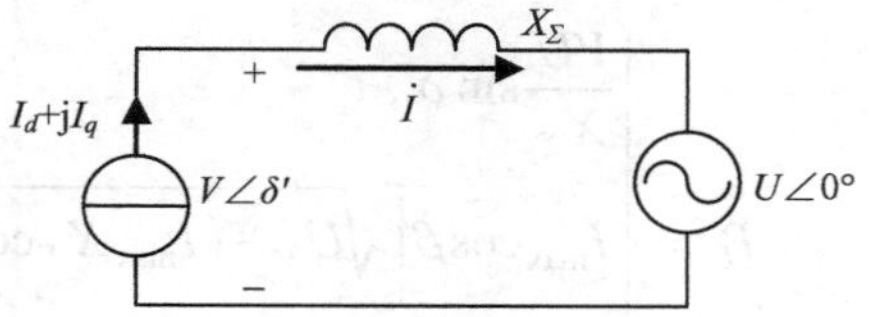

图 2-12　考虑电流限幅的构网型逆变器单机无穷大系统等效形式

对于图 2-12 所示电路，利用式(2-26)，用 $I_{\max}$ 代替 I_1、用 β 代替 β_1、用 U 代替 U_2，并注意到 $|Z_{11}| = |Z_{21}| = X_\Sigma$，$|Z_{22}|$ 为无穷大，$\alpha_{11} = \alpha_{12} = \alpha_{22} = 0°$，$D=1$，$\theta_D = 0°$，$\gamma > 0°$，$R$=0，$X = X_\Sigma$，可得并网逆变器并网点的功率特性为

$$\begin{cases} P_{Eq} = I_{\max}\cos\beta\left[\sqrt{U^2 - (I_{\max}X_\Sigma\cos\beta)^2} + I_{\max}X_\Sigma\sin\beta\right] \\ Q_{Eq} = I_{\max}^2 X_\Sigma \sin^2\beta + I\sqrt{U^2 - (I_{\max}X_\Sigma\cos\beta)^2}\sin\beta \end{cases} \tag{2-43}$$

无穷大系统侧接收的功率为

$$\begin{cases} P_U = I_{\max}\cos\beta\left[\sqrt{U^2 - (I_{\max}X_\Sigma\cos\beta)^2} + I_{\max}X_\Sigma\sin\beta\right] \\ Q_U = I_{\max}\sin\beta\sqrt{U^2 - (I_{\max}X_\Sigma\cos\beta)^2} - I_{\max}^2 X_\Sigma\cos^2\beta \end{cases} \tag{2-44}$$

当电流饱和后，由于优先保障 d 轴电流增长，d 轴电流将逐渐增大到 $I_{\max}$，q 轴电流将逐渐减小到 0。此后有 $\beta = 0°$ 且 $|\dot{I}| = I_{\max}$，从而式(2-43)和式(2-44)可进一步写为

$$\begin{cases} P_{Eq} = I_{\max}\left[\sqrt{U^2 - (I_{\max}X_\Sigma)^2}\right] \\ Q_{Eq} = 0 \end{cases} \tag{2-45}$$

$$\begin{cases} P_U = I_{\max}\left[\sqrt{U^2 - (I_{\max}X_\Sigma)^2}\right] \\ Q_U = -I_{\max}^2 X_\Sigma \end{cases} \tag{2-46}$$

综上所述，构网型逆变器并网点的输出功率可描述为如下形式：

$$P_{Eq} = \begin{cases} \dfrac{VU}{X_\Sigma}\sin\delta', & I_{\text{mag}} < I_{\max} \\ I_{\max}\cos\beta\left[\sqrt{U^2 - (I_{\max}X_\Sigma\cos\beta)^2} + I_{\max}X_\Sigma\sin\beta\right], & (I_{\text{mag}} \geqslant I_{\max}) \cap (I_d^{**} \leqslant I_{\max}) \\ I_{\max}\left[\sqrt{U^2 - (I_{\max}X_\Sigma)^2}\right], & I_d^{**} > I_{\max} \end{cases}$$

$$Q_{Eq}=\begin{cases}\dfrac{V^2}{X_\Sigma}-\dfrac{VU}{X_\Sigma}\cos\delta', & I_{\text{mag}}<I_{\max}\\ I_{\max}^2X_\Sigma\sin^2\beta+I_{\max}\sqrt{U^2-(I_{\max}X_\Sigma\cos\beta)^2}\sin\beta, & (I_{\text{mag}}\geqslant I_{\max})\cap(I_d^{**}\leqslant I_{\max})\\ 0, & I_d^{**}>I_{\max}\end{cases} \tag{2-47}$$

无穷大电源处吸收的功率为

$$P_U=\begin{cases}\dfrac{VU}{X_\Sigma}\sin\delta', & I_{\text{mag}}<I_{\max}\\ I_{\max}\cos\beta\left[\sqrt{U^2-(I_{\max}X_\Sigma\cos\beta)^2}+I_{\max}X_\Sigma\sin\beta\right], & (I_{\text{mag}}\geqslant I_{\max})\cap(I_d^{**}\leqslant I_{\max})\\ I_{\max}\left[\sqrt{U^2-(I_{\max}X_\Sigma)^2}\right], & I_d^{**}>I_{\max}\end{cases}$$

$$Q_U=\begin{cases}\dfrac{VU}{X_{d\Sigma}}\cos\delta'-\dfrac{U^2}{X_{d\Sigma}}, & I_{\text{mag}}<I_{\max}\\ I_{\max}\sin\beta\sqrt{U^2-(I_{\max}X_\Sigma\cos\beta)^2}-I_{\max}^2X_\Sigma\cos^2\beta, & (I_{\text{mag}}\geqslant I_{\max})\cap(I_d^{**}\leqslant I_{\max})\\ -I_{\max}^2X_\Sigma, & I_d^{**}>I_{\max}\end{cases} \tag{2-48}$$

式中，$I\cos\beta=I_d$，$I\sin\beta=I_q$，且 δ' 和 $I_{\max}$ 满足如下关系：

$$\sin\delta'=\frac{I_{\max}X_\Sigma}{U}\cos\beta \tag{2-49}$$

为了便于定性分析构网型逆变器并网点功率特性，可将构网型逆变器并网点功率特性分为三个阶段：①电流饱和前，即 $I_{\text{mag}}<I_{\max}$ 时；②q 轴电流 I_q 逐渐变小为 0 的过渡过程，即 $(I_{\text{mag}}\geqslant I_{\max})\cap(I_d^{**}\leqslant I_{\max})$ 时；③电流饱和后，即 $I_d^{**}>I_{\max}$ 时。根据式(2-45)～式(2-49)可绘制出构网型逆变器并网点功率特性曲线，如图 2-13 所示。图中曲线 P_0 为将构网型逆变器换作电流源且 $\beta=0°$ 的并网点有功功率曲线。δ'_{cr0}、P_{cr0} 分别为阶段②起始时刻并网逆变器对应的相角差和有功功率，$\delta'_{\max}$、P_{F} 分别为阶段②终止时刻对应的相角差和有功功率，即阶段②为由点（$\delta'_{\text{cr0}}, P_{\text{cr0}}$）到点（$\delta'_{\max}, P_{\text{F}}$）的过渡过程。

从图 2-13 中可以看到，电流饱和前，即阶段①，构网型逆变器并网点功率特性与同步发电机类似。当电流未饱和且 δ' 较小时，构网型逆变器并网点输出的有功功率随着 δ' 的增大而增大，这时电网等值电抗消耗的无功功率也在增加，构网型逆变器并网点发出的无功功率增大，无穷大系统吸收到的无功功率减小。进入阶段②后，由于在阶段②中 q 轴电流逐渐减小为零，即 β 逐渐减小为零，构网型逆变器并网点输出的无功功率将减小，无穷大电源发出的无功功率将增加，且逆变器并网点输出的有功功率将因为缺乏无功支撑而跌落，（$\delta'_{\max}$，P_{F}）点会落在曲线 P_0 上。进入阶段③后，并网逆变器的电流保持恒定，由式(2-49)可知，此时 δ' 保持恒定，逆变器并网点输出的有功功率、无功功率均保持不变。

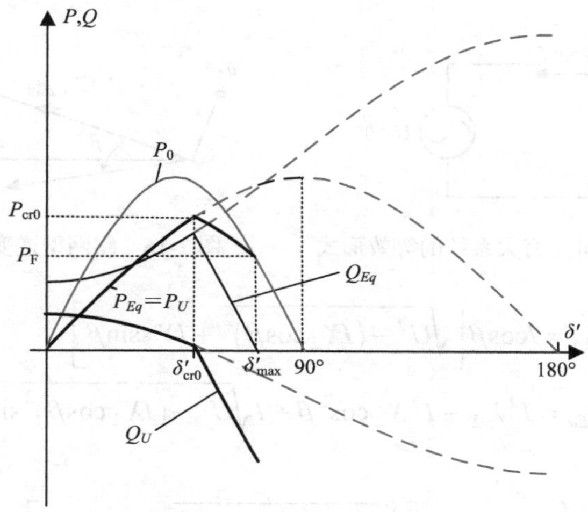

图 2-13　构网型逆变器并网点功率特性

2. 跟网型逆变器并网点的功率特性

跟网型逆变器的一种基本实现框图如图 2-14 所示，其采用锁相环(phase-lock loop, PLL)模块实现输出电压相位跟踪。PLL 通过锁定逆变器并网公共连接点(point of common coupling, PCC)电压矢量$\dot{V}$的相位，不断调节 dq 旋转坐标系的 d 轴位置，使 dq 旋转坐标系的 d 轴方向始终与$\dot{V}$的方向保持一致，此时$\dot{V}$在 dq 旋转坐标系 q 轴上的分量V_q为 0。类似于构网型逆变器，此处暂不考虑并网点的并联电容 C_F，假设 PCC 点功率因数角为β，其电压$\dot{V}$与电网电压$\dot{U}$的夹角为δ'，电网电压$\dot{U}=U\angle 0°$，则图 2-14 可等效为图 2-15 的形式，各变量之间的相量关系如图 2-16 所示。

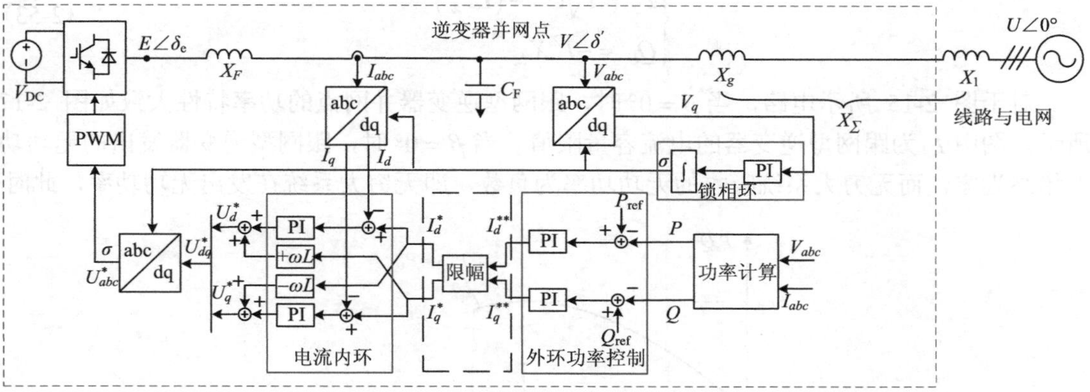

图 2-14　跟网型逆变器基本实现框图

图 2-15 所示电路相当于二端口网络中一侧端口接入电流源$\dot{I}=I\angle\theta$，另一侧端口接入电压源$\dot{U}=U\angle 0°$。利用式(2-26)，用 I 代替 I_1、用 U 代替 U_2，并注意到$|Z_{11}|=|Z_{21}|=X_\Sigma$，$|Z_{22}|$为无穷大，$\alpha_{11}=\alpha_{12}=\alpha_{22}=0°$，$D$=1，$\theta_D=0°$，$\gamma>0°$，$R$=0，$X=X_\Sigma$，便可得逆变器并网点的输出功率为

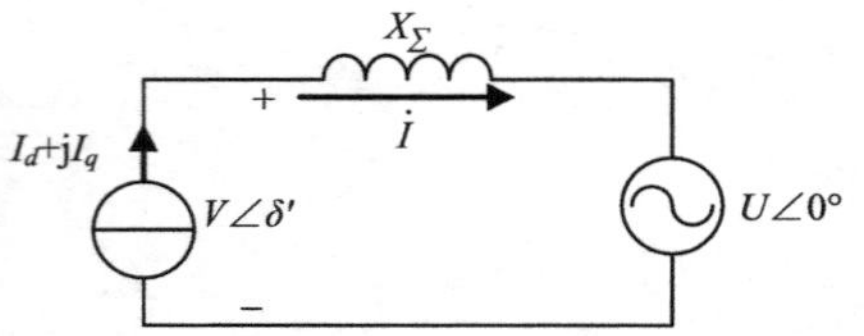

图 2-15 跟网型逆变器单机无穷大系统的等效形式

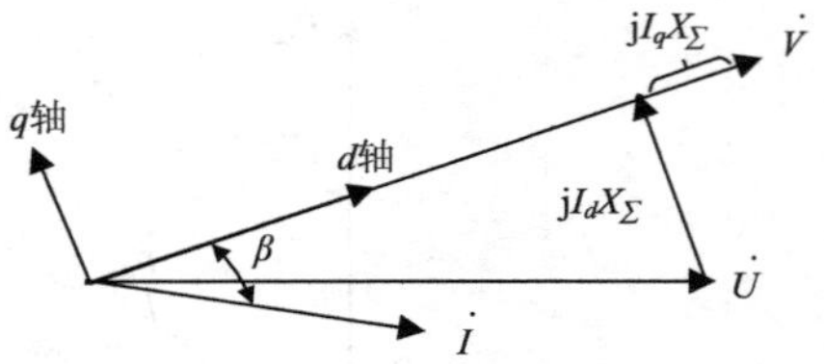

图 2-16 跟网型逆变器各变量相量关系

$$\begin{cases} P_{Eq} = I\cos\beta\left[\sqrt{U^2-(IX_\Sigma\cos\beta)^2}+IX_\Sigma\sin\beta\right] \\ Q_{Eq} = I^2X_\Sigma - I^2X_\Sigma\cos^2\beta + I\sqrt{U^2-(IX_\Sigma\cos\beta)^2}\sin\beta \end{cases} \tag{2-50}$$

系统接收的功率为

$$\begin{cases} P_U = I\cos\beta\left[\sqrt{U^2-(IX_\Sigma\cos\beta)^2}+IX_\Sigma\sin\beta\right] \\ Q_U = I\sin\beta\sqrt{U^2-(IX_\Sigma\cos\beta)^2} - I^2X_\Sigma\cos^2\beta \end{cases} \tag{2-51}$$

考虑实际电网中逆变器容量一般会比源侧发出的最大有功功率小，为了使源侧满发时输出的有功功率最大，一般让逆变器输出的功率全部为有功功率，因此常令 $\beta=0°$，即 $I_d = I\cos\beta = I$，$I_q = I\sin\beta = 0$。在后续讨论中，对于跟网型逆变器并网点的功率特性都将考虑 $\beta=0°$ 的情况。此时，逆变器并网点输出的功率特性和无穷大电源接收的功率可进一步表示为

$$\begin{cases} P_{Eq} = I_dV = I\sqrt{U^2-(IX_\Sigma)^2} \\ Q_{Eq} = I^2X_\Sigma - I^2X_\Sigma = 0 \end{cases} \tag{2-52}$$

$$\begin{cases} P_U = I\sqrt{U^2-(IX_\Sigma)^2} \\ Q_U = -I^2X_\Sigma \end{cases} \tag{2-53}$$

对于图 2-15 所示电路，当 $\beta=0°$ 时，跟网型逆变器并网点的功率特性大致如图 2-17 所示。图中 I_U 为跟网型逆变器的电流容量限值。当 $\beta=0°$ 时，跟网型逆变器发出的无功功率始终为零，而无穷大系统吸收的无功功率为负数，即无穷大系统在发出无功功率，此时

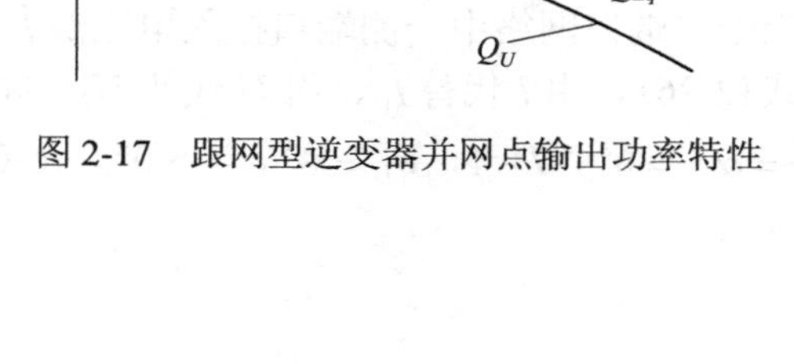

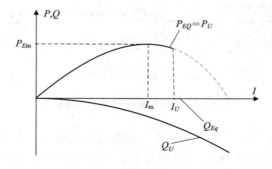

图 2-17 跟网型逆变器并网点输出功率特性

系统等值电抗 X_Σ 上消耗的无功功率全部由无穷大系统提供，且随着电流的增大而不断增大。在有功功率特性方面，随着电流I的增大，逆变器并网点输出的有功功率先增大后减小。在不考虑跟网型逆变器容量限值的情况下，$I = I_{\mathrm{m}}$ 时，P_E 取得最大值 $P_{E\mathrm{m}}$。

下面推导 I_{m} 和 $P_{E\mathrm{m}}$ 的具体表达式。对于式(2-52)，令 $\mathrm{d}P_E / \mathrm{d}I = 0$ 可得

$$\sqrt{U^2 - \left(X_\Sigma I_{\mathrm{m}}\right)^2} + \frac{-\left(X_\Sigma I_{\mathrm{m}}\right)^2}{\sqrt{U^2 - \left(X_\Sigma I_{\mathrm{m}}\right)^2}} = 0 \tag{2-54}$$

整理得

$$I_{\mathrm{m}} = \frac{\sqrt{2}U}{2X_\Sigma} \tag{2-55}$$

将式(2-55)代回式(2-52)可得

$$P_{Eq\mathrm{m}} = \frac{U^2}{2X_\Sigma} \tag{2-56}$$

若考虑跟网型逆变器容量限制，假设其最大输出电流为 I_U，跟网型逆变器并网点输出功率极限需要根据具体情况进行讨论。当 $I_U \geqslant I_{\mathrm{m}}$ 时，跟网型逆变器并网点取得最大输送功率对应的电流为 I_{m}，其最大输送功率 $P_{Eq\mathrm{m}}$ 也依然为 $U^2/(2X_\Sigma)$；而当 $I_U < I_{\mathrm{m}}$ 时，跟网型逆变器并网点取得最大输送功率对应的电流将变为 I_U，此时其最大输送功率 $P_{Eq\mathrm{m}}$ 如式(2-57)所示。而为了提高跟网型逆变器并网点输送有功功率的效率，一般会使跟网型逆变器并网点最大输出电流相对较大，在本章后续分析中如无特殊说明都默认 $I_U \geqslant I_{\mathrm{m}}$ 成立。

$$P_{Eq\mathrm{m}} = I_U \sqrt{U^2 - \left(I_U X_\Sigma\right)^2} \tag{2-57}$$

此外，值得注意的是，由式(2-52)和图 2-17 可知，受网络中等值电抗 X_Σ 的影响，当跟网型逆变器无功容量不足，且注入电流增大，等值电抗 X_Σ 消耗的无功功率增大时，并网逆变器 PCC 点的电压 V 将下降。假若在 PCC 点通过并联电容进行无功补偿，可使得 I_d 增大时并网点有额外的无功电流注入，从而使并网点电压 V 的幅值不会过低或保持恒定，此时跟网型逆变器并网点的功率特性将发生改变，其输出功率极限将得到提升，相关内容将在 2.4.4 节和 2.5.3 节中进行展开讨论。

2.2.3　几类单机无穷大系统的功率特性对比

2.2.2 节对同步发电机、构网型逆变器并网点和跟网型逆变器并网点的功率特性展开了讨论。对于同步发电机功率特性，主要关注发电机输出功率与发电机电势 E_q 和无穷大系统的相角差 δ 间的关系；对于构网型逆变器，主要关注逆变器并网点输出功率与并网点电压 V 和无穷大系统的相角差 δ'、d 轴上电流分量 I_d 以及 q 轴上电流分量 I_q 间的关系。对于跟网型逆变器，主要关注逆变器并网点输出功率与 d 轴上电流分量 I_d 的关系。为了更加清晰地对比同步发电机、构网型逆变器并网点和跟网型逆变器并网点的功率特性，可将它们的功率特性全部转到 $P,Q\text{-}\delta'$ 坐标系下进行对比分析。

对于同步发电机的功率特性，需要将式(2-33)、式(2-34)中 δ 坐标下的功率特性变换到 δ' 坐标下。根据式(2-33)、式(2-34)，设 E_q 与 V 之间的夹角为 θ，有

$$
\begin{aligned}
P_{Eq} &= \frac{E_q U}{X_{d\Sigma}} \sin(\delta' + \theta) \\
Q_{Eq} &= \frac{E_q^2}{X_{d\Sigma}} - \frac{E_q U}{|Z|} \cos(\delta' + \theta)
\end{aligned}
\tag{2-58}
$$

$$
\begin{aligned}
P_U &= \frac{E_q U}{X_{d\Sigma}} \sin(\delta' + \theta) = P_{Eq} \\
Q_U &= \frac{E_q U}{X_{d\Sigma}} \cos(\delta' + \theta) - \frac{U^2}{X_{d\Sigma}}
\end{aligned}
\tag{2-59}
$$

考虑如图 2-18 所示的E_q、U、V之间的相量关系，可以看出$\delta = 0°$时$\delta' = 0°$；$\delta = 90°$时，$\delta' < 90°$，即P-δ'曲线的最大值点在$\delta' < 90°$时取得；$\delta = 180°$时$\delta' = 180°$。由此，可大致估计出P,Q-δ'曲线的形状：其与P-δ曲线具有相同的零点，区别在于P-δ'曲线的最大值点在$\delta' < 90°$时取得，而Q-δ与Q-δ'曲线具有相同的极值点。

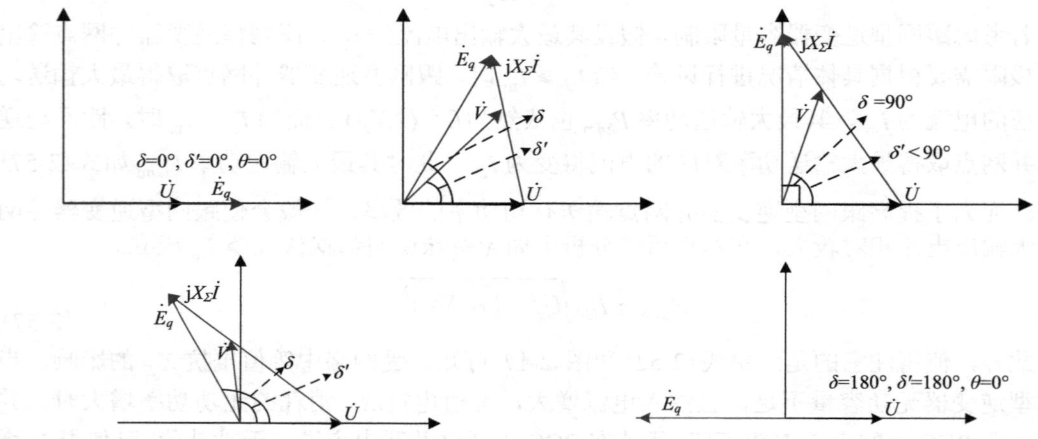

图 2-18　E_q、U 以及 V 之间的相量关系

对于构网型逆变器，其并网点在P,Q-δ'平面上的功率特性曲线如图 2-13 所示。对于跟网型逆变器并网点，通常认为其输出电流q轴分量为零，需要将式(2-52)以及式(2-53)中电流I变换到δ'坐标下。根据图 2-2，当仅考虑网络电抗，不考虑网络中的电阻时有

$$
\sin\delta' = \frac{IX_\Sigma}{U}
\tag{2-60}
$$

将其代入式(2-52)和式(2-53)，可得跟网型逆变器并网点输出的功率为

$$
\begin{aligned}
P_{Eq} &= \frac{U^2 \sin\delta' \cos\delta'}{X_\Sigma} = \frac{U^2 \sin 2\delta'}{2X_\Sigma} \\
Q_{Eq} &= 0
\end{aligned}
\tag{2-61}
$$

无穷大系统侧吸收的功率为

$$P_U = P_{Eq}$$

$$Q_U = -\frac{(U\sin\delta')^2}{X_\Sigma} \tag{2-62}$$

根据式(2-58)～式(2-62)，并结合图 2-13，可在 $P,Q\text{-}\delta'$ 坐标系下对同步发电机、构网型逆变器并网点以及跟网型逆变器并网点的功率特性进行对比分析，如图 2-19 所示。图 2-19(a)下方曲线表示电流 I 与相角差 δ' 的关系，上方的曲线为有功功率与相角差 δ' 的关系，图 2-19(b)为无功功率与相角差 δ' 的关系。

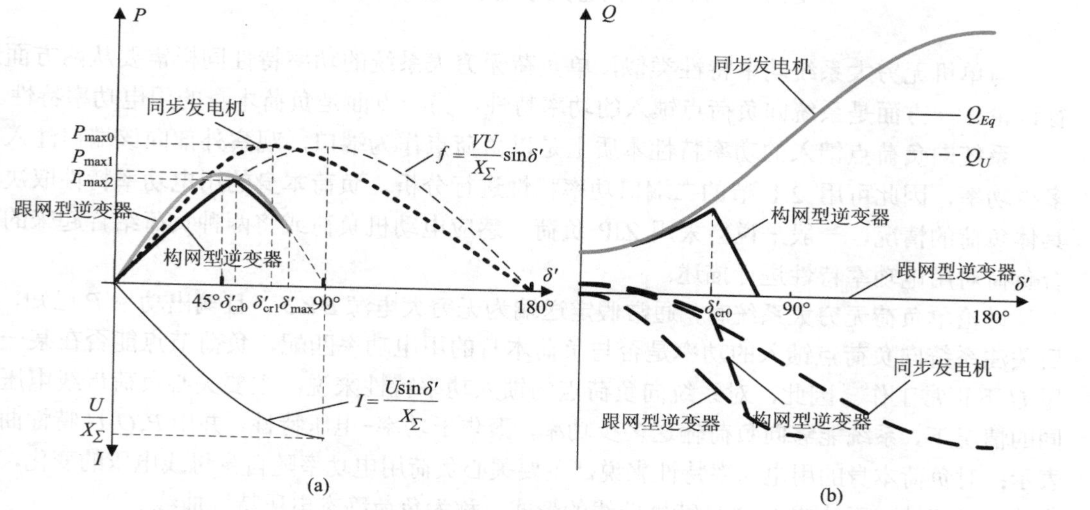

图 2-19　同步发电机、构网型逆变器并网点以及跟网型逆变器并网点功率特性对比

从图 2-19 中可以看出，对于有功功率特性而言，由于电流限幅的影响，构网型逆变器并网点有功功率特性曲线是一个分段曲线，并且在电流饱和后落在 $\beta = 0°$ 的跟网型逆变器并网点有功功率特性曲线上。跟网型逆变器并网点的有功特性曲线为一个与 $2\delta'$ 有关的正弦曲线，在不考虑跟网型逆变器的电流限幅时，其输出功率极限对应的 δ' 为 45°。而相比同步发电机，无论是跟网型逆变器并网点还是构网型逆变器并网点，它们的有功输出极限功率都较低。

对于无功功率特性，同步发电机输出的无功功率较高，并且随着 δ' 的增大而不断增大。而对于构网型逆变器而言，当电流未饱和时，其等效为一个电压源，逆变器并网点输出的无功功率特性与同步发电机类似；当进入电流限幅后的过渡过程时，电流的 q 轴分量逐渐减小，其输出的无功功率不断减小，直至为零。对跟网型逆变器而言，若假设 $\beta = 0°$，则其输出的无功功率恒为零，即逆变器输出的功率全部为有功功率。

实际中，跟网型逆变器和电流饱和后的构网型逆变器并网点无功支撑不足是导致它们有功输出极限较低的原因。电网等值电抗会消耗大量的无功功率，假若源侧输出的无功功率不足，并网点电压将随着逆变器输出电流的增大持续降低，导致源侧输出的有功功率较低。要提高逆变器的传输功率极限，一种可行的方法是在逆变器的并网点进行无功补偿，利用无功补偿装置维持并网点电压恒定，相关内容将会在 2.4.4 节、2.5.2 节及 2.5.3 节进行具体介绍。

此外，从图 2-19 中可以看到，无论源侧是同步发电机还是并网逆变器，随着 δ' 的增大，无穷大系统吸收的无功功率朝着负方向增大，即其发出的无功功率逐渐增大。值得注意的是，在实际系统中，若源侧无功容量不足，无法提供足够的无功功率，此时并网母线电压将下降，有可能引起“线路电流增加→无功需求进一步增大→母线电压进一步下降”的恶性循环，导致电压崩溃。

2.3 单负荷无穷大系统的功率特性

与单机无穷大系统功率特性类似，单负荷无穷大系统的功率特性同样需要从两方面进行讨论。一方面是系统向负荷点馈入的功率特性，另一方面是负荷本身的用电功率特性。

系统向负荷点馈入的功率特性本质上是以负荷点作为端口，观察外部向该端口注入了多少功率，因此可用 2.1 节的二端口功率特性进行分析。负荷本身的用电功率特性取决于具体负荷的情况，一般来说会采用 ZIP 负荷、感应电动机负荷或将两种负荷结合起来的综合负荷对用电功率特性进行描述。

讨论单负荷无穷大系统时，通常假定送端为无穷大电源 $E\angle\delta$，且输出功率 P 已知，然后关注系统向负荷点馈入的功率是否与负荷本身的用电功率匹配，负荷节点能否在某一电压 U 下正常工作。因此，对系统向负荷点的馈入功率特性来说，主要关心负荷母线电压不同的情况下，系统能够向负荷输送多少功率，聚焦于功率-电压特性，并用 $P,Q\text{-}U$ 特性曲线表示；对负荷本身的用电功率特性来说，主要关心负荷用电功率随自身母线电压的变化，相应的功率特性也表达成 $P,Q\text{-}U$ 特性曲线的形式，称为负荷静态电压特性曲线。

2.3.1 负荷节点馈入功率特性

对图 2-20 所示的单负荷无穷大系统，根据式(2-11)，令 $|Z_{12}|=|Z_{22}|=X$，$\alpha_{22}=\alpha_{12}=0°$，$\delta_U=\delta$，$U_1=E$，$U_2=U$，可得系统向负荷点馈入有功功率以及无功功率为

$$P_2=\frac{EU}{X}\sin\delta,\ Q_2=-\frac{U^2}{X}+\frac{EU}{X}\cos\delta \tag{2-63}$$

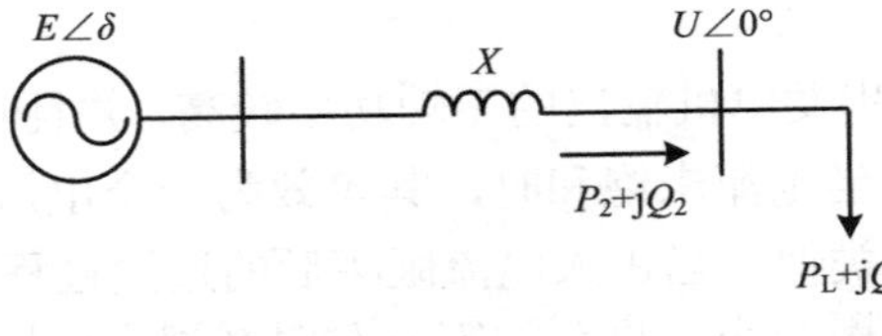

图 2-20 单负荷无穷大系统

由式(2-63)消去 δ 可得

$$P_2^2+\left(Q_2+\frac{U^2}{X}\right)^2=\left(\frac{EU}{X}\right)^2 \tag{2-64}$$

针对特定的负荷需求，可进一步令式(2-64)中 P_2 或 Q_2 恒定，分别得到相应负荷需求下

系统向负荷节点馈入的有功功率或无功功率为

$$P_2=\sqrt{\left(\frac{EU}{X}\right)^2-\left(Q_2+\frac{U^2}{X}\right)^2}$$
$$Q_2=\sqrt{\left(\frac{EU}{X}\right)^2-P_2^2}-\frac{U^2}{X} \tag{2-65}$$

根据式(2-65)可得 P-U 或 Q-U 特性曲线如图 2-21 所示。从图中可以看出，源端电压 $\dot{E}=E\angle\delta$ 保持恒定时，负荷节点馈入的有功功率或感性无功功率随负荷节点电压的下降，呈现出先增大再减小的趋势。即源端电压保持恒定时，系统能够向负荷节点馈入的功率大小取决于负荷节点的电压水平，且系统无法向负荷节点无限制地馈入有功功率和感性无功功率，两种功率的馈入随着负荷节点电压的变化存在极限。

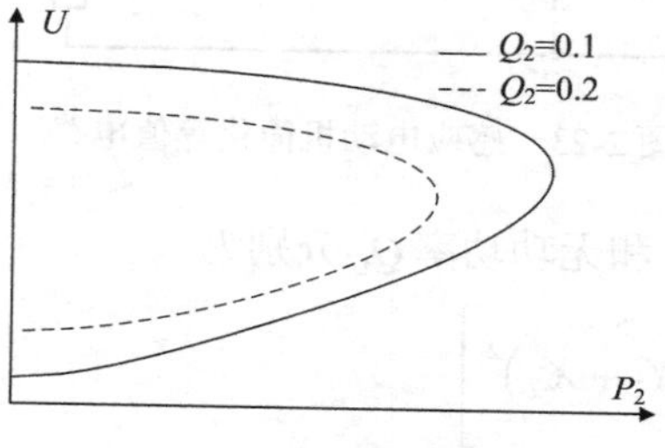

(a) P-U曲线

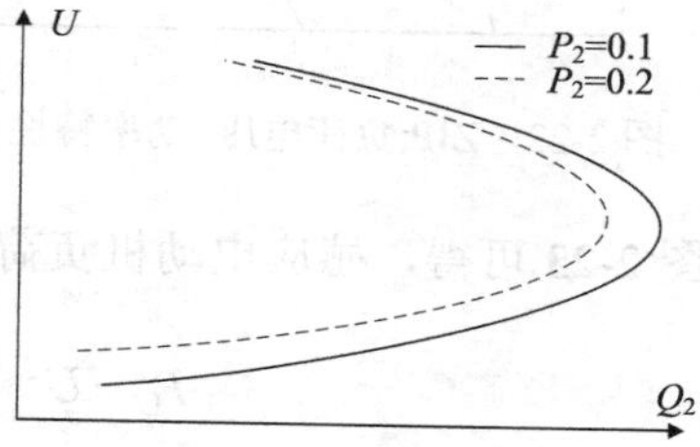

(b) Q-U曲线

图 2-21　负荷节点馈入的功率特性曲线

此外，图 2-21 中，当源侧电压 E 恒定且负荷无功需求 Q_2 增大时，馈入有功功率的极限值减小；而当负荷有功需求 P_2 增大时，馈入无功功率的极限值也会减小。此现象可结合式(2-64)进行解释。令 $Q_t=Q_2+U^2/X$，假若源侧电压 E 和负荷侧电压 U 恒定，此时 P_2^2 与 Q_t^2 的和保持恒定。若增大有功功率 P_2，则其无功功率的极限值必将减小。反之，若无功功率 Q_2 增大，则有功功率的极限值也必将减小。

2.3.2　负荷用电功率特性

描述负荷 P_L+jQ_L 的用电功率特性时常采用 ZIP 模型，如式(2-66)所示：

$$P_L=P_N\left[a_p(U/U_N)^2+b_p(U/U_N)+c_p\right]$$
$$Q_L=Q_N\left[a_q(U/U_N)^2+b_q(U/U_N)+c_q\right] \tag{2-66}$$

式中，U_N 为额定电压；P_N 和 Q_N 为额定电压时的有功功率和无功功率。各个系数可以根据实际的电压静态特性用最小二乘法拟合求得，这些系数应满足

$$a_p+b_p+c_p=1$$
$$a_q+b_q+c_q=1 \tag{2-67}$$

式(2-66)和式(2-67)反映了负荷电压静态特性，其中电压二次项相当于恒定阻抗负荷，电压一次项相当于恒定电流负荷，常数项相当于恒定功率负荷，系数 a_p、b_p、c_p 分别为恒定阻

抗、恒定电流、恒定功率负荷的有功功率占总有功功率的百分比，a_q、b_q、c_q 类同。对于系统电压变化较慢的过程，可按照式(2-66)计算负荷的电压-功率特性，相应的功率特性曲线如图 2-22 所示。

另一种常用的负荷模型为感应电动机模型。简化的感应电动机机械暂态等值电路模型如 图 2-23 所示，定子和转子绕组电阻分别为r_1和r_2，$r_1 \approx 0$，漏抗分别为X_1和X_2，铁损等值电阻$r_m \approx 0$，磁场等值电抗为X_m。

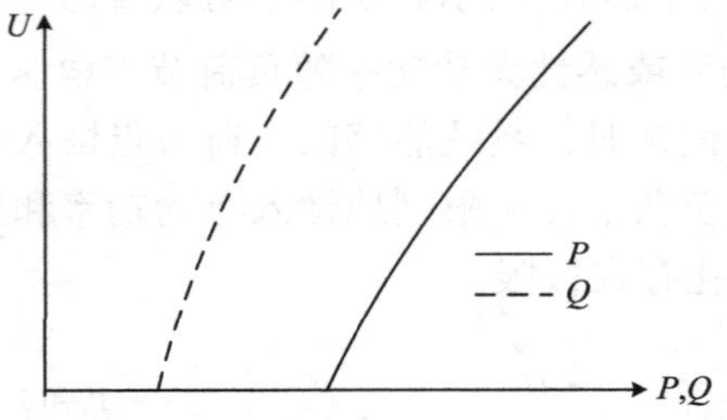

图 2-22　ZIP 负荷电压-功率特性曲线示意

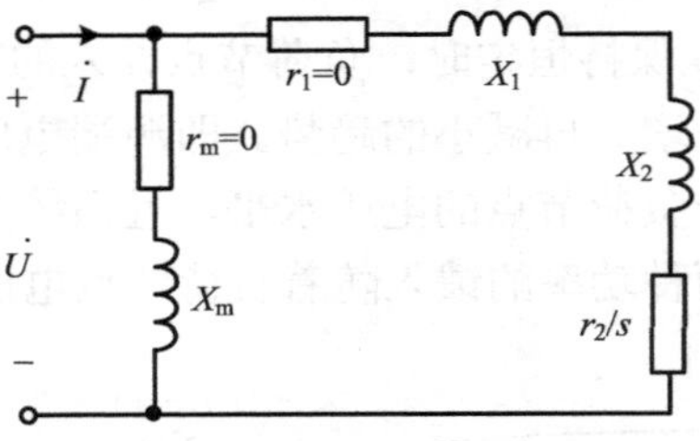

图 2-23　感应电动机简化等值电路

由图 2-23 可得，感应电动机负荷的有功功率P_L和无功功率Q_L分别为

$$P_L = U^2 \frac{r_2}{s} \bigg/ \left[\left(\frac{r_2}{s} \right)^2 + (X_1 + X_2)^2 \right] \tag{2-68}$$

$$Q_L = \frac{U^2 (X_1 + X_2)}{\left(\dfrac{r_2}{s} \right)^2 + (X_1 + X_2)^2} + \frac{U^2}{X_m} \tag{2-69}$$

由感应电动机理论可知，电机电磁力矩标幺值等于r_2 / s上的电功率标幺值，即

$$T_e = P_L = U^2 \frac{r_2}{s} \bigg/ \left[\left(\frac{r_2}{s} \right)^2 + (X_1 + X_2)^2 \right] \tag{2-70}$$

根据式(2-68)～式(2-70)，可作出P_L、Q_L以及T_e与s的关系曲线，如图 2-24 所示。

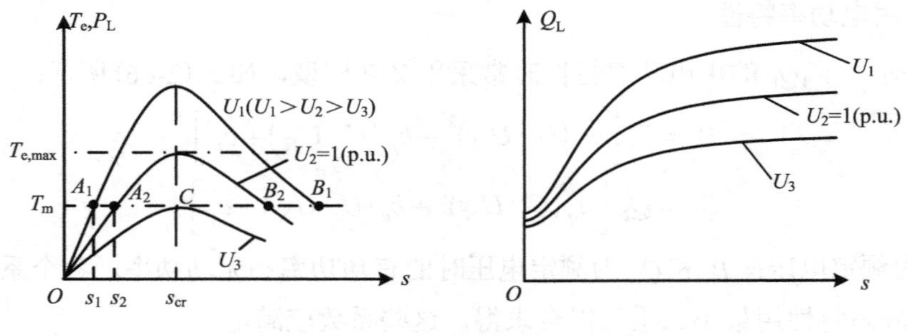

图 2-24　感应电动机T_e,P_L,Q_L-s 曲线

对于有功功率特性而言，T_e-s 曲线上存在极值点$(s_{cr}, T_{e,max})$，且极值点随感应电动机机端电压U的增大而增大。因此根据机端电压U的不同，感应电动机可能工作在不同的状态，

需要分情况进行讨论。

(1) 当机端电压 U 过低时，例如，图 2-24 中电压为 U_3 时对应的曲线，此时感应电动机电磁转矩的最大值 $T_{e,max}$ 小于感应电动机所带机械负载的机械转矩 T_m，对应图 2-24 中 T_e 曲线和 T_m 没有交点。由于电磁转矩不足，感应电动机将进入堵转过程。堵转后，感应电动机转子转速 $n_s = 0$，滑差 s 跃变为 1。此时，式(2-69)和式(2-70)将变为式(2-71)的形式，即感应电动机负荷等效为恒阻抗负荷，可用标准的二次函数曲线来描述。

$$P_L = U^2 r_2 \Big/ \left[r_2^2 + \left(X_1 + X_2\right)^2 \right]$$

$$Q_L = \frac{U^2\left(X_1 + X_2\right)}{r_2^2 + \left(X_1 + X_2\right)^2} + \frac{U^2}{X_m} \tag{2-71}$$

(2) 当机端电压 U 大于某个临界值 $U_{s,min}$ 时，感应电动机最大输出电磁转矩 $T_{e,max}$ 将大于感应电动机所带机械负载的机械转矩 T_m。因此感应电动机将在某个转速 n 下稳定工作，对应图 2-24 中 T_e-s 曲线与 T_m 存在交点。当 $U > U_{s,min}$ 时，由于感应电动机所带机械负载的机械力矩 T_m 恒定，为保持感应电动机正常工作，当电压 U 波动时，感应电动机的滑差 s 将发生变化以适应机端电压的变化，使 $T_e = T_m$。此时，感应电动机有功功率及无功功率与电压之间的关系并不是标准的二次函数关系。

从图 2-24 中可知，对于无功功率特性而言，感应电动机的无功功率随着 s 的增大而不断增大，并且在相同的 s 下，感应电动机机端电压越大，其消耗的无功功率越大。因此若要通过提高感应电动机的电压来提高其极限转矩 $T_{e,max}$，给感应电动机提供的无功功率也要相应增加。

综合式(2-68)、式(2-69)、式(2-71)可得感应电动机负荷的 P-U、Q-U 曲线如图 2-25 所示。从图中可以看出，感应电动机电压-功率静态特性呈现出明显的分段函数形式。当感应电动机机端电压小于 $U_{s,min}$ 时，由于感应电动机停转，感应电动机可看作恒阻抗负荷，相应的 P-U、Q-U 曲线呈现标准二次函数形式。当机端电压大于 $U_{s,min}$ 时，感应电动机进入正常工作状态，此时由于感应电动机所带机械负荷恒定，感应电动机有功负荷可近似为恒功率负荷，P-U 曲线可看作直线；由于 U 变化时，滑差 s 也会相应变化，因此感应电动机的 Q-U 曲线将不是标准的二次函数曲线。

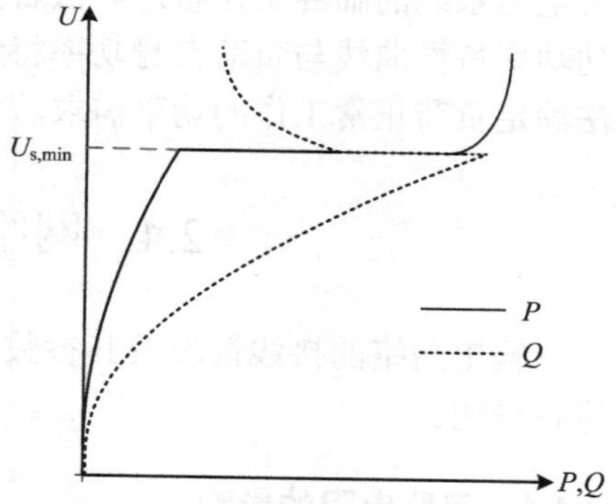

图 2-25　感应电动机电压-功率静态特性

需要注意的是，图 2-24 中感应电动机机端电压 $U > U_{s,min}$ 时，T_e-s 曲线实际上与 T_m 存在两个交点 A、B，分别对应感应电动机的小滑差运行点与大滑差运行点。结合式(2-68)可知，当感应电动机能够正常运行时，每一个给定电压 U 下实际上对应两个可能的无功。但实际上只有小滑差运行点是稳定运行点，因此图 2-25 中仅画出了小滑差运行点的无功功率特性，即 A 点下的无功功率特性。关于大滑差与小滑差运行点稳定性的讨论，将在第 4 章中进行介绍。

2.3.3 负荷的静态工作点

2.3.1 节与 2.3.2 节分别讨论了系统向负荷节点馈入的功率特性曲线以及 ZIP 负荷、感应电动机负荷自身的功率特性曲线。实际系统运行的过程中，系统能否建立起静态工作点，取决于负荷节点馈入功率特性曲线与负荷自身功率特性曲线有没有交点。

以恒功率负荷为例，如图 2-26 所示，当负荷水平适当时，负荷有功功率以及无功功率曲线与负荷节点馈入功率曲线均存在两个交点，分别对应高电压点和低电压点，对应潮流计算可能得出的高压解和低压解，均为系统可能的静态工作点。在实际系统运行过程中，一般只有高压解才是稳定的工作点，这在后面第 4 章讨论静态稳定问题时将再次提及。

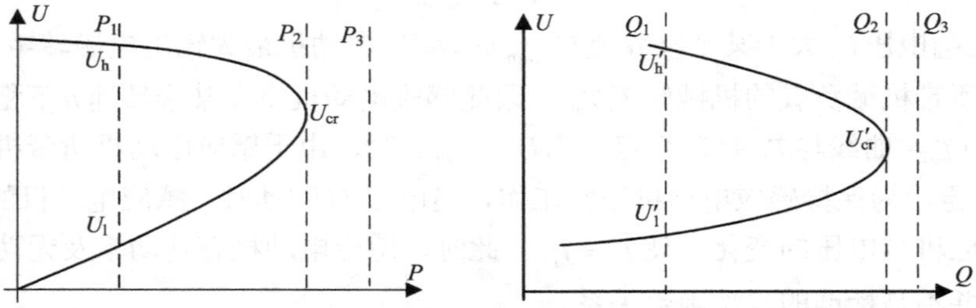

图 2-26　负荷静态工作点的建立

在图 2-26 中，随着恒功率负荷的负荷水平不断升高，当负荷节点馈入有功功率或者无功功率特性曲线与负荷自身功率特性曲线只存在一个交点时，系统将达到临界点，对应真实电力系统的临界工作状态。假若负荷水平进一步提升，当负荷节点馈入有功功率或者无功功率特性曲线与负荷自身功率特性曲线不存在交点时，系统向负荷节点馈入的功率将无法满足负荷正常工作的功率需求，负荷将无法建立稳定的工作点。

2.4 网络参数对功率特性的影响

输电网络的接线情况及其参数会对源侧功率特性产生影响，本节以简单电力系统为例进行说明。

2.4.1 串联电阻的影响

考虑输电系统的实际接线情况、计及输电回路电阻时的等值电路如图 2-27 所示。

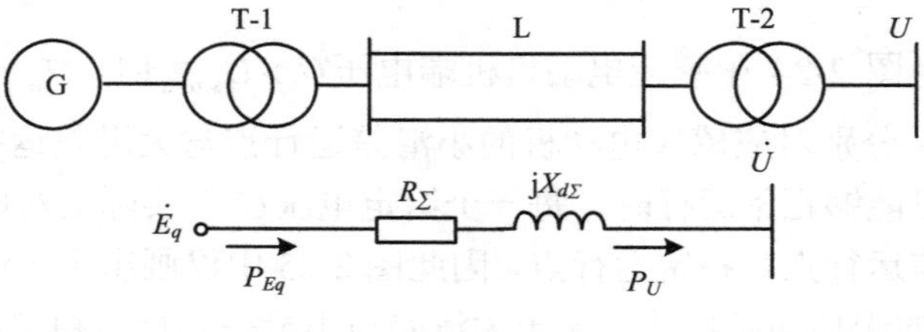

图 2-27　串联电阻后的简化电路

对串联电阻下同步发电机输出的功率特性进行分析。假定同步发电机为无励磁调节的隐极发电机，由等值电路可知：

$$\begin{gathered}Z_{11}=Z_{12}=Z_{22}=Z\\ \alpha_{11}=\alpha_{12}=\alpha_{22}=\alpha\end{gathered} \tag{2-72}$$

由于 $\alpha=90^\circ-\arctan\dfrac{X_{d\Sigma}}{R_\Sigma}>0^\circ$，可得同步发电机的功率特性为

$$\begin{cases}P_{Eq}=\dfrac{E_q^2}{|Z|}\sin\alpha+\dfrac{E_qU}{|Z|}\sin(\delta-\alpha)\\ Q_{Eq}=\dfrac{E_q^2}{|Z|}\cos\alpha-\dfrac{E_qU}{|Z|}\cos(\delta-\alpha)\end{cases} \tag{2-73}$$

系统侧吸收的功率为

$$\begin{cases}P_U=-\dfrac{U^2}{|Z|}\sin\alpha+\dfrac{E_qU}{|Z|}\sin(\delta+\alpha)\\ Q_U=-\dfrac{U^2}{|Z|}\cos\alpha+\dfrac{E_qU}{|Z|}\cos(\delta+\alpha)\end{cases} \tag{2-74}$$

同步发电机发出的有功功率和系统吸收的有功功率之差为串联电阻上的有功功率损耗，即

$$P_{Eq}-P_U=\left(E_q^2+U^2-2E_qU\cos\delta\right)\frac{\sin\alpha}{|Z|}=I^2R_\Sigma \tag{2-75}$$

同步发电机发出的无功功率和系统吸收的无功功率之差为系统等值电抗上消耗的无功功率，即

$$Q_{Eq}-Q_U=\left(E_q^2+U^2-2E_qU\cos\delta\right)\frac{\cos\alpha}{|Z|}=I^2X_{d\Sigma} \tag{2-76}$$

由式(2-75)和式(2-76)有，在0°～180°范围内，随着 $\dot{E}_q$ 和 $\dot{U}$ 之间角度的增大，通过线路的电流增大，电阻上的有功损耗和电感上的无功损耗都增大。

同步发电机的功率特性曲线如图 2-28 所示，图中略去了无穷大电源处吸收的有功功率曲线。可以看到，由于串联电阻的存在，发电机有功功率特性向右移动了 α 角，并且具有更大的有功功率传输极限，但其发出的无功功率特性曲线整体向下偏移，在相同 δ 下，同步发电机输出的无功功率降低。

发电机功率极限可由 $\mathrm{d}P_{Eq}/\mathrm{d}\delta=0$ 的条件确定。由 $\delta-\alpha=90^\circ$，可得 $\delta_{Eq\mathrm{m}}=90^\circ+\alpha$。功率极限值为

$$P_{Eq\mathrm{m}}=\frac{E_q^2}{|Z|}\sin\alpha+\frac{E_qU}{|Z|} \tag{2-77}$$

一般来说，式(2-77)计算出的功率极限值比不计电阻时的功率极限 $P_{Eq\mathrm{m}}=\dfrac{E_qU}{X_{d\Sigma}}$ 大。这是因为在一般情况下，$R_\Sigma\ll X_{d\Sigma}$，因而 $Z\approx X_{d\Sigma}$，而计及电阻后，式(2-77)中增加了与功

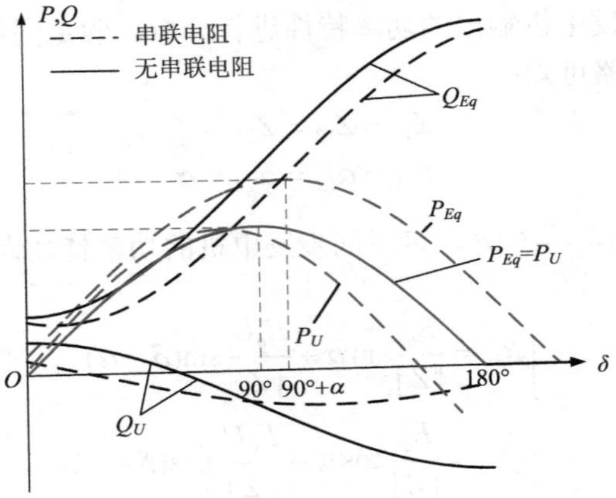

图 2-28　串联电阻对同步发电机功率特性的影响

角无关的 $\dfrac{E_q^2}{|Z|}\sin\alpha$ 项，称为固有功率项，该项使功率极限增大了。此时，与功率极限相对应的功角 δ_{Eqm} 也略大于90°。

将图 2-28 中的隐极同步发电机替换为并网逆变器时，也可得到类似的结论。

对于构网型逆变器，此处仅重点分析电流饱和前和电流饱和后的并网点功率特性，不对其过渡过程进行展开，感兴趣的读者可以自行推导。根据式(2-10)以及式(2-20)，当电流未饱和时，$|Z_{11}|=|Z_{12}|=|Z_{22}|=|Z|$，$R=R_\Sigma$，$X=X_\Sigma$，$U_1=V$，$U_2=U$，$D=-Y_{11}/Y_{21}=1$，$\theta_D=0°$，$\alpha_{11}=\alpha_{12}=\alpha$；电流饱和后，构网型逆变器等效为电流源，$|Z_{22}|$为无穷大；整理可得串联电阻时电流饱和前和饱和后构网型逆变器并网点输出功率特性为

$$P_{Eq}=\begin{cases}\dfrac{V^2}{|Z|}\sin\alpha+\dfrac{VU}{|Z|}\sin(\delta'-\alpha), & \text{电流不饱和时}\\ I_{\max}^2|Z|\sin\alpha+I_{\max}\left[\sqrt{U^2-(I_{\max}X_\Sigma)^2}\right], & \text{电流饱和时}\end{cases} \tag{2-78}$$

$$Q_{Eq}=\begin{cases}\dfrac{V^2}{|Z|}\cos\alpha-\dfrac{VU}{|Z|}\cos(\delta'-\alpha), & \text{电流不饱和时}\\ 0, & \text{电流饱和时}\end{cases}$$

无穷大系统处吸收的功率为

$$P_U=\begin{cases}-\dfrac{U^2}{|Z|}\sin\alpha+\dfrac{VU}{|Z|}\sin(\delta'+\alpha), & \text{电流不饱和时}\\ I_{\max}\left[\sqrt{U^2-(I_{\max}X_\Sigma)^2}\right], & \text{电流饱和时}\end{cases}$$

$$Q_U=\begin{cases}-\dfrac{U^2}{|Z|}\cos\alpha+\dfrac{VU}{|Z|}\cos(\delta'+\alpha), & \text{电流不饱和时}\\ -I_{\max}^2X_\Sigma, & \text{电流饱和时}\end{cases} \tag{2-79}$$

为便于分析，将构网型逆变器电流饱和后并网点的功率特性转到 $P,Q\text{-}\delta'$ 坐标系下。由式(2-24)可得

$$\sin\delta'_{\max}=\frac{I_{\max}X_{\Sigma}}{U_2} \tag{2-80}$$

式中，$\delta'_{\max}$ 为电流饱和后所对应的 δ'；$I_{\max}$ 为电流的最大幅值。

对比式(2-73)和式(2-78)可知，当电流不饱和时，在线路中串联电阻对构网型逆变器并网点和对隐极同步发电机的功率特性的影响是相似的，此处不再赘述。

对比式(2-47)和式(2-78)可知，当电流饱和后，串联电阻后构网型逆变器并网点输出的有功功率多了常数项 $I_{\max}^2|Z|\sin\alpha$，即电流饱和后有功功率增大。对无功功率而言，由于串联电阻没有影响到网络中的 X_{Σ}，因此串联电阻且在其电流饱和后构网型逆变器并网点发出的无功功率保持不变，无穷大电源发出的无功功率也相应保持不变。

串联电阻后构网型逆变器并网点功率特性曲线如图 2-29(a)所示，图中省略了无穷大电源吸收的有功功率曲线。

类似于前面讨论的串联电阻对同步发电机功率特性的影响，在线路上串联电阻后，逆变器并网点发出的有功功率和无穷大电源吸收的有功功率之差为电阻上消耗的功率。

对于跟网型逆变器，这里仅讨论其输出的功率全部为有功功率且忽略电流限值的情况。此时有 $\beta=0°$，$|Z_{11}|=|Z_{12}|=|Z|$，$|Z_{22}|$ 为无穷大，$U_2=U$，$D=-Y_{11}/Y_{21}=1$，$\alpha_{11}=\alpha_{12}=\alpha$，$\theta_D=0°$，根据式(2-18)可得跟网型逆变器考虑串联电阻后并网点输出功率特性为

$$P_{Eq}=I^2|Z|\sin\alpha+I\left[\sqrt{U^2-(I_1X_{\Sigma})^2}\right],\quad Q_{Eq}=0 \tag{2-81}$$

无穷大电源处吸收的功率为

$$\begin{aligned}P_U&=I\left[\sqrt{U^2-(I_1X_{\Sigma})^2}\right]\\Q_U&=-I^2X_{\Sigma}\end{aligned} \tag{2-82}$$

相应的功率特性如图 2-29(b)所示，图中省略了无穷大电源吸收的有功功率特性曲线，并且由于跟网型逆变器并网点发出的无功功率为零，因此也忽略了跟网型逆变器并网点输出的无功功率特性曲线。

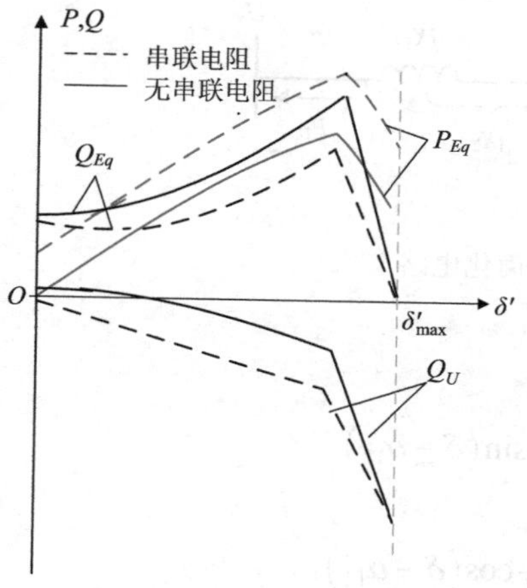

(a) 串联电阻对构网型逆变器的影响

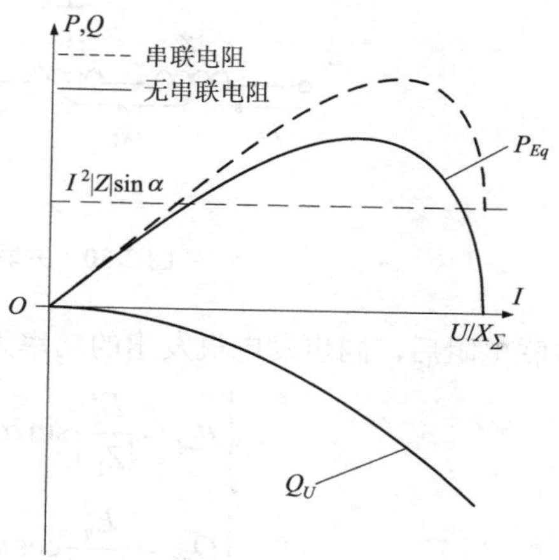

(b) 串联电阻对跟网型逆变器的影响

图 2-29　串联电阻对逆变器并网点功率特性的影响

从图 2-29(b) 中可以看出，相比于不串联电阻的情况，跟网型逆变器并网点输出的有功功率特性曲线向上偏移，有功功率极限增大，功率极限点在更大的 I 处取得。由于跟网型逆变器并网点发出的无功功率为零，因此电网等值电抗上消耗的无功功率全部由无穷大电源提供；当电流增大时，电网等值电抗上消耗的无功功率增大，因此无穷大电源发出的无功功率相应增加。并且，由于在线路中串联电阻并未影响到系统中的等值电抗，由式(2-82)可知，在相同的电流 I 下，无穷大电源发出的无功功率不变。

2.4.2　线路中并联电阻的影响

输电系统接入并联电阻的情况如图 2-30 所示。接入并联电阻后，有

$$\begin{aligned}\dot{Z}_{11} &= \mathrm{j}X_1 + R_\mathrm{k} // \mathrm{j}X_2 = R_{11} + \mathrm{j}X_{11} = |Z_{11}|\angle\psi_{11} \\ \dot{Z}_{22} &= \mathrm{j}X_2 + R_\mathrm{k} // \mathrm{j}X_1 = R_{22} + \mathrm{j}X_{22} = |Z_{22}|\angle\psi_{22}\end{aligned} \tag{2-83}$$

且

$$\begin{aligned}\alpha_{11} &= 90° - \psi_{11} > 0° \\ \alpha_{22} &= 90° - \psi_{22} > 0°\end{aligned} \tag{2-84}$$

同时有

$$\dot{Z}_{12} = \mathrm{j}X_1 + \mathrm{j}X_2 + \frac{\mathrm{j}X_1\mathrm{j}X_2}{R_\mathrm{k}} = -\frac{X_1X_2}{R_\mathrm{k}} + \mathrm{j}X_{d\Sigma} = R_{12} + \mathrm{j}X_{12} = |Z_{12}|\angle\psi_{12} \tag{2-85}$$

因为 $R_{12} = -X_1X_2/R_\mathrm{k} < 0$，故 $\psi_{12} > 90°$，$\alpha_{12} = 90° - \psi_{12} < 0°$。需要注意的是，$R_{12} < 0$ 并不意味网络中存在负电阻。这是因为转移阻抗仅代表某一支路的电势单独作用时，该电势与其在另一支路所产生电流的比值，即 R_{12} 只反映该比值的大小和相位关系。

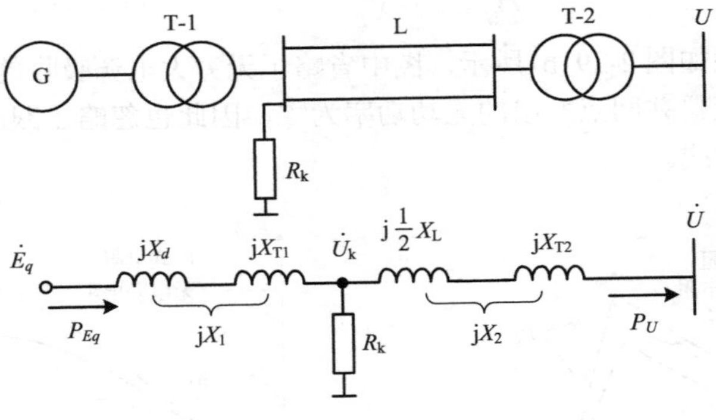

图 2-30　并联电阻后的简化电路

并联电阻后，同步发电机发出的功率为

$$\begin{cases} P_{Eq} = \dfrac{E_q^2}{|Z_{11}|}\sin\alpha_{11} + \dfrac{E_qU}{|Z_{12}|}\sin(\delta - \alpha_{12}) \\ Q_{Eq} = \dfrac{E_q^2}{|Z_{11}|}\cos\alpha_{11} - \dfrac{E_qU}{|Z_{12}|}\cos(\delta - \alpha_{12}) \end{cases} \tag{2-86}$$

无穷大母线处吸收的功率为

$$\begin{cases} P_U = -\dfrac{U^2}{|Z_{22}|}\sin\alpha_{22} + \dfrac{E_qU}{|Z_{12}|}\sin(\delta+\alpha_{12}) \\ Q_U = -\dfrac{U_2^2}{|Z_{22}|}\cos\alpha_{22} + \dfrac{E_qU}{|Z_{12}|}\cos(\delta+\alpha_{12}) \end{cases} \tag{2-87}$$

P_{Eq} 与 P_U 之差为

$$P_{Eq} - P_U = \frac{E_q^2}{|Z_{11}|}\sin\alpha_{11} + \frac{U^2}{|Z_{22}|}\sin\alpha_{22} - \frac{2E_qU}{|Z_{12}|}\sin\alpha_{12}\cos\delta \tag{2-88}$$

与串联电阻的情况类似，同步发电机发出的有功功率和无穷大系统接收的有功功率之差即为并联电阻上消耗的功率。不同的是，在并联电阻后，随着功角的增大(0°～180°)，并联电阻消耗的功率减小。

并联电阻后同步发电机的功率特性曲线如图 2-31 所示，图中略去了无穷大母线吸收的有功功率特性曲线。

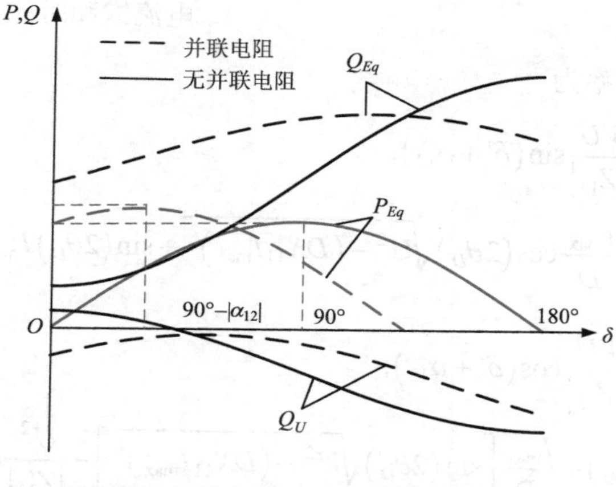

图 2-31　并联电阻对同步功率特性的影响

从图 2-31 中可以看出，并联电阻后，同步发电机发出的有功功率特性向上移动，其输出的有功功率极限增加，这与串联电阻的情况类似。不同的是，由于并联电阻后 $\alpha_{12}<0°$，因此同步发电机发出的有功功率特性向左移动了 $|\alpha_{12}|$ 角。此外，并联电阻后，$|Z_{11}|$ 减小，$|Z_{12}|$ 增大，当 δ 较小时，$\cos(\delta-\alpha_{12})>0$，由式(2-86)可知，此时发电机发出的无功功率相对较大，无穷大母线处发出的无功功率相应减小，输电线路消耗的无功功率总体变化不大。

并联电阻后同步发电机的功率极限为

$$P_{Eqm} = \frac{E_q^2}{|Z_{11}|}\sin\alpha_{11} + \frac{E_qU}{|Z_{12}|} \tag{2-89}$$

对应的功率极限角为 $\delta_{Eqm} = 90^\circ + \alpha_{12}$。因 $\alpha_{12} < 0^\circ$，故 $\delta_{Eqm} < 90^\circ$。应该指出，固有功率 $\dfrac{E_q^2}{|Z_{11}|}\sin\alpha_{11}$ 的值与 R_k 的大小及接入点与发电机的电气距离等密切相关。当发电机主要负担

地方负荷时，固有功率项可以远大于 $\dfrac{E_qU}{|Z_{12}|}$ 项，此时 R_k 相当于接入本地负荷。

对于构网型逆变器，类似串联电阻时的情况，不再具体讨论构网型逆变器电流趋向饱和的过渡过程，仅讨论电流饱和前和饱和后构网型逆变器并网点功率特性的具体表达式。值得注意的是，对于构网型逆变器，在电流饱和后，其等效为电流源，端口 2 的输入阻抗将有所改变，即 $Z'_{22}=\mathrm{j}X_2+R_k=|Z'_{22}|\angle\psi'_{22}$，$\alpha'_{22}=90°-\psi'_{22}$，由此可得并联电阻后构网型逆变器并网节点输出功率特性为

$$P_{Eq}=\begin{cases}\dfrac{V^2}{|Z_{11}|}\sin\alpha_{11}+\dfrac{VU}{|Z_{12}|}\sin(\delta'-\alpha_{12}), & \text{电流不饱和时}\\ I_{\max}^2|Z_{11}|\sin\alpha_{11}+\dfrac{I_{\max}}{D}\left[\sqrt{U^2-(DX_{11}I_{\max})^2}\right], & \text{电流饱和时}\end{cases}\tag{2-90}$$

$$Q_{Eq}=\begin{cases}\dfrac{V^2}{|Z_{11}|}\cos\alpha_{11}-\dfrac{VU}{|Z_{12}|}\sin(\delta'-\alpha_{12}), & \text{电流不饱和时}\\ 0, & \text{电流饱和时}\end{cases}$$

无穷大电源处吸收的功率为

$$P_U=\begin{cases}-\dfrac{U^2}{|Z_{11}|}\sin\alpha_{11}+\dfrac{VU}{|Z_{12}|}\sin(\delta'+\alpha_{12}), & \text{电流不饱和时}\\ -\dfrac{U^2}{|Z'_{22}|}\sin\alpha'_{22}+\dfrac{I_{\max}}{D}\cos(2\theta_D)\sqrt{U^2-(DX_{11}I_{\max})^2}+\sin(2\theta_D)I_{\max}^2X_{11}, & \text{电流饱和时}\end{cases}$$

$$Q_U=\begin{cases}-\dfrac{U^2}{|Z_{22}|}\cos\alpha_{22}+\dfrac{VU}{|Z_{12}|}\cos(\delta'+\alpha_{12}), & \text{电流不饱和时}\\ -I_{\max}^2X_{11}\cos(2\theta_D)+\dfrac{I_{\max}}{D}\left[\sin(2\theta_D)\sqrt{U^2-(DX_{11}I_{\max})^2}\right]-\dfrac{U^2}{|Z'_{22}|}\cos\alpha'_{22}, & \text{电流饱和时}\end{cases}\tag{2-91}$$

其中 $I_{\max}$ 和 $\delta'_{\max}$ 满足如下关系：

$$\sin(\delta'_{\max}+\theta_D)=\pm\frac{I_{\max}X_{11}D}{U}\tag{2-92}$$

且如图 2-30 所示，有如下电路参数：

$$\dot{Y}_{11}=\frac{1}{\mathrm{j}X_1+R_k+\mathrm{j}X_1R_k/(\mathrm{j}X_2)}+\frac{1}{\mathrm{j}X_1+\mathrm{j}X_2+\mathrm{j}X_1\mathrm{j}X_2/R_k}$$

$$\dot{Y}_{12}=-\frac{1}{\mathrm{j}X_1+\mathrm{j}X_2+\mathrm{j}X_1\mathrm{j}X_2/R_k}$$

$$\dot{D}=-\frac{\dot{Y}_{11}}{\dot{Y}_{12}}=D\angle\theta_D\tag{2-93}$$

并联电阻后，构网型逆变器并网点功率特性曲线大致如图 2-32(a)所示。从图中可以看到，并联电阻后构网型逆变器并网点的有功功率特性曲线整体向左上偏移，其有功输出

极限值增大，且功率极限点在更小的 $\delta'_{\max\_2}$ 处。在逆变器电流未饱和时，相同 δ' 下逆变器并网点输出的无功功率增加。而当电流饱和时，其输出的无功功率为零，此时无穷大系统输出的无功功率会陡然增加。

对于跟网型逆变器，与串联电阻时的考虑相同，仅对其输出功率全部为有功功率的情况进行分析，即 $\beta = 0°$，则并联电阻后逆变器并网点输出功率特性为

$$P_{Eq} = I^2 |Z_{11}| \sin\alpha_{11} + \frac{I}{D}\left[\sqrt{U^2 - (DX_{11}I)^2}\right], \quad Q_{Eq} = 0 \tag{2-94}$$

无穷大电源处吸收的功率为

$$\begin{aligned} P_U &= -\frac{U^2}{|Z_{22}|}\sin\alpha_{22} + \frac{I}{D}\cos(2\theta_D)\sqrt{U^2 - (DX_{11}I)^2} + \sin(2\theta_D) I^2 X_{11} \\ Q_U &= -I^2 X_{11}\cos(2\theta_D) + \frac{I}{D}\sin(2\theta_D)\sqrt{U^2 - (DX_{11}I)^2} - \frac{U^2}{|Z'_{22}|}\cos\alpha'_{22} \end{aligned} \tag{2-95}$$

相应的功率特性曲线大致如图 2-32(b)所示。

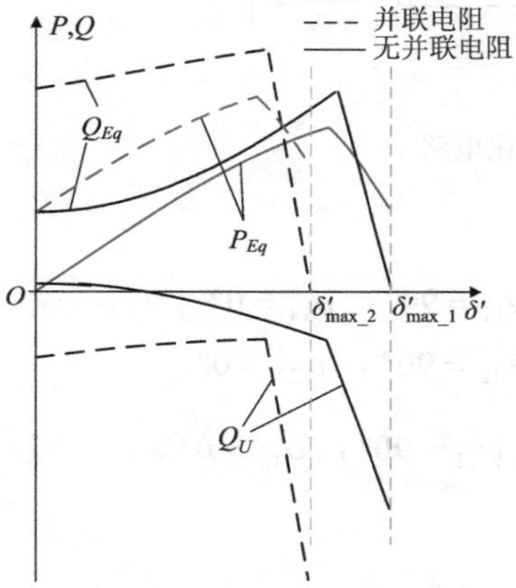

(a) 并联电阻对构网型逆变器的影响

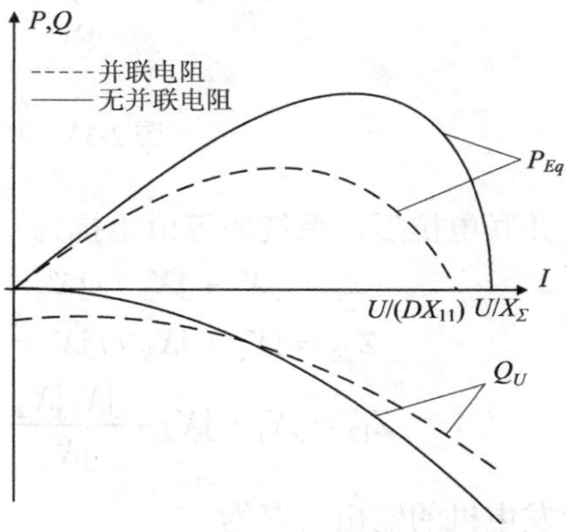

(b) 并联电阻对跟网型逆变器的影响

图 2-32　并联电阻对逆变器并网点功率特性的影响

从图 2-32(b)中可以看出，相比无并联电阻的情况，跟网型逆变器并网点输出的有功功率特性曲线向下偏移，有功功率极限减小，功率极限点在更小的 I 处取得。由于跟网型逆变器并网点发出的无功功率为零，因此电网等值电抗上消耗的无功功率全部由无穷大电源提供。当电流增大时，电网等值电抗上消耗的无功功率增大，无穷大电源发出的无功功率增加。并且，并联电阻后，当电流源电流为零时，系统等值电抗消耗的无功功率不为零，即无穷大电源发出的无功功率不为零。并联电阻对无穷大系统发出的无功功率的影响与并联电阻的大小、并联电阻的位置、无穷大电源电压以及电流源的电流有关。当并联电阻较小、并联电阻位置靠近并网逆变器处、无穷大电源电压较低且电流源的电流较大时，由于并联电阻的分流作用显著，系统消耗的无功功率较小，此时无穷大系统发出的无功功率也减小，即图 2-32(b)所示的情况。对此感兴趣的读者可对其他情况进行推导，此处不再赘述。

实际上，无并联电阻的情况相当于并联了一个无穷大的电阻。而当并联了一个较小的电阻后，端口 1 自阻抗将减小。因此，对于电流源而言，在相同电流下逆变器并网点输送的有功功率将减小，功率极限将降低。

2.4.3　线路中并联电抗的影响

长距离输电线路中一般存在并联电抗，以改善长输电线路上的电压分布，削弱空载或轻载时长线路的电容效应所引起的工频电压升高。输电系统接入并联电抗的情况如图 2-33 所示。

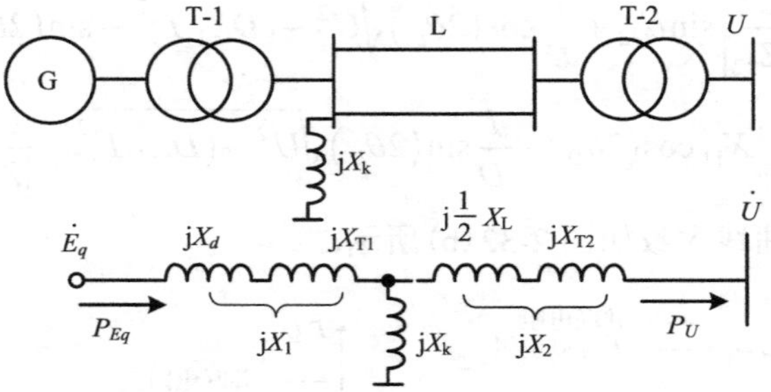

图 2-33　并联电抗简化电路

接入并联电抗后，系统的等值电抗为

$$Z_{11} = \mathrm{j}X_1 + \mathrm{j}X_{\mathrm{k}} \,/\,/\, \mathrm{j}X_2 = \mathrm{j}X_{11}，\quad \psi_{11} = 90°，\quad \alpha_{11} = 0° \tag{2-96}$$

$$Z_{22} = \mathrm{j}X_2 + \mathrm{j}X_{\mathrm{k}} \,/\,/\, \mathrm{j}X_1 = \mathrm{j}X_{22}，\quad \psi_{22} = 90°，\quad \alpha_{22} = 0° \tag{2-97}$$

$$Z_{12} = \mathrm{j}X_1 + \mathrm{j}X_2 + \frac{\mathrm{j}X_1\mathrm{j}X_2}{\mathrm{j}X_{\mathrm{k}}} = \mathrm{j}X_{12}，\quad \psi_{12} = 90°，\quad \alpha_{12} = 0° \tag{2-98}$$

同步发电机的输出功率为

$$\begin{cases} P_{Eq} = \dfrac{E_q U}{|X_{12}|}\sin\delta \\ Q_{Eq} = \dfrac{E_q^2}{|X_{11}|} - \dfrac{E_q U}{|X_{12}|}\cos\delta \end{cases} \tag{2-99}$$

无穷大母线侧吸收的功率为

$$\begin{cases} P_U = \dfrac{E_q U}{|X_{12}|}\sin\delta \\ Q_U = -\dfrac{U_2^2}{|X_{22}|} + \dfrac{E_q U}{|X_{12}|}\cos\delta \end{cases} \tag{2-100}$$

相应的功率特性曲线如图 2-34 所示。

由图 2-34 中可以看到，由于并联电抗的存在，同步发电机有功功率特性向下移动，其有功功率传输极限降低，但无功功率特性曲线整体向上偏移。同时，无穷大母线发出的无功功率也相应增加。由此可见，并联电抗后，系统整体消耗的无功功率增加了。

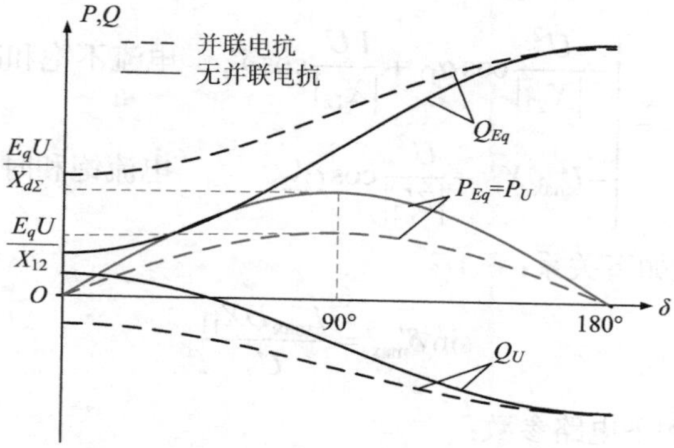

图 2-34　并联电抗对同步发电机功率特性的影响

在并联电抗后，同步发电机发出的有功功率与功角 δ 仍为正弦关系。功率极限为

$$P_{Eqm}=\frac{E_qU}{|X_{12}|} \tag{2-101}$$

与未接电抗器时的极限 $P_{Eqm}=\frac{E_qU}{X_{d\Sigma}}$ 相比，由于 $X_{12}>X_{d\Sigma}$，因此当电势 E_q 和电压 U 与并联电抗接入前相同时，并联电抗的接入将使功率极限减小。减小的程度与转移电抗增大的程度成比例。转移电抗增加部分为 $\frac{X_1X_2}{X_k}$，X_k 越小，X_{12} 增加越多，功率极限也就越小。极限情况 $X_k=0$，$X_{12}=\infty$，发电机输出功率为零，相当于三相金属性短路。此时发电机转子上将产生很大的不平衡转矩，这是短路故障引起系统稳定性被破坏的主要原因。

对于构网型逆变器，在电流未饱和时，并联电抗对其并网点功率特性的影响与同步发电机类似。电流饱和后，逆变器将等效为电流源，需要进行分析。此时，端口 2 的输入阻抗有所改变，即 $\dot{Z}'_{22}=\mathrm{j}X_2+\mathrm{j}X_k=\mathrm{j}X'_{22}$，$\alpha'_{22}=0°$。由此，构网型逆变器并网节点功率特性为

$$P_{Eq}=\begin{cases}\frac{VU}{|X_{12}|}\sin\delta', & \text{电流不饱和时}\\ \frac{I_{\max}}{D}\left[\sqrt{U^2-(DX_{11}I_{\max})^2}\right], & \text{电流饱和时}\end{cases}$$

$$Q_{Eq}=\begin{cases}\frac{V^2}{|X_{11}|}-\frac{VU}{|X_{22}|}\cos\delta', & \text{电流不饱和时}\\ 0, & \text{电流饱和时}\end{cases} \tag{2-102}$$

无穷大系统处吸收的功率为

$$P_U=\begin{cases}\frac{VU}{|X_{12}|}\sin\delta', & \text{电流不饱和时}\\ \frac{I_{\max}}{D}\left[\sqrt{U^2-(DX_{11}I_{\max})^2}\right], & \text{电流饱和时}\end{cases}$$

$$Q_U=\begin{cases}-\dfrac{U^2}{|X_{22}|}\cos\alpha_{11}+\dfrac{VU}{|X_{12}|}\cos\delta', & \text{电流不饱和时}\\ -I_{\max}^2X_{11}-\dfrac{U^2}{|Z'_{22}|}\cos\alpha'_{22}, & \text{电流饱和时}\end{cases} \tag{2-103}$$

其中，$I_{\max}$ 和 $\delta'_{\max}$ 满足如下关系：

$$\sin\delta'_{\max}=\frac{I_{\max}DX_{11}}{U_2} \tag{2-104}$$

且如图 2-33 所示，有如下电路参数：

$$\dot{Y}_{11}=\frac{1}{\mathrm{j}X_1+\mathrm{j}X_\mathrm{k}+\mathrm{j}X_1\mathrm{j}X_\mathrm{k}/(\mathrm{j}X_2)}+\frac{1}{\mathrm{j}X_1+\mathrm{j}X_2+\mathrm{j}X_1\mathrm{j}X_2/(\mathrm{j}X_\mathrm{k})}$$

$$\dot{Y}_{12}=-\frac{1}{\mathrm{j}X_1+\mathrm{j}X_2+\mathrm{j}X_1\mathrm{j}X_2/(\mathrm{j}X_\mathrm{k})}$$

$$\dot{D}=-\frac{\dot{Y}_{11}}{\dot{Y}_{12}}=X_\mathrm{D} \tag{2-105}$$

由式(2-105)可知，并联电抗后 D 的值大于 1。当并联电抗 X_k 较小时，D 的值较大，但 X_{11} 相对较小；当并联电抗 X_k 较大时，D 的值较小，但 X_{11} 相对较大。因此 DX_{11} 有可能大于 X_Σ 也有可能小于 X_Σ，分别对应于并联电抗后 $\delta'_{\max}$ 增大或减小的情况。下面以并联电抗 X_k 较小、D 较大、$\delta'_{\max}$ 减小的情况为例进行讨论。此时，构网型逆变器并网点功率特性曲线大致如图 2-35(a) 所示。

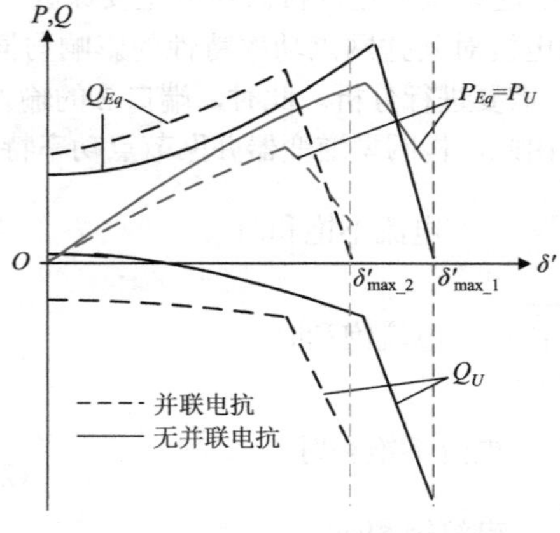

(a) 并联电抗对构网型逆变器的影响

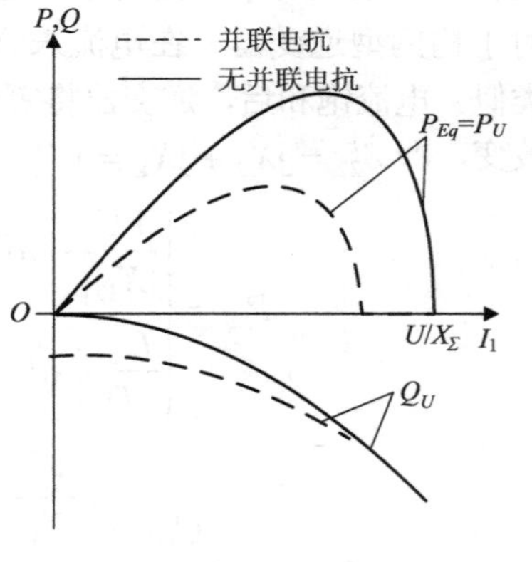

(b) 并联电抗对跟网型逆变器的影响

图 2-35 并联电抗对逆变器并网点功率特性的影响

从图 2-35(a) 中可以看到，并联电抗后，在电流饱和前，构网型逆变器并网点的有功功率特性曲线整体向左下偏移，其有功输出相对较小，这与同步发电机的情况是相似的。在电流饱和后，当并联电抗后 D 的值较大时，由式(2-103)可知，构网型逆变器并网点输出有功功率会相对较小。对于无功功率特性而言，在逆变器电流未饱和时，并联电抗后构网型逆变器并网点发出的无功功率特性曲线整体向上偏移，在相同 δ' 下，其输出的无功功率增加。而当电流饱和后，其输出的无功功率为零。此外，当电流饱和后，由于并联电抗后网络中源端的自阻抗减小，因此在相同的电流下网络消耗的无功功率减小，此时无穷大电源发出的无功功率会相对较小。

对于跟网型逆变器，这里仅讨论其输出的功率全部为有功功率的情况，此时有 $\beta = 0°$。并联电抗后跟网型逆变器并网点输出功率特性为

$$P_{Eq} = \frac{I}{D}\left[\sqrt{U^2 - \left(DX_{11}I\right)^2}\right],\ Q_{Eq} = 0 \tag{2-106}$$

无穷大电源处吸收的功率为

$$\begin{aligned} P_U &= \frac{I}{D}\left[\sqrt{U^2 - (DX_{11}I)^2}\right] \\ Q_U &= -I^2 X_{11} - \frac{U^2}{|X'_{22}|} \end{aligned} \tag{2-107}$$

类似地，假设并联电抗 X_k 较小、D 的值较大且 DX_{11} 大于 X_Σ，则相应的功率曲线大致如图 2-35(b)所示。从图中可以看出，相比于不并联电抗的情况，跟网型逆变器并网点输出的有功功率特性曲线向下偏移，有功功率极限减小，功率极限点在更小的 I 处取得。由于跟网型逆变器并网点发出的无功功率为零，电网等值电抗上消耗的无功功率全部由无穷大电源提供。当电流增大时，电网等值电抗上消耗的无功功率增大，无穷大电源发出的无功功率增加。并且，并联电抗后，Q_U 多了常数项 $-\dfrac{U^2}{|X'_{22}|}$，且 X_{11} 相对减小。此时，由式(2-107)可知，当电流 I 较小时，相比于不并联电抗的情况，无穷大电源发出的无功功率将相对较大，但随着电流的增大，二者的差值会逐渐减小。

2.4.4 PCC 点并联电容的影响

与电抗不同，输电系统中电容一般是并联在源侧的并网点，以进行无功补偿，从而改善源侧的功率特性，提高功率传输极限。当源侧为同步发电机时，源侧自身具备足够的无功容量支撑，不需要并联电容器。当源侧为构网型逆变器时，在其电流未饱和时，源侧有足够的无功支撑，不会在并网点投入并联电容；在其电流饱和的过渡过程和电流饱和后，可进行无功补偿控制，相关内容会在 2.5.2 节中进行介绍。本节主要讨论在跟网型逆变器并网点，即 PCC 点，接入固定并联电容时对功率特性的影响。

在跟网型逆变器的 PCC 点接入并联电容的等效电路如图 2-36 所示。

值得注意的是，在 PCC 点接入并联电容后，逆变器输出的电流和 PCC 点向电网输出的电流存在差异。原始电路图中，$\dot{I}$、$\dot{V}$、β 分别为原始电路中逆变器输出电流、并网点电压和逆变器的功率因数角。假设逆变器输出的功率均为有功功率，则 $\beta = 0°$。在等效电路图中，$\dot{I}_1$、β_1 分别为并网点输出的电流和并网点电压超前于并网点输出电流的角度。根据图 2-36(c)有

$$V = \sqrt{U^2 - (IX_\Sigma)^2} + \frac{V}{X_C}X_\Sigma \tag{2-108}$$

即

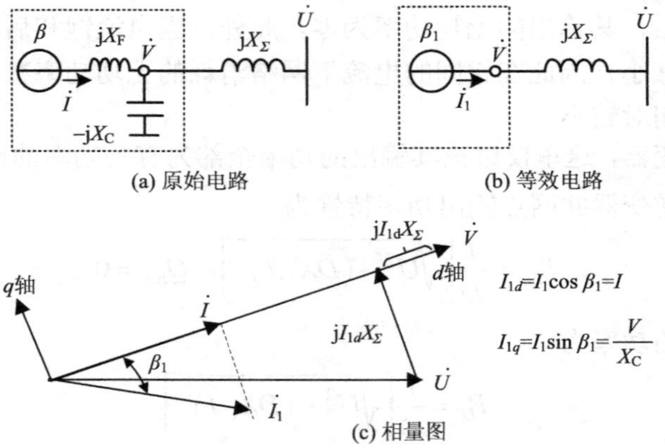

图 2-36　跟网型逆变器 PCC 点并联电容后的等效电路及相量图

$$V=\frac{X_C}{X_C-X_\Sigma}\sqrt{U^2-(IX_\Sigma)^2} \tag{2-109}$$

可得逆变器并网点的功率特性为

$$\begin{aligned}P_{Eq}&=P_U=VI_1\cos\beta_1=\frac{X_C I}{X_C-X_\Sigma}\sqrt{U^2-\left(X_\Sigma I\right)^2}\\ Q_{Eq}&=\frac{V^2}{X_C}=\frac{X_C}{(X_C-X_\Sigma)^2}\left[U^2-\left(X_\Sigma I\right)^2\right]\end{aligned} \tag{2-110}$$

与此同时，根据等效电路图，并网点至电网无穷大母线之间消耗的总无功功率可计算为

$$Q_{总}=I_1{}^2X_\Sigma=(I_{1d}^2+I_{1q}^2)X_\Sigma=\left(I^2+\frac{V^2}{X_C^2}\right)X_\Sigma=\left[I^2+\frac{U^2-(IX_\Sigma)^2}{(X_C-X_\Sigma)^2}\right]X_\Sigma \tag{2-111}$$

由此可得无穷大母线吸收的无功功率为

$$Q_U=Q_{Eq}-Q_{总}=\frac{X_C X_\Sigma}{X_\Sigma-X_C}I^2-\frac{U^2}{X_\Sigma-X_C} \tag{2-112}$$

以上功率特性曲线大致如图 2-37(a)所示。此外，可根据式(2-109)绘制出 PCC 点电压 V 随 I 的变化曲线，如图 2-37(b)所示。

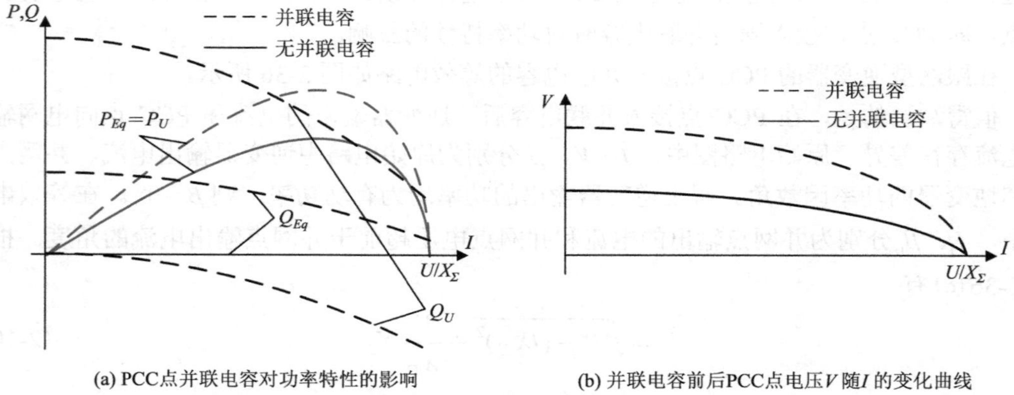

图 2-37　并联电容对跟网型逆变器并网点功率特性的影响

从图 2-37(a)中可以看出，在 PCC 点并联电容后，逆变器并网点发出的无功功率大于零，并且当电流较小时无穷大电源处由发出无功功率转为吸收无功功率，这是因为在 PCC 点并联电容相当于进行了无功电流补偿。此外，并联电容后跟网型逆变器并网点的输出有功功率极限增大。由图 2-37(b)可知，在相同的电流下进行无功电流补偿后 PCC 点电压幅值较高，使得跟网型逆变器并网点输出的有功功率较大，这也是并联电容后有功功率极限增大的原因。

值得注意的是，本节讨论的是并联电容容抗值 X_C 固定的场景。由图 2-37(b)可知，在投入并联电容后，当电流 I 较小时，PCC 点的电压 V 较大。在实际运行时，一般会控制投入的电容 X_C 的大小，使得 PCC 点电压 V 在电流 I 增大时保持恒定，此时逆变器并网点的功率特性将会发生变化，相关内容将会在 2.5 节进行讨论。

2.5　控制对功率特性的影响

在现代电力系统中，同步发电机和并网逆变器配备有多种类型的控制装置和控制手段，以通过控制灵活地调整源侧的功率特性，改善系统运行状态。按功能划分，控制主要分为无功电压控制和有功频率控制，前者通过控制无功功率实现机端或者逆变器并网点电压恒定，后者通过控制有功功率实现机端或者逆变器并网点频率恒定。由 2.1 节中给出的功率特性表达式可知，频率与功率特性无关，因此本节将只讨论对不同源侧采用无功电压控制对其功率特性的影响。

2.5.1　无功电压控制对同步发电机功率特性的影响

现代电力系统中同步发电机都装设有灵敏的自动励磁调节器，其可以在运行情况变化时增加或减少同步发电机的励磁电流，调整同步发电机输出的无功功率，用以稳定同步发电机机端电压。同时，调速器、励磁附加控制等，对同步发电机能量转换也有不同程度影响，但调速器主要作用于频率，励磁附加控制则会影响机组功率特性的动态表现。下面以励磁系统调节器为例进行说明。

当不调节励磁而保持电势 E_q 不变时，随着发电机输出功率缓慢增加，功角 δ 增大，发电机端电压 U_G 减小，如图 2-38 所示。

在给定运行条件下，发电机端电压 $\dot{U}_{G0}$ 的端点位于电压降 $jX_{d\Sigma}\dot{I}_0$ 上，位置按 X_{TL} 与 X_d 的比例确定。当输送功率增大，δ 由 δ_0 增到 δ_1 时，相量 $\dot{U}_{G1}$ 的端点应位于电压降 $jX_{d\Sigma}\dot{I}_0$ 上，其位置仍按 X_{TL} 与 X_d 的比例确定。由于 E_q=常数，随着 $\dot{E}_{q0}$ 向功角增大方向转动，$\dot{U}_G$ 也转动，而且数值减小。

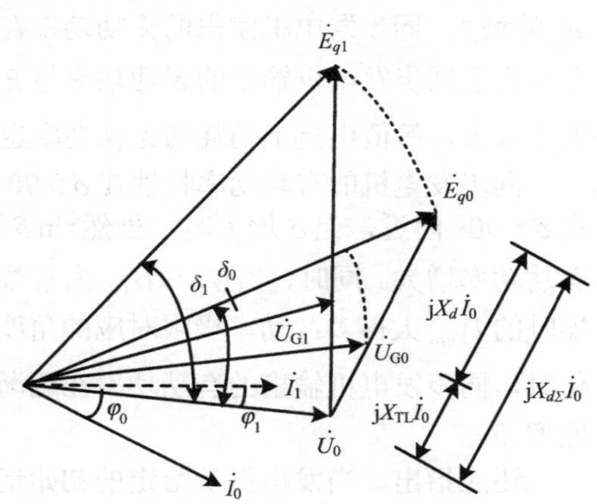

图 2-38　功角增加时发电机端电压的变化

发电机装设自动励磁调节器后，当功角增大、U_G 下降时，调节器将增大励磁电流，使发电机发出的无功功率增大，补偿 $X_{d\Sigma}$ 上消耗的无功功率，使得电势 E_q 增大，直到端电压恢复或接近整定值 U_{G0} 为止。

由式(2-33)、式(2-34)的同步发电机功率特性可以看出，当 E_q 随功角 δ 增大而增大时，同步发电机的功率特性将发生改变。为了定性分析调节器对功率特性的影响，用不同的 E_q 值画出一组有功功率和无功功率特性曲线簇，如图 2-39 所示。

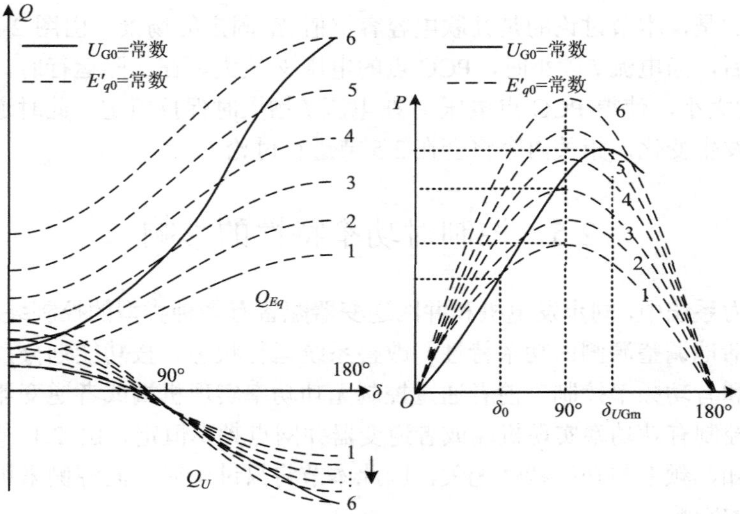

图 2-39 自动励磁调节器对同步发电机功率特性的影响

1-E_q=100%；2-E_q=120%；3-E_q=140%；4-E_q=160%；5-E_q=180%；6-E_q=200%

在图 2-39 中，当发电机由某一给定的运行初态(对应 P_0、δ_0、U_0、E_{q0}、U_{G0} 等)开始增加输送功率时，若调节器能保持 $U_G = U_{G0}$=常数，则随着 δ 增大，电势 E_q 也增大，发电机输出的有功功率和无功功率将从 E_q 较小的曲线上过渡到 E_q 较大的曲线上。于是，可以得到一条保持 $U_G = U_{G0}$ 为常数的功率特性曲线。

可以看到，对于同步发电机的无功功率特性而言，当 δ 在 0°～180° 变化时，随着 δ 和 E_q 的增大，同步发电机发出的无功功率在不断增加，无穷大系统吸收的无功功率逐渐减小，并且由于同步发电机输出的无功功率与 E_q 呈平方项关系，同步发电机发出无功功率增加的速度较大，等值电抗上消耗的无功功率也将增大。

同步发电机的有功功率特性在 $\delta > 90°$ 的某一范围内，仍然具有上升的性质。这是因为在 $\delta > 90°$ 附近，当 δ 增大时，虽然 $\sin\delta$ 减小，但由于 E_q 的增大仍使得同步发电机输出的有功功率增大。同时，当 $U_G = U_{G0}$ 为常数时，同步发电机的功率极限 P_{UGm} 也比无励磁调节器时的 P_{Eqm} 大得多，功率极限对应的角度 δ_{UGm} 也将大于 90°。可见，当 δ 在 0°～δ_{UGm} 变化时，同步发电机输出的有功功率在逐渐增大；同时，同步发电机输出的无功功率也在快速增加。

还应指出，当发电机从给定的初始运行条件减小输送功率时，随着功角的减小，为保持 $U_G = U_{G0}$ 不变，调节器将减小 E_q，此时发电机的工作点将向 E_q 较小的曲线过渡。

实际上，一般的励磁调节器并不能完全保持 U_G 不变，因而 U_G 将随功率 P 及功角 δ 的增大而下降，而 E_q 则将随 P 及 δ 的增大而增大。在粗略计算中，可以根据调节器的性能，近似认为它能保持发电机内某一个电势恒定，如 E_q'、E' 等，并以此作为计算功率特性的条件，通常该条件称为发电机的计算条件或维持电压的能力。

2.5.2　无功电压控制对构网型逆变器并网点功率特性的影响

2.2.2 节中提到，在构网型逆变器电流趋向饱和的过渡过程中以及电流饱和后，逆变器并网点可能由于无功支撑不足导致电压 V 下降，从而引起并网点输出的有功功率下降。此时，可通过外部电路进行无功补偿，维持并网点电压 V 恒定。下面进行具体分析。

在构网型逆变器 PCC 点进行无功电流补偿的等效电路如图 2-40 所示。图中，X_{CC} 为无功补偿电路投入的容抗值，且满足 $I_{qc}X_{\text{CC}}=V$。假设并网点电网 $\dot{V}$ 超前于并网点输出电流 $\dot{I}_1$ 的角度为 β_1。

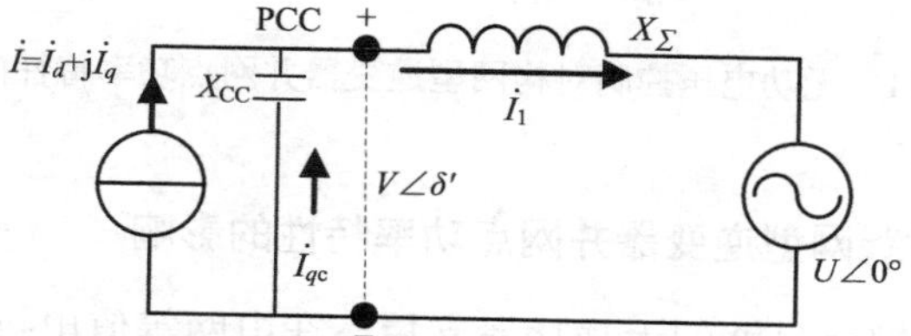

图 2-40　考虑电流限幅的构网型逆变器单机无穷大系统等效形式

其中，PCC 点的电压 V 满足如下公式：

$$V=\sqrt{U^2-(I_d X_\Sigma)^2}+(I_q+I_{qc})X_\Sigma \tag{2-113}$$

在构网型逆变器电流趋向饱和的过渡过程中，若不进行无功补偿以控制并网点电压，则 I_d 逐渐增大的过程中 I_q 的绝对值逐渐减小，此时并网点电压 V 将持续下降。当进行无功补偿时，通过控制无功补偿电路投入的 X_{CC} 可调整 I_{qc} 的大小，从而在 I_d 逐渐增大的过程中保持并网点无功电流的增长，使 I_q+I_{qc} 增长匹配逐渐增大的 I_d，进而使 V 保持恒定，直至 I_d 增长到 $I_{\max}$ 为止。将式(2-113)代入式(2-47)可得构网型逆变器并网点电流趋向饱和的过渡过程的有功功率特性为

$$P_{Eq}=I_d V \tag{2-114}$$

由于在电流趋向饱和的过渡中 I_d 逐渐增大且 V 保持不变，因此 P_{Eq} 将逐渐增大。此外由式(2-24)得

$$\sin\delta'=\frac{X_\Sigma}{U}I_1\cos\beta_1=\frac{X_\Sigma}{U}I_d \tag{2-115}$$

当 I_d 逐渐增大时，δ' 逐渐增大。将 I_d 代入式(2-114)得

$$P_{Eq}=\frac{VU}{X_\Sigma}\sin\delta' \tag{2-116}$$

对比式(2-47)可知，当构网型逆变器电流趋向饱和时，若对其进行无功补偿控制以维持并网点电压不变，则其并网点功率特性将恢复到电流饱和前的功率特性。事实上，当并网点电压不变时，其对外等效仍然可以看作电压源。由此，此时构网型逆变器并网点输出的功率特

性将按照电流饱和前的功率特性曲线沿 δ' 增大的方向移动，如图 2-41 所示。但是，当 I_d 增长到 I_{max} 时，由于逆变器输出电流限制，功率曲线将停止增长，此时对应的 δ' 为 δ'_{max}。

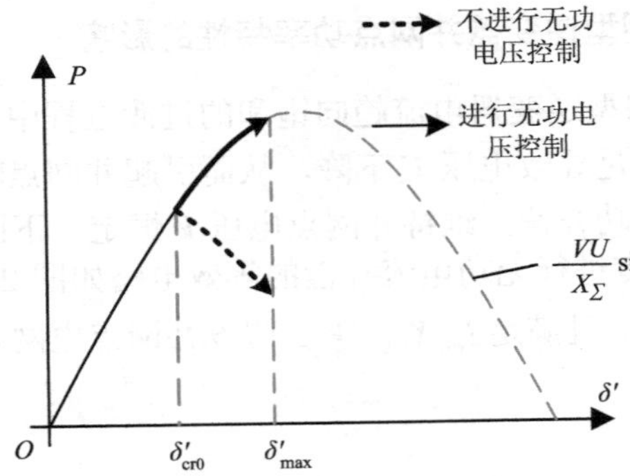

图 2-41　无功电压控制对构网型逆变器并网点功率特性的影响

2.5.3　无功电压控制对跟网型逆变器并网点功率特性的影响

跟网型逆变器自身缺乏足够的无功功率支撑，在电网等值电抗消耗大量无功后，将导致 PCC 点电压跌落，从而制约其有功功率传输能力。在 PCC 点配置无功补偿装置可以维持 PCC 点电压 V 恒定，提高其极限传输功率。该结论在 2.4.4 节已提及，下面进行具体分析。

假设在系统 PCC 点投入并联电容 X_{CC}，且 $X_{CC} > X_{\Sigma}$，此时由式(2-109)可得 PCC 点的电压 V 为

$$V = \frac{X_{CC}}{X_{CC} - X_{\Sigma}}\sqrt{U^2 - (IX_{\Sigma})^2} = \frac{1}{1 - \dfrac{X_{\Sigma}}{X_{CC}}}\sqrt{U^2 - (IX_{\Sigma})^2} \tag{2-117}$$

由式(2-117)可知，当 I 增大时，式中根号项将减小，从而导致 V 减小，但通过减少 X_{CC}，可使式中根号项前的系数增大，从而使 V 保持恒定。假定控制使并网点电压幅值与无穷大母线相等，即 $V=U$，此时逆变器并网点输出的有功功率为

$$P_{Eq} = VI_1\cos\beta_1 = VI = UI \tag{2-118}$$

当并网逆变器注入的电流 I 进一步增大达到某一临界值 I_c 时，接入电路的等效容抗达到极限值 X_{CC_min}，此时若进一步增大 I，无法进一步投入补偿电容，PCC 点的电压 V 将开始跌落，不再能保持恒定。将 $V=U$、$X_{CC} = X_{CC\_min}$ 代入式(2-117)可求得 I 的临界值 I_c 为

$$I_c = \frac{U}{X_{\Sigma}}\sqrt{1 - \left(\frac{X_{CC\_min} - X_{\Sigma}}{X_{CC\_min}}\right)^2} \tag{2-119}$$

若电流达到临界值 I_c 后仍继续增大 I，将 $X_{CC} = X_{CC\_min}$ 代入式(2-117)并结合式(2-118)可得此时逆变器并网点输出的有功功率为

$$P_{Eq} = VI = \frac{X_{CC\_min}I}{X_{CC\_min} - X_{\Sigma}}\sqrt{U^2 - (X_{\Sigma}I)^2} \tag{2-120}$$

综上，进行无功补偿控制后跟网型逆变器并网点的有功功率特性可表示为

$$P_{Eq}=\begin{cases}UI, & I\leqslant I_{\mathrm{c}}\\ \dfrac{X_{\mathrm{CC\_min}}I}{X_{\mathrm{CC\_min}}-X_{\Sigma}}\sqrt{U^2-(X_{\Sigma}I)^2}, & I>I_{\mathrm{c}}\end{cases}\tag{2-121}$$

此外，当电流达到临界值前，即 $X_{\mathrm{CC}}>X_{\mathrm{CC\_min}}$ 时，将 $V=U$ 代入式(2-117)可得

$$X_{\mathrm{CC}}=\frac{UX_{\Sigma}}{U-\sqrt{U^2-(IX_{\Sigma})^2}}\tag{2-122}$$

此时，跟网型逆变器并网点发出的无功功率可以表示为

$$Q_{Eq}=\frac{U^2}{X_{\mathrm{CC}}}=U^2\frac{U-\sqrt{U^2-(IX_{\Sigma})^2}}{UX_{\Sigma}}=\frac{U^2-U\sqrt{U^2-(IX_{\Sigma})^2}}{X_{\Sigma}}\tag{2-123}$$

当电流达到临界值 I_{c} 后，即 $X_{\mathrm{CC}}=X_{\mathrm{CC\_min}}$，结合式(2-117)可得跟网型逆变器并网点发出的无功功率为

$$Q_{Eq}=\frac{V^2}{X_{\mathrm{CC\_min}}}=\frac{X_{\mathrm{CC\_min}}}{(X_{\mathrm{CC\_min}}-X_{\Sigma})^2}\left[U^2-(X_{\Sigma}I)^2\right]\tag{2-124}$$

综上，进行无功补偿控制后跟网型逆变器并网点的无功功率特性可表示为

$$Q_{Eq}=\begin{cases}\dfrac{U^2-U\sqrt{U^2-(IX_{\Sigma})^2}}{X_{\Sigma}}, & I\leqslant I_{\mathrm{c}}\\ \dfrac{X_{\mathrm{CC\_min}}}{(X_{\mathrm{CC\_min}}-X_{\Sigma})^2}\left[U^2-(X_{\Sigma}I)^2\right], & I>I_{\mathrm{c}}\end{cases}\tag{2-125}$$

此外，由式(2-119)可知，I_{c} 和参数 X_{Σ} 和 $X_{\mathrm{CC\_min}}$ 有关，当 X_{Σ} 一定时，$X_{\mathrm{CC\_min}}$ 越小，I_{c} 越大。图 2-42 显示了 $X_{\mathrm{CC\_min}}/X_{\Sigma}$ 取不同值时跟网型逆变器并网点的功率传输特性曲线，其中，虚线部分表示并联不同容抗值的电容时逆变器并网点的功率传输特性，实线部分为通过控制进行无功补偿后逆变器并网点的功率传输特性。

由图 2-42 可知，对于无功功率特性而言，在进行无功补偿控制后，逆变器并网点输出的无功功率大于零。当 $X_{\mathrm{CC}}>X_{\mathrm{CC\_min}}$ 时，并网点电压 V 保持恒定，此时，随着电流 I 的增大，X_{CC} 逐渐减小，逆变器并网点输出的无功功率逐渐增大。当无功补偿容量达到极限值后，随着电流 I 的增大，逆变器并网点电压将逐渐下降，而这时由于 X_{CC} 恒等于 $X_{\mathrm{CC\_min}}$，即并联电容提供的无功功率无法进一步增加，逆变器并网点发出的无功功率将随着电流 I 的增大而快速减小。

对于有功功率特性而言，当无功补偿容量未达到极限值时，并网点电压 V 保持恒定，跟网型逆变器并网点发出的有功功率将随着电流 I 的增大而线性增长。当无功补偿容量达到极限值后，随着电流 I 的增大，PCC 点电压 V 将由于无功补偿不足而下降，跟网型逆变器并网点发出的有功功率有可能先增大后减小或者持续减小，其极限传输功率和 I_{c} 大小有关。下面进行具体推导。

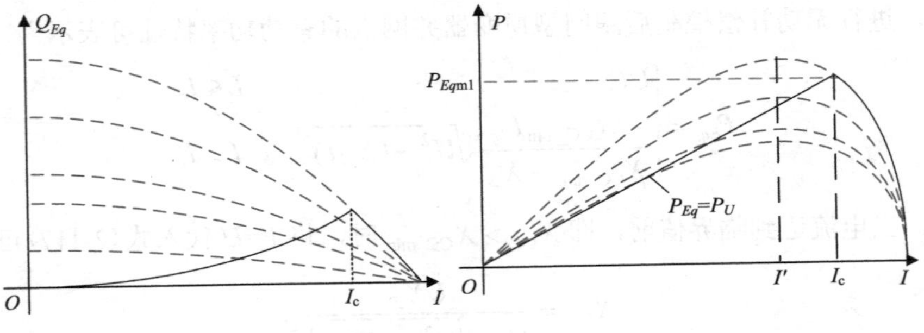

(a) $X_{CC_min}/X_{\Sigma}=1.6$时功率传输特性曲线

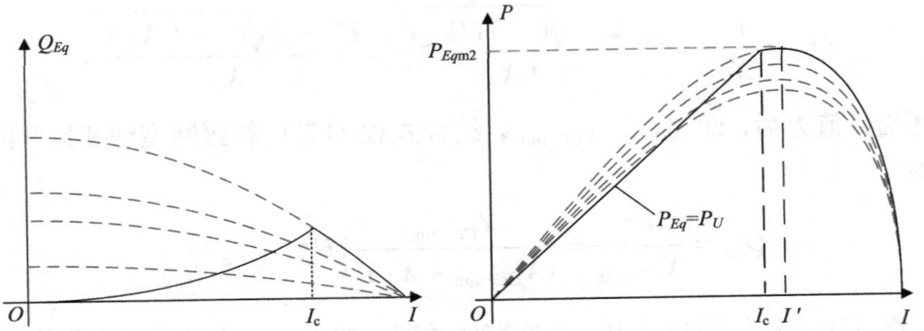

(b) $X_{CC_min}/X_{\Sigma}=4$时功率传输特性曲线

图 2-42　无功补偿控制下跟网型逆变器并网点的功率传输特性曲线

首先求出固定电容补偿时，逆变器并网点有功功率特性的最大值。对式(2-120)，令 $\mathrm{d}P_{Eq}/\mathrm{d}I=0$，假设此时 I 的大小为 I'，有

$$\frac{X_{CC\_min}}{X_{\Sigma}+X_{CC\_min}}\sqrt{U^2-(X_{\Sigma}I')^2}+\frac{X_{CC\_min}}{X_{\Sigma}+X_{CC\_min}}\frac{-(X_{\Sigma}I')^2}{\sqrt{U^2-(X_{\Sigma}I')^2}}=0 \tag{2-126}$$

整理得

$$I'=\frac{\sqrt{2}U}{2X_{\Sigma}} \tag{2-127}$$

由图 2-42 可知，当 $I_c>I'$ 时，逆变器并网点的传输功率极限在 I_c 取得。由式(2-119)得，当 $I_c>I'$ 时，有

$$\sqrt{1-\left(\frac{X_{CC\_min}-X_{\Sigma}}{X_{CC\_min}}\right)^2}>\frac{\sqrt{2}}{2} \tag{2-128}$$

即

$$X_{\Sigma}>\left(1-\frac{\sqrt{2}}{2}\right)X_{CC\_min} \tag{2-129}$$

结合式(2-119)，将 $I=I_c$ 代入式(2-118)可得逆变器并网点的功率传输极限为

$$P_{Eqm}=\sqrt{1-\left(\frac{X_{\mathrm{CC\_min}}-X_{\Sigma}}{X_{\mathrm{CC\_min}}}\right)^2}\frac{U^2}{X_{\Sigma}} \tag{2-130}$$

当$I_{\mathrm{c}} \leqslant I'$时，逆变器并网点的传输功率极限在$I'$取得，此时有

$$X_{\Sigma}\leqslant\left(1-\frac{\sqrt{2}}{2}\right)X_{\mathrm{CC\_min}} \tag{2-131}$$

结合式(2-127)，将$I=I'$代入式(2-120)，可得逆变器并网点的功率传输极限为

$$P_{Em}=\frac{X_{\mathrm{CC\_min}}}{2X_{\Sigma}(X_{\mathrm{CC\_min}}-X_{\Sigma})}U^2 \tag{2-132}$$

综上可得，对跟网型逆变器进行无功补偿控制后，逆变器并网点的功率传输极限 P_{Em} 可表达为

$$P_{Eqm}=\begin{cases}\sqrt{1-\left(\dfrac{X_{\mathrm{CC\_min}}-X_{\Sigma}}{X_{\mathrm{CC\_min}}}\right)^2}\dfrac{U^2}{X_{\Sigma}}, & X_{\Sigma}>\left(1-\dfrac{\sqrt{2}}{2}\right)X_{\mathrm{CC\_min}}\\ \dfrac{X_{\mathrm{CC\_min}}}{2X_{\Sigma}(X_{\mathrm{CC\_min}}-X_{\Sigma})}U^2, & X_{\Sigma}\leqslant\left(1-\dfrac{\sqrt{2}}{2}\right)X_{\mathrm{CC\_min}}\end{cases} \tag{2-133}$$

此外，若要研究进行无功补偿控制后跟网型逆变器并网点输出有功功率和δ'之间的关系，可将跟网型逆变器并网点的功率特性曲线转到P-δ'坐标系下进行分析。此时，由公式(2-24)可得

$$\sin\delta'=\frac{IX_{\Sigma}}{U} \tag{2-134}$$

将式(2-119)代入式(2-134)可得电流临界值I_{c}对应的临界δ'为

$$\delta_{\mathrm{c}}'=\arcsin\left[\sqrt{1-\left(\frac{X_{\mathrm{CC\_min}}-X_{\Sigma}}{X_{\mathrm{CC\_min}}}\right)^2}\right] \tag{2-135}$$

将式(2-134)和式(2-135)代入式(2-121)可得

$$P_{Eq}=\begin{cases}\dfrac{U^2}{X_{\Sigma}}\sin\delta', & \delta'<\delta_{\mathrm{c}}'\\ \dfrac{X_{\mathrm{CC\_min}}U^2}{2(X_{\mathrm{CC\_min}}-X_{\Sigma})}\sin 2\delta', & \delta'\geqslant\delta_{\mathrm{c}}'\end{cases} \tag{2-136}$$

由此可在P-δ'坐标系下绘制出进行无功补偿控制后跟网型逆变器并网点的有功功率特性曲线，如图 2-43 所示。其中，虚线部分表示并联不同容抗值的电容时逆变器并网点的功率传输特性，实线为通过控制进行无功补偿后逆变器并网点的功率传输特性。

由图 2-43 可知，无功补偿控制下逆变器并网点输出功率极限处对应的δ'角与临界角δ_{c}'的大小有关。当$\delta_{\mathrm{c}}'>45°$时，逆变器并网点输出功率极限处对应的δ'为δ_{c}'；当$\delta_{\mathrm{c}}'\leqslant 45°$时，逆变器并网点输出功率极限处对应的$\delta'$为45°。

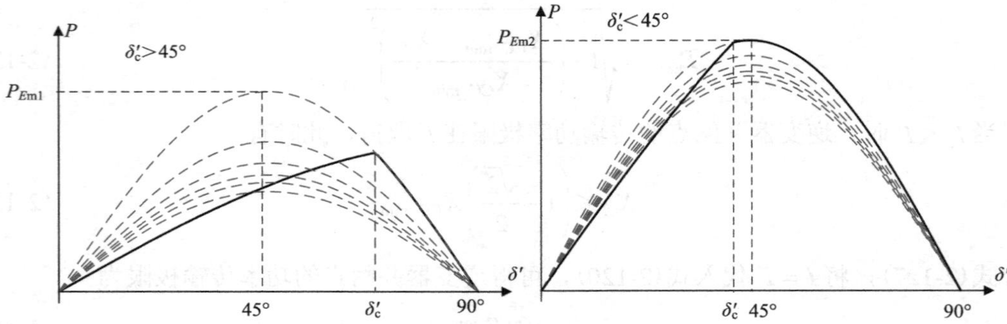

图 2-43 无功补偿控制下跟网型逆变器并网点在 P-δ' 坐标系的有功功率传输特性曲线

应当指出，在实际系统中，无穷大母线为馈入系统，此时对源侧进行无功补偿，投切电容器的容量应与系统无功需求相匹配。由式(2-117)可知，假若瞬间投入大量无功补偿装置，容抗值 X_{CC} 将快速减小，此时 PCC 点的电压将快速上升，若不及时采取过压限制措施，逆变器将可能因过压保护退出运行，造成有功功率缺额。而当无功补偿装置投入不足时，系统无功功率出现大幅缺额，此时系统母线电压下降，造成用电侧电流上升，并进一步增大源侧无功功率缺额，引发恶性循环，最终将可能导致逆变器因低压保护退出运行。

2.6 复杂电力系统功率特性

现代电力系统是由各种类型的发电厂、输电线路和负荷组成的。由于元件数量大、接线复杂，分析计算的复杂性也大幅提高。为了明晰复杂系统功率特性的相关概念，本节从较简单的情况出发分析复杂系统功率特性。

在复杂电力系统中，传统同步发电机节点可以采用一个电势和一个阻抗来表示；新能源并网逆变器则根据其控制形式，可将构网型逆变器和跟网型逆变器分别等效成电势源以及电流源的形式。至于采用何种等值电路，需要视端口类型、控制特性以及给定的计算条件而定。

复杂电力系统中的负荷采用阻抗表示。假设负荷点运行电压为 U_{LD}，吸收功率为 P_{LD}、Q_{LD} 时，则负荷阻抗按式(2-137)计算：

$$Z_{\mathrm{LD}}=R_{\mathrm{LD}}\pm \mathrm{j}X_{\mathrm{LD}}=\frac{U_{\mathrm{LD}}^2}{S_{\mathrm{LD}}}\left(\cos\varphi_{\mathrm{LD}}\pm \mathrm{j}\sin\varphi_{\mathrm{LD}}\right)=\frac{U_{\mathrm{LD}}^2}{P_{\mathrm{LD}}^2+Q_{\mathrm{LD}}^2}\left(P_{\mathrm{LD}}\pm \mathrm{j}Q_{\mathrm{LD}}\right) \tag{2-137}$$

其中，感性负荷取正号，容性负荷取负号。

简化处理后，可画出全系统等值电路，如图 2-44 所示。

该网络是一个多电势源线性网络。网络的节点导纳方程为

$$\boldsymbol{I}_{\mathrm{G}}=\boldsymbol{Y}_{\mathrm{G}}\boldsymbol{E}_{\mathrm{G}} \tag{2-138}$$

式中，$\boldsymbol{I}_{\mathrm{G}}=\left[\dot{I}_{\mathrm{G1}}\dot{I}_{\mathrm{G2}}\cdots\dot{I}_{\mathrm{G}n}\dot{I}_{\mathrm{G}n+1}\dot{I}_{\mathrm{G}n+2}\cdots\dot{I}_{\mathrm{G}m}\right]^{\mathrm{T}}$ 是各电源节点输出电流的列向量，下标为 $1\sim n$ 的电流为等效成电势源的电源节点输出电流，下标为 $n+1\sim m$ 的电流为等效成电流源的电源节点输出电流；$\boldsymbol{E}_{\mathrm{G}}=\left[\dot{E}_{\mathrm{G1}}\dot{E}_{\mathrm{G2}}\cdots\dot{E}_{\mathrm{G}n}\dot{E}_{\mathrm{G}n+1}\dot{E}_{\mathrm{G}n+2}\cdots\dot{E}_{\mathrm{G}m}\right]^{\mathrm{T}}$ 是各电源节点电势的列向量，下标

的含义与输出电流列向量相同；$\boldsymbol{Y}_{\mathrm{G}}$ 是仅保留电源节点和参考节点(零电位点)，其他节点经过网络变换全部消去后的等值网络节点导纳矩阵。$\boldsymbol{Y}_{\mathrm{G}}$ 可由用于潮流计算的节点导纳矩阵修改后得到。

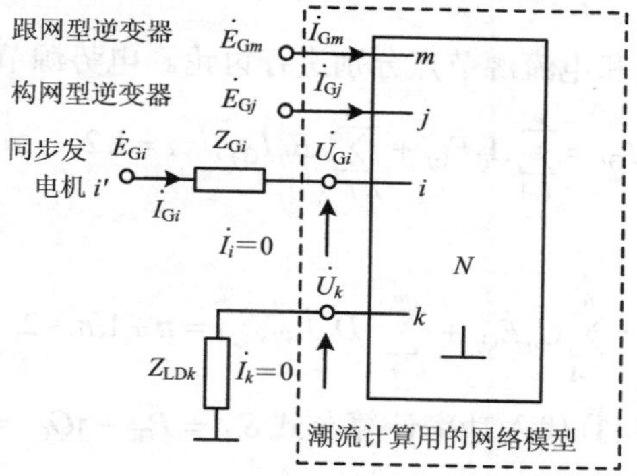

图 2-44　扩展发电机以及逆变器节点的网络模型

需要指出的是，在潮流计算中，电源的端点被看作发电节点，而复杂电力系统功率计算中情况有所不同。对于同步发电机而言，需要在发电节点 i 后面通过同步发电机内阻抗 Z_{Gi} 支路增加一个电势源节点 i'，而对于跟网型逆变器或构网型逆变器则直接在发电节点上接入电势源或电流源，不经过任何阻抗，如图 2-44 中节点 j 或节点 m。对图 2-44 所示的第 i 台同步发电机，其注入电流 $\dot{I}_{Gi}$ 等于原同步发电机节点的注入电流，而原同步发电机节点 i 的注入电流则等于零。接入 $\dot{Z}_{Gi}$ 和增加节点 i' 后，原潮流计算用的导纳矩阵需增加相应的阶数，导纳矩阵增加的阶数等于原网络中同步发电机电源的数量。

对负荷节点来说，当采用恒阻抗表示时，可在节点并入负荷等值阻抗(或导纳)，并令原负荷节点的注入电流 $\dot{I}_k=0$。由于负荷阻抗是并联在负荷节点与参考点之间的，所以网络节点数不增加，但原用于潮流计算导纳矩阵的负荷节点自导纳应变为 $Y'_{kk}=Y_{kk}+Y_{\mathrm{LD}k}$。

如果原网络有 N 个节点、m 个电源节点，其中等效成电势源的电源节点编号为 $1\sim n$，等效成电流源的电源节点编号为 $n+1\sim m$，则修改后的导纳矩阵将有 $N+m$ 阶。若将其余无电流注入的节点编号记为 $m+1,m+2,\cdots,m+N$，并将修改后的导纳矩阵分块，则节点方程可写成

$$\begin{bmatrix}\boldsymbol{I}_{\mathrm{G}}\\ \boldsymbol{I}_{\mathrm{G'}}\\ \boldsymbol{0}\end{bmatrix}=\begin{bmatrix}\boldsymbol{Y}_{\mathrm{GG}} & \boldsymbol{Y}_{\mathrm{GG'}} & \boldsymbol{Y}_{\mathrm{G}N}\\ \boldsymbol{Y}_{\mathrm{G'G}} & \boldsymbol{Y}_{\mathrm{G'G'}} & \boldsymbol{Y}_{\mathrm{G'}N}\\ \boldsymbol{Y}_{N\mathrm{G}} & \boldsymbol{Y}_{N\mathrm{G'}} & \boldsymbol{Y}_{NN}\end{bmatrix}\begin{bmatrix}\boldsymbol{E}_{\mathrm{G}}\\ \boldsymbol{E}_{\mathrm{G'}}\\ \boldsymbol{U}_N\end{bmatrix} \tag{2-139}$$

在上述方程中消去 $\boldsymbol{U}_N$，即可求得式(2-138)，其中

$$\boldsymbol{Y}_{\mathrm{G}}=\begin{bmatrix}\boldsymbol{Y}_{\mathrm{GG}}-\boldsymbol{Y}_{\mathrm{G}N}\boldsymbol{Y}_{NN}^{-1}\boldsymbol{Y}_{N\mathrm{G}} & \boldsymbol{Y}_{\mathrm{GG'}}-\boldsymbol{Y}_{\mathrm{G}N}\boldsymbol{Y}_{NN}^{-1}\boldsymbol{Y}_{N\mathrm{G'}}\\ \boldsymbol{Y}_{\mathrm{G'G}}-\boldsymbol{Y}_{\mathrm{G'}N}\boldsymbol{Y}_{NN}^{-1}\boldsymbol{Y}_{N\mathrm{G}} & \boldsymbol{Y}_{\mathrm{G'G'}}-\boldsymbol{Y}_{\mathrm{G'}N}\boldsymbol{Y}_{NN}^{-1}\boldsymbol{Y}_{N\mathrm{G'}}\end{bmatrix} \tag{2-140}$$

考虑到式(2-138)中节点 $1\sim n$ 为电势源而节点 $n+1\sim m$ 为电流源，为方便后续公式推导，将式(2-138)做进一步变化可得

$$\begin{bmatrix} \boldsymbol{I}_{\mathrm{G}} \\ \boldsymbol{E}_{\mathrm{G'}} \end{bmatrix} = \begin{bmatrix} \boldsymbol{A} & \boldsymbol{B} \\ \boldsymbol{C} & \boldsymbol{D} \end{bmatrix} \begin{bmatrix} \boldsymbol{E}_{\mathrm{G}} \\ \boldsymbol{I}_{\mathrm{G'}} \end{bmatrix} \tag{2-141}$$

式(2-141)中系数矩阵 $\boldsymbol{A}$ 、$\boldsymbol{B}$ 、$\boldsymbol{C}$ 、$\boldsymbol{D}$ 可根据式(2-140)的导纳矩阵进行求解，在此不再展开。

对式(2-141)中电势源和电流源节点分别进行讨论。电势源节点电流为

$$\dot{I}_{\mathrm{G}i} = \sum_{j=1}^{n} A_{ij}\dot{E}_{\mathrm{G}j} + \sum_{j=n+1}^{m} B_{ij}\dot{I}_{\mathrm{G'}j}, \quad i=1,2,\cdots,n \tag{2-142}$$

电流源节点的电势为

$$\dot{E}_{\mathrm{G'}i} = \sum_{j=1}^{n} C_{ij}\dot{E}_{\mathrm{G}j} + \sum_{j=n+1}^{m} D_{ij}\dot{I}_{\mathrm{G'}j}, \quad i=n+1,n+2,\cdots,m \tag{2-143}$$

将式(2-142)和式(2-143)代入功率计算公式 $S_{\mathrm{G}i} = P_{\mathrm{G}i} + \mathrm{j}Q_{\mathrm{G}i} = \dot{E}_{\mathrm{G}i}I_{\mathrm{G}i}^{*}$ 中，可得电势源节点的功率特性为

$$\begin{aligned} P_{\mathrm{G}i} &= E_{\mathrm{G}i}^{2}\left|A_{ii}\right|\sin\alpha_{Aii} + \sum_{j=1,j\neq i}^{n} E_{\mathrm{G}i}E_{\mathrm{G}j}\left|A_{ij}\right|\sin\left(\theta_{Ei}-\theta_{Ej}-\alpha_{Aij}\right) \\ &\quad + \sum_{j=n+1}^{m} E_{\mathrm{G}i}I_{\mathrm{G'}j}\left|B_{ij}\right|\sin\left(\theta_{Ei}-\theta_{Ij}-\alpha_{Bij}\right), \quad i=1,2,\cdots,n \\ Q_{\mathrm{G}i} &= E_{\mathrm{G}i}^{2}\left|A_{ii}\right|\cos\alpha_{Aii} + \sum_{j=1,j\neq i}^{n} E_{\mathrm{G}i}E_{\mathrm{G}j}\left|A_{ij}\right|\cos\left(\theta_{Ei}-\theta_{Ej}-\alpha_{Aij}\right) \\ &\quad + \sum_{j=n+1}^{m} E_{\mathrm{G}i}I_{\mathrm{G'}j}\left|B_{ij}\right|\cos\left(\theta_{Ei}-\theta_{Ij}-\alpha_{Bij}\right), \quad i=1,2,\cdots,n \end{aligned} \tag{2-144}$$

电流源的节点功率特性为

$$\begin{aligned} P_{\mathrm{G'}i} &= I_{\mathrm{G'}i}^{2}\left|D_{ii}\right|\sin\alpha_{Dii} + \sum_{j=n+1,j\neq i}^{m} I_{\mathrm{G'}i}I_{\mathrm{G'}j}\left|D_{ij}\right|\sin\left(\theta_{Ij}-\theta_{Ii}+\alpha_{Dij}\right) \\ &\quad + \sum_{j=1}^{n} E_{\mathrm{G}j}I_{\mathrm{G'}i}\left|D_{ij}\right|\sin\left(\theta_{Ej}-\theta_{Ii}+\alpha_{Cij}\right), \quad i=n+1,n+2,\cdots,m \\ Q_{\mathrm{G'}i} &= I_{\mathrm{G'}i}^{2}\left|D_{ii}\right|\cos\alpha_{Dii} + \sum_{j=n+1,j\neq i}^{m} I_{\mathrm{G'}i}I_{\mathrm{G'}j}\left|D_{ij}\right|\cos\left(\theta_{Ij}-\theta_{Ii}+\alpha_{Dij}\right) \\ &\quad + \sum_{j=1}^{n} E_{\mathrm{G}j}I_{\mathrm{G'}i}\left|D_{ij}\right|\cos\left(\theta_{Ej}-\theta_{Ii}+\alpha_{Cij}\right), \quad i=n+1,n+2,\cdots,m \end{aligned} \tag{2-145}$$

式(2-144)和式(2-145)为复杂电力系统电磁功率特性的计算公式。据此可以看出，复杂电力系统功率特性有以下特点：

(1)任一电源节点输出的电磁功率与所有电源节点的电势或电流及电势或电流间的相对角有关。因此，任一电源节点下发电机或逆变器运行状态的变化会影响所有其余发电机或逆变器的运行状态。

(2)任一发电机或逆变器的功率特性是它与其余所有发电机或逆变器电势源相对角、电流源相对角或电势源与电流源的相对角的函数，共含 $m-1$ 个变量，无法在二维功率-相角

平面上画出上述功率特性。

此外，多机系统的功率极限的概念也不明确，一般也不能确定其功率极限。这是单机功率特性与多机功率特性最大的不同。

将式(2-144)中与电流源 $\boldsymbol{I}_{G'}$ 相关项置零，可得只包含同步发电机的传统多机电力系统功率特性为

$$\begin{aligned} P_{\mathrm{G}i} &= E_{\mathrm{G}i}^2 |A_{ii}| \sin\alpha_{Aii} + \sum_{j=1, j\neq i}^{n} E_{\mathrm{G}i} E_{\mathrm{G}j} |A_{ij}| \sin(\theta_{Ei} - \theta_{Ej} - \alpha_{Aij}) \\ &= E_{\mathrm{G}i}^2 |Y_{ii}| \sin\alpha_{ii} + \sum_{j=1, j\neq i}^{n} E_{\mathrm{G}i} E_{\mathrm{G}j} |Y_{ij}| \sin(\delta_{ij} - \alpha_{ij}) \\ Q_{\mathrm{G}i} &= E_{\mathrm{G}i}^2 |A_{ii}| \cos\alpha_{Aii} + \sum_{j=1, j\neq i}^{n} E_{\mathrm{G}i} E_{\mathrm{G}j} |A_{ij}| \cos(\theta_{Ei} - \theta_{Ej} - \alpha_{Aij}) \\ &= E_{\mathrm{G}i}^2 |Y_{ii}| \cos\alpha_{ii} - \sum_{j=1, j\neq i}^{n} E_{\mathrm{G}i} E_{\mathrm{G}j} |Y_{ij}| \cos(\delta_{ij} - \alpha_{ij}) \end{aligned} \tag{2-146}$$

式中

$$\alpha_{ii} = 90^{\circ} - \arctan\frac{-B_{ii}}{G_{ii}}, \quad \alpha_{ij} = 90^{\circ} - \arctan\frac{B_{ij}}{-G_{ij}} \tag{2-147}$$

应该指出，节点导纳矩阵中自导纳 Y_{ii} 的倒数为输入阻抗 Z_{ii}；而互导纳 Y_{ij} 的负倒数为转移阻抗 Z_{ij}。这样，传统多机电力系统的功率特性也可表示为

$$\begin{cases} P_{\mathrm{G}i} = \dfrac{E_{\mathrm{G}i}^2}{|Z_{ii}|} \sin\alpha_{ii} + \displaystyle\sum_{j=1, j\neq i}^{n} \dfrac{E_{\mathrm{G}i} E_{\mathrm{G}j}}{|Z_{ij}|} \sin(\delta_{ij} - \alpha_{ij}) \\ Q_{\mathrm{G}i} = \dfrac{E_{\mathrm{G}i}^2}{|Z_{ii}|} \cos\alpha_{ii} - \displaystyle\sum_{j=1, j\neq i}^{n} \dfrac{E_{\mathrm{G}i} E_{\mathrm{G}j}}{|Z_{ij}|} \cos(\delta_{ij} - \alpha_{ij}) \end{cases} \tag{2-148}$$

式中，α_{ii}、α_{ij} 为相应阻抗角的余角，即

$$\begin{cases} a_{ii} = 90^{\circ} - \arctan\dfrac{X_{ii}}{R_{ii}} \\ a_{ij} = 90^{\circ} - \arctan\dfrac{X_{ij}}{R_{ij}} \end{cases} \tag{2-149}$$

式(2-148)也是传统多机电力系统稳定分析计算中常用的公式。

参考文献

康勇，林新春，郑云，等，2020. 新能源并网变换器单机无穷大系统的静态稳定极限及静态稳定工作区[J]. 中国电机工程学报，40(14)：4506-4515.

TRZYNADLOWSKI A M, 2015. Introduction to modern power electronics[M]. Hoboken: John Wiley & Sons.

第3章 电力系统动态分析

电力系统动态分析方法是研究电力系统中功角、频率、电压等各状态量随时间动态变化轨迹、揭示系统动态特性的方法。作为分析电力系统静态稳定、暂态稳定以及振荡三大类问题的基础，动态分析在电力系统稳定性领域有重要地位。

一般来说，分析电力系统动态特性首先需要建立电力系统模型，然后采用数值计算方法分析电力系统状态量在时序过程中的变化轨迹，最后根据分析结果来评估系统稳定性。以上步骤分别对应一个完整的动态分析流程中的建模、计算以及稳定判别问题。根据所考虑的时间尺度、选用的动态元件模型和对交流电量的假设条件不同，电力系统动态分析可分为电磁暂态分析以及机电暂态分析。相比电磁暂态分析，机电暂态分析采用相量代替三相瞬时量，并且对元件模型进行了简化，计算步长较长，更适合大规模电力系统的动态分析。

实际上，机电暂态和电磁暂态的基本求解思想和方法是相似的。针对不同规模、不同类型、不同数学模型的系统进行计算，两者需要采用不同的算法或参数以提高计算速率，这些都与计算机技术密切相关。因此，大规模电力系统动态分析还需要结合计算机技术予以实现。

本章主要介绍机电暂态分析方法。首先，介绍机电暂态分析的基本原理，对机电暂态分析问题进行建模；其次，介绍数值积分方法与非线性代数方程组的求解方法，梳理机电暂态分析计算的基本流程；再次，深入分析数值计算方法的收敛机理，讨论过程自适应和并行计算方法；然后，讨论影响机电暂态分析的其他因素以及考虑这些因素后机电暂态分析流程的变化情况；接下来，针对大规模混杂电力系统的机电暂态分析，从算例自适应、计算架构、综合分析工具三方面进行展望，讨论机电暂态分析与计算机技术结合的发展方向；最后，简要介绍电磁暂态分析方法和机电电磁混合分析方法，并讨论电磁暂态分析与机电暂态分析的异同。

3.1 电力系统动态特性

第 2 章讨论了某一静态时间断面上设备和端口的功率特性，绘制出的 $P/Q\text{-}\delta$ 曲线、$P/Q\text{-}V$ 曲线以及 $P/Q\text{-}I$ 曲线是电网的静态功率特性，这些曲线的交点组成了电网在稳定运行时的静态工作点，反映了系统的潮流情况。

2.4 节和 2.5 节分别讨论了网络参数及控制对功率特性的影响，在不同网络参数及控制作用下，系统静态工作点会发生迁移。从图 2-39 的 $P\text{-}\delta$ 曲线或图 2-40 的 $P\text{-}I$ 曲线上可以观察到，动态过程中同步发电机或并网逆变器的工作点在控制器的作用下将发生移动。

这些图示反映了以当前静态工作点为起点，在某种控制器作用下，经过动态过程后系统将能够达到新的静态工作点。但图中仅描述了动态过程前后系统的两个静态工作点，没有反映系统在两个静态工作点之间迁移时的速度、加速度、超调、振荡等过渡过程信息，忽略了系统运行状态在动态过程中的变化情况。

以图 3-1(a)中的单机无穷大系统为例，若同步发电机的机械功率 P_{m} 从 $P_{\mathrm{m}0}$ 增加到 $P_{\mathrm{m}1}$，由于稳定运行时同步发电机输出的电磁功率 P_{e} 与输入机械功率 P_{m} 相等，系统的静态工作点将从 a 点移动到 b 点，同步发电机的功角将相应地由 δ_0 增大至 δ_1，如图 3-1(b)所示。但是，在动态过程中，同步发电机的功角随时间的变化过程不是线性增加的，也可能不是单调增长的，这种变化过程的形态与单机无穷大系统这一“动力学系统”的过渡过程有关。

图 3-1(c)给出了单机无穷大系统从一种稳定运行状态向另一种稳定运行状态过渡时，同步发电机功角可能出现的两种过渡过程。可以看到，两条曲线在稳态情况下都符合图 3-1(b)中同步发电机功角的轨迹移动情况，即功角由 δ_0 增长至 δ_1，但两者在过渡过程中体现的速度、加速度、超调、振荡等特征则完全不同。

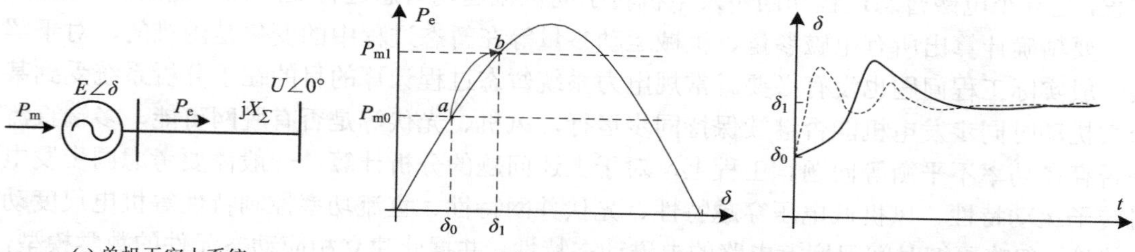

(a) 单机无穷大系统　(b) 静态工作点迁移　(c) 静态工作点迁移过程中可能的动态过程

图 3-1　静态工作点迁移及其动态过程

对复杂电力系统来说，系统的稳定运行点在数学上体现为系统中各类功率特性曲线联立求解出的交点集或交超平面。系统受扰后，其动态特性是这一交点集或交超平面在系统状态空间中的转移过程。图 3-2 展示了某一多同步机系统在暂态过程中部分变量的动态变化过程。

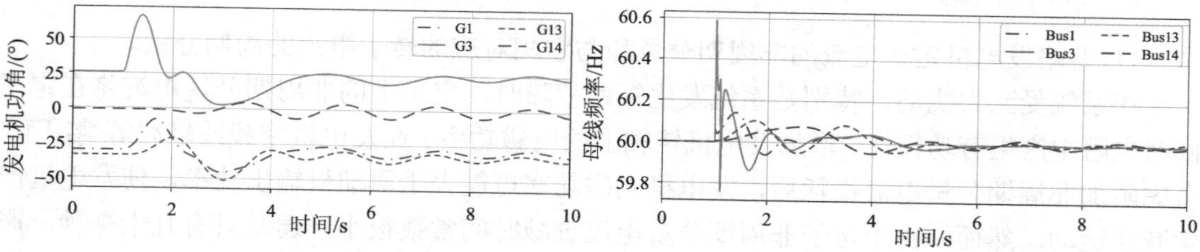

图 3-2　动态过程中系统不同状态量随时间变化的变化轨迹

在实际电力系统中，由于不同设备、元件参数、系统运行方式以及控制的综合作用，系统受扰后内部各种机械量、电气量的变化不但要考虑动力学系统的一般特性，还要计及动态过程中各类离散事件的影响，是各种因素共同作用后的综合体现。这也是实际电力系统动态分析与控制学领域理想动力学系统分析的差异所在。

3.2 电力系统机电暂态分析

3.2.1 基本假设

电力系统受到大的扰动时，表征系统运行状态的各种电磁参量将会发生急剧变化。同时，系统中同步发电机的原动机和调速器动态响应惯性较大，原动机功率需经一定时间后才能改变。在这个过程中，同步发电机的电磁功率与原动机的机械功率之间失去平衡，产生不平衡转矩。在不平衡转矩作用下，同步发电机转速将会改变，使各发电机转子间相对位置发生变化，即相对角发生变化。这是一个机械运动过程。并且，相对角发生变化将反过来影响电力系统中电流、电压和发电机电磁功率。所以，由大扰动引起的电力系统暂态过程，是一个电磁暂态过程和同步发电机转子间机械运动暂态过程交织在一起的复杂过程。

要精确计算出所有电磁参量、机械运动参量等在暂态过程中的变化是困难的，对于解决一般实际工程问题也没有必要。常规电力系统暂态过程计算的目的在于分析系统受到某一大扰动时同步发电机能否继续保持同步运行，风机、光伏等是否有脱网可能，多端直流是否存在功率不平衡等问题。工程上，对于上述问题的分析计算，一般需要考虑同步发电机转子运动特性、风机低电压穿越特性、光伏并网特性、直流功率控制特性等机电尺度动态特性，忽略更细时间尺度上电路的电磁动态特性，并据此建立相应动态元件的数学模型，分析功角 δ 、机端电压 U、直流输电功率 P 等随时间变化的特性。这种考虑机电尺度系统动力学过程，分析系统动态特性的方法即电力系统机电暂态分析。

实际系统进行机电暂态分析需要对系统进行简化，重点关注暂态过程中对转子机械运动、风机及光伏并网、直流功率控制等起主要影响的因素，忽略电力系统受扰时大多数电路中的电磁暂态过程，同时忽略或近似考虑其他影响不大的因素，以简化计算。对于同步发电机、电力电子并网逆变器以及电力网络中的其他元件，常做如下假设。

1. 对同步发电机的基本假设

(1) 忽略发电机定子电流的非周期分量和与它相对应的转子电流的周期分量。

在系统受到大扰动，特别是系统发生短路故障时，定子上的非周期分量电流将在定子回路电阻中产生有功损耗，增加发电机转轴上的电磁功率。在发电机空载或轻载等情况下，考虑附加非周期分量电流损耗后，发电机电磁功率可能大于原动机输出功率，使发电机产生减速运动。然而，由于定子非周期分量电流衰减时间常数很小，通常只有几十毫秒，产生的磁场又是空间静止的，其与计及自由电流在内的转子绕组电流所产生的转矩将以同步频率周期变化，平均值很小，对大惯性转子整体运动的影响很小，因此可以忽略。

基于这个假设，在系统受到大扰动后，发电机定子、转子绕组的电流，系统的电压及发电机的电磁功率等状态量可在扰动瞬间发生突变(见图 3-3)。同时，这一假设也意味着电网中各元件的电磁暂态过程将被忽略。

(2) 发生不对称故障时，不计零序和负序电流对转子运动的影响。

连接发电机的升压变压器绝大多数采用三角形-星形接法，且发电机接在三角形侧。如果故障发生在变压器高压侧，则零序电流不通过发电机。在一些情况下，即使发电机流通零序电流，由于定子三相绕组在空间对称分布，零序电流所产生的合成气隙磁场为零，对转子运动也没有影响，因此可以忽略零序电流。

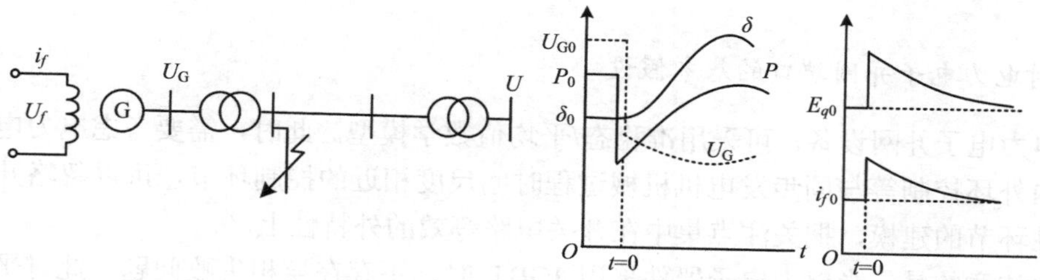

图 3-3　运行情况突变(短路)时各量的变化

发生不对称故障时，负序电流在气隙中产生合成电枢反应磁场，其旋转方向与转子旋转方向相反。该磁场与转子绕组直流电流相互作用，产生近两倍同步频率交变的转矩，对转子的平均积分作用接近零，对转子运动的总趋势和瞬时速度影响不大。因此，负序电流问题也可以忽略。

由于不计零序和负序电流的影响，发电机输出的电磁功率由正序分量确定。当发生不对称故障时，网络中正序分量的计算可以用正序等效定则和复合序网确定。故障时正序分量等值电路与正常运行时等值电路有所不同。此时，故障处需要接入由故障类型确定的故障附加阻抗 Z_Δ，如图 3-4 所示。应该指出，Z_Δ 与负序及零序参数有关。故障时正序电流、电压及功率，除与正序参数有关外，也与负序及零序参数有关。所以，网络的负序及零序参数也会影响系统的暂态稳定性。

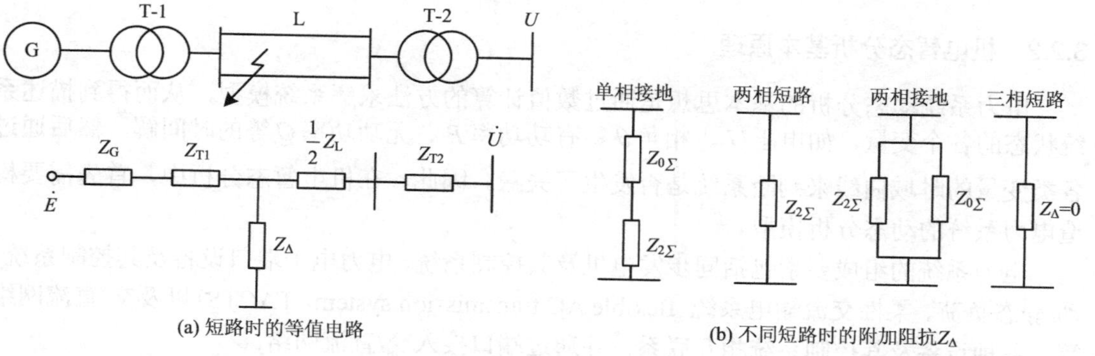

图 3-4　系统不对称短路时的电路等值

(3) 忽略暂态过程中发电机的附加损耗。

发电机的损耗大致可分为定子铜损、铁损、励磁损耗、机械损耗和电气附加损耗。其中，定子铜损即定子电流流过定子绕组所产生的所有损耗；铁损即发电机磁通在铁心内产生的损耗，主要是主磁通在定子铁心内产生的磁滞损耗和涡流损耗；励磁损耗即转子回路所产生的损耗，主要是励磁电流在励磁回路中产生的铜损；机械损耗主要包括通风损耗、轴承摩擦损耗等；电气附加损耗则比较复杂，主要有端部漏磁通在其附近铁质构件中产生的损耗，各种谐波磁通产生的损耗，以及齿谐波和高次谐波在转子表层产生的损耗等。

发电机运行时，所有的损耗几乎都以发热的形式表现出来。其中，电气附加损耗对转子的加速运动有一定的制动作用，其数值不大，可以忽略，但忽略后会使计算结果略偏保守。

2. 对电力电子并网端口的基本假设

对电力电子并网设备，可采用准稳态/平均值数学模型。此时，需要考虑电力电子并网设备的内外环控制等与同步发电机机械过程时间尺度相近的控制环节，可以忽略开关电路等非线性环节的建模，把关注点集中在开关电路等效的外特性上。

需要注意的是，当电力电子器件采用 IGBT 时，不存在换相失败问题，此时平均值模型能够很好地描述系统在毫秒级以上时间尺度的动态特性。当电力电子器件采用 GTO 时，功率变换器可能发生换相失败问题，此时平均值模型很难将换相失败的机理刻画出来，存在一定的使用风险。因此，在研究电力电子端口换相失败相关问题时，需要对其建立详细的非线性开关电路模型。此时需要采用纯电磁暂态或机电-电磁交替的动态分析方法，计算量将大大增加。

3. 对系统其他元件的基本假设

(1) 忽略电力网络中各元件的电磁暂态过程。

相关问题已在同步发电机基本假设的第一点中说明。

(2) 不考虑频率变化对系统参数的影响。

在一般暂态过程中，发电机转速与同步转速的偏离较小，可以不考虑频率变化对系统参数的影响，各元件参数值都按额定频率计算。

3.2.2 机电暂态分析基本原理

电力系统动态分析的基本思想是通过数值计算的方法求解系统模型，从而得到描述系统状态的各个变量，如电压U、相角θ、有功功率P、无功功率Q等的时间解，然后通过各类变量的时域曲线来判断系统是否发生了失稳。因此，在机电暂态分析中，首先需要构造电力系统的动态分析模型。

电力系统的组成要素包括同步发电机及其控制系统、电力电子端口设备及其控制系统、动/静态负荷、柔性交流输电系统(flexible AC transmission system，FACTS)以及交/直流网络等。各种设备及其控制系统相互联系，并通过端口接入交/直流网络。

在分析电力系统机电尺度动态过程时，同步发电机可忽略定子暂态而采用实用模型，网络采用准稳态模型，电力电子端口设备和 FACTS 系统采用平均值模型，负荷采用静态模型以及计及机械暂态或机电暂态的动态模型，控制系统考虑时间尺度为毫秒级以上的模型。在此基础上，可通过分析不同设备及其控制系统的连接情况，构建出相应的数学模型。

由于本章内容的重点在于介绍电力系统动态分析的思想，因此正文中不对电力系统元件模型进行详细介绍，感兴趣的读者可翻阅附录 A 以及相关书籍。

下面以简单电力系统为例，考虑带有励磁和调速控制的同步发电机，通过将元件模型进行拼接，构建出待求解的系统模型。

同步发电机采用六阶模型：

$$
\begin{aligned}
& u_d = E_d'' + X_q'' i_q - r_a i_d \\
& u_q = E_q'' - X_d'' i_d - r_a i_q \\
& T_{d0}' \frac{dE_q'}{dt} = -E_q' - \left(1 - \frac{T_{d0}''}{T_{d0}'} \frac{X_d''}{X_d'}\right)(X_d - X_d') i_d + \left(1 - \frac{T_{AA}}{T_{d0}'}\right) E_f \\
& T_{q0}' \frac{dE_d'}{dt} = -E_d' + \left(1 - \frac{T_{q0}''}{T_{q0}'} \frac{X_q''}{X_q'}\right)(X_q - X_q') i_q \\
& T_{d0}'' \frac{dE_q''}{dt} = -E_q'' + E_q' - \left[X_d' - X_d'' + \frac{T_{d0}''}{T_{d0}'} \frac{X_d''}{X_d'}(X_d - X_d')\right] i_d + \frac{T_{AA}}{T_{d0}'} E_f \\
& T_{q0}'' \frac{dE_d''}{dt} = -E_d'' + E_d' - \left[X_q' - X_q'' + \frac{T_{q0}''}{T_{q0}'} \frac{X_q''}{X_q'}(X_q - X_q')\right] i_q \\
& \frac{d\omega}{dt} = [P_m - P_e - D(\omega - 1)] / M \\
& \frac{d\delta}{dt} = \omega_B(\omega - 1)
\end{aligned}
\tag{3-1}
$$

励磁系统采用三阶模型：

$$
\begin{aligned}
& T_A \frac{dU_R}{dt} = -U_R + K_A\left(U_{ref} - U_t + U_S - U_F\right) \\
& T_L \frac{dE_f}{dt} = -\left(K_L + S_E\right) E_f + U_R \\
& T_F \frac{dU_F}{dt} = -U_F + \frac{K_F}{T_I}\left[U_R - \left(K_L + S_E\right) E_f\right]
\end{aligned}
\tag{3-2}
$$

原动机及调速系统采用三阶模型，以水轮机为例：

$$
\begin{aligned}
& \frac{d\mu}{dt} = \frac{K_\delta}{T_s}\left(\omega_r - \omega - \delta_i \mu - P_1 + \frac{\varepsilon}{2}\right) \\
& T_i \frac{dP_1}{dt} - \beta T_i p \mu = -P_1 \\
& K_m' \frac{1}{2} T_W \frac{dP_m}{dt} + T_W \frac{d\mu}{dt} = \mu - K_m' P_m
\end{aligned}
\tag{3-3}
$$

其中，$K_m' = 1 / K_m$。

负荷采用静态或者电动机模型，其中动态模型为

$$
\begin{aligned}
& U_x = E_x' + K_H\left(RI_x - X'I_y\right) \\
& U_y = E_y' + K_H\left(RI_y - X'I_x\right) \\
& M \frac{ds}{dt} = T_m - T_e \\
& \frac{dE_x'}{dt} = \omega_B s E_y' - \left[E_x' + \left(X - X'\right) K_H I_y\right] / T' \\
& \frac{dE_y'}{dt} = \omega_B s E_x' - \left[E_y' + \left(X - X'\right) K_H I_x\right] / T'
\end{aligned}
\tag{3-4}
$$

网络方程模型采用节点电压方程：

$$\begin{bmatrix} \boldsymbol{G} & -\boldsymbol{B} \\ \boldsymbol{B} & \boldsymbol{G} \end{bmatrix}\begin{bmatrix} \boldsymbol{U}_x \\ \boldsymbol{U}_y \end{bmatrix}=\begin{bmatrix} \boldsymbol{I}_x \\ \boldsymbol{I}_y \end{bmatrix} \tag{3-5}$$

将上述方程联立，可以得到一组微分代数方程组(differential algebra equations，DAEs)，简称“DAEs 方程组”。该方程组中，微分方程描述的变量为状态变量，例如，六阶同步发电机模型中的E'_q、E'_d、E''_q、E''_d等，代数方程描述的变量为代数变量，如六阶同步发电机模型中的u_q、u_d以及网络方程中的u_x、u_y等。假设上述简单电力系统中含有两个节点、一台发电机(包含励磁以及调速系统)以及一个动态负荷，则共有 15 个微分方程、8 个代数方程、23 个未知数。在给定 23 个变量中 15 个状态变量的初始值后，可通过微分代数方程组求解方法进行时域过程求解。

上述微分代数方程组可抽象成如下形式：

$$\begin{aligned} \dot{\boldsymbol{x}}(t) &= \boldsymbol{f}(\boldsymbol{x}(t),\boldsymbol{y}(t),\boldsymbol{\tau}) \\ \boldsymbol{0} &= \boldsymbol{g}(\boldsymbol{x}(t),\boldsymbol{y}(t),\boldsymbol{\tau}) \end{aligned} \tag{3-6}$$

式中，$\boldsymbol{x}$为微分状态变量；$\boldsymbol{y}$为代数变量；$\boldsymbol{\tau}$表示网络和设备模型参数。在进行机电暂态分析时，一般忽略网络和设备模型参数的变化，并且代数方程仅考虑网络方程，相应的代数变量$\boldsymbol{y}$为网络中各节点电压$\boldsymbol{u}$，因此式(3-6)可转化为如下形式：

$$\begin{aligned} \dot{\boldsymbol{x}} &= \boldsymbol{f}(\boldsymbol{x},\boldsymbol{u}) \\ \boldsymbol{Y}\boldsymbol{u} &= \boldsymbol{i}(\boldsymbol{x},\boldsymbol{u}) \end{aligned} \tag{3-7}$$

式(3-7)所描述的系统模型是电力系统连续时间功能模型，它描述了连续时间过程中系统内部的状态变量与代数变量随时间变化的趋势。然而，式(3-7)的解析解一般无法求得，只能通过数值积分算法将其离散化为几个相邻时间点上的离散模型，称为离散时间功能模型。根据所选择的数值积分算法不同，离散时间功能模型有所不同。一种常用的基于隐式梯形法的离散时间功能模型如下：

$$\begin{aligned} \boldsymbol{x}_{t+1} &= \boldsymbol{x}_t + \frac{h}{2}[\boldsymbol{f}(\boldsymbol{x}_t,\boldsymbol{u}_t)+\boldsymbol{f}(\boldsymbol{x}_{t+1},\boldsymbol{u}_{t+1})] \\ \boldsymbol{Y}\boldsymbol{u}_{t+1} &= \boldsymbol{i}(\boldsymbol{x}_{t+1},\boldsymbol{u}_{t+1}) \end{aligned} \tag{3-8}$$

若已知t时刻系统的状态，则式(3-8)是一组非线性代数方程组，可以采用非线性代数方程组求解算法求解系统在t+1 时刻的状态，得到x_{t+1}、u_{t+1}。在求解得到x_{t+1}、u_{t+1}后，可继续通过式(3-8)进一步求解后续$t+2,t+3,\cdots,t+n$时刻的状态。

除上述采用微分代数方程组描述的系统动态过程外，实际电力系统还需要考虑内部保护控制系统、调度决策系统等下达指令后对电力系统动态过程的影响。将这类内部系统下达指令引起的事件称为电力系统内部事件，其模型可用如下方程进行描述：

$$\psi_t = \varphi(x_t,u_t) \tag{3-9}$$

式中，ψ_t表示t时刻系统内部事件信息，如保护动作信息、电压调节信息等，一般与系统状态变量x_t、代数变量u_t有关。同时，ψ_t会对式(3-8)中系统变量x、u在t+1 时刻的值产生影响。

除了内部事件外，天气、温度等外部因素也会对电力系统的运行产生影响，可将这些因素视作一系列随机变量ζ，建立这些因素对电力系统影响的外部作用模型如下：

$$\eta_t = a(x_t, u_t, \zeta_t) \tag{3-10}$$

式中，η_t 为 t 时刻外部因素对系统作用的影响值，它与系统的状态变量 x_t、代数变量 u_t 以及外部变量 ζ_t 相关。η_t 同样会对式(3-8)产生影响。例如，当用式(3-10)描述输电线路故障概率时，η_t 为输电线路的故障概率，u_t 为输电线路的负载率，ζ_t 为外部天气状况。根据 u_t、ζ_t 能够计算出输电线路 t 时刻的故障概率 η_t；t 时刻将依概率 η_t 对线路是否故障进行采样；采样结果若为故障，则在 t+1 时刻计算开始前，便将线路的状态设为故障，从而影响 t+1 时刻式(3-8)的计算。

在计及上述两方面模型的影响后，可得到机电暂态分析的基本框架，如图 3-5 所示。

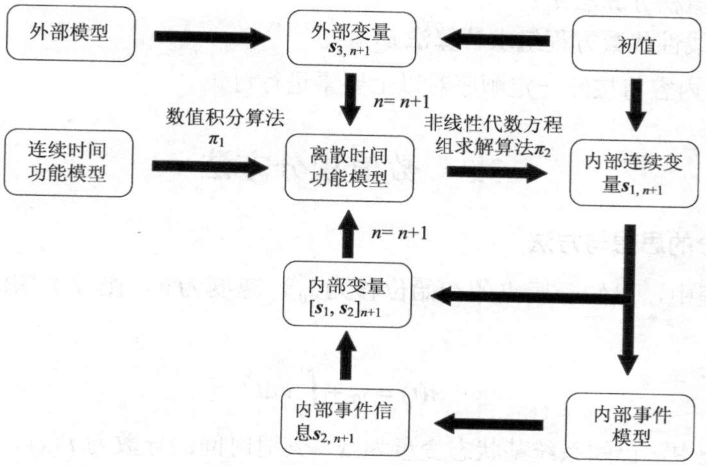

图 3-5　机电暂态分析基本框架

根据图 3-5，可得机电暂态分析的一般性流程如下：

(1) 对于形如式(3-7)的系统连续时间功能模型，首先通过数值积分算法 π_1，将连续时间功能模型转换为离散时间功能模型，即式(3-8)的形式。

(2) 求解离散时间功能模型。离散时间功能模型的求解本质上是求解某个时间断面上系统的状态，需要首先给定该时间断面系统状态方程中除待求变量以外的变量和参数的初值，然后采用非线性代数方程组求解算法 π_2 进行求解，得到该时刻系统内部连续变量 $\boldsymbol{s}_{1,n+1}$。在第一次求解式(3-8)时，变量和参数初值通常根据状态估计或潮流计算的结果初始化得到。在后续求解每个时间断面的离散时间功能模型时，变量和参数初值即上一个时刻的计算结果。

(3) 将该时间断面的内部连续变量 $\boldsymbol{s}_{1,n+1}$ 输入电力系统内部事件模型，如调度系统、保护控制系统等，经内部事件模型计算，得到系统内部非连续变量 $\boldsymbol{s}_{2,n+1}$，如某个断路器的开断或者某个调度指令等。

(4) 系统内部连续和非连续变量组成系统的内部变量 $[\boldsymbol{s}_1, \boldsymbol{s}_2]_{n+1}$，代表该时间断面电力系统的内部状态。内部变量作为下一时间断面离散内部功能模型的已知量参与到下一时间断面系统状态的计算中；对于如天气、温度等外部模型，将模型产生的外部变量 $\boldsymbol{s}_{3,n+1}$ 通过一定的时序配合，影响某一时间断面上系统的离散时间功能模型中某些外部边界条件变量的数值。

(5) 综合内部变量 $[\boldsymbol{s}_1, \boldsymbol{s}_2]_{n+1}$ 与外部变量 $\boldsymbol{s}_{3,n+1}$，得到下一时刻系统进行机电暂态计算的初始值，重复(2)～(4)的过程，进行后续时刻系统变量的计算。

从上述流程中可以看出，整个机电暂态分析过程存在以下要素。

要素 1：连续时间功能模型；

要素 2：离散时间功能模型；

要素 3：内部事件模型；

要素 4：外部模型；

要素 5：数值积分算法 π_1；

要素 6：非线性代数方程组求解算法 π_2。

本章的后续内容将按照一定顺序对以上要素进行讨论。

3.3 数值积分方法

3.3.1 数值积分的思想与方法

在大学物理中，已知一质点的初始位移为 s_0，速度为 v，则 t 时刻质点的位移可表示为

$$s(t) = s_0 + \int_0^t v\,\mathrm{d}t \tag{3-11}$$

在电力系统中，已知系统某状态变量为 x，其对时间的导数为 $f(x)$，则存在如下微分方程：

$$\dot{x} = \frac{\mathrm{d}x}{\mathrm{d}t} = f(x) \tag{3-12}$$

若已知初始时刻 x 的状态为 x_0，求解 t 时刻 x 的状态，可将式(3-11)计算积分的方法运用到式(3-12)中，得到 t 时刻系统的状态变量为

$$x(t) = x_0 + \int_0^t f(x)\mathrm{d}t \tag{3-13}$$

这样，微分方程的求解问题就转化为求式(3-13)等号右边第二项积分的问题。

对于式(3-13)所示的积分问题，若希望获得 t 时刻系统状态变量的准确数值，则需要对积分面积做准确的计算。当 $f(x)$ 的不定积分为一个具体函数表达式时，式(3-13)有解析解。然而，在实际问题中，$f(x)$ 通常不是一个初等函数，因而难以求得解析解。

一种自然的想法是按照微积分的思想，对区间 $[0,t]$ 进行细分，假设每段细分区间长度为 h，然后用某种形状(三角形、四边形等)近似等效每个区间的积分面积，最后将各个近似面积相加得到整个时间段内的近似面积，如图 3-6 所示。理论上在实施上述过程时，可通过对区间细分长度取极限，使得 h 趋于 0，从而将区间无限细分，得到准确的积分面积。这种通过细分区间近似求解积分面积的方法称为数值积分法。

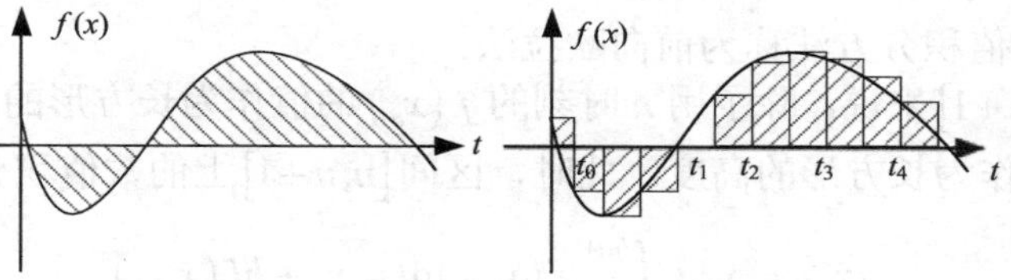

图 3-6　微元法近似求解积分面积

根据上述数值积分的基本思想，可将式(3-13)所示的积分问题转化为求解一系列极小的区间上定积分的子问题，具体计算方法如下：

首先，基于已知初值求解出 t_1 时刻的值；然后，基于 t_1 时刻的值求出 t_2 时刻的值；接下来，不断持续该过程，直至求得 t_{n+1} 时刻的值。

$$x(t)=x_0+\int_0^t f(x)\mathrm{d}t \Rightarrow \begin{aligned} &x_1=x_0+\int_0^{t_1} f(x)\mathrm{d}t \\ &x_2=x_1+\int_{t_1}^{t_2} f(x)\mathrm{d}t \\ &\cdots \\ &x_{t_{n+1}}=x_{t_n}+\int_{t_n}^{t_{n+1}} f(x)\mathrm{d}t \end{aligned}$$

这种通过逐步积分求解微分方程的数值积分思路称为逐步积分法。

理论上，积分区间的划分方式可以有无穷多种。为了方便，一般将积分区间划分为等宽度的若干区间，每个区间的宽度 h 称为积分步长，也称为积分时步。如果计算过程中算法的积分时步根据计算精度、收敛性等进行调整，则称该算法为变时步算法；如果计算过程中算法的积分时步保持不变，则称该算法为定时步算法，定时步与变时步数值积分比较如图 3-7 所示。下面首先讨论定时步算法。

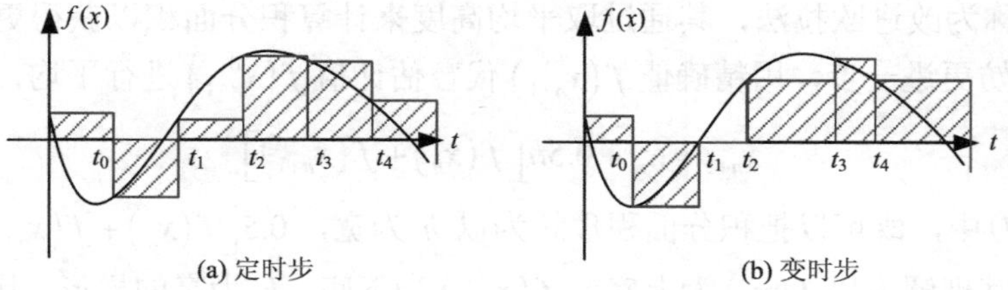

(a) 定时步　　(b) 变时步

图 3-7　定时步与变时步数值积分比较

在实际计算时，采用不同形状近似积分面积，对算法的计算精度、数值稳定性有一定影响。因此，需要对不同的积分形状进行讨论。

首先考虑最简单的情况。假设 n 时刻状态变量 x_n 已知，那么对于接下来的区间 $[n,n+1]$，最简单的积分形状就是一个宽度为积分步长 h 的长方形。长方形的高度可取为 n 时刻的函数值 $f(x_n)$。此时，区间 $[n,n+1]$ 上的数值积分公式为

$$x_{n+1}=x_n+\int_{t_n}^{t_{n+1}} f(x_n)\mathrm{d}t=x_n+hf(x_n) \tag{3-14}$$

式(3-14)对应的数值积分方法称为前向欧拉法。

对于区间$[n,n+1]$来说，除了用n时刻的$f(x_n)$的值作为长方形的高度，也可以用n+1时刻的值$f(x_{n+1})$作为长方形的高度。此时，区间$[n,n+1]$上的数值积分公式为

$$x_{n+1}=x_n+\int_{t_n}^{t_{n+1}}f(x_{n+1})\mathrm{d}t=x_n+hf(x_{n+1}) \tag{3-15}$$

式中，$f(x_{n+1})$的数值未知，但由于等式两端都包含x_{n+1}，因此可以将上述数值积分公式视为以x_{n+1}为未知量的方程，然后对其进行求解即可。这种数值积分方法称为后向欧拉法。

式(3-15)需要通过解方程才可得到x_{n+1}，称这种需要解方程的数值积分方法为隐式法。相反地，式(3-14)所示的前向欧拉法不需要解方程即可直接计算x_{n+1}，称此类数值积分方法为显式法。

上述两种方法均假设$f(x)$在区间$[n,n+1]$内保持恒定不变。实际情况很少与这种假设相符，此时无论采取$f(x_n)$或者$f(x_{n+1})$的哪一种作为长方形的高度，都将产生较大的误差，且$f(x)$在区间$[n,n+1]$内变化越大，误差就越大。

为应对上述问题，一种想法是，先采用前向欧拉法对x_{n+1}的取值做一次估计，有了x_{n+1}后就可以估计出$f(x_{n+1})$的取值，然后取$f(x_n)$与$f(x_{n+1})$的平均高度作为长方形的高度，再次估计x_{n+1}。具体的积分过程如下：

(1) 估计x_{n+1}的取值$x_{n+1}^0=x_n+hf(x_n)$。

(2) 估计$f(x_{n+1})$的取值$f(x_{n+1}^0)$。

(3) 取$f(x_n)$和$f(x_{n+1}^0)$的平均值为h时段的平均高度，即$0.5\left[f(x_n)+f(x_{n+1}^0)\right]$。

(4) 取平均高度作为长方形高度，得到最终的状态变量取值：

$$x_{n+1}=x_n+0.5h\left[f(x_n)+f(x_{n+1}^0)\right] \tag{3-16}$$

式(3-16)称为改进欧拉法，其通过取平均高度来计算积分面积以获得更好的精度。在此基础上，不妨更进一步，用精确值$f(x_{n+1})$代替估计值$f(x_{n+1}^0)$进行平均，可得

$$x_{n+1}=x_n+0.5h\left[f(x_n)+f(x_{n+1})\right] \tag{3-17}$$

在式(3-17)中，既可以把积分面积理解为以h为宽，$0.5\left[f(x_n)+f(x_{n+1})\right]$为高的长方形，也可以将其理解为以$f(x_n)$为上底、$f(x_{n+1})$为下底、$h$为高的梯形。因此，式(3-17)一般称为隐式梯形法。

注意到，对于隐式梯形积分公式，除了可以理解为按照一个长方形面积、一个梯形面积进行积分外，也可以理解为按照两个长方形面积进行积分，每个长方形的宽度都为0.5h，高分别为$f(x_n)$和$f(x_{n+1})$，如图3-8所示。

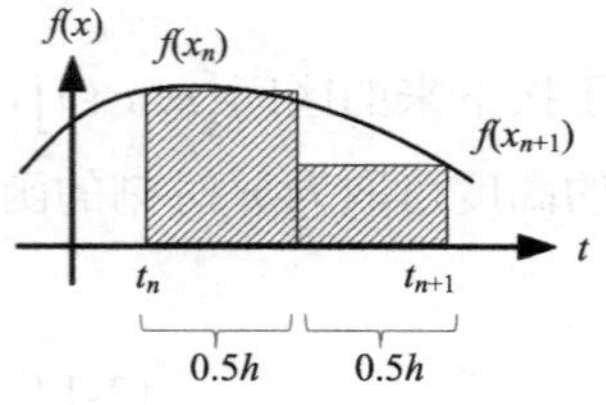

图3-8 隐式梯形法数值积分

这种理解其实就是将区间$[n,n+1]$平均分为两个子区间，两个子区间分别计算面积。将这种思想进一步延伸，将区间$[n,n+1]$不同程度地划分，采用长方形面积计算各个子区间的面积，各个子区间取不同的长方形高度，就可以做更精确的积

分。如此，可以构造出数值积分的通用公式(3-18)，其中，k_i 为长方形的高度，$h\lambda_i$ 为长方形的宽度，$i=1,2,\cdots,R$，且所有 λ_i 的和为 1。

$$x_{n+1}=x_n+h\left[\lambda_1 k_1+\lambda_2 k_2+\cdots+\lambda_R k_R\right] \tag{3-18}$$

形如式(3-18)的数值积分方法称为龙格-库塔法。龙格-库塔法中 k_i 的一般取值方法为

$$\begin{gathered}k_1=f\left(t_n,x_n\right)\\ k_2=f\left(t_n+p_2 h,x_n+q_{21}hk_1\right)\\ \cdots\\ k_R=f\left(t_n+p_R h,x_n+q_{R1}hk_1+\cdots+q_{R,R-1}hk_{R-1}\right)\end{gathered} \tag{3-19}$$

式中，p_i、q_{ij} 为待定参数，具体数值需要结合算法的精度进行求取，在本章后续介绍了精度的定义后，再对其进行相应说明。

需要注意的是，完整的龙格-库塔法包含时间项 $t_n+p_R h$，为了简化后续分析，本书仅在 x 的下标中对时间项进行体现，在公式中将其省略。由于式(3-18)中采用 R 个长方形做积分近似，因此称为 R 级龙格-库塔法。

在长方形高度的取值方面，龙格-库塔法选择利用当前时刻的 f 值作为计算下一时刻的 f 值时的长方形高度，即利用当前值预测下一时刻的值。与这种思路对应的另一种想法是用历史上多个 f 值和当前的 f 值一起来预测下一个时刻的 f 值，即在构造当前时刻到下一个时刻的区间长方形高度时，采用多个 f 值来计算，这类算法也称为多步法。Adams 多步法是电力系统机电暂态分析过程计算的重要算法。根据计及时步的数量，又可对 Adams 多步法进一步细分，如式(3-20)所示即为 Adams 4 步显式算法：

$$x_{n+1}=x_n+\frac{h}{24}\left(55f_n-59f_{n-1}+37f_{n-2}-9f_{n-3}\right) \tag{3-20}$$

在龙格-库塔法中需要解决的问题是选择多高的级数以及对应级数下如何整定 k 值进行计算。在 Adams 多步法中，同样需要思考选择多少步进行计算以及如何整定相应步下的系数。在解答这些问题前，需要对各种数值积分方法的性质进行进一步讨论。

3.3.2　方法性质讨论

在研究各类数值计算方法时会面临以下两个实际问题。

(1) 数值积分只能求近似解，近似解和解析解之间必然存在误差，那么这种误差有多大？如何描述该误差才能对比不同数值积分算法的优劣？

由图 3-9 可知，隐式梯形法要比前向欧拉法和隐式欧拉法误差更小，精度更高。但这仅仅是图形上直观的感觉。当 f 的形式变化后，这种直觉是否依然成立，需要由数学分析才可得知结果。

(2) 每个积分时步都会存在误差，当误差随时间不断累积，是否会造成曲线畸变，甚至发散？

上述两个问题是每一个数值积分算法需要关心的基础问题。前者称为精度问题，即误差问题；后者称为稳定性问题。

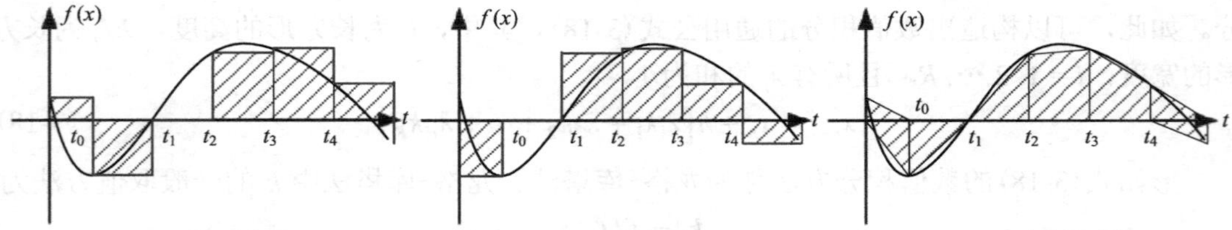

(a) 前向欧拉法 (b) 隐式欧拉法 (c) 隐式梯形法

图 3-9 不同数值积分方法的比较

1. 误差

数值积分算法的第一类误差来源于积分近似。只要积分区间不是无限细分，积分面积存在近似，就必然存在误差。这种由数值积分近似算法本身导致的误差，称为截断误差。截断误差可分为局部截断误差和整体截断误差。局部截断误差指某个积分时步内的误差。整体截断误差是整个积分区间内局部截断误差的总和。

此外，在实际计算时，计算机因进制转换、存储精度等限制，会对计算过程中的中间变量及结果进行舍入，从而引起一定误差，这种误差称为舍入误差。例如，计算机不可能精确存储 π 的数值。这是数值积分的第二类误差来源。

舍入误差普遍存在，截断误差却因数值积分算法不同而有很大差别。因此分析截断误差对于数值积分算法的选取有很大作用。

下面借助泰勒展开推导各类数值积分方法的截断误差。对于 $n+1$ 时刻的状态变量，其泰勒展开式为

$$x(t_{n+1}) = x(t_n) + x'(t_n)h + \frac{1}{2}x''(t_n)h^2 + O(h^3) \tag{3-21}$$

式中，$t_{n+1} = t_n + h$，$x(t_{n+1})$ 和 $x(t_n)$ 分别为 $n+1$ 时刻和 n 时刻的精确解。

某个数值积分公式的局部截断误差定义为数值积分公式计算结果与精确解之间的差值。假设某个数值积分公式为 $x_{n+1} = x_n + h\varphi(x_n, x_{n+1}, h)$，那么其与精确解之间的差值为

$$T_{n+1} = x(t_{n+1}) - x_{n+1} \tag{3-22}$$

式(3-22)即为局部截断误差的数学定义。

以前向欧拉法为例，数值积分公式为 $x_{n+1} = x_n + hf(x_n)$，其局部截断误差为

$$T_{n+1} = x(t_{n+1}) - x_{n+1} = x(t_n) + x'(t_n)h + \frac{1}{2}x''(t_n)h^2 + O(h^3) - x_n - hf(x_n) \tag{3-23}$$

由于 $x_n = x(t_n)$，$f(x_n) = f\left[x(t_n)\right] = x'(t_n)$，因此前向欧拉法的局部截断误差可进一步表示为

$$T_{n+1} = x(t_{n+1}) - x_{n+1} = \frac{1}{2}x''(t_n)h^2 + O(h^3) = O(h^2) \tag{3-24}$$

在数值计算中，定义具有 p 阶精度的数值积分方法的局部截断误差为 $T_{n+1} = O(h^{p+1})$。根据这个定义，前向欧拉法具有 1 阶精度。

同理，可以推导出其他数值积分方法的局部截断误差表达式及其精度，如表 3-1 所示。

表 3-1　各类数值积分方法的误差及精度

数值积分方法	截断误差表达式	精度
隐式欧拉法	$T_{n+1}=-\frac{1}{2}x''(t_n)h^2+O(h^3)$	1 阶精度
隐式梯形法	$T_{n+1}=-\frac{1}{12}x'''(t_n)h^3+O(h^4)$	2 阶精度
改进欧拉法	$T_{n+1}=O(h^3)$	2 阶精度

下面重新讨论龙格-库塔法以及 Adams 多步法的参数整定问题。以 2 级龙格-库塔法为例，其积分公式为

$$x_{n+1}=x_n+h(\lambda_1 k_1+\lambda_2 k_2) \tag{3-25}$$

其中，$k_1=f(x_n)$，$k_2=f(x_n+phk_1)$。

对 k_2 在 x_n 处进行泰勒展开有

$$k_2=f(x_n+phk_1)=f\left[x_n+phf(x_n)\right]=f(x_n)+\left.\frac{\mathrm{d}f(x)}{\mathrm{d}x}\right|_n phf(x_n)+O(h^2) \tag{3-26}$$

将 k_1、k_2 代入积分公式中化简可得

$$x_{n+1}=x_n+h(\lambda_1+\lambda_2)f(x_n)+\lambda_2 ph^2\left[\left.\frac{\mathrm{d}f(x)}{\mathrm{d}x}\right|_n f(x_n)\right]+O(h^3) \tag{3-27}$$

对 $x(t_{n+1})$ 进行泰勒展开有

$$x(t_{n+1})=x(t_n)+hf\left[x(t_n)\right]+\frac{1}{2}h^2\left[\left.\frac{\mathrm{d}f(x)}{\mathrm{d}x}\right|_n f(x_n)\right]+O(h^3) \tag{3-28}$$

对比式(3-27)、式(3-28)可知，当 λ_1、λ_2、p 满足式(3-29)的关系时，2 级龙格-库塔法有 2 阶精度，称为 2 级 2 阶龙格-库塔法：

$$\begin{cases}\lambda_1+\lambda_2=1\\ \lambda_2 p=\dfrac{1}{2}\end{cases} \tag{3-29}$$

由于式(3-29)中 λ_1、λ_2、p 可以有不同的取值，因此 2 级 2 阶龙格-库塔法可以有多种表达式，形成了公式簇。若取 $\lambda_1=\lambda_2=0.5$，$p=1$，则 2 级 2 阶龙格-库塔法就变成了改进欧拉法。

对于多步法，其通用形式为

$$x_{n+1}=\eta(x_{n+1},x_n,x_{n-1},\cdots,x_{n-k},h) \tag{3-30}$$

根据 η 表达式的不同，可以对多步法做进一步分类。在机电暂态分析计算中，一般采用线性多步法，将 η 构造为关于 x 和 $f(x)$ 的线性表达式：

$$\eta=\sum_{i=-1}^{k}\alpha_i x_{n-1}+h\beta_i f(x_{n-i}) \tag{3-31}$$

与龙格-库塔法类似，通过与泰勒级数比较，可确定待定系数 α_i 和 β_i 的数值，使相应的方法获得一定阶数的精度。下面以 Adams 4 步 4 阶显式法为例进行介绍，4 步 Admas 法

积分公式为

$$
\begin{aligned}
x_{n+1} = & \alpha_0 x_n + \alpha_1 x_{n-1} + \alpha_2 x_{n-2} + \alpha_3 x_{n-3} \\
& + h\left(\beta_{-1} f_{n+1} + \beta_0 f_n + \beta_1 f_{n-1} + \beta_2 f_{n-2} + \beta_3 f_{n-3}\right)
\end{aligned} \tag{3-32}
$$

对式(3-32)中的x_{n-1}、x_{n-2}、x_{n-3}、f_{n+1}、f_n、f_{n-1}、f_{n-2}、f_{n-3}在x_n处展开可得

$$
\begin{aligned}
x_{n-1} &= x_n - hf\left(x_n\right) + \frac{h^2}{2!} f'\left(x_n\right) - \frac{h^3}{3!} f''\left(x_n\right) + \frac{h^4}{4!} f'''\left(x_n\right) + O\left(h^5\right) \\
x_{n-2} &= x_n - 2hf\left(x_n\right) + \frac{(2h)^2}{2!} f'\left(x_n\right) - \frac{(2h)^3}{3!} f''\left(x_n\right) + \frac{(2h)^4}{4!} f'''\left(x_n\right) + O\left(h^5\right) \\
x_{n-3} &= x_n - 3hf\left(x_n\right) + \frac{(3h)^2}{2!} f'\left(x_n\right) - \frac{(3h)^3}{3!} f''\left(x_n\right) + \frac{(3h)^4}{4!} f'''\left(x_n\right) + O\left(h^5\right) \\
f_{n+1} &= f_n + hf'\left(x_n\right) + \frac{h^2}{2!} f''\left(x_n\right) + \frac{h^3}{3!} f'''\left(x_n\right) + O\left(h^4\right) \\
f_{n-1} &= f_n - hf'\left(x_n\right) + \frac{h^2}{2!} f''\left(x_n\right) - \frac{h^3}{3!} f'''\left(x_n\right) + O\left(h^4\right) \\
f_{n-2} &= f_n - 2hf'\left(x_n\right) + \frac{(2h)^2}{2!} f''\left(x_n\right) - \frac{(2h)^3}{3!} f'''\left(x_n\right) + O\left(h^4\right) \\
f_{n-3} &= f_n - 3hf'\left(x_n\right) + \frac{(3h)^2}{2!} f''\left(x_n\right) - \frac{(3h)^3}{3!} f'''\left(x_n\right) + O\left(h^4\right)
\end{aligned} \tag{3-33}
$$

对$x(t_{n+1})$进行泰勒展开有

$$
x\left(t_{n+1}\right) = x\left(t_n\right) + hf\left[x\left(t_n\right)\right] + \frac{h^2}{2!} f'\left[x\left(t_n\right)\right] + \frac{h^3}{3!} f''\left[x\left(t_n\right)\right] + \frac{h^4}{4!} f'''\left[x\left(t_n\right)\right] + O\left(h^5\right) \tag{3-34}
$$

将式(3-33)代入式(3-32)并与式(3-34)对比，若式(3-32)具有4阶精度，则有

$$
\begin{aligned}
& \alpha_0 + \alpha_1 + \alpha_2 + \alpha_3 = 1 \\
& -\alpha_1 - 2\alpha_2 - 3\alpha_3 + \left(\beta_{-1} + \beta_0 + \beta_1 + \beta_2 + \beta_3\right) = 1 \\
& \alpha_1 + 4\alpha_2 + 9\alpha_3 + 2\left(-\beta_{-1} - \beta_1 - 2\beta_2 - 3\beta_3\right) = 1 \\
& -\alpha_1 - 8\alpha_2 - 27\alpha_3 + 3\left(\beta_{-1} + \beta_1 + 4\beta_2 + 9\beta_3\right) = 1 \\
& \alpha_1 + 168\alpha_2 + 27\alpha_3 + 4\left(-\beta_{-1} - \beta_1 - 8\beta_2 - 27\beta_3\right) = 1
\end{aligned} \tag{3-35}
$$

式(3-35)是含有9个未知数、5个方程的方程组，当数值积分公式为显式公式时，$\beta_{-1} = 0$，若进一步令$\alpha_1 = \alpha_2 = \alpha_3 = 0$，可解出式(3-35)中的其余五个未知数为$\alpha_0 = 1$、$\beta_0 = \frac{55}{24}$、$\beta_1 = \frac{-59}{24}$、$\beta_2 = \frac{37}{24}$、$\beta_3 = \frac{-9}{24}$。因此，可得具有4阶精度的Adams 4步4阶显式公式为

$$
x_{n+1} = x_n + \frac{h}{24}\left(55 f_n - 59 f_{n-1} + 37 f_{n-2} - 9 f_{n-3}\right) \tag{3-36}
$$

与上述Adams 4步4阶显式公式的推导方法类似，若式(3-32)中$\beta_{-1} \neq 0$，并令$\alpha_3 = \beta_3 = 0$，则式(3-32)退化为Adams 3步隐式法公式。此时在式(3-35)中进一步令$\alpha_1 = \alpha_2 = 0$，则可解出其余的五个未知数为$\alpha_0 = 1$、$\beta_{-1} = \frac{9}{24}$、$\beta_0 = \frac{19}{24}$、$\beta_1 = \frac{-5}{24}$、$\beta_2 = \frac{1}{24}$。因此，可得具有4阶精度的Adams 3步4阶隐式公式为

$$x_{n+1} = x_n + \frac{h}{24}(9f_{n+1} + 19f_n - 5f_{n-1} + f_{n-2}) \tag{3-37}$$

2. 数值稳定性

在利用数值积分求解微分方程的过程中，前一步形成的误差在后续时步是否收敛称为数值稳定性。若误差收敛趋于零，则数值稳定；若误差发散，则数值不稳定。与误差分析不同，数值稳定性的分析并不关注每一时步的误差大小，而是关注每一时步的误差能否随时间积累不断变小。数值积分算法的误差大小可以通过减小时步加以限制，但若算法数值不稳定，则误差经过若干时步的累积放大后，将最终导致算法的计算结果失效。

数值积分算法的稳定性与采用何种算法求解何种形式的微分方程有关。利用不同数值积分算法求解不同微分方程，其数值稳定性不同；同一数值积分算法，求解不同微分方程，数值稳定性也不同。因此，为了在同一标准下比较各种数值积分算法的数值稳定性，需要采用同一个微分方程进行检验，称该方程为试验方程，一般指定为式(3-38)所示的方程。

$$x' = \lambda x \tag{3-38}$$

式中，λ 可取实数或复数。

采用前向欧拉法求解试验方程，数值积分公式可写为

$$x_{n+1} = x_n + hf(x) = x_n + h(\lambda x_n) = (1 + h\lambda)x_n \tag{3-39}$$

式(3-39)表明，t_n 时刻 x_n 的误差，无论是截断误差，还是舍入误差，都会以 $1 + h\lambda$ 的倍率缩放以后，传递给 t_{n+1} 时刻的 x_{n+1}。要使误差在后续时步中减少，则必须满足：

$$|1 + h\lambda| < 1 \tag{3-40}$$

式(3-40)即为前向欧拉法的数值稳定条件。可见，前向欧拉法的数值稳定性和 h 以及 λ 有关，即前向欧拉法的数值稳定条件和计算步长及系统微分方程的特征值有关。具体地，为了确保数值稳定，计算步长应满足 $-1 < 1 + h\lambda < 1$，即 $-2 < h\lambda < 0$。对于一个稳定的动力学系统，其对应的微分方程中特征值的实部必然有 $\lambda < 0$，故 $h\lambda < 0$ 必成立，从而要求积分步长满足如下条件：

$$h < \left|\frac{2}{\lambda}\right| \tag{3-41}$$

当系统有多个特征根且特征根可以为复数时，由式(3-40)可知，在 $h\lambda$ 平面上，前向欧拉法的数值稳定域为以(−1,0)为圆心，半径为 1 的单位圆，如图 3-10 所示。

此时，每一个 λ_i 和 h 的积都应位于该数值稳定域内。若系统最大模特征根为 $\lambda_{\max}$，则数值稳定的必要条件为

$$h < |2 / \lambda_{\max}| \tag{3-42}$$

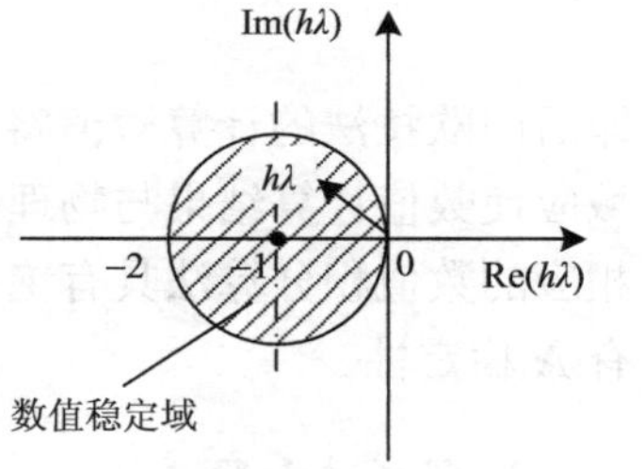

图 3-10　前向欧拉法的数值稳定域

当 $\lambda_{\max}$ 为实数时，由 $e^{\lambda t} = e^{-\frac{t}{\tau}}$，可知 $\lambda_{\max}$ 和 $\tau_{\min}$ 对应，即 $\lambda_{\max}$ 与系统中衰减最快、时间常数最小的环节对应。因此，由式(3-42)可知，仿真步长 h 受系统最小时间常数限制。在实际电力系统机电暂态分析中，一般需要对时间常数极小的环节进行单独处理，可采用直接忽略、等效近似、选用更小仿真步长等方法，避免其影响

整体仿真计算的数值稳定性。由于前向欧拉法的数值稳定域很小，因此该方法并没有在实际生产业务中得到推广应用。

类比对前向欧拉法的分析，可求得隐式欧拉法的数值稳定条件如式(3-43)所示，其数值稳定域如图 3-11(a)所示。

$$\left|\frac{1}{1-\lambda h}\right|<1 \Rightarrow |1-\lambda h|>1 \tag{3-43}$$

隐式梯形法的数值稳定条件如式(3-44)所示，其数值稳定域如图 3-11(b)所示。

$$\left|\frac{1+\lambda h/2}{1-\lambda h/2}\right|<1 \tag{3-44}$$

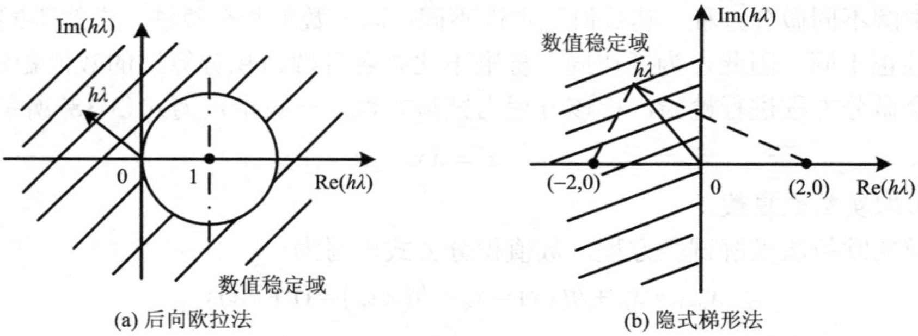

图 3-11 后向欧拉法与隐式梯形法的数值稳定域

4 阶龙格-库塔法的数值稳定条件如式(3-45)所示。

$$\left|1+\lambda h+\frac{1}{2}(\lambda h)^2+\frac{1}{6}(\lambda h)^3+\frac{1}{24}(\lambda h)^4\right|<1 \tag{3-45}$$

从图 3-11(a)可以看出，后向欧拉法的数值稳定域覆盖了 $h\lambda$ 平面的左半平面和右半平面的大部分。然而，在实际应用中并非是数值稳定域越大越好。当电力系统本身不稳定时，$\mathrm{Re}(\lambda)>0$，若在定步长 h 的条件下使得 λh 落在数值稳定域内，满足式(3-43)，则根据数值积分公式，有

$$|x_{n+1}|=\left|\frac{1}{1-\lambda h}x_n\right|<|x_n| \tag{3-46}$$

即后向欧拉法的计算数值将收敛，无法反映电力系统的不稳定问题。由此可见，数值稳定域应使数值计算结果与物理系统情况一致，因此数值稳定域最好覆盖左半平面即可。此时，相应的数值积分算法具有绝对稳定性，称为 A 稳定性。从图 3-11(b)可知，隐式梯形法具有 A 稳定性。

3. 显式法和隐式法

在对数值积分算法进行命名时，通常会刻意强调算法的显式或隐式。下面对这两类算法作进一步讨论。

从形式上看，隐式法的数值积分公式等号右侧含有待求解的状态变量，而显式法积分公式则可通过等号右侧直接计算待求解状态变量。

从计算方式上看，显式法因为等号右侧不含待求解的状态变量，所以可依据公式直接计算；隐式法则需要求解方程，并且方程的具体形式可能是线性的也可能是非线性的。

从精度上看，显式法和隐式法都可以尽可能减小误差，获得较高的计算精度。

从数值稳定性上看，显式法的数值稳定域一般较隐式法要小，因此显式法的数值稳定条件对时间步长 h 有更加严格的要求，即显式法对算例的适应性较差。

3.3.3　电力系统机电暂态分析的数值积分方法

1. 数值积分方法的选择

将数值积分方法应用于电力系统机电暂态分析时，需要综合考虑各类数值积分算法的精度与数值稳定性。

欧拉法、隐式欧拉法的精度和数值稳定性较差，难以满足大规模电力系统分析要求。

龙格-库塔法可通过合理构造达到较好的精度，但由于方法本身是显式的，数值稳定域较小，对不同电力系统的普适性较弱，曾广泛使用的四阶显式龙格-库塔法，现在也已较少采用。

多步法可通过合理构造达到较好的精度，并且由于是隐式方法，本身具有较好的数值稳定性。但是，由于多步法需要状态量的历史信息，存在不能自起步的问题。电力系统在运行过程中会频繁受到操作/故障影响，若使用多步法进行计算，则需要与单步法进行逐级配合，其计算过程相对复杂，导致工程应用的推广难度较大。

隐式梯形法的精度可满足工程计算需求，具有 A 稳定性，同时可以自起步，相对简单，因此成为主流的电力系统数值积分方法。在本章剩余内容中，都默认以隐式梯形法作为电力系统机电暂态分析的数值积分方法。

2. 电力系统 DAEs 的求解——交替求解法与同步求解法

通过逐步积分法计算电力系统机电暂态过程实际上是不断求解如式(3-7)所示的微分代数方程组。其中，代数方程可以认为是在对微分方程做数值积分时，对状态变量施加了一定的约束。因此，电力系统的机电暂态分析或者说 DAEs 的求解，可以看作求解一组带约束的微分方程组。对这类问题，目前存在两种求解思路，即交替求解法和同步求解法。下面对这两种方法进行简要介绍，关于这两种方法的细节以及进一步的优化，将会在后面进行讨论。

1) 交替求解法

交替求解法的基本思路如下。

(1) 对某个时刻，如 $n+1$ 时刻，将微分方程中的代数变量 $\boldsymbol{u}$ 视为常量，按照无约束情况，对微分方程做常规数值积分，求解数值积分公式，得到状态变量的解。此时，状态变量的解只是一个预估值 $\boldsymbol{x}_{n+1}^{1}$，不是最终解，如式(3-47)所示：

$$\boldsymbol{x}_{n+1}^{1}=\boldsymbol{x}_{n}+0.5h\left[\boldsymbol{f}\left(\boldsymbol{x}_{n},\boldsymbol{u}_{n}\right)+\boldsymbol{f}\left(\boldsymbol{x}_{n+1},\boldsymbol{u}_{n+1}^{0}\right)\right] \tag{3-47}$$

(2) 假设上述数值积分求得的状态变量预估值能够满足约束方程，将其代入约束方程求解代数变量，如式(3-48)所示。即为使约束方程成立，代数变量 $\boldsymbol{u}$ 应取为 $\boldsymbol{u}_{n+1}^{1}$。

$$\boldsymbol{Y}\boldsymbol{u}_{n+1} = \boldsymbol{i}\left(\boldsymbol{x}_{n+1}^{1}, \boldsymbol{u}_{n+1}\right) \tag{3-48}$$

(3) 若 $\boldsymbol{u}_{n+1}^{1}=\boldsymbol{u}_{n+1}^{0}$，则 $\boldsymbol{x}_{n+1}^{1}$ 和 $\boldsymbol{u}_{n+1}^{1}$ 可以同时满足数值积分公式和约束方程，求解结束。若 $\boldsymbol{u}_{n+1}^{1} \neq \boldsymbol{u}_{n+1}^{0}$，则用 $\boldsymbol{u}_{n+1}^{1}$ 作为新的代数变量取值，对状态变量重新做数值积分，形成步骤(1)和(2)之间的迭代，直到收敛。

对上述过程进行抽象总结，即可得到一种求解电力系统 DAEs 的通用算法：

(1) 求解微分方程，利用数值积分估计状态变量的取值。

(2) 用代数方程校正数值积分，校正状态变量的取值。

(3) 反复迭代(1)和(2)，直到状态变量既能满足微分方程，又能满足代数方程。

上述求解过程形成了求解微分方程→求解代数方程→求解微分方程→求解代数方程→……的交替过程，因此这种求解算法称为交替求解法。

交替求解法的实质是将变量空间划分为两个子空间：状态变量空间与代数变量空间。在求解微分方程时，只在状态变量对应的子空间中搜索求解；求解代数方程时，只在代数变量对应的子空间中搜索求解；最后，两者同时达到子空间的某个稳定状态。

2) 同步求解法

同步求解法的基本过程如下。

(1) 利用数值积分公式，将微分方程转化为代数方程。

$$\dot{\boldsymbol{x}} = f(\boldsymbol{x}) \Rightarrow \boldsymbol{x}_{n+1} = \boldsymbol{x}_n + 0.5h\left[\boldsymbol{f}\left(\boldsymbol{x}_n\right) + \boldsymbol{f}\left(\boldsymbol{x}_{n+1}\right)\right] \tag{3-49}$$

(2) 将网络方程与代数方程联立，一并进行代数方程组求解。

$$\begin{aligned} \dot{\boldsymbol{x}} &= \boldsymbol{f}(\boldsymbol{x},\boldsymbol{u}) \\ \boldsymbol{Y}\boldsymbol{u} &= \boldsymbol{i}(\boldsymbol{x},\boldsymbol{u}) \end{aligned} \Rightarrow \begin{aligned} \boldsymbol{x}_{n+1} &= \boldsymbol{x}_n + 0.5h\left[\boldsymbol{f}\left(\boldsymbol{x}_n,\boldsymbol{u}_n\right) + \boldsymbol{f}\left(\boldsymbol{x}_{n+1},\boldsymbol{u}_{n+1}\right)\right] \\ \boldsymbol{Y}\boldsymbol{u}_{n+1} &= \boldsymbol{i}\left(\boldsymbol{x}_{n+1},\boldsymbol{u}_{n+1}\right) \end{aligned} \tag{3-50}$$

同步求解法将微分方程转换为代数方程，因此不再有微分方程、数值积分层面的问题，此时 DAEs 求解问题变成如何求解式(3-50)所示的两个联立的代数方程组。可以看出，相较于交替求解法，同步求解法是在变量全空间中同时对状态变量与代数变量进行搜索求解，保持了变量空间的完整性，具有较高的收敛性，但同时也会增加问题求解的规模，增大计算复杂度。

3.4　非线性代数方程组求解方法

3.3 节最后讨论了使用交替求解法和同步求解法求解电力系统 DAEs 的基本流程。实际上，无论是交替求解，还是同步求解，首先都需要将微分方程求解转化为代数方程求解。对于非线性代数方程求解问题，一种可行的思路是将其转化为最优化问题，然后利用梯度下降法、牛顿-拉弗森法、内点法等对其进行求解。由此，电力系统 DAEs 求解问题便有了完整可行的理论方案。

然而，在实际求解电力系统非线性代数方程时，由于方程在具体实例化过程中具有一定的特殊性，因此在设计代数方程组求解算法时可以利用这些特点，对上述提及的通用算法进行改进。本节将针对这一问题，讨论如何提高同步求解法与交替求解法的计算效率。

3.4.1　同步求解法

1. 牛顿-拉弗森法

非线性代数方程或方程组一般可采用牛顿-拉弗森(Newton-Raphson，NR)法进行迭代求解，下面首先简要介绍 NR 法求解非线性代数方程的具体过程。

设有如下非线性代数方程：

$$f(x)=0 \tag{3-51}$$

假设式(3-51)有近似解 $x^{(0)}$，其与真解的误差为 Δx，则有

$$f\left(x^{(0)}+\Delta x\right)=0 \tag{3-52}$$

将式(3-52)在 $x^{(0)}$ 处泰勒展开，忽略高阶项，有

$$f\left(x^{(0)}+\Delta x\right)\approx f\left(x^{(0)}\right)+f'\left(x^{(0)}\right)\Delta x=0 \tag{3-53}$$

其中，$f\left(x^{(0)}\right)$ 和 $f'\left(x^{(0)}\right)$ 均为已知量。由此，利用式(3-53)可近似计算 Δx，得到 Δx 的非精确值 $\Delta x^{(0)}$，然后利用 $\Delta x^{(0)}$ 更新 x：

$$x^{(1)}=x^{(0)}+\Delta x^{(0)} \tag{3-54}$$

$x^{(1)}$ 与真解 x 仍有一定误差，但相较于 $x^{(0)}$，认为 $x^{(1)}$ 是改善的解。因此，可重复利用式(3-55)逐渐逼近真解，直到误差项 Δx 趋于 0。

$$\begin{cases} f\left(x^{(k)}\right)+f'\left(x^{(k)}\right)\Delta x^{(k)}=0 \\ x^{(k+1)}=x^{(k)}+\Delta x^{(k)} \end{cases} \tag{3-55}$$

式(3-55)的示意如图 3-12 所示。

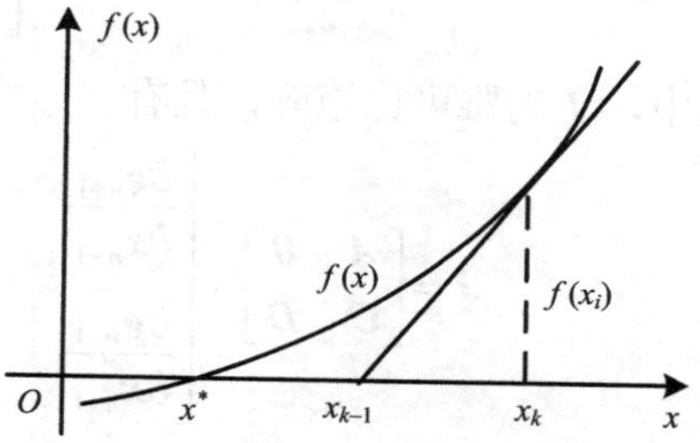

图 3-12　NR 法求解非线性方程的几何解释

对于多个方程的情况，可将单个方程 $f\left(x^{(k)}\right)+f'\left(x^{(k)}\right)\Delta x^{(k)}=0$ 扩展为方程组，写成矩阵形式：

$$\begin{bmatrix} f_1\left(x_1^{(k)},x_2^{(k)},\cdots,x_n^{(k)}\right) \\ f_2\left(x_1^{(k)},x_2^{(k)},\cdots,x_n^{(k)}\right) \\ \vdots \\ f_n\left(x_1^{(k)},x_2^{(k)},\cdots,x_n^{(k)}\right) \end{bmatrix}=-\begin{bmatrix} \left.\frac{\partial f_1}{\partial x_1}\right|_k & \left.\frac{\partial f_1}{\partial x_2}\right|_k & \cdots & \left.\frac{\partial f_1}{\partial x_n}\right|_k \\ \left.\frac{\partial f_2}{\partial x_1}\right|_k & \left.\frac{\partial f_2}{\partial x_2}\right|_k & \cdots & \left.\frac{\partial f_2}{\partial x_n}\right|_k \\ \vdots & \vdots & & \vdots \\ \left.\frac{\partial f_n}{\partial x_1}\right|_k & \left.\frac{\partial f_n}{\partial x_2}\right|_k & \cdots & \left.\frac{\partial f_n}{\partial x_n}\right|_k \end{bmatrix}\begin{bmatrix} \Delta x_1^{(k)} \\ \Delta x_2^{(k)} \\ \vdots \\ \Delta x_n^{(k)} \end{bmatrix} \tag{3-56}$$

然后重复利用下面的公式来逼近真解：

$$\begin{cases} \boldsymbol{f}\left(\boldsymbol{x}^{(k)}\right)+\boldsymbol{f}'\left(\boldsymbol{x}^{(k)}\right)\Delta\boldsymbol{x}^{(k)}=\boldsymbol{0} \\ \boldsymbol{x}^{(k+1)}=\boldsymbol{x}^{(k)}+\Delta\boldsymbol{x}^{(k)} \end{cases} \tag{3-57}$$

式中，$\boldsymbol{f}\left(\boldsymbol{x}^{(k)}\right)$ 为待求方程组的残差列向量；$\boldsymbol{f}'\left(\boldsymbol{x}^{(k)}\right)$ 为待求方程组的雅可比矩阵；$\boldsymbol{x}^{(k)}$ 为第 k 次迭代得到的方程组解的列向量；$\Delta\boldsymbol{x}^{(k)}$ 为第 k 次迭代时的修正量列向量。

NR 法迭代求解非线性代数方程组的核心是构造并计算残差方程，即将方程化为 $\boldsymbol{f}(\boldsymbol{x})=0$ 的形式并计算 $\boldsymbol{f}\left(\boldsymbol{x}^{(k)}\right)$，以及计算雅可比矩阵 $\mathrm{d}\boldsymbol{f}\left(\boldsymbol{x}^{(k)}\right)/\mathrm{d}\boldsymbol{x}$。

利用同步求解法进行电力系统机电暂态分析时，待求解方程为

$$\begin{gathered}\boldsymbol{x}_{n+1}=\boldsymbol{x}_n+\frac{1}{2}h\left[\boldsymbol{f}\left(\boldsymbol{x}_n,\boldsymbol{u}_n\right)+\boldsymbol{f}\left(\boldsymbol{x}_{n+1},\boldsymbol{u}_{n+1}\right)\right]\\ \boldsymbol{Y}\boldsymbol{u}_{n+1}=\boldsymbol{i}\left(\boldsymbol{x}_{n+1},\boldsymbol{u}_{n+1}\right)\end{gathered}\tag{3-58}$$

式(3-58)中，若记

$$\begin{gathered}\boldsymbol{q}\left(\boldsymbol{x}_{n+1},\boldsymbol{u}_{n+1}\right)=\boldsymbol{x}_{n+1}-\boldsymbol{x}_n-0.5h\left[\boldsymbol{f}\left(\boldsymbol{x}_{n+1},\boldsymbol{u}_{n+1}\right)+\boldsymbol{f}\left(\boldsymbol{x}_n,\boldsymbol{u}_n\right)\right]\\ \boldsymbol{g}\left(\boldsymbol{x}_{n+1},\boldsymbol{u}_{n+1}\right)=\boldsymbol{Y}\boldsymbol{u}_{n+1}-\boldsymbol{i}\left(\boldsymbol{x}_{n+1},\boldsymbol{u}_{n+1}\right)\end{gathered}\tag{3-59}$$

则 $\boldsymbol{q}\left(\boldsymbol{x}_{n+1},\boldsymbol{u}_{n+1}\right)=\mathbf{0}$ 与 $\boldsymbol{g}\left(\boldsymbol{x}_{n+1},\boldsymbol{u}_{n+1}\right)=\mathbf{0}$ 一起组成了 n+1 时刻的非线性代数方程组，可采用 NR 法联立求解。n+1 时刻 NR 法的迭代公式为

$$\begin{gathered}\begin{bmatrix}\boldsymbol{x}_{n+1}^{k+1}\\ \boldsymbol{u}_{n+1}^{k+1}\end{bmatrix}=\begin{bmatrix}\boldsymbol{x}_{n+1}^{k}\\ \boldsymbol{u}_{n+1}^{k}\end{bmatrix}+\begin{bmatrix}\Delta\boldsymbol{x}_{n+1}^{k}\\ \Delta\boldsymbol{u}_{n+1}^{k}\end{bmatrix}\\ \begin{bmatrix}\Delta\boldsymbol{x}_{n+1}^{k}\\ \Delta\boldsymbol{u}_{n+1}^{k}\end{bmatrix}=-\boldsymbol{J}^{-1}\begin{bmatrix}\boldsymbol{q}_{n+1}^{k}\\ \boldsymbol{g}_{n+1}^{k}\end{bmatrix}\end{gathered}\tag{3-60}$$

其中，$\boldsymbol{J}$ 为雅可比矩阵，且有

$$\boldsymbol{J}=\begin{bmatrix}\boldsymbol{A}&\boldsymbol{B}\\ \boldsymbol{C}&\boldsymbol{D}\end{bmatrix}=\begin{bmatrix}\left.\dfrac{\partial\boldsymbol{q}_{n+1}}{\partial\boldsymbol{x}_{n+1}}\right|_k&\left.\dfrac{\partial\boldsymbol{q}_{n+1}}{\partial\boldsymbol{u}_{n+1}}\right|_k\\ \left.\dfrac{\partial\boldsymbol{g}_{n+1}}{\partial\boldsymbol{x}_{n+1}}\right|_k&\left.\dfrac{\partial\boldsymbol{g}_{n+1}}{\partial\boldsymbol{u}_{n+1}}\right|_k\end{bmatrix}=\begin{bmatrix}\boldsymbol{I}-0.5h\left.\dfrac{\partial\boldsymbol{f}_{n+1}}{\partial\boldsymbol{x}_{n+1}}\right|_k&-0.5h\left.\dfrac{\partial\boldsymbol{f}_{n+1}}{\partial\boldsymbol{u}_{n+1}}\right|_k\\ -\left.\dfrac{\partial\boldsymbol{i}_{n+1}}{\partial\boldsymbol{x}_{n+1}}\right|_k&\boldsymbol{Y}-\left.\dfrac{\partial\boldsymbol{i}_{n+1}}{\partial\boldsymbol{u}_{n+1}}\right|_k\end{bmatrix}\tag{3-61}$$

式(3-61)中竖线后的下标 k 表示第 k 次迭代的结果。

根据式(3-60)和式(3-61)可得 n+1 时刻迭代求解的步骤如下。

(1)假设初始值为 $\boldsymbol{x}_{n+1}^{(0)}=\boldsymbol{x}_n$，$\boldsymbol{u}_{n+1}^{(0)}=\boldsymbol{u}_n$，该初始值一般采用潮流计算得到。由式(3-59)可得 $\boldsymbol{q}\left(\boldsymbol{x}_{n+1},\boldsymbol{u}_{n+1}\right)^{(0)}=-h\boldsymbol{f}\left(\boldsymbol{x}_n,\boldsymbol{u}_n\right)$，同时有 $\boldsymbol{g}\left(\boldsymbol{x}_{n+1},\boldsymbol{u}_{n+1}\right)^{(0)}=\boldsymbol{g}\left(\boldsymbol{x}_n,\boldsymbol{u}_n\right)=0$。

(2)由 $\boldsymbol{x}_{n+1}^{(0)}$、$\boldsymbol{u}_{n+1}^{(0)}$ 通过式(3-61)求得 $\boldsymbol{J}_{n+1}^{(0)}$。

(3)由式(3-60)计算 $\boldsymbol{x}_{n+1}^{(1)}$、$\boldsymbol{u}_{n+1}^{(1)}$。

(4)根据式(3-59)计算 $\boldsymbol{q}\left(\boldsymbol{x}_{n+1},\boldsymbol{u}_{n+1}\right)^{(1)}$ 和 $\boldsymbol{g}\left(\boldsymbol{x}_{n+1},\boldsymbol{u}_{n+1}\right)^{(1)}$。

(5)重复步骤(1)～(4)直到残差满足 $\max\left|\boldsymbol{q}\left(\boldsymbol{x}_{n+1},\boldsymbol{u}_{n+1}\right)^{(i+1)}-\boldsymbol{q}\left(\boldsymbol{x}_{n+1},\boldsymbol{u}_{n+1}\right)^{(i)}\right|<\varepsilon$ 和 $\max\left|\boldsymbol{g}\left(\boldsymbol{x}_{n+1},\boldsymbol{u}_{n+1}\right)^{(i+1)}-\boldsymbol{g}\left(\boldsymbol{x}_{n+1},\boldsymbol{u}_{n+1}\right)^{(i)}\right|<\varepsilon$，得到 $\boldsymbol{x}_{n+1}$ 和 $\boldsymbol{u}_{n+1}$，其中 ε 是设定的误差范围。

如果求解一定时间区间内状态变量和代数变量的数值，则可从起始时刻开始，重复步骤(1)～(5)，求得 $\boldsymbol{x}_1$ 和 $\boldsymbol{u}_1$，$\boldsymbol{x}_2$ 和 $\boldsymbol{u}_2$，…，$\boldsymbol{x}_{n+m}$ 和 $\boldsymbol{u}_{n+m}$，其中 $n+m$ 对应给定时间区间的右端点。原始 NR 法的求解流程如图 3-13 所示，其中内层迭代即通过迭代法求解非线性代数方程组。此时，每一轮内层迭代都要求解雅可比矩阵 $\boldsymbol{J}$ 的逆。$\boldsymbol{J}$ 的计算很复杂，例如，式(3-61)中分块矩阵 $\boldsymbol{A}$ 表示残差方程 $\boldsymbol{q}$ 对状态变量 $\boldsymbol{x}$ 的导数。若考虑系统中动态元件包含控制，则

每个动态元件的状态变量阶数将增加几阶到几十阶不等，使 $\boldsymbol{A}$ 的阶数远超过式(3-61)中分块矩阵 $\boldsymbol{D}$ 的阶数，导致 $\boldsymbol{J}$ 的规模大增。假设 $\boldsymbol{J}$ 的规模为 $n_J \times n_J$，对其求逆的计算复杂度为 $O\left(n_J^3\right)$，导致同步求解法对系统规模很敏感。因此，当系统规模较大时，需要对算法进行一定的调整，降低算法的计算量。

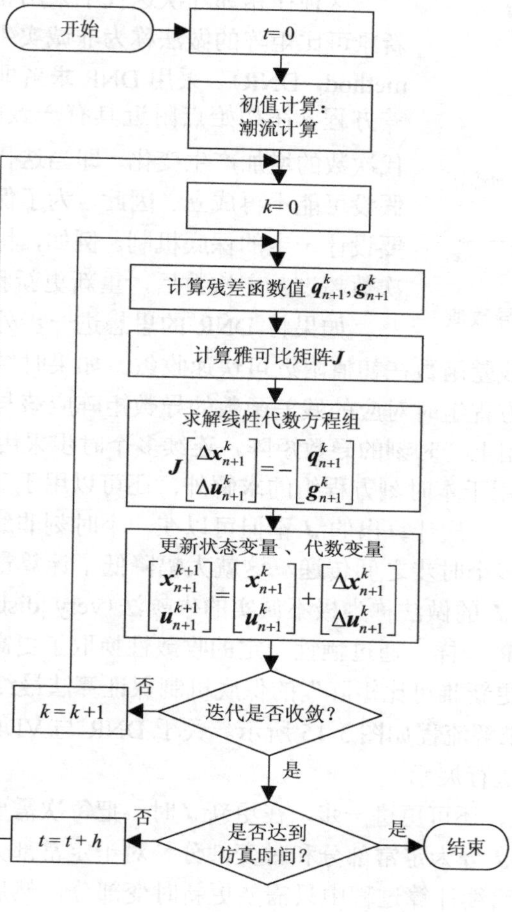

图 3-13　原始 NR 法求解流程

2. 降低雅可比矩阵 $\boldsymbol{J}$ 计算量的措施

NR 法在每次迭代时均沿残差函数的切线方向进行数值搜索，以保障其收敛，但每次搜索均更新雅可比矩阵将产生大量的计算开销。实际上，并不需要每次迭代均沿残差函数的切线方向进行数值搜索。假如方程在初值附近具有局部一致的凹凸性，那么采用割线代替切线，沿割线方向进行搜索，也可以保障收敛。此时，不需要每次迭代都更新雅可比矩阵 $\boldsymbol{J}$。

为了方便说明，以 $n+1$ 时刻某个状态变量 x_{n+1} 为例，假设其与其他变量无关，则对其求解等价于单变量非线性代数方程求解，其残差方程如下：

$$q(x_{n+1}) = x_{n+1} - x_n - 0.5h\left[f(x_{n+1}) + f(x_n)\right] \tag{3-62}$$

假设残差方程 q 在初始点附近具有一致凹凸性，那么只需要在第一次迭代时，求出雅可比矩阵的值(此处即 q 对 x 的导数值)，然后在后续迭代过程中，沿用上一次计算出的导数值即可，如图 3-14 所示。

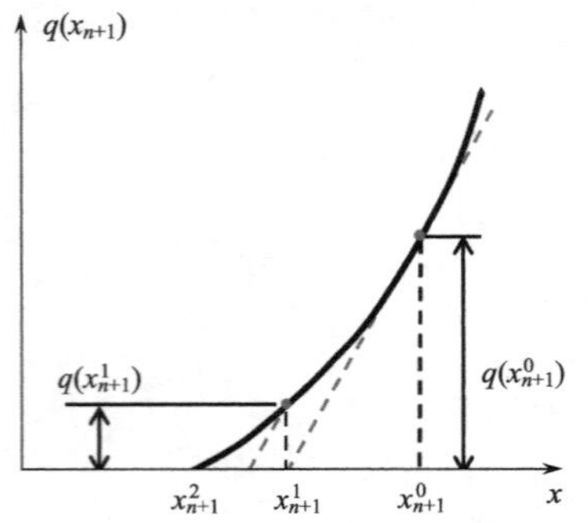

图 3-14　沿用上一次迭代的导数值

这种在相邻几次迭代中采用相同雅可比矩阵 $\boldsymbol{J}$，再更新雅可比矩阵的做法称为非诚实牛顿法(dishonest Newton method，DNR)。采用 DNR 求解非线性代数方程组时，残差方程 $\boldsymbol{q}$ 在初始点附近具有一致凹凸性的假设将随着迭代次数的增加产生变化，即当迭代值远离初始值后，上述假设可能不再成立。因此，为了保证迭代的收敛性，还需要设计一定的保底机制。例如，将保底机制设计为当迭代次数超过一定次数后，重新更新雅可比矩阵 $\boldsymbol{J}$。

如果将 DNR 的思想进一步外延，由于 $\boldsymbol{J}$ 是残差函数的导数，其作用是保证残差函数在初值附近可快速收敛。如果时域过程变化平缓，则在下一时刻求解非线性代数方程组时对应的残差函数的导数矩阵应该与上一时刻的导数矩阵接近，那么此时就可以沿用上一时刻的导数矩阵，连续多个时步采用相同的 $\boldsymbol{J}$。即 n 时刻计算的雅可比矩阵 $\boldsymbol{J}_n$，除用于本时刻方程组的求解外，还可以用于后续 n+1、n+2 等多个时刻方程组的求解。这样，一次计算出的 $\boldsymbol{J}$ 不但可以在一个时刻非线性代数方程组内部迭代中传递，还可以在后续多个时步之间传递，这就大幅降低了计算量。这种在连续多个时步中采用相同雅可比矩阵 $\boldsymbol{J}$ 的做法称为极不诚实的牛顿法(very dishonest Newton method，VDHN)。VDHN 与 DNR 一样，通过牺牲一定的收敛性换取了更高的计算效率，但也同样可通过“收敛性变差就更新雅可比矩阵”的保底机制保证算法最终的收敛性。

DNR 与 VDHN 的求解流程如图 3-15 所示。关于 DNR 与 VDHN 对求解效率的提升，将在后面通过具体案例进行展示。

在 VDHN 的基础上，还可更进一步，在更新 $\boldsymbol{J}$ 时，把每次需要更新的具体元素也降到最少。具体地，可以将 $\boldsymbol{J}$ 分为定常部分和时变部分。对于定常部分，在整个机电暂态计算开始之前就计算好，在后续计算过程中只需要更新时变部分，然后将定常部分和时变部分相加即可得到完整的 $\boldsymbol{J}$。

3. 降低求解变量修正值的计算量

通过式(3-60)求解 n+1 时刻的修正量 $\Delta\boldsymbol{x}_{n+1}^k$、$\Delta\boldsymbol{u}_{n+1}^k$ 时涉及求解雅可比矩阵 $\boldsymbol{J}$ 的逆，如果在修正量表达式两侧同时乘以 $\boldsymbol{J}$，则求解修正量的问题就从求逆问题转化为求解式(3-63)所示方程组的问题。

$$\boldsymbol{J}\begin{bmatrix}\Delta\boldsymbol{x}_{n+1}^k \\ \Delta\boldsymbol{u}_{n+1}^k\end{bmatrix} = -\begin{bmatrix}\boldsymbol{q}_{n+1}^k \\ \boldsymbol{g}_{n+1}^k\end{bmatrix} \tag{3-63}$$

式(3-63)是一组线性代数方程组，可采用求解线性代数方程组的一般性方法进行求解，包括直接求解法和迭代法。其中，直接求解法又包括高斯消元、LU 分解等方法，而迭代法则需要构建迭代公式，相关问题将在 3.4.3 节中进行阐述。

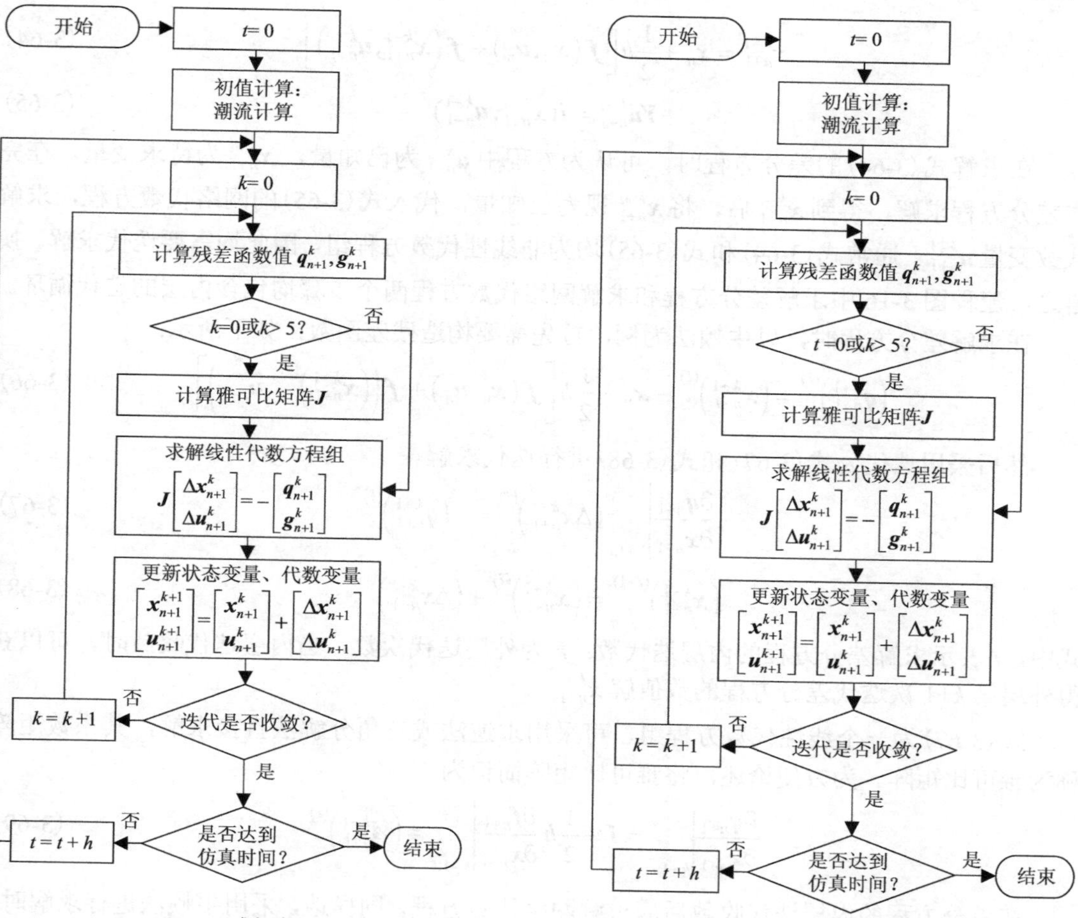

(a) DNR求解流程　　(b) VDHN求解流程

图 3-15　DNR 和 VDHN 求解流程

3.4.2　交替求解法

1. 基本交替求解法

采用交替求解法求解式(3-58)的非线性代数方程组时，每一时刻的求解流程如图 3-16 所示。

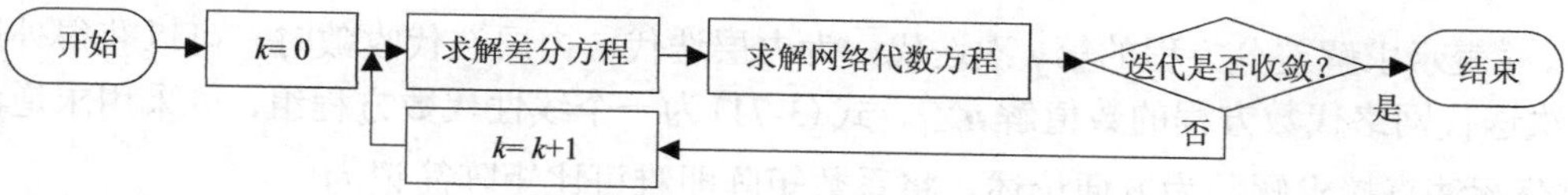

图 3-16　交替求解法流程

由图 3-16 可知，对第 $n+1$ 时刻的第 $k+1$ 次迭代，需要按顺序求解差分方程和网络代数方程，其形式分别如式(3-64)和式(3-65)所示。

$$\boldsymbol{x}_{n+1}^{k+1}=\boldsymbol{x}_n+\frac{1}{2}h\left[\boldsymbol{f}\left(\boldsymbol{x}_n,\boldsymbol{u}_n\right)+\boldsymbol{f}\left(\boldsymbol{x}_{n+1}^{k+1},\boldsymbol{u}_{n+1}^{k}\right)\right] \tag{3-64}$$

$$\boldsymbol{Y}\boldsymbol{u}_{n+1}^{k+1}=\boldsymbol{i}(\boldsymbol{x}_{n+1}^{k+1},\boldsymbol{u}_{n+1}^{k+1}) \tag{3-65}$$

在求解式(3-64)的差分方程时，可认为方程中 $\boldsymbol{u}_{n+1}^{k}$ 为已知量，$\boldsymbol{x}_{n+1}^{k+1}$ 为待求变量。在完成差分方程求解，得到 $\boldsymbol{x}_{n+1}^{k+1}$ 后，将 $\boldsymbol{x}_{n+1}^{k+1}$ 视为已知量，代入式(3-65)的网络代数方程，求解代数变量 $\boldsymbol{u}_{n+1}^{k+1}$。通常式(3-64)和式(3-65)均为非线性代数方程组，因此均需要迭代求解。换言之，流程图 3-16 中求解差分方程和求解网络代数方程两个步骤均包含内层的迭代循环。

在求解差分方程时，以牛顿法为例，首先需要构造残差函数，如下所示：

$$\left(\boldsymbol{q}_{n+1}^{k+1}\right)^{(i)}=\left(\boldsymbol{x}_{n+1}^{k+1}\right)^{(i)}-\boldsymbol{x}_n-\frac{1}{2}h\left[\boldsymbol{f}\left(\boldsymbol{x}_n,\boldsymbol{u}_n\right)+\boldsymbol{f}\left(\left(\boldsymbol{x}_{n+1}^{k+1}\right)^{(i)},\boldsymbol{u}_{n+1}^{k}\right)\right] \tag{3-66}$$

然后采用迭代公式(3-67)和式(3-68)进行迭代求解。

$$\left.\frac{\partial \boldsymbol{q}_{n+1}}{\partial \boldsymbol{x}_{n+1}}\right|_{k+1,i}\left(\Delta\boldsymbol{x}_{n+1}^{k+1}\right)^{(i)}=-\left(\boldsymbol{q}_{n+1}^{k+1}\right)^{(i)} \tag{3-67}$$

$$\left(\boldsymbol{x}_{n+1}^{k+1}\right)^{(i+1)}=\left(\boldsymbol{x}_{n+1}^{k+1}\right)^{(i)}+\left(\Delta\boldsymbol{x}_{n+1}^{k+1}\right)^{(i)} \tag{3-68}$$

式中，i 表示求解差分方程的内层迭代数；k 为外层迭代次数。当内层迭代收敛时，可以获得外层第 k+1 次迭代差分方程的数值解 $\boldsymbol{x}_{n+1}^{k+1}$。

式(3-67)为一个线性代数方程组，可采用求逆法或三角分解法直接求解，其系数矩阵称为雅可比矩阵。为方便论述，将雅可比矩阵简记为

$$\left.\frac{\partial \boldsymbol{q}_{n+1}}{\partial \boldsymbol{x}_{n+1}}\right|_{k+1,i}=\boldsymbol{I}-\frac{1}{2}h\left.\frac{\partial \boldsymbol{f}_{n+1}}{\partial \boldsymbol{x}_{n+1}}\right|_{k+1,i}=\left(\boldsymbol{A}_{n+1}^{k+1}\right)^{(i)} \tag{3-69}$$

在差分方程的内层迭代收敛后应求解网络代数方程。同样地，采用牛顿法进行求解时，需要构造残差函数：

$$\left(\boldsymbol{g}_{n+1}^{k+1}\right)^{(j)}=\boldsymbol{Y}\left(\boldsymbol{u}_{n+1}^{k+1}\right)^{(j)}-\boldsymbol{i}\left(\boldsymbol{x}_{n+1}^{k+1},\left(\boldsymbol{u}_{n+1}^{k+1}\right)^{(j)}\right) \tag{3-70}$$

然后采用迭代公式(3-71)和式(3-72)进行迭代求解。

$$\left.\frac{\partial \boldsymbol{g}_{n+1}}{\partial \boldsymbol{u}_{n+1}}\right|_{k+1,j}\left(\Delta\boldsymbol{u}_{n+1}^{k+1}\right)^{(j)}=-\left(\boldsymbol{g}_{n+1}^{k+1}\right)^{(j)} \tag{3-71}$$

$$\left(\boldsymbol{u}_{n+1}^{k+1}\right)^{(j+1)}=\left(\boldsymbol{u}_{n+1}^{k+1}\right)^{(j)}+\left(\Delta\boldsymbol{u}_{n+1}^{k+1}\right)^{(j)} \tag{3-72}$$

式中，j 表示求解差分方程的第 j 次迭代，为内层迭代。内层迭代收敛时，可以获得外层第 k+1 次迭代网络代数方程的数值解 $\boldsymbol{u}_{n+1}^{k+1}$。式(3-71)为一个线性代数方程组，可采用求逆法或三角分解法直接求解，为方便论述，将系数矩阵即雅可比矩阵简记为

$$\left.\frac{\partial \boldsymbol{g}_{n+1}}{\partial \boldsymbol{u}_{n+1}}\right|_{k+1,j}=\boldsymbol{Y}-\left.\frac{\partial \boldsymbol{i}_{n+1}}{\partial \boldsymbol{u}_{n+1}}\right|_{k+1,j}=\left(\boldsymbol{D}_{n+1}^{k+1}\right)^{(j)} \tag{3-73}$$

交替求解中求解差分方程、网络代数方程的内层迭代过程如图 3-17 所示。

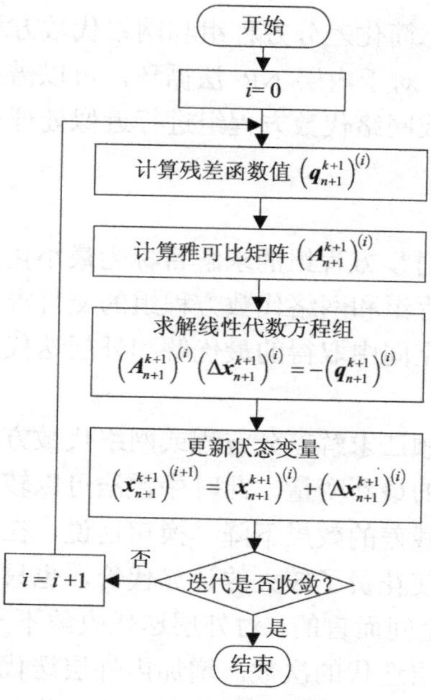

(a) 差分方程求解

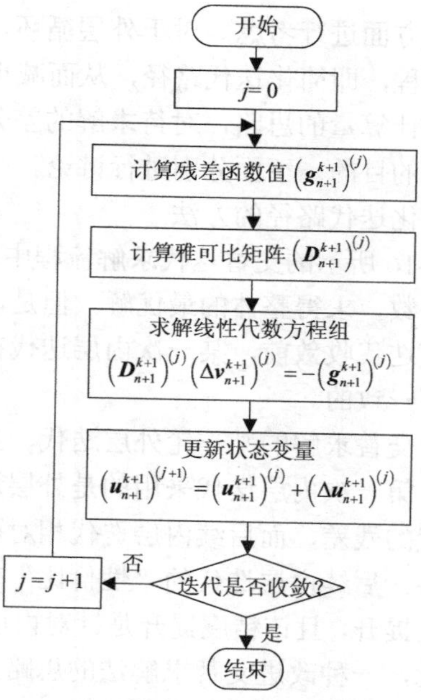

(b) 网络代数方程求解

图 3-17　交替求解牛顿法内层迭代

上述求解差分方程、网络代数方程的过程构成交替求解法的第 k+1 次外层迭代，经过迭代得到的数值解（$\boldsymbol{x}_{n+1}^{k+1}$，$\boldsymbol{u}_{n+1}^{k}$）在误差范围内可以满足差分方程，（$\boldsymbol{x}_{n+1}^{k+1}$，$\boldsymbol{u}_{n+1}^{k+1}$）在误差范围内可以满足网络代数方程，如果 $\boldsymbol{u}_{n+1}^{k+1}$ 足够接近 $\boldsymbol{u}_{n+1}^{k}$，则（$\boldsymbol{x}_{n+1}^{k+1}$，$\boldsymbol{u}_{n+1}^{k+1}$）可以同时满足差分方程和网络代数方程，外层迭代达到收敛，否则令 $k=k+1$ 进入下一轮外层迭代。

相对于同步求解法，交替求解法是一种子空间迭代法，其将两个方程组视为独立方程组，在各自的子空间中迭代搜索求解，然后在方程组之间交换信息，交替迭代，直到整体收敛。交替求解法降低了求解问题的维度，但牺牲了整体的收敛性。

2. 降低交替求解法计算量的措施

由图 3-16 和图 3-17 可知，交替求解法求解非线性代数方程组时包含两层循环，即交替求解外层循环和 NR 法的内层循环。在外层循环中差分方程组和网络代数方程组在各自子空间进行多次迭代求解。这种在各自子空间迭代求解存在的问题是，当前子空间在进行迭代求解时另一个子空间中的变量总保持不变。因此，当前子空间中的变量即便处于最优值，也很难保证另一个子空间中的变量同时达到最优。由此一来，内层循环的牛顿法迭代要被循环执行多次才能通过外层迭代达到全局最优。然而，牛顿法本身计算复杂度较高，导致两层循环交替求解的整体计算时间较长。

同时，在内层的 NR 法迭代循环求解中，与同步求解法类似，由于 NR 法涉及对差分方程组和网络代数方程组的雅可比矩阵进行求逆，因此当差分方程组或网络代数方程组规模较大时，频繁的求逆将极大地提高内层 NR 法迭代循环的计算复杂度。

基于以上讨论，考虑外层循环和内层循环各自的特点，降低交替求解法计算量的措施可以从两方面进行考虑。对于外层循环，可以考虑简化差分方程组和网络代数方程组交替迭代的过程，即简化迭代路径，从而减小计算量；对于内层 NR 法循环，可以借鉴同步求解法简化计算量的思路，对待求解的差分方程组或网络代数方程组进行近似处理来达到减少计算量的目的。下面分别进行讨论。

1) 简化迭代路径的方法

图 3-16 所示的交替迭代求解流程中，第 $n+1$ 时步方程组的求解目标为最小化残差函数的某种范数，求得整体的最优解。但是，差分方程组和网络代数方程组的交替求解过程在使得外层迭代收敛前，某一次内层迭代在相应子空间中取得的最优解和外层迭代的整体最优解是不一致的。

对于交替求解的某一轮外层迭代，当进入牛顿法求解差分方程或网络代数方程的内层迭代时，第一次内层迭代采用的是外层迭代传递的最新变量，此时牛顿法可以较好地降低内层迭代的残差，而后续内层迭代相对而言降低残差的效果下降。换句话说，在第一次内层迭代后，后续内层迭代的“性价比”较低，即使花费了较大的计算代价，也只能获得较小的精度提升，且该精度提升是针对内层迭代子空间而言的，对外层迭代收敛不一定有利。

据此，一种改进交替求解法的思路是减少内层迭代的次数，增加内外层迭代之间信息交互的频率。实际上，采用交替求解法求解非线性代数方程组时，迭代达到收敛所需要的精度已经由外层迭代保证，因此在内层迭代可以适当放松条件。例如，可降低收敛判据的精度阈值，或者减小迭代次数。将减少内层迭代次数的思想发挥到极致时，内层循环中每一个子空间仅进行一次迭代计算即可。

以差分方程求解为例，初始迭代公式如式(3-74)和式(3-75)所示。

$$\left(\boldsymbol{A}_{n+1}^{k+1}\right)^{(0)}\left(\Delta\boldsymbol{x}_{n+1}^{k+1}\right)^{(0)}=-\left(\boldsymbol{q}_{n+1}^{k+1}\right)^{(0)} \tag{3-74}$$

$$\left(\boldsymbol{x}_{n+1}^{k+1}\right)^{(1)}=\left(\boldsymbol{x}_{n+1}^{k+1}\right)^{(0)}+\left(\Delta\boldsymbol{x}_{n+1}^{k+1}\right)^{(0)} \tag{3-75}$$

取内层迭代的初值为外层上一次迭代 k 的值，即 $\left(\boldsymbol{x}_{n+1}^{k+1}\right)^{(0)}=\boldsymbol{x}_{n+1}^{k}$，$\left(\Delta\boldsymbol{x}_{n+1}^{k+1}\right)^{(0)}=\Delta\boldsymbol{x}_{n+1}^{k}$，$\left(\boldsymbol{q}_{n+1}^{k+1}\right)^{(0)}=\boldsymbol{q}_{n+1}^{k}$，将 $\left(\boldsymbol{x}_{n+1}^{k+1}\right)^{(1)}$ 作为本轮外层第 $k+1$ 次迭代得到的差分方程数值解，即 $\boldsymbol{x}_{n+1}^{k+1}=\left(\boldsymbol{x}_{n+1}^{k+1}\right)^{(1)}$，因此有

$$\boldsymbol{A}_{n+1}^{k}\Delta\boldsymbol{x}_{n+1}^{k}=-\boldsymbol{q}_{n+1}^{k} \tag{3-76}$$

$$\boldsymbol{x}_{n+1}^{k+1}=\boldsymbol{x}_{n+1}^{k}+\Delta\boldsymbol{x}_{n+1}^{k} \tag{3-77}$$

同理，可以获得代数变量的迭代公式如式(3-78)和式(3-79)所示。

$$\boldsymbol{D}_{n+1}^{k}\Delta\boldsymbol{u}_{n+1}^{k}=-\boldsymbol{g}_{n+1}^{k} \tag{3-78}$$

$$\boldsymbol{u}_{n+1}^{k+1}=\left(\boldsymbol{u}_{n+1}^{k+1}\right)^{(1)}=\boldsymbol{u}_{n+1}^{k}+\Delta\boldsymbol{u}_{n+1}^{k} \tag{3-79}$$

在式(3-76)～式(3-79)中，用于标识内层迭代次数的 i 和 j 被消去。由于内层只进行了一次迭代，已经不需要区分内层迭代和外层迭代，此时某一时刻的求解流程如图 3-18 所示。在交替求解算法中，目前普遍采用的是单次内层迭代的算法，本章后续内容都基于单次内层迭代算法。

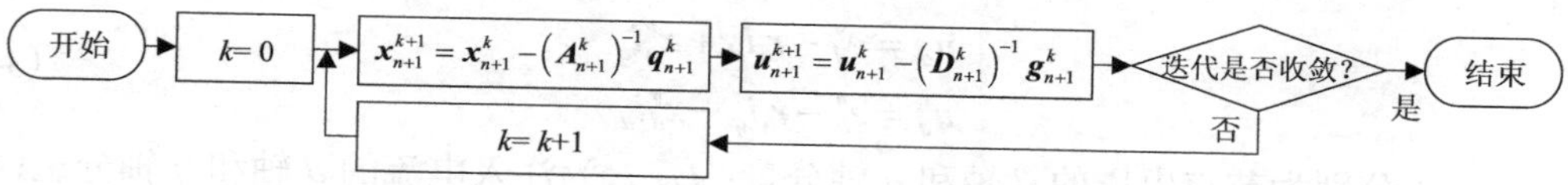

图 3-18　单次迭代的交替求解法

2) 近似处理内层迭代方程组的方法

(1) 简化差分方程求解。

牛顿法在收敛性方面表现优异，但涉及雅可比矩阵相关的计算较为烦琐，迭代的计算量很大，因此要简化差分方程求解过程，其中最重要的是降低雅可比矩阵相关的计算量。

从牛顿法修正量计算公式可以看出，雅可比矩阵是在某种度量下，提供了“根据残差计算修正量”的最优映射。从理论上来说，这种最优映射不是必需的，只要搜索迭代的方向正确，最终就可以收敛到正确的数值解。据此，可以对计算做一定简化。

与同步求解法类似，交替求解法同样可以采用 VDHN 算法，在不同的时步间和迭代之间传递雅可比矩阵，只要雅可比矩阵保持恒定，相应的方程组求解就只需要做矩阵向量乘法或前代回代计算，而不需要频繁求逆或三角分解。采用 VDHN 算法时，在收敛速度降低时，通常表现为迭代次数超过一定阈值时，应更新雅可比矩阵。

另一种简化雅可比矩阵相关计算的方式是直接采用近似的矩阵代替原始的雅可比矩阵做相应计算。对于差分方程求解，雅可比矩阵为

$$A_{n+1}^{k}=I-\frac{1}{2}h\frac{\partial f_{n+1}}{\partial x_{n+1}}\bigg|_{k} \tag{3-80}$$

当时步 h 足够小时，忽略 A 的第二项元素，取 $A=I$。由此可得

$$\Delta x_{n+1}^{k}=-q_{n+1}^{k}=-x_{n+1}^{k}+x_{n}+\frac{1}{2}h\left[f\left(x_{n},u_{n}\right)+f\left(x_{n+1}^{k},u_{n+1}^{k}\right)\right] \tag{3-81}$$

$$x_{n+1}^{k+1}=x_{n+1}^{k}+\Delta x_{n+1}^{k}=x_{n}+\frac{1}{2}h\left[f\left(x_{n},u_{n}\right)+f\left(x_{n+1}^{k},u_{n+1}^{k}\right)\right] \tag{3-82}$$

采用式(3-82)进行状态变量求解的方法，即为差分方程求解方法中的简单迭代法。

(2) 简化网络代数方程求解。

与简化的差分方程求解类似，网络代数方程求解同样有两种简化方式。第一种是采用 VDHN 算法，此处不再赘述；第二种是分析 D 阵的成分，然后做一定程度的近似。对于差分方程求解，雅可比矩阵为

$$D_{n+1}^{k}=\frac{\partial g_{n+1}}{\partial u_{n+1}}\bigg|_{k}=Y-\frac{\partial i_{n+1}}{\partial u_{n+1}}\bigg|_{k} \tag{3-83}$$

可见，雅可比矩阵 D 由两部分组成，其一为网络导纳矩阵，该矩阵为常数矩阵，仅在发生故障或网络操作时变化；其二为接入系统的元件注入电流对节点电压的导数矩阵，根据元件注入电流表达式的不同，该项可为关于节点电压线性或非线性的函数。

为了尽可能保留导数矩阵的各项元素，需要对其元素进行分析。对于不同类型的元件，导数矩阵元素具有不同的表达式。方便起见，以单台六阶同步发电机为例进行推导。发电机定子电压方程为

$$
\begin{aligned}
u_d &= e_d'' - r_a i_d + x_q'' i_q \\
u_q &= e_q'' - r_a i_q - x_d'' i_d
\end{aligned} \tag{3-84}
$$

式中，u_d、u_q分别为节点电压的d轴和q轴分量；i_d、i_q为注入电流的d轴和q轴分量；e_d''、e_q''分别为次暂态电势的d轴和q轴分量；x_d''、x_q''分别为次暂态电抗的d轴和q轴分量；r_a为定子电阻。各变量省略时标n+1和迭代次数k。由定子电压方程可求得注入电流为

$$
\begin{bmatrix} i_d \\ i_q \end{bmatrix} = \begin{bmatrix} r_a & -x_q'' \\ x_d'' & r_a \end{bmatrix}^{-1} \begin{bmatrix} e_d'' - u_d \\ e_q'' - u_q \end{bmatrix} = \frac{1}{r_a^2 + x_d'' x_q''} \begin{bmatrix} r_a & x_q'' \\ -x_d'' & r_a \end{bmatrix} \begin{bmatrix} e_d'' - u_d \\ e_q'' - u_q \end{bmatrix} \tag{3-85}
$$

等式两边同时左乘坐标变换矩阵$\boldsymbol{T} = \begin{bmatrix} \sin\delta & \cos\delta \\ -\cos\delta & \sin\delta \end{bmatrix}$，可得

$$
\begin{bmatrix} i_x \\ i_y \end{bmatrix} = \begin{bmatrix} g_x & b_x \\ b_y & g_y \end{bmatrix} \begin{bmatrix} e_x'' - u_x \\ e_y'' - u_y \end{bmatrix} \tag{3-86}
$$

式中

$$
\begin{cases}
e_x'' = e_d'' \sin\delta + e_q'' \cos\delta \\
e_y'' = -e_d'' \cos\delta + e_q'' \sin\delta
\end{cases} \tag{3-87}
$$

$$
X = \frac{1}{r_a^2 + x_d'' x_q''} \tag{3-88}
$$

$$
\begin{cases}
g_x = X\left[r_a - \left(x_d'' - x_q''\right)\sin(2\delta)/2\right] \\
g_y = X\left[r_a + \left(x_d'' - x_q''\right)\sin(2\delta)/2\right] \\
b_x = X\left[\dfrac{1}{2}\left(x_d'' + x_q''\right) + \left(x_d'' - x_q''\right)\cos(2\delta)/2\right] \\
b_y = X\left[-\dfrac{1}{2}\left(x_d'' + x_q''\right) + \left(x_d'' - x_q''\right)\cos(2\delta)/2\right]
\end{cases} \tag{3-89}
$$

由式(3-86)可知，注入电流对节点电压的偏导由g_x、g_y、b_x和b_y决定。以g_x为例进行分析，可知其由常数项和时变项组成，时变项与发电机功角δ有关。将g_x、g_y、b_x和b_y中的常数项写为g和b，有

$$
g = g_x = g_y = \frac{r_a}{r_a^2 + x_d'' x_q''} \tag{3-90}
$$

$$
b = -b_x = b_y = \frac{-\left(x_d'' + x_q''\right)}{2\left(r_a^2 + x_d'' x_q''\right)} \tag{3-91}
$$

$$
\begin{bmatrix} i_x \\ i_y \end{bmatrix} = \begin{bmatrix} g & -b \\ b & g \end{bmatrix} \begin{bmatrix} e_x'' - u_x \\ e_y'' - u_y \end{bmatrix} + \frac{1}{2} \frac{x_d'' - x_q''}{r_a^2 + x_d'' x_q''} \begin{bmatrix} -\sin(2\delta) & \cos(2\delta) \\ \cos(2\delta) & \sin(2\delta) \end{bmatrix} \begin{bmatrix} e_x'' - u_x \\ e_y'' - u_y \end{bmatrix} \tag{3-92}
$$

这样，注入电流表达式第一项对应的导纳矩阵为常数项，记该注入电流为

$$
\begin{bmatrix} i_{xc} \\ i_{yc} \end{bmatrix} = \begin{bmatrix} g & -b \\ b & g \end{bmatrix} \begin{bmatrix} e_x'' - u_x \\ e_y'' - u_y \end{bmatrix} \tag{3-93}
$$

复数形式可以写为

$$i_{xc} + \mathrm{j}i_{yc} = (g + \mathrm{j}b)\left[(e''_x + \mathrm{j}e''_y) - (u_x + \mathrm{j}u_y)\right] \tag{3-94}$$

即

$$\boldsymbol{i}_{\mathrm{c}} = y_{\mathrm{g}}(\boldsymbol{e}'' - \boldsymbol{u}) \tag{3-95}$$

相应的导纳矩阵，即注入电流对节点电压的导数为

$$\frac{\partial \boldsymbol{i}_{\mathrm{c}}}{\partial \boldsymbol{u}} = -y_{\mathrm{g}} \tag{3-96}$$

对于同步发电机而言，在计算矩阵 $\boldsymbol{D}$ 时，除了保留网络导纳矩阵的相应元素，也保留上述导数。当计及其他发电机时，y_{g} 形成对角矩阵 $\boldsymbol{Y}_{\mathrm{g}}$。在计算矩阵 $\boldsymbol{D}$ 时，保留网络导纳矩阵 $\boldsymbol{Y}$ 和 $\boldsymbol{Y}_{\mathrm{g}}$，其他元素忽略，此时有

$$\boldsymbol{D} = \boldsymbol{Y} - \frac{\partial \boldsymbol{i}_{\mathrm{c},n+1}}{\partial \boldsymbol{u}_{n+1}} = \boldsymbol{Y} + \boldsymbol{Y}_{\mathrm{g}} \tag{3-97}$$

式中，$\boldsymbol{Y}_{\mathrm{g}}$ 称为虚拟导纳矩阵。虚拟导纳的优点是较好地保留了矩阵 $\boldsymbol{D}$ 中时不变的各项元素，一定程度上保持了牛顿法良好的收敛性；同时，由于矩阵 $\boldsymbol{D}$ 为时不变的复数矩阵，从而避免了频繁求逆或三角分解，阶数只有实数矩阵的一半，可以保持较低的计算量。这种思想可以推广到其他与网络连接的非线性动态元件中。

实际求解过程还可以做进一步的合并和简化，然后采用式(3-99)做实际的计算。

$$\begin{aligned}\Delta \boldsymbol{u}_{n+1}^{k} &= -\boldsymbol{D}^{-1}\boldsymbol{g}_{n+1}^{k} = -(\boldsymbol{Y} + \boldsymbol{Y}_{\mathrm{g}})^{-1}\left[\boldsymbol{Y}\boldsymbol{u}_{n+1}^{k} - \boldsymbol{i}(\boldsymbol{x}_{n+1}^{k+1}, \boldsymbol{u}_{n+1}^{k})\right] \\ &= -(\boldsymbol{Y} + \boldsymbol{Y}_{\mathrm{g}})^{-1}\left[(\boldsymbol{Y} + \boldsymbol{Y}_{\mathrm{g}})\boldsymbol{u}_{n+1}^{k} - \boldsymbol{Y}_{\mathrm{g}}\boldsymbol{u}_{n+1}^{k} - \boldsymbol{i}(\boldsymbol{x}_{n+1}^{k+1}, \boldsymbol{u}_{n+1}^{k})\right] \\ &= -\boldsymbol{u}_{n+1}^{k} + (\boldsymbol{Y} + \boldsymbol{Y}_{\mathrm{g}})^{-1}\left[\boldsymbol{Y}_{\mathrm{g}}\boldsymbol{u}_{n+1}^{k} + \boldsymbol{i}(\boldsymbol{x}_{n+1}^{k+1}, \boldsymbol{u}_{n+1}^{k})\right]\end{aligned} \tag{3-98}$$

$$\boldsymbol{u}_{n+1}^{k+1} = \boldsymbol{u}_{n+1}^{k} + \Delta \boldsymbol{u}_{n+1}^{k} = (\boldsymbol{Y} + \boldsymbol{Y}_{\mathrm{g}})^{-1}\left[\boldsymbol{Y}_{\mathrm{g}}\boldsymbol{u}_{n+1}^{k} + \boldsymbol{i}(\boldsymbol{x}_{n+1}^{k+1}, \boldsymbol{u}_{n+1}^{k})\right] \tag{3-99}$$

3.4.3　同步与交替求解中的线性代数方程组计算

同步求解法与交替求解法在使用 NR 法进行迭代求解时，涉及对修正方程的求解。对于同步求解法来说，即求解式(3-60)；对于交替求解法来说，即在状态变量子空间和代数变量子空间中分别求解式(3-67)和式(3-71)。

上述修正方程实际上是一组线性代数方程组，线性代数方程组的求解方法可以分为直接法和迭代法。为方便讨论，本节中记待求解线性代数方程组为 $\boldsymbol{J}\Delta\boldsymbol{x} = \boldsymbol{b}$。下面对两种方法进行介绍。

1. 线性代数方程组直接求解方法

线性代数方程组的直接求解方法包括求逆法、三角分解前代回代法等。

求逆法首先求系数矩阵 $\boldsymbol{J}$ 的逆矩阵 $\boldsymbol{J}^{-1}$，然后等式两侧同时左乘逆矩阵 $\boldsymbol{J}^{-1}$，可得

$$\Delta \boldsymbol{x} = -\boldsymbol{J}^{-1}\boldsymbol{b} \tag{3-100}$$

三角分解前代回代法可分为三个步骤，包括 LU 分解、前代和回代。

(1) 将系数矩阵 $\boldsymbol{J}$ 分解为下三角矩阵 $\boldsymbol{L}$ 和上三角矩阵 $\boldsymbol{U}$，如式(3-101)所示。

$$\boldsymbol{J}=\boldsymbol{L}\boldsymbol{U} \tag{3-101}$$

式中，$\boldsymbol{J}$、$\boldsymbol{L}$、$\boldsymbol{U}$ 的形式如式(3-102)所示。

$$\boldsymbol{J}=\begin{bmatrix} J_{11} & J_{12} & \cdots & J_{1c} \\ J_{21} & J_{22} & \cdots & J_{2c} \\ \vdots & \vdots & & \vdots \\ J_{c1} & J_{c2} & \cdots & J_{cc} \end{bmatrix}=\begin{bmatrix} 1 & & & \\ L_{21} & 1 & & \\ \vdots & \vdots & \ddots & \\ L_{c1} & L_{c2} & \cdots & 1 \end{bmatrix}\begin{bmatrix} U_{11} & U_{12} & \cdots & U_{1c} \\ & U_{22} & & U_{2c} \\ & & \ddots & \vdots \\ & & & U_{cc} \end{bmatrix}=\boldsymbol{L}\boldsymbol{U} \tag{3-102}$$

其中，$L_{ik}=\left(J_{ik}-\sum_{r=1}^{k-1}L_{ir}U_{rk}\right)/U_{kk}, U_{kj}=J_{kj}-\sum_{r=1}^{k-1}L_{kr}U_{rj}$。

(2)执行前代步骤，将 $\boldsymbol{U}\Delta\boldsymbol{x}$ 看成一个整体 $\boldsymbol{p}$，对式(3-103)所示的下三角方程组进行求解，得出 $\boldsymbol{U}\Delta\boldsymbol{x}$ 的整体值列向量 $\boldsymbol{p}$。

$$\boldsymbol{L}(\boldsymbol{U}\Delta\boldsymbol{x})=\boldsymbol{L}\boldsymbol{p}=\boldsymbol{b} \tag{3-103}$$

(3)执行回代步骤，将 $\boldsymbol{U}\Delta\boldsymbol{x}$ 拆分，通过解式(3-104)所示的上三角方程组，求得 $\Delta\boldsymbol{x}$ 的值。

$$\boldsymbol{U}\Delta\boldsymbol{x}=\boldsymbol{p} \tag{3-104}$$

以上两种方法有其各自的特点。求逆法将求解过程转化为求逆和矩阵向量乘法。其优点是，在系数矩阵 $\boldsymbol{J}$ 保持恒定时，只需要做矩阵向量乘法，具有高度的并行性；缺点是求逆运算相对复杂，且会引入大量非零注入元，从而破坏矩阵 $\boldsymbol{J}$ 的稀疏性。

三角分解法将求解过程转化为三角分解、前代和回代计算。其优点是，在系数矩阵 $\boldsymbol{J}$ 保持恒定时，只需要执行前代回代计算，通过适当行列变换可减少由于三角分解引入的非零注入元，保持一定的稀疏性；缺点是前代回代计算需要顺序执行，并行性较低。

在机电暂态分析中，三角分解法是更为常见和有效的方法，主要原因是求系数矩阵 $\boldsymbol{J}$ 的逆矩阵的过程本身需要先对矩阵 $\boldsymbol{J}$ 执行三角分解，因此即使采用逆矩阵法，也需要进行 LU 分解，且逆矩阵法还需要进一步计算而引入更多计算量。同时，逆矩阵 $\boldsymbol{J}^{-1}$ 引入大量非零填充，稀疏性降低，计算量和存储量增加。

从上述讨论中可以看出，线性代数方程组的直接法中求逆法能够高度并行，但计算复杂度大，三角分解法计算复杂度小，但只能用串行方式计算，不利于硬件底层的向量化计算，仍然较为耗时。用直接法求解线性代数方程组难以做到既能保持计算过程的稀疏性，又能具有较好的并行性。为此，一种想法是借鉴求解非线性代数方程组时的思路，用数值迭代的方法求解线性代数方程组。由于数值迭代法允许构造不同的迭代公式，那么就有可能构造出一种迭代公式，满足上述所有条件。

2. 线性代数方程组的迭代求解方法

采用线性代数方程组迭代求解法可在一定程度上弥补求逆法和三角分解法的缺点。对于待求解线性代数方程组 $\boldsymbol{J}\Delta\boldsymbol{x}=\boldsymbol{b}$，采用迭代法首先将系数矩阵 $\boldsymbol{A}$ 分解为 $\boldsymbol{E}$ 和 $\boldsymbol{F}$ 的和：

$$(\boldsymbol{E}+\boldsymbol{F})\Delta\boldsymbol{x}=\boldsymbol{b} \tag{3-105}$$

然后移项得到

$$\boldsymbol{E}\Delta\boldsymbol{x}=\boldsymbol{b}-\boldsymbol{F}\Delta\boldsymbol{x} \tag{3-106}$$

等式两侧同时左乘 $\boldsymbol{E}$ 的逆矩阵 $\boldsymbol{E}^{-1}$，有

$$\Delta \boldsymbol{x} = \boldsymbol{E}^{-1}\left(\boldsymbol{b} - \boldsymbol{F}\Delta \boldsymbol{x}\right) \tag{3-107}$$

式(3-107)即为迭代法的迭代格式，迭代时，取 $\Delta \boldsymbol{x}^0 = \boldsymbol{0}$，按照

$$\Delta \boldsymbol{x}^{l+1} = \boldsymbol{E}^{-1}\left(\boldsymbol{b} - \boldsymbol{F}\Delta \boldsymbol{x}^l\right) \tag{3-108}$$

更新 $\Delta \boldsymbol{x}$ 的取值，l 为迭代次数。由于 $\Delta \boldsymbol{x}^0 = \boldsymbol{0}$，因此首次迭代时，只需要计算：

$$\Delta \boldsymbol{x}^1 = \boldsymbol{E}^{-1}\boldsymbol{b} \tag{3-109}$$

后续则按照式(3-108)进行计算。

将首次迭代看成是利用矩阵 $\boldsymbol{E}$ 估计 $\Delta \boldsymbol{x}$ 的取值，则后续迭代可看成是综合利用 $\boldsymbol{E}$ 和 $\boldsymbol{F}$ 修正取值。迭代次数越多，则越接近原线性代数方程组的解，但计算量也将增加。式(3-108)表明，迭代法将求解过程转化为迭代过程。首次迭代需要计算 $\boldsymbol{E}$ 的逆矩阵及矩阵向量乘法，后续迭代则需要计算 2 次矩阵向量乘法，1 次向量加法。

矩阵 $\boldsymbol{E}$ 和 $\boldsymbol{F}$ 的不同取值方式会影响迭代的计算量和收敛性，当取 $\boldsymbol{E}=\text{diag}(\boldsymbol{A})$ 时，即雅可比迭代法。雅可比迭代法的优点有：

(1) 无论系数矩阵，即雅可比矩阵 $\boldsymbol{J}$ 更新与否，都不需要重新求逆或执行三角分解，只需要求矩阵 $\boldsymbol{E}$ 的逆矩阵。而 $\boldsymbol{E}$ 为一对角矩阵，因此求逆操作实际上只需求对角线元素的倒数即可，计算量大大降低。

(2) 相较于前代回代计算，迭代法计算过程只涉及矩阵-向量、向量-向量操作，具有更高的并行性，更易于通过向量化提高计算效率。

(3) 雅可比迭代法计算过程涉及的矩阵 $\boldsymbol{E}$ 和 $\boldsymbol{F}$，其稀疏度与 $\boldsymbol{J}$ 矩阵完全相同，避免了引入非零注入元而增加计算量。

但是，雅可比迭代法需要执行多次迭代计算才能收敛，从而会引入更多计算量，这是其明显缺点。

3.5 机电暂态分析的深入讨论

3.5.1 非线性代数方程组迭代收敛机理

对于同步求解法，采用 NR 法进行迭代计算时，其收敛性可通过图 3-12 得到明确的解释。但当采用 3.4.1 节中的各类方法时，其收敛性会受到影响。对于交替求解法，包括在 3.4.2 节中介绍的各种用于提高交替求解法计算效率的方法，则没有明确的指向。

上述同步求解法的改进类方法和各种交替求解法或多或少对求解非线性代数方程组的过程进行了简化或近似，通过牺牲一定的收敛性来大幅提高计算效率。为了明确这些方法对求解非线性代数方程组收敛性的影响，本节以不动点迭代原理为基础进行收敛机理分析。

1. 不动点迭代原理

不动点迭代是求解非线性代数方程组的一类有效方法。无论同步求解法还是交替求解法，都可以认为是不动点迭代法的一种特殊形式。该方法的特点是，随着迭代次数增加，迭代值将趋于某个确定的值，此后不再变化，而这个确定的点称为不动点。同时，在满足

一定的条件下，不动点就是非线性代数方程组的解。

不动点迭代法的迭代公式由非线性代数方程组通过一定变换得到，其通用形式为

$$z=\boldsymbol{\Phi}(z)=\left[\varphi_1\ \ \varphi_2\ \ \cdots\ \ \varphi_m\right]^{\mathrm{T}} \tag{3-110}$$

式中，z 为待求解变量；$\boldsymbol{\Phi}(z)$ 称为迭代函数。迭代过程的计算量和收敛性完全由迭代函数确定。采用不同的迭代函数求解不同的方程组，具有不同的计算量和收敛特性。

假设方程组的解为 $z^*\in[a,b]$，当 $\boldsymbol{\Phi}(z)$ 满足如式(3-111)所示的压缩性条件时，迭代收敛。

$$\left|\boldsymbol{\Phi}(z)-\boldsymbol{\Phi}(\tilde{z})\right|\leqslant L\left\|z-\tilde{z}\right\|,\quad \forall z,\tilde{z}\in[a,b] \tag{3-111}$$

式(3-111)中，L 称为压缩系数，$0<L<1$。根据式(3-111)有

$$|z_k-z^*|=|\boldsymbol{\Phi}(z_k)-\boldsymbol{\Phi}(z^*)|\leqslant L\,|z_{k-1}-z^*|\leqslant L^2\,|z_{k-2}-z^*|\leqslant\cdots\leqslant L^k\,|z_0-z^*| \tag{3-112}$$

由此可见，不动点迭代中压缩系数 L 越小，方程的收敛速度越快。

假设 $\boldsymbol{\Phi}(z)$ 在 $[a,b]$ 上可导，对 $\boldsymbol{\Phi}(z)$ 在 z 处进行一阶泰勒展开，并取 $\Delta z=z^*-z$，则有

$$z^*=\boldsymbol{\Phi}(z^*)=\boldsymbol{\Phi}(z+z^*-z)=\boldsymbol{\Phi}(z)+\boldsymbol{\Phi}'(z)\left(z^*-z\right)+\text{高阶项} \tag{3-113}$$

可得

$$\boldsymbol{\Phi}(z)=z^*+\boldsymbol{\Phi}'(z)\left(z-z^*\right)+\text{高阶项} \tag{3-114}$$

式(3-114)中，若忽略高阶项，则有

$$\left|\boldsymbol{\Phi}(z)-\boldsymbol{\Phi}(z^*)\right|=\left|z^*+\boldsymbol{\Phi}'(z)\left(z-z^*\right)-z^*\right|\leqslant|\boldsymbol{\Phi}'(z)\|\,z-z^*|\leqslant L\left|z-z^*\right| \tag{3-115}$$

由此可得，采用不动点迭代时，方程的收敛性与 $\boldsymbol{\Phi}(z)$ 导数矩阵的范数 $|\boldsymbol{\Phi}'(z)|$ 有关，其中，$\boldsymbol{\Phi}'(z)$ 形式为

$$\boldsymbol{\Phi}'(z)=\begin{bmatrix}\dfrac{\partial\varphi_1(z)}{\partial z_1} & \dfrac{\partial\varphi_1(z)}{\partial z_2} & \cdots & \dfrac{\partial\varphi_1(z)}{\partial z_m}\\ \dfrac{\partial\varphi_2(z)}{\partial z_1} & \dfrac{\partial\varphi_2(z)}{\partial z_2} & \cdots & \dfrac{\partial\varphi_2(z)}{\partial z_m}\\ \vdots & \vdots & & \vdots\\ \dfrac{\partial\varphi_m(z)}{\partial z_1} & \dfrac{\partial\varphi_m(z)}{\partial z_2} & \cdots & \dfrac{\partial\varphi_m(z)}{\partial z_m}\end{bmatrix} \tag{3-116}$$

根据矩阵谱半径的有界性，导数矩阵范数 $|\boldsymbol{\Phi}'(z)|$ 与导数矩阵的谱半径 $\rho\left(\boldsymbol{\Phi}'(z)\right)$ 满足如下关系：

$$\rho\left(\boldsymbol{\Phi}'(z)\right)\leqslant|\boldsymbol{\Phi}'(z)| \tag{3-117}$$

结合式(3-117)可知，采用不动点迭代法求解非线性方程组，当迭代函数的谱半径 $\rho\left(\boldsymbol{\Phi}'(z)\right)<1$ 时，不动点迭代法能够收敛。导数矩阵的谱半径 $\rho\left(\boldsymbol{\Phi}'(z)\right)$ 越小，采用不动点迭代法求解方程的收敛速度越快。特别地，当 $\boldsymbol{\Phi}(z)$ 为 z 的解析表达式时，$\boldsymbol{\Phi}'(z)$ 实际上就是 **0** 矩阵，其谱半径为 0，只需一次计算即可得到 z 的准确值，具有最快的收敛速度。

2. 基于导数矩阵的收敛性分析

从上述分析可知，导数矩阵的谱半径是评价算法收敛性的重要信息，通过分析使用不同迭代函数求解电力系统动态分析非线性代数方程组时导数矩阵的形式，可以直观对比不同算法的收敛性。

以交替求解法为例，对于交替求解牛顿法迭代公式(3-68)和式(3-72)，其对应的迭代函数分别为

$$\begin{aligned}\boldsymbol{\Phi}_1\left(\boldsymbol{x}_{n+1}\right)&=\boldsymbol{x}_{n+1}-\boldsymbol{A}^{-1}\boldsymbol{q}_{n+1}\\ \boldsymbol{\Phi}_2\left(\boldsymbol{u}_{n+1}\right)&=\boldsymbol{u}_{n+1}-\boldsymbol{D}^{-1}\boldsymbol{g}_{n+1}\end{aligned}\tag{3-118}$$

据此可推出其对应的导数矩阵形式分别为：

$$\boldsymbol{\Phi}_1'\left(\boldsymbol{x}_{n+1}\right)=\boldsymbol{I}-\frac{\partial(\boldsymbol{A}^{-1}\boldsymbol{q}_{n+1})}{\partial\boldsymbol{x}_{n+1}}\tag{3-119}$$

$$\boldsymbol{\Phi}_2'\left(\boldsymbol{u}_{n+1}\right)=\boldsymbol{I}-\frac{\partial(\boldsymbol{D}^{-1}\boldsymbol{g}_{n+1})}{\partial\boldsymbol{u}_{n+1}}\tag{3-120}$$

下面以求解差分方程对应的导数矩阵 $\boldsymbol{\Phi}'_1(\boldsymbol{x}_{n+1})$ 为例进行分析。根据动态元件不同，$\boldsymbol{q}_{n+1}$ 的分量表达式相差很远，为进一步推导式(3-119)的通用具体表达式，取微增量$(\Delta\boldsymbol{x}_{n+1}, \boldsymbol{0})$，对 $\boldsymbol{q}_{n+1}$ 进行泰勒展开：

$$\boldsymbol{q}_{n+1}\left(\boldsymbol{x}_{n+1}+\Delta\boldsymbol{x}_{n+1},\boldsymbol{u}_{n+1}\right)=\boldsymbol{q}_{n+1}\left(\boldsymbol{x}_{n+1},\boldsymbol{u}_{n+1}\right)+\frac{\partial\boldsymbol{q}_{n+1}}{\partial\boldsymbol{x}_{n+1}}\Delta\boldsymbol{x}_{n+1}+\text{高阶项}\tag{3-121}$$

假设差分方程组的解为$\left(\boldsymbol{x}^*_{n+1},\boldsymbol{u}_{n+1}\right)$，则 $\boldsymbol{q}_{n+1}\left(\boldsymbol{x}^*_{n+1},\boldsymbol{u}_{n+1}\right)=0$。取 $\Delta\boldsymbol{x}_{n+1}=\boldsymbol{x}^*_{n+1}-\boldsymbol{x}_{n+1}$，得到

$$\boldsymbol{q}_{n+1}\left(\boldsymbol{x}^*_{n+1},\boldsymbol{u}_{n+1}\right)=\boldsymbol{q}_{n+1}\left(\boldsymbol{x}_{n+1},\boldsymbol{u}_{n+1}\right)+\frac{\partial\boldsymbol{q}_{n+1}}{\partial\boldsymbol{x}_{n+1}}\left(\boldsymbol{x}^*_{n+1}-\boldsymbol{x}_{n+1}\right)+\text{高阶项}=\boldsymbol{0}\tag{3-122}$$

因此有

$$\boldsymbol{q}_{n+1}\left(\boldsymbol{x}_{n+1},\boldsymbol{u}_{n+1}\right)=\frac{\partial\boldsymbol{q}_{n+1}}{\partial\boldsymbol{x}_{n+1}}\left(\boldsymbol{x}_{n+1}-\boldsymbol{x}^*_{n+1}\right)+\text{高阶项}=\boldsymbol{A}\left(\boldsymbol{x}_{n+1}-\boldsymbol{x}^*_{n+1}\right)+\text{高阶项}\tag{3-123}$$

$$\boldsymbol{\Phi}_1'\left(\boldsymbol{x}_{n+1}\right)=\boldsymbol{I}-\frac{\partial(\boldsymbol{A}^{-1}\boldsymbol{q}_{n+1})}{\partial\boldsymbol{x}_{n+1}}=\boldsymbol{I}-\frac{\partial\left[\boldsymbol{A}^{-1}\boldsymbol{A}\left(\boldsymbol{x}_{n+1}-\boldsymbol{x}^*_{n+1}\right)+\text{高阶项}\right]}{\partial\boldsymbol{x}_{n+1}}=-\frac{\partial\text{高阶项}}{\partial\boldsymbol{x}_{n+1}}\tag{3-124}$$

同理，可以导出 $\boldsymbol{\Phi}_2'(\boldsymbol{u}_{n+1})$ 的组成为

$$\boldsymbol{g}_{n+1}\left(\boldsymbol{x}_{n+1},\boldsymbol{u}_{n+1}\right)=\frac{\partial\boldsymbol{g}_{n+1}}{\partial\boldsymbol{u}_{n+1}}\left(\boldsymbol{u}_{n+1}-\boldsymbol{u}^*_{n+1}\right)+\text{高阶项}=\boldsymbol{D}\left(\boldsymbol{u}_{n+1}-\boldsymbol{u}^*_{n+1}\right)+\text{高阶项}\tag{3-125}$$

$$\boldsymbol{\Phi}_2'\left(\boldsymbol{u}_{n+1}\right)=\boldsymbol{I}-\frac{\partial(\boldsymbol{D}^{-1}_{n+1})}{\partial\boldsymbol{u}_{n+1}}=\boldsymbol{I}-\frac{\partial\left[\boldsymbol{D}\left(\boldsymbol{u}_{n+1}-\boldsymbol{u}^*_{n+1}\right)+\text{高阶项}\right]}{\partial\boldsymbol{u}_{n+1}}=-\frac{\partial\text{高阶项}}{\partial\boldsymbol{u}_{n+1}}\tag{3-126}$$

观察式(3-124)和式(3-126)可知，导数矩阵 $\boldsymbol{\Phi}_1'(\boldsymbol{x}_{n+1})$ 和 $\boldsymbol{\Phi}_2'(\boldsymbol{u}_{n+1})$ 的成分均为高阶导数，都是相对稀疏的矩阵，其非零元素只由原方程组的非线性成分决定，因此具有较好的收敛性。这个结论与牛顿法的收敛性特性是一致的。

对于简化的差分方程求解或网络代数方程求解，无论是采用 VDHN 算法，还是对 $\boldsymbol{A}$ 矩

阵或 $\boldsymbol{D}$ 矩阵进行近似，都会导致导数矩阵 $\boldsymbol{\Phi}'(z)$ 中出现其他项，具体的分析如下。

对 $\boldsymbol{A}$ 矩阵采用 VDHN 算法或进行近似，可以等效为在 $\boldsymbol{A}$ 的基础上加上一个矩阵 $\Delta\boldsymbol{A}$，则 $\boldsymbol{\Phi}_1'(\boldsymbol{x}_{n+1})$ 变成：

$$\boldsymbol{\Phi}_1'(\boldsymbol{x}_{n+1}) = \boldsymbol{I} - \frac{\partial\left[(\boldsymbol{A}+\Delta\boldsymbol{A})^{-1}\boldsymbol{q}_{n+1}\right]}{\partial\boldsymbol{x}_{n+1}} \tag{3-127}$$

将 $\boldsymbol{q}_{n+1}(\boldsymbol{x}_{n+1},\boldsymbol{u}_{n+1})=\boldsymbol{A}(\boldsymbol{x}_{n+1}-\boldsymbol{x}_{n+1}^*)+$高阶项$=(\boldsymbol{A}+\Delta\boldsymbol{A}-\Delta\boldsymbol{A})(\boldsymbol{x}_{n+1}-\boldsymbol{x}_{n+1}^*)+$高阶项代入，得到

$$\boldsymbol{\Phi}_1'(\boldsymbol{x}_{n+1}) = -\frac{\partial\left\{(\boldsymbol{A}+\Delta\boldsymbol{A})^{-1}\left[(-\Delta\boldsymbol{A})(\boldsymbol{x}_{n+1}-\boldsymbol{x}_{n+1}^*)+\text{高阶项}\right]\right\}}{\partial\boldsymbol{x}_{n+1}} \tag{3-128}$$

同理可以得到

$$\boldsymbol{\Phi}_2'(\boldsymbol{x}_{n+1}) = -\frac{\partial\left\{(\boldsymbol{D}+\Delta\boldsymbol{D})^{-1}\left[(-\Delta\boldsymbol{D})(\boldsymbol{u}_{n+1}-\boldsymbol{u}_{n+1}^*)+\text{高阶项}\right]\right\}}{\partial\boldsymbol{u}_{n+1}} \tag{3-129}$$

由此可知，对雅可比矩阵进行近似时，将在导数矩阵中引入非零元素，使导数矩阵的谱分布变差。对差分方程和网络代数方程求解过程的不同简化，可以认为是对 $\Delta\boldsymbol{A}$ 和 $\Delta\boldsymbol{D}$ 取不同的值，这将对收敛性产生不同影响。

例如，对于 VDHN 算法，在更新雅可比矩阵时，$\Delta\boldsymbol{A}=\Delta\boldsymbol{D}=\boldsymbol{0}$，这时具有最好的收敛性。而随着动态分析过程的进行，$\Delta\boldsymbol{A}$ 和 $\Delta\boldsymbol{D}$ 的取值可能缓慢增大，从而导致收敛性变差。

对于简单迭代法，由于忽略了 $\boldsymbol{A}$ 矩阵中的导数项，取 $\boldsymbol{A}=\boldsymbol{I}$，即等价于取 $\Delta\boldsymbol{A}=\boldsymbol{I}-\boldsymbol{A}$，此时有

$$\boldsymbol{\Phi}_1'(\boldsymbol{x}_{n+1}) = \boldsymbol{I} - \frac{\partial\left[(\boldsymbol{A}+\Delta\boldsymbol{A})^{-1}\boldsymbol{q}_{n+1}\right]}{\partial\boldsymbol{x}_{n+1}} = \boldsymbol{I} - \frac{\partial\boldsymbol{q}_{n+1}}{\partial\boldsymbol{x}_{n+1}} = \frac{1}{2}h\frac{\partial\boldsymbol{f}(\boldsymbol{x}_{n+1},\boldsymbol{u}_{n+1})}{\partial\boldsymbol{x}_{n+1}} \tag{3-130}$$

式(3-130)表明，在简单迭代法中，$\boldsymbol{\Phi}_1'(\boldsymbol{x}_{n+1})$ 的取值由积分时步和动态元件微分方程共同决定，这可能导致其在一些算例中出现收敛性问题。例如，由于大部分动态元件的微分方程表达式 $\boldsymbol{f}$ 以时间常数为分母，当系统中某些动态元件的某些 $\boldsymbol{f}$ 对应的时间常数很小时，$\boldsymbol{\Phi}_1'(\boldsymbol{x}_{n+1})$ 的谱半径较大，可能造成迭代收敛缓慢甚至不收敛，这时需要通过减小时间步长 h 的取值来保证迭代收敛。

对于虚拟导纳法，由于保留了矩阵 $\boldsymbol{D}$ 的常数项，因此 $\Delta\boldsymbol{D}$ 的取值为 $\boldsymbol{D}$ 中的时变项，这意味着随着仿真过程的进行，算法的收敛性可能出现波动。例如，$\boldsymbol{D}$ 中包含随同步发电功角变化的项，在功角变化较大时，收敛性可能变化。

此外，从式(3-128)还可以看出，初值的选择也会对收敛性产生影响。若迭代的初值足够接近数值解，则导数矩阵元素同样可以取得较小的数值。

3. 简单迭代法收敛性的图形解释

对于简单迭代法的差分方程求解，可以结合图形做收敛性解释，下面以某个形如 $q(x_{n+1})=0$ 的残差方程的迭代计算过程为例进行说明。

假设 x_{n+1} 的迭代初值 x_{n+1}^0 足够接近真值，使得 $q(x_{n+1})$ 在迭代过程中保持单调凹或单调凸，则计算修正量产生的迭代过程可由图 3-19 表示。

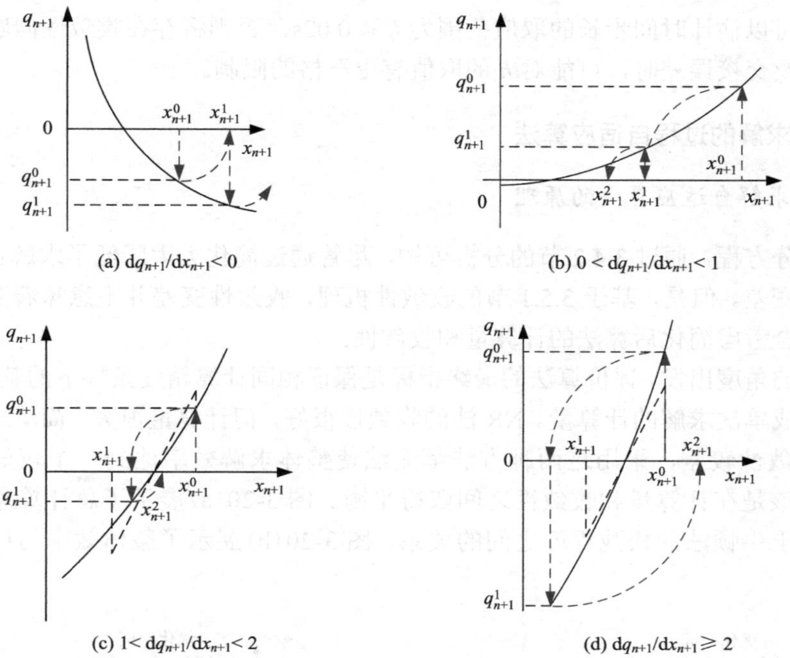

图 3-19　状态变量迭代计算过程

(1) 由图 3-19(a) 可知，当 $dq_{n+1}/dx_{n+1}<0$ 时，迭代将出现收敛性问题，状态变量 x_{n+1} 的迭代值将随着迭代的进行而偏离正确解，出现发散现象。

(2) 由图 3-19(b)、(c) 和 (d) 可知，当 $dq_{n+1}/dx_{n+1}>0$ 时，需要区分 dq_{n+1}/dx_{n+1} 的大小以确定收敛情况。不难推出，当 $dq_{n+1}/dx_{n+1}\geqslant 2$ 时，迭代将出现收敛性问题。当 $0<dq_{n+1}/dx_{n+1}<2$ 时，迭代可以顺利收敛，此时要求：

$$\left|0.5h\frac{df(x_{n+1})}{dx_{n+1}}\right|<1 \tag{3-131}$$

(3) 由图 3-19(b) 和 (c) 可知，当 $0<dq_{n+1}/dx_{n+1}<1$ 时，修正量偏小，迭代过程中 x_{n+1} 从一个方向逐渐逼近真值；当 $1<dq_{n+1}/dx_{n+1}<2$ 时，修正量偏大，迭代过程中 x_{n+1} 在真值附近振荡并逐渐收敛于真值。

由于 $\boldsymbol{q}(\boldsymbol{x}_{n+1},\boldsymbol{u}_{n+1})$ 为向量函数，因此实际的迭代计算过程要比上述过程复杂得多，但收敛条件具有与图 3-19 相同的形式：

$$\left\|0.5h\frac{d\boldsymbol{f}(\boldsymbol{x}_{n+1})}{d\boldsymbol{x}_{n+1}}\right\|<1 \tag{3-132}$$

由式 (3-132) 可知，简单迭代法受动态元件特性影响较大，当系统中存在的动态元件时间常数较小时，迭代收敛速度变慢，甚至不收敛。例如，当系统中 AVR 的量测环节时间常数为 0.01s 时，若按照式 (3-82) 计算，则有

$$\left|0.5h\frac{df(x_{n+1})}{dx_{n+1}}\right|=0.5\frac{h}{T_r}<1 \tag{3-133}$$

由此，可以估计时间步长的取值范围为 $h < 0.02\text{s}$，否则将存在收敛性问题。考虑其他元素的影响及交接误差时，可能对 h 的取值有更严格的限制。

3.5.2 交替求解的过程自适应算法

1. 交替求解自适应算法的原理

对于差分方程，通过 3.4.2 节的分析可知，尽管通过简化大大降低了求解计算量，但代价是收敛性变差。但是，基于 3.5.1 节的收敛性机理，收敛性变差并不意味着简化算法不可行，需要综合考虑简化后算法的计算量和收敛性。

从实用的角度出发，评价算法的最终指标是保证相同计算精度条件下的整体计算耗时，而非收敛性或单次求解的计算量。NR 法的收敛性很好，但计算量很大，简单迭代法计算量很小，但收敛性较差，采用这两种方法都无法使整体求解效率达到一个较好的水平。正确的做法应该是在计算量和收敛性之间取得平衡。图 3-20(a) 展示了总计算量与所采用迭代公式相较于牛顿法的松弛程度之间的关系，图 3-20(b) 展示了整体效率与松弛程度之间的关系。

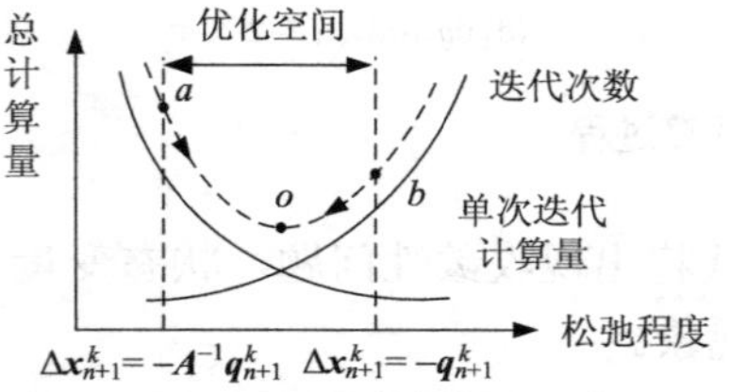

(a) 总计算量与松弛程度的关系

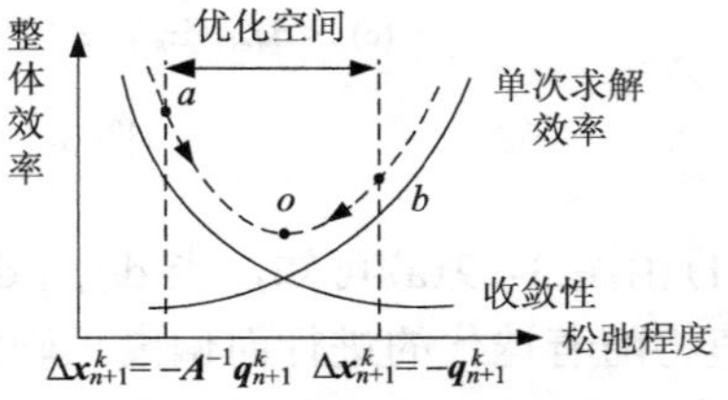

(b) 整体效率与松弛程度的关系

图 3-20　差分方程求解总计算量(整体效率)与松弛程度

为了取得收敛性和计算量之间的平衡，可以在牛顿法的基础上降低计算量，也可以在简单迭代法基础上提高收敛性。例如：

(1) 以 NR 法为基础，采用 VDHN 算法降低矩阵 $\boldsymbol{A}$ 的更新频率。

(2) 以 NR 法为基础，保留矩阵 $\boldsymbol{A}$ 的对角线元素，即取 $\boldsymbol{A} = \text{diag}(\partial \boldsymbol{q}_{n+1}/\partial \boldsymbol{x}_{n+1})$，称为对角交替法。优点是，对矩阵 $\boldsymbol{A}$ 的求逆运算转化为对其对角线元素求倒数，计算量大大降低；缺点是，要求矩阵 $\boldsymbol{A}$ 对角线元素对迭代的收敛性要有主导性。

(3) 以简单迭代法为基础，可根据简单迭代法收敛性的图形解释做出特定调整来提高收敛性，称为改进交替法。一般可取 $\boldsymbol{A} = \dfrac{1}{\alpha}\boldsymbol{I}$，其中 $\alpha \neq 0$ 且一般取$|\alpha| < 1$，此时 $\boldsymbol{A}^{-1} = \alpha\boldsymbol{I}$。当 $\mathrm{d}q_{n+1}/\mathrm{d}x_{n+1} < 0$ 时，α 取负值，否则取正值。由图 3-19 可知，当 $0< \mathrm{d}q_{n+1}/\mathrm{d}x_{n+1} < 1$ 时迭代过程能够从一个方向逐渐逼近真值，因此这种做法相比于简单迭代法能够保证 x_{n+1} 总是朝着一个方向收敛，从而提高了简单迭代法的收敛性。这种做法的优点是不需要计算原始的雅可比矩阵；缺点是整体压缩了修正量，没有针对性地对不同状态变量的修正量进行处理。

交替求解 NR 法外层迭代交替求解差分方程和网络代数方程，内层采用 NR 法进行多次迭代直至收敛，这样内层迭代可以获得较为准确的数值解。以差分方程求解为例，其流程如图 3-21(a)所示。在交替求解 NR 法中，可以借鉴简单迭代法的思路，无论状态变量或代数变量是否收敛，对内层只做一次迭代，称为单次内层迭代的交替求解牛顿法，如图 3-21(b)所示。这样，差分方程和代数方程交替求解更加频繁，有助于外层迭代减小交接误差。

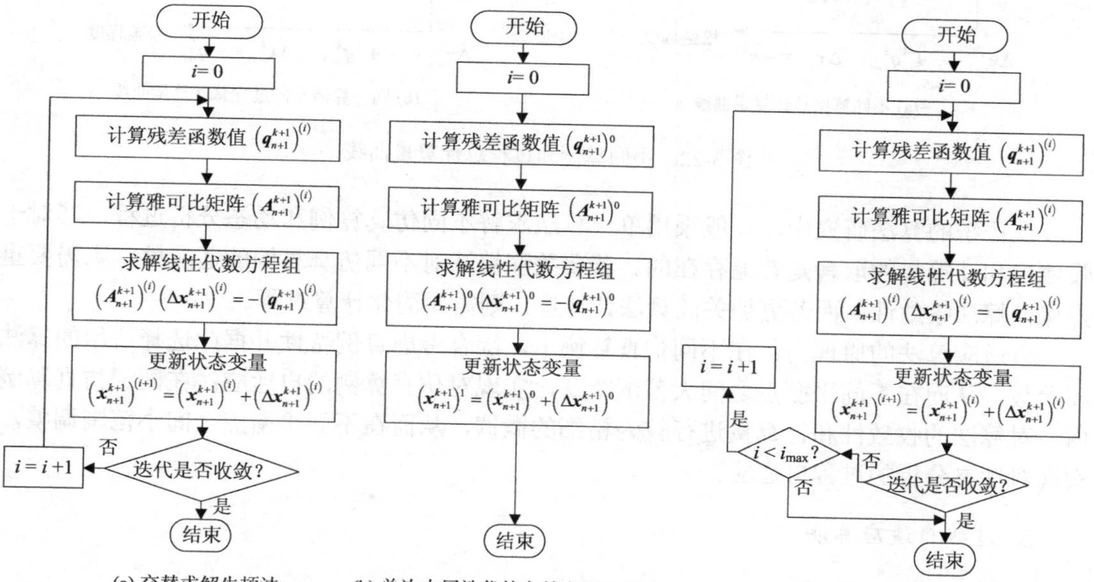

(a) 交替求解牛顿法　(b) 单次内层迭代的交替求解牛顿法　(c) 本章推荐的交替求解牛顿法

图 3-21　交替求解内层迭代流程图

完整的 NR 法迭代有利于提高内层迭代的精度，从而改善外层迭代的收敛性，代价是计算量较大；内层只执行一次迭代，可以降低计算量，但由于内层精度较差，导致外层迭代收敛性变差。显然，上述两种做法同样存在收敛性和计算量之间的取舍与平衡。为此，可将交替求解内层迭代次数设置为参数，在一轮外层迭代中，差分方程内层迭代 $i_{\max}$ 次，网络代数方程迭代 $j_{\max}$ 次。此外，内层迭代进行时，应当判断变量是否已经达到收敛，如果已经收敛，则没有必要进行后续迭代。如图 3-21(c)所示。$i_{\max}$ 和 $j_{\max}$ 的取值是取得平衡的关键。

上述分析说明，对于某个仿真算例中特定时间区间上的求解问题，在不同的求解算法(如 NR 法和简单迭代法)和算法参数集合(如 $i_{\max}$ 和 $j_{\max}$)中，存在某个算法及其参数的组合可取得收敛性和计算量的平衡，使整体计算效率最高。

此外，当仿真算例变化时，总计算量曲线和相应的平衡点也会发生变化。当电网规模庞大，动态元件特性复杂时，平衡点更接近于交替求解 NR 法；当电网规模较小，特性简单时，平衡点更接近于简单迭代法，如图 3-22(a)所示。

并且，即使对于同一仿真算例，总计算量曲线和相应的平衡点会出现微调。在暂态扰动变量大幅波动时，需要提高算法的收敛性，因此平衡点更接近于交替求解 NR 法；而在系统波动较为平缓阶段，平衡点则可能右移，如图 3-22(b)所示。

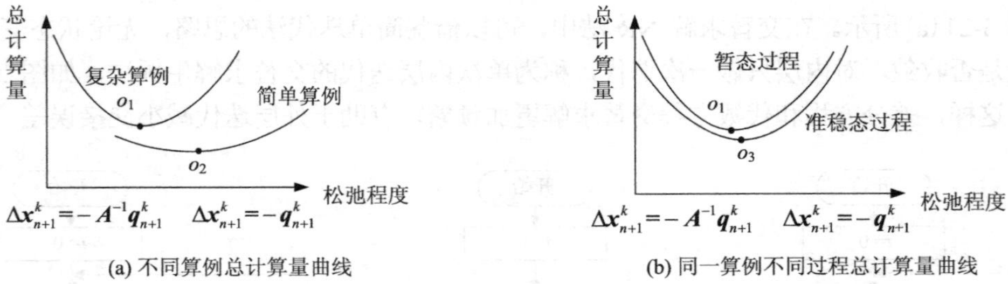

图 3-22　不同算例和过程总计算量曲线

在传统的算法研究中，一般采用单一算法求解不同仿真算例和动态分析过程，其对于收敛性和计算量的取舍是普遍存在的。若要关注算法对不同仿真算例的适应性，则需要重点保证算法收敛性；而若更加关注算法计算量，则需要简化计算过程。

自适应算法的原理为：在不同仿真算例下，综合考虑算例特性并据此选择适用的算法和参数，从而在不同平衡点之间大范围跳跃，实现对仿真算例的自适应；在同一仿真算例内，对算法的收敛性和计算量进行较为精细的微调，从而在不同平衡点之间小范围调整，实现对动态分析的过程自适应。

2. 过程自适应算法

1) 自适应 VDHN 算法

VDHN 算法是常用的降低 NR 法计算量的算法。该算法的基本思想为根据迭代过程的收敛性来更新雅可比矩阵。当收敛性较好(迭代次数低于设置的阈值)时，保持雅可比矩阵为常数矩阵；当收敛性变差(迭代次数高于设置的阈值)时，更新雅可比矩阵。采用 VDHN 算法时，迭代次数阈值将影响雅可比矩阵更新的频率，从而影响算法的收敛性和计算量。例如，在将 VDHN 算法应用于电力系统机电暂态分析的同步求解法时，可将阈值设置为 3 左右，应用于交替求解法时，则需要考虑交替求解的特点，调整阈值的设置方法。

与同步求解法相比，交替求解法存在如下两个特点：

(1) 在同步求解法中，雅可比矩阵同时计及差分方程和网络代数方程，其形式为

$$\boldsymbol{J}=\begin{bmatrix} \boldsymbol{I}-\dfrac{1}{2}h\dfrac{\partial \boldsymbol{f}}{\partial \boldsymbol{x}} & -\dfrac{1}{2}h\dfrac{\partial \boldsymbol{f}}{\partial \boldsymbol{u}} \\ \dfrac{\partial \boldsymbol{g}}{\partial \boldsymbol{x}} & \boldsymbol{Y}-\dfrac{\partial \boldsymbol{i}}{\partial \boldsymbol{u}} \end{bmatrix}=\begin{bmatrix} \boldsymbol{A} & \boldsymbol{B} \\ \boldsymbol{C} & \boldsymbol{D} \end{bmatrix} \tag{3-134}$$

而在交替求解法中，实际上只考虑了式(3-134)中对角块的矩阵 $\boldsymbol{A}$ 和矩阵 $\boldsymbol{D}$。

(2) 在同步求解法中，差分方程和网络代数方程联立求解，没有交接误差；在交替求解法中，存在交接误差。

上述特点表明，交替求解法的收敛性不及同步求解法，因此要允许交替求解法采用同一雅可比矩阵执行更多次的迭代，即将更新的阈值设置为更高的值；同时，由于矩阵 $\boldsymbol{B}$、矩阵 $\boldsymbol{C}$ 和交接误差的存在，矩阵 $\boldsymbol{A}$ 和矩阵 $\boldsymbol{D}$ 不是影响收敛性的唯一因素。

针对上述问题，应根据仿真过程的信息来确定更新雅可比矩阵 $\boldsymbol{A}$ 和 $\boldsymbol{D}$ 对收敛性的影响，并确定具体的更新阈值。如果更新雅可比矩阵后迭代次数显著降低，应该允许更频繁的矩

阵更新，否则应该减少矩阵更新的频率。例如，可设置规则如下：

(1) 初始阈值设定为10，该阈值也是更新雅可比矩阵的最小阈值。

(2) 某时步更新雅可比矩阵并完成本时步计算后，比较本时步迭代次数 m_{n+1} 和上一时步迭代次数 m_n，若收敛性显著改善 $(m_n-m_{n+1}\geqslant 6)$，则说明原阈值设定偏高，应该允许更频繁的雅可比矩阵更新，为此，将阈值减2作为新的阈值。

(3) 若收敛性改善效果较好 $(m_n-m_{n+1}\geqslant 3)$，说明原阈值设定合理，保持原阈值不变。

(4) 若收敛性改善不明显 $(m_n-m_{n+1}<3)$，说明原阈值设定偏低，应该降低雅可比矩阵更新的频率，将阈值加2作为新的阈值。

上述阈值调整方法根据迭代收敛性自动更新阈值，不会因为阈值过高影响收敛性，也不会因为阈值太低增加计算量，使VDHN算法具备了更大的灵活性和适应能力。

2) 自适应雅可比迭代法

为了弥补线性代数方程组求解时使用雅可比迭代法需要执行多次迭代计算的缺点，需要对雅可比迭代法进行进一步的处理。

电力系统动态分析 $n+1$ 时步的计算目标是求解非线性代数方程组，而非求解线性代数方程组。因此，类比3.4.2节介绍的单次迭代算法，$n+1$ 时步达到收敛所需要的精度由外层非线性代数方程组迭代进行保证，线性代数方程组的雅可比迭代并不必要精确求解。

据此，为了降低雅可比迭代法的计算量，可以适当放宽迭代的误差阈值。一般收敛判据设置为两次迭代的差值向量的无穷范数小于误差阈值。然而，雅可比迭代本身速度很快，上述判据本身的计算会影响求解效率。因此，需要重新设计雅可比迭代的策略。

以求解外层非线性代数方程组的迭代次数 k 作为判定指标，根据外层迭代收敛情况确定进行雅可比迭代的次数。当 k 较大时，说明收敛性较差，需要通过增加雅可比迭代的次数来提高计算精度，从而改善外层收敛性。例如，可设置规则如下：

(1) 当本时步或上一时步 $k\leqslant 5$ 时，只进行1次内层雅可比迭代；

(2) 当本时步或上一时步 $5<k\leqslant 10$ 时，进行2次内层雅可比迭代；

(3) 当本时步或上一时步 $k>10$ 时，进行3次内层雅可比迭代。

上述规则的优点有，雅可比迭代不需要计算收敛判据，减少计算量；同时，雅可比迭代精度根据外层收敛性而变化，实现对收敛性和计算量的自适应调节。

在设置完上述规则后，还需要进一步解答以下几个问题。

第一个问题是，上述规则中的参数应该如何选取。理论上，对于不同的算例，由于电网规模、元件特性等因素存在差异，因此参数的选取可能略不相同，需要重新制定。上述参数是根据一定数量的仿真算例综合给出的，具有一定的适应性，但不一定是最优值。

第二个问题是，雅可比迭代法的收敛性如何，是否存在发散问题。与非线性代数方程组的收敛性理论类似，对于线性代数方程组，一般通过方程组迭代矩阵的谱半径来判别迭代算法的收敛性。对于式(3-108)，迭代矩阵为

$$\boldsymbol{\Phi}'=-\boldsymbol{E}^{-1}\boldsymbol{F} \tag{3-135}$$

由此可知，雅可比迭代的收敛条件为 $\rho(\boldsymbol{\Phi}')<1$。对不同系统和动态元件，矩阵 $\boldsymbol{E}$ 和矩阵 $\boldsymbol{F}$ 的规模与具体表达式相差很大，无法统一评价。通常认为，原系数矩阵 $\boldsymbol{A}$ 对角越占优，相应的雅可比迭代收敛速度越快。在电力系统动态分析计算中，矩阵 $\boldsymbol{A}$ 在一定程度上满足

对角占优，可以较好地保证雅可比迭代收敛。

3) 自适应 VDHN 直接法和自适应 VDHN 迭代法的计算量分析

采用自适应 VDHN 更新雅可比矩阵时，线性代数方程组求解的直接法需要对雅可比矩阵执行三角分解，并执行前代回代计算。而在不更新时，则只需要执行前代回代计算。

表 3-2 将自适应 VDHN 直接法的计算量与采用雅可比迭代的自适应 VDHN 迭代法进行了对比，由于计算机乘除运算耗时远大于加减运算，因此算法计算量通常仅统计乘除运算次数。其中，n 为雅可比矩阵 $\boldsymbol{A}$ 的阶数，k_A 为 $\boldsymbol{A}$ 的稀疏度，k_{LU} 为矩阵 $\boldsymbol{L}+\boldsymbol{U}$ 的稀疏度，$f_2(k_{\mathrm{LU}})$ 为考虑矩阵 $\boldsymbol{L}+\boldsymbol{U}$ 稀疏度后所取系数，$f_2(k_{\mathrm{LU}})$ 与 k_{LU} 负相关，即矩阵稀疏度越高，$f_2(k_{\mathrm{LU}})$ 越小，所需计算量越小。l_2 为平均的内层雅可比迭代次数，由于第一次迭代实质为向量乘法，故而 2 阶项相应系数为 l_2-1。

表 3-2　自适应 VDHN 直接法与自适应 VDHN 迭代法计算量对比

算法	计算量	
	更新雅可比矩阵时	不更新雅可比矩阵时
自适应 VDHN 直接法	$f_2(k_{\mathrm{LU}})\,n^3/3$	$(1-k_{\mathrm{LU}})\,n^2$
自适应 VDHN 迭代法	$(l_2-1)\,(1-k_A)\,n^2+(1-k_A)\,n$	与更新时相同

考虑迭代次数和更新频率时，自适应 VDHN 直接法和自适应 VDHN 迭代法的计算量可分别表示为

$$c_1=\frac{1}{3}f_1m_1f_2(k_{\mathrm{LU}})n^3+m_1(1-k_{\mathrm{LU}})n^2 \tag{3-136}$$

$$c_2=m_2(l_2-1)(1-k_A)n^2+m_2(1-k_A)n \tag{3-137}$$

式中，m_1 和 m_2 分别为自适应 VDHN 直接法和自适应 VDHN 迭代法执行一次完整的动态分析计算所需的迭代次数；f_1 表示矩阵 $\boldsymbol{A}$ 的更新频率；f_1m_1 表示自适应 VDHN 直接法在一次完整的动态分析计算矩阵 $\boldsymbol{A}$ 的更新次数。

对比式(3-136)和式(3-137)，可以得出以下结论。

(1) 自适应 VDHN 直接法的优势在于，在不考虑舍入误差时，可精确求解线性代数方程组，因此外层迭代收敛性较好，$m_1<m_2$。此外，尽管算法复杂度为 $O(n^3)$，但实际上在计算过程中更新矩阵 $\boldsymbol{A}$ 的频率较低并且采用稀疏技术，使得 f_1 和 $f_2(k_{\mathrm{LU}})$ 很小，因此 3 阶项系数很小，2 阶项为主导项。

(2) 自适应 VDHN 迭代法的优势在于，算法复杂度为 $O(n^2)$，不需要三角分解，因此不会引入非零填充，稀疏度 $k_A>k_{\mathrm{LU}}$。此外，在系统平稳，外层迭代收敛性较好时，内层雅可比迭代次数 l_2 自动取为 1，此时算法复杂度降为 $O(n)$。

假若在实时计算中需要配合变时步算法，那么频繁的时步改变会造成雅可比矩阵更新频率较高，带来较大的计算代价。在此场景下，自适应 VDHN 直接法计算量偏大。就一般场景而言，单纯从计算上分析，要使得自适应 VDHN 迭代法具备普遍的效率优势，则需满足自适应 VDHN 迭代法的 2 阶项小于自适应 VDHN 直接法的 2 阶项，即

$$m_2(l_2-1)(1-k_A)<m_1(1-k_{\mathrm{LU}}) \tag{3-138}$$

式(3-138)要求保持 m_2 和 l_2 在较小的水平，这在实际计算中并不总能得到满足。自适

应 VDHN 迭代法在实际计算中取得效率优势的关键在于数值计算库底层的优化。

自适应 VDHN 迭代法的本质是稀疏矩阵-向量乘法，而自适应 VDHN 直接法大部分计算的本质是稀疏三角方程组求解运算(即前代回代)。在计算机实现层面，两者都属于稀疏基础线性代数 2 级子例程(Sparse BLAS-2)的操作。两者最大的差别在于，矩阵-向量乘法运算是高度可并行的，待求解向量的各个元素的计算是相互解耦的，而稀疏三角方程组求解运算并行度相对较低，待求解向量各个元素的计算相互耦合，需要按照一定顺序串行求解。

图 3-23 展示了本章交替求解过程自适应算法应用到动态分析中的完整流程。

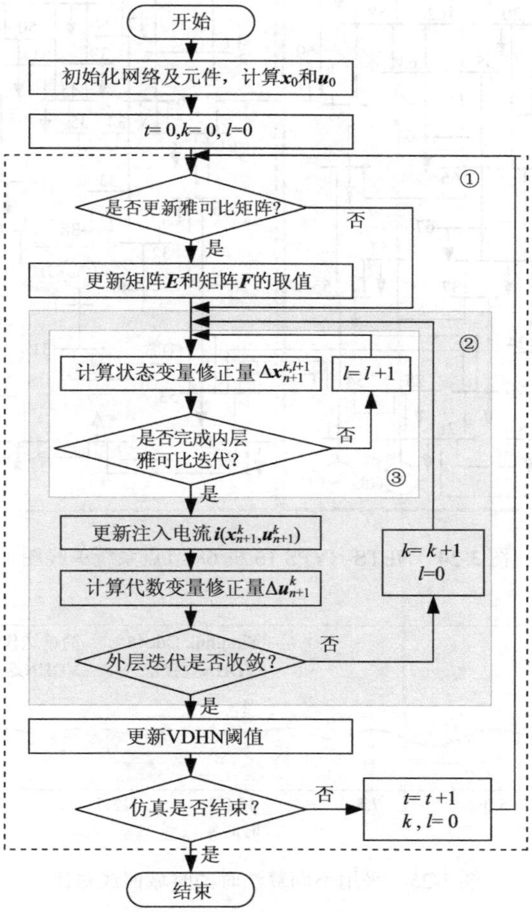

图 3-23　基于 VDHN 和雅可比迭代的暂态稳定计算流程

整体流程由三个循环嵌套组成。其中，①为以时步计的整体大循环；②为求解非线性代数方程组交替迭代的外层循环；③为求解线性代数方程组的雅可比迭代循环。

4) 算例分析

为验证上述交替求解过程自适应算法的正确性，首先在图 3-24 所示的 NETS-NYPS 16 机 68 节点系统上采用 Simulink 的标准常微分方程数值求解算法 Ode45 与本节所提的几种算法进行比对，测试案例为对 68 节点系统进行 20s 的仿真，并设置 $t=1.0\text{s}$ 时 220kV 3 号母线发生三相短路故障，$t = 1.1\mathrm{s}$ 时故障清除。

图 3-25 展示了采用不同算法时的暂态过程的时域曲线，观察变量为发电机 G3 和 G16 的功角差。由图可知，采用不同算法时，暂态过程的时域曲线与 Simulink 的 Ode45 算法计算结果有较高的一致性，仿真结果准确。

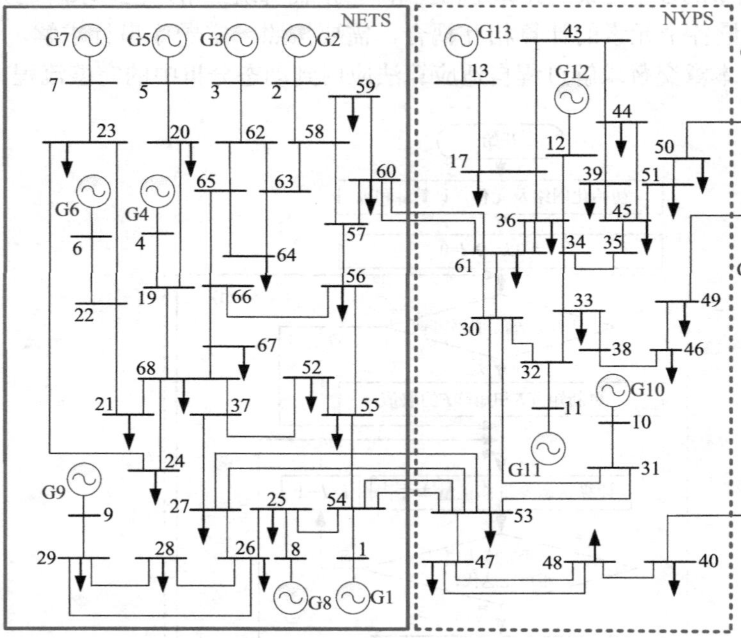

图 3-24　NETS-NYPS 16 机 68 节点系统单线图

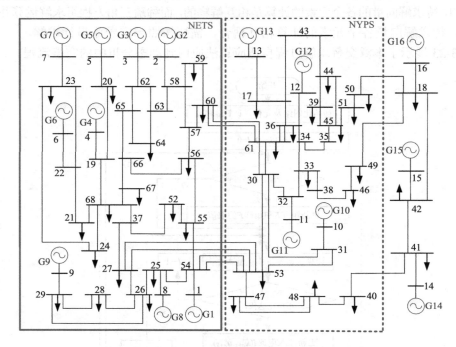

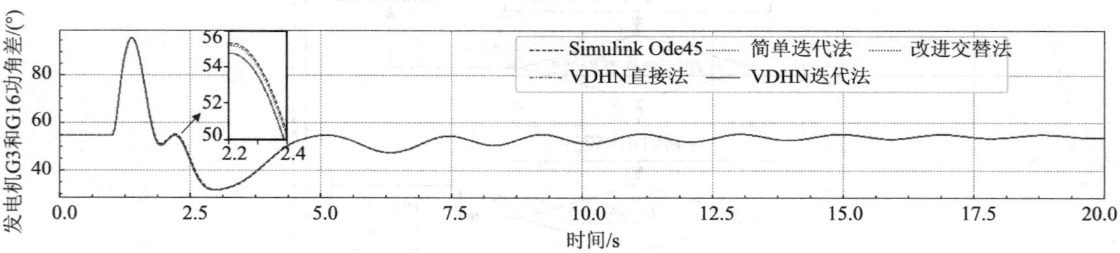

图 3-25　采用不同算法时的时域曲线对比

在验证算法正确性的基础上，采用图 3-26 所示的某地区电网 2970 节点系统对上述交替求解过程自适应算法进行进一步测试，以验证过程自适应算法在求解效率上的提升。

系统包含 2970 条母线、1613 条线路、246 台发电机，包含励磁、调速共 16 种模型。发电机采用 5 阶、6 阶模型，负荷采用 50%恒阻抗+50%感应电动机模型。表 3-3 给出了仿真时间步长等设置，表 3-4 给出了算例涉及的算法/求解器的具体说明。扰动设置为 $t = 1.0\mathrm{s}$ 时某 500kV 母线发生三相短路故障，$t = 1.05\mathrm{s}$ 时故障清除。

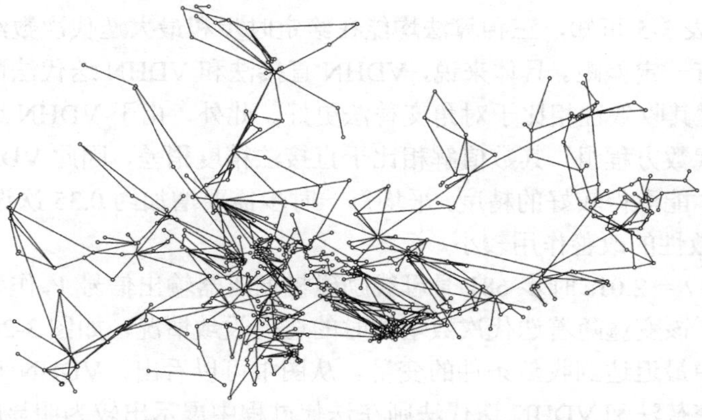

图 3-26　某地区电网 2970 节点系统单线图(220kV 及以上)

表 3-3　仿真测试参数设置

参数	取值	参数	取值
时间步长 h	定步长 0.01s	仿真时长	10s
两次迭代最大允许误差 ε	1.0×10^{-5}	最大迭代次数	25

表 3-4　算例涉及算法/求解器

序号	算法
1	对角交替法
2	VDHN 直接法
3	VDHN 迭代法

图 3-27 展示了采用不同算法时的外层迭代次数时域曲线，更新雅可比矩阵 $\boldsymbol{A}$ 的时步采用“×”标记。表 3-5 则统计了仿真全过程的总迭代次数。

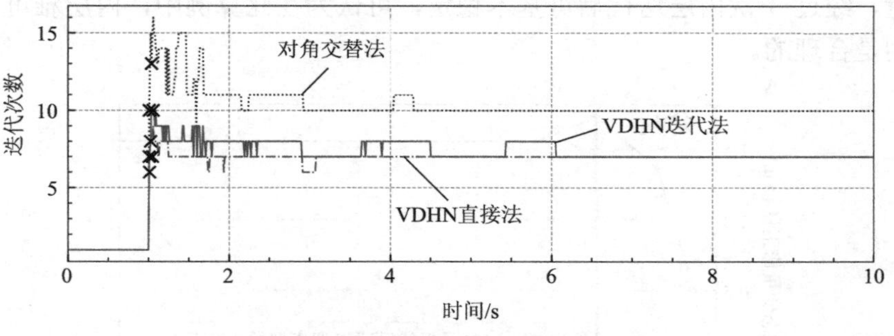

图 3-27　采用不同算法时的迭代次数曲线

表 3-5　采用不同算法时总迭代次数

算法	总迭代次数	矩阵 $\boldsymbol{A}$ 更新次数
对角交替法	9324	3
VDHN 直接法	6325	3
VDHN 迭代法	6674	4

由图 3-27 和表 3-5 可知，三种算法均能在给定时步和最大迭代次数约束下收敛，但不同算法的收敛性有一定差距。具体来说，VDHN 直接法和 VDHN 迭代法由于完整保留了雅可比矩阵 $\boldsymbol{A}$，因此其收敛性相比于对角交替法更好。此外，由于 VDHN 迭代法采用雅可比迭代法求解线性代数方程组，其数值解相比于直接法精度稍差，因此 VDHN 迭代法需要更多次的外层迭代才能取得较好的精度，平均每一时步需要增加约 0.35 次迭代。在本算例中，更新矩阵 $\boldsymbol{A}$ 对收敛性的改善作用较小。

取 t = 2.0s 到 t = 2.01s 时步 681 号母线励磁机调压器输出信号 V_r 作为观测变量，观察采用不同算法时，该变量随着迭代次数增加时的迭代收敛情况，如图 3-28 所示。该状态变量是该时步求解中最迟达到收敛条件的变量。从图中可以看出，VDHN 直接法具有最好的收敛特性，对角交替法和 VDHN 迭代法则在迭代过程中展示出较为明显的振荡收敛特性，其中改进交替求解法的振荡幅度较大，VDHN 迭代法振荡幅度较小，迭代更易于收敛。

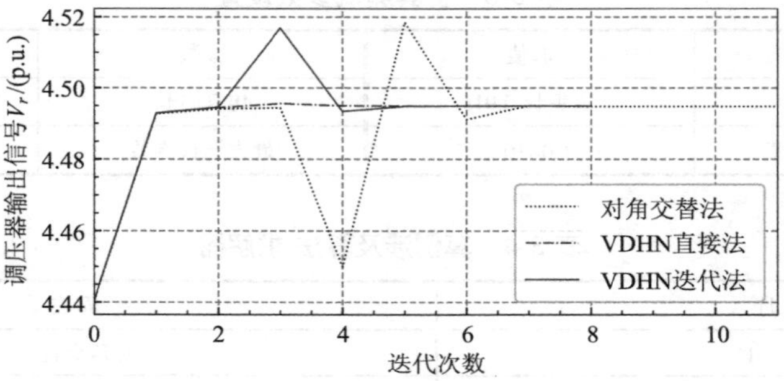

图 3-28　681 号母线励磁机状态变量 X4 外层迭代收敛情况

在 VDHN 迭代法中，每次外层迭代都伴随若干次雅可比迭代，取图 3-28 第 2 次外层迭代，观察雅可比迭代的变量收敛情况，如图 3-29 所示。图中，虚线部分表示雅可比迭代继续进行时，变量随迭代次数增加而变化的情况，实际迭代中并未执行。由图可见，对于所观测变量，经过 3 次内层迭代后可基本稳定，可认为在此算例中，内层雅可比迭代次数的设置规则是合理的。

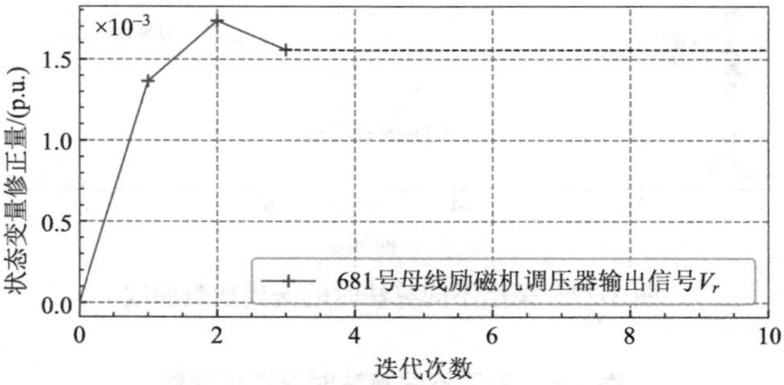

图 3-29　励磁机状态变量 X4 雅可比迭代收敛情况

表 3-6 统计了采用不同算法时，仿真总耗时及求解线性代数方程组的耗时，雅可比矩阵相关计算被包含在求解差分方程 $\boldsymbol{A}\Delta\boldsymbol{x} = -\boldsymbol{q}$ 中。测试时，每种算法重复进行 10 次完整仿

真，然后求单次平均耗时作为统计数据。

表 3-6 采用不同算法时耗时情况

算法	总耗时/s	差分方程耗时/s	代数方程耗时/s
对角交替法	9.69	0.55	2.53
VDHN 直接法	11.69	4.26	1.63
VDHN 迭代法	8.06	1.02	1.81

由表 3-6 可知，对角交替法计算效率较高，由于 $\boldsymbol{A}$ 取为对角阵，实际的状态变量线性代数方程组求解转化为向量除法，因此耗时很少；然而，由于收敛性差，迭代次数较多，需要频繁求解网络代数方程，较为耗时。VDHN 直接法计算效率偏低，尽管收敛性最好，但由于需要求解状态变量线性代数方程，引入了较大的计算量；且由于矩阵 $\boldsymbol{A}$ 阶数较矩阵 $\boldsymbol{Y}$ 更高，求解耗时甚至超过了网络代数方程。VDHN 迭代法计算效率最高，耗时最少，由于引入了雅可比矩阵，从而收敛性接近 VDHN 直接法，降低了网络方程的求解耗时；同时内层雅可比迭代很好地降低了由于引入雅可比矩阵而引入的计算量，单次修正量计算，VDHN 迭代法耗时为直接法的 22.69%。计及迭代次数和网络方程求解时，VDHN 迭代法整体耗时较改进交替求解法减少 16.82%，较 VDHN 直接法减少 31.05%。

3.5.3 并行计算

电力系统的规模迅速扩大，复杂程度不断增加，对电力系统机电暂态分析的速度和精度提出了更高的要求。例如，在科研领域，研究人员往往需要在更短的时间内完成更大规模的计算任务；在生产领域，在线动态安全评估需要在线判定系统在给定故障或操作下的稳定性，如果系统不失去稳定，需要计算相应的稳定裕度；自动装置的实验和检测要求电力系统仿真分析程序具有实时的计算性能等。这些场景都对电力系统机电暂态分析的速度提出了很高的要求，甚至需要实现实时或超实时的仿真分析。

为了达到上述要求，需要对大规模电力系统机电暂态分析程序进行优化。优化的方法有很多，例如，采用稀疏技术加速方程组求解、采用非诚实牛顿法减少雅可比矩阵计算和分解次数、将仿真计算过程并行化。在众多的优化技术中，理论上并行计算具有最好的扩展性。本节将主要讨论并行计算相关概念及其在机电暂态分析中的应用场景。

对于一个实际的待求解问题，求解思路为顺序执行某个计算流程，即串行求解。若通过一定方法，将上述串行流程拆分为若干个计算过程，在不同的计算机硬件上对其中一部分或全部过程同时进行计算，就实现了该待求解问题的并行计算。实现并行计算的关键就在于如何将串行计算流程拆分为若干个可以并行的计算过程。一般来说，有两种思路可以实现这种拆分，即利用时间实现并行和利用空间实现并行。

时间并行的典型场景是流水线作业，为了说明流水线作业原理，考虑如图 3-30 所示的流水线作业。假如工厂生产一个工件共存在四个步骤，并且前一步骤加工完后才能进行下一道步骤的加工。当采用流水线技术时，将生产机器分成四个执行模块，每个执行模块分别执行上述四个步骤中的 1 步。此时，模块 1 对一个工件执行完 1 个步骤后，可以将中间件交由模块 2，然后马上处理下一个工件。由此，采用四个执行模块进行工件加工的过程形成一条四级流水线。在同一时间断面，该流水线最多可以同时处理四个工件，从而实现时间并行。一般来说，若一条流水线有 N 个步骤，则称该流水线为 N 级流水。

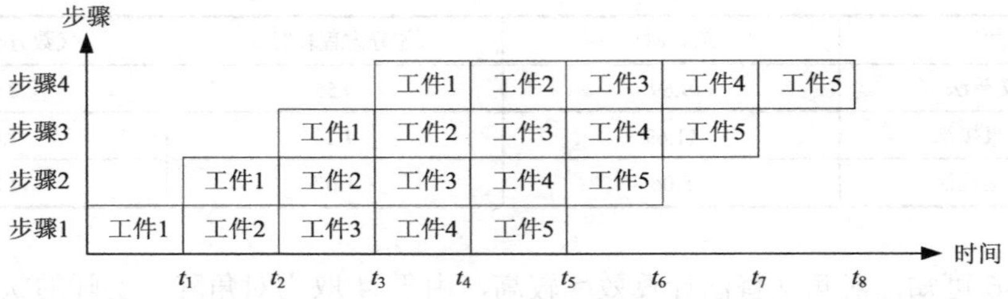

图 3-30 流水线作业

空间并行与时间并行不同，是利用空间扩展实现同一业务的批量复制。仍然用工件加工的生产场景进行说明，如图 3-31 所示。

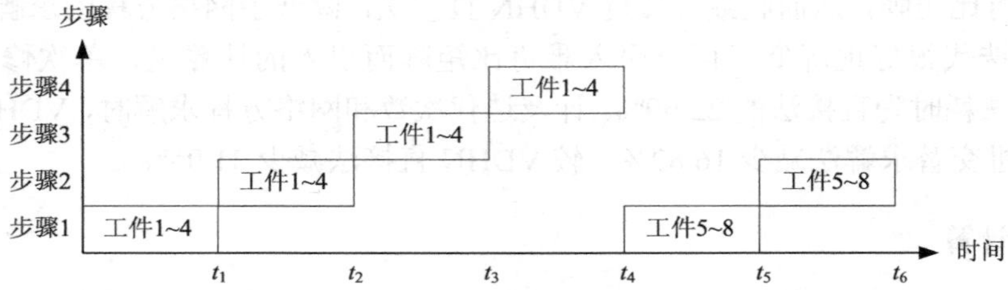

图 3-31 空间并行作业

当采用空间并行时，相较于原始场景增加了三台生产机器，但每台生产机器还是按照原来的工作方法，在执行完四个完整的步骤后生产出一件工件。这样，四台生产机器构成的加工系统同样实现了同时生产四个工件。

下面讨论如何将时间并行、空间并行与电力系统机电暂态分析的场景进行结合。

一种典型的时间并行算法是高斯-赛德尔法。以同步求解法为例，按照时间顺序串行进行计算时，同步求解法的修正量表达式如下所示：

$$\begin{bmatrix} \Delta \boldsymbol{x}_{n+1}^{k} \\ \Delta \boldsymbol{u}_{n+1}^{k} \end{bmatrix} = -\boldsymbol{J} \begin{bmatrix} \boldsymbol{x}_{n+1}^{k} - \boldsymbol{x}_{n} - 0.5h\left(\boldsymbol{f}_{n} + \boldsymbol{f}_{n+1}\right) \\ \boldsymbol{Y}\boldsymbol{u}_{n+1}^{k} - \boldsymbol{i}_{n+1}^{k} \end{bmatrix} \tag{3-139}$$

假设每个时步需要迭代 k 次才能收敛。通常情况下采用 NR 法进行迭代时，需要在本时步的 k 次迭代完成后才能进入下一时步的计算。当采用高斯-赛德尔法后，系统可以实现多个时步的同时迭代计算，其表达式为

第 n+1 时步
$$\begin{bmatrix} \Delta \boldsymbol{x}_{n+1}^{k} \\ \Delta \boldsymbol{u}_{n+1}^{k} \end{bmatrix} = -\boldsymbol{J} \begin{bmatrix} \boldsymbol{x}_{n+1}^{k} - \boldsymbol{x}_{n} - 0.5h(\boldsymbol{f}_{n} + \boldsymbol{f}_{n+1}^{k}) \\ \boldsymbol{Y}\boldsymbol{u}_{n+1}^{k} - \boldsymbol{i}_{n+1}^{k} \end{bmatrix}$$

第 n+2 时步
$$\begin{bmatrix} \Delta \boldsymbol{x}_{n+2}^{k-1} \\ \Delta \boldsymbol{u}_{n+2}^{k-1} \end{bmatrix} = -\boldsymbol{J} \begin{bmatrix} \boldsymbol{x}_{n+2}^{k-1} - \boldsymbol{x}_{n+1}^{k} - 0.5h(\boldsymbol{f}_{n+1}^{k} + \boldsymbol{f}_{n+2}^{k-1}) \\ \boldsymbol{Y}\boldsymbol{u}_{n+2}^{k-1} - \boldsymbol{i}_{n+2}^{k-1} \end{bmatrix} \tag{3-140}$$

第 n+3 时步
$$\begin{bmatrix}\Delta \boldsymbol{x}_{n+3}^{k-2}\\ \Delta \boldsymbol{u}_{n+3}^{k-2}\end{bmatrix}=-\boldsymbol{J}\begin{bmatrix}\boldsymbol{x}_{n+3}^{k-2}-\boldsymbol{x}_{n+2}^{k-1}-0.5h(\boldsymbol{f}_{n+2}^{k-1}+\boldsymbol{f}_{n+3}^{k-2})\\ \boldsymbol{Y}\boldsymbol{u}_{n+3}^{k-2}-\boldsymbol{i}_{n+3}^{k-2}\end{bmatrix}$$

在高斯–赛德尔法的框架下，每个时步不需要等到 k 次迭代全部完成再进入下一时步，相反地，在完成第 k–1 次迭代的时候，就将计算结果传入下一个时步的计算中，供下一个时步进行方程的求解。假设各个时步的每一轮计算时间都近似相等，那么就可以形成如式(3-140)所示的多时步并行计算，相应迭代过程如图 3-32 所示。

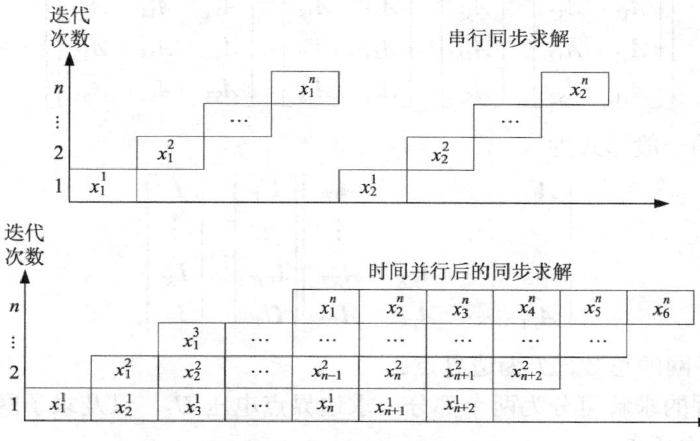

图 3-32　时间并行前后同步求解过程对比

对于空间并行算法，以只进行一次迭代搜索的交替求解法为例，在串行算法框架下，求解的方程为

$$\begin{gathered}\boldsymbol{x}_{n+1}^{m+1}=\boldsymbol{x}_n+0.5h\left[\boldsymbol{f}\left(\boldsymbol{x}_n,\boldsymbol{u}_n\right)+\boldsymbol{f}\left(\boldsymbol{x}_{n+1}^m,\boldsymbol{u}_{n+1}^m\right)\right]\\ \boldsymbol{Y}\boldsymbol{u}_{n+1}^{m+1}=\boldsymbol{i}\left(\boldsymbol{x}_{n+1}^m,\boldsymbol{u}_{n+1}^m\right)\end{gathered}\tag{3-141}$$

对于式(3-141)的差分方程，由于各个状态变量的微分方程彼此独立，因此天然可以进行并行求解。而对于网络方程的求解，本质上是线性代数方程组的求解。对于式(3-141)中导纳矩阵 $\boldsymbol{Y}$，可以通过节点排序的方式将其重新排列为分块对角加边的形式(bordered block diagonal form，BBDF)，然后分块并行求解。为便于后续分析，省略上下标，将待求解网络方程写为

$$\boldsymbol{Y}\boldsymbol{u}=\boldsymbol{i}\tag{3-142}$$

以图 3-33 所示的简单电力网络为例，假设已确定网络分割方案如表 3-7 所示。

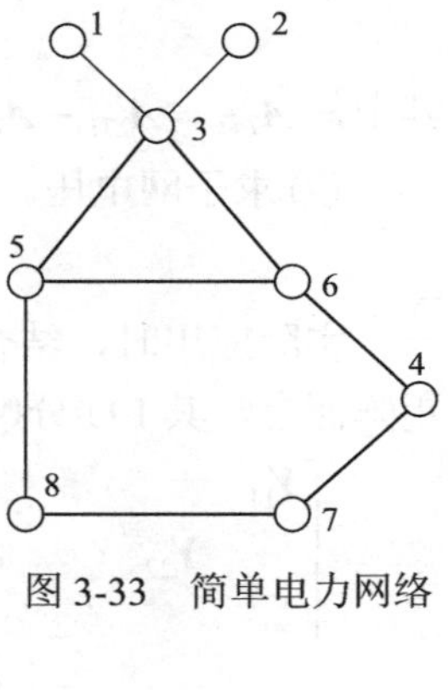

图 3-33　简单电力网络

表 3-7　网络分割方案

子网	节点	边界点
1	1、2	3
2	6	4、5
3	7、8	—

通过节点重新排序，可将网络方程系数矩阵写为 BBDF 形式：

$$\begin{bmatrix} \begin{bmatrix} A_{11} & A_{12} \\ A_{21} & A_{22} \end{bmatrix} & & & \begin{bmatrix} A_{13} & A_{14} & A_{15} \\ A_{23} & A_{24} & A_{25} \end{bmatrix} \\ & \begin{bmatrix} A_{66} \end{bmatrix} & & \begin{bmatrix} A_{63} & A_{64} & A_{65} \end{bmatrix} \\ & & \begin{bmatrix} A_{77} & A_{78} \\ A_{87} & A_{88} \end{bmatrix} & \begin{bmatrix} A_{73} & A_{74} & A_{75} \\ A_{83} & A_{84} & A_{85} \end{bmatrix} \\ \begin{bmatrix} A_{31} & A_{32} \\ A_{41} & A_{42} \\ A_{51} & A_{52} \end{bmatrix} & \begin{bmatrix} A_{36} \\ A_{46} \\ A_{56} \end{bmatrix} & \begin{bmatrix} A_{37} & A_{38} \\ A_{47} & A_{48} \\ A_{57} & A_{58} \end{bmatrix} & \begin{bmatrix} A_{33} & A_{34} & A_{35} \\ A_{43} & A_{44} & A_{45} \\ A_{53} & A_{54} & A_{55} \end{bmatrix} \end{bmatrix} \tag{3-143}$$

此时，网络方程的一般形式为

$$\begin{bmatrix} \boldsymbol{A}_{11} & & & \boldsymbol{A}_{1T} \\ & \ddots & & \vdots \\ & & \boldsymbol{A}_{KK} & \boldsymbol{A}_{KT} \\ \boldsymbol{A}_{T1} & \cdots & \boldsymbol{A}_{TK} & \boldsymbol{A}_{TT} \end{bmatrix} \begin{bmatrix} \boldsymbol{U}_1 \\ \vdots \\ \boldsymbol{U}_K \\ \boldsymbol{U}_T \end{bmatrix} = \begin{bmatrix} \boldsymbol{I}_1 \\ \vdots \\ \boldsymbol{I}_K \\ \boldsymbol{I}_T \end{bmatrix} \tag{3-144}$$

式中，K 为分割子网的总数；T 为边界点。

上述网络方程的求解可分为两个部分，求边界点电压 $\boldsymbol{U}_T$，以及求子网电压。

(1) 求边界点电压 $\boldsymbol{U}_T$。

设 $\boldsymbol{A}_{TTi}$ 为划分到子网 i 中的边界点矩阵，$\boldsymbol{I}_{Ti}$ 为划分到子网 i 中的边界点注入电流，满足：

$$\boldsymbol{A}_{TT} = \sum_{i=1}^{K} \boldsymbol{A}_{TTi}, \quad \boldsymbol{I}_T = \sum_{i=1}^{K} \boldsymbol{I}_{Ti} \tag{3-145}$$

则边界点电压对应的网络方程可写为

$$\left(\sum_{i=1}^{K} \widetilde{\boldsymbol{A}}_{TTi} \right) \boldsymbol{U}_T = \sum_{i=1}^{K} \tilde{\boldsymbol{I}}_{Ti} \tag{3-146}$$

其中，$\widetilde{\boldsymbol{A}}_{TTi} = \boldsymbol{A}_{TTi} - \boldsymbol{A}_{Ti} \boldsymbol{A}_{ii}^{-1} \boldsymbol{A}_{iT}$；$\tilde{\boldsymbol{I}}_{Ti} = \boldsymbol{I}_{Ti} - \boldsymbol{A}_{Ti} \boldsymbol{A}_{ii}^{-1} \boldsymbol{I}_i$。

(2) 求子网电压。

$$\boldsymbol{A}_{ii} \boldsymbol{U}_i = \boldsymbol{I}_i - \boldsymbol{A}_{iT} \boldsymbol{U}_T, \quad i = 1, 2, \cdots, K \tag{3-147}$$

实际应用时，结合 LU 分解和前代回代过程可避免求逆运算。对于 BBDF 形式的导纳矩阵而言，其 LU 分解的结果为

$$\begin{bmatrix} \boldsymbol{Y}_{11} & & & & \boldsymbol{Y}_{1c} \\ & \boldsymbol{Y}_{22} & & & \boldsymbol{Y}_{2c} \\ & & \ddots & & \vdots \\ & & & \boldsymbol{Y}_{pp} & \boldsymbol{Y}_{pc} \\ \boldsymbol{Y}_{c1} & \boldsymbol{Y}_{c2} & \cdots & \boldsymbol{Y}_{cp} & \boldsymbol{Y}_c \end{bmatrix} = \begin{bmatrix} \boldsymbol{L}_{11} & & & & \\ & \boldsymbol{L}_{22} & & & \\ & & \ddots & & \\ & & & \boldsymbol{L}_{pp} & \\ \boldsymbol{L}_{c1} & \boldsymbol{L}_{c2} & \cdots & \boldsymbol{L}_{cp} & \boldsymbol{L}_c \end{bmatrix} \begin{bmatrix} \boldsymbol{U}_{11} & & & & \boldsymbol{U}_{1c} \\ & \boldsymbol{U}_{22} & & & \boldsymbol{U}_{2c} \\ & & \ddots & & \vdots \\ & & & \boldsymbol{U}_{pp} & \boldsymbol{U}_{pc} \\ & & & & \boldsymbol{U}_c \end{bmatrix}$$

上述 LU 分解过程中，由于各个子网导纳矩阵相互独立，因此可以并行进行子网导纳矩阵 LU 分解，即

$$\begin{cases} L_{11}U_{11}=Y_{11}, & L_{11}U_{1c}=Y_{1c}, & L_{c1}U_{11}=Y_{c1}, & Y_1=L_{c1}U_{1c} \\ L_{22}U_{22}=Y_{22}, & L_{22}U_{2c}=Y_{2c}, & L_{c2}U_{22}=Y_{c2}, & Y_2=L_{c2}U_{2c} \\ \vdots \\ L_{pp}U_{pp}=Y_{pp}, & L_{pp}U_{pc}=Y_{pc}, & L_{cp}U_{pp}=Y_{cp}, & Y_p=L_{cp}U_{pc} \end{cases} \tag{3-148}$$

子网导纳矩阵 LU 分解完成后，根据分解得到的 L_{ci}、U_{ic} 进行边界导纳矩阵 LU 分解：

$$L_cU_c=Y_c-\sum_{i=1}^{p}\left(L_{ci}U_{ic}\right) \tag{3-149}$$

其中，$L_{ci}U_{ic}$ 在并行进行子网导纳矩阵 LU 分解时进行运算。

边界导纳矩阵 LU 分解完成后，各子网可并行进行前代计算：

$$\begin{bmatrix} L_{11} & & & & \\ & L_{22} & & & \\ & & \ddots & & \\ & & & L_{pp} & \\ L_{c1} & L_{c2} & \cdots & L_{cp} & L_c \end{bmatrix}\begin{bmatrix} w_1 \\ w_2 \\ \vdots \\ w_p \\ w_c \end{bmatrix}=\begin{bmatrix} I_1 \\ I_2 \\ \vdots \\ I_p \\ I_c \end{bmatrix}$$

$$\begin{cases} L_{11}w_1=I_1, & I_{c1}=L_{c1}w_1 \\ L_{22}w_2=I_2, & I_{c2}=L_{c2}w_2 \\ \vdots \\ L_{pp}w_p=I_p, & I_{cp}=L_{cp}w_p \end{cases} \tag{3-150}$$

之后，进行边界前代和回代计算：

$$\begin{aligned} L_cw_c&=I_c-\sum_{i=1}^{n}I_{ci} \\ U_cV_c&=w_c \end{aligned} \tag{3-151}$$

其中，I_{ci} 由子网前代计算步骤中各子网计算得到。

最后，各子网并行回代：

$$\begin{bmatrix} U_{11} & & & & U_{1c} \\ & U_{22} & & & U_{2c} \\ & & \ddots & & \vdots \\ & & & U_{pp} & U_{pc} \\ & & & & U_c \end{bmatrix}\begin{bmatrix} V_1 \\ V_2 \\ \vdots \\ V_p \\ V_c \end{bmatrix}=\begin{bmatrix} w_1 \\ w_2 \\ \vdots \\ w_p \\ w_c \end{bmatrix} \tag{3-152}$$

$$\begin{cases} U_{11}V_1+U_{1c}V_c=w_1 \\ U_{22}V_2+U_{2c}V_c=w_2 \\ \vdots \\ U_{pp}V_p+U_{pc}V_c=w_p \end{cases}$$

从上述过程可以看出，将导纳矩阵以 BBDF 的形式重新排列后，各个子网间相互解耦，因此各个子网在进行 LU 分解以及前代回代计算时能够并行进行求解，但是由于每个子网仍与边界点的导纳矩阵存在关联，因此子网的计算与边界点的计算仍是串行的。以上描述的空间并行化后一次迭代计算的过程如图 3-34 所示。

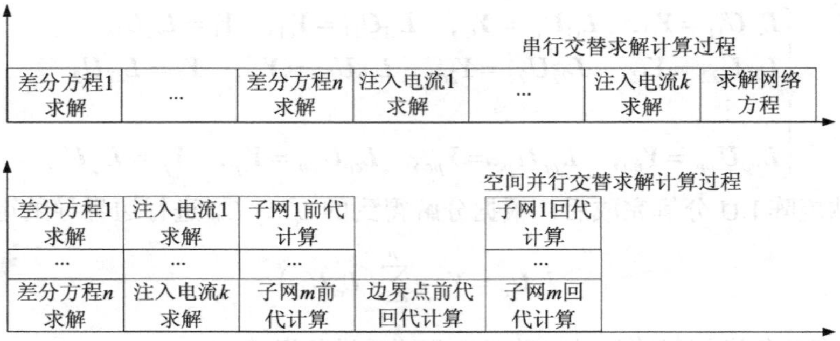

图 3-34　交替求解一次迭代计算的串行与空间并行计算过程对比

对于操作或故障瞬间的方程组求解，当采用近似处理方法时，由于操作或故障后瞬间需要求解的方程仍然为网络方程，系数矩阵为导纳矩阵。此时，求得修正的导纳矩阵以后，仍然可以按照上述方法进行并行求解。考虑到导纳矩阵仅在操作或故障发生的节点发生变化，而其余元素保持不变，因此只需要对包含故障的分网进行三角分解，从而降低修正导纳矩阵分解的计算量。

以上就是时间并行与空间并行的基本概念与在电力系统机电暂态分析中的实例化示意。

并行计算作为解决大规模电力系统动态分析计算效率低下的有效解决方案，能够有效提高仿真计算速度。随着计算机技术的发展，一块 CPU 芯片上能够集成的 CPU 核心数量明显增长。电力系统并行仿真计算的交替求解法中，微分方程对应着一个个动态元件，在微分方程求解时，各个元件的微分方程之间是具有独立性的，其求解可以轻易并行化。而网络代数方程的并行化要困难得多。BBDF 算法作为一种典型的空间并行算法，有效而又易于实现，被广泛应用于并行求解网络代数方程中，是目前机电暂态分析空间并行领域的主要做法。

然而，需要注意的是，并行计算并不能无限地提升大规模电力系统机电暂态分析计算速度，并行分析计算的加速比往往快速饱和。在现有文献中，BBDF 算法所得的加速比往往为 2～10。相比于计算机技术的迅猛发展与成就，BBDF 算法所得加速比是偏低的。而造成这种结果的原因主要在于以下两方面。

一方面，BBDF 算法中，子系统的网络方程求解与联络系统的网络方程求解需要按照顺序执行。相关研究指出，BBDF 算法往往在子系统与联络系统计算量相近时取得最高加速比，而由于子系统与联络系统的顺序求解，使得在取得最高加速比时，BBDF 算法存在一个理论最高效率限制。

另一方面，实际计算中，通信、线程开停等并行开销(parallel overhead)相比于计算任务耗时而言，是相当可观的。一个设计良好的并行动态分析程序，应当尽可能地减少并行开销。在许多情况下，并行开销都会显著影响分析计算的效率，成为制约获得更高加速比的一大约束。虽然已有很多文献观察到并行开销显著增加，加速比快速饱和的现象，但是在电力系统领域对并行开销的详细研究还相对较少。

目前，如何将优化的并行算法与高性能计算(high-performance computing，HPC)平台相结合，仍是一个非常具有挑战性的问题。

3.6　影响机电暂态分析的其他因素

3.3 节和 3.4 节的内容聚焦于本章开头提到的连续内部功能模型、离散内部功能模型、数值积分算法 π_1 以及非线性代数方程组求解算法 π_2。实际电力系统运行过程中存在大量离散、非线性环节，在图 3-5 的机电暂态分析框架中，将这些环节抽象为内部事件模型与外部模型，本节中将其统称为影响机电暂态分析的因素。

本节对于这些因素的讨论，旨在解决三个问题：

(1) 如何对内部事件以及外部模型进行描述与建模？

(2) 内部事件与外部模型对机电暂态过程产生怎样的影响？

(3) 计及所有影响机电暂态分析的因素后，系统机电暂态过程的分析流程是什么样的？

3.6.1　时域过程中的特殊模型

1. 死区环节

死区广泛出现在原动机、调速器等模型的机械传动环节中。为了更直观地理解死区的概念，以齿轮转动为例进行说明，如图 3-35 所示。齿轮中的背隙(backlash)是一种死区，当齿轮咬合恰好在背隙时，不论输入轴正转或是反转，输出轴都不会动作。当齿轮咬合不在背隙时，输出轴才会随着输入轴而动作。例如，输入轴先顺时针旋转，再逆时针旋转，在顺时针旋转切换为逆时针时，输出轴会有短暂一小段时间不动作，之后才会动作，这就是背隙的效果。

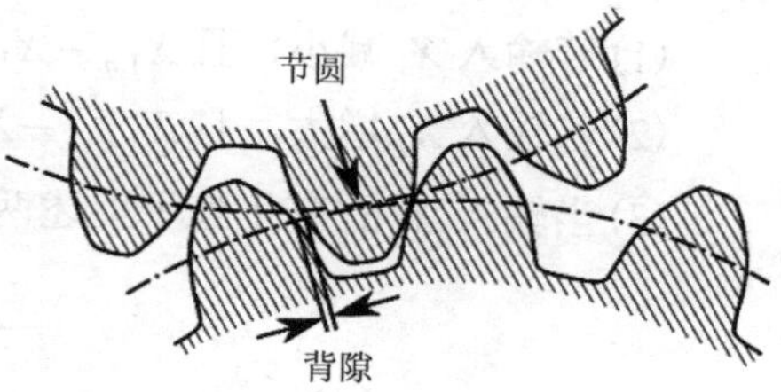

图 3-35　齿轮转动中的死区(背隙)

为了方便分析死区环节的具体模型，不妨将图 3-35 中的齿轮“拉直”，如图 3-36(a) 所示。假设初始时刻位于中间的齿轮在两侧齿轮空隙的正中间，此时各齿轮静止，两侧气隙长度各为 $\varepsilon/2$。记输入为中间齿轮的位移 X_1，输出为两侧齿轮中线的位移 X_2。则 X_1 和 X_2 之间的关系可分为下列几种情况：

(1) 中间齿轮向上移动(未达到 $\varepsilon/2$)，仍处于死区，如图 3-36(b) 所示，此时输入与输出的关系可表示为 $X_2=0$。

(2) 当中间齿轮继续向上移动直至与上方齿轮接触时，如图 3-36(c) 所示，中间齿轮将带着两侧齿轮移动，此时输入输出间的关系可表示为 $X_2=X_1-\varepsilon/2$。

(3) 此时如果中间齿轮改变方向向下移动，其将与上方齿轮分开，再次进入死区，如图 3-36(d) 所示，此时两侧齿轮位移将保持不变，$X_2=C$，C 为两侧齿轮已位移的距离。

(4) 直到中间齿轮与下方齿轮接触，中间齿轮将再次带动两侧齿轮一起运动，如图 3-36(e) 所示，此时输入输出间的关系可表示为 $X_2=X_1+\varepsilon/2$。

由此可以看出，整个死区环节输入输出间存在三种状态，分别用状态码 a、b、c 来表示。

a：中间齿轮抵住下方齿轮，并向下移动时，$X_2=X_1+\varepsilon/2$。

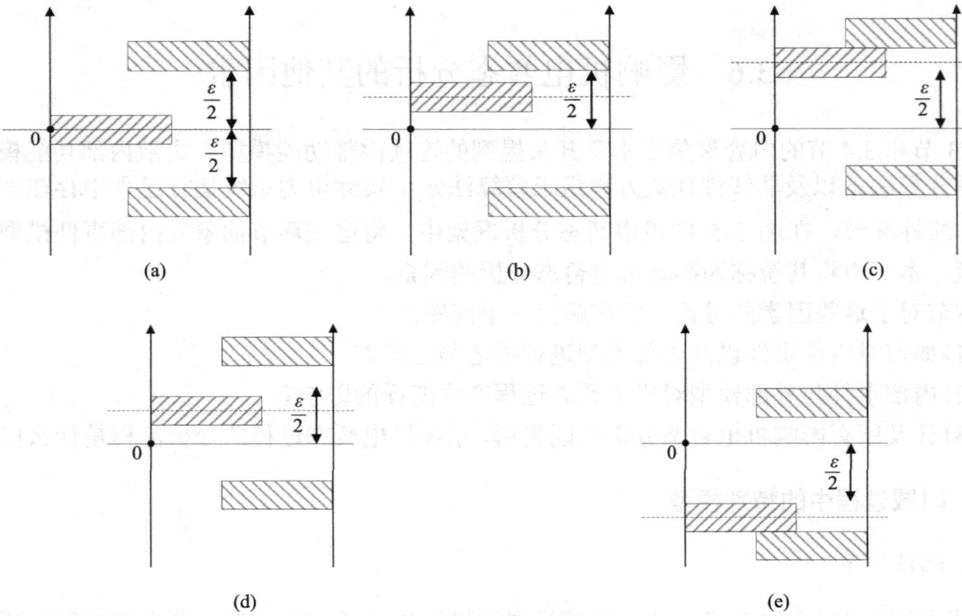

图 3-36　死区环节示意

b: 中间齿轮在背隙中移动，不与两侧任何一个齿轮接触时，$X_2 = C$。

c: 中间齿轮抵住上方齿轮，并向上移动时，$X_2 = X_1 - \varepsilon/2$。

上述死区在三种输入输出间的切换也可用状态转移图来描述，如图 3-37 所示，记 $\delta = X_1 - X_2$，用于记录齿轮在死区中所处的具体位置。假设初始状态为 b，且 $\delta = 0$。

(1) 若输入 X_1 减小，且 $X_{1,n} - X_{1,n+1} > \varepsilon/2 + \delta$，则下一时刻转入状态 a。

(2) 若输入 X_1 增大，且 $X_{1,n+1} - X_{1,n} > \varepsilon/2 - \delta$，则下一时刻转入状态 c。

(3) 当输入 X_1 的变化处于上述两者之间时，则下一时刻系统继续留在状态 b。

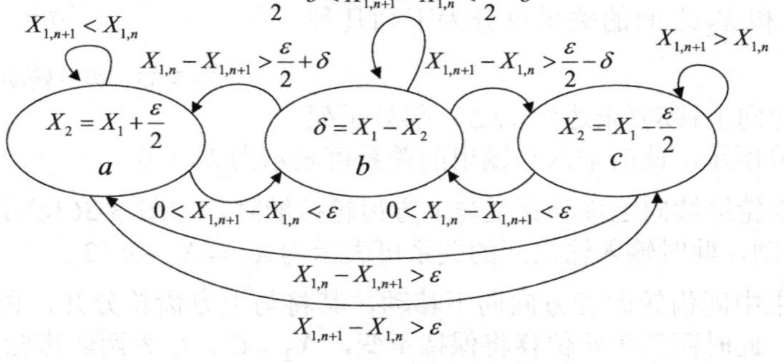

图 3-37　死区环节的转移模型

同理，可得到死区环节中其他状态转移的情况。需要注意的是，此处仅以输入输出呈线性关系的死区为例进行介绍，实际应用中死区的输入输出关系可能为更复杂的函数 $X_2 = f(X_1)$，需要视具体情况重新绘制状态转移模型。

2. 继电保护模型

继电保护是典型的快速、离散、分散式元件。通常意义下的继电保护数字仿真在电磁暂态仿真环境下进行，电磁暂态仿真程序依据预设故障进行仿真，所产生的故障数据作为继电保护数字仿真程序的输入，从而实时或非实时地对继电保护装置的保护行为进行分析研究。

与上述继电保护仿真不同，含继电保护模型的电力系统机电暂态分析研究的对象是电力系统的暂态和动态过程，继电保护过程仅作为影响暂态和动态过程的因素进行考虑。此时对其进行分析计算主要有以下两种考虑方式。

(1) 忽略继电保护动作过程，仅对继电保护结果进行仿真，通常通过预设时限的方法使断路器动作跳闸。目前部分国内外常用的机电暂态仿真程序采用这种方式实现了含保护的仿真，如 PSASP、NETOMAC 等。

(2) 计及保护范围和时限等因素，仿真继电保护动作过程，实现方法有逻辑判断法、定值比较法和案例法等。此类方法在调度员培训模拟系统 (DTS) 中得到较多应用，但由于实时性的限制，往往比较粗略。

其他的继电保护建模仿真方法还包括通过 Petri 网对继电保护中的动作逻辑演化进行描述等，但目前多处于理论研究阶段。本节介绍的继电保护仿真方法，总体设计思想类似于逻辑判断法，但有所简化。

将继电保护分为以下三种类型。

(1) 简单定时类型。

此类保护主要是差动保护和高频保护，常用于电力系统中各类元件的主保护，其动作时间短，可靠性高，可以略去实际的继电保护逻辑，认为一旦元件发生故障，则相应的主保护将在一个固定时间段后跳闸。

同时，该类保护也包含根据非电气量而动作的保护。例如，变压器的瓦斯保护可能在铁心故障、油面下降时动作，可认为一旦变压器出现故障，则相应的保护经过一定时间后跳闸。但一次系统仿真无法给出此类非电气量，因此需要进行设备状态的仿真，由设备状态仿真系统模拟此类非电气量。

下面以瞬时电流速断保护、距离保护 I 段为例进行介绍。

线路电流保护和线路距离保护分别根据电流和故障点距离而动作。瞬时电流速断保护的定值 $I'_{1\cdot\mathrm{set}}$ 依据线路末端短路时的短路电流 $I_{k\cdot\max}$ 进行整定，整定方法如式 (3-153) 所示。

$$I'_{1\cdot\mathrm{set}} = K'_{\mathrm{rel}} I_{k\cdot\max} \tag{3-153}$$

式中，K'_{rel} 为可靠系数。

距离保护 I 段保护的定值 Z'_{set} 依据线路末端短路的阻抗进行整定，整定的方法如式 (3-154) 所示。

$$Z'_{\mathrm{set}} = K'_{\mathrm{rel}} Z_{\mathrm{L}} \tag{3-154}$$

式中，K'_{rel} 为可靠系数；Z_{L} 为被保护线路的正序阻抗。

无论是通过电流判据，还是阻抗判据来反应系统故障，瞬时电流速断保护和距离保护 I 段在保护距离上均为本段线路一定长度，在延时上均没有附加人为的延时。在故障判据方面，逻辑判别法不采用电气量反映系统故障，因此继电保护仿真只需要从一次系统设备仿真取得故障信息，包括线路是否故障以及故障发生位置。在动作判据方面，瞬时电流速断保护和距离保护Ⅰ段的动作判据可以简化为线路发生故障且故障位置P_{fault}在整定的保护范围R_{set}内。动作逻辑如图3-38所示。

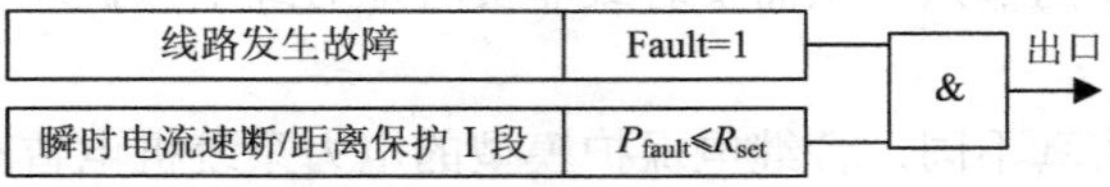

图3-38　瞬时电流速断保护和距离保护Ⅰ段动作逻辑

(2)常规判别类型。

此类保护主要包含高压线路和主设备的后备保护，动作时间相对较长，在延时期间需要考虑的因素较多，如故障被清除、主保护拒动、距离保护因系统振荡而误动或拒动、保护之间的配合关系等。一种建模方式是还原实际保护逻辑，采用定值判断法，通过电气量来决定保护是否动作，以及实现保护之间的配合；另一种建模方式是对实际保护逻辑进行简化，减少保护对电气量的依赖，保留保护外特性，但保护之间的配合、联动逻辑需要另外设计。

下面以限时电流速断保护、距离保护Ⅱ段为例进行介绍。

限时电流速断保护的保护范围覆盖本级线路，与瞬时电流速断保护一起可构成线路主保护。限时电流速断保护动作时的限定值高于下一级线路电流速断保护的限定值，差值为延时Δt，电流由式(3-155)进行整定：

$$I''_{1.set} = K''_{rel} I'_{2.set} \tag{3-155}$$

式中，K''_{rel}为可靠系数。

距离保护Ⅱ段保护范围覆盖本级线路全长，与距离保护Ⅰ段一起可构成线路主保护。距离保护Ⅱ段动作时的限定值高于下一级线路距离保护Ⅰ段的限定值，差值为延时Δt，阻抗由式(3-156)进行整定：

$$Z''_{1.set} = K'_{rel} Z_{AB} + K''_{rel} K_{b.min} Z'_{1.set} \tag{3-156}$$

式中，Z_{AB}为被保护线路的正序阻抗；$Z'_{1.set}$为相邻线路距离保护Ⅰ段的定值；$K_{b.min}$为可能出现的最小分支系数；K'_{rel}和K''_{rel}为可靠系数。

在保护范围方面，限时电流速断保护和距离保护Ⅱ段均覆盖本段线路全长以及下一级线路一定长度，在延时上需要有附加延时。在故障判据方面，逻辑判别法不采用电气量反映系统故障，而是采用从一次系统设备仿真取得故障信息，包括线路是否故障以及故障发生位置。在动作判据方面，限时电流速断保护和距离保护Ⅱ段的动作判据可以简化为线路发生故障且故障位置P_{fault}在整定的保护范围R_{set}内，并且延时达到整定值。动作逻辑如图3-39所示。

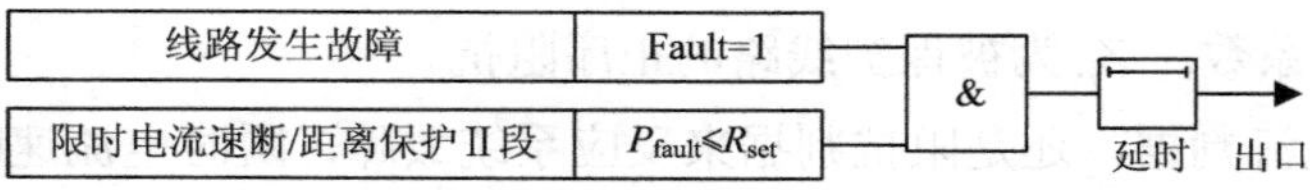

图3-39　限时电流速断保护和距离保护Ⅱ段动作逻辑

需要注意的是，保护范围 R_{set} 是针对本级线路进行整定的，故障位置 P_{fault} 是相对于故障线路的值。因此，当下一级线路发生故障时，需将下一级线路故障位置换算为相对于本线路的故障位置。换算关系由式(3-157)给出，其中 L_1 为本级线路长度。

$$P_{1.fault} = P_{2.fault} + L_1 \tag{3-157}$$

(3) 自动重合闸和断路器拒动。

电力系统故障类型纷繁复杂，其中大多数是输电线路的短路故障，输电线路故障又以架空线路故障居多。按照瞬时性故障和永久性故障来划分，架空线路故障多为瞬时性故障。因此，线路因保护动作而被切除后有大概率故障已经清除，此时进行合闸操作，线路可快速恢复供电。自动重合闸在电力系统中被广泛采用，重合闸成功率一般在 60%～90%。建立包含延时、闭锁和复归的自动重合闸模型、断路器拒动概率模型，可实现与继电保护的动作配合。

在理解自动重合闸时，有如下几个概念需要注意。

①重合闸起动方式。

重合闸的起动方式分为不对应起动方式和保护起动方式。不对应起动方式是指当控制开关在合闸状态，而断路器实际位置在断开状态，两个状态不对应时重合闸动作的起动方式；保护起动方式则是指保护动作发出跳闸命令后起动重合闸的方式。由于继电保护仿真并没有“断路器实际位置”的概念，因此仅考虑保护起动方式。

②重合闸延时。

断路器跳闸后，故障点熄弧等过程需要时间，因此保护动作重合闸起动后，需经过一定延时再发出合闸命令。具体延时需要根据灭弧时间等因素进行整定。

③重合闸闭锁。

为方便起见，将所有自动重合闸不具备合闸条件的情况均称为自动重合闸“闭锁”，主要分为断路器处于不正常状态而不具备重合闸条件、自动重合闸装置经过重合闸但未达到复归时间、手动跳闸、手动投入断路器但随即被继电保护断开等情况。

④重合闸复归。

自动重合闸在动作后，进入闭锁状态，经过预先整定好的时间后复归，解除闭锁。

考虑上述因素的自动重合闸动作逻辑如图 3-40 所示。

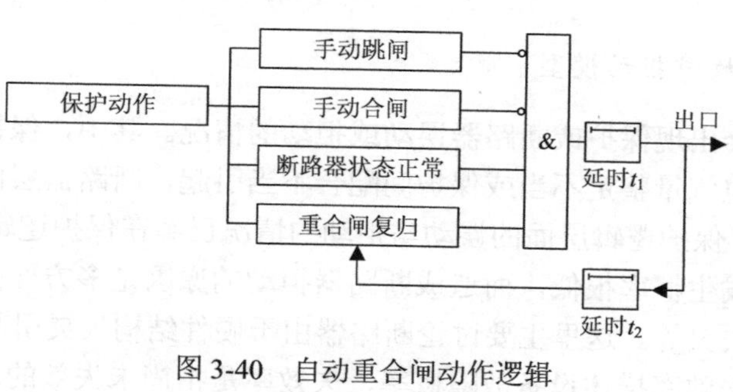

图 3-40　自动重合闸动作逻辑

在机电暂态分析的一个时步内，继电保护仿真将按照顺序运行主保护、后备保护、自动重合闸的逻辑，如图 3-41 所示。最后，对于保护动作出口的断路器，执行断路器的拒动判断，然后将最终结果返回给一次系统执行。

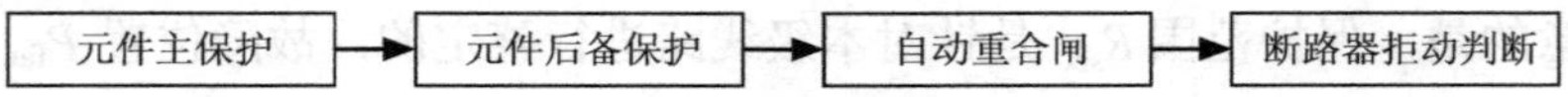

图 3-41　继电保护仿真组件的运行顺序

下面以图 3-42 所示的 CEPRI36 节点系统为例，对线路保护进行测试。测试场景为仿真时间 5s 时，连接 9 号母线和 23 号母线的传输线(下称传输线 9-23)发生三相接地故障，故障位置靠近 23 号母线，线路保护动作，传输线 9-23 两侧 89 号和 90 号断路器跳闸。结果如图 3-43 所示。从图 3-43 中可以看出，故障后，89 号以及 90 号断路器立即动作，将故障线路从系统中切除。

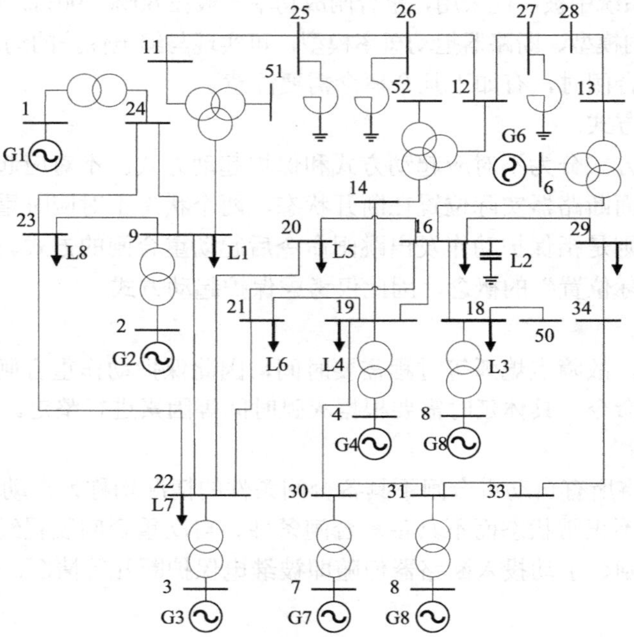

图 3-42　CEPRI36 节点系统接线图

3. 断路器失效/故障拒动模型

实际继电保护会出现保护或断路器误动或拒动的情况。其中，保护逻辑层面的误动与拒动由保护相关的电气量整定不当或保护间配合不当引起，断路器层面的误动与拒动则由硬件结构失灵引起。保护逻辑层面的误动与拒动的情况已经在保护逻辑中包含，不再叙述。断路器层面的误动发生概率很低，而造成断路器拒动的原因是多方面的，如断路器跳闸线圈断线、操动机构失灵等。这里主要讨论断路器由于硬件结构失灵引起的拒动。

应用中常使用失效率描述设备故障概率，失效率是指尚未失效的产品，在某时刻后，单位时间内发生失效的概率。接下来将使用韦布尔分布描述断路器的失效率。

韦布尔分布概率密度函数、失效分布函数与失效率函数分别由式(3-158)～式(3-160)给出。

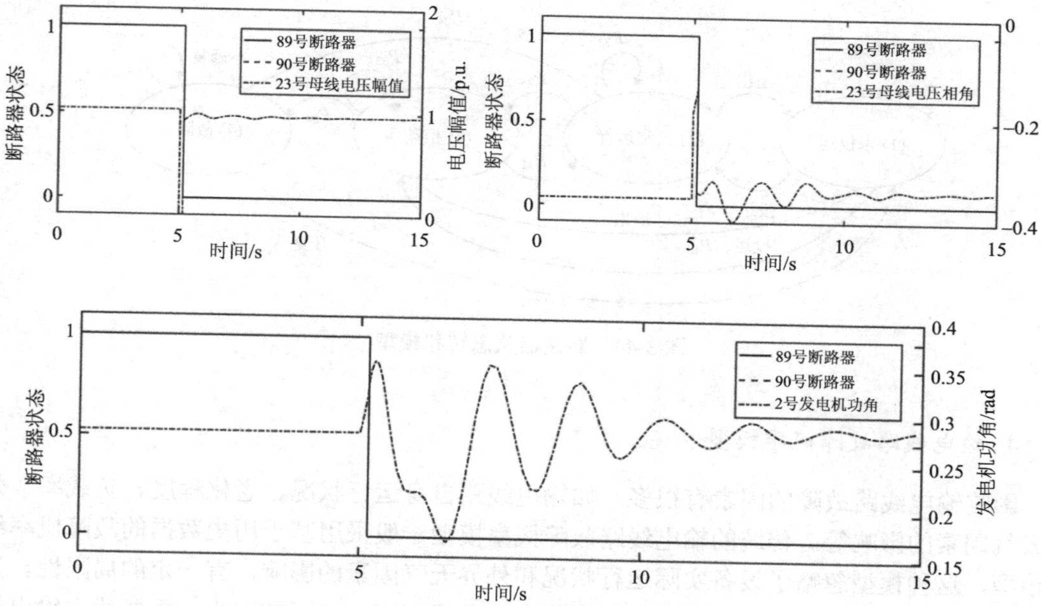

图 3-43　线路保护仿真结果

$$f(t)=\frac{m}{t_0}(t-\gamma)^{m-1}\mathrm{e}^{-\frac{(t-\gamma)^m}{t_0}} \tag{3-158}$$

$$F(t)=1-\mathrm{e}^{-\frac{(t-\gamma)^m}{t_0}} \tag{3-159}$$

$$\lambda(t)=\frac{m}{t_0}(t-\gamma)^{m-1} \tag{3-160}$$

式中，$m(m>0)$ 为形状参数；t_0 为尺度参数；γ 为位置参数；t 为时间。形状参数、尺度参数和位置参数共同确定了失效率曲线 $\lambda(t)$ 的形状。

工程中常令 $\gamma=0$，得到简化的两参数韦布尔分布。令 $t_0=\eta^m$，则其失效率函数可表示为

$$\lambda(t)=\frac{m}{\eta^m}t^{m-1} \tag{3-161}$$

参数 m 与 $\lambda(t)$ 需要通过大量断路器运行数据或实验数据进行求取，这里直接给出一组参考值：$m=1.982$，$\eta=36573$。则断路器失效率函数为

$$\lambda(t)=\frac{m}{\eta^m}t^{m-1}=1.79\times10^{-9}t^{0.982} \tag{3-162}$$

上述断路器失效率函数可直接作为断路器拒动概率函数。

根据断路器的拒动概率函数，可以将任意时刻断路器的状态用状态转移图来描述，如图 3-44 所示。

任意时刻断路器从任意状态出发，都以一定的概率 P 向其他可能的状态转移。用状态转移模型描述断路器的失效模型，就是在不同时刻求解断路器从当前状态 S_{t0} 转移到下一个状态 S_{t1} 的概率，并依概率进行采样，从而确定断路器状态的过程。

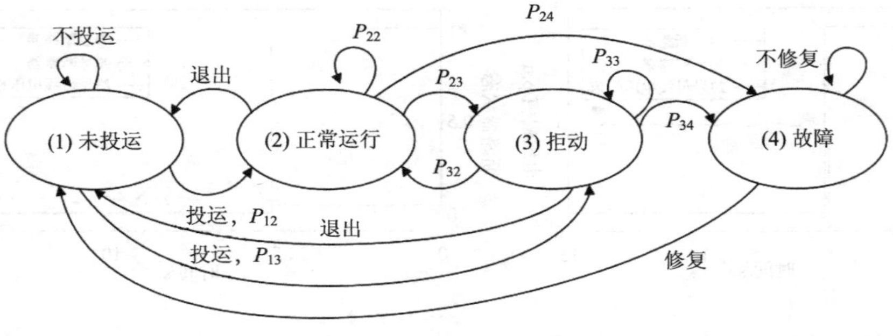

图 3-44　断路器状态转移模型

4. 输电线路故障概率模型

影响输电线路故障的因素有很多，如输电线路自身运行状况、老化程度、负载率、外界天气因素的影响等。传统的输电线路故障概率模型一般采用基于历史数据的故障概率统计模型，这种模型忽略了设备实际运行状况和外界天气因素的影响，有一定的局限性。为了综合考虑输电线路老化程度、设备健康状态、负载率和天气影响因素，需要建立输电线路的综合故障概率模型。

综合故障概率模型以比例风险模型(proportional hazard model，PHM)为基础，根据 PHM 模型定义，其故障概率函数为

$$h(t,\boldsymbol{Z}) = h_0(t)\mathrm{e}^{\boldsymbol{\gamma Z}} \tag{3-163}$$

式中，t 为当前时刻；$h_0(t)$ 为基准故障概率函数；$\boldsymbol{Z}$ 为反映设备不同状态的协变量向量；$\boldsymbol{\gamma}$ 为协变量向量参数向量；$\mathrm{e}^{\boldsymbol{\gamma Z}}$ 为协变量连接函数。

$h_0(t)$ 作为基准故障概率函数，可表征输电线路的老化失效情况。采用不同基准故障概率函数建模方法，可以得到不同的输电线路老化失效模型。

(1) 基于韦布尔分布的输变电设备失效模型。该模型适用于基准故障概率函数的建模：

$$h_0(t) = \left(\frac{\beta}{\eta}\right)\left(\frac{t}{\eta}\right)^{\beta-1} \tag{3-164}$$

式中，β 为形状参数；η 为比例参数，在线路故障概率模型中，η 取为输电线路的期望寿命 L。

(2) 基于导线抗拉强度损失函数的模型。导线抗拉强度损失是输电线路老化失效的主要成因。其经验公式为

$$W = W_{\mathrm{a}}\left\{1-\exp\left[-\exp\left(A+\frac{B}{\theta_{\mathrm{H}}}\ln t+\frac{C}{\theta_{\mathrm{H}}}+D\ln\frac{R}{80}\right)\right]\right\} \tag{3-165}$$

式中，W 为导线抗拉强度损失百分比；W_{a} 为完全退火状况下导线抗拉强度损失百分比；θ_{H} 为线温；t 为 θ_{H} 温度下导线持续运行时间；A、B、C、D 和 R 为与导体材料属性相关的常数。当导线抗拉强度损失百分比达到最大，即 $W_{\max}$ 时，可认为导线达到寿命终点，此时式(3-165)中 t 即为输电线路的期望寿命 L。L 可由式(3-166)计算：

$$L=\exp\left\{\frac{1}{B}\left[\ln\left(\ln\left(\frac{1}{1-\dfrac{W_{\max}}{W_{\mathrm{a}}}}\right)\right)-A-D\ln\left(\frac{R}{80}\right)\right]\theta_{\mathrm{H}}-\frac{C}{B}\right\} \tag{3-166}$$

令

$$P=\frac{1}{B}\left\{\ln\left[\ln\left(\frac{1}{1-\dfrac{W_{\max}}{W_{\mathrm{a}}}}\right)\right]-A-D\ln\left(\frac{R}{80}\right)\right\},\quad Q=\exp\left(-\frac{C}{B}\right)$$

则基准故障概率函数可以表示为

$$h_0(t)=\frac{\beta}{Q\exp(P\theta_{\mathrm{H}})}\left[\frac{t}{Q\exp(P\theta_{\mathrm{H}})}\right]^{\beta-1} \tag{3-167}$$

式中，t 为恒定基准温度 θ_{H} 下的等效 t 值。

协变量连接函数 $\exp(\boldsymbol{\gamma Z})$ 在 PHM 中反映不同状态协变量对设备故障概率的影响。当协变量个数为 p 时，对应的协变量连接函数为

$$\exp(\boldsymbol{\gamma Z})=\exp\left[\sum_{k=1}^{p}\gamma_k Z_k(t)\right] \tag{3-168}$$

(3) 一般性综合故障概率模型。该模型的协变量包含的风险指标包括线路自身的健康状态、所处的天气状况和线路负载状况等三大类。分别选取健康状态、天气状况、负载率为相应的协变量，综合故障概率可表示如下：

$$h(t,S_{\mathrm{He}},S_{\mathrm{We}},\mathrm{load})=\frac{\beta}{Q\exp(P\theta_{\mathrm{H}})}\left(\frac{T_{\mathrm{eq}}}{Q\exp(P\theta_{\mathrm{H}})}\right)^{\beta-1}*\exp(\gamma_1 S_{\mathrm{He}}+\gamma_2 S_{\mathrm{We}}+\gamma_3\mathrm{load}) \tag{3-169}$$

式中，S_{He} 为健康状态扣分值；S_{We} 为天气状况综合扣分值；load 为输电线路负载率；相应的 γ_1、γ_2 和 γ_3 为比例系数；T_{eq} 为输电线路等效运行时间。

图 3-45 为综合故障概率模型下在输电线路其他因素一定时，输电线路故障概率随天气和输电线路状态的变化情况。可以看出，天气越恶劣，输电线路健康状态越差，即天气扣分值和输电线路健康扣分值越大时，输电线路的故障概率越大。

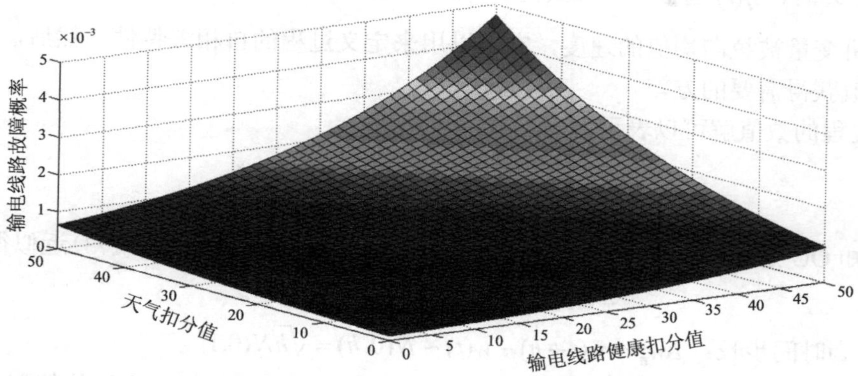

图 3-45　输电线路故障概率随天气和输电线路状态的变化情况

图 3-46 展示了在天气扣分值和输电线路状态一定的情况下，输电线路故障概率随输电线路负载率的变化情况。可以看出，随着输电线路负载率的变化，输电线路的故障概率也会跟随变化，当输电线路负载率较高时，相对的输电线路故障概率也越高，而输电线路负载率较低时，输电线路的故障概率也越低。

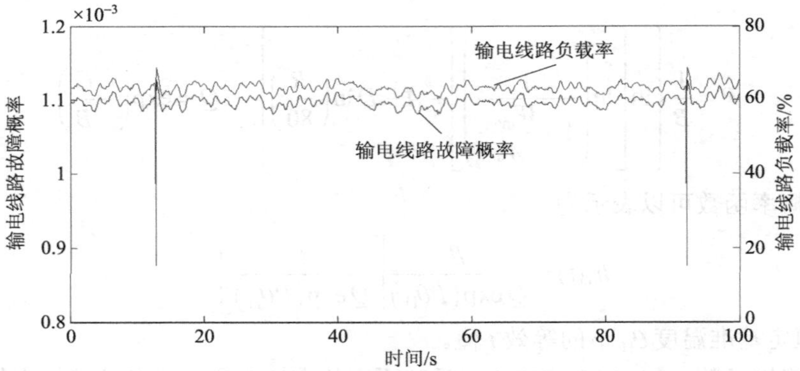

图 3-46 输电线路故障概率随输电线路负载率的变化情况

5. 负荷随机扰动模型

随机扰动可用高斯、维纳、OU(Ornstein-Uhlenbeck process)等过程进行建模。一般来说，与标准高斯和维纳过程相比，OU 过程的方差不会无限增加，因此更适合于建模物理系统中的随机扰动。OU 过程用随机微分方程可以表示为

$$\mathrm{d}\eta(t)=\theta[\mu-\eta(t)]+\sigma\mathrm{d}w(t) \tag{3-170}$$

其中，$\theta>0$ 表示随机微分方程的漂移系数；$\sigma>0$ 为随机微分方程的扩散系数；$w(t)$ 为维纳过程；μ 为 OU 过程预先指定的均值。式(3-170)表示为一个指数自相关过程，即随着时间趋于无穷，其趋于预先指定的均值。OU 过程的均值和方差可以表示如下：

$$\begin{aligned} E[\eta(t)] &= \mu+[\eta(t_0)-\mu]\mathrm{e}^{-\theta t} \\ \mathrm{Var}[\eta(t)] &= \frac{b^2}{2a}(1-\mathrm{e}^{-2\theta t}) \end{aligned} \tag{3-171}$$

当 $t\to\infty$ 时，$\eta(t)$ 趋于一个形式为 $N\left(\mu,\sigma^2/2\theta\right)$ 的正态分布。其中，θ 表示均值回归速度，即随机变量被拉向均值的速度，它可以用来定义过程的自相关特性。然后，可以通过调整 σ 的值获得需要的方差。

OU 过程的数值解可以表示为

$$x_t = x_0\mathrm{e}^{-\theta t}+\mu\left(1-\mathrm{e}^{-\theta t}\right)+\frac{\sigma}{\sqrt{2\theta}}\mathrm{e}^{-\theta t} \tag{3-172}$$

当已知 OU 过程 t 时刻的值 X_n 时，下一时刻的值 X_{n+1} 可以由式(3-173)近似得到：

$$X_{n+1}=X_n+\theta\left(\mu-X_n\right)\Delta t+\sigma\Delta w_n \tag{3-173}$$

其中，Δt 为时间步长；$\Delta w_n=w(t+h)-w(t)\sim N(0,h)=\sqrt{h}N(0,1)$。

OU 过程是一个均值回归过程，可用于电力系统负荷建模。考虑电压依赖型负荷：

$$p_{\mathrm{L}}(t) = p_{\mathrm{L0}}\left(\frac{v(t)}{v_0}\right)^{\gamma}$$
$$q_{\mathrm{L}}(t) = q_{\mathrm{L0}}\left(\frac{v(t)}{v_0}\right)^{\gamma} \tag{3-174}$$

其中，p_{L0}和q_{L0}是负荷在$t=0$时的有功功率和无功功率值；$v(t)$是负荷所在节点的电压幅值；v_0是该节点在$t=0$时的电压幅值；γ指数表示负荷对电压的依赖性。$\gamma=0$时代表恒功率负荷，$\gamma=1$时代表恒电流负荷，$\gamma=2$时代表恒阻抗负荷。

对p_{L0}和q_{L0}引入随机波动，则可模拟负荷的不确定性，该随机波动可用随机变量η_p和η_q来描述，η_p代表负荷有功功率波动值，η_q代表负荷无功功率波动值：

$$p_{\mathrm{L}}(t) = \left(q_{\mathrm{L0}} + \eta_p\right)\left(\frac{v(t)}{v_0}\right)^{\gamma}$$
$$q_{\mathrm{L}}(t) = \left(q_{\mathrm{L0}} + \eta_q\right)\left(\frac{v(t)}{v_0}\right)^{\gamma} \tag{3-175}$$

当η_p和η_q用高斯白噪声描述时，假设η_p和η_q分别服从以μ_p和μ_q为均值、σ_p^2和σ_q^2为方差的正态分布，则其概率密度函数为

$$P_p(x) = \frac{1}{\sqrt{2\pi}\sigma_p}\exp\left[-\frac{\left(x-\mu_p\right)^2}{2\sigma_p^2}\right]$$
$$P_q(x) = \frac{1}{\sqrt{2\pi}\sigma_q}\exp\left[-\frac{\left(x-\mu_q\right)^2}{2\sigma_q^2}\right] \tag{3-176}$$

当η_p和η_q用 OU 过程描述时，则其值由式(3-172)计算得到。

图 3-47 和图 3-48 分别为同一基础负荷水平时（$p_{\mathrm{L0}}=\mu_p=3.76$，$q_{\mathrm{L0}}=\mu_q=2.3$），采用 OU 过程得到的负荷不确定性仿真轨迹和符合正态分布的负荷不确定性仿真轨迹。可以看出，采用 OU 过程模拟的负荷功率波动仿真轨迹变化相对采用高斯白噪声模拟的负荷功率波动仿真轨迹更慢，而且其会趋向于预设的均值，可以用来模拟负荷功率逐渐趋于某一定值并在附近波动的场景，更适用于模拟负荷在一定时间内的不确定性波动情况。

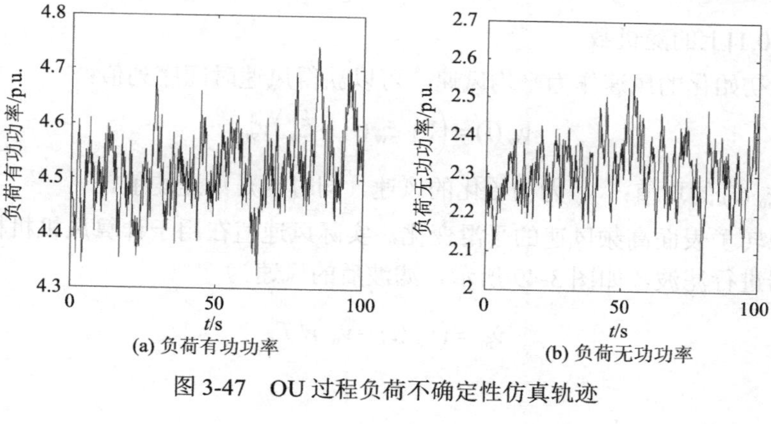

(a) 负荷有功功率　　(b) 负荷无功功率

图 3-47　OU 过程负荷不确定性仿真轨迹

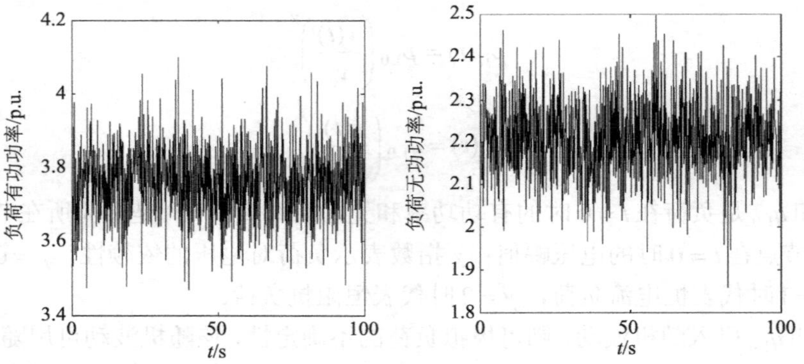

(a) 负荷有功功率　(b) 负荷无功功率

图 3-48　符合正态分布的负荷不确定性仿真轨迹

6. 风速等不确定性模型

可再生能源出力的波动性是电力系统中非常重要的不确定因素。对于风力发电而言，不确定性主要来自自然界的风速，而最常用的风速模型正是前面提过的韦布尔分布。

采用韦布尔分布随机过程模拟风速的方法是建立风速的韦布尔分布模型，利用逆变换法产生一系列服从韦布尔分布的随机风速值，并为其赋予时标，从而得到服从韦布尔分布的$\left\{\boldsymbol{v}_{t_1},\boldsymbol{v}_{t_2},\cdots,\boldsymbol{v}_{t_n}\right\}$，记为$\left\{\boldsymbol{v}_t\right\}_{t\in T}$。$\left\{\boldsymbol{v}_t\right\}_{t\in T}$可被看成一个韦布尔随机过程，其中$\boldsymbol{v}_{t_n}$表示$t_n$时刻由所有风机风速构成的随机向量，随机向量之间没有强的约束关系，可认为互相独立。

韦布尔分布风速模型如下：

$$f\left(v_{\mathrm{w}},c,k\right)=\frac{k}{c^k}v_{\mathrm{w}}^{k-1}\mathrm{e}^{-\left(\frac{v_{\mathrm{w}}}{c}\right)^k} \tag{3-177}$$

其中，v_{w}是风速；c、k是定义风速模型的常数，分别为尺度参数和形状参数，$k=2$时描述的是 Rayleigh's 分布，$k>2$时近似为正态分布，$k=1$时描述的是指数分布。尺度参数c的取值范围为$(1,10)$。

利用逆变换法产生一系列服从韦布尔分布的随机风速值：

$$\xi_{\mathrm{w}}(t)=\left(-\frac{\ln\iota(t)}{c}\right)^{\frac{1}{k}} \tag{3-178}$$

其中，$\iota(t)$是[0,1]上的随机数。

最后，以初始化的风速作为平均风速，可以获得风速时间序列值：

$$\breve{v}_{\mathrm{w}}(t)=\left(1+\xi_{\mathrm{w}}(t)-\hat{\xi}_{\mathrm{w}}\right)v_{\mathrm{w}}^{\mathrm{a}} \tag{3-179}$$

其中，$\hat{\xi}_{\mathrm{w}}$为$\xi_{\mathrm{w}}(t)$的均值；$v_{\mathrm{w}}^{\mathrm{a}}$为初始化的风速，同时也是风速均值。

为了模拟转子表面高频风速的平滑变化，实际风速值在用于计算风机机械功率前，通过低通滤波器进行滤波，如图 3-49 所示，滤波后的风速为

$$\dot{v}_{\mathrm{m}}=\left(\breve{v}_{\mathrm{w}}(t)-v_{\mathrm{w}}\right)/T_{\mathrm{w}} \tag{3-180}$$

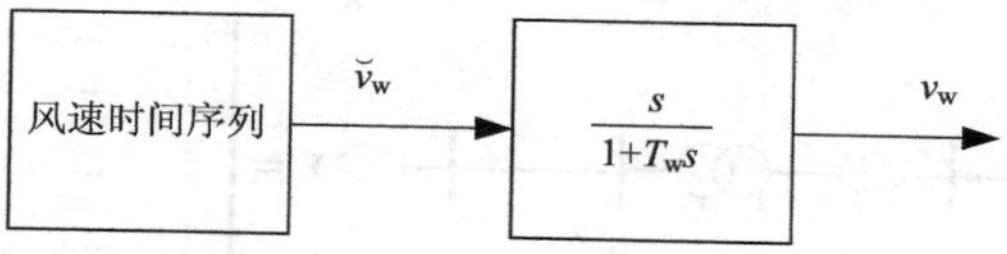

图 3-49　通过低通滤波器对风速序列进行平滑处理

图 3-50 为风速额定值为 15m/s, $\Delta t = 0.1\text{s}$，$T_{\mathrm{w}} = 4\text{s}$，$c_{\mathrm{w}} = 20$，$k_{\mathrm{w}} = 2$ 时韦布尔分布的风速仿真结果。

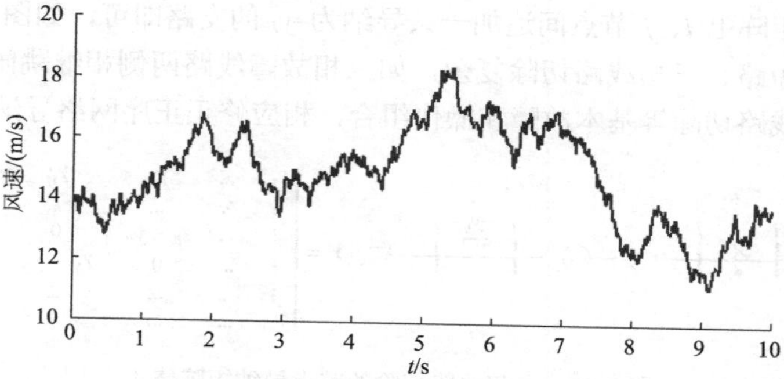

图 3-50　风速不确定性波动轨迹

3.6.2　特殊模型对机电动态过程的影响

上述内部事件模型与外部模型对电力系统机电动态过程分析产生的影响可以分为系统模型切换、初值的变化与计算算法的调整三类。在本节的讨论中，将以交替求解法为例介绍这三类影响在机电动态过程分析中的体现，此时每个时步求解的方程如式(3-181)和式(3-182)所示。

$$\boldsymbol{x}_{n+1} = \boldsymbol{x}_n + \frac{1}{2}h\left[\boldsymbol{f}\left(\boldsymbol{x}_n, \boldsymbol{u}_n\right) + \boldsymbol{f}\left(\boldsymbol{x}_{n+1}, \boldsymbol{u}_{n+1}\right)\right] \tag{3-181}$$

$$\boldsymbol{Y}\boldsymbol{u}_{n+1} = \boldsymbol{i}\left(\boldsymbol{x}_{n+1}, \boldsymbol{u}_{n+1}\right) \tag{3-182}$$

1. 系统模型切换

在机电暂态分析过程中，系统模型切换存在两种情况：一种是由于故障或操作，对部分线路或设备进行投切；另一种则是存在多种工作模式的元件由于外部指令或扰动，进行工作模式切换。

1) 系统拓扑变化

当由于故障或操作引起系统拓扑变化时，需要对系统正序网络导纳矩阵进行修正以及删除被切除元件的动态方程，即修正式(3-182)中节点导纳矩阵 $\boldsymbol{Y}$，并在式(3-181)中删除被切除元件的状态方程 $\boldsymbol{f}$。

对于节点导纳矩阵的修正，存在如下几种情况。

(1) 对于三相对称金属性短路故障，可在故障节点对地插入一个微小电阻，如图 3-51 所示，保持网络拓扑形式不变。这种处理相对简单，便于故障切除后恢复原导纳矩阵，但引入的微小电阻有一定误差，在工程上是允许的。

$$Y = \begin{bmatrix} Y_{11} & \cdots & Y_{1i} & \cdots & Y_{1n} \\ \vdots & \ddots & \vdots & & \vdots \\ \vdots & \cdots & Y_{ii} + \dfrac{1}{Z} & \cdots & \vdots \\ \vdots & & \vdots & \ddots & \vdots \\ Y_{n1} & \cdots & & \cdots & Y_{nn} \end{bmatrix}$$

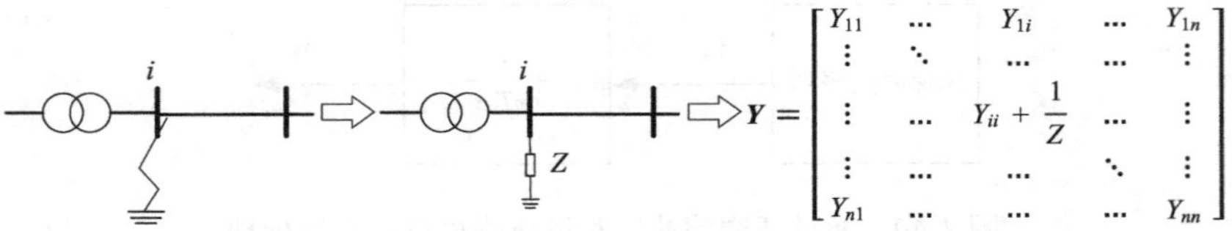

图 3-51　三相对称金属性短路故障的节点导纳矩阵修正

(2)对于三相线路切除，若设该线路两端节点号为 i 和 j，线路阻抗相应的导纳为 y_{ij}，则只要在原导纳矩阵上 i、j 节点间追加一条导纳为 $-y_{ij}$ 的支路即可，如图 3-52 所示。实际情况可能比三相短路、三相线路切除复杂，如三相故障线路两侧相继跳闸等，但均可化为三相短路、三相线路切除等基本故障和操作组合，相应修正正序网络导纳矩阵来处理。

$$Y = \begin{bmatrix} Y_{11} & \cdots & Y_{1i} & Y_{1j} & \cdots & Y_{1n} \\ \vdots & \ddots & \vdots & \vdots & & \vdots \\ \vdots & \cdots & Y_{ii} - y_{ij} & 0 & \cdots & \vdots \\ \vdots & \cdots & 0 & Y_{jj} - y_{ij} & \cdots & \vdots \\ \vdots & & \vdots & \vdots & \ddots & \vdots \\ Y_{n1} & \cdots & & & \cdots & Y_{nn} \end{bmatrix}$$

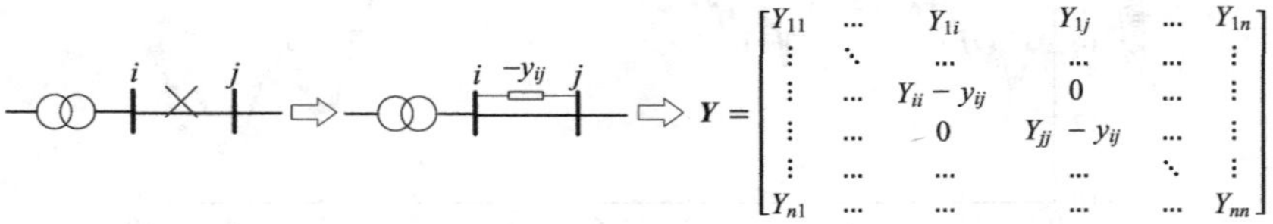

图 3-52　三相线路切除的节点导纳矩阵修正

(3)对简单不对称故障，在形成网络正、负、零序导纳矩阵的基础上，将故障点 abc 三相电压、电流关系转化为该节点处序网电量间关系(称为故障点的边界条件)，并将序网在该点做相应连接。此时，负序、零序网可看作正序网中的等值阻抗，从而各时步计算仍在正序网中进行。表 3-8 提供了各类不对称故障下负序、零序阻抗接入正序网络的等值阻抗计算公式。

表 3-8　各类不对称故障下等值阻抗计算公式

故障	单相接地	两相接地	两相短路	单相断线	两相断线
非金属性短路	$Z_\Delta = Z_{2f} + Z_{0f} + 3Z_g$	$Z_\Delta = (Z_{2f} + Z) // (Z_{0f} + Z + 3Z_g) + Z$	$Z_\Delta = (Z_{2f} + Z) + Z$	$Z_\Delta = Z_{2f} // Z_{0f}$	$Z_\Delta = Z_{2f} + Z_{0f}$
金属性短路	$Z_\Delta = Z_{2f} + Z_{0f}$	$Z_\Delta = Z_{2f} // Z_{0f}$	$Z_\Delta = Z_{2f}$		

(4)对于发生在线路上的短路故障，当故障点在线路两侧时，附加阻抗 Z_Δ 可以修正到节点导纳矩阵中线路两侧母线相应的位置上。当故障点在线路中某一位置时，需要在故障点处并入附加阻抗 Z_Δ，为避免计算过程中节点导纳矩阵增阶，需要对故障时的网络进行 Y-Δ 变换，如图 3-53 所示。对应到对节点导纳矩阵的更改规则为，将 Z_1、Z_2 从原矩阵中移除，计算 Z_{12}、$Z_{1\Delta}$、$Z_{2\Delta}$ 并将其加入节点导纳矩阵中，图中 $Z_l = Z_1 + Z_2$。

上述列举了几种常见的系统拓扑变化的情况。需要注意的是，系统拓扑变化可以发生在任意时刻，可能刚好落在一个完整的时步中间。此时，需要调整仿真时步，求得故障前的 t 时刻系统的状态。接下来，需要求解系统拓扑变化瞬间系统的状态。系统拓扑变化瞬间，状态变量保持不变，为已知量，记为 $\boldsymbol{x}_0$；代数变量则会在拓扑变化瞬间发生突变。然后，通过求解式(3-183)所示的方程，得到代数变量具体数值。

$$Y = \begin{bmatrix} Y_{11} & \cdots & & Y_{1i} & & Y_{1j} & \cdots & Y_{1n} \\ \vdots & \ddots & & \vdots & & \vdots & & \vdots \\ \vdots & \cdots & & Y_{ii} - \dfrac{1}{Z_l} + \dfrac{1}{Z_{1\Delta}} + \dfrac{1}{Z_{12}} & & -\dfrac{1}{Z_{12}} & \cdots & \vdots \\ \vdots & \cdots & & -\dfrac{1}{Z_{12}} & & Y_{jj} - \dfrac{1}{Z_l} + \dfrac{1}{Z_{2\Delta}} + \dfrac{1}{Z_{12}} & & \vdots \\ \vdots & \cdots & & \cdots & & \cdots & \ddots & \vdots \\ Y_{n1} & \cdots & & \cdots & & \cdots & & Y_{nn} \end{bmatrix}$$

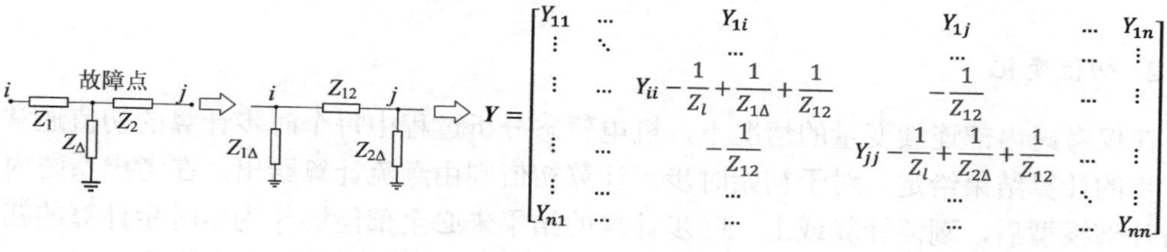

图 3-53　线路中间发生短路的节点导纳矩阵修正

$$Yu = i(x_0, u) \tag{3-183}$$

2) 元件工作模式切换

元件工作模式的切换涉及对式 (3-181) 中相应状态变量 X、状态方程 f 的修改。实际系统中有许多元件存在多种工作模式，需要根据系统实时运行状态将元件切换至合适的工作模式。例如，当风机/光伏的并网逆变器采用虚拟同步发电机 (VSG) 控制时，存在电压型 VSG 与电流型 VSG 两种状态。电压型 VSG 受到较大扰动后易发生暂态同步失稳，严重时会导致风机/光伏脱网。为避免风机/光伏在暂态过程中同步失稳，可采取切换控制方法，将运行状态由电压型 VSG 切换至电流型 VSG。为此，需要在机电暂态分析中设计使元件在不同工作模式下平滑切换的方法。

由于时域过程中各个状态变量是具有"速度"的，即状态变量的导数不为 0，因此在模式切换瞬间需要动态地对新的工作模式进行初始化。动态初始化是指，在初始化状态变量以及代数变量 X、Y 的同时，初始化状态变量变化的"速度" $\dfrac{\mathrm{d}X}{\mathrm{d}t}$。这就要求在机电暂态分析过程中以"热备用"的思路对具有多种工作模式的元件进行处理。

以图 3-54 为例，假设元件 B 存在两种工作模式 B_1、B_2，分别对应两组状态变量 X_1、X_2，代数变量 Y_1、Y_2，以及微分-代数方程组 f_1、g_1 和 f_2、g_2，仿真系统中其他部分用变量 X、Y 以及方程 g、f 表示。假设初始时刻元件 B 工作在 B_1 模式。由于 B_2 没有接入系统，因此任意 $t_n \sim t_{n+1}$ 时段的计算，即解方程组 g、g_1、f、f_1，计算 X_{n+1}、Y_{n+1}、$X_{1,n+1}$、$Y_{1,n+1}$。得到 X_{n+1}、Y_{n+1} 后，再将其输入模型 B_2 中，根据 f_2、g_2 计算 t_{n+1} 时刻的 $X_{2,n+1}$、$Y_{1,n+1}$ 及 $\dot{X}_{2,n+1}$。此时，"热备用"体现在虽然 B_2 不参与本时步系统中其他变量 X、Y 的求解，但每个时步求解完成后需要根据计算结果同步更新 X_2、Y_2 以及 $\dot{X}_2$。

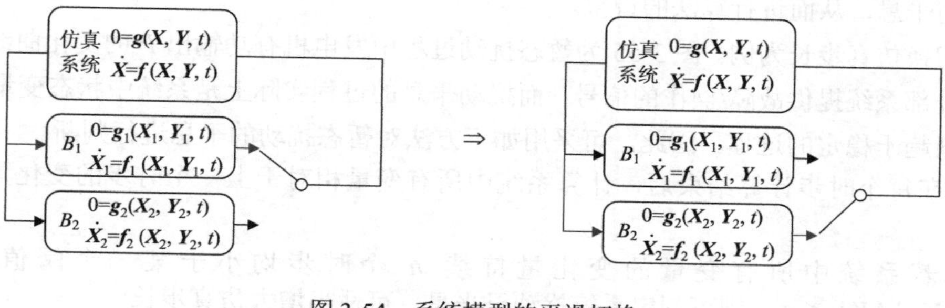

图 3-54　系统模型的平滑切换

2. 初值变化

在仅考虑内部连续变量的情况下，机电暂态分析过程中每个时步计算的初值通常由上一时步的计算结果给定，对于初始时步，计算初值则由潮流计算给出。在考虑系统内部事件与外部模型后，潮流计算或上一时步计算的结果未必全部能够作为本时步计算的初值，需要结合内部事件与外部模型的仿真结果对本时步的计算初值进行适当修改。

对于初值的修改，具体可分为以下两种情况。

(1) 由模型切换导致的初值变化。此时，可细分为两种情况：

① 系统出现故障或由于继电保护装置动作，使得网络拓扑发生变化，在下一时步的计算中，相应故障或被切除设备的初值需要重新计算。

② 同一设备工作在不同模式时，模型对应的状态变量、代数变量存在差异，当下一时刻出现模型工作状态改变时，需要根据上一时步末的状态/代数变量计算结果，重新计算本时步状态/代数变量的初值。

(2) 外部模型直接对初值进行修改。此时，也可以细分为两种情况：

① 信息系统下达的调度指令，将直接作用于系统中的环节，修改其初值，例如，AGC指令下达后直接对目标机组的有功参考值进行修改。

② 风速、光照等不确定性因素直接影响本时刻风电、光伏机组的输入功率初值。

上述几种情况，初值变化的影响体现在对式(3-181)中对应的变量初值 $\boldsymbol{x}_n$ 以及 $\boldsymbol{x}_n$ 变化的“速度” $\dot{\boldsymbol{x}}_n = \boldsymbol{f}\left(\boldsymbol{x}_n, \boldsymbol{u}_n\right)$ 的修改。

3. 计算算法的调整

机电暂态分析过程中，当系统受到故障、设备投切操作等暂态扰动时，为了保证计算的精度与收敛性，可能需要调整机电暂态分析的算法，例如，对算法进行步长调节、数值积分公式调整，甚至进行非线性代数方程组求解算法切换等。当暂态扰动平息后，则可将算法调整回扰动前状态，例如，加大仿真步长进行大步长计算，以提高仿真速度。

仿真步长的调整体现在对式(3-181)中的步长 h 的调整；数值积分公式的调整体现在对式(3-181)中等式右侧部分的整体修改；非线性代数方程组求解算法的切换体现在对式(3-181)、式(3-182)整体求解形式的修改。无论哪一种调整，其关键都在于如何判断扰动的开始与平息，从而进行算法的调整。

以切换仿真步长为例。图 3-55 为暂态扰动过程中发电机有功输出 P 的变化曲线。扰动开始由外部系统提供故障/操作的信号，而扰动平息的过程实际上是系统中状态变量与代数变量逐渐趋于稳定的过程。因此，可采用如下方法对暂态扰动的平息进行判断。

(1) 在每个时步计算结束后，计算系统中所有变量相对于上一个时步的变化量 $\Delta\boldsymbol{X}$ 、$\Delta\boldsymbol{Y}$ 。

(2) 若系统中所有变量的变化量持续 n 个时步均小于某一个阈值 ε ，即 $\mathrm{Max}\{|\Delta\boldsymbol{X}|,|\Delta\boldsymbol{Y}|\} \leqslant \varepsilon$ ，则可判定系统扰动已平息，可适当增大仿真步长。

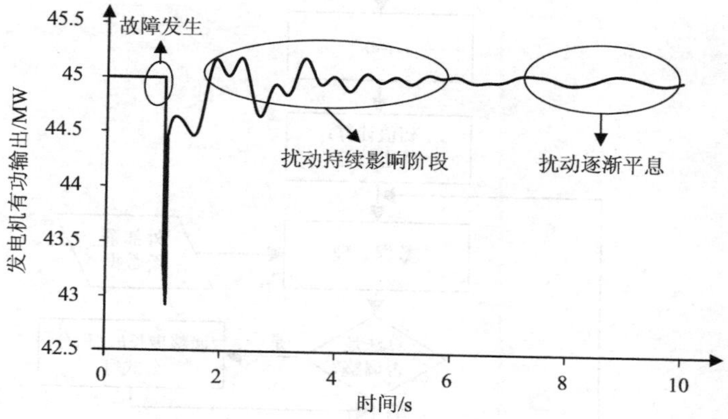

图 3-55　发电机有功输出时域曲线

3.6.3　计及各类特殊模型后的机电暂态分析流程

当机电暂态分析过程同时涉及模型切换、仿真初值变化以及算法的调整时，需要对各种影响的处理进行排序，这导致计及各类影响因素后的机电暂态分析流程相较于原机电暂态分析流程有较大的改变。同时，考虑多种因素对机电暂态分析过程的影响时，应在本时步计算开始之前，对其进行处理。

改动后计及各类模型影响后的完整机电暂态分析流程如图 3-56 所示，具体改动点如下。

(1) 由于算法调整的过程中，涉及对待求解方程式(3-181)和式(3-182)的具体形式的调整，因此应首先处理算法调整对计算过程的影响。具体来说，在调整时步时需要修改式(3-181)中 h 的大小，调整数值积分算法时对式(3-181)右侧整体进行修改，切换非线性代数方程组求解算法与线性代数方程组求解算法时，对式(3-181)和式(3-182)联立构造的方程组的求解形式进行修改。

(2) 由于模型的切换会自然地带来系统初值的切换，因此算法切换之后应处理操作、故障以及元件模式切换对计算过程的影响。具体来说在故障接入时需要修改式(3-182)的节点导纳矩阵，并对故障节点的代数变量进行相应的修改，元件工作模式切换时对相应元件涉及的 $\boldsymbol{x}_n$、$\boldsymbol{f}$ 按照切换后的模型进行调整。

(3) 考虑初值调整的因素对计算过程的影响，对 $\boldsymbol{x}_n$ 以及各类参考值进行调整，例如，AGC 指令下达后对目标机组的有功参考值 P_{ref} 进行修改，风速、光照等不确定性因素直接影响本时刻风电、光伏机组的输入功率 P。

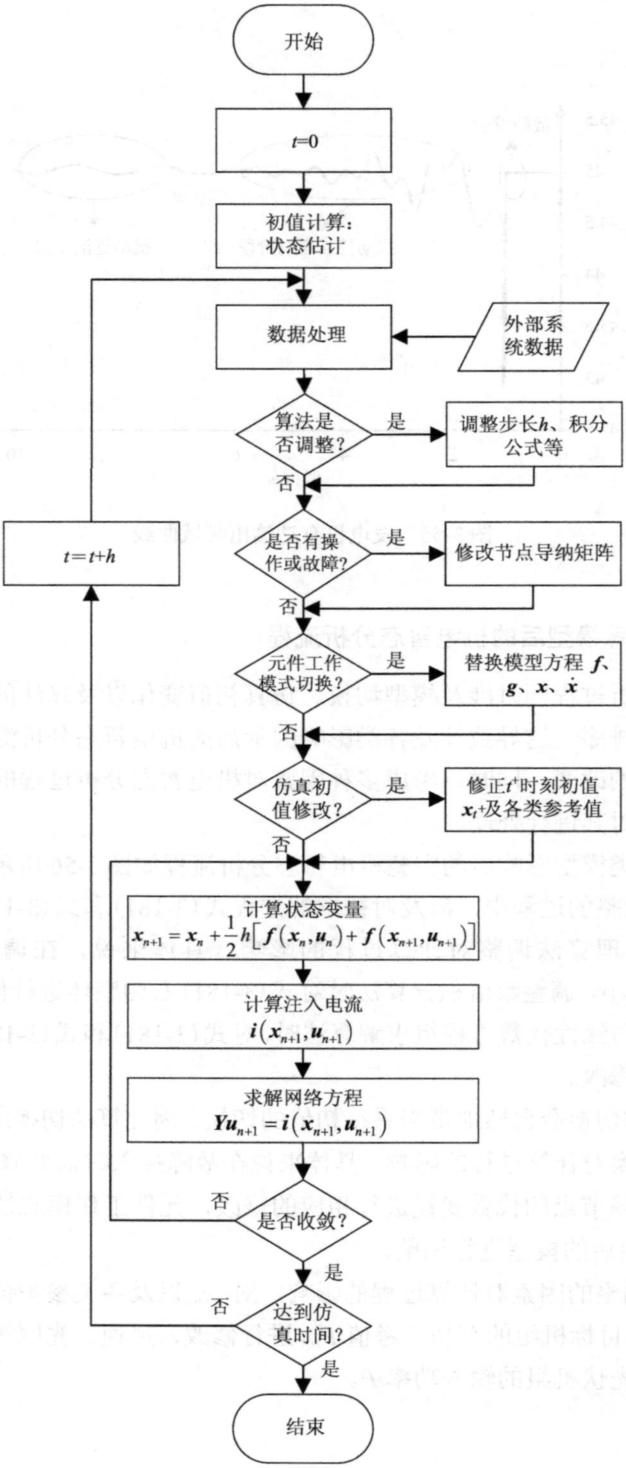

图 3-56　计及各类模型影响后的完整机电暂态分析流程

3.7　机电暂态分析的发展趋势

随着高比例新能源的接入以及互联电网规模的扩大，电力系统机电暂态分析呈现出新的特点。首先，由于网络互联规模增大，网络的规模和特征参数对机电暂态分析效率的影响逐渐凸显，同一算法在不同大电网算例下的计算效率可能存在较大差异；其次，高比例新能源与电力电子装备的接入使电力系统呈现复杂性与强不确定性，各种随机过程、外部因素对系统动态过程的影响加剧。

针对不断扩大的电网规模，除了从并行计算的角度提高计算效率，更重要的是根据电网规模和电网特性配置不同的机电暂态分析算法，从而在实际计算中，做到快速调整算法及其参数，以适应由于算例变化、运行场景变化等带来的电网特性变化，实现算例自适应。针对系统中的各种复杂过程以及外部因素，需要构建全新的仿真分析工具，从工具的架构上进行升级，从而能够兼容强不确定性复杂电力系统的机电暂态分析计算。

3.7.1　机电暂态分析的算例自适应方法

本章用了相当一部分篇幅讨论最开始提出的机电暂态分析框架中的数值积分算法 π_1 以及非线性代数方程组求解算法 π_2。回顾整个机电暂态分析的流程，可以发现每个时刻的计算结果都可以看作关于电力系统模型以及算法 π_1、π_2 的函数。

$$计算结果 = \pi_{1/2}\ (系统模型) \tag{3-184}$$

从算法设计层面看，π_1 和 π_2 可根据算法的参数(如计算步长、迭代次数、精度阈值等)以及求解形式(如同步法、迭代法等)的不同划分为众多不同的算法。不同的 π_1、π_2 算法将导致机电暂态分析中计算结果以及计算效率等具有差异。这种差异性虽然不能用来说明某种算法相较于其他算法具有绝对优势，但可以根据电力系统不同的运行场景来选择最适合当下场景的求解算法 π_1、π_2。

基于上述考虑，可以将电力系统机电暂态分析的基本框架向外延伸，如图 3-57 所示。

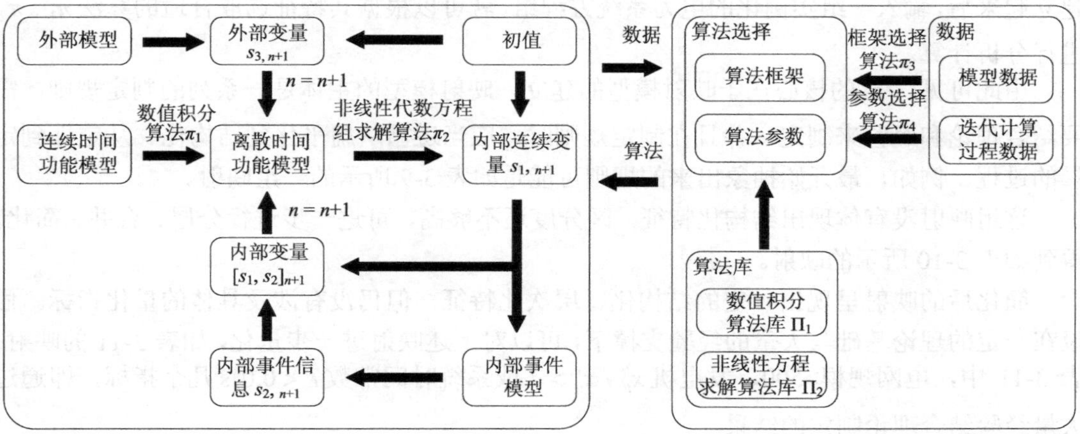

图 3-57　机电暂态分析框架的扩展

在扩展后的分析框架下，需要构建两个算法库，数值积分算法库Π_1和非线性方程求解算法库Π_2，以支撑主体业务的算法选择。在这两个算法库的支撑下，通过机电暂态分析计算过程，积累足够多的模型数据和过程数据(如迭代次数、数值算法精度等)后，就可以对数值积分算法π_1及非线性代数方程组求解算法π_2进行迭代改进。迭代改进的具体实现依赖于框架选择算法π_3以及参数选择算法π_4。其中，算法π_3在机电暂态分析计算初始时刻，根据算例特征选取机电暂态分析的算法框架，即选用何种数值积分算法以及非线性方程组求解算法。这种选取是对算法粗粒度地进行选择，并不涉及算法具体的参数配置。算法π_4在选定算法框架的基础上，根据计算过程中的迭代数据，调整算法$\pi_{1/2}$的具体参数，是对算法进行细粒度的精确配置。

上述算法π_3实际上是一个从反映电力系统方程组特征的若干指标到某个具体算法的映射模型，其框架如图 3-58 所示。

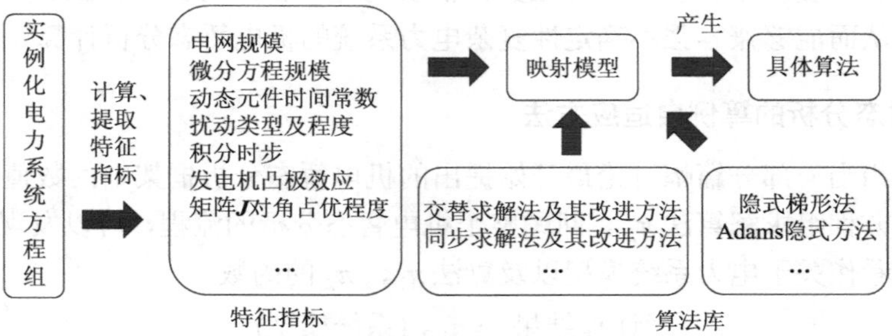

图 3-58　算法π_3的构建框架

图 3-58 中，特征指标反映电力系统方程组的特征，需要从实例化的电力系统方程组中提取，包括电网规模、微分方程规模、动态元件时间常数、积分时步、发电机凸极效应、矩阵$\boldsymbol{J}$对角占优程度等。算法库Π_1和Π_2则分别包含数值积分算法和非线性代数方程组求解算法。其中，数值积分算法包括隐式梯形法、龙格–库塔法、Adams 隐式法等。非线性代数方程组求解算法包括交替求解法及其改进方法、同步求解法及其改进方法等。映射模型建立起来后，输入一组实例化的电力系统方程组，就可以根据其特征选取合适的算法π_1、π_2进行分析计算。

由此可见，π_3的核心在于映射模型的建立。映射模型的主体是一系列的判定规则，需要结合理论和经验来制定，并且在制定规则时，应当遵循从扁平化到结构化、从定性到定量的过程。例如，最开始抽象出来的规则可能是如表 3-9 所示的一组映射。

这组映射没有体现出结构化特征，区分度还不够高，可进一步进行分层、合并、简化，得到如表 3-10 所示的映射。

简化后的映射呈现出一定的结构化、层次化特征，但仍没有涉及具体的量化指标。假设在一定的理论基础与大量的经验支撑下，可以对上述映射进一步量化，如表 3-11 的映射。表 3-11 中，电网规模>500、发电机$x_d''/x_q''>2$或系统时间常数$T<0.01\text{s}$几个指标，即通过大量经验结合理论制定的结果。

表 3-9　π_3 原始映射

π_3 原始映射
1. 如果进行的是中长期稳定计算：
2. →隐式法、变步长法、同步求解法；
3. 如果电网规模很大：
4. →非诚实牛顿法/特殊交替求解法；
5. 如果发电机凸极效应明显：
6. →同步求解法/交替求解法；
7. 如果系统时间常数很小：
8. →同步求解法/交替求解法；
9. 如果矩阵 J 分解困难：
10. →迭代法

表 3-10　π_3 简化后的映射

π_3 简化后的映射
1. 如果进行的是中长期稳定计算：
2. →隐式法、变步长法；
3. 如果电网规模很大：
4. →非诚实牛顿法/特殊交替求解法；
5. 如果进行的是暂态稳定计算：
6. →隐式梯形法、定步长法；
7. 如果电网规模很大：
8. →非诚实牛顿法/特殊交替求解法；
9. 如果发电机凸极效应明显/系统时间常数很小：
10. →同步求解法/交替迭代法；
11. 如果矩阵 J 分解困难：
12. →迭代法

通过算法 π_3 确定整个算法框架后，还需要通过算法 π_4 确定既定的机电暂态分析算法框架下每个环节具体的参数。例如，以变步长算法为例，变步长一般是为了改善收敛性，减少计算量，或改善数值计算的精度。若是为了改善收敛性，则可以将算法设置为：当迭代次数>m 时，取时步为原来的 n 倍。若是为了改善数值计算的精度，可以将算法设置为：当估计截断误差>p 时，取时步为原来的 q 倍。这里的 m、n、p、q 都属于算法的可调参数。

又如，在 VDHN 法中，取雅可比矩阵更新的时机为 $k>5$，这个阈值 $m=5$ 是根据经验制定的，但显然也是算法的可调参数。这样，可以进一步将映射细化为表 3-12 所示的映射。

表 3-11　π_3 量化后的映射

π_3 量化后的映射
1. 如果进行的是中长期稳定计算：
2. →隐式法、变步长法；
3. 如果电网规模很大：
4. →非诚实牛顿法/特殊交替求解法；
5. 如果进行的是暂态稳定计算：
6. →隐式梯形法、定步长法；
7. 如果电网规模>500：
8. →非诚实牛顿法/特殊交替求解法；
9. 如果发电机或系统时间常数 $T<0.01\text{s}$ ：
10. →同步求解法/交替迭代法；
11. 如果矩阵 J 分解困难：
12. →迭代法

表 3-12　π_3 进一步细化后的映射

π_3 进一步细化后的映射
1. 如果进行的是中长期稳定计算：
2. →隐式法，变步长法，n=5；
3. 如果电网规模很大：
4. →非诚实牛顿法，m=5；
5. 如果进行的是暂态稳定计算：
6. →隐式梯形法，定步长法；
7. 如果电网规模>500：
8. →非诚实牛顿法，m=6；
9. 如果发电机 $x_d''/x_q''>2$ 或系统时间常数 $T<0.01\text{s}$：
10. →同步求解法/交替迭代法；
11. 如果矩阵 J 分解困难：
12. →迭代法

3.7.2　机电暂态分析工具的架构升级

电力系统是一个具有强不确定性的复杂大系统，其复杂性体现在：

(1) 涉及范围广，涵盖了微电网、配电网到特高压电网等各个电压等级的电网；

(2) 具备多时间尺度特性，包括微秒级的电磁暂态过程、毫秒至秒级的机电暂态过程以及分钟和小时级的中长期动态过程；

(3) 组成元件种类繁多，既有连续动态行为的元件，如发电机及其控制系统，又包括基于逻辑的离散动态行为的继电保护装置、控制系统等。

随着可再生能源、电动汽车负荷、综合能源系统等大规模接入电网以及广域控制、保护系统的应用，电力系统受到天气、外界环境如交通网、通信网的影响越来越大，在发电、输电、用电等各环节面临的不确定性及复杂性增强，电力系统逐渐成为一个具有强不确定性的开放混杂系统。其中，可再生能源出力、负荷、通信时延以及设备概率故障等不确定性给电网安全稳定运行带来了极大的威胁，成为不可忽视的因素。

针对上述问题，3.2.2 节提出的电力系统机电暂态分析框架不仅需要考虑电力系统本身的内部连续变量，还需要考虑调度系统、保护控制系统以及各类外部因素如天气、温度等对系统运行产生的影响。即在考虑电力系统机电暂态分析的同时，兼顾其他长期因素对电网运行边界的影响。在模型上，上述考量体现为需要综合考虑传统基于微分代数方程的确定性模型、基于逻辑的离散事件驱动继电保护模型、控制系统模型和系统中各类不确定模型。

目前，大部分电力系统机电暂态分析软件都是基于确定性模型和预先设置的故障及扰动事件进行计算，忽略了电力系统不确定因素的影响，无法全面模拟电力系统状态数据以及在各种故障条件下电力系统的动态特性，具有一定的局限性。少数商业软件具备自定义模块功能，可通过编程实现少量外部不确定性输入，但在编程规模和接口方面存在局限，且模型开发尚不完备。

传统机电暂态分析工具无法支撑强不确定开放混杂系统仿真的原因主要是架构受限。传统分析工具在软件设计层面一般采用单体式架构，所有的功能模块都集成在一个应用中，整个软件作为计算机系统上的一个进程。然而，对于强不确定开放混杂系统分析，如果采用单体式架构，则需要在一个进程中开辟多线程进行电力系统运行状态、保护控制装置状态、不确定性因素等的计算。由于求解电力系统 DAEs 的过程十分消耗计算资源，因此在单体式架构下对混杂系统进行仿真，将极大地限制仿真的规模与分析计算速度。

以微服务架构为代表的分布式软件架构给强不确定开放混杂系统仿真分析带来了新的可能性。在微服务架构下，一个大型的单体应用程序或服务可拆分为多个微服务，程序的各功能模块通过各服务之间的数据通信实现相互协调和配合，由此可实现各功能模块的解耦与独立开发，方便软件进行功能扩展。

近年来，有企业与研究者使用微服务架构开发了电网设备温度在线监测系统、继电保护故障信息主站系统等，验证了微服务架构的可行性和成熟度。由于电力系统运行状态、保护控制装置状态、不确定性因素等功能要素具有独立性，各要素间边界划分清晰，天然适合采用微服务架构进行软件设计。

图 3-59 给出了一种微服务架构下实现强不确定开放混杂系统仿真分析的软件架构模式。

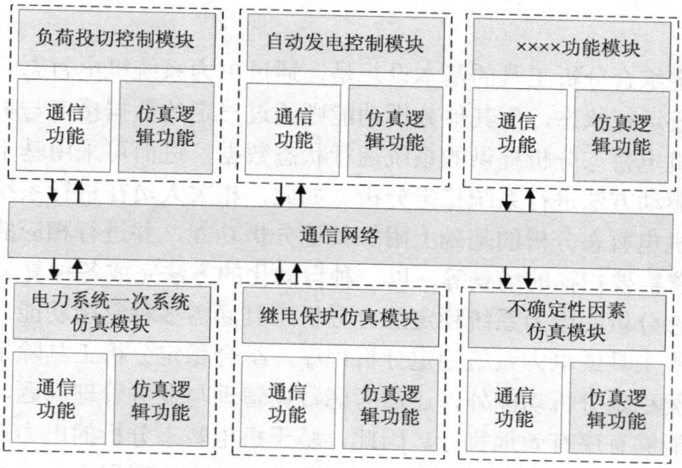

图 3-59　微服务架构下混杂系统仿真软件架构设想

在该架构下，混杂系统仿真软件被拆分为众多功能模块，各模块包括独立的通信功能和仿真逻辑功能，以独立的微服务形式存在，从而每个功能模块都作为一个独立的进程。

以电力系统一次系统仿真模块为例，通信功能通过通信网络与其他功能模块进行数据交互，仿真逻辑功能则进一步划分为潮流计算、时域仿真分析等功能。不同模块通过通信网络进行信息传递，如图 3-59 中继电保护仿真模块通过通信网络将线路投切信息传递给电力系统一次系统仿真模块，电力系统一次系统仿真模块则通过通信网络向其他模块传递系统中的电气量信息。

采用微服务架构后的另一个优势是不同的模块灵活部署在不同的计算机上，由此实现电力系统机电暂态分析业务上的“云”，进而可充分利用计算机集群的并行计算能力，实现算力资源的灵活扩展。

3.7.3　基于机电暂态分析的电力系统稳定综合分析工具

机电暂态分析工具设计的初衷是通过在计算机上将真实电力系统中的设备、不确定因素等要素进行建模，从而最大限度地还原电力系统的动态特性。在精确还原电力系统动态特性的基础上，科研人员或电网运行调控人员能够清晰地观察不同场景下系统的动态行为，从而为调控人员在真实电力系统中的决策提供指导。

然而，现有的电力系统分析工具一般仅支持工作人员研究某一特定运行方式和预设特定故障条件下的电网动态响应。并且，在获得电网的动态响应数据后，还需进一步以人工的方式判断系统是否失稳，或在其他程序中采用数据驱动的方法对通过动态分析获得的仿真数据进行进一步挖掘与分析。这种基于传统机电暂态分析工具的研究模式仍需要大量人力资源的投入，业务开展的效率较低。

当需要分析的运行场景较少时，这种研究模式的问题可能并不明显。但在以新能源为主体的新型电力系统中，由于新能源的波动性与不确定性以及电力电子装备控制的多样性，系统可能的运行场景也随之多样化。因此，在分析新型电力系统动态特性时，如果仍采用传统分析模式，海量的运行场景与人工业务流程效率低下之间的矛盾将越发突出。由此，需要将机电暂态分析与电力系统稳定分析过程自动化结合起来，构建新的电力系统稳定综合分析工具。

电力系统稳定综合分析工具的基本设想是，通过电力系统机电暂态分析为其他分析功能提供基本的系统运行状态，而其他分析功能则通过一定的数据接口与机电暂态分析功能进行对接，获取机电暂态分析提供的系统运行状态数据，进而可采用基于机理分析得到的稳定判据或数据驱动方法进行系统稳定分析。如此，相关人员在进行系统稳定分析与研究时，可以通过在机电暂态分析的基础上附加其他分析功能，并进行相应的分析设置，如选择分析算法、配置需要扫描的场景等，以一种自动化的方法完成各种复杂的分析业务。

基于机电暂态分析的电力系统稳定综合分析工具涵盖多种复杂功能。因此，相比于传统的机电暂态分析工具或电力系统稳定分析程序，综合稳定分析工具除了需要考虑机电暂态仿真功能和各类稳定分析功能外，还需考虑数据管理与业务管理问题，保障稳定综合分析工具各类功能能够有序有效地执行。因此，基于机电暂态分析的电力系统稳定综合分析工具是一类涵盖繁多数据和多种功能的大型工业软件，在实现层面上无法用简单地堆砌功能代码的方式实现，需要采用系统的思维方法进行设计与实现，具体来说需要考虑以下两方面问题。

1. 软件系统的业务组织

如前所述，综合分析工具包含诸多不同的稳定分析功能，而每一个功能对于软件系统来说都是一个独立的业务流程。为了实现业务的自动化，首先需要对各类功能的业务流程进行梳理，然后对各个业务流程中的功能模块不断拆解，直到拆解出不可再细分的最小可复用业务模块。在不同的分析功能中，既存在功能相同的业务模块，如数据库读写、模块间通信等，也存在各业务特有的模块，如极限切除角计算、临界电压计算等。在完成各类功能的业务流程梳理以及业务模块拆解后，可将综合分析工具看作由各个功能特有的业务模块以及通用业务模块组成，各个功能流程即各类业务模块的组合与串并联。

2. 软件系统的数据组织

与业务组织相对应，在软件系统运行的过程中，各个业务功能会产生诸多数据，不同的数据可能具有不同的结构，如图数据、表数据、时序数据等，并且来自不同的业务功能，因此综合分析工具的数据呈现出多源异构的特点。在软件系统中，某一业务功能的实现通常需要调用其他业务功能产生的数据，因此软件系统的数据组织方式需要有针对性地进行设计，保障数据链条的高效流通。

具体来说，软件系统的数据组织需要考虑：

(1) 软件系统数据全集的组织方式，即整个软件系统页面与功能函数的全部数据的组织方式。软件系统数据全集的组织应支持软件系统全体页面的渲染与全体函数的正常运作。在实际工程应用中，考虑到软件性能约束，上述的数据全集通常并不会同时出现在同一个客户端或服务端中，而是以去中心化的方式实现数据存储与按需调用。

(2) 功能业务数据的组织方式，即各功能业务运行时输入、输出以及中间数据的组织方式。各功能业务数据的组织应支持该功能业务的高效运作。各功能业务本质上是对数据进行加工，一般会与软件系统数据全集存在读写联系；而由于各功能业务的实际运行场景不同，需要按照不同的需求从软件系统数据全集中进行提取与重新组织，并根据业务独有的过程逻辑和对数据的加工需求，形成各功能业务的数据组织方式。

在完成软件系统数据全集和功能业务数据的组织方式设计后，每个业务功能在软件实际运行时只需要各自维护自己的业务数据，同时将对业务数据的修改结果经由数据中台同步至数据全集中，以此完成全软件系统的数据同步与不同业务功能间的数据交互。

业务组织与数据组织实际上是软件系统的管理问题，软件系统能否高效运行，很大程度上取决于软件系统的业务与数据的组织是否合理。为了使得业务与数据的组织尽量合理，就需要在软件设计阶段对每个业务流程都进行详尽的梳理，分析各个业务功能之间如何进行协作，依此进行业务的组织并设计相应的数据组织方式。

3.8 电力系统电磁暂态分析

电力系统机电暂态分析重在观察系统中由于电磁能量的变化引起的机械运动变化过程，因此常常忽略暂态过程中电场和磁场的变化以及相应的电压、电流变化，即忽略系统的电磁暂态过程。然而，当关注的时间尺度减小时，例如，观察短路瞬间故障点的故障过电压、过电流及其变化情况，机电暂态分析的局限性就体现出来了。当海量新能源接入电网后，电力电子开关动态过程在微秒级，毫秒级的机电暂态分析方法无法对非同步机电源的动态过程进行准确的分析。因此，在高比例新能源接入电力系统的形势下，不可避免地需要采用电磁暂态分析方法。

电磁暂态分析主要用于计算故障或操作后可能出现的暂态过电压、过电流以及精细的微秒级动态过程，以便根据所得分析结果对相关电力设备进行合理设计，确定已有设备能否安全运行，并研究相应的限制和保护措施，为电力系统的安全运行、设备的绝缘设计、保护装置的配置及参数的选择、谐波分析及治理、电力电子装置以及 HVDC 系统的主电路设计和设备自身的控制策略设计等提供分析工具。

3.8.1 电磁暂态分析的基本原理

电力系统电磁暂态分析需要详细考察元件的动态特性，单一元件一般采用常微分或偏微分方程进行描述。在分析计算时，首先需要通过数值积分方法将描述元件动态特性的微分方程离散化，然后应用数值计算方法求解各离散时间点上的元件电压和电流。目前，电磁暂态分析常用的数值积分方法有两种：一种是隐式梯形法，另一种是后向欧拉法。本节中的讨论都将基于隐式梯形法展开。

1. 电磁暂态分析的网络模型

在电磁暂态分析中，对于由各种元件组成的电力网络，需要根据实际情况选择采用网络的集中参数电路模型或者分布参数电路模型。采用何种电路模型进行建模，主要取决于电路的线性尺寸和在电路中传输的电磁波的最短波长之间的关系。当输电线路上电压、电流变化的最高频率相对应的波长远大于导线长度时，可把线路作为集中参数电路来研究，否则就应作为分布参数电路来研究。因此，对于系统中的长距离输电线路来说，一般采用分布参数电路进行描述，而对于系统中某一局部的 RLC 电路，则可采用集中参数电路进行描述。当网络中考虑部分线路使用分布参数时，可以采用将输电线路进行若干分段并对每一分段用集中参数电路进行描述的方法来考虑输电线路分布参数的影响。

目前广泛用于电磁暂态分析的网络建模方法主要有两种：状态变量法和离散网络法。

状态变量法根据网络中节点电压和支路电流的关系式以及电容、电感等元件的微分方程式，形成整个网络的微分代数方程组，然后消去非状态变量形成微分方程组，再用数值积分方法对其进行逐步求解。

离散网络法先用数值积分公式将电容和电感等元件的微分关系式表示成差分关系式，然后将差分关系式用诺顿或戴维南等值关系等效为“电阻+电流源”或“电导+电压源”的形式，接下来，根据电容、电感的串并联关系组成等值离散网络，最后采用电路分析方法进行求解。

两种方法的主要区别在于状态变量法先根据网络连接关系形成方程组再离散化，而离散网络法先将微分方程离散化再根据网络连接关系形成方程组。离散网络法因离散化过程相对简单，较状态变量法求解更为便捷，在实际中被广泛应用。本节后续主要讨论离散网络法。

对任意节点间的一回线路，其任意一相可以表示为 RLC 串联电路，如图 3-60 所示。对于图中所示的串联支路，可分别建立 R、L、C 暂态等值计算电路，然后进行相应的连接。

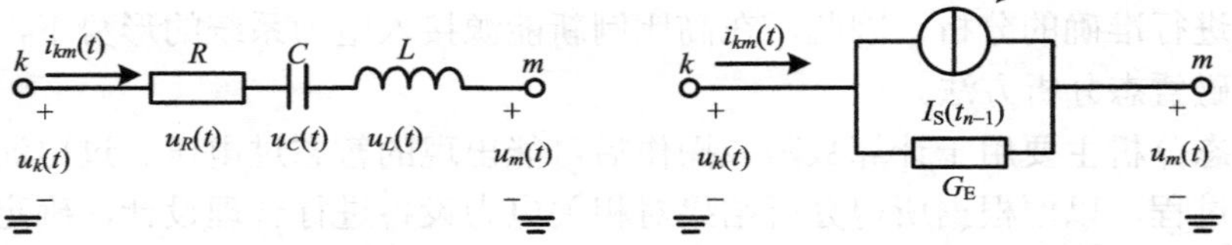

图 3-60　RLC 串联支路

对于图 3-60(a)的实际线路，将 R、L、C 上的压降相加可得

$$u_k(t)-u_m(t)=u_R(t)+u_L(t)+u_C(t) \tag{3-185}$$

对于电阻元件有

$$i_{km}(t)=\frac{1}{R}u_R(t) \tag{3-186}$$

对于电感元件有

$$u_L(t)=L\frac{\mathrm{d}i_{km}(t)}{\mathrm{d}t} \tag{3-187}$$

对于电容元件有

$$i_{km}(t)=C\frac{\mathrm{d}u_C(t)}{\mathrm{d}t} \tag{3-188}$$

采用隐式梯形法进行数值积分时，式(3-187)和式(3-188)可化为

$$i_{km}(t)=i_{km}(t-1)+\frac{h}{2L}u_L(t-1)+\frac{h}{2L}u_L(t)=I_L(t-1)+\frac{1}{R_L}u_L(t) \tag{3-189}$$

$$i_{km}(t)=-i_{km}(t-1)-\frac{2C}{h}u_C(t-1)+\frac{2C}{h}u_C(t)=I_C(t-1)+\frac{1}{R_C}u_C(t) \tag{3-190}$$

式 (3-189) 与式 (3-190) 中，$R_L = \dfrac{2L}{h}$、$I_L(t-1) = i_{km}(t-1) + \dfrac{1}{R_L}u_L(t-1)$、$R_C = \dfrac{h}{2C}$、$I_C(t-1) = -i_{km}(t-1) - \dfrac{1}{R_C}u_C(t-1)$。

将式(3-186)、式(3-189)、式(3-190)代入式(3-185)中化简后可得

$$u_k(t) - u_m(t) = (R + R_L + R_C)i_{km}(t) - R_L I_L(t-1) - R_C I_C(t-1) \tag{3-191}$$

将式(3-191)中的$I_L(t-1)$、$I_C(t-1)$消去后可得

$$i_{km}(t) = G_{\mathrm{E}}[u_k(t) - u_m(t)] + I_{\mathrm{S}}(t-1) \tag{3-192}$$

式中，$G_{\mathrm{E}} = \dfrac{1}{R + R_L + R_C}$，$I_{\mathrm{S}}(t-1) = G_{\mathrm{E}}[(R_L - R - R_C)i_{km}(t-1) + u_k(t-1) - u_m(t-1) - 2u_C(t-1)]$。

式(3-192)中，$i_{km}(t)$为t时刻的支路电流，为已知量，$I_{\mathrm{S}}(t-1)$为t–1时刻网络的等值电流源，在t时刻为已知量。计算t–1时刻等值电流源$I_{\mathrm{S}}(t-1)$时，需要计算$I_{\mathrm{S}}(t-1)$时刻的电容电压，其计算公式为

$$u_C(t-1) = u_C(t-2) + R_C[i_{km}(t-1) + i_{km}(t-2)] \tag{3-193}$$

式(3-192)的等值电路如图 3-60(b)所示。

将式(3-192)从单相推广到三相，并用下标 1、2、3 分别代表 a、b、c 三相，可得 RLC 支路串联的三相表达式为

$$\begin{aligned}
i_{km1}(t) &= G_{\mathrm{E1}}[u_{k1}(t) - u_{m1}(t)] + I_{\mathrm{S1}}(t-1) \\
i_{km2}(t) &= G_{\mathrm{E2}}[u_{k2}(t) - u_{m2}(t)] + I_{\mathrm{S2}}(t-1) \\
i_{km3}(t) &= G_{\mathrm{E3}}[u_{k3}(t) - u_{m3}(t)] + I_{\mathrm{S3}}(t-1)
\end{aligned} \tag{3-194}$$

式(3-194)的矩阵形式为

$$\begin{bmatrix} i_{km1} \\ i_{km2} \\ i_{km3} \end{bmatrix} = \begin{bmatrix} G_{\mathrm{E1}} & & \\ & G_{\mathrm{E2}} & \\ & & G_{\mathrm{E3}} \end{bmatrix} \begin{bmatrix} u_{k1}(t) - u_{m1}(t) \\ u_{k2}(t) - u_{m2}(t) \\ u_{k3}(t) - u_{m3}(t) \end{bmatrix} + \begin{bmatrix} I_{\mathrm{S1}}(t-1) \\ I_{\mathrm{S2}}(t-1) \\ I_{\mathrm{S3}}(t-1) \end{bmatrix} \tag{3-195}$$

式(3-195)即任意 RLC 支路网络方程的三相表达式。式中由于没有考虑 RLC 支路之间的耦合，因此矩阵 $\boldsymbol{G}_{\mathrm{E}}$ 为对角矩阵。实际输电线路中需要考虑三相线路之间的耦合关系，此时的网络方程表达式会略有不同。

以图 3-61 所示的 R-L 串联耦合支路为例，图中支路的电阻及电感串联并且电阻和电感分别具有互阻和互感耦合，此时对应的电压方程可写为

$$\boldsymbol{L}\mathrm{d}\boldsymbol{i}_{km} / \mathrm{d}t + \boldsymbol{R}\boldsymbol{i}_{km} = \boldsymbol{u}_k(t) - \boldsymbol{u}_m(t) \tag{3-196}$$

其中

$$\begin{aligned}
&\boldsymbol{i}_{km} = [i_{km1}(t), i_{km2}(t), i_{km3}(t)]^{\mathrm{T}} \\
&\boldsymbol{u}_k = [u_{k1}(t), u_{k2}(t), u_{k3}(t)]^{\mathrm{T}} \\
&\boldsymbol{u}_m = [u_{m1}(t), u_{m2}(t), u_{m3}(t)]^{\mathrm{T}} \\
&\boldsymbol{R} = \begin{bmatrix} R_{11} & R_{12} & R_{13} \\ R_{21} & R_{22} & R_{23} \\ R_{31} & R_{32} & R_{33} \end{bmatrix}, \quad \boldsymbol{L} = \begin{bmatrix} L_{11} & L_{12} & L_{13} \\ L_{21} & L_{22} & L_{23} \\ L_{31} & L_{32} & L_{33} \end{bmatrix}
\end{aligned} \tag{3-197}$$

其中，$\boldsymbol{R}$ 和 $\boldsymbol{L}$ 均为对称阵，它们的对角元素分别为自电阻和自电感，非对角元素则为互电阻和互电感。

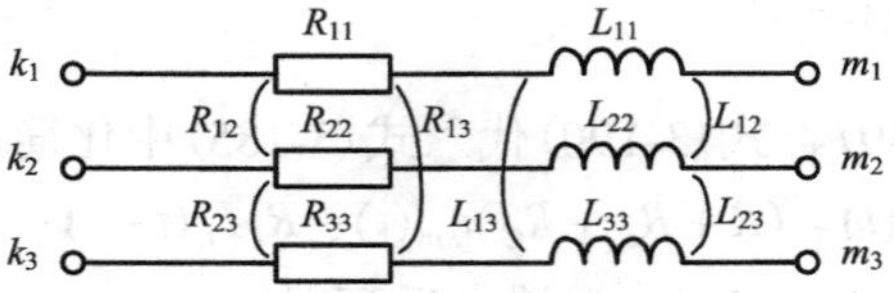

图 3-61　三相支路间的互电阻与互电感

在 t–1～t 时段内，应用隐式梯形法可导出对应式(3-196)的差分方程如下：

$$\boldsymbol{i}_{km}(t)=\boldsymbol{G}_{RL}[\boldsymbol{u}_k(t)-\boldsymbol{u}_m(t)]+\boldsymbol{I}_{RL}(t-1) \tag{3-198}$$

式中

$$\boldsymbol{I}_{RL}(t-1)=(\boldsymbol{I}-2\boldsymbol{G}_{RL}\boldsymbol{R})\boldsymbol{i}_{km}(t-1)+\boldsymbol{G}_{RL}[\boldsymbol{u}_k(t-1)-\boldsymbol{u}_m(t-1)] \tag{3-199}$$

其中

$$\begin{aligned}&\boldsymbol{I}_{RL}(t-1)=[I_{RL1}(t-1),I_{RL2}(t-1),I_{RL3}(t-1)]^{\mathrm{T}}\\&\boldsymbol{G}_{RL}=\left[\boldsymbol{R}+\frac{2\boldsymbol{L}}{h}\right]^{-1}\end{aligned} \tag{3-200}$$

在求出 t–1 时刻的电压 $\boldsymbol{u}_k(t-1)$、$\boldsymbol{u}_m(t-1)$ 后，将式(3-198)代入式(3-199)可得 t–1 时刻等值电流源电流的递推计算公式为

$$\boldsymbol{I}_{RL}(t-1)=(\boldsymbol{I}-2\boldsymbol{G}_{RL}\boldsymbol{R})\boldsymbol{I}_{RL}(t-2)+\boldsymbol{H}_{RL}[\boldsymbol{u}_k(t-1)-\boldsymbol{u}_m(t-1)] \tag{3-201}$$

其中，t–2 时刻等值电流源电流 $\boldsymbol{I}_{RL}(t-2)$ 在此时为已知项，$\boldsymbol{I}$ 为单位矩阵，且有

$$\boldsymbol{H}_{RL}=2\left[\boldsymbol{G}_{RL}-\boldsymbol{G}_{RL}\boldsymbol{R}\boldsymbol{G}_{RL}\right] \tag{3-202}$$

如果线路三相结构对称或经均匀换位，则式(3-196)中的矩阵 $\boldsymbol{R}$ 和 $\boldsymbol{L}$ 为

$$\boldsymbol{R}=\begin{bmatrix}R_{\mathrm{s}}&R_{\mathrm{m}}&R_{\mathrm{m}}\\R_{\mathrm{m}}&R_{\mathrm{s}}&R_{\mathrm{m}}\\R_{\mathrm{m}}&R_{\mathrm{m}}&R_{\mathrm{s}}\end{bmatrix},\quad \boldsymbol{L}=\begin{bmatrix}L_{\mathrm{s}}&L_{\mathrm{m}}&L_{\mathrm{m}}\\L_{\mathrm{m}}&L_{\mathrm{s}}&L_{\mathrm{m}}\\L_{\mathrm{m}}&L_{\mathrm{m}}&L_{\mathrm{s}}\end{bmatrix} \tag{3-203}$$

式中，R_{s}、R_{m}和 L_{s}、L_{m}分别为自电阻、互电阻和自电感、互电感。它们与正序电阻 $R_{(1)}$和零序电阻 $R_{(0)}$及正序电感 $L_{(1)}$和零序电感 $L_{(0)}$有如下关系：

$$\begin{aligned}&R_{\mathrm{s}}=\frac{1}{3}(R_{(0)}+2R_{(1)}),\quad L_{\mathrm{s}}=\frac{1}{3}(L_{(0)}+2L_{(1)})\\&R_{\mathrm{m}}=\frac{1}{3}(R_{(0)}-R_{(1)}),\quad L_{\mathrm{m}}=\frac{1}{3}(L_{(0)}-L_{(1)})\end{aligned} \tag{3-204}$$

从式(3-194)和式(3-198)可以看出，采用离散网络法后，电磁暂态分析中任意一条三相支路的模型可以通过隐式梯形法等数值积分方法等效为各个离散时间点上一系列纯电阻或电导的网络分析计算。式(3-194)和式(3-198)描述了 t 时刻电压、电流与 t–1 时刻电压、电

流之间的关系，而 t–1 时刻的电压和电流是前一个时步的计算结果，对于本时步计算来说是已知量。进而，这些差分方程可以用一种由纯电导和电流源构成的电路来代替，以反映 t 时刻未知电压和电流之间的关系，其中电导的大小取决于元件的参数和积分步长，如式(3-194)和式(3-198)中的 $\boldsymbol{G}_{\mathrm{E}}$、$\boldsymbol{G}_{RL}$，而等值电流源的大小由 t–1 时刻的电压和电流值确定，如式(3-194)和式(3-198)中的 $\boldsymbol{I}_{\mathrm{S}}$、$\boldsymbol{I}_{RL}$。这样，网络的求解可以表示为如下代数方程的形式：

$$\boldsymbol{G}\cdot\boldsymbol{u}(t)=\boldsymbol{i}_{\mathrm{s}}(t)+\boldsymbol{I}(t-1) \tag{3-205}$$

其中，$\boldsymbol{G}$ 表示电网等值电导矩阵，为常数矩阵，仅在网络参数或拓扑结构变化时改变；$\boldsymbol{u}(t)$ 代表 t 时刻电网中各节点电压，为待求量；$\boldsymbol{i}_{\mathrm{s}}(t)$ 为 t 时刻的电流，为已知量；$\boldsymbol{I}(t-1)$ 为 t–1 时刻网络的等值电流源，可根据 t–1 时刻的电压、电流结果计算，在 t 时刻为已知量。求解式(3-205)时，一般会通过 t 时刻网络中的其他条件算出 $\boldsymbol{i}_{\mathrm{s}}(t)$，进而使得方程中只剩下一个未知数，完成求解。

2. 电磁暂态分析的元件模型

1) 同步发电机模型

与机电暂态分析类似，电磁暂态分析中同步发电机模型也由同步发电机的基本方程和转子运动方程两部分组成。不同之处在于电磁暂态分析中需要计及磁链的暂态过程，而机电暂态分析中常常将其忽略。

建立同步发电机基本方程时需要进行一部分简化假设。

(1) 假定电枢绕组是正弦绕组，因而绕组中的电流不产生谐波磁动势。

(2) 忽略磁路饱和及磁滞、涡流等非线性现象，假定所有磁通都与产生它的电流成正比，因而可以应用叠加原理，将任一绕组中的所有磁通分量叠加起来，得到该绕组的合成磁通，这样就形成了磁链方程。磁链方程和绕组的电压平衡方程联立，即为同步发电机的基本方程。

(3) 假设同步发电机 d 轴方向的三个绕组(d、f、D 绕组)和 q 轴方向的三个绕组(q、g、Q 绕组)之间都只有同时穿过三个绕组的公共互磁通，不存在局部互磁通。在此假设条件下，同一轴下各绕组间的互电抗彼此相等。

根据上述假设，可得同步发电机以标幺值表示的基本方程如下。

磁链方程：

$$\begin{bmatrix}\psi_d\\ \psi_q\\ \psi_0\\ \psi_f\\ \psi_D\\ \psi_g\\ \psi_Q\end{bmatrix}=\begin{bmatrix}x_d & 0 & 0 & x_{\mathrm{ad}} & x_{\mathrm{ad}} & 0 & 0\\ 0 & x_q & 0 & 0 & 0 & x_{\mathrm{aq}} & x_{\mathrm{aq}}\\ 0 & 0 & x_0 & 0 & 0 & 0 & 0\\ x_{\mathrm{ad}} & 0 & 0 & x_f & x_{\mathrm{ad}} & 0 & 0\\ x_{\mathrm{ad}} & 0 & 0 & x_{\mathrm{ad}} & x_D & 0 & 0\\ 0 & x_{\mathrm{aq}} & 0 & 0 & 0 & x_g & x_{\mathrm{aq}}\\ 0 & x_{\mathrm{aq}} & 0 & 0 & 0 & x_{\mathrm{aq}} & x_Q\end{bmatrix}\begin{bmatrix}-i_d\\ -i_q\\ -i_0\\ i_f\\ i_D\\ i_g\\ i_Q\end{bmatrix} \tag{3-206}$$

电压方程：

$$\begin{bmatrix} u_d \\ u_q \\ u_0 \\ u_f \\ 0 \\ 0 \\ 0 \end{bmatrix} = \begin{bmatrix} \mathrm{d}\psi_d/\mathrm{d}t \\ \mathrm{d}\psi_q/\mathrm{d}t \\ \mathrm{d}\psi_0/\mathrm{d}t \\ \mathrm{d}\psi_f/\mathrm{d}t \\ \mathrm{d}\psi_D/\mathrm{d}t \\ \mathrm{d}\psi_g/\mathrm{d}t \\ \mathrm{d}\psi_Q/\mathrm{d}t \end{bmatrix} + \begin{bmatrix} R_\mathrm{a} & 0 & 0 & 0 & 0 & 0 & 0 \\ 0 & R_\mathrm{a} & 0 & 0 & 0 & 0 & 0 \\ 0 & 0 & R_\mathrm{a} & 0 & 0 & 0 & 0 \\ 0 & 0 & 0 & R_f & 0 & 0 & 0 \\ 0 & 0 & 0 & 0 & R_D & 0 & 0 \\ 0 & 0 & 0 & 0 & 0 & R_g & 0 \\ 0 & 0 & 0 & 0 & 0 & 0 & R_Q \end{bmatrix} \begin{bmatrix} -i_d \\ -i_q \\ -i_0 \\ i_f \\ i_D \\ i_g \\ i_Q \end{bmatrix} + \begin{bmatrix} -\omega\psi_q \\ \omega\psi_d \\ 0 \\ 0 \\ 0 \\ 0 \\ 0 \end{bmatrix} \tag{3-207}$$

将式(3-206)代入式(3-207)可得

$$\boldsymbol{u} = \boldsymbol{x}_1 \frac{\mathrm{d}\boldsymbol{i}}{\mathrm{d}t} + (\boldsymbol{R} + \omega \boldsymbol{x}_2)\boldsymbol{i} \tag{3-208}$$

其中，$\boldsymbol{u}=[u_d,u_q,u_0,u_f,0,0,0]^\mathrm{T}$，$\boldsymbol{i}=[i_d,i_q,i_0,i_f,i_D,i_g,i_Q]^\mathrm{T}$。

$$\boldsymbol{x}_1 = \begin{bmatrix} -x_d & 0 & 0 & x_{\mathrm{ad}} & x_{\mathrm{ad}} & 0 & 0 \\ 0 & -x_q & 0 & 0 & 0 & x_{\mathrm{aq}} & x_{\mathrm{aq}} \\ 0 & 0 & -x_0 & 0 & 0 & 0 & 0 \\ -x_{\mathrm{ad}} & 0 & 0 & x_f & x_{\mathrm{ad}} & 0 & 0 \\ -x_{\mathrm{ad}} & 0 & 0 & x_{\mathrm{ad}} & x_D & 0 & 0 \\ 0 & -x_{\mathrm{aq}} & 0 & 0 & 0 & x_g & x_{\mathrm{aq}} \\ 0 & -x_{\mathrm{aq}} & 0 & 0 & 0 & x_{\mathrm{aq}} & x_Q \end{bmatrix} \tag{3-209}$$

$$\boldsymbol{R} = \begin{bmatrix} -R_\mathrm{a} & 0 & 0 & 0 & 0 & 0 & 0 \\ 0 & -R_\mathrm{a} & 0 & 0 & 0 & 0 & 0 \\ 0 & 0 & -R_\mathrm{a} & 0 & 0 & 0 & 0 \\ 0 & 0 & 0 & R_f & 0 & 0 & 0 \\ 0 & 0 & 0 & 0 & R_D & 0 & 0 \\ 0 & 0 & 0 & 0 & 0 & R_g & 0 \\ 0 & 0 & 0 & 0 & 0 & 0 & R_Q \end{bmatrix} \tag{3-210}$$

$$\boldsymbol{x}_2 = \begin{bmatrix} 0 & x_q & 0 & 0 & 0 & -x_{\mathrm{aq}} & -x_{\mathrm{aq}} \\ -x_d & 0 & 0 & x_{\mathrm{ad}} & x_{\mathrm{ad}} & 0 & 0 \\ 0 & 0 & 0 & 0 & 0 & 0 & 0 \\ 0 & 0 & 0 & 0 & 0 & 0 & 0 \\ 0 & 0 & 0 & 0 & 0 & 0 & 0 \\ 0 & 0 & 0 & 0 & 0 & 0 & 0 \\ 0 & 0 & 0 & 0 & 0 & 0 & 0 \end{bmatrix} \tag{3-211}$$

将式(3-208)写成标准方程形式后为

$$\frac{\mathrm{d}\boldsymbol{i}}{\mathrm{d}t} = \boldsymbol{A}\boldsymbol{i} + \boldsymbol{B}\boldsymbol{u} \tag{3-212}$$

其中，$\boldsymbol{A}=-\boldsymbol{x}_1^{-1}(\boldsymbol{R}+\omega\boldsymbol{x}_2)$，$\boldsymbol{B}=\boldsymbol{x}_1^{-1}$。

用隐式梯形法可得到与式(3-212)相对应的差分方程和等值电流源计算公式如下：

$$\boldsymbol{i}(t) = \boldsymbol{G}\bullet\boldsymbol{u}(t) + \boldsymbol{I}(t-1) \tag{3-213}$$

$$I(t-1)=\left(\frac{E}{h}-\frac{A}{2}\right)^{-1}\left[\left(\frac{E}{h}+\frac{A}{2}\right)i(t-1)+\frac{1}{2}Bu(t-1)\right] \tag{3-214}$$

其中，$G=\left(\dfrac{E}{h}-\dfrac{A}{2}\right)^{-1}\dfrac{B}{2}$，$E$ 为单位矩阵。

同步发电机转子运动方程如下：

$$\begin{aligned}&M\frac{\mathrm{d}\omega}{\mathrm{d}t}+D\omega=\Delta T=T_{\mathrm{m}}-T_{\mathrm{e}}=\frac{P_{\mathrm{m}}}{\omega}-\frac{P_{\mathrm{e}}}{\omega}\\&\frac{\mathrm{d}\delta}{\mathrm{d}t}=(\omega-1)\omega_0\end{aligned} \tag{3-215}$$

式中，M 为发电机组的惯性时间常数；T_{m} 和 T_{e} 分别为原动机的机械转矩和发电机电磁转矩的标幺值；P_{m} 和 P_{e} 分别为原动机的机械功率和发电机电磁功率的标幺值；δ 为发电机转子 q 轴与系统同步转速旋转参考轴 x 之间的电角度；t 为时间；ω 为发电机转速。

用隐式梯形法可以得到与式(3-215)相对应的差分方程如下：

$$\begin{aligned}&\delta(t)=\delta(t-1)+C_1\omega(t-1)+C_2\Delta T(t-1)+C_3\Delta T(t)+C_4\\&\omega(t)=\frac{2}{h\omega_0}\left[\delta(t)-\delta(t-1)\right]-\omega(t-1)+2\end{aligned} \tag{3-216}$$

其中

$$\begin{aligned}&C_1=4M\Big/\left(\frac{4M}{h\omega_0}+\frac{2D}{\omega_0}\right),\quad C_2=h\Big/\left(\frac{4M}{h\omega_0}+\frac{2D}{\omega_0}\right)\\&C_3=h\Big/\left(\frac{4M}{h\omega_0}+\frac{2D}{\omega_0}\right),\quad C_4=-(4M+2hD)\Big/\left(\frac{4M}{h\omega_0}+\frac{2D}{\omega_0}\right)\end{aligned} \tag{3-217}$$

式(3-213)、式(3-214)、式(3-216)共同构成了电磁暂态分析中同步发电机的模型方程。

2) 电力电子换流器模型

模块化多电平换流器(modular multilevel converter，MMC)的三相基本结构如图 3-62(a)所示。三相 MMC 模型共有 6 个桥臂，每个桥臂串联 N 个子模块(sub-model)。常见的子模

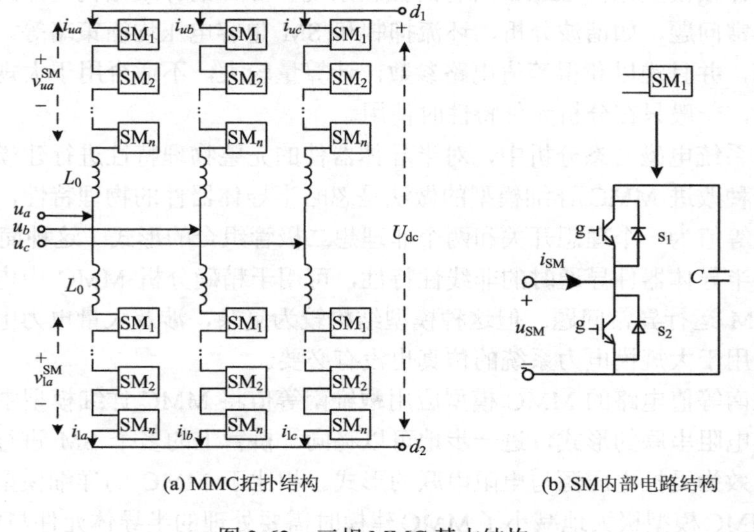

图 3-62　三相 MMC 基本结构

块结构为半桥型换流器子模块、全桥型换流器子模块以及双钳位型换流器子模块。由于投资和运行损耗等问题，目前工程中常用的子模块为半桥型换流器子模块，其结构如图 3-62(b)所示。

图 3-63 为三相 MMC 控制系统结构。MMC 的控制策略可分为上层控制部分和下层控制部分。上层控制部分采用双闭环结构的直接电流控制方式，通过电流内环控制达到快速响应、跟踪电流的目的；下层控制又称为 MMC 控制，包括最近电平逼近调制(NLC)、环流控制(CCSC)以及电容电压排序的平衡控制算法(BCA)。

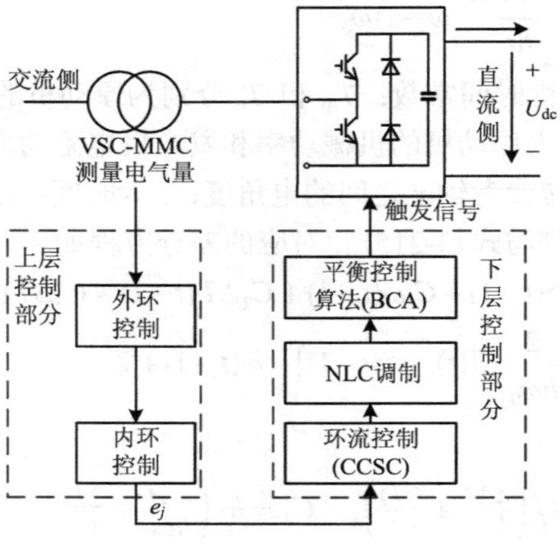

图 3-63　三相 MMC 控制系统结构

当前电磁暂态分析中根据 MMC 模型的建模精度，可将建模方法分为四类：MMC 详细模型、基于戴维南等值电路的 MMC 模型、MMC 平均值模型以及 MMC 简化平均值模型。

MMC 详细模型基于半导体器件完整物理特性对 MMC 中各桥臂上的 SM 进行详细建模，能够描述子模块中 IGBT 器件的特性，从而精确分析开关导通和关断特性以及开关功率损耗。由于详细模型包含 MMC 所有的控制系统和 SM 的详细结构，因此可以用于分析换流器内部异常问题，如谐波分析、环流抑制和 SM 电容电压均衡策略等。但这种模型由于复杂度较高，并且难以获得等值电路参数，计算量较大，不适合用于大规模电力系统的电磁暂态分析，一般只在分析元件特性时使用。

实际电力系统电磁暂态分析中，对半导体器件的完整物理特性进行建模是复杂且不必要的，因此一种改进 MMC 详细模型的做法是忽略半导体器件的物理特性，将 IGBT 与二极管并联单元等值为一个理想开关和两个非理想二极管组合的形式。这种简化的 MMC 详细模型保留了半导体器件导通时的非线性特性，可用于精确分析 MMC 中电流分布和开关特性、探究 SM 运行异常问题。但这种模型结构较为复杂，涉及大量电力电子元器件时仿真速度较慢，用于大规模电力系统的仿真也没有必要。

基于戴维南等值电路的 MMC 模型应用戴维南等值将 MMC 详细模型中的 SM 等值为受控电压源与电阻串联的形式，进一步地可以将同一桥臂上的多个 SM 进行串联，每相每侧的桥臂都等效为受控电压源与电阻串联的形式。相比于 MMC 的详细模型，基于戴维南等值电路的 MMC 模型极大地减小了 MMC 建模时需要处理的半导体元件与电气节点数量，可以极大地提高计算速度。尽管在这种模型中对 SM 的开关器件、电容等都进行了等值建模，但是仍可以通过数学方法解出流过每个开关器件以及电容的电流，计算得到开关器件以及电容在实际运行中的动态过程。因此，基于戴维南等值电路的 MMC 模型在加快计算效率的同时，仍能够正确反映元件的工作特性，能够正确反映 VSC 控制、环流控制以及电容电压均衡等对 MMC 动态过程的影响。

MMC 平均值模型即在电力电子器件的一个开关周期进行平均化，交流侧三相 6 个桥臂分别等效为 6 个受控电压源，直流侧等效为一个受控电流源并联一个等效电容。MMC 平均值模型对整个桥臂进行简化，忽略 SM 之间电容电压的差异，认为各个电容均压，并且忽略图 3-63 中的电容平衡控制算法(BCA)模块和环流控制(CCSC)模块，仅保留 VSC 控制模块和开关调制模块，因此 MMC 平均值模型能用于研究开关谐波的影响，但不能用于研究电容均压的控制算法和环流抑制策略。利用受控电压源和电流源等效 MMC 交直流侧模型，减少了大量的电气节点，可节约大量仿真时间，提高了仿真效率，并且由于忽略了电容平衡控制算法(BCA)、相间环流控制(CCSC)策略，故而可以大量削减 MMC 模型复杂度，加快求解速度。

MMC 简化平均值模型在 MMC 平均值模型的基础上进一步考虑 MMC 中交流侧基频分量，直流侧与 MMC 平均值模型相同，同时进一步省略控制系统中的调制模块(NLC)，这种简化平均值模型省略了开关调制过程，不能用来分析开关谐波，但模型进一步简化后可以采用更大步长进行仿真，从 μs 级步长提高到 ms 级步长。由于 MMC 简化平均值模型在交流侧只保留了基频分量，因此它既可用于只考虑基波动态的电磁暂态仿真，也可应用于机电暂态仿真，又被称为 RMS 模型。

从以上四类建模方法各自的特点可以看出，基于戴维南等值电路的 MMC 模型在计算的简化以及建模的精度上较为折中，当需要进行较大规模系统级仿真但又需要考虑元件自身的工作特性时，该模型是一种较为适合的建模方法。接下来对其进行详细介绍。

对于图 3-64(a)所示的半桥型子模块，在 SM 正常受控的情况下，可将 IGBT 及其反并联二极管作为一个整体，看作一个由开关指令控制的可变电阻，如图 3-64(b)所示。当 IGBT 及其反并联二极管导通时，其可变电阻取较小的值；当 IGBT 及其反并联二极管关断时，其可变电阻取较大的值。例如，在电磁暂态分析中，导通状态下的可变电阻可取 0.01Ω，关断状态下可变电阻可取 1MΩ。

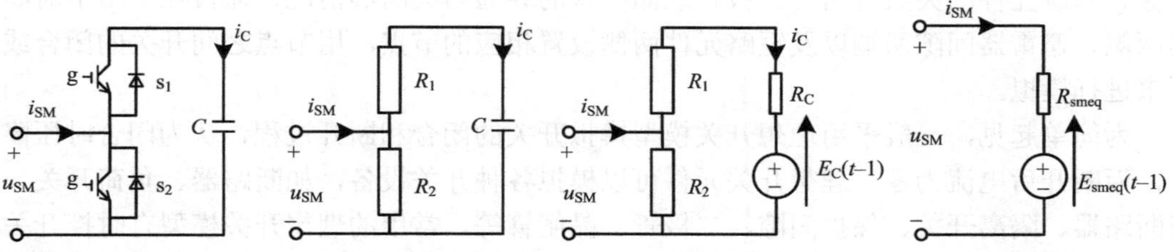

(a) 子模块结构图　(b) IGBT等效电阻　(c) 离散电容　(d) 戴维南等效

图 3-64　子模块等效电路

采用离散网络法对图 3-64(b)中的电容进行离散化，可得到如图 3-64(c)所示的等值电路，其中有 $R_C = h/(2C)$。进一步对该电路进行戴维南等效，可得如图 3-64(d)所示的等效

电路，对该电路有

$$u_{\mathrm{SM}}(t)=R_{\mathrm{smeq}}i_{\mathrm{SM}}(t)+E_{\mathrm{smeq}}(t-1) \tag{3-218}$$

其中

$$\begin{aligned}R_{\mathrm{smeq}}&=\frac{R_2(R_1+R_{\mathrm{C}})}{R_1+R_2+R_{\mathrm{C}}}\\E_{\mathrm{smeq}}(t-1)&=\frac{R_2}{R_1+R_2+R_{\mathrm{C}}}E_{\mathrm{C}}(t-1)\end{aligned} \tag{3-219}$$

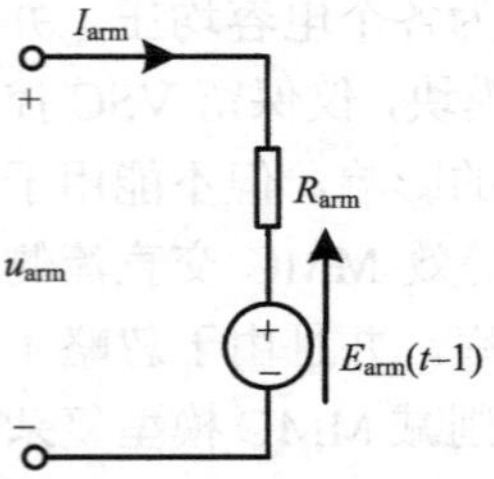

图 3-65　整个桥臂的戴维南等效电路

根据图 3-64(c)可进一步计算电容电流为

$$i_{\mathrm{C}}(t)=\frac{R_2 i_{\mathrm{SM}}(t)-E_{\mathrm{C}}(t-1)}{R_1+R_2+R_{\mathrm{C}}} \tag{3-220}$$

得到单个子模块的戴维南等效电路后，可通过子模块间的串联求出整个桥臂的戴维南等效电路。设整个桥臂的戴维南等效电路如图 3-65 所示。

假设一个桥臂由 N 个子模块串联而成，则一个桥臂的瞬时输出电压 $u_{\mathrm{arm}}(t)$ 等于此桥臂中全部 N 个子模块的输出电压 $u_{\mathrm{sm}}(t)$ 之和，且 $i_{\mathrm{arm}}(t)=i_{\mathrm{sm}}(t)$，即有

$$u_{\mathrm{arm}}(t)=\sum_{i=1}^{N}u_{\mathrm{sm}}^{i}(t)=\left(\sum_{i=1}^{N}R_{\mathrm{smeq}}^{i}\right)i_{\mathrm{arm}}(t)+\sum_{i=1}^{N}E_{\mathrm{smeq}}^{i}(t-1)=R_{\mathrm{arm}}i_{\mathrm{arm}}(t)+E_{\mathrm{arm}}(t-1) \tag{3-221}$$

式中

$$\begin{aligned}R_{\mathrm{arm}}&=\sum_{i=1}^{N}R_{\mathrm{smeq}}^{i}=\sum_{i=1}^{N}\frac{R_2^i(R_1^i+R_{\mathrm{C}}^i)}{R_1^i+R_2^i+R_{\mathrm{C}}^i}\\E_{\mathrm{arm}}(t-1)&=\sum_{i=1}^{N}E_{\mathrm{smeq}}^{i}(t-1)=\sum_{i=1}^{N}\frac{R_2^i}{R_1^i+R_2^i+R_{\mathrm{C}}^i}E_{\mathrm{C}}^i(t-1)\end{aligned} \tag{3-222}$$

式(3-221)描述了 MMC 三相桥臂中一相的基本方程，另外两相的方程也可以进行同样的建模。

3)开关元件模型

在电磁暂态分析中，为了模拟断路器操作使触头闭合或分离、过电压造成避雷器间隙击穿、系统元件的突然短路、二极管或晶闸管的导通与关断等情况，通常在网络中对断路器两侧、避雷器间隙两端以及短路元件两侧设置相应的节点，用节点之间开关的闭合或开断来进行模拟。

为简单起见，一般采用理想开关模型模拟开关的闭合和断开过程，认为闭合时压降为零，而断开后电流为零。理想开关元件可以模拟各种开关设备，如断路器、负荷开关、直流断路器、隔离开关、保护间隙、二极管、晶闸管等。常用的理想开关模型有时控开关、压控开关、二极管开关、晶闸管开关、全控型器件开关。为模拟实际电网中开关的电弧效应、预击穿等现象，可以采用在理想开关模型的两端附加其他支路的方法来处理，如附加非线性或时变电阻等。

(1)时控开关模型。

时控开关模型主要用于模拟断路器、隔离开关设备以及元件的突然短路，在特定的时间点进行开关的闭合与断开。例如，当模拟 t 时刻系统中某节点上持续 Δt 时间的短路故障时，t 时刻位于故障节点与地之间的时控开关闭合，$t+\Delta t$ 时刻时控开关断开。

(2) 压控开关模型。

压控开关模型可用于模拟保护间隙、避雷器间隙、绝缘子的闪络等。压控开关一般情况下是断开的，只有当开关两端的电压绝对值超过给定的击穿电压或闪络电压时才闭合，而在开关闭合后，电流第一次过零时断开。一旦电压再次超过击穿电压或闪络电压，它将重复闭合-断开过程。

(3) 二极管开关模型。

二极管开关模型用于对二极管单向导电特性的简单模拟。当二极管开关处于正向偏置且正向电压大于门槛电压时，二极管开关导通。当二极管开关电流小于某给定电流裕度值或电流过零时，二极管关断。当二极管开关两端的电压绝对值超过给定的击穿电压时，二极管开关强迫导通，强迫导通后，二极管开关将不再关断。

(4) 晶闸管开关模型。

晶闸管开关模型用于晶闸管导通和关断的简单模拟。晶闸管开关在正向电压大于门槛电压且门极触发信号为 1 时导通；当流经晶闸管开关的电流小于某给定电流裕度值或电流过零时，晶闸管关断。与二极管开关类似，晶闸管开关两端的电压绝对值超过给定的击穿电压时，晶闸管将强迫导通，强迫导通后，晶闸管开关将不再关断。与二极管开关不同的是，晶闸管开关还可能由于恢复时间不够导致晶闸管不受门极控制重新导通，具体模拟的方法为：从晶闸管开关关断开始计时，至晶闸管开关正向电压超过晶闸管开关门槛电压为止，若这个时间小于晶闸管最小关断时间，晶闸管开关将重新导通。

(5) 全控型器件开关模型。

全控型器件开关模型用于门极可关断晶闸管(GTO)等全控型器件的导通和关断的简单模拟。全控型器件开关在正向电压大于门槛电压且门极触发信号为 1 时导通，在处于正向偏置且门极触发信号为–1 时关断。与二极管开关类似，全控型器件开关两端的电压绝对值超过给定的击穿电压时强迫导通，强迫导通后将不再关断。全控型器件由于恢复时间不够，其不受门极控制重新导通的过程的模拟方法与晶闸管开关模型类似。

3. 机网接口

式(3-213)、式(3-214)所示的发电机模型建立在 $dq0$ 坐标下，而式(3-194)和式(3-198)的网络方程则是建立在 abc 三相坐标系下，因此需要通过一定的机网接口使发电机模型与网络方程进行对接。

一种自然的机网接口方法是通过 Park 反变换将同步发电机模型转换到 abc 三相坐标系下，实现发电机与网络的对接。将式(3-210)展开可得

$$\begin{bmatrix} \boldsymbol{i}_{dq0}(t) \\ \boldsymbol{i}_{fDgQ}(t) \end{bmatrix} = \begin{bmatrix} \boldsymbol{G}_{\mathrm{s}} & \boldsymbol{G}_{\mathrm{rs}} \\ \boldsymbol{G}_{\mathrm{rs}} & \boldsymbol{G}_{\mathrm{s}} \end{bmatrix} \begin{bmatrix} \boldsymbol{u}_{dq0}(t) \\ \boldsymbol{u}_{fDgQ}(t) \end{bmatrix} + \begin{bmatrix} \boldsymbol{I}_{dq0}(t-1) \\ \boldsymbol{u}_{fDgQ}(t-1) \end{bmatrix} \tag{3-223}$$

式(3-223)中，$\boldsymbol{i}_{dq0}(t)$ 的方程展开可得

$$\boldsymbol{i}_{dq0}(t)=\boldsymbol{G}_{\mathrm{s}}\boldsymbol{u}_{dq0}(t)+\boldsymbol{G}_{\mathrm{rs}}\begin{bmatrix}\boldsymbol{u}_f(t)\\0\\0\\0\end{bmatrix}+\boldsymbol{I}_{dq0}(t-1) \tag{3-224}$$

将式(3-224)进行 Park 反变换，在等式两侧同时乘以 $\boldsymbol{P}^{-1}$ 可得 abc 坐标系下的发电机电压、电流关系式如下：

$$\boldsymbol{i}_{abc}(t)=-\boldsymbol{Y}\boldsymbol{u}_{abc}(t)+\boldsymbol{I}_{abc}(t-1) \tag{3-225}$$

式中

$$\boldsymbol{Y}=-\boldsymbol{P}^{-1}\boldsymbol{G}_{\mathrm{s}}\boldsymbol{P};\ \boldsymbol{I}_{abc}(t-1)=\boldsymbol{P}^{-1}\left\{\boldsymbol{G}_{\mathrm{sr}}\begin{bmatrix}\boldsymbol{u}_f(t)\\0\\0\\0\end{bmatrix}+\boldsymbol{I}_{dq0}(t-1)\right\};$$

$$\boldsymbol{P}^{-1}=\begin{bmatrix}\cos\theta & -\sin\theta & 1\\ \cos\left(\theta-\dfrac{2\pi}{3}\right) & -\sin\left(\theta-\dfrac{2\pi}{3}\right) & 1\\ \cos\left(\theta+\dfrac{2\pi}{3}\right) & -\sin\left(\theta+\dfrac{2\pi}{3}\right) & 1\end{bmatrix};\ \theta=\omega_0 t+\delta-\frac{\pi}{2}$$

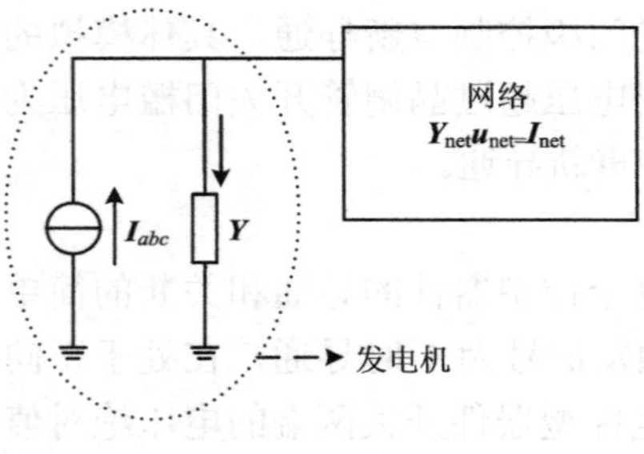

图 3-66　发电机接入网络的等值电路

从式(3-225)可以看出，发电机可等值为图 3-66 所示的电流源并联导纳的电路形式，从而可以接入网络中与网络进行联立求解。

这种方法存在的问题是发电机等效成电流源并联导纳的形式后，abc 三相坐标系下导纳矩阵 $\boldsymbol{Y}$ 的元素包含时变项 θ，因此每个时刻都需要重新对导纳矩阵 $\boldsymbol{Y}$ 进行计算，导致计算效率较低。

针对上述问题，一种想法是对 $dq0$ 坐标系下的导纳矩阵 $\boldsymbol{Y}$ 进行处理，从而使 Park 反变换后的导纳矩阵为常数矩阵，具体做法如下。

根据式(3-206)和式(3-207)，将 d 轴和 q 轴的发电机基本方程分开描述，可得 d 轴方程如下：

$$\begin{bmatrix}u_d\\u_f\\0\end{bmatrix}=\begin{bmatrix}x_d & x_{ad} & x_{ad}\\x_{ad} & x_f & x_{ad}\\x_{ad} & x_{ad} & x_D\end{bmatrix}\begin{bmatrix}\mathrm{d}(-i_d)/\mathrm{d}t\\\mathrm{d}i_f/\mathrm{d}t\\\mathrm{d}i_D/\mathrm{d}t\end{bmatrix}+\begin{bmatrix}R_a & & \\ & R_f & \\ & & R_D\end{bmatrix}\begin{bmatrix}-i_d\\i_f\\i_D\end{bmatrix}+\begin{bmatrix}v_d\\0\\0\end{bmatrix} \tag{3-226}$$

其中，v_d 称为 d 轴旋转电势，且有 $v_d=-\omega\psi_q$。需要注意的是，式(3-226)采用的是发电机标幺值方程，由于仿真计算中时间单位一般为秒，即 t 取有名值，因此上式将变为

$$\boldsymbol{u}=\boldsymbol{X}\frac{\mathrm{d}\boldsymbol{i}}{\mathrm{d}t\cdot\omega_0}+\boldsymbol{R}\boldsymbol{i}+\boldsymbol{v} \tag{3-227}$$

其中，$\boldsymbol{i}=\begin{bmatrix}-i_d\\ i_f\\ i_D\end{bmatrix}$；$\boldsymbol{u}=\begin{bmatrix}u_d\\ u_f\\ 0\end{bmatrix}$；$\boldsymbol{v}=\begin{bmatrix}v_d\\ 0\\ 0\end{bmatrix}$；$\boldsymbol{X}=\begin{bmatrix}x_d & x_{ad} & x_{ad}\\ x_{ad} & x_f & x_{ad}\\ x_{ad} & x_{ad} & x_D\end{bmatrix}$；$\boldsymbol{R}=\begin{bmatrix}R_a & & \\ & R_f & \\ & & R_D\end{bmatrix}$；$\omega_0=2\pi f_0$，$f_0$ 为基波频率。

用隐式梯形法积分公式可以导出对应式(3-224)的差分方程如下：

$$\boldsymbol{u}(t)=\boldsymbol{v}(t)+\left(\boldsymbol{R}+\frac{2}{h\omega_0}\boldsymbol{X}\right)\boldsymbol{i}(t)+\mathbf{Hist}(t-1) \tag{3-228}$$

其中，$\mathbf{Hist}(t-1)$ 为 $t-1$ 时刻已经求得的变量，在一些书中称为历史项，且有

$$\mathbf{Hist}(t-1)=\left(\boldsymbol{R}-\frac{2}{h\omega_0}\boldsymbol{X}\right)\boldsymbol{i}(t-1)-\boldsymbol{u}(t-1)+\boldsymbol{v}(t-1) \tag{3-229}$$

令 $\boldsymbol{R}_{\text{comp}}=\boldsymbol{R}+\dfrac{2}{h\omega_0}\boldsymbol{X}=\begin{bmatrix}R_{dd} & R_{df} & R_{dD}\\ R_{df} & R_{ff} & R_{fD}\\ R_{dD} & R_{fD} & R_{DD}\end{bmatrix}$，$\mathbf{Hist}(t-1)=\begin{bmatrix}h_d(t-1)\\ h_f(t-1)\\ h_D(t-1)\end{bmatrix}$，则式(3-228)可表示为

$$\begin{bmatrix}u_d(t)\\ u_f(t)\\ 0\end{bmatrix}=\begin{bmatrix}v_d(t)\\ 0\\ 0\end{bmatrix}+\begin{bmatrix}R_{dd} & R_{df} & R_{dD}\\ R_{df} & R_{ff} & R_{fD}\\ R_{dD} & R_{fD} & R_{DD}\end{bmatrix}\begin{bmatrix}-i_d(t)\\ i_f(t)\\ i_D(t)\end{bmatrix}+\begin{bmatrix}h_d(t-1)\\ h_f(t-1)\\ h_D(t-1)\end{bmatrix} \tag{3-230}$$

将式(3-230)中 $u_d(t)$ 方程展开，其他两项方程仍保留矩阵形式，可得

$$u_d(t)=v_d(t)-R_{dd}i_d(t)+R_{df}i_f(t)+R_{dD}i_D(t)+h_d(t-1) \tag{3-231}$$

$$\begin{bmatrix}u_f(t)\\ 0\end{bmatrix}=-\begin{bmatrix}R_{df}\\ R_{dD}\end{bmatrix}i_d(t)+\begin{bmatrix}R_{ff} & R_{fD}\\ R_{fD} & R_{DD}\end{bmatrix}\begin{bmatrix}i_f(t)\\ i_D(t)\end{bmatrix}+\begin{bmatrix}h_f(t-1)\\ h_D(t-1)\end{bmatrix} \tag{3-232}$$

联立式(3-231)和式(3-232)，消去 $i_f(t)$、$i_D(t)$ 可得

$$u_d(t)=e_d-R_d i_d(t) \tag{3-233}$$

其中

$$\begin{aligned}&R_d=R_{dd}-\begin{bmatrix}R_{df} & R_{dD}\end{bmatrix}\begin{bmatrix}R_{ff} & R_{fD}\\ R_{fD} & R_{DD}\end{bmatrix}^{-1}\begin{bmatrix}R_{df}\\ R_{dD}\end{bmatrix}\\ &e_d=v_d(t)+\mathbf{Hist}_d(t-1)\\ &\mathbf{Hist}_d(t-1)=h_d(t-1)-\begin{bmatrix}R_{df} & R_{dD}\end{bmatrix}\begin{bmatrix}R_{ff} & R_{fD}\\ R_{fD} & R_{DD}\end{bmatrix}^{-1}\begin{bmatrix}h_f(t-1)-u_f(t)\\ h_D(t-1)\end{bmatrix}\end{aligned} \tag{3-234}$$

根据式(3-233)可得到图 3-67(a)所示的简单电阻性网络等值电路。

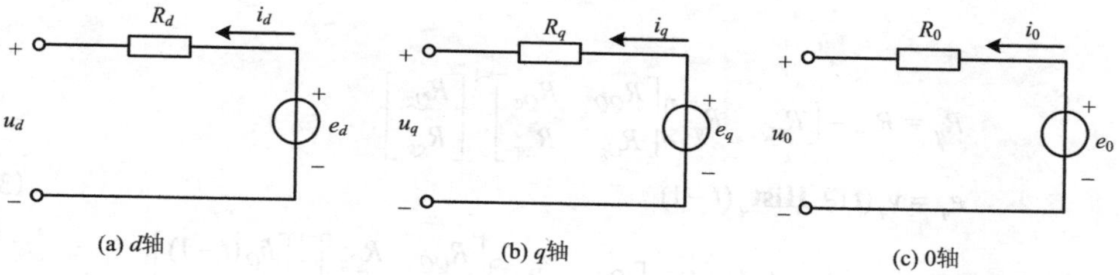

图 3-67　发电机电磁部分等值电路

式(3-233)中，旋转电势 $v_d(t)$ 可根据本时刻发电机状态量 ψ_q 计算，为已知量；$h_d(t-1)$ 可根据 t–1 时刻计算结果得到，此处若假设 $u_f(t)=u_f(t-1)$，则 t 时刻的 e_d 为已知量。这种假设在不考虑励磁动态过程时是恒成立的，在考虑励磁的动态过程时，这种假设意味着励磁系统对发电机的作用存在着一个时间步长的延时。

q 轴的推导与 d 轴类似。同样地，由式(3-206)和式(3-207)，可得 q 轴方程如下：

$$\begin{bmatrix} u_q \\ 0 \\ 0 \end{bmatrix}=\begin{bmatrix} x_q & x_{aq} & x_{aq} \\ x_{aq} & x_Q & x_{aq} \\ x_{aq} & x_{aq} & x_g \end{bmatrix}\begin{bmatrix} \mathrm{d}(-i_q)/\mathrm{d}t \\ \mathrm{d}i_Q/\mathrm{d}t \\ \mathrm{d}i_g/\mathrm{d}t \end{bmatrix}+\begin{bmatrix} R_a & & \\ & R_Q & \\ & & R_g \end{bmatrix}\begin{bmatrix} -i_q \\ i_Q \\ i_g \end{bmatrix}+\begin{bmatrix} v_q \\ 0 \\ 0 \end{bmatrix} \tag{3-235}$$

其中，v_q 称为 q 轴旋转电势，$v_q=\omega\psi_d$。与 d 轴方程相同，将 t 用有名值表示后，式(3-235)可简写为

$$\boldsymbol{u}=\boldsymbol{X}\frac{\mathrm{d}\boldsymbol{i}}{\mathrm{d}t\cdot\omega_0}+\boldsymbol{R}\boldsymbol{i}+\boldsymbol{v} \tag{3-236}$$

其中，$\boldsymbol{i}=\begin{bmatrix} -i_q \\ i_Q \\ i_g \end{bmatrix}$；$\boldsymbol{u}=\begin{bmatrix} u_q \\ 0 \\ 0 \end{bmatrix}$；$\boldsymbol{v}=\begin{bmatrix} v_q \\ 0 \\ 0 \end{bmatrix}$；$\boldsymbol{X}=\begin{bmatrix} x_q & x_{aq} & x_{aq} \\ x_{aq} & x_Q & x_{aq} \\ x_{aq} & x_{aq} & x_g \end{bmatrix}$；$\boldsymbol{R}=\begin{bmatrix} R_a & & \\ & R_Q & \\ & & R_g \end{bmatrix}$；$\omega_0=2\pi f_0$，$f_0$ 为基波频率。

用隐式梯形法积分公式可以导出对应式(3-236)的差分方程如下：

$$\boldsymbol{u}(t)=\boldsymbol{v}(t)+\left(\boldsymbol{R}+\frac{2}{h\omega_0}\boldsymbol{X}\right)\boldsymbol{i}(t)+\mathbf{Hist}(t-1) \tag{3-237}$$

其中

$$\mathbf{Hist}(t-1)=\left(\boldsymbol{R}-\frac{2}{h\omega_0}\boldsymbol{X}\right)\boldsymbol{i}(t-1)-\boldsymbol{u}(t-1)+\boldsymbol{v}(t-1) \tag{3-238}$$

令 $\boldsymbol{R}_{\text{comp}}=\boldsymbol{R}+\frac{2}{h\omega_0}\boldsymbol{X}=\begin{bmatrix} R_{qq} & R_{qQ} & R_{qg} \\ R_{qQ} & R_{QQ} & R_{Qg} \\ R_{qg} & R_{Qg} & R_{gg} \end{bmatrix}$，$\mathbf{Hist}(t-1)=\begin{bmatrix} h_q(t-1) \\ h_Q(t-1) \\ h_g(t-1) \end{bmatrix}$，则式(3-238)可表示为

$$\begin{bmatrix} u_q(t) \\ 0 \\ 0 \end{bmatrix}=\begin{bmatrix} v_q(t) \\ 0 \\ 0 \end{bmatrix}+\begin{bmatrix} R_{qq} & R_{qQ} & R_{qg} \\ R_{qQ} & R_{QQ} & R_{Qg} \\ R_{qg} & R_{Qg} & R_{gg} \end{bmatrix}\begin{bmatrix} -i_q(t) \\ i_Q(t) \\ i_g(t) \end{bmatrix}+\begin{bmatrix} h_q(t-1) \\ h_Q(t-1) \\ h_g(t-1) \end{bmatrix} \tag{3-239}$$

式(3-236)中进一步消去 i_g、i_Q 可得

$$u_q(t)=e_q-R_q i_q(t) \tag{3-240}$$

其中

$$\begin{aligned} R_q &= R_{qq}-\begin{bmatrix} R_{qQ} & R_{qg} \end{bmatrix}\begin{bmatrix} R_{QQ} & R_{Qg} \\ R_{Qg} & R_{gg} \end{bmatrix}^{-1}\begin{bmatrix} R_{Qg} \\ R_{gg} \end{bmatrix} \\ e_q &= v_q(t)+\mathbf{Hist}_q(t-1) \\ \mathbf{Hist}_q(t-1) &= h_q(t-1)-\begin{bmatrix} R_{qQ} & R_{qg} \end{bmatrix}\begin{bmatrix} R_{QQ} & R_{Qg} \\ R_{Qg} & R_{gg} \end{bmatrix}^{-1}\begin{bmatrix} h_Q(t-1) \\ h_g(t-1) \end{bmatrix} \end{aligned} \tag{3-241}$$

根据式(3-240)可以得到图 3-67(b)所示的简单电阻性网络等值电路。

同样地，由式(3-206)和式(3-207)，可得 0 轴方程如下：

$$u_0 = -R_a i_0 + \frac{d(-i_0)}{dt \cdot \omega_0} x_0 \tag{3-242}$$

用隐式梯形法积分公式可以导出对应式(3-242)的差分方程如下：

$$u_0(t) = -R_0 i_0(t) + \mathrm{Hist}_0(t-1) = e_0 v_d(t) - R_0 i_0(t) \tag{3-243}$$

其中

$$\begin{aligned} R_0 &= R_a + \frac{2x_0}{h\omega_0} \\ e_0 &= \mathrm{Hist}_0(t-1) = \left(\frac{2x_0}{h\omega_0} - R_a\right) i_0(t-1) - u_0(t-1) \end{aligned} \tag{3-244}$$

根据式(3-243)，可以得到图 3-67(c)所示的简单电阻性网络等值电路。

结合式(3-233)、式(3-240)、式(3-243)以及图 3-67 可以看出，经过处理后，发电机的 d、q、0 轴机网接口方程互相解耦，并且分别可以表示为一个本时刻已知的电势 e_d、e_q、e_0 与定值电阻 R_d、R_q、R_0 串联的等值电路。但为了将发电机方程和网络方程一起求解，必须把图 3-67 所示的 d、q、0 轴的发电机电阻性网络转换到 a、b、c 坐标系下，这样仍会导致转换后相应的电阻/导纳矩阵随时间变化。为避免这种情况，还需对图 3-67 进一步进行变换，从 R_d、R_q 中提出与 Park 变换特性相关的平均电阻，从而形成图 3-68 所示的等值电路。

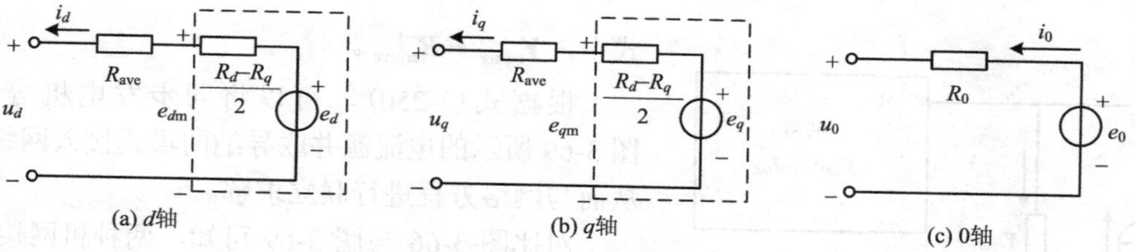

图 3-68　修正后发电机部分等值电路

由此，可写出如下发电机 d、q、0 轴等值计算方程：

$$\begin{aligned} u_d(t) &= e_{dm} - R_{ave} i_d(t) \\ u_q(t) &= e_{qm} - R_{ave} i_q(t) \\ u_0(t) &= e_0 - R_0 i_0(t) \end{aligned} \tag{3-245}$$

其中，$e_{dm} = e_d - \dfrac{R_d - R_q}{2} i_d(t)$；$e_{qm} = e_q + \dfrac{R_d - R_q}{2} i_q(t)$；$R_{ave} = \dfrac{R_d + R_q}{2}$。

将图 3-68 中的电压源串联电阻转换成电流源并联电阻的形式，可得等效电流源和并联电阻分别为

$$i_{d,\mathrm{source}} = \frac{1}{R_{ave}} e_{dm},\quad i_{q,\mathrm{source}} = \frac{1}{R_{ave}} e_{qm},\quad i_{0,\mathrm{source}} = \frac{1}{R_0} e_0 \tag{3-246}$$

$$
R_{dq0}=\begin{bmatrix} R_{\text{ave}} & & \\ & R_{\text{ave}} & \\ & & R_0 \end{bmatrix} \tag{3-247}
$$

将式(3-243)和式(3-244)从$dq0$坐标系转换到abc三相坐标系后可得等效电流源和并联电阻分别为

$$
\begin{bmatrix} i_{a,\text{source}} \\ i_{b,\text{source}} \\ i_{c,\text{source}} \end{bmatrix}=\boldsymbol{P}^{-1}\begin{bmatrix} i_{d,\text{source}} \\ i_{q,\text{source}} \\ i_{0,\text{source}} \end{bmatrix}=\begin{bmatrix} \cos\theta & -\sin\theta & 1 \\ \cos\left(\theta-\dfrac{2\pi}{3}\right) & -\sin\left(\theta-\dfrac{2\pi}{3}\right) & 1 \\ \cos\left(\theta+\dfrac{2\pi}{3}\right) & -\sin\left(\theta+\dfrac{2\pi}{3}\right) & 1 \end{bmatrix}\begin{bmatrix} i_{d,\text{source}} \\ i_{q,\text{source}} \\ i_{0,\text{source}} \end{bmatrix} \tag{3-248}
$$

$$
\boldsymbol{R}_{\text{equiv}}=\boldsymbol{P}^{-1}\boldsymbol{R}_{dq0}\boldsymbol{P}=\begin{bmatrix} R_{\text{s}} & R_{\text{m}} & R_{\text{m}} \\ R_{\text{m}} & R_{\text{s}} & R_{\text{m}} \\ R_{\text{m}} & R_{\text{m}} & R_{\text{s}} \end{bmatrix} \tag{3-249}
$$

其中，$R_{\text{s}}=\dfrac{R_0+2R_{\text{ave}}}{3}$；$R_{\text{m}}=\dfrac{R_0-R_{\text{ave}}}{3}$。可以看出，经过图 3-68 等效后的电阻矩阵，再经过 Park 反变换时，得到的矩阵 $\boldsymbol{R}_{\text{equiv}}$ 为一定常电阻矩阵。

此时，可将发电机的机网接口方程表示为

$$
\boldsymbol{i}_{abc}(t)=-\boldsymbol{Y}_{\text{equiv}}\boldsymbol{u}_{abc}(t)+\boldsymbol{i}_{abc,\text{source}} \tag{3-250}
$$

式中，$\boldsymbol{Y}_{\text{equiv}}=\boldsymbol{R}_{\text{equiv}}^{-1}$。

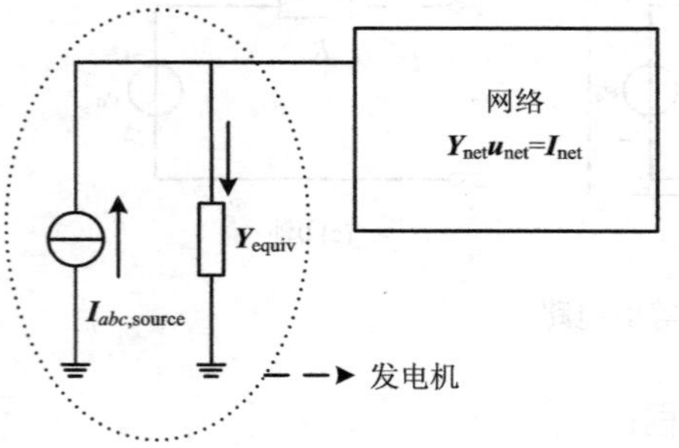

图 3-69 发电机接入网络的等值电路

根据式(3-250)，可以将同步发电机等值为图 3-69 所示的电流源并联导纳的形式接入网络中，从而与网络方程进行联立求解。

对比图 3-66 与图 3-69 可知，两种机网接口方式在发电机的外部等值上均是将发电机等值为电流源并联导纳的形式，区别在于式(3-250)中 $\boldsymbol{Y}_{\text{equiv}}$ 为常数矩阵。因此，按照这种方式将同步发电机与网络对接后，不需要每个时刻都更新节点导纳矩阵，在计算时比第一种机网接口更加灵活。

4. *求解流程*

电力系统电磁暂态分析的一般流程如图 3-70 所示。

图 3-70 中每一步具体的求解流程如下：

(1) $t=0$ 时，根据系统潮流计算或状态估计结果对网络进行初始化。

(2) 根据潮流计算结果对控制系统进行初始化，主要为初始化各类控制器的状态变量以及状态变量的导数值。

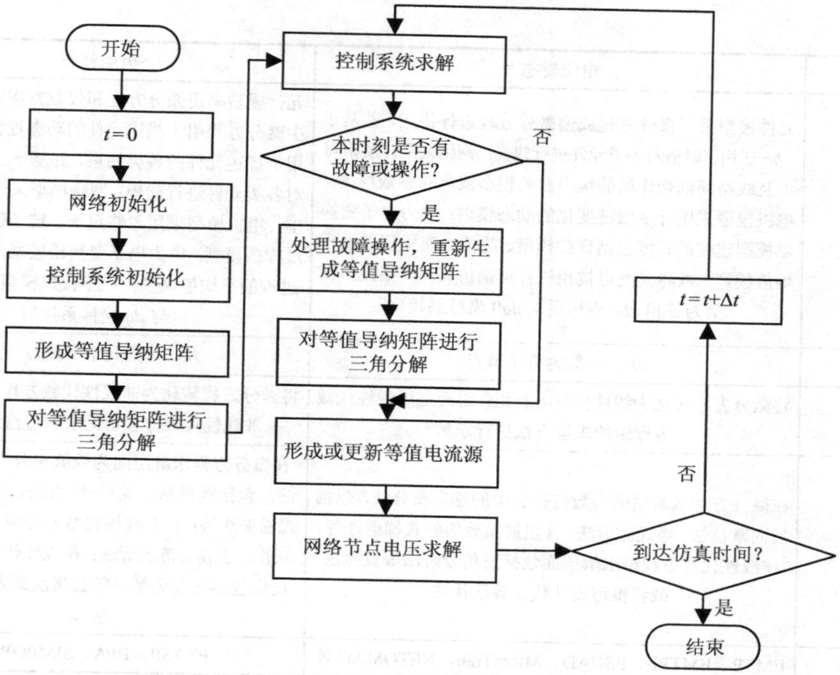

图 3-70　电磁暂态仿真计算流程图

(3) 根据系统中各集中参数支路、分布参数支路以及发电机参数形成式(3-205)中的等值导纳矩阵。由于在没有故障或操作时刻，网络的等值导纳矩阵是不变的，因此形成等值导纳矩阵后进行一次三角分解，该结果便可一直用于后续电磁暂态分析中各个正常时步的计算。

后续每个时步的计算中，循环执行步骤(4)～(7)。

(4) 对控制系统中各控制器的状态变量进行求解。

(5) 若本时步初始时刻不存在故障或操作，直接执行步骤(6)；若本时步初始时刻存在故障或操作，则需要根据故障或操作对实际网络拓扑的影响重新生成等值导纳矩阵，并对等值导纳矩阵进行三角分解。

(6) 计算网络中的等值电流源。

(7) 得到网络中的等值电流源后，根据式(3-205)求解网络节点电压。

3.8.2　电磁暂态分析与机电暂态分析的对比和讨论

将本节的内容与本章前述机电暂态分析的内容进行对比，如表 3-13 所示。

表 3-13　电磁暂态与机电暂态对比

项目	电磁暂态	机电暂态
适用场景	适用于故障或操作瞬间过电压、过电流的精确模拟、电力电子装置以及 HVDC 系统的主电路设计和设备自身的控制策略设计	适用于研究电力系统遭受短路故障、断线故障、冲击性负荷等大扰动作用下，电力系统的动态行为和系统的暂态同步稳定性等
分析时间尺度	微秒级时间尺度，仿真步长常取 20～200μs	毫秒级时间尺度，典型仿真步长为 10ms

续表

项目	电磁暂态	机电暂态
使用模型	元件模型采用微分方程或偏微分方程进行描述，并基于 *abc* 三相瞬时值对各类元件进行建模；网络采用计及相间以及线路间耦合作用的集中参数模型或分布参数模型；电机模型采用计及磁链变化的动态模型；电力电子变换器模型建模的精度包括详细模型、等值电路模型以及平均值模型；故障模型可按相进行精确仿真；网络接口模型为三相 *abc* 坐标系与 *dq*0 坐标系接口	元件模型采用微分方程和代数方程进行描述，其中微分方程用于描述元件的动态过程，代数方程用于描述元件的各类约束，并基于工频基波相量对各类元件进行建模；网络模型采用集中参数模型；电机模型采用忽略定子、转子磁链电磁暂态过程的模型；电力电子变换器模型采用忽略开关过程的平均值模型；网络接口模型为 *xy* 坐标系与 *dq* 坐标系接口
计算规模	小，一般为数千节点	大，可为几千至数万节点
分析思路	将微分方程转化为线性代数方程组，进而通过线性代数方程组的求解方法进行求解	将微分方程转化为非线性代数方程组，进而通过非线性代数方程组的求解方法进行求解
基本算法	在微分方程求解层面为数值积分中的逐步积分法，包括后向欧拉法、隐式梯形法、含阻尼系数的隐式梯形法等；在线性代数方程组求解层面包括三角分解法等直接法或者雅可比迭代法等迭代法	在微分方程求解层面为数值积分中的逐步积分法，包括欧拉法、龙格-库塔法、Adams 法、隐式梯形法等；在非线性代数方程组求解层面为同步求解法或交替求解法；在线性代数方程组求解层面包括三角分解法等直接法或者雅可比迭代法等
常用软件	EMTP、EMTPE、PSCAD、MicroTran、NETOMAC 等	PSASP、BPA、SIMPOW 等

从表 3-13 中可以看出，电磁暂态分析与机电暂态分析各有侧重，两种方法并不存在绝对的优劣。电磁暂态分析基于 *abc* 三相瞬时值表达式，以微秒级的时间尺度观察系统中电磁场以及电压、电流的变化情况。使用电磁暂态分析能够更加清晰地认识设备、元器件层级的动态过程发展；机电暂态分析基于工频相量模型，以毫秒级的时间尺度观察系统中机电能量的转换与大时空尺度下的能量传递，大电网的规划、设计和运行均与机电暂态过程的分析密切相关。在实际分析中需要根据具体的分析需求，在两种分析方法中进行取舍。

当分析的重点在于暂态扰动下系统长时间上动态过程的变化以及系统全局的能量传递时，系统的动态过程与能量传递特性体现在系统的动力学过程中，因此衰减较为快速的电磁暂态过程可忽略不计，宜采用机电暂态分析方法对系统的动态过程进行分析，此时系统中各种电力电子变换器、FACTS 器件、直流输电系统等都采用平均值模型进行建模，忽略其电磁暂态过程。在机电暂态分析的框架下，无法反映变流器桥臂故障、换相失败等问题，但仍可以近似模拟多种直流系统扰动、变流器故障对交流系统的影响。

当分析的重点在于桥臂故障、换相失败等更加细节、局部的扰动时，需要在电磁暂态分析的框架下，对直流系统、变流器等进行更加详细的建模，从而对上述问题进行分析。此外，由于电磁暂态分析方法的时间尺度远小于机电暂态分析，因此其分析的范围涵盖了机电暂态分析的范围。在某种程度上，可以用机电暂态分析进行计算的问题，同样可以采用电磁暂态分析方法进行分析。但需要注意的是，在电磁暂态的时间尺度下观察机电暂态问题，将产生巨大的计算开销，这也是在面对具体问题选择分析方法时需要考虑的重要因素。

3.8.3　机电电磁混合分析

实际电力系统受扰后，电磁暂态过程和机电暂态过程是同时发生并相互影响的，如果能将二者结合起来统一考虑，则不但有助于了解大系统机电暂态过程的动态特性，也有助于分析大系统中某一特定元件或局部的详细电磁暂态变化过程，这一技术称为机电电磁混合分析。

如图 3-71 所示，在机电电磁混合分析中，根据系统分析的需求，将系统分为需要进行电磁暂态分析的局部系统以及进行机电暂态分析的主体系统，在进行上述任一部分系统的分析计算时，将另一部分系统作为静止不变的系统进行等值处理，通过数据交换接口进行两个尺度的仿真数据传递。在对局部系统进行电磁暂态分析时，需要对其余的网络进行等效，机电暂态主体网络往往是规模较大的常规交流网络，常常采用诺顿等效电路来代替；进行机电暂态分析时，需要对其余的网络进行等效，电磁侧局部系统的等效可以采用戴维南等效电路。

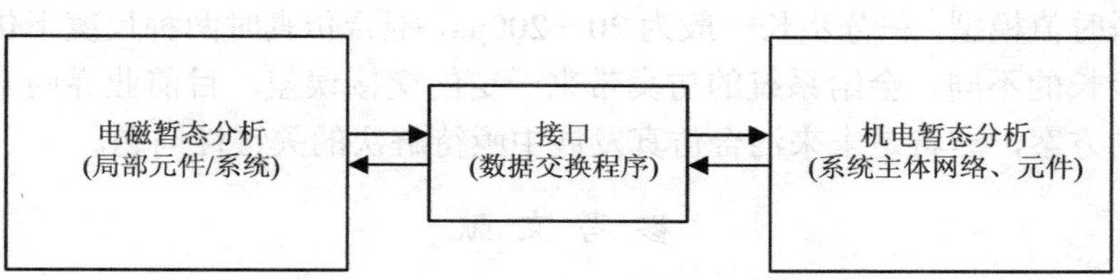

图 3-71　机电电磁混合仿真示意

机电电磁混合仿真中数据交换的时序过程如图 3-72 所示。

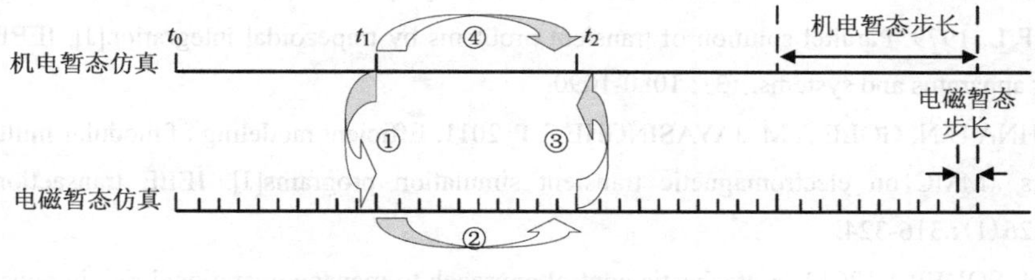

图 3-72　机电电磁混合分析数据交换时序

图 3-72 中，局部系统进行电磁暂态分析时，主体系统的机电暂态分析处于等待状态；同样地，当主体系统进行机电暂态分析时，局部系统的电磁暂态分析也处于等待状态，整个分析过程中，机电暂态计算和电磁暂态计算是交替进行的。假设系统已完成 t_0～t_1 时段的电磁暂态分析以及机电暂态分析，后续计算过程中整个系统仿真分析的具体推进过程如下。

(1) 在 t_1～t_2 时段的分析开始时，机电暂态分析部分将系统主体网络在 t_1 时刻的等值电路信息通过数据接口发送到电磁暂态部分。

(2) 电磁暂态分析部分收到系统主体网络在 t_1 时刻的等值电路信息后，进行 t_1～t_2 时段的电磁暂态分析。

(3) 电磁暂态分析部分完成计算后将 t_2 时刻的局部系统等值电路信息发送到机电暂态分析部分。

(4) 机电暂态分析部分收到局部系统在 t_2 时刻的等值电路信息后，以该信息作为 t_2 时刻系统中的约束条件，进行 t_1～t_2 时段的机电暂态分析。

(5) 重复步骤 (1)～(4)，进行后续时段的机电电磁混合仿真分析。

上述过程中，假设机电暂态分析的步长为电磁暂态分析的 100 倍，那么在 t_1～t_2 时段的计算中，局部系统将进行 100 次步长为 $(t_2-t_1)/100$ 的电磁暂态分析，然后将 t_2 时刻的局部系统计算结果进行等值并传递至机电暂态分析中，对主体系统在 t_1～t_2 时段上进行一次步长为 t_2-t_1 的机电暂态分析，分析得到的数据经过等值后传递回局部系统中进行下一时段的电磁暂态分析。

例如，对于交直流混联系统，可用电磁暂态分析计算直流系统的动态过程，用机电暂态分析计算与直流系统相连的交流网络及其他不涉及电磁暂态过程的元件的动态过程。如此一来，既可以研究直流输电对交流系统稳定性的影响，又可以详细、准确地分析直流输电的换相失败、直流控制与保护等问题。

需要指出的是，机电暂态仿真模型为相量模型，积分步长一般为 10ms，电磁暂态仿真模型为三相瞬时值模型，积分步长一般为 20～200μs，混合仿真时两种尺度下仿真模型的不同以及积分步长的不同，会给系统的仿真带来一定的交接误差。目前业界尚未有很好的解决交接误差的方案，这将是未来混合仿真发展中亟待解决的关键性问题。

参考文献

吴滋坤, 张俊勃, 黄钦雄, 等, 2022. 基于非诚实牛顿法和雅可比迭代的电力系统时域计算隐式梯形积分交替求解算法[J]. 中国电机工程学报, 42(8): 2864-2873.

郑咸义, 2008. 应用数值分析[M]. 广州: 华南理工大学出版社.

周孝信, 田芳, 李亚楼, 2014. 电力系统并行计算与数字仿真[M]. 北京: 清华大学出版社.

ALVARADO F L, 1979. Parallel solution of transient problems by trapezoidal integration[J]. IEEE transactions on power apparatus and systems, (3): 1080-1090.

GNANARATHNA U N, GOLE A M, JAYASINGHE R P, 2011. Efficient modeling of modular multilevel HVDC converters (MMC) on electromagnetic transient simulation programs[J]. IEEE transactions on power delivery, 26(1): 316-324.

PERNINGE M, SODER L, 2012. A stochastic control approach to manage operational risk in power systems[J]. IEEE transactions on power systems, 27(2): 1021-1031.

SAAD H, PERALTA J, DENNETIERE S, et al., 2013. Dynamic averaged and simplified models for MMC-based HVDC transmission systems[J]. IEEE transactions on power delivery, 28(3): 1723-1730.

YU W, ZHANG J, GUAN L, 2018. Agent-based power system time-domain simulation considering uncertainty[C]. 2018 International conference on power system technology (POWERCON). Guangzhou: 317-324.

第 4 章　电力系统静态稳定分析

电力系统正常运行时会受到新能源出力波动、负荷波动、各类开关动作等扰动，使系统偏离原有运行工作点。为了使系统能保持长期正常运行，系统在偏离正常运行时的工作点后应能自动回到原有工作点，即系统在工作点附近能长期保持稳定。

电力系统静态稳定分析的目标是确认系统在运行工作点附近能否保持长期稳定，在电力系统规划和运行分析中占有重要位置。在输电系统的规划设计中，通过静态稳定分析，可以确定输电线路的静态稳定功率极限和静态稳定储备系数，为输电系统的设计提供依据。在实际运行的电力系统中，通过静态稳定分析可以确定静态稳定条件下输电线路可送出的最大功率。面对故障等大扰动，通过静态稳定分析，可以校核系统在 N-1 或 N-2 后是否存在能够长期维持平稳运行的工作点。

在第 1 章中提到维持电力系统功率传输稳定性是电力系统稳定问题的重点。考虑如图 4-1 所示的电力系统功率传输示意图。

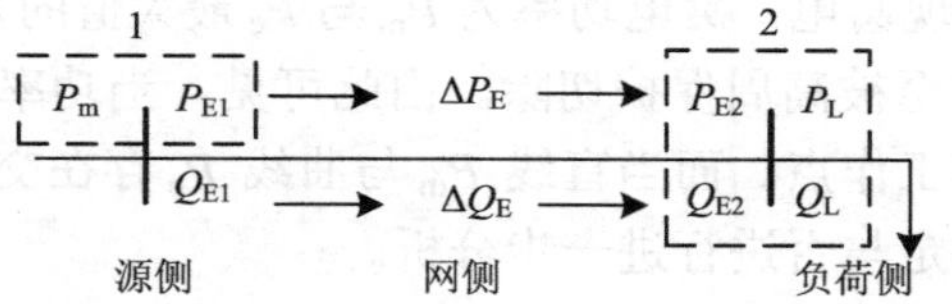

图 4-1　电力系统功率传输示意图

图 4-1 中，P_m 为外界输入源侧的有功功率，P_{E1} 和 Q_{E1} 分别为源侧向负荷侧输送的有功功率和无功功率，P_{E2} 和 Q_{E2} 分别为输送至负荷侧的有功功率和无功功率，P_L 和 Q_L 为负荷侧所需的有功功率和无功功率，ΔP_E 和 ΔQ_E 分别是网侧吸收的有功功率和无功功率。其中，源侧有功功率和无功功率满足 $\dot{S} = P_{E1} + jQ_{E1}$；若功率因数角为 β，则 $S\cos\beta = P_{E1}$，$S\sin\beta = Q_{E1}$。在实际系统中，电源存在容量限制，即 $S \leqslant S_{max}$，当源侧输送的功率越限时，一般会优先减小 β，即减小源侧发出的无功功率 Q_{E1}，从而让源侧尽可能多送出有功功率 P_{E1}。同时，ΔP_E 为网络中电阻消耗的有功功率；ΔQ_E 涵盖网络等值电抗消耗的无功功率以及由外界无功补偿电路提供的无功功率，当外界补偿的无功功率大于等值电抗消耗的无功功率时，ΔQ_E 为正数，否则为负数。

分析图 4-1 所示电力系统的静态稳定性，需要关注两个层面：一是分析发电侧输入有功功率特性与其内电势节点送出的有功功率特性是否匹配，如图 4-1 中的虚线框 1 所示；二是分析系统馈入负荷侧的功率特性与负荷侧所需的功率特性是否匹配，如图 4-1 中的虚线框 2 所示。在简单电力系统中，前者对应电力系统静态同步稳定问题，后者对应电力系统静态电压稳定问题。本章将以简单电力系统为例，分别介绍静态同步稳定分析和静态电压稳定分析的基本方法与思路，然后将其推广至复杂系统静态稳定分析，并作简要介绍。

4.1 简单电力系统的静态同步稳定分析

4.1.1 单机无穷大系统的静态同步稳定分析

单机无穷大系统的运行工作点由发电侧输入功率特性及内电势节点送出的功率特性共同决定。单机无穷大系统静态稳定分析首先需要判断发电侧输入的有功功率能否被顺利送出，对应图 4-1 中的 P_m 和 P_{E1} 能否相等，在数学上体现为上述两种功率特性曲线是否存在交点。若交点不存在，则发电侧窝电，系统将静态失稳。若交点存在，即 $P_m = P_{E1}$，则意味着发电侧输入的有功功率能被顺利送出，系统存在备选工作点。之后，还需要进一步判断系统在该工作点上能否持续稳定运行，在数学上体现为系统在该交点处能否建立小扰动负反馈机制，只有能够建立负反馈条件的工作点才是稳定的工作点。

1. 源侧为同步发电机的情况

源侧为同步发电机的单机无穷大系统功率特性如图 4-2(b)所示。其中，P_m 代表了发电侧输入的有功功率，在静态稳定分析时可以认为 P_m 保持不变，因此 P_m 为一条直线；曲线 P_e 代表了发电机内电势节点输出的功率特性。当直线 P_m 在曲线 P_e 的最高点之上时，两者无交点。此时，发电机出现窝电，窝电功率为 P_m 与 P_e 最大值的差值。在窝电功率作用下，发电机转子加速旋转，直至被高周保护切除。由此可见，当功率特性曲线不存在交点时，电力系统将无法建立静态工作点。而当直线 P_m 与曲线 P_e 存在交点时，系统存在备选工作点，这时需要对工作点稳定与否进行进一步分析。

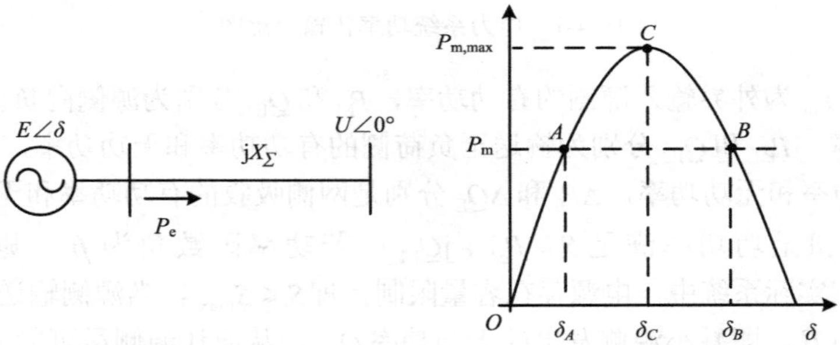

(a) 单机无穷大系统图　　(b) 功率特性

图 4-2　单机无穷大系统功角稳定

设同步发电机机械端输入功率 P_m、发电机内电动势 E 以及无穷大系统电压 U 为常数，忽略输电线路电阻与分布电容，系统总视在电抗为 X_Σ，则忽略阻尼时系统的数学模型为

$$\begin{cases} M\dfrac{d\omega}{dt} = P_m - P_e \\ \dfrac{d\delta}{dt} = \omega - 1 \end{cases} \tag{4-1}$$

式中，M 为惯性时间常数；P_e 为发电机外送的电磁功率，由式(2-33)可知 $P_e = \dfrac{EU}{X_\Sigma}\sin\delta$。

将上述方程在工作点附近线性化，则增量方程为

$$\begin{cases} M\dfrac{\mathrm{d}\Delta\omega}{\mathrm{d}t}=\Delta P_{\mathrm{m}}-\Delta P_{\mathrm{e}}=-\Delta P_{\mathrm{e}} \\ \dfrac{\mathrm{d}\Delta\delta}{\mathrm{d}t}=\Delta\omega \end{cases} \tag{4-2}$$

式中，由于 P_{m} 为常数，ΔP_{m} 恒为 0，$\Delta P_{\mathrm{e}}=\left(\dfrac{EU}{X_{\Sigma}}\cos\delta_0\right)\Delta\delta \overset{\text{def}}{=} K\Delta\delta$，$\delta_0$ 为发电机工作点转子角，即图 4-2(b) 中直线 P_{m} 与曲线 P_{e} 交点处对应的转子角，K 称为同步力矩系数，可由 $K=\dfrac{\mathrm{d}P_{\mathrm{e}}}{\mathrm{d}\delta}\Big|_{\delta_0}$ 计算得到。

将 ΔP_{e} 代入式(4-2)，消去 $\Delta\omega$，可得

$$M\Delta\ddot{\delta}+K\Delta\delta=0 \tag{4-3}$$

对应的特征方程为

$$Mp^2+K=0 \tag{4-4}$$

若 $K>0$，相当于 $\cos\delta_0>0$，对应图 4-2(b) 中 P_{e} 曲线的左半支，此时功角 δ 的取值范围是 $[0°,90°)$，相应求得的特征根 $p_{1,2}=\pm\mathrm{j}\sqrt{\dfrac{K}{M}} \overset{\text{def}}{=} \pm\mathrm{j}\omega_{\mathrm{n}}$，其中 ω_{n} 为系统无阻尼时发电机转子相对无穷大系统的自然振荡频率。显然，在计及机械阻尼时，系统稳定。若 $K<0$，相当于 $\cos\delta_0<0$，对应图 4-2(b) 中 P_{e} 曲线的右半支，此时功角 δ 的取值范围是 $(90°,180°]$，相应求得的特征根 $p_{1,2}=\pm\sqrt{\dfrac{-K}{M}}$，有一正实根，不稳定，失稳形式为非周期性失步。若 $K=0$，相当于 $\cos\delta_0=0$，对应图 4-2(b) 中 P_{e} 曲线的顶点，此时功角 $\delta_0=90°$，相应特征根 $p_{1,2}$ 为二重根，系统处于临界状态。实际系统不允许在临界状态运行。

上述一般性分析可由图 4-2(b) 中发电侧输入功率特性及内电势节点送出功率特性的交点情况进一步验证。

若系统运行在 A 点，在该点上 $P_{\mathrm{m}}=P_{\mathrm{e}}$，$\delta_A<90°$，$K=\dfrac{\mathrm{d}P_{\mathrm{e}}}{\mathrm{d}\delta}\Big|_{\delta_A}>0$。当系统有微小扰动，使转子角有微小增量 $\Delta\delta>0$ 时，由 $K=\dfrac{\mathrm{d}P_{\mathrm{e}}}{\mathrm{d}\delta}\Big|_{\delta_A}>0$ 可知电磁功率 P_{e} 将有微小增量，$\Delta P_{\mathrm{e}}>0$；而 $\Delta P_{\mathrm{m}}=0$，从而由转子运动方程可知，该 ΔP_{e} 将引起转子减速，从而使 $\Delta\delta$ 减少，趋于返回原运行工况。因此，扰动消失后，系统在阻尼作用下，经过一个暂态过程，转子角将回到 δ_A，故系统在 A 点运行是静态稳定的。

若系统初始运行在 B 点，在该点上 $P_{\mathrm{m}}=P_{\mathrm{e}}$，$\delta_B>90°$，$K=\dfrac{\mathrm{d}P_{\mathrm{e}}}{\mathrm{d}\delta}\Big|_{\delta_B}<0$。当系统有微小扰动，使转子角有微小增量 $\Delta\delta>0$ 时，由 $K=\dfrac{\mathrm{d}P_{\mathrm{e}}}{\mathrm{d}\delta}\Big|_{\delta_B}<0$，可知电磁功率 P_{e} 将有微小增量，$\Delta P_{\mathrm{e}}<0$；而 $\Delta P_{\mathrm{m}}=0$，从而由转子运动方程可知，该 ΔP_{e} 将引起转子加速，从而使 $\Delta\delta$ 进一步增大，发电机趋于失步，故系统运行在 B 点是不稳定的。

若系统运行在 C 点，此时 $\delta_C=90°$，$K=\dfrac{\mathrm{d}P_{\mathrm{e}}}{\mathrm{d}\delta}\Big|_{\delta_C}=0$，系统处于临界状态。此时电磁功

率 P_e 达到最大值，若再增加机械功率，则因为 $P_m > \dfrac{EU}{X_\Sigma}\sin 90° = P_{e,max}$，发电机转子角 δ 将趋于无穷大，系统失步。

显然，对于以同步发电机为电源的单机无穷大系统可以用 $\dfrac{dP_e}{d\delta}$ 作为功角稳定的代数判据。当 $\dfrac{dP_e}{d\delta} > 0$ 时，系统在小扰动下是静态稳定的；当 $\dfrac{dP_e}{d\delta} < 0$ 时，系统是静态不稳定的；$\dfrac{dP_e}{d\delta} = 0$ 为临界状态。该临界状态称为功角静态稳定极限，相应的最大传输功率称为静态稳定极限功率。

2. *源侧为并网逆变器的情况*

上述分析方法对于源侧为新能源并网逆变器的单机无穷大系统也同样适用。此时，分析的问题是源侧送至逆变器并网点的功率能否通过外送线路顺利送出，需要采用并网逆变器并网点的功率特性公式。同时，对于不同的并网控制方式，还需要讨论具体的静态稳定判据。

构网型逆变器并网点的单机无穷大系统功率特性大致如图 4-3 (a) 所示。

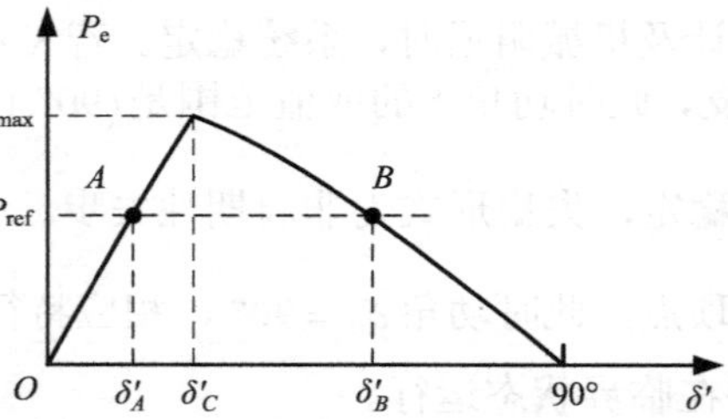

(a) 计及电流饱和的构网型逆变器并网点功率特性

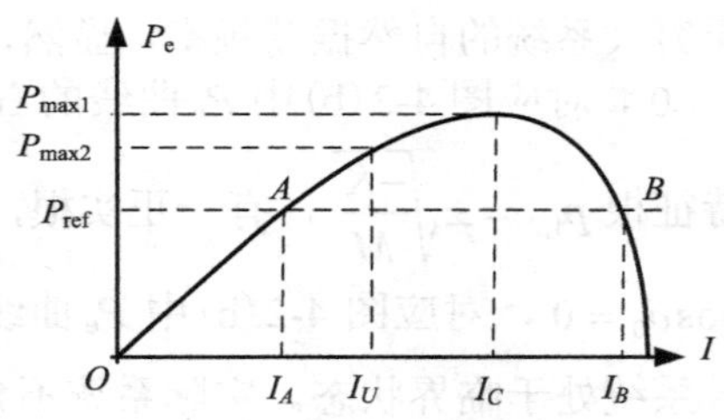

(b) 考虑MPPT控制的跟网型逆变器并网点功率特性

图 4-3 逆变器并网点的单机无穷大系统功率特性

类似对图 4-2 的分析，对于构网型逆变器并网点，在图 4-3 (a) 中，若 $\dfrac{dP_e}{d\delta'} > 0$，对应图中的 A 点。此时，假如系统受到小的扰动使得系统输入有功功率存在小幅缺额 ΔP_e，在构网型逆变器控制(如虚拟同步机控制和虚拟惯性控制)作用下(有关虚拟同步机控制和虚拟惯性控制的内容将会在第 7 章进行详细讨论)，δ' 将会增大，进而让构网型逆变器并网点能够发出更多的有功功率，使得 ΔP_e 能够恢复为零，此时系统是静态稳定的。

当 $\dfrac{dP_e}{d\delta'} < 0$ 时，对应图 4-3 (a) 中的 B 点。此时，假如系统受到小的扰动使得系统输入有功功率存在小幅缺额 ΔP_e，在构网型逆变器控制装置下 δ' 会增大，这将导致构网型逆变器并网点发出的有功功率进一步减小，使得 ΔP_e 进一步增大，因此这时系统受到的扰动反馈机制为正反馈，此时系统是静态不稳定的。

此外，由图 4-3 (a) 可知，由于 P 关于 δ' 的函数在 δ'_C 处不可导，因此无法用 $\dfrac{dP_e}{d\delta'} = 0$ 进

行临界稳定的判断，这种情况下可用$\dfrac{\mathrm{d}P}{\mathrm{d}\delta'}$的左右导数发生变号来判断系统出现临界状态。

对于跟网型逆变器，在实际运行中为了尽可能发挥其有功输送能力，一般会令功率因数角$\beta = 0°$，即令其输送的功率全部为有功功率，相关分析已在 2.1.2 节中进行了讨论，此处不再赘述。当$\beta = 0°$时，跟网型逆变器并网点的功率特性曲线大致如图 4-3(b)所示。

在图 4-3(b)中，当$\dfrac{\mathrm{d}P_\mathrm{e}}{\mathrm{d}I} > 0$时，对应图中的$A$点。假如系统受到小的扰动使得系统输入有功功率存在小幅缺额ΔP_e，此时可通过增大跟网型逆变器输送的电流I来增加逆变器并网点输送的有功功率，减少有功功率缺额ΔP_e，ΔP_e将趋向于零，此时系统是静态稳定的。

当$\dfrac{\mathrm{d}P_\mathrm{e}}{\mathrm{d}I} > 0$时，对应图 4-3(b)中的$B$点。假如系统受到小的扰动使得系统输入有功功率存在小幅缺额ΔP_e，此时若增大电流I，跟网型逆变器并网点输送的有功功率将进一步减小，有功功率缺额ΔP_e进一步增大，此时系统是静态不稳定的。

此外，对于考虑 MPPT 控制的跟网型逆变器来说，由于P关于δ'的曲线光滑，因此可用$\dfrac{\mathrm{d}P_\mathrm{e}}{\mathrm{d}I} = 0$来判断系统出现临界状态。并且由式(2-60)可知，δ'是关于I的连续函数，当$\dfrac{\mathrm{d}P_\mathrm{e}}{\mathrm{d}I} = 0$时，$\dfrac{\mathrm{d}P_\mathrm{e}}{\mathrm{d}\delta'} = 0$，因此也可以沿用$\dfrac{\mathrm{d}P_\mathrm{e}}{\mathrm{d}\delta'} = 0$判据对跟网型逆变器并网点的临界稳定状态进行判断。

值得注意的是，上述讨论忽略了跟网型逆变器的容量限制。若考虑跟网型逆变器的容量限制，假设其最大输出电流为I_U，当$I_U \geqslant I_C$时，上述的分析结论将依然成立。而当$I_U < I_C$时，如图 4-3(b)所示，跟网型逆变器并网点输出的有功功率极限为$P_{\max 2}$，跟网型逆变器并网点有功功率极限处对应的电流即跟网型逆变器的最大输出电流I_U。当跟网型逆变器输入有功功率P_ref小于$P_{\max 2}$时，$I < I_U$，系统都是静态稳定的。

3. 静态储备系数

为了保证系统安全稳定运行，电力系统不仅要在正常或事故后建立静态稳定的运行工况，而且还应留有一定裕度，称为静态稳定储备。对同步稳定问题，设静态稳定储备系数为K_P，电力系统运行规程中要求：

$$K_P \overset{\mathrm{def}}{=} \frac{P_{\max} - P_0}{P_0} \times 100\% \begin{cases} \geqslant 15\% \sim 20\% & (\text{正常运行}) \\ \geqslant 10\% & (\text{事故后运行}) \end{cases} \tag{4-5}$$

式中，P_0为实际运行工况下的功率；$P_{\max}$为静态稳定功率极限。

4.1.2 双机系统的静态同步稳定分析

双机系统有多种源侧组合，包括两端为同步发电机、一端为同步发电机另一端为并网逆变器，以及两端都为并网逆变器三种情况。并且由于并网逆变器包含多种不同类型，源侧组合的方式又可进一步细分。然而，无论何种源侧组合，双机系统的静态稳定分析方法基本类似。因此，本节以两端都为同步发电机的双机系统静态稳定分析为例进行介绍，有兴趣的读者可以沿用本节介绍的分析方法对其他情况进行具体推导分析。

两端都为同步发电机的双机系统如图 4-4 所示。

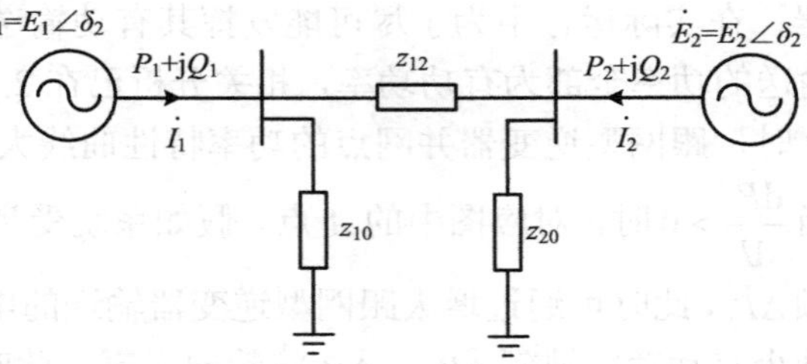

图 4-4　双机系统示意图

同步发电机采用经典二阶模型，设同步发电机机械端输入功率 P_{m} 为常数，系统中的其他参数定义如下：

$$\begin{cases} \dot{Z}_{11} = \dfrac{\dot{E}_1}{\dot{I}_1}\Big|_{\dot{E}_2=0} = z_{10}//z_{12} = Z_{11}\angle(90^\circ - \alpha_{11}) \\ \dot{Z}_{22} = \dfrac{\dot{E}_2}{\dot{I}_2}\Big|_{\dot{E}_1=0} = z_{20}//z_{12} = Z_{22}\angle(90^\circ - \alpha_{22}) \end{cases} \tag{4-6}$$

$$\begin{cases} \dot{Z}_{12} = -\dfrac{\dot{E}_1}{\dot{I}_2}\Big|_{\dot{E}_2=0} = z_{12} = Z_{12}\angle(90^\circ - \alpha_{12}) \\ \dot{Z}_{21} = -\dfrac{\dot{E}_2}{\dot{I}_1}\Big|_{\dot{E}_1=0} = z_{12} = Z_{12}\angle(90^\circ - \alpha_{12}) \end{cases}$$

显然，若系统节点电压方程为

$$\begin{bmatrix} \dot{Y}_{11} & \dot{Y}_{12} \\ \dot{Y}_{21} & \dot{Y}_{22} \end{bmatrix}\begin{bmatrix} \dot{E}_1 \\ \dot{E}_2 \end{bmatrix} = \begin{bmatrix} \dot{I}_1 \\ \dot{I}_2 \end{bmatrix} \tag{4-7}$$

则

$$\dot{Z}_{11} = \frac{1}{\dot{Y}_{11}},\quad \dot{Z}_{22} = \frac{1}{\dot{Y}_{22}},\quad \dot{Z}_{12} = \dot{Z}_{21} = -\frac{1}{\dot{Y}_{12}} = -\frac{1}{\dot{Y}_{21}} \tag{4-8}$$

此时，两台同步发电机的功率可表示为

$$\begin{cases} P_1 = \mathrm{Re}\left(\dot{E}_1\dot{I}_1^*\right) = \dfrac{E_1^2}{Z_{11}}\sin\alpha_{11} + \dfrac{E_1E_2}{Z_{12}}\sin(\delta_{12} - \alpha_{12}) \\ P_2 = \mathrm{Re}\left(\dot{E}_2\dot{I}_2^*\right) = \dfrac{E_2^2}{Z_{22}}\sin\alpha_{22} - \dfrac{E_1E_2}{Z_{12}}\sin(\delta_{12} + \alpha_{12}) \end{cases} \tag{4-9}$$

式中，$\delta_{12} = \delta_1 - \delta_2$。根据式(4-9)可在 P-δ_{12} 平面上作 $P_1(\delta_{12})$、$P_2(\delta_{12})$ 曲线，如图 4-5 所示。

下面对该双机系统静态同步稳定分析方法进行详细介绍。

设 $\Delta P_{\mathrm{m1}} = \Delta P_{\mathrm{m2}} = 0$，两台发电机线性化转子运动方程为

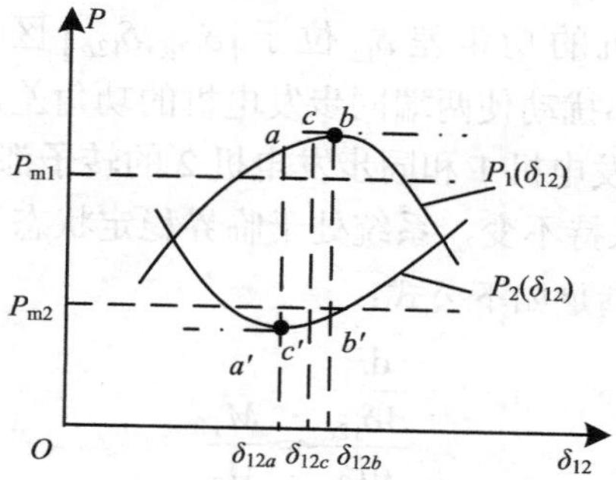

图 4-5　双机系统的功率特性曲线

$$\begin{cases} M_1\Delta\ddot{\delta}_1 = -\Delta P_1 = -\dfrac{dP_1}{d\delta_{12}}\Delta\delta_{12} \\ M_2\Delta\ddot{\delta}_2 = -\Delta P_2 = -\dfrac{dP_2}{d\delta_{12}}\Delta\delta_{12} \end{cases} \tag{4-10}$$

将式(4-10)第一式两边除以 M_1、第二式两边除以 M_2，然后相减得

$$\Delta\ddot{\delta}_{12} = -\left(\frac{1}{M_1}\frac{dP_1}{d\delta_{12}} - \frac{1}{M_2}\frac{dP_2}{d\delta_{12}}\right)\Delta\delta_{12} \tag{4-11}$$

由二阶动力学系统的稳定条件可知，当且仅当

$$\frac{1}{M_1}\frac{dP_1}{d\delta_{12}} - \frac{1}{M_2}\frac{dP_2}{d\delta_{12}} > 0 \tag{4-12}$$

时，系统处于静态稳定状态。

上述一般性分析可由图 4-5 中两个同步发电机输入功率特性及内电势节点送出功率特性曲线进一步验证。

在图 4-5 中，假设两端发电机的输入功率分别为 P_{m1} 和 P_{m2} 且保持恒定，当 $\delta_{12} = \delta_{12b}$ 时，同步发电机 1 的输出功率 P_1 达最大值；当 $\delta_{12} = \delta_{12a}$ 时，同步发电机 2 的输出功率 P_2 达最小值。

若系统两端同步发电机的功角差 δ_{12} 位于 δ_{12a} 的左半部，即 $\delta_{12} < \delta_{12a}$，此时 $dP_1/d\delta_{12} > 0$，$dP_2/d\delta_{12} < 0$，满足式(4-12)。当系统受到微小扰动使两端同步发电机的功角差 δ_{12} 有微小增量 $\Delta\delta_{12} > 0°$ 时，由 $dP_1/d\delta_{12} > 0$ 可知，P_1 有微小增量，$\Delta P_1 > 0$，$\Delta P_{m1} = 0$，从而由转子运动方程可知，该 ΔP_1 将引起同步发电机 1 转子减速，使 δ_1 减小；由 $dP_2/d\delta_{12} < 0$ 可知 P_2 有小幅下降，$\Delta P_2 < 0$，$\Delta P_{m2} = 0$，ΔP_2 将引起同步发电机 2 转子加速，使 δ_2 增大。因此，$\delta_{12} = \delta_1 - \delta_2$ 将减小，系统扰动产生负反馈响应，系统稳定。

若系统两端同步发电机的功角差 δ_{12} 位于 δ_{12b} 的右半部，即当 $\delta_{12} > \delta_{12b}$ 时，$dP_1/d\delta_{12} < 0$，$dP_2/d\delta_{12} > 0$，不满足式(4-12)。当系统有微小扰动使两端同步发电机的功角差 δ_{12} 有微小增量 $\Delta\delta_{12} > 0°$ 时，由 $dP_1/d\delta_{12} < 0$ 可知 P_1 有小幅下降，$\Delta P_1 < 0$，$\Delta P_{m1} = 0$，从而由转子运动方程可知，该 ΔP_1 将引起同步发电机 1 转子加速，使 δ_1 增大；由 $dP_2/d\delta_{12} < 0$ 可知 P_2 有微小增量，$\Delta P_2 > 0$，$\Delta P_{m2} = 0$，ΔP_2 将引起同步发电机 2 转子减速，使 δ_2 减小。因此，$\delta_{12} = \delta_1 - \delta_2$ 将进一步增大，系统扰动产生正反馈响应，系统不稳定。

若系统两端同步发电机的功角差 δ_{12} 位于 $[\delta_{12a},\delta_{12b}]$ 区间内，此时 $\mathrm{d}P_1/\mathrm{d}\delta_{12}>0$，$\mathrm{d}P_2/\mathrm{d}\delta_{12}>0$。当系统有微小扰动使两端同步发电机的功角差 δ_{12} 有微小增量 $\Delta\delta_{12}>0°$ 时，P_1 和 P_2 都有微小增量，同步发电机 1 和同步发电机 2 的转子都将减速，使得 δ_1 和 δ_2 同时减小。若 $\Delta\delta_1=\Delta\delta_2$，则 $\Delta\delta_{12}$ 保持不变，系统处于临界稳定状态。因此，在 $[\delta_{12a},\delta_{12b}]$ 区间内存在临界稳定点 δ_{12c}，该点满足如下公式：

$$\frac{\dfrac{\mathrm{d}P_1}{\mathrm{d}\delta_{12c}}}{\dfrac{\mathrm{d}P_2}{\mathrm{d}\delta_{12c}}}=\frac{M_1}{M_2} \tag{4-13}$$

当 $M_1=M_2$ 时，临界稳定点为两曲线斜率相等的点；当 $M_1\ll M_2$ 时(即 2 号机为无穷大电源时)，临界稳定点即为 $\mathrm{d}P_1/\mathrm{d}\delta_{12}=0$ 的点，此时系统退化为源侧为同步发电机的单机无穷大系统。

需要注意的是，由式(4-13)确定的静稳极限点并非对应于双机系统对应的最大输送功率点。然而，实际工程中最关心的是静态稳定条件下的输送功率极限，以便计算静稳储备。由于高压线路有高 X/R 比，故式(4-9)中 $\alpha_{12}\approx 0°$，再由式(4-9)和式(4-12)，可近似认为 $P_{1\max}$ 点即为静稳极限点，即认为当 $\mathrm{d}P_1/\mathrm{d}\delta_{12}=0$ 或 $P_1\to P_{1\max}$ 时，系统同时达到静稳极限和输送功率极限，并以 $P_{1\max}$ 作为静稳定储备 K_P 计算用的 $P_{\max}$ 值，如式(4-5)所示。

4.1.3 对简单电力系统静态同步稳定分析的进一步讨论

对于单机无穷大系统而言，由于作了 E 和 U 定常的假定，因此该系统在小扰动下是一个单纯的发电端口并网静态同步问题。在对源侧为同步发电机的单机无穷大系统作静态稳定分析时，由增量方程导出的功角静稳判据($\mathrm{d}P_\mathrm{e}/\mathrm{d}\delta>0$)可使静稳分析在代数域内进行，即计算工作点处的同步力矩系数 $K=\dfrac{\mathrm{d}P_\mathrm{e}}{\mathrm{d}\delta}\Big|_{\delta_0}=\dfrac{EU}{X_\Sigma}\cos\delta_0$，判别其正、负，以确定系统的静态稳定性，有关同步力矩系数的相关内容将在 6.3 节中进行详细讨论。对 $\mathrm{d}P_\mathrm{e}/\mathrm{d}\delta$ 判据可在功角特性曲线上用微增量概念作出静态稳定性的物理解释，即结合同步发电机转子运动方程判断系统受到扰动后同步发电机功角变化是否为负反馈。此外，$\mathrm{d}P_\mathrm{e}/\mathrm{d}\delta$ 判据还可以进一步扩展到源侧为并网逆变器的单机无穷大系统，但需根据不同的并网控制方式分别讨论系统的临界稳定判据。

对于多机系统，在实用计算中通常把被研究的一端源侧作为“单机”，而将其余源侧看作“无穷大系统”或一台等值机，从而采用类似单机无穷大系统或双机系统的静稳分析和功率极限计算方法，并采用实用计算法或极限机理计算法等进行静稳极限及静稳储备计算。

此外，在进行单机无穷大或多机系统的静态稳定分析时，均假定端口电势恒定且系统有足够阻尼，即系统在受小扰动偏离平衡点时，若系统满足静稳判据，则扰动消失后，系统在阻尼作用下，均能回到原来的稳定平衡点。当系统出现静态失稳时，发电机转子角将单调变化而失去同步，对应非周期性失稳。对于准稳态工况分析或系统阻尼特性分析，需要考虑励磁调节器、PSS、SVC 等系统动态元件及其特性，相关问题将在第 6 章进行详细讨论。

4.2　简单电力系统的静态电压稳定分析

4.2.1　单负荷无穷大系统的静态电压稳定分析

单负荷无穷大系统的运行工作点由无穷大系统向负荷节点馈入的功率特性及节点下负荷的实际用电功率特性共同决定。单负荷无穷大系统静态稳定分析首先判断无穷大系统向负荷节点馈入的功率能否支撑节点下负荷的正常工作，这对应于图 4-1 中的 P_L 和 P_{E2} 以及 Q_L 和 Q_{E2} 能否相等，在数学上体现为上述功率特性曲线间是否存在交点。若不存在交点，则系统向负荷节点馈入的功率无法满足负荷的正常用电需求，出现电力不匹配，系统将静态失稳。若存在交点，即 $P_L = P_{E2}$ 且 $Q_L = Q_{E2}$，则意味着系统向负荷节点馈入的功率能够满足节点下负荷的用电需求，系统存在备选静态工作点。在此基础上还需要进一步判断系统在该工作点上能否持续稳定运行，在数学上体现为该交点能否建立小扰动负反馈机制。对于存在多个备选静态工作点的情况，只有能够建立负反馈条件的工作点才是稳定的工作点。

此外，单负荷无穷大系统的静态电压稳定分析还与所考虑的负荷模型相关。常用的负荷模型包括 ZIP 负荷、感应电动机负荷等，下面分别进行讨论。

1. 节点下负荷为 ZIP 负荷的情况

对于图 4-6 所示的单负荷无穷大系统，设无穷大母线的电动势为 $E\angle\delta$，其中 E 为常数，线路电抗为 X 并且 X 为常数，忽略线路电阻及分布电容，受端母线电压为 $U\angle 0°$，系统输送至负荷侧的有功功率和无功功率分别为 P_G 和 Q_G，负荷侧所需的有功功率和无功功率分别为 P_L 和 Q_L。

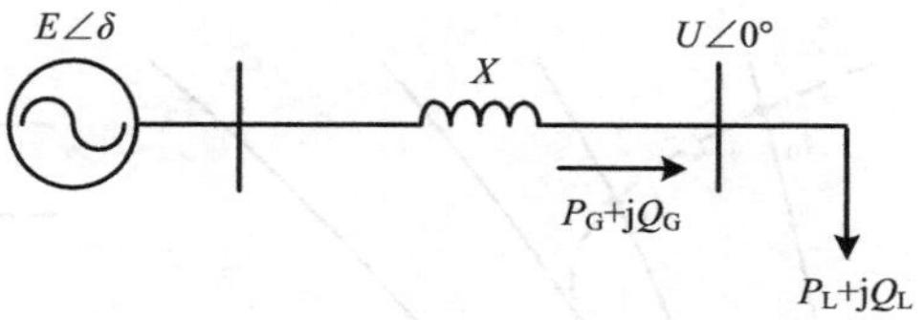

图 4-6　单负荷无穷大系统

下面首先讨论系统传输至负荷侧的有功功率 P_G 和负荷所需有功功率 P_L 的匹配问题。

根据式(2-68)所描述的源侧馈入负荷节点的功率特性，可以绘制出系统向负荷节点馈入的有功功率特性曲线，如图 4-7 中的 U-P_G 曲线所示。当节点下负荷为纯 ZIP 负荷时，根据式(2-69)所描述的 ZIP 负荷功率特性，可绘制出不同负荷水平下的电压–有功功率特性曲线簇，如图 4-7 中 U-P_L 曲线簇所示。

从图 4-7 中可以看出，当 U-P_L 曲线整体在 U-P_G 曲线的右侧时，如 U-P_{L3} 曲线，两条曲线将没有交点。此时系统向负荷馈入的有功功率与负荷的有功需求无法匹配，负荷将无法建立正常工作点。当 U-P_L 曲线与 U-P_G 曲线相切或相交时，系统存在备选工作点，需要进一步进行分析。

图 4-7 中，当有功负荷水平较低时，如 U-P_{L0} 和 U-P_{L1} 曲线，它们与 U-P_G 曲线有两个交点。若系统运行在 A 点，在该点上 $P_G = P_L$，当有功负荷水平略微增大时，负荷侧的电压将

下降，由图 4-7 可知，此时系统馈入负荷的有功功率 P_G 将增大，负荷侧所需的有功功率能够得到满足，因此这时系统是静态稳定的。若系统运行在 B 点，在该点上 $P_G = P_L$，当有功负荷水平增大、负荷侧电压下降时，由图 4-7 可知，此时系统馈入负荷的有功功率 P_G 将明显减小，负荷侧所需的有功功率无法得到满足，因此这时系统是静态不稳定的。

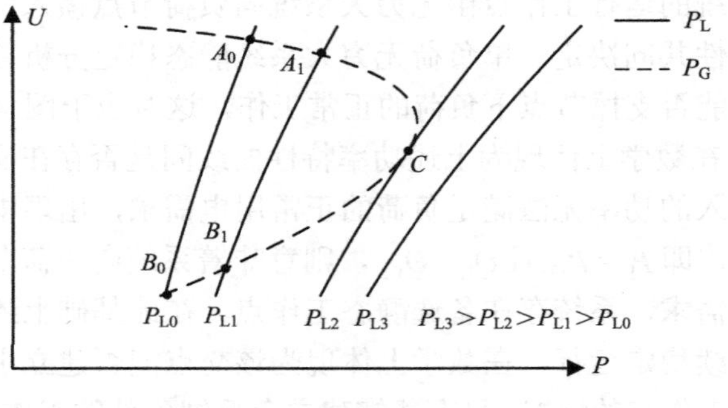

图 4-7　单负荷无穷大系统 U-P 曲线

而当有功负荷水平较高时，如 U-P_{L2} 曲线，它与 U-P_G 曲线有一个交点，当有功负荷水平略微增大时，系统传输至负荷侧的有功功率将始终小于负荷所需的有功功率，P_G 与 P_L 无法匹配，此时系统处于临界稳定状态。

接下来讨论系统输送至负荷侧的无功功率 Q_G 和负荷所需无功功率 Q_L 的匹配问题。

根据式(2-69)所描述的系统馈入负荷节点的功率特性，可以绘制出系统输送至负荷节点的无功功率特性曲线，如图 4-8 中的 U-Q_G 曲线所示。根据式(2-70)所描述的 ZIP 负荷功率特性，可绘制出不同负荷水平下的电压–无功功率特性曲线簇，如图 4-8 中 U-Q_L 曲线簇所示。

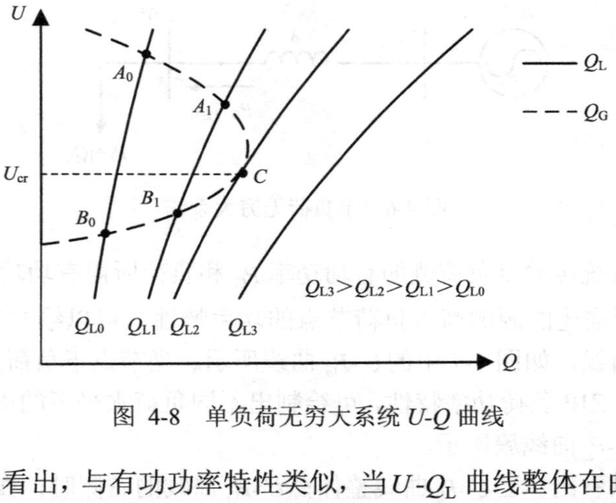

图 4-8　单负荷无穷大系统 U-Q 曲线

从图 4-8 中可以看出，与有功功率特性类似，当 U-Q_L 曲线整体在曲线 U-Q_G 的右侧时，如曲线 U-Q_{L3}，两条曲线将没有交点。此时系统向节点馈入的无功功率与负荷的无功需求无法匹配，负荷将无法建立正常工作点。当 U-Q_L 曲线与 U-Q_G 曲线相切或相交时，系统存在备选工作点，需要进一步进行分析。

图 4-8 中，无功负荷水平较低时，U-Q_{L0} 曲线和 U-Q_G 曲线有两个交点。若系统运行在 A 点，在该点上 $Q_G = Q_L$。当无功负荷水平有微小增大时，电压将下降，即 $\Delta U < 0$，系统

向负荷注入的无功功率将明显增大，$\Delta Q_G > 0$，能够满足负荷的无功功率需求，且节点的无功注入将会大于节点的无功消耗，无功功率裕度使节点电压趋向于升高，使得ΔU为零，此时系统是静态稳定的。

若系统运行在B点，在该点上也有$Q_G = Q_L$。但当无功负荷水平有微小增大时，电压将下降，即$\Delta U < 0$，系统向负荷注入的无功功率将明显减小，负荷的无功功率需求无法满足，并且无功功率缺额使节点电压趋向于进一步降低，导致系统注入的无功功率进一步减小，引发恶性循环，此时系统是静态不稳定的。

而当无功负荷水平较高时，如U-Q_{L2}曲线，它与U-Q_G曲线有一个交点，当无功负荷水平略微增大时，系统注入负荷的无功功率将始终小于负荷所需的无功功率，Q_G与Q_L无法匹配，此时系统处于临界稳定状态。

此外，从上述分析可知，当系统运行在A点时，有$(\Delta Q_G - \Delta Q_L)/\Delta U < 0$，当系统有微小的扰动时，系统能够建立起负反馈保证电压稳定。相反，在B点有$(\Delta Q_G - \Delta Q_L)/\Delta U > 0$，系统将建立起正反馈，进一步导致电压恶化，负荷将不能正常运行。

一般来说，可以采用$(\Delta Q_G - \Delta Q_L)/\Delta U$作为静态电压稳定的判据来判断负荷点能否建立静态电压稳定工作点。在实际中通常把图 4-8 中的C点称为电压静稳定极限，相应的负荷母线电压称为临界电压U_{cr}。为了维持系统的电压静态稳定，不仅要求实际运行电压U_0高于U_{cr}，而且还要求有一定的静态稳定储备。对于静态电压稳定问题，设静态稳定储备系数为K_U，电力系统运行规程中要求：

$$K_U = \frac{U_0 - U_{cr}}{U_0} \times 100\% \begin{cases} \geqslant 10\% \sim 15\% & (\text{正常运行}) \\ \geqslant 8\% & (\text{事故后运行}) \end{cases} \tag{4-14}$$

实际上，由式(2-65)可知，系统向负荷注入的有功功率P_G和无功功率Q_G并非是相互独立的，它们之间存在耦合关系。假若系统电压V和负荷侧的电压U均保持不变，当系统向负荷注入的有功功率P_G增加时，系统向负荷注入的无功功率Q_G将会减小；反之，若系统向负荷注入的无功功率Q_G全部由系统内构网型电源提供，由于容量限制，提高无功功率Q_G也势必会减小构网型电源的功率因数，导致系统向负荷注入的有功功率P_G减小。因此，只有合理分配系统注入至负荷侧的有功功率P_G与无功功率Q_G，使得P_G和Q_G与负荷所需的有功功率P_L和无功功率Q_L都分别对应相等，系统才能够建立起稳定的静态工作点，这实际上对应图 4-9 中的运行点A。

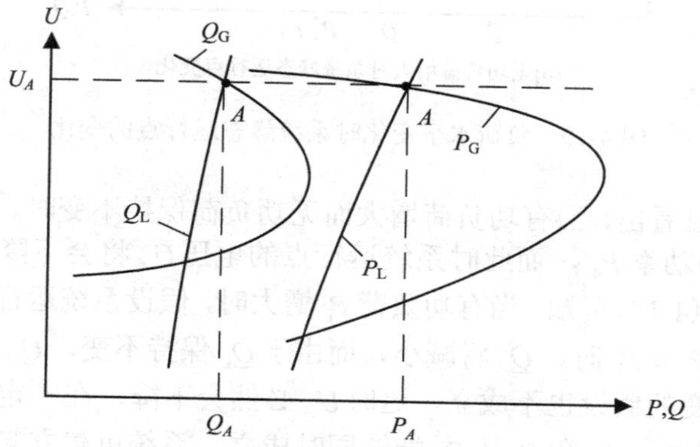

图 4-9　单负荷无穷大系统U-P/Q曲线

假设图 4-9 中，系统运行在 A 点，此时系统向负荷注入的有功功率和无功功率分别为 P_A 和 Q_A，它们分别与负荷所需的有功功率 P_L 和无功功率 Q_L 相互匹配，即 $P_A = P_L$，$Q_A = Q_L$。令此时负荷侧的电压为 U_A，则 P_A、Q_A 和 U_A 还将满足如下关系：

$$P_A^2 + \left(Q_A + \frac{U_A^{\ 2}}{X}\right)^2 = \left(\frac{EU_A}{X}\right)^2 \tag{4-15}$$

式中，X 为线路等值电抗；E 为源侧电压。此外，由图 4-9 也可以看出，系统的静态稳定工作点对应曲线 P_G-U 与 P_L-U 或者 Q_G-U 与 Q_L-U 交点中的高电压点，这与前面对系统静态稳定工作点的分析结论是一致的。

当负荷水平增大时，在不考虑其他功率支援的情况下，无穷大系统需要输送更多的有功功率或者无功功率到负荷侧，以满足负荷的需求，此时系统静态运行点的变化如图 4-10 所示。

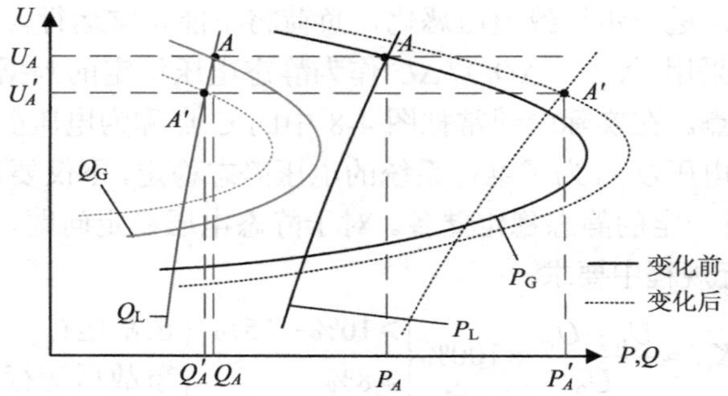

(a) 有功负荷增大时系统静态运行点变化

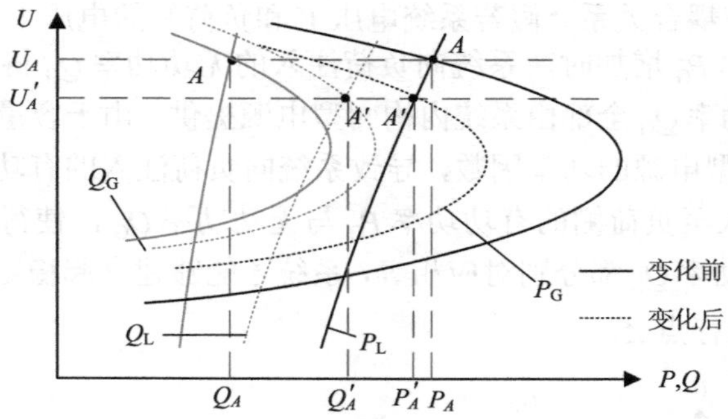

(b)无功负荷增大时系统静态运行点变化

图 4-10　负荷水平变化时系统静态运行点的变化

从图 4-10(a)可以看出，当有功负荷增大而无功负荷保持不变时，无穷大系统需要向负荷端提供更多的有功功率 P_A，而此时系统运行点的电压 U_A 将会下降，负荷侧所需的无功功率略有减小。由式(4-14)可知，当有功负荷 P_L 增大时，假设系统运行点电压 U_A 保持不变，那么当 P_A 增大使得 $P_A = P_L$ 时，Q_A 将减小，而由于 Q_L 保持不变，$Q_A = Q_L$ 不成立，系统运行点电压 U_A 保持不变的假设也不成立。这时 U_A 必然会下降，在一定程度上减小负荷端的无功功率需求，使得 $P_A = P_L$ 和 $Q_A = Q_L$ 能够同时成立，系统可建立起稳态运行点。当有功负荷进一步增大时，系统运行点的电压将会越来越低，甚至会低于临界电压U_{cr}，此时无穷大系统向负荷提供的有功功率不足，系统将无法建立静态运行点。

从图 4-10(b)可以看出，类似于有功负荷增大的情况，当无功负荷增大而有功负荷保持不变时，无穷大系统需要向负荷端提供更多的无功功率Q_A，而此时系统运行点的电压U_A将会下降，负荷侧所需的有功功率略有减小，使得$P_A = P_L$和$Q_A = Q_L$能够同时成立，系统可建立起稳态运行点。而当无功负荷进一步增大时，假若无穷大系统无法向负荷提供足够的无功功率，系统也无法建立起静态运行点。

假若考虑了外界功率支援，例如，通过直流输电进行有功功率支援，或者通过并联电容器、SVC 等进行无功功率补偿，当负荷增大时，则可以由其他功率源向负荷侧输送额外的功率，使得负荷侧所需的有功功率和无功功率与输送至负荷侧的有功功率和无功功率相匹配，避免系统运行点的电压大幅下降。由此可见，维持一定的电压静稳定储备，可避免静态电压失稳。

在考虑外界功率支援时，系统运行点的变化趋势如图 4-11 所示。

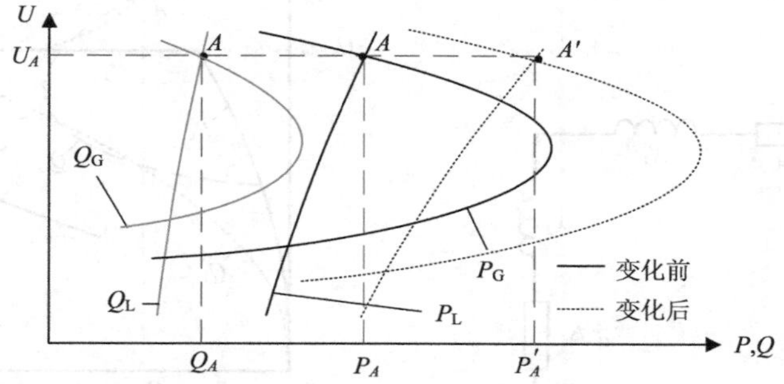

(a) 有功支援下，有功负荷增大时系统静态运行点变化

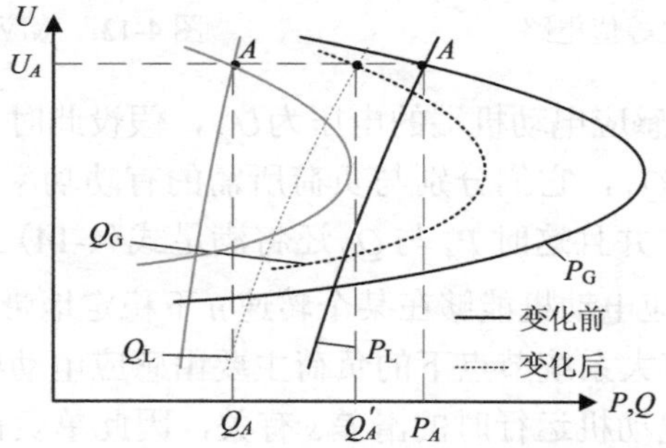

(b) 无功支援下，无功负荷增大时系统静态运行点变化

图 4-11　考虑外界功率支援，负荷水平变化时系统静态运行点的变化

从图 4-11 可以看出，当负荷增大时，在外界功率支援下，负荷侧的电压能够保持不变，图中P_A'与P_A的差值为有功功率支援量，Q_A'与Q_A的差值为无功功率补偿量。由此可见，假设预估全部负荷都投入时，其在额定电压下消耗有功功率和无功功率分别为$P_{L,max}$和$Q_{L,max}$，系统向负荷侧提供的最大有功功率和无功功率分别为$P_{G,max}$和$Q_{G,max}$，在进行系统规划时，必须要保证系统能向负荷侧提供的最大功率大于负荷所需的功率，并留有一定的裕度，即保证$P_{G,max} > \alpha_1 P_{L,max}$，$Q_{G,max} > \alpha_2 Q_{L,max}$，其中$\alpha_1$和$\alpha_2$均为大于 1 的常数。

由此一来，电力系统才能应对负荷的随机波动，根据负荷变化实时调节输送至负荷侧的有功功率和无功功率，使系统维持良好的运行状态，相关内容在第 7 章进行详细介绍。

2. 感应电动机负荷的情况

除 ZIP 负荷模型外，另一种常用的负荷模型为感应电动机模型。简化的感应电动机机械暂态等值电路模型如图 4-12 所示，定子和转子绕组电阻分别为r_1和r_2，$r_1 \approx 0$，漏抗分别为X_1和X_2，铁损等值电阻$r_m \approx 0$，磁场等值电抗为X_m。

在 2.3.2 节已经讨论了感应电动机的电压–功率静态特性。与 ZIP 负荷类似，只有当系统向负荷侧提供有功功率及无功功率与负荷所需的有功功率和无功功率相匹配时，感应电动机才能正常运行。此外，在 2.3.2 节中提到，只有当感应电动机端的电压U大于某个临界值$U_{s,min}$时，感应电动机才不会堵转，这对应于图 4-13 中的A点。

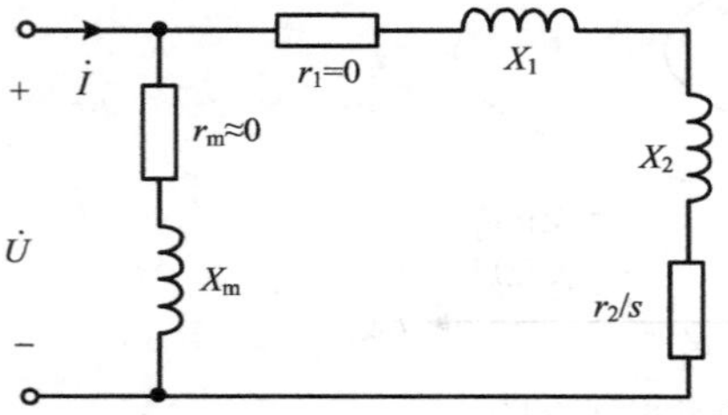

图 4-12　感应电动机简化等值电路

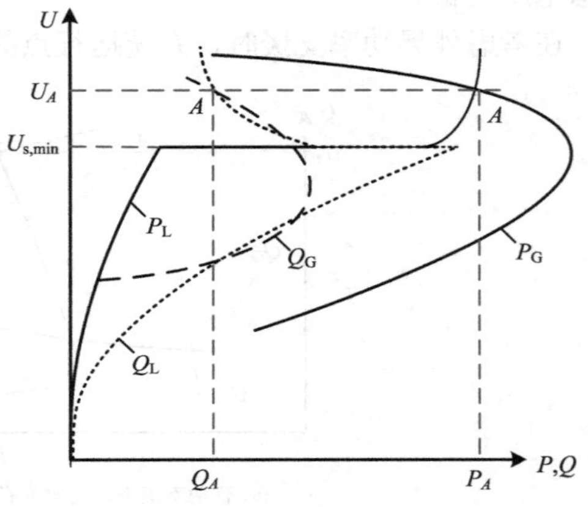

图 4-13　感应电动机功率特性曲线

在图 4-13 中的A点，感应电动机端的电压为U_A，假设此时系统向负荷注入的有功功率和无功功率分别为P_A和Q_A，它们分别与负荷所需的有功功率P_L和无功功率Q_L相互匹配，即$P_A = P_L$，$Q_A = Q_L$，并且这时P_A与Q_A还将满足式(4-14)。此时，感应电动机开始运转，其滑差s小于 1，感应电动机能够在某个转速n下稳定地带动一定的机械负载运转。

实际上，当单负荷无穷大系统节点下的负荷主要由感应电动机负荷组成时，由于感应电动机消耗的功率和感应电动机运行时的滑差s有关，因此单负荷无穷大系统的静态稳定问题还将与感应电动机的自身运行特性密切关联，此时单负荷无穷大系统的静态稳定问题还体现为感应电动机能否在某一滑差s下保持长期稳定运行，下面进行具体分析。

由 2.3.2 节可知，感应电动机消耗的有功功率和电机电磁力矩标幺值相等，它们都等于r_2/s上的电磁功率标幺值，具体表达式为

$$T_e = P_e = U^2 \frac{r_2}{s} \bigg/ \left[\left(\frac{r_2}{s}\right)^2 + (X_1 + X_2)^2 \right] \tag{4-16}$$

式(4-16)相应的T_e-s曲线如图 4-14 所示。

设感应电动机转子运动方程为

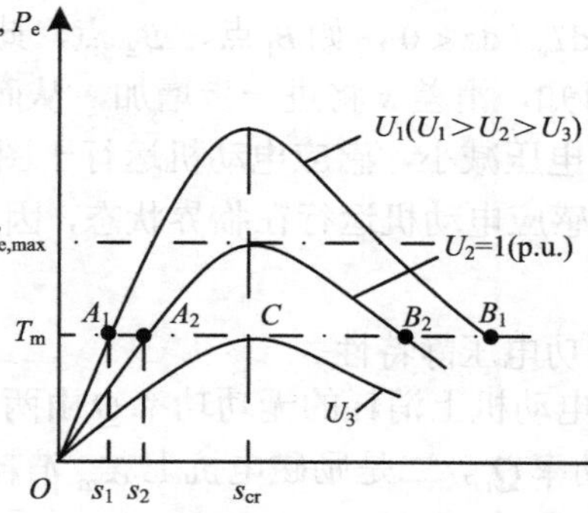

图 4-14　感应电动机 T_e-s 曲线

$$T_J\frac{ds}{dt}=T_m-T_e \tag{4-17}$$

假设感应电动机所带的机械负载恒定，即感应电动机上产生的机械力矩 T_m 保持恒定，当感应电动机端的电压 U 发生波动时，电磁力矩 T_e 将发生变化，则此时电机滑差及转速也将发生变化。

感应电动机的 T_e-s 曲线上存在极值点 $(s_{cr},T_{e,max})$，由于 $T_{e,max}$ 与电压有关，一般可取 $U=1$p.u.时的最大电磁力矩作为 $T_{e,max}$。令 $dT_e/ds=0$，由式(4-16)可导出：

$$\begin{cases} s_{cr}=\dfrac{r_2}{X_1+X_2} \\ T_{e,max}\Big|_{U=1\text{p.u.}}=\dfrac{1}{2(X_1+X_2)} \end{cases} \tag{4-18}$$

即 s_{cr} 只与感应电动机参数有关，与电压 U 大小无关。

根据式(4-18)，可将式(4-16)改写为

$$T_e=2T_{e,max}U^2\bigg/\left(\frac{s}{s_{cr}}+\frac{s_{cr}}{s}\right) \tag{4-19}$$

下面讨论感应电动机受小扰动时的运行稳定性。

由式(4-17)可知，假设 $\Delta T_m=0$，则感应电动机的小扰动线性化微分方程为

$$T_J\frac{d\Delta s}{dt}=-\Delta T_e \tag{4-20}$$

式中，ΔT_e 可由式(4-16)导出。设 $\Delta T_e=K_s\Delta s$，其中 K_s 和稳态运行工况、电机参数有关。由常微分方程特征根理论可知，当 $K_s>0$ 时，式(4-20)的特征根为负实根，电机在小扰动下能稳定运行，$K_s=0$ 时为临界状态。显然

$$K_s=dT_e/ds=dP_e/ds>0 \tag{4-21}$$

可作为感应电动机小扰动稳定判据。

上述一般性分析可由图 4-14 中感应电动机 T_e-s 曲线进行验证。

在图 4-14 中，当 $0\leqslant s\leqslant s_{cr}$ 时有 $dT_e/ds>0$，如 A_1 点、A_2 点，此处若 s 有一小增量 $\Delta s>0$，将引起 $\Delta T_e>0$，由式(4-20)可知，滑差 s 将减少，从而使 s 返回原有运行工况，电机能够

保持稳定运行。当 $s > s_{cr}$ 时，$dT_e / ds < 0$，如 B_1 点、B_2 点，此处若 s 有一小增量 $\Delta s > 0$，将引起 $\Delta T_e < 0$，由式(4-20)可知，滑差 s 将进一步增加，从而感应电动机不能维持稳定的滑差运行。若机械力矩增加或电压减小，感应电动机运行于图中 s_{cr} 点，则 $dT_e / ds = 0$，为临界状态。实际工程中不允许感应电动机运行在临界状态，因为微小的 T_m 增加都会使感应电动机无法稳定运行。

下面讨论感应电动机的无功电压静特性。

根据图 4-12 可知，感应电动机上消耗的无功功率 Q 由两部分组成：一是定子漏抗 X_1 和转子漏抗 X_2 上消耗的无功功率 Q_1，二是励磁电抗上 X_m 消耗的无功功率 Q_2。Q_1 和 Q_2 的表达式如下：

$$Q_1 = \frac{U^2(X_1 + X_2)}{\left(\frac{r_2}{s}\right)^2 + (X_1 + X_2)^2} = \frac{T_m(X_1 + X_2)s}{r_2} \tag{4-22}$$

$$Q_2 = U^2 / X_m \tag{4-23}$$

其中，T_m 的表达式为式(4-17)。

整合 Q_1、Q_2，可以作出 U-Q 关系曲线，如图 4-15 所示。

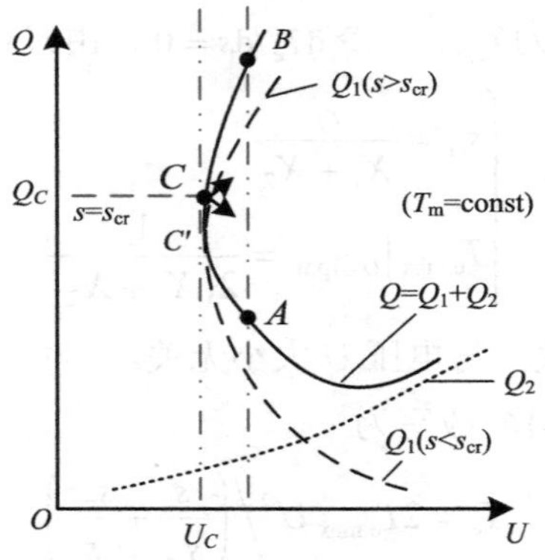

图 4-15 感应电动机无功电压静特性

在 T_m 不变时，若感应电动机运行在图 4-14 所示的正常运行工作区（$s < s_{cr}$），当感应电动机机端电压 U 下降时，滑差 s 将增大，从而根据式(4-22)可知感应电动机的无功功率 Q_1增大；若感应电动机运行在非正常运行工作区（$s > s_{cr}$），当感应电动机机端电压 U 下降时，滑差 s 将减小，从而根据式(4-22)可知感应电动机的无功功率 Q_1 减小。在计及 X_m 吸收的无功功率 Q_2 后，同一个机端电压 U 对应两个 Q 值，即图 4-15 中 A 点和 B 点。其中，A 点为小滑差正常运行点，B 点为大滑差不稳定运行点。在 $s = s_{cr}$，即图中 C 点处，$dQ / dU = \infty$，就是图 4-14 中的临界点。

显然，若负荷母线电压跌落到图 4-15 中 U_C 以下，则电机不能稳定运行，也就是说负荷母线电压若不能维持在 $U > U_C$，则会发生感应电动机负荷在小扰动下不能稳定运行的问题。通常称系统能否维持母线电压水平以保证负荷小扰动稳定的问题为电压静态稳定问题。

4.2.2 对简单电力系统静态电压稳定分析的进一步讨论

无穷大系统经输电线向单负荷输送功率，其运行工作点由无穷大系统向负荷节点馈入的功率特性及节点下负荷的实际用电功率特性决定。此时，系统中无同步稳定问题，但负荷上的微小扰动可能引起母线电压大幅度下降，使得静态电压稳定问题成为关注的重点。

单负荷无穷大系统维持静态电压稳定在物理上体现为无穷大系统向负荷节点馈入的功率能够支撑节点下负荷的正常工作，并且正常工作点下能够持续稳定运行。在数学上对应于负荷节点馈入的功率特性曲线与节点下负荷的实际用电功率特性曲线相交，并至少在一个交点处能够建立小扰动负反馈机制。在实际工程应用中一般采用$(\Delta Q_G-\Delta Q_L)/\Delta U$作为静态电压稳定判据。

在对单负荷无穷大系统作静态电压稳定分析时，为简化计算，一般忽略电压控制器的控制作用，只考虑网络结构、参数以及运行工况对电压稳定性的影响。若要计及电压调压器的控制作用，对电压稳定性作精确分析，则可应用微分方程来描述系统，相关问题将在第 6 章进行详细讨论。

若要对双机系统的静态电压稳定问题进行分析，此时可利用戴维南定理将双机等值为单机，然后沿用单负荷无穷大系统的静态电压稳定分析方法。但在实际复杂多机系统中，不仅存在单负荷无穷大系统对应的静态电压稳定问题，也存在单机无穷大系统对应的静态同步稳定问题，并且这两类问题相互关联、相互影响，在分析复杂系统的静态稳定性时需要对这两类问题进行综合考虑。

4.3 复杂电力系统静态稳定分析

从简单电力系统静态稳定分析中可以看出，电力系统静态稳定分析本质上是判断系统当前的状态是否处于稳定平衡点。将简单电力系统静态稳定分析方法延伸至复杂电力系统，可以沿用上述判断条件，以当前系统运行方式为初始点，通过不断调整运行方式，逼近系统静态稳定极限状态，从而计算出系统的静态功率极限以及临界电压情况。

本节首先介绍复杂系统中静态同步稳定和静态电压稳定极限的实用计算方法，然后对静态电压稳定的机理分析方法进行简要介绍。值得注意的是，复杂电力系统的源侧可为并网逆变器和同步发电机的组合，但无论是何种源侧组合，复杂电力系统静态稳定分析方法的基本思想是相似的。因此，本节主要以源侧为同步发电机的电力系统静态稳定分析为例进行介绍，在分析源侧含并网逆变器的电力系统静态稳定性时，可沿用本节所介绍方法的基本思想，并根据并网逆变器的特性做出相应调整，将构网型逆变器看作电压源，将跟网型逆变器看作电流源，有兴趣的读者可对此作具体推导分析。

4.3.1 复杂电力系统静态稳定极限实用计算方法

复杂电力系统静态稳定极限实用计算方法包括近似计算法和连续潮流法。前者广泛用于发电侧静态稳定功率极限和负荷侧静态稳定临界电压的计算，后者主要用于负荷侧静态稳定临界电压计算，下面分别阐述。

1. 近似计算法

1) 复杂电力系统静态功率极限实用计算方法

假设复杂电力系统具有某个初始运行状态，此时某电源输出的功率为 P_0。要计算该电源的极限输送功率，可通过不断调整该电源的运行状态，绘制出相应的 $P\text{-}\delta$ 曲线，此时曲线上的最大值点 $P_{\max}$，就是该电源的极限输送功率。

在实际计算时，一般忽略各类控制器动态作用，假定源侧输入功率恒定，忽略同步发电机转子运动机械阻尼，假定系统在小扰动下有足够的阻尼，因此只需考虑非周期性同步稳定问题，可用 $\mathrm{d}P/\mathrm{d}\delta$ 判据进行分析。同时，假定网络满足线性特性，负荷需考虑电压特性或用恒定阻抗处理。

下面以一种特殊的电源运行状态调整方法为例进行说明。

假设负荷为恒定阻抗，系统中全部电源的转子角和 X'_d 后的电动势 $\dot{E}'$ 不变(后面为简化表达，将 $\dot{E}'$ 改记为 $\dot{E}$)，即系统中全部电源的内电势节点均为 $U\delta$ 节点，则指定某一电源的静稳极限计算步骤如下。

首先，计算系统稳态工况潮流，得到被指定电源的初始出力 P_0，同时建立网络节点导纳阵 $\boldsymbol{Y}_0$，将负荷支路的导纳并入 $\boldsymbol{Y}_0$ 阵，将所有同步发电机的 X'_d 追加入 $\boldsymbol{Y}_0$ 阵，并增阶为包含电源内电势节点的导纳阵，然后进行导纳阵收缩，使系统只剩下电源的内电势节点，得到 $\boldsymbol{Y}$。此时相应的内电势节点导纳阵方程为

$$\boldsymbol{Y}\dot{\boldsymbol{E}} = \dot{\boldsymbol{I}} \tag{4-24}$$

其次，指定第 i 号同步发电机为待计算静稳极限的电源，由式(4-24)有

$$P_i = \mathrm{Re}\left(\dot{E}_i \dot{I}_i^*\right) = E_i^2 G_{ii} + \sum_{j=1, j\neq i}^{n}\left(E_i E_j B_{ij}\sin\delta_{ij} + E_i E_j G_{ij}\cos\delta_{ij}\right) \tag{4-25}$$

式中，$G_{ij} + jB_{ij} = Y_{ij}$；$\delta_{ij} = \delta_i - \delta_j$，$\delta_j|_{j\neq i}$ 是常数。

然后，逐步增加或减少 δ_i，可计算出 $P_i\text{-}\delta_i$ 曲线，进而求出 P_i 的最大值 $P_{i,\max}$，并由式(4-4)求出该电源的静稳储备系数。

事实上，除由上述 $P_i\text{-}\delta_i$ 曲线求出静稳储备系数外，还可以直接由式(4-25)计算出该电源的功率极限 $P_{i,\max}$ 的解析表达式。

将式(4-25)改写为

$$\begin{aligned} P_i &= \mathrm{Re}\left(\dot{E}_i \dot{I}_i^*\right) = E_i^2 G_{ii} + \sum_{j=1, j\neq i}^{n} E_i E_j \left|Y_{ij}\right| \cos\left(\delta_i - \delta_j - \varphi_{ij}\right) \\ &\overset{\text{def}}{=} E_i^2 G_{ii} + M_i \cos\delta_i + N_i \sin\delta_i \end{aligned} \tag{4-26}$$

其中，$\left|Y_{ij}\right|\angle\varphi_{ij}$ 为 $\boldsymbol{Y}$ 阵中第 i 行第 j 列元素的极坐标形式；$M_i = \sum\limits_{j=1,\ j\neq i}^{n} E_i E_j \left|Y_{ij}\right| \cos\left(\delta_j + \varphi_{ij}\right)$；

$N_i = \sum\limits_{j=1,\ j\neq i}^{n} E_i E_j \left|Y_{ij}\right| \sin\left(\delta_j + \varphi_{ij}\right)$。

式(4-26)最后一个等号可由三角函数和角公式得到。考虑到式(4-26)中 M_i 和 N_i 为常数，可求得 P_i 的极大值为

$$P_{i,\max} = E_i^2 G_{ii} + \sqrt{M_i^2 + N_i^2} \tag{4-27}$$

根据式(4-26)、式(4-27)以及系统稳态工况潮流可直接计算任一电源的静稳极限。

除上述电源运行状态调整方法之外，实际计算时还可采用如下方法调整电源运行状态：

(1)指定电源功率增大，其他电源的转子角不变，从而将其他电源合并为单电源，系统化为两机系统，再用 4.1.2 节中两机系统功率特性及静稳判据计算静稳极限。

(2)指定电源功率增大，在其他电源中指定一台电源功率变化，而其余电源保持功率恒定。

(3)指定电源功率增大，其余电源一部分功率不变，另一部分转子角不变。相当于上面两种方法的组合。计算中应根据实际情况决定哪些电源功率不变，哪些电源转子角不变。

以上述第(3)种方法为例，相应的静态稳定极限实用计算步骤如下：

(1)计算初始工况下系统潮流，得到被指定电源 P_0。

(2)根据电源假设条件，将功率保持恒定的电源设为 PQ 节点，其余电源均为 $U\delta$ 节点，并根据潮流结果进一步求出 $U\delta$ 节点上所接电源的内电动势 E 及转子角 δ。

(3)设 $U\delta$ 节点的 E 为常数，建立增广导纳矩阵 $\boldsymbol{Y}$，具体做法为将 $U\delta$ 节点的发电机暂态电抗 X_d' 追加进原始导纳矩阵，然后进行导纳阵收缩，使系统剩下负荷 PQ 节点、进行 PQ 节点等效的电源节点以及 $U\delta$ 节点的内电势节点。

(4)增加或减少指定电源的转子角，然后计算系统潮流分布，从而得到指定电源在新转子角条件下的有功功率。

(5)多次重复步骤(4)，可绘制出指定电源的 P-δ 曲线，然后取 $P_{\max}$ 点为指定电源的功率极限，近似为静稳极限，然后通过式(4-5)求出相应的静稳储备 K_P。

实用计算法在静稳计算中作了运行方式变化方法的假定，所得的静稳极限只与该运行方式变化方法相对应，不同的运行方式变化方法将对应不同的静稳极限。因此，在实际电力系统规划和运行中，需要根据实际网架条件以及负荷预测波动情况，合理设置运行方式变化方法，以保证计算的静稳储备与实际情况相符，从而确保系统安全运行。

值得注意的是，上述计算过程适用于计算等效为电压源的构网型逆变器和同步发电机的极限功率及其极限功率所对应的功角。若要计算等效为电流源的跟网型逆变器的极限功率及其对应的极限输出电流，也可沿用上述方法的基本思想，具体分析步骤如下：

首先，基于式(2-145)构建系统各源节点的功率特性表达式，将式中 $P_{G'i}$ 看作因变量，将 $I_{G'i}$ 看作自变量；然后，不断调整该电流源的运行状态，即增大或减小 $I_{G'i}$，并计算出在不同的电流下所对应的电流源功率 $P_{G'i}$，绘制出相应的 P-I 曲线。此时，曲线上的最大值点 $P_{\max}$，就是该电源的极限输送功率，而极限输送功率所对应的电流就是该电源的极限输出电流。

2)复杂系统临界电压的实用计算方法

复杂系统临界电压通常依据系统的电压–无功特性进行分析计算。假设复杂电力系统具有某个初始运行状态，此时某负荷中心母线电压为 U_0。要计算该负荷中心母线临界电压 U_{cr}，可首先将复杂系统简化为单负荷无穷大系统，然后不断调整系统各母线电压并分析不同电压水平下网络馈入负荷节点的无功功率 Q_G，绘制出 Q_G-U 曲线，同时根据负荷中心母线负荷电压特性绘制出 Q_L-U 曲线，判断 Q_G-U 曲线与 Q_L-U 曲线的交点个数，如果有两个交点，则增大负荷在额定电压下的无功功率，绘制新的 Q_L-U 曲线，再次判断 Q_G-U 曲线与 Q_L-U 曲线的交点个数，直到 Q_G-U 曲线与 Q_L-U 曲线只有一个交点，这个交点即负荷中心母线达到静态电压稳定极限时的工作点 C，相应电压为临界电压 U_{cr}。

上述过程相当于在图 4-8 中首先绘制出 Q_G-U 曲线，然后依次绘制出 Q_{L0}-$U \to Q_{L1}$-$U \to Q_{L2}$-U 曲线簇，由此找到静稳极限工作点 C 及相应的临界电压 U_{cr}。

具体地，在将复杂系统简化为单负荷无穷大系统时，可忽略各类控制器的动态特性，假定源侧输入功率恒定，同时网络满足线性特性，负荷考虑电压特性或用恒定阻抗处理。此时可采用如下方法调整系统运行状态：

(1) 指定负荷中心母线电压逐步下降，各电源转子角恒定。

(2) 指定负荷中心母线电压逐步下降，某一电源转子角恒定，其余电源有功功率恒定。

(3) 指定负荷中心母线电压逐步下降，一部分电源转子角恒定(看作 $U\delta$ 节点)，另一部分电源有功功率恒定(看作 PQ 节点)。

由此将系统中各电源等值为单电源，将复杂系统简化为单负荷无穷大系统。之后可按照单负荷无穷大系统的方法进行静态电压稳定分析，具体步骤如下：

(1) 计算正常工况潮流以及电源内电动势 $\dot{E}'$。

(2) 建立增广导纳矩阵，将 $U\delta$ 节点的发电机暂态电抗 X'_d 追加进导纳矩阵，然后进行导纳阵收缩，使系统剩下 PQ 节点电源的并网节点、$U\delta$ 节点电源的内电动势节点以及负荷 PQ 节点，得到 $\boldsymbol{Y}$。

(3) 以指定负荷中心母线电压相位为参考零度，将该负荷中心节点设为 $U\delta$ 节点，将其他负荷节点看作 PQ 节点，减小指定负荷中心母线电压 U，计算系统潮流分布，得到网络送抵指定负荷中心母线的 Q_G。

(4) 多次重复步骤(3)，绘制出 Q_G-U 曲线。

(5) 绘制负荷中心母线负荷电压特性曲线。设正常工况时 $U = U_0$，$Q_L = Q_{L0}$，根据负荷模型的无功电压方程，逐步减小 U，求得 Q_{L0} 对应的 Q_L-U 曲线。

(6) 不断增加 Q_{L0}，重复步骤(5)，得到不同 Q_{L0} 水平下的 Q_L-U 曲线簇。

(7) 分析 Q_G-U 曲线与 Q_L-U 曲线簇的相交情况，当 Q_G-U 曲线与其中一条 Q_L-U 曲线只存在一个交点时，该交点对应静态电压稳定的极限工作点，可得该负荷对应的临界电压 U_{cr} 及此时负荷所需无功功率：

$$Q_L = Q_{L0}\left[a\left(\frac{U}{U_0}\right)^2 + b\left(\frac{U}{U_0}\right) + c\right] \tag{4-28}$$

(8) 计算该负荷节点的静态稳定储备系数 K_U 为

$$K_U = \frac{U_0 - U_{cr}}{U_0} \times 100\% \tag{4-29}$$

除了分析 Q_G-U 曲线与 Q_L-U 曲线相交情况外，考虑系统达到静态电压稳定极限点时 Q_G-U 曲线与 Q_L-U 曲线有唯一的交点，因此临界电压还可以利用该特性按如下方式近似计算。

对步骤(3)中每一个计算得到的工作点(Q_G,U)，考虑 Q_G-U 曲线与 Q_L-U 曲线有唯一交

点，此时发电跟负荷无功相等，设负荷无功为Q'_{L0}，根据式(4-28)有

$$Q_G = Q'_{L0}\left[a\left(\frac{U}{U_0}\right)^2 + b\left(\frac{U}{U_0}\right) + c\right] \tag{4-30}$$

由式(4-30)可解出Q'_{L0}。

当指定负荷中心母线电压U按照步骤(3)中设定的方法逐步减小时，根据图 4-8 会有Q_G逐步增大，此时根据式(4-30)有Q'_{L0}也逐步增大。当U逐渐减小到某一特定值时，Q_G与Q'_{L0}同时达到最大值，可认为图 4-8 中运行点沿$A_0 \to A_1 \to C$的路径近似移动到了C点。此时，Q_G与Q'_{L0}达到最大值时的电压U即可近似为负荷临界电压U_{cr}。

上述U_{cr}计算与系统元件模型假设条件及系统运行方式的变化方法有关，在计算中做了大量简化。因此，在工程应用时应留出足够的静态稳定储备，以保证系统安全运行。

2. 连续潮流法

连续潮流法通过不断改变系统运行方式，追踪相应的潮流变化。当系统从正常运行工况过渡到电压崩溃点时，连续潮流法可跟踪各节点负荷与发电机功率的变化过程。

在电力系统静态稳定分析中，利用连续潮流法绘制出PU曲线，可反映负荷节点的极限功率和临界电压，下面进行简要介绍。

潮流方程中的物理量可以分为给定量和待求量两类。当给定量发生变化时，待求量也随之变化。在分析电力系统静态稳定性时，通常需要关注潮流方程中某些物理量的变化轨迹，以及这些物理量的变化对系统运行工况的影响，这在数学上构成含参变量的潮流方程：

$$\boldsymbol{f}(\boldsymbol{x},\lambda)=\boldsymbol{0} \tag{4-31}$$

式中，$\boldsymbol{f}$为潮流方程的一般形式，$\boldsymbol{x}$为节点电压和相角组成的待求量；λ为参变量，也即关注的给定量。

在静态稳定分析中，通常指定λ为系统中发电机向负荷母线传输的功率或者系统的负荷功率等。通过不断改变λ，反复求解潮流方程，可实现对$\boldsymbol{x}$的变化趋势的考察。

例如，设某系统中某母线电压为$\boldsymbol{x}$，母线处负荷功率为λ，通过连续潮流计算，可绘制出如图 4-16 所示的$\boldsymbol{x}$-λ变化曲线。该曲线上任意一点$(\boldsymbol{x}(\lambda),\lambda)$均满足$\boldsymbol{f}(\boldsymbol{x}(\lambda),\lambda)=\boldsymbol{0}$，即该点是式(4-31)的解。同时，该曲线表明，母线负荷功率不能无限制地增长，其将在某一点处达到最大值，对应该母线的功率极限，相应的电压为临界电压。

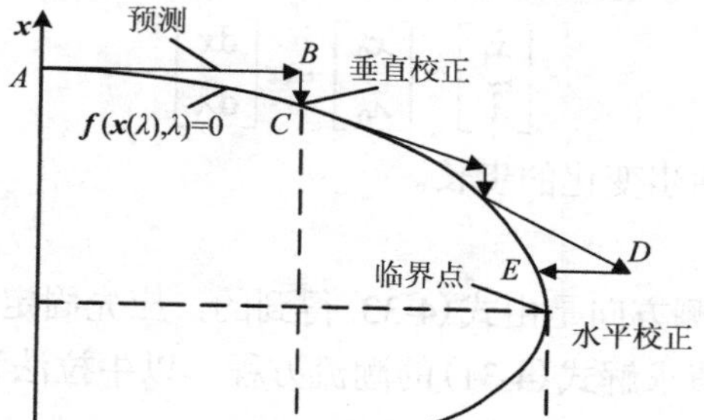

图 4-16　连续潮流的计算步骤

值得注意的是，当母线负荷功率接近极限功率时，若采用传统潮流计算方法，式(4-31)中潮流方程的雅可比矩阵将出现病态，潮流计算将不收敛，导致无法计算出母线负荷功率极限。此时，需要对潮流计算方法进行修订，以处理这种特殊情况。

下面以图 4-16 为例说明如何跟踪计算系统状态曲线以及在临界点附近如何进行潮流计算。

考虑从图 4-16 中 A 点出发，不断改变 λ，直至达到临界值 λ_{cr} 的过程。为了计算曲线上的下一个点，连续潮流计算包括以下两部分计算工作。

(1) 预估。

预估的目的是从当前系统运行点出发，沿着 λ 增长的方向预测下一个解，记为 $\left(\tilde{\boldsymbol{x}}_1, \tilde{\lambda}_1\right)$，例如，从图 4-16 中 A 点出发估计 B 点。由于潮流方程的非线性，预测解通常不在解曲线上，因此是一个近似解。

在该步骤中，首先需要根据式(4-31)确定变量的预测方向。以切线方向为例，对式(4-31)求微分，得

$$\boldsymbol{f}_x'\mathrm{d}\boldsymbol{x} + \boldsymbol{f}_\lambda'\mathrm{d}\lambda = \boldsymbol{0} \tag{4-32}$$

式中，$\mathrm{d}\boldsymbol{x}$、$\mathrm{d}\lambda$ 分别表示 $\boldsymbol{x}$ 和 λ 的切线变化方向。

如果当前解的位置不在临界点附近，则 $\boldsymbol{f}_x'$ 非奇异。此时，以 λ 作为参数化变量，定义临界点之前 λ 的变化方向为正方向，记为+1，在临界点之后 λ 的变化方向为负方向，记为−1。将该条件与式(4-32)联立后可得

$$\begin{bmatrix} \boldsymbol{f}_x' & \boldsymbol{f}_\lambda' \\ \boldsymbol{0} & 1 \end{bmatrix}\begin{bmatrix} \mathrm{d}\boldsymbol{x} \\ \mathrm{d}\lambda \end{bmatrix} = \begin{bmatrix} \boldsymbol{0} \\ \pm 1 \end{bmatrix} \tag{4-33}$$

解 $\mathrm{d}\boldsymbol{x}$、$\mathrm{d}\lambda$ 即可确定预测方向。

如果当前解的位置靠近临界点，即 $\boldsymbol{f}_x'$ 接近奇异，那么式(4-33)的系数矩阵也将接近奇异。此时，应选择变量 x_k（例如，电压变化率最大的节点 k 的电压）作为参数化变量，λ 作为普通变量，x_k 的斜率作为切线方向，由式(4-34)确定预测方向：

$$\begin{bmatrix} \boldsymbol{f}_x' & \boldsymbol{f}_\lambda' \\ \boldsymbol{e}_k^{\mathrm{T}} & 0 \end{bmatrix}\begin{bmatrix} \mathrm{d}\boldsymbol{x} \\ \mathrm{d}\lambda \end{bmatrix} = \begin{bmatrix} \boldsymbol{0} \\ \pm 1 \end{bmatrix} \tag{4-34}$$

其中，e_k^{T} 为行矢量，其第 k 个元素为+1，其余元素为 0。

根据式(4-33)或式(4-34)确定预测方向后，可以计算下一个预测的运行点如下：

$$\begin{bmatrix} \tilde{\boldsymbol{x}}_1 \\ \tilde{\lambda}_1 \end{bmatrix} = \begin{bmatrix} \boldsymbol{x}_0 \\ \lambda_0 \end{bmatrix} + \alpha\begin{bmatrix} \mathrm{d}\boldsymbol{x} \\ \mathrm{d}\lambda \end{bmatrix} \tag{4-35}$$

式中，α 为 $\boldsymbol{x}_0$ 和 λ_0 在预估步变化的步长。

(2) 校正。

在该步骤中，如果预测方向是由式(4-33)得到的，应先固定 λ，采用图 4-16 中的垂直校正方法，以 $\left(\tilde{\boldsymbol{x}}, \tilde{\lambda}\right)$ 为初值求解式(4-31)的潮流方程。以牛拉法为例，迭代格式如下：

$$\begin{bmatrix} \boldsymbol{f}_x' & \boldsymbol{f}_\lambda' \\ \boldsymbol{0} & 1 \end{bmatrix}\begin{bmatrix} \Delta\boldsymbol{x} \\ \Delta\lambda \end{bmatrix} = -\begin{bmatrix} \boldsymbol{f}\left(\boldsymbol{x}, \lambda\right) \\ 0 \end{bmatrix} \tag{4-36}$$

如果上述潮流计算收敛，则可以得到图 4-16 中的 C 点，然后以该点作为新的起始点重复预估-校正过程。如果潮流计算不收敛，说明预测点接近或超过了临界点，如图 4-16 中的 D 点。此时，有两种应对的措施：其一是减小预估步中所取的步长 α，重新进行预估-校正计算，直到潮流计算结果收敛；其二是选择变量 x_k（例如，变化率最大的节点 k 的电压）作为参数化变量，λ 作为普通变量，采用水平校正方法解潮流方程，迭代格式如下：

$$\begin{bmatrix} \boldsymbol{f}'_x & \boldsymbol{f}'_\lambda \\ \boldsymbol{e}_k^{\mathrm{T}} & 0 \end{bmatrix} \begin{bmatrix} \Delta \boldsymbol{x} \\ \Delta\lambda \end{bmatrix} = -\begin{bmatrix} \boldsymbol{f}(\boldsymbol{x},\lambda) \\ 0 \end{bmatrix} \tag{4-37}$$

其中，$\boldsymbol{e}_k^{\mathrm{T}}$ 的选择与式(4-34)相同。

在校正步中，如果预测方向是由式(4-34)得到的，则应按照式(4-37)解潮流方程。

连续潮流方法充分考虑了系统的非线性以及参数对系统静态电压稳定的影响，在求得可变参数临界值的同时，也就得到了系统距离电压崩溃点的裕度。

4.3.2　复杂电力系统静态稳定极限机理分析方法

在实际电网运行过程中，为了给机组留出充足的发电裕度，在规划运行层面会要求同步发电机功角运行在一个合理范围内，一般为 30°～40°。因此，传统电力系统中很少出现发电端静态同步失稳问题。在新能源电力系统规划时，源侧经弱交流电网汇集馈入主网可能出现静态稳定问题，此时可将该场景用等效的单机无穷大系统进行分析，让新能源机组运行在可靠范围内，避免系统投运后遇到同步稳定瓶颈。至于负荷侧的情况，一般电动机在出厂时，铭牌上均标注额定荷载，考虑了电动机并网稳定运行的要求，只要按照电动机额定功率使用，就很难出现电动机并网静态稳定问题。因此，电力系统的静态稳定问题在实际中主要体现为负荷侧静态电压失稳，相关分析方法也大都以静态电压稳定问题作为研究对象。在本节的后续内容中，如无特殊说明，将以静态电压稳定问题为研究对象，阐述各类静态稳定分析方法。

1. 特征值法

特征值法认为，电力系统同步稳定和电压稳定是互相关联、互相影响的，实际系统静态稳定分析要综合考虑同步稳定及电压稳定相耦合的问题。

采用特征值法，首先需要建立特征值法下系统静稳分析的数学模型。假定同步发电机为电势源，负荷考虑电压特性，网络为线性。在潮流计算时，根据同步发电机的给定条件不同，对同步发电机的内电势节点做不同的处理，把给定有功功率的同步发电机的内电势节点看作 PU 节点，把给定发电机转子角的同步发电机的内电势节点看作 $U\delta$ 节点。此时，网络方程为

$$\begin{bmatrix} \boldsymbol{Y}_{11} & \boldsymbol{Y}_{12} & \boldsymbol{Y}_{13} \\ \boldsymbol{Y}_{21} & \boldsymbol{Y}_{22} & \boldsymbol{Y}_{23} \\ \boldsymbol{Y}_{31} & \boldsymbol{Y}_{32} & \boldsymbol{Y}_{33} \end{bmatrix} \begin{bmatrix} \dot{\boldsymbol{U}}_{\mathrm{G}} \\ \dot{\boldsymbol{U}}_{\mathrm{L}} \\ \dot{\boldsymbol{U}}_{\mathrm{N}} \end{bmatrix} = \begin{bmatrix} \dot{\boldsymbol{I}}_{\mathrm{G}} \\ \dot{\boldsymbol{I}}_{\mathrm{L}} \\ \dot{\boldsymbol{I}}_{\mathrm{N}} \end{bmatrix} \tag{4-38}$$

式中，下标 G、L、N 分别表示发电机端节点、负荷节点和联络节点，且联络节点电流 $\dot{\boldsymbol{I}}_{\mathrm{N}} = \boldsymbol{0}$。

设发电机电抗 X'_d 后的暂态电动势 E' 恒定，在网络导纳阵中追加各发电机暂态电抗 $\mathrm{j}X'_d$，增加相应内电势节点，则原来发电机端节点的注入电流为零，发电机内电势节点注

入电流为$\dot{I}_{\mathrm{G}}$，电压为$\dot{E}_{\mathrm{G}}$。网络方程进一步写为

$$\begin{bmatrix} Y_{00} & Y_{01} & 0 & 0 \\ Y_{10} & Y'_{11} & Y_{12} & Y_{13} \\ 0 & Y_{21} & Y_{22} & Y_{23} \\ 0 & Y_{31} & Y_{32} & Y_{33} \end{bmatrix} \begin{bmatrix} \dot{E}_{\mathrm{G}} \\ \dot{U}_{\mathrm{G}} \\ \dot{U}_{\mathrm{L}} \\ \dot{U}_{\mathrm{N}} \end{bmatrix} = \begin{bmatrix} \dot{I}_{\mathrm{G}} \\ 0 \\ \dot{I}_{\mathrm{L}} \\ 0 \end{bmatrix} \tag{4-39}$$

将式(4-39)中注入电流为零的节点消去，则 n 台机(节点号 1,2,…,n)、N 个负荷(节点号 n+1,n+2,…,n+N)的网络方程变为

$$\begin{bmatrix} Y_{\mathrm{GG}} & Y_{\mathrm{GL}} \\ Y_{\mathrm{LG}} & Y_{\mathrm{LL}} \end{bmatrix} \begin{bmatrix} \dot{E}_{\mathrm{G}} \\ \dot{U}_{\mathrm{L}} \end{bmatrix} = \begin{bmatrix} \dot{I}_{\mathrm{G}} \\ \dot{I}_{\mathrm{L}} \end{bmatrix} \tag{4-40}$$

根据式(4-40)中的发电机内电势节点方程，可导出发电机内电势节点作为 PU 节点时的有功功率平衡方程为

$$\Delta P_{\mathrm{G}i} = P_{\mathrm{G}i}^{S} - E_i \sum_{j=1}^{n} E_j \left(G_{ij}\cos\theta_{ij} + B_{ij}\sin\theta_{ij} \right) - E_i \sum_{j=n+1}^{n+N} U_j \left(G_{ij}\cos\theta_{ij} + B_{ij}\sin\theta_{ij} \right) = 0 \tag{4-41}$$

式中，$P_{\mathrm{G}i}^{S}$为发电机给定的有功功率；当 $j=1,2,\cdots,n$ 时，$\theta_{ij}=\delta_i-\delta_j$；当 $j=n+1,\cdots,n+N$ 时，$\theta_{ij}=\delta_i-\theta_j$；$G_{ij}+jB_{ij}$ 为式(4-40)中导纳阵第 i 行 j 列元素。

对于负荷节点，设节点 i 的负荷电压特性为

$$\begin{cases} P_{\mathrm{L}i} = P_{0i}\left[a_{pi}\left(\dfrac{U_0}{U_{0i}}\right)^2 + b_{pi}\left(\dfrac{U_0}{U_{0i}}\right) + c_{pi} \right] \\ Q_{\mathrm{L}i} = Q_{0i}\left[a_{qi}\left(\dfrac{U_0}{U_{0i}}\right)^2 + b_{qi}\left(\dfrac{U_0}{U_{0i}}\right) + c_{qi} \right] \end{cases} \quad (i=n+1,\cdots,n+N) \tag{4-42}$$

式中，$a_{pi}+b_{pi}+c_{pi}=1$，$a_{qi}+b_{qi}+c_{qi}=1$。当$U_i=U_{0i}$时，$P_{\mathrm{L}i}=P_{0i}$，$Q_{\mathrm{L}i}=Q_{0i}$。

根据式(4-40)中的负荷节点方程以及式(4-42)的负荷电压特性，可导出负荷节点功率平衡方程为

$$\begin{aligned} \Delta P_{\mathrm{L}i} &= -P_{\mathrm{L}i} - U_i\sum_{j=1}^{n} E_j\left(G_{ij}\cos\theta_{ij} + B_{ij}\sin\theta_{ij}\right) - U_i\sum_{j=n+1}^{n+N} U_j\left(G_{ij}\cos\theta_{ij} + B_{ij}\sin\theta_{ij}\right) = 0 \\ \Delta Q_{\mathrm{L}i} &= -Q_{\mathrm{L}i} - U_i\sum_{j=1}^{n} E_j\left(G_{ij}\sin\theta_{ij} - B_{ij}\cos\theta_{ij}\right) - U_i\sum_{j=n+1}^{n+N} U_j\left(G_{ij}\sin\theta_{ij} - B_{ij}\cos\theta_{ij}\right) \\ & i=n+1,\cdots,n+N \end{aligned} \tag{4-43}$$

式中，$P_{\mathrm{L}i}$和$Q_{\mathrm{L}i}$前的负号由$P_{\mathrm{L}i}$、$Q_{\mathrm{L}i}$的正方向假定造成。当 $j=1,2,\cdots,n$ 时，$\angle\theta_{ij}=\theta_i-\delta_j$；当 $j=n+1,\cdots,n+N$ 时，$\angle\theta_{ij}=\theta_i-\theta_j$。

在已知系统某运行点的潮流分布后，将系统在该运行点处的非线性代数方程组式(4-41)和式(4-43)线性化，可导出系统在该运行点处的增量方程为

$$\begin{bmatrix} \Delta P_{\mathrm{G}} \\ \Delta P_{\mathrm{L}} \\ \Delta Q_{\mathrm{L}} \end{bmatrix} = \begin{bmatrix} H_{\mathrm{GG}} & H_{\mathrm{GL}} & N_{\mathrm{GL}} \\ H_{\mathrm{LG}} & H_{\mathrm{LL}} & N_{\mathrm{LL}} \\ J_{\mathrm{LG}} & J_{\mathrm{LL}} & L_{\mathrm{LL}} \end{bmatrix} \begin{bmatrix} \Delta\delta_{\mathrm{G}} \\ \Delta\theta_{\mathrm{L}} \\ \Delta U_{\mathrm{L}}/U_{\mathrm{L}} \end{bmatrix} = J \begin{bmatrix} \Delta\delta_{\mathrm{G}} \\ \Delta\theta_{\mathrm{L}} \\ \Delta U_{\mathrm{L}}/U_{\mathrm{L}} \end{bmatrix} \tag{4-44}$$

式中，$\Delta \boldsymbol{P}_{\mathrm{G}}$ 为发电机节点功率增量；$\Delta \boldsymbol{P}_{\mathrm{L}}$ 和 $\Delta \boldsymbol{Q}_{\mathrm{L}}$ 为负荷节点功率增量，稳态运行时有 $\Delta \boldsymbol{P}_{\mathrm{L}}=\mathbf{0}$，$\Delta \boldsymbol{Q}_{\mathrm{L}}=\mathbf{0}$。

式(4-44)中，$\boldsymbol{J}$ 的特征值体现了系统存在微小功率不平衡量 $\Delta \boldsymbol{P}_{\mathrm{G}}$、$\Delta \boldsymbol{P}_{\mathrm{L}}$、$\Delta \boldsymbol{Q}_{\mathrm{L}}$ 时，$\boldsymbol{\delta}_{\mathrm{G}}$、$\boldsymbol{\theta}_{\mathrm{L}}$、$\boldsymbol{U}_{\mathrm{L}}$ 的变化情况。当 $\boldsymbol{J}$ 存在零特征值时，$\Delta \boldsymbol{P}_{\mathrm{G}}$、$\Delta \boldsymbol{P}_{\mathrm{L}}$、$\Delta \boldsymbol{Q}_{\mathrm{L}}$ 的微小变化将导致 $\boldsymbol{\delta}_{\mathrm{G}}$、$\boldsymbol{\theta}_{\mathrm{L}}$、$\boldsymbol{U}_{\mathrm{L}}$ 的巨大变化，此时系统无法正常运行。因此，可以用 $\boldsymbol{J}$ 是否存在零特征值判断系统的静态稳定性，数学上等价于 $|\boldsymbol{J}|$ 是否为 0。当 $|\boldsymbol{J}|=0$ 时，说明 $\boldsymbol{J}$ 存在零特征值，即系统不稳定。

对单机无穷大系统同步稳定分析而言，$\boldsymbol{J}$ 矩阵仅含一个元素 $\mathrm{d}P/\mathrm{d}\delta$，因而在 $\mathrm{d}P/\mathrm{d}\delta=0$，即静态同步稳定极限处，有 $|\boldsymbol{J}|=0$。同样，对单负荷无穷大系统电压稳定分析而言，在 $\mathrm{d}Q/\mathrm{d}U=0$，即静态电压稳定极限处，也有 $|\boldsymbol{J}|=0$。对多机系统，从正常运行工作点出发，不断恶化系统运行工况，则 $|\boldsymbol{J}|$ 将趋于零，可以将 $|\boldsymbol{J}|=0$ 作为多机系统达到静态稳定极限的判据。此时，相应运行点可能是静态同步稳定极限或静态电压稳定极限，也可能是两者同时恶化导致的静态稳定极限。

此外，根据 $\boldsymbol{J}$ 矩阵特征根和状态量的相关因子，可分析导致复杂电力系统静态失稳的特征根与何种状态量强相关，进而可判别系统静态失稳的类型。若该特征根和源侧相角变量强相关，则可认为属于同步失稳类型；若和负荷母线无功、电压变量强相关，则可认为属于电压静态失稳类型；若和二者均强相关，则可认为是同步和电压综合的静态失稳类型。

值得注意的是，由式(4-44)可知，雅可比矩阵非对角子块 $\boldsymbol{N}$ 和 $\boldsymbol{J}$ 为非零阵，故同步稳定和电压稳定问题是互相影响和关联的，并且当系统运行接近静态稳定极限时，这种相互影响更为突出。

2. 非线性规划法

非线性规划法将求解电压崩溃点问题转化为系统在各种约束条件下最大化系统负荷裕度的优化问题。求解该优化问题即可获得在给定负荷增长方向下，系统达到电压崩溃点处的系统负荷裕度。

常规非线性规划求解负荷裕度的数学模型包括目标函数、等式约束和不等式约束三个部分。

1) 目标函数

在非线性规划中，设负荷的增长满足如下函数关系：

$$\begin{aligned} P_{\mathrm{L}} &= P_{\mathrm{L0}}\left(1+K_{\mathrm{LP}}\lambda\right) \\ Q_{\mathrm{L}} &= Q_{\mathrm{L0}}\left(1+K_{\mathrm{LQ}}\lambda\right) \end{aligned} \tag{4-45}$$

式中，λ 为负荷增长因子；P_{L0}、Q_{L0} 分别为负荷的有功功率和无功功率的基值；K_{LP} 和 K_{LQ} 分别为负荷有功功率和无功功率增长系数，其正负标志着节点有功负荷和无功负荷的增长方向(正为增长，负为减少)，而大小则标志着各节点负荷相对其负荷基值的增长速度。在分析时可假设全网负荷功率同速率增长，即令 $K_{\mathrm{LP}}=K_{\mathrm{LQ}}=1$。

非线性规划的目标是求解负荷增长过程中系统的电压崩溃点，因此目标函数是使得负荷增长因子 λ 最大，即目标函数为

$$\max\ \lambda \tag{4-46}$$

当 λ 取最大值时，系统处于电压崩溃临界点，对应的负荷为系统能够承受的最大负荷。

2) 等式约束

交流系统的等式约束为潮流平衡方程，系统中任意母线 i 处的等式约束可表示为

$$\begin{cases} P_{Gi}-P_{Li0}\left(1+K_{LPi}\lambda\right)-U_i\sum_{j=1}^{n}U_j\left(G_{ij}\cos\theta_{ij}+B_{ij}\sin\theta_{ij}\right)=0 \\ Q_{Gi}-Q_{Li0}\left(1+K_{LQi}\lambda\right)-U_i\sum_{j=1}^{n}U_j\left(G_{ij}\sin\theta_{ij}-B_{ij}\cos\theta_{ij}\right)=0 \end{cases} \tag{4-47}$$

3) 不等式约束

系统的不等式约束是发电机节点的有功、无功出力约束以及各节点电压幅值的约束，即

$$\begin{cases} \underline{P_{Gi}}\leqslant P_{Gi}\leqslant \overline{P_{Gi}}, & i\in S_G \\ \underline{Q_{Gi}}\leqslant Q_{Gi}\leqslant \overline{Q_{Gi}}, & i\in S_G \\ \underline{V_i}\leqslant V_i\leqslant \overline{V_i}, & i\in S \end{cases} \tag{4-48}$$

式中，S_G 为发电机节点集合；S 为所有节点的集合；$\overline{P_{Gi}}$、$\underline{P_{Gi}}$ 分别为发电机有功出力上、下限；$\overline{Q_{Gi}}$、$\underline{Q_{Gi}}$ 分别为发电机无功出力上、下限；$\overline{V_i}$、$\underline{V_i}$ 分别为节点电压幅值上、下限。

上述目标函数、等式约束以及不等式约束形成了电力系统电压静态稳定问题的非线性规划模型。该模型可采用各类优化算法进行求解，进而得出电压崩溃点处系统中各负荷节点的负荷功率，据此可进一步求得系统的负荷裕度 L：

$$L=\frac{\sum P_{Limax}-\sum P_{Li0}}{\sum P_{Li0}}\times 100\%,\quad i\in S_L \tag{4-49}$$

式中，P_{Limax} 为节点 i 在电压崩溃点处的负荷；P_{Li0} 为节点 i 在初始运行点处的负荷；S_L 为参与负荷增长的节点集合。需要注意的是，当 $K_{LPi}=K_{LQi}=1$ 时，负荷裕度的数值即等于负荷增长因子 λ。

非线性规划法的优势在于计算过程中可以考虑电力系统实际运行时的各种不等式约束条件，并且不需要直接对潮流方程进行求解，有效规避了系统在临界状态附近潮流雅可比矩阵奇异的问题。其缺点在于求解的计算量较大，计算耗时较长，系统规模增大时将进一步加剧优化模型的求解难度，不利于电压崩溃点的快速搜索或在线分析。

3. *灵敏度法*

灵敏度法以潮流方程为基础，从定性物理概念出发，通过计算某种扰动下系统变量对扰动量的灵敏度来判别系统的稳定性。在灵敏度分析中，系统变量可按照物理意义划分为以下三种类型。

(1) 状态变量 $\boldsymbol{x}$：包括负荷节点的电压 V_L、相角 θ_L 以及发电机节点的相角 θ_g 等。

(2) 控制变量 $\boldsymbol{u}$：包括负荷节点的有功功率 P_L 和无功功率 Q_L、发电机节点有功功率 P_g 和电压 V_g 等。

(3) 输出变量 $\boldsymbol{y}$：包括发电机节点的无功功率 Q_g、系统有功损耗 P_{Loss} 和无功损耗 Q_{Loss} 等。

按照上述变量的划分，灵敏度分析的数学方程可表示如下：

$$\begin{aligned} &\boldsymbol{f}(\boldsymbol{x},\boldsymbol{u})=\boldsymbol{0} \\ &\boldsymbol{y}=\boldsymbol{g}(\boldsymbol{x},\boldsymbol{u}) \end{aligned} \tag{4-50}$$

式中，$\boldsymbol{f}$ 为系统潮流方程；$\boldsymbol{g}$ 为包含发电机节点的无功功率 Q_g、系统有功损耗 P_{Loss} 和无功损耗 Q_{Loss} 等输出变量的输出方程。

对式(4-50)求全微分，可得状态变量和输出变量对控制变量的灵敏度系数表达式，如式(4-51)所示：

$$\begin{aligned} &\boldsymbol{S}_{xu}=-\left(\frac{\partial \boldsymbol{f}}{\partial \boldsymbol{x}^{\mathrm{T}}}\right)^{-1}\left(\frac{\partial \boldsymbol{f}}{\partial \boldsymbol{u}^{\mathrm{T}}}\right) \\ &\boldsymbol{S}_{yu}=\left(\frac{\partial \boldsymbol{y}}{\partial \boldsymbol{u}^{\mathrm{T}}}\right)+\left(\frac{\partial \boldsymbol{f}}{\partial \boldsymbol{x}^{\mathrm{T}}}\right)\boldsymbol{S}_{xu} \end{aligned} \tag{4-51}$$

常用的灵敏度系数主要包括 $\mathrm{d}V_L/\mathrm{d}P_L$、$\mathrm{d}V_L/\mathrm{d}Q_L$、$\mathrm{d}V_L/\mathrm{d}V_g$、$\mathrm{d}Q_L/\mathrm{d}Q_g$ 等。

下面对灵敏度系数对应的静态稳定判据进行简单介绍。

(1) $\mathrm{d}V_L/\mathrm{d}P_L<0(\mathrm{d}V_L/\mathrm{d}Q_L<0)$ 表明当负荷节点的有功需求或无功需求减小时节点的电压会上升，因此系统是电压稳定的。

(2) $\mathrm{d}V_L/\mathrm{d}V_g>0$ 表明当发电机节点电压上升时负荷节点的电压也上升，因此系统是电压稳定的。

(3) $\mathrm{d}Q_L/\mathrm{d}Q_g>0$ 表明当负荷节点无功需求增加时会引起发电机无功输出增加，因此系统是电压稳定的。

对于不同的研究对象，可选取不同的状态变量，若需监视电压，则可以采用电压灵敏度系数判据。

灵敏度法基于潮流计算，只需少量的额外计算，便能得到所需的灵敏度指标信息。该方法物理概念明确，计算方便，易于实现，目前广泛用于复杂电力系统的静态电压稳定分析。

4. *潮流多解法*

电力系统的潮流方程是一组非线性方程，因而可能存在多个潮流解。理论上讲，对于一个 N 节点电力系统，系统的潮流方程组最多可能有 $2N-1$ 个解，并且这些解可能成对出现。随着负荷水平的加重，潮流解的个数将成对地减少。当系统的负荷增加到接近静态稳定极限时，潮流方程只存在两个解，这时潮流雅可比矩阵也接近奇异，邻近的两个解关于奇异点对称，其中一个为正常高电压解，另一个为低电压解。

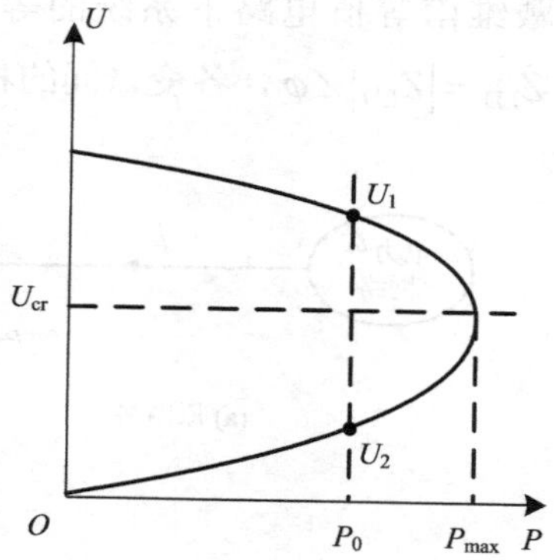

图 4-17　潮流多解示意

图 4-17 的 P-U 曲线直观展示了系统潮流方程的多解性。图中，在到达临界功率 P_{max} 之前，对于任意负荷水平 P_0 都存在两个潮流解，分别对应高压解 U_1 及低压解 U_2。

当系统所能传送的功率到达极限时，这一对潮流解融合成一个解。这个解的位置对应于 P-U 曲线的鼻尖点，即图 4-17 中的点(P_{max},U_{cr})。该处的潮流方程雅可比矩阵奇异，系统到达电压稳定极限状态。在重负荷情况下，如果某种干扰使系统潮流解由高电压解转移到低电压解，则将发生电压失稳。

潮流多解法将潮流方程解的存在性与静态电压稳定性联系起来，通过研究潮流方程解的情况来判断系统的电压稳定性。对于图 4-17 中的高压解与低压解，定义高压解与低压解之间的差值作为电压稳定性指标：

$$\zeta = \left|U_1 - U_2\right| \tag{4-52}$$

结合图 4-17 可知，ζ 越小表明系统越接近临界稳定点，越容易发生电压失稳。此外，由于在直角坐标系下，潮流方程具有二次函数的形式，可以进一步得知高电压解和低电压解的均值正好是系统电压稳定临界点处的电压值，从而系统的功率裕度可由高低电压解表示出来。

潮流多解法揭示了电压崩溃现象的发生与潮流方程的多解性之间的紧密联系，通过分析成对的潮流解之间的差值得到电网静态电压稳定裕度，是电压稳定分析的一种有效途径。然而，常规潮流算法仅能求得潮流方程在额定电压附近的一个解，即高压解，要精确求解潮流方程的全部解或部分关注的解十分困难。并且，当电网达到功率传输极限时，常规潮流算法的潮流方程雅可比矩阵将奇异，使潮流求解难以继续。因此，潮流多解法一般需要采用同伦法、Groebner 基方法、吴消元法、状态空间搜索法等特殊方法进行潮流计算。

5. 戴维南法

戴维南法的主要思想是将任意复杂网络等值为“源-网-荷”系统，通过评价等值系统的功率传输极限来评估原系统的稳定裕度。

在分析电力系统功率传输极限时，通常将电力网络分为待研究的负荷节点 i 和外部网络两个部分，如图 4-18(a)所示。图 4-18(a)中，$\dot{U}_i$ 为节点 i 的电压，$\dot{I}_i$ 为节点 i 的注入电流，$P+\mathrm{j}Q$ 为节点 i 处负荷的复功率。在某一状态下，图 4-18(a)所示的电力网络可用如图 4-18(b)所示的等值模型近似替代。图 4-18(b)中，$\dot{E}$ 为戴维南等值电路的等值电势，Z_s 为戴维南等值电路下系统的等值阻抗，Z_LD 为节点 i 的负荷等效阻抗，$\dot{Z}_\mathrm{s} = \left|Z_\mathrm{s}\right|\angle\theta$，$\dot{Z}_\mathrm{LD} = \left|Z_\mathrm{LD}\right|\angle\varphi$，各变量间的相量关系如图 4-18(c)所示。

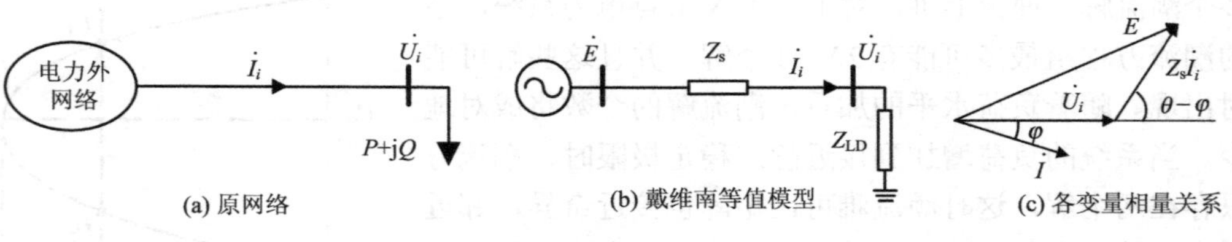

图 4-18 电力系统戴维南等值示意图

在图 4-18(c)中，根据余弦定理可得

$$E^2 = U_i^2 + \left|Z_\mathrm{s}\right|^2 I_i^2 + 2\left|Z_\mathrm{s}\right| U_i I_i \cos(\theta - \varphi) \tag{4-53}$$

将 $I = U / \left|Z_\mathrm{LD}\right|$ 代入式(4-53)中可得

$$U_i^2 = \frac{E^2}{1 + \left|\frac{Z_s}{Z_{LD}}\right|^2 + 2\left|\frac{Z_s}{Z_{LD}}\right|\cos(\theta - \varphi)} \tag{4-54}$$

从而系统送到负荷点 i 处的有功功率可表示为

$$P = \frac{U_i^2}{|Z_{LD}|}\cos\varphi = \frac{E^2\cos\varphi / |Z_s|}{\left|\frac{Z_{LD}}{Z_s}\right| + \left|\frac{Z_s}{Z_{LD}}\right| + 2\cos(\theta - \varphi)} \tag{4-55}$$

根据式(4-55)可知，当等效电源电势恒定、输电系统阻抗和负荷功率因数一定时，系统送至负荷点处的功率 P 与系统等值阻抗和负荷等值阻抗的比值 $|Z_s / Z_{LD}|$ 有关。当比值 $|Z_s / Z_{LD}|$ 等于 0 或趋于无穷大时，都有 $P=0$；当 $|Z_s / Z_{LD}|=1$，即系统等值阻抗 $|Z_s|$ 与负荷等值阻抗 $|Z_{LD}|$ 相等时，负荷功率达到最大值。这说明，当负荷等效阻抗 Z_{LD} 大于系统等值阻抗 Z_s 时，减小负荷等效阻抗可使系统向负荷节点馈入更大的功率；当 Z_{LD} 与 Z_s 相等时，系统向负荷节点馈入的功率达到最大值；当 Z_{LD} 小于 Z_s 时，继续减小 Z_{LD} 也无法使系统向负荷节点馈入更大的功率，负荷点的功率需求已超过系统所能提供的最大功率。

据此，可得到如下电力系统静态电压稳定判据：当 $|Z_{LD}| > |Z_s|$ 时，电力系统处于静态电压稳定状态；当 $|Z_{LD}| = |Z_s|$ 时，电力系统达到静态电压稳定极限；当 $|Z_{LD}| < |Z_s|$ 时，电力系统发生静态电压失稳。

综上，戴维南法将复杂的电力网络化简为简单等值网络，通过比较系统的等效阻抗与负荷的等效阻抗大小，即可快速计算静态电压稳定极限点，给出预测的负荷功率裕度和临界电压。这种分析方法简单快捷，在电力系统静态电压稳定分析中得到了广泛的应用。

4.4　静态稳定分析发展趋势

电力系统静态稳定分析本质上是分析系统在当前状态下能否建立稳定的静态工作点，从数学的角度来看，是分析发电曲线与负荷曲线有无交点以及系统在交点处能否建立持续稳定的负反馈工作机制。为此，本章首先以简单电力系统为例，介绍电力系统静态同步稳定和电力系统静态电压稳定的基本分析方法和思路。然后将简单电力系统中静态同步稳定和静态电压稳定的基本分析方法推广至复杂系统。

在简单电力系统中，静态同步稳定分析主要关注源侧输入功率特性和内电势节点送出的功率特性是否匹配，只有当源侧输入功率特性和内电势节点送出的功率特性存在交点，且在交点处系统能够建立小扰动负反馈机制，源侧才能长期稳定地将功率送出；静态电压稳定分析主要关注源侧送至负荷侧的功率特性与负荷自身的功率特性是否匹配，只有当源侧送至负荷侧的功率特性与负荷所需的功率特性存在交点，且在交点处系统能够建立小扰动负反馈机制，才能维持负荷长期正常运行。

在复杂电力系统中，静态同步稳定和静态电压稳定相互耦合。但在实际电力系统运行时，更多关注的是电压问题，这是因为同步问题一般在规划设计层面就能解决。为此，本章介绍的复杂电力系统静态稳定分析方法，如连续潮流法、非线性规划法、特征值法等，都基于潮流方程考察系统中发电与负荷的匹配程度，以及随着发电量、负荷量的改变考察系统电压是否达到极限运行条件。

值得注意的是，上述方法在诞生之初都是面向以同步发电机为主体的电力系统的，可有效分析发电、负荷连续变化时系统的静态稳定性。然而，随着电力系统不断发展，以上方法还有如下提升空间。

(1) 计算分析的实时性。

传统静态稳定分析方法大都建立在潮流方程基础上，各种方法都具有明确的物理意义和数学意义。但是，相关方法用于实际大规模电力系统静态稳定分析时，会涉及大规模潮流方程的计算与求解，带来巨大的计算开销，导致相关方法实用性变差。

(2) 计算分析的不确定性。

传统静态稳定分析方法只能用于分析特定负荷、发电增长情况下的静态稳定性，而没有考虑源侧以及负荷侧本身存在的不确定性。随着可再生能源技术的逐渐成熟，大量风电、光伏、储能设备接入电力系统中，系统源端与负荷侧的随机性与不确定性对系统静态稳定的影响逐渐显著，传统的静态稳定分析方法适用性下降。

在上述需求引导下，静态稳定分析在以下两方面值得进一步探索。

(1) 静态稳定分析的在线应用。

传统静态稳定分析方法难以应用于在线分析，主要是受限于大规模电力系统静态稳定分析的庞大计算量。针对这一问题，一种可行的方法是研究静态稳定分析的并行计算方法。目前，学术界对于静态稳定分析的并行化已有部分尝试，以此提升传统静态稳定分析方法的计算效率。

以连续潮流法为例，有研究提出了一种 3 层并行计算逻辑，如图 4-19 所示。

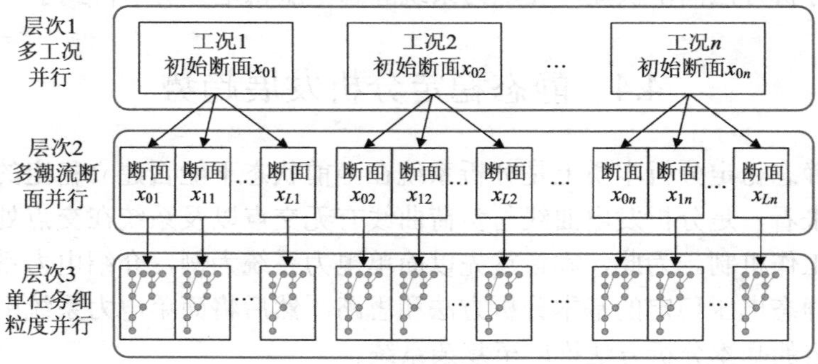

图 4-19　3 层并行计算逻辑

由于不同的潮流断面 x_0 之间的连续潮流计算无相互依赖关系，因此图 4-19 中层次 1 的各种工况是天然可并行的。

对于任意一种工况的连续潮流计算，原始方法中需要从给定的断面初始值 x_0 开始，令负荷因子连续增长，求解潮流方程，获得电网极限负荷水平，如图 4-20(a) 所示。为充分发挥并行计算的优势，可对该方法进行调整，即对于每一种工况 x_0，批量求解多个不同负荷水平下的潮流解，获得 P-U 曲线上的点 A～F，如图 4-20(b) 所示。图中的点 A～F 是并行求解的，因而不需要按照负荷因子增长的顺序逐个进行求解，从而实现了层次 2 上的并行。若除了负荷水平 F 外其他负荷水平下潮流都收敛，则说明临界负荷水平位于 E～F 之间。

此时，可将 $E\sim F$ 区间进一步细分产生一批新的潮流断面，缩小临界点所在的区间，重复进行潮流计算，直至搜索到极限负荷水平点。

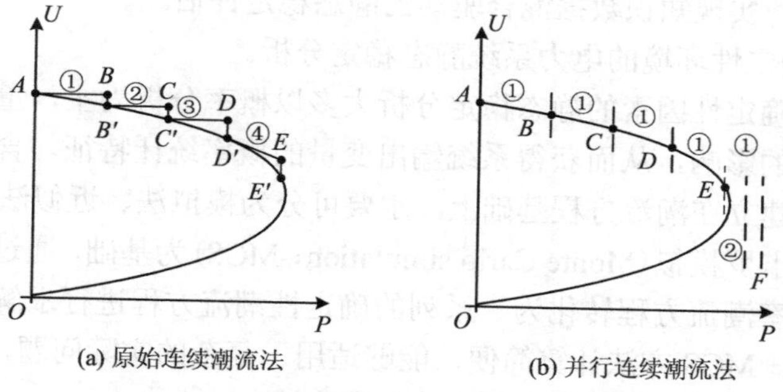

图 4-20　原始连续潮流法与并行连续潮流法对比

层次 3 是每一个具体的潮流方程的求解，同样可以采用适当的并行计算方法进行求解，提高计算效率。

上面的例子以连续潮流法为例讲述了其并行化的计算逻辑。对于不同的静态稳定分析方法，需要从问题的分析流程以及具体计算过程两方面进行并行分析框架的设计。当前，已有各种研究尝试将并行化计算方法运用于特征值法、灵敏度法等静态稳定分析方法中，证明了并行化静态稳定分析的可行性。

实际上，并行化的静态稳定分析并没有减小静态稳定分析的计算量。当待分析系统规模过大时，并行计算难以从根本上解决计算耗时问题。此时，另外一种解决思路是寻找其他低计算复杂度的方法进行静态稳定分析。

近年来，许多学者尝试将人工智能技术与大数据技术融入电网分析中，以期通过数据驱动的手段实现快速、精确的电网静态稳定在线评估。相比于传统静态稳定分析通过严谨的理论推导建立稳定评估的指标体系，数据驱动方法从电网运行数据角度建立静态稳定分析模型，以数据之间的关联性分析为手段挖掘电网静态稳定特征，进而建立稳定评估的指标体系。

数据驱动方法首先需要解决数据的来源问题。广域量测系统（wide area measurement systems，WAMS）的量测数据是电力系统运行状态的实时反映，也是系统物理模型的外在表现，为数据驱动方法提供了数据基础。具体的数据驱动方法也可以分为两个类别：

一类是建立可实时观测的电网稳定运行指标，基于 WAMS 的量测数据对电网静态运行状态进行实时监测。许多研究者基于 WAMS 的量测数据，提出了电网静态稳定弹性指标、功率模指标、静态稳定裕度指标等，结合电网状态可视化方法，实现了电网静态感知分析。

另一类是运用人工智能方法进行静态稳定评估，近年来，国内外有诸多研究对其进行了深入探讨，提出了各种基于深度学习、强化学习等方法的稳定分析思路。

尽管各种人工智能方法实现方式各异，但其思路都是通过 WAMS 数据离线训练数据模型，构建电网运行状态与稳定标签之间的映射关系，从而评估系统静态稳定裕度、寻找电网薄弱点及薄弱线路等。

上述第一类方法是通过人工分析的方式从物理模型中提炼电网稳定运行指标。第二类方法则是通过寻找数据之间的关联性进行稳定评估，但缺乏物理意义的可解释性。在未来的发展中可以将这两类方法进行融合，尝试以人工智能的方法挖掘电网稳定运行指标，解释静态失稳的机理，实现知识数据混合驱动的静态稳定评估。

(2) 适用于不确定性环境的电力系统静态稳定分析。

目前，考虑不确定性因素的静态稳定分析大多以概率分析为主，量化输入不确定性因素对电力系统运行的影响，从而获得系统输出变量的概率统计特征。含概率分析的静态稳定分析方法也同样建立在潮流方程基础上，主要可分为模拟法、近似法和解析法。

模拟法以蒙特卡罗模拟(Monte Carlo simulation，MCS)为基础，通过采样获得输入随机变量的样本，将概率潮流方程转化为一系列的确定性潮流方程进行求解，从而获得输出随机变量的统计特征。MCS 方法计算简便，能够适用于复杂的实际问题，但计算效率低下，通常作为基准以检验其他概率潮流计算方法的准确性。

近似法是利用输入随机变量的数字特征近似描述状态变量统计特性的方法，如点估计法(point estimation method)。近似法可利用少量的输入随机变量和输出变量的样本对系统潮流模型进行近似，进而实现对概率潮流结果的估计。一般来说，近似法求解速度较快，但计算规模大，通常需构造 $2m$ 或 $2m+1$ 个场景(m 为随机变量数量)进行计算，因此计算量会随着随机变量数量的增多而明显增大。

解析法的主要思想是将潮流方程在选取的基准运行点处进行线性化处理，略去其泰勒展开的二阶及二阶以上高阶项，从而将输出变量表示为输入变量的线性叠加。该方法又可进一步分为卷积法和半不变量法。其中，卷积法通过输入随机变量概率密度函数的卷积运算得到输出随机变量的概率密度函数，计算量大；半不变量法由输入随机变量的半不变量的代数运算得到输出随机变量的半不变量，计算量小，但首先需要对潮流方程进行线性化处理。无论是卷积法还是半不变量法，它们都忽略了系统的非线性特性，由此得到的统计结果可能存在较大误差。

上述 3 种方法在概率分析过程中存在计算量大和统计结果误差大的缺点。近年来，为了更加快速、准确地获得系统输出变量的统计信息，业界提出了一类基于代理模型的概率分析方法。该类方法将概率分析方法中涉及的随机过程用多项式模型进行替代，从而近似求解原随机微分方程或随机非线性方程，如广义多项式混沌法、随机响应面法等，可在保证估计精度的同时，显著提高算法的计算效率。

然而，随着大规模可再生能源接入，电力系统分析中的输入随机变量维度不断增加，传统基于多项式展开的代理模型构建会遇到“维数灾”问题。有研究指出，对具有 d 个独立随机变量的系统，采用 N 阶广义多项式混沌逼近时，基的总数将增加到 C_{N+d}^{N} 个，采用这些基进行多项式逼近时，相应的多项式系数将急剧增加。因此，如何高效分析大规模可再生能源接入后的电力系统静态稳定性，是今后这一领域值得深入研究的问题。

在对复杂电力系统进行静态稳定分析时，通常需要计算系统的潮流方程。然而，在实际潮流计算时存在潮流不收敛问题。潮流计算不收敛的原因主要有两个方面：一是潮流方程本身无解，对应于本章前面介绍的发电曲线与负荷曲线交点不存在的情况，即此时系统无法正常运行；二是潮流计算方法的不完善，此时发电曲线与负荷曲线存在交点，但由于计算方法本身不稳定，无法求得该交点。可见，在分析复杂系统的静态稳定性时，由于潮流计算方法本身可能存在收敛性问题，无法根据潮流方程是否有解来判定是否能够建立静态稳定运行点，从而给判断复杂系统的静态稳定性带来了极大的不便。因此，如何设计一种全局或者大范围收敛的方法来计算电力系统潮流方程，在潮流方程解存在的情况下总能收敛于潮流解，是该领域值得深入探讨的方向。

参考文献

郭瑞鹏，韩祯祥，1999. 电压稳定分析的改进连续潮流法[J]. 电力系统自动化，23(14)：13-16.

李怡宁，吴浩，辛焕海，等，2015. 基于广义多项式混沌法的电力系统随机潮流[J]. 电力系统自动化(7)：14-20.

刘正元，陈颖，宋炎侃，等，2020. 基于 GPU 并行处理的大规模连续潮流批量计算[J]. 电网技术(3)：1041-1046.

LU J, LIU C W, THORP J S, 1995. New methods for computing a saddle-node bifurcation point for voltage stability analysis[J]. IEEE transactions on power systems, 10(2)：978-989.

第5章　电力系统暂态稳定分析

电力系统暂态稳定分析是电力系统规划设计、计划安排、运行操作、事故处理、防灾减灾等业务中必不可少的环节。可采用第3章讨论的电力系统动态分析方法求解时域曲线，据此判断系统在暂态过程中是否存在稳定问题。但是，动态分析方法对系统失稳的物理机理刻画不足，难以从本质上指导稳定控制的研究和设计；同时，动态分析方法需要大量计算，在线应用存在效率问题。因此，需要研究基于物理机理的电力系统暂态稳定分析方法。

电力系统本质上是电能的转换和传输系统，可以从系统能量角度评估系统的暂态稳定性。电力系统受到大扰动后，不失稳对应系统能量在暂态过程中能够快速收敛，失稳则对应系统能量在暂态过程中走向失控。因此，可根据系统能量的收敛性判断系统暂态稳定性。

在具体操作时，可通过系统功率特性方程对时间的积分计算系统能量，或者直接通过系统状态量构造能量函数计算系统能量。前一种方法在只计及源侧时对应电力系统暂态同步稳定的等面积法，由于绘制功率曲线具有维度限制，该方法一般仅用于单机无穷大系统分析。后一种方法即为暂态能量函数法，或称李雅普诺夫直接法，简称直接法，可用于带负荷的多机系统同步或电压稳定分析。在实际电力系统中，暂态能量函数法具有计算速度快、能给出稳定裕度等特点，常用于系统稳定评估的预想事故集“筛选”，并配合电力系统动态分析实现在线安全评估。

从系统能量出发可分析暂态同步和暂态电压稳定，对于暂态频率稳定则主要关心系统惯性和惯量支撑能力。电力系统的惯性体现为功率注入波动时频率变化的快慢，可由系统的功频动态特性表征；电力系统的惯量则是系统惯性体现涉及的能量。对于主要由同步发电机构成的电力系统，系统惯性体现为发电机转子的机械惯性，相应的支撑惯量由发电机转子的旋转动能提供；对于主要由新能源经并网逆变器构成电源的电力系统，系统惯量需要通过控制从旋转机械部件的动能、电池储能中的电化学能以及其他形式的能量来源处获得。评估系统暂态频率稳定性，需要评估系统惯量响应是否与安全稳定控制相配合，其本质是在安全稳定控制动作时间约束下评估系统可释放惯量及惯量释放强度是否充足。因此，暂态频率稳定评估也可以从能量的角度进行。

基于上述考虑，本章聚焦电力系统暂态过程中的能量分析。首先，从同步发电机电力系统暂态同步稳定问题切入，介绍用于简单电力系统暂态同步稳定分析的等面积法；之后介绍可用于多机系统分析的暂态能量函数法，并将分析对象逐步扩展到含电力电子和负荷设备的情况，从而将暂态能量函数法拓展至新能源电力系统暂态同步稳定及暂态电压稳定的范畴；然后，对暂态频率稳定问题的分析进行简要介绍，并对暂态过程中频率和惯性的时空特性进行讨论；最后，对电力系统暂态稳定分析发展趋势进行展望。

5.1　暂态同步稳定分析

5.1.1　暂态同步稳定分析的等面积法

1. 简单电力系统受扰后的动态过程

对于图 3-4 所示的简单传统电力系统，各类运行情况下系统等值电路如图 5-1 所示。在给定的运行条件下，可以算出系统暂态电抗 X_d' 后的电势值 E_0。

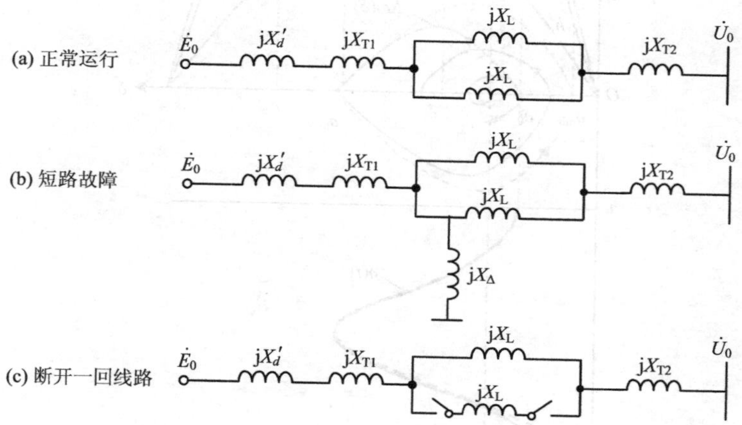

图 5-1　各类运行情况下的等值电路

当系统处于正常运行状态时，系统总电抗为

$$X_{\mathrm{I}}=X_d'+X_{\mathrm{T1}}+\frac{1}{2}X_{\mathrm{L}}+X_{\mathrm{T2}} \tag{5-1}$$

此时系统的功率特性为

$$P_{\mathrm{I}}=\frac{E_0U_0}{X_{\mathrm{I}}}\sin\delta=P_{\mathrm{mI}}\sin\delta \tag{5-2}$$

当系统发生短路时，根据正序等效定则，应在正常等值电路中的短路点接入短路附加电抗 X_Δ，如图 5-1(b)所示。此时，发电机与系统间的转移电抗为

$$X_{\mathrm{II}}=X_{\mathrm{I}}+\frac{(X_d'+X_{\mathrm{T1}})\left(\frac{1}{2}X_{\mathrm{L}}+X_{\mathrm{T2}}\right)}{X_\Delta} \tag{5-3}$$

发电机的功率特性为

$$P_{\mathrm{II}}=\frac{E_0U_0}{X_{\mathrm{II}}}\sin\delta=P_{\mathrm{mII}}\sin\delta \tag{5-4}$$

由于 $X_{\mathrm{II}}>X_{\mathrm{I}}$，因此短路时系统的功率特性比正常运行时要低，如图 5-2 中的 P_{I} 和 P_{II}。

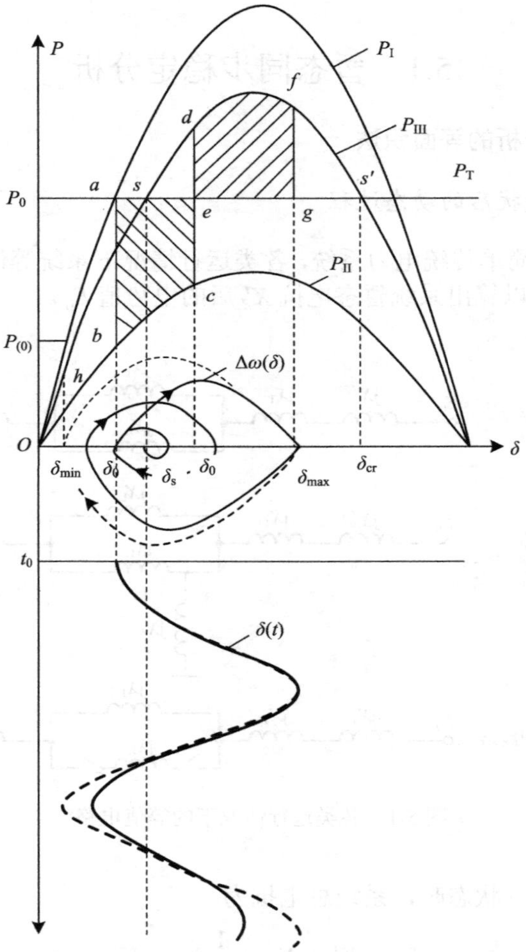

图 5-2　转子相对运动及面积定则

当故障线路被切除后，系统总电抗为 $X_{\text{III}}=X'_d+X_{\text{T1}}+X_{\text{L}}+X_{\text{T2}}$。此时系统的功率特性为

$$P_{\text{III}}=\frac{E_0U_0}{X_{\text{III}}}\sin\delta=P_{\text{mIII}}\sin\delta \tag{5-5}$$

一般情况下，$X_{\text{I}}<X_{\text{III}}<X_{\text{II}}$，因此故障切除后系统的功率特性在正常运行功率特性和短路故障下的功率特性之间，如图 5-2 中的 P_{III}。

在图 5-2 中，假设系统在正常运行情况下原动机输入功率 $P_{\text{T}}=P_0$，发电机的工作点为点 a，与此对应的功角为 δ_0。

在短路故障瞬间，发电机的工作点应在短路时的功率特性曲线 P_{II} 上。由于同步发电机的转子具有机械惯性，与机械转角相对应的发电机功角不能突变，发电机输出的电磁功率应由 P_{II} 上对应于 δ_0 的点 b 确定，设其值为 $P_{(0)}$。这时原动机的功率 P_{T} 仍保持不变，于是出现了过剩的加速功率 $\Delta P_{(0)}=P_{\text{T}}-P_{\text{e}}=P_0-P_{(0)}>0$。

在过剩加速功率作用下，同步发电机将加速，相对速度 $\Delta\omega=\omega-\omega_{\text{N}}>0$，使得功角 δ 开

始增大。同步发电机的工作点将沿着 P_{II} 曲线由 b 点向 c 点移动。在变动过程中，随着 δ 增大，发电机电磁功率将增大，过剩功率减小，但过剩功率依然大于零，转子加速运动仍在持续，$\Delta\omega$ 不断增大。

如果在功角为 δ_c 时切除故障线路，由于功角不能突变，切除瞬间发电机的工作点转移到 $P_{\mathrm{III}}(\delta_c)$ 所对应的 d 点。此时，发电机电磁功率大于原动机功率，过剩功率 $\Delta P_a = P_T - P_e < 0$，不平衡转矩变为减速性质。在此转矩作用下，发电机转速开始降低，使得相对速度 $\Delta\omega$ 减小，但仍大于零，因此功角将继续增大，工作点将沿 P_{III} 由 d 点向 f 点变动。

假如到达 f 点时发电机恢复同步速度，$\Delta\omega = 0$，此时功角 δ 抵达其最大值 $\delta_{\max}$。虽然此时发电机恢复同步速度，但由于功率尚未恢复平衡，在 f 点不能进入保持同步运行的稳定状态。此时，发电机还将持续受到减速性不平衡转矩的作用，转速继续下降至低于同步速度，相对速度符号改变，$\Delta\omega < 0$，于是功角 δ 开始减小，发电机工作点将沿 P_{III} 由 f 点向 d 点、s 点变动。

如果不计能量损失，后继工作点将沿 P_{III} 曲线在 f 点和 h 点之间来回变动，对应功角在 $\delta_{\max}$ 和 $\delta_{\min}$ 之间变动，如图 5-2 中虚线所示。实际中，上述过程会存在能量损失，因此振荡将逐渐衰减，最后在 s 点稳定下来，如图 5-2 中实线所示。由此，系统在上述大扰动下能够保持暂态稳定。

基于上述分析，在不考虑振荡能量损耗时，可以根据等面积定则在功角特性曲线上确定最大摇摆角 $\delta_{\max}$，并评估系统暂态稳定性。下面对等面积定则进行简要介绍。

2. 等面积定则

在功角由 δ_0 变到 δ_c 的过程中，原动机输入的能量大于发电机输出的能量，多余的能量将使发电机转速升高并转化为转子动能储存在转子中。当功角由 δ_0 变到 $\delta_{\max}$ 时，原动机输入的能量小于发电机输出的能量，不足部分由发电机转子动能转化为电磁能来补充，此时发电机转子转速相应降低。

转子由 δ_0 变到 δ_c 时，过剩转矩所做的功为

$$W_a = \int_{\delta_0}^{\delta_c} \Delta M_a \mathrm{d}\delta = \int_{\delta_0}^{\delta_c} \frac{\Delta P_a}{\omega} \mathrm{d}\delta \tag{5-6}$$

用标幺值计算时，因发电机转速偏离同步速度不大，$\omega \approx 1$，于是

$$W_a \approx \int_{\delta_0}^{\delta_c} \Delta P_a \mathrm{d}\delta = \int_{\delta_0}^{\delta_c} (P_T - P_{\mathrm{II}}) \mathrm{d}\delta \tag{5-7}$$

式中，右边的积分代表 P-δ 平面上的面积，对应于图 5-2 中的阴影面积 A_{abce}。不计能量损失时，加速期间过剩转矩所做的功将全部转化为转子动能。在标幺值计算中，转子在加速过程中获得的动能增量等效于面积 A_{abce}，将其称为加速面积。

当转子由 δ_c 变到 $\delta_{\max}$ 时，转子动能增量为

$$W_b \approx \int_{\delta_c}^{\delta_{\max}} \Delta P_a \mathrm{d}\delta = \int_{\delta_c}^{\delta_{\max}} (P_T - P_{\mathrm{III}}) \mathrm{d}\delta \tag{5-8}$$

由于此时 $\Delta P_a < 0$，故式(5-8)积分为负。也就是说，动能增量为负值，意味着转子储存的动能减小，转速下降。减速过程中动能增量所对应的面积称为减速面积，对应于图 5-2

中 A_{edfg}。

显然，当式(5-9)成立时，动能增量为零，意味着短路时加速的发电机在故障切除后重新恢复了同步。此时，将 $P_T = P_0$ 代入 P_{II} 和 P_{III} 的表达式(5-4)和式(5-5)，便可求得 δ_{max}。

$$W_a + W_b = \int_{\delta_0}^{\delta_c} (P_T - P_{II}) d\delta + \int_{\delta_c}^{\delta_{max}} (P_T - P_{III}) d\delta = 0 \tag{5-9}$$

式(5-9)也可写成

$$|A_{abce}| = |A_{edfg}| \tag{5-10}$$

式(5-10)表示加速面积和减速面积大小相等，即等面积定则。当且仅当暂态过程中的减速面积与加速面积相等时，系统才能够保持暂态稳定。假如减速面积小于加速面积，则系统能量无法收敛。由图 5-2 可以看出，在某一确定的切除角 δ_c 下存在一个最大可能的减速面积 $A_{dfs'e}$。如果这块面积的数值比加速面积 A_{abce} 小，则发电机将失去同步，系统暂态稳定性被破坏。

此外，由图 5-3 可知，如果减小切除角 δ_c，加速面积将减小，最大可能减速面积将增大。显然，存在某一切除角，使得最大可能的减速面积与加速面积相等。此时，系统将处于稳定极限情况，如果故障在功角大于这个角度后才切除，系统将失去暂态稳定，该角度对应于极限切除角 $\delta_{c\cdot lim}$。

应用等面积定则可以方便地确定 $\delta_{c\cdot lim}$。由图 5-3 可得

$$\int_{\delta_0}^{\delta_{c\cdot lim}} (P_0 - P_{mm}\sin\delta) d\delta = \int_{\delta_{c\cdot lim}}^{\delta_{cr}} (P_0 - P_{m II}\sin\delta) d\delta \tag{5-11}$$

求出式(5-11)的积分并经整理后可得

$$\delta_{c\cdot lim} = \arccos \frac{P_0(\delta_{cr} - \delta_0) + P_{mIII}\cos\delta_{cr} - P_{mII}\cos\delta_0}{P_{mIII} - P_{mII}} \tag{5-12}$$

式中所有的角度都用弧度表示，临界角 δ_{cr} 为

$$\delta_{cr} = \pi - \arcsin \frac{P_0}{P_{mII}} \tag{5-13}$$

极限切除角对应着极限切除时间 $t_{c\cdot lim}$。通过求解故障时发电机转子运动方程，可确定功角随时间变化的特性 $\delta(t)$，如图 5-4 所示。当已知继电保护和断路器切除故障时间 t_c 时，

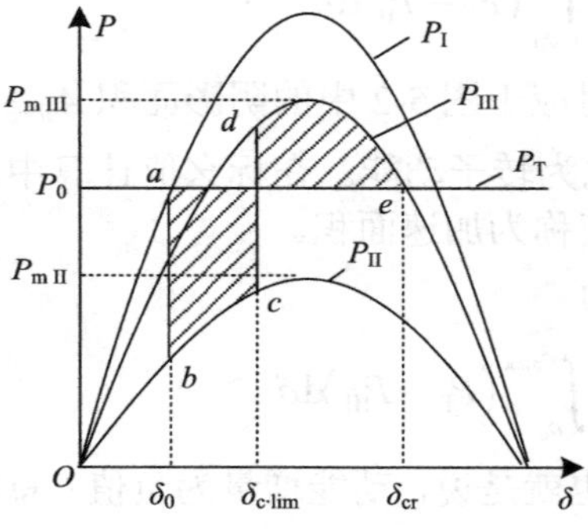

图 5-3　极限切除角

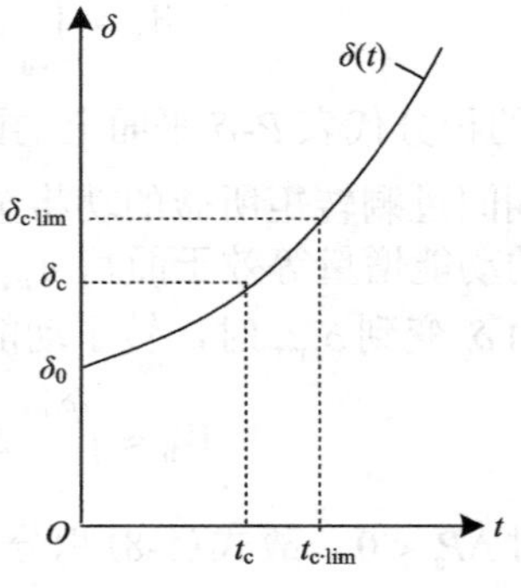

图 5-4　极限切除时间的确定

可从 $\delta(t)$ 曲线上找出对应的切除角 δ_c。比较 δ_c 与由等面积定则确定的极限切除角 $\delta_{c\cdot\lim}$，若 $\delta_c < \delta_{c\cdot\lim}$，则系统是暂态稳定的，反之则不稳定。也可以先由等面积定则确定 $\delta_{c\cdot\lim}$，然后在 $\delta(t)$ 上求出对应的极限切除时间 $t_{c\cdot\lim}$，若实际切除时间 $t_c < t_{c\cdot\lim}$，则系统是暂态稳定的，反之则是不稳定的。

5.1.2　暂态同步稳定分析的能量函数法

简单电力系统的暂态同步稳定等面积分析法对系统模型做了大量简化，不适合应用于实际多机电力系统。对多机系统作暂态同步稳定分析首先需要对多机系统进行建模，然后求取系统状态随时间变化的轨迹或者构造暂态能量函数，根据所绘制的动态轨迹或所构造的能量函数特性判别系统暂态同步稳定性。通过求取系统状态随时间变化的轨迹来判别系统稳定性的方法，即为第 3 章介绍的电力系统动态分析法。在工程上，具体暂态同步稳定判据可参考《电力系统安全稳定导则》中的相关规定。值得一提的是，利用电力系统动态分析法进行暂态同步稳定分析可以考虑实际系统的保护和自动控制装置对系统动态特性的影响，此时在建模时需要计及这一部分动态模型。本节将介绍另一种暂态同步稳定分析方法——暂态能量函数法。

1. 暂态能量函数法的基本原理

1) 李雅普诺夫稳定性

李雅普诺夫直接法将暂态稳定性分为稳定、渐近稳定和大范围渐近稳定三种主要形式，如图 5-5 所示。

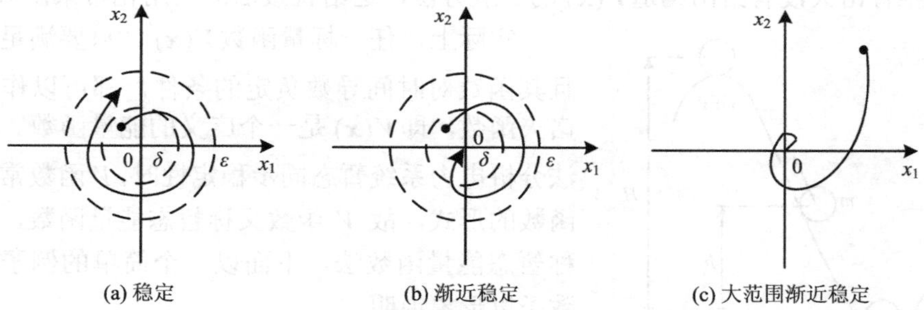

图 5-5　稳定的三种形式

图 5-5 中，一个 n 维自治系统 $\dot{x} = f(x)$ 在未受扰动时处于状态空间中的原点(平衡点)，即 $f(0)=0$。如果对任意实数 $\varepsilon>0$，存在实数 $\delta>0$，对于任何初始状态 $\|x_0\|<\delta$，经过任意时间 t，都有 $\|x(t)\|<\varepsilon$，则称此系统是稳定的，如图 5-5(a)所示。

进一步，若系统是稳定的，且运动从原点附近开始，随着时间 $t\to\infty$ 又收敛到原点，即 $\lim\limits_{t\to\infty}\|x(t)\|=0$，则称此系统是渐近稳定的，如图 5-5(b)所示。

若系统是渐近稳定的，且运动起始点是状态空间中的任意一点，在 $t\to\infty$ 时均收敛于原点，则称此系统是大范围渐近稳定的，如图 5-5(c)所示。

对于电力系统来说，只有当系统初始状态 x_0 在围绕原点的某一个区域中时，系统才是渐近稳定的，这个区域称为渐近稳定域或动态安全域。因此，要确保电力系统是渐进稳定的，应求取系统的动态安全域并保证系统运行状态都在动态安全域内。

在上述稳定性定义的基础上，李雅普诺夫提出了李雅普诺夫直接法，简称直接法。对于一个状态量为 x 的动力学系统，若能定义一个正定标量函数 $V(x)$，且 $V(x)$ 对时间的导数 $\dot{V}(x)$ 负定，则系统受扰后最终将趋于平衡点 $V(x)=0$ 。其中，$V(x)$ 称为李雅普诺夫函数，正定条件为 $V(x)\big|_{x=0}=0,\quad V(x)\big|_{x\neq0}>0$；负定条件为 $\dot{V}(x)\big|_{x=0}=0,\quad \dot{V}(x)\big|_{x\neq0}<0$ 。

对 n 维自治系统 $\dot{\boldsymbol{x}}=f(\boldsymbol{x})$，若 $f(\boldsymbol{0})=\boldsymbol{0}$，相应的李雅普诺夫稳定性、渐近稳定性和大范围渐近稳定性定理如下。

(1) 若原点附近存在标量函数 $V(\boldsymbol{x})>0$，且在这个区域内 $\dot{V}(\boldsymbol{x})\leqslant 0$，则该系统在原点是稳定的。

(2) 若原点附近存在标量函数 $V(\boldsymbol{x})>0$，且在这个区域内 $\dot{V}(\boldsymbol{x})<0$，则该系统在原点是渐近稳定的。

(3) 若系统存在标量函数 $V(\boldsymbol{x})$，有 $V(\boldsymbol{x})$ 正定，$\dot{V}(\boldsymbol{x})$ 负定，且当 $\|\boldsymbol{x}\|\to\infty$ 时，$V(\boldsymbol{x})\to\infty$，则该系统在原点是大范围渐近稳定的。其中，最后一个条件保证了在整个状态空间中对于任意常值 $C>0$，$V(\boldsymbol{x})$ 为常数的状态能构成状态空间中的一个封闭曲面。

(4) 渐近稳定域定理。设 Ω 为一有界的区域，且 Ω 域内有 $V(\boldsymbol{x})>0$ 且 $\dot{V}(\boldsymbol{x})<0$，则系统在 Ω 域内渐近稳定于原点。

2) 暂态能量函数分析原理

李雅普诺夫直接法不必求出系统微分方程的数值解，而是直接利用李雅普诺夫函数 $V(\boldsymbol{x})$ 及其导数 $\dot{V}(\boldsymbol{x})$ 的性质来判别系统的稳定性，可大大提高暂态同步稳定分析的效率。然而，李雅普诺夫没有给出构造 $V(\boldsymbol{x})$ 的一般方法，这给直接法的实用化带来困难。

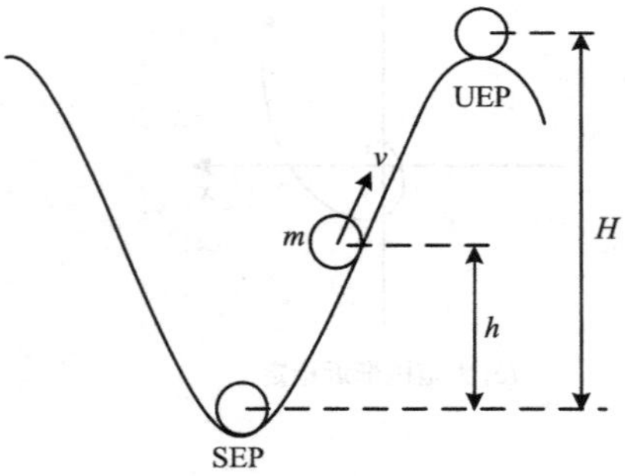

图 5-6 滚球系统稳定原理

实际上，任一标量函数 $V(\boldsymbol{x})$，只要满足函数正定且其函数对时间导数负定的条件，都可以作为李雅普诺夫函数，即 $V(\boldsymbol{x})$ 是一个广义的能量函数。利用直接法分析电力系统暂态同步稳定性时，V 函数常采取能量函数的形式，故 V 函数又称暂态能量函数，直接法又称暂态能量函数法。下面以一个简单的例子对能量函数予以形象说明。

如图 5-6 所示，滚球系统在无扰动时，球位于稳定平衡点(stable equilibrium point，SEP)。系统受扰后，球将偏离初始点。假设以 SEP 为参考点，球的质量为 m，在扰动结束时球位于高度 h 处，并具有速度 v，则总能量 V 由动能 $\frac{1}{2}mv^2$ 及势能 mgh 组成，即

$$V=\frac{1}{2}mv^2+mgh>0 \tag{5-14}$$

其中，g 为重力加速度。

设小球所在容器的壁高为 H，当小球位于壁沿上且速度为零时，相应的势能为 mgH，称此位置为不稳定平衡点(unstable equilibrium point，UEP)，相应的势能为系统临界能量

V_{cr}，即 $V_{cr} = mgH$。

若忽略容器壁摩擦，当扰动结束时小球总能量 V 大于临界能量 V_{cr}，则小球最终将滚出容器，从而失去稳定性；若 $V = V_{cr}$，则小球处于临界状态；若 $V < V_{cr}$，则小球不会滚出容器，此时若进一步考虑摩擦力的存在，则小球的能量将在摩擦力的作用下逐渐减少，最终小球静止于 SEP。显然，可根据 $V - V_{cr}$ 来判别系统的稳定裕度。

将上述思路应用于实际系统时需要解决以下两个关键问题：

(1) 如何构造一个合理的暂态能量函数，使其能正确地反映系统状态是否稳定；

(2) 如何确定与系统临界稳定相对应的函数值，即临界能量，从而可通过比较扰动结束时暂态能量函数值 V 和临界能量 V_{cr} 来判别稳定性或确定稳定域。

假若解决了上述两个关键问题，则可以从能量的角度来评估实际电力系统的稳定性，不再需要根据系统运动的轨迹来辨别，从而大大减少计算量。

2. 单机无穷大系统的暂态能量函数法

对于如图 5-7 所示的单机无穷大系统，若发电机采用经典二阶模型，忽略原动机及调速器和励磁系统动态，则系统完整的标幺值数学模型为

$$\begin{cases} M\dfrac{\mathrm{d}\omega}{\mathrm{d}t} = P_m - P_e \\ \dfrac{\mathrm{d}\delta}{\mathrm{d}t} = \omega \end{cases} \tag{5-15}$$

式中，ω 为转子角速度和同步速的偏差；δ 为转子角；P_m 为机械功率，设为常数；$P_e = \dfrac{EU}{X_\Sigma}\sin\delta$ 为电磁功率，X_Σ 为发电机内电势 $E\angle\delta$ 及无穷大系统电压 $U\angle 0°$ 间的系统总电抗，E 和 U 为常数；M 为发电机惯性时间常数。下面介绍如何用暂态能量函数法来判别故障切除后系统的第一摇摆稳定性。

设图 5-7 中系统在稳态时 $\delta = \delta_0$，功率特性为 $P_e^{(1)}$；在 $t = 0$ 时，线路上受到三相故障扰动，功率特性变为 $P_e^{(2)}$；此时发电机加速，转子角 δ 增大，直到 $\delta = \delta_c$ 时，切除故障线路，功率特性变为 $P_e^{(3)}$。

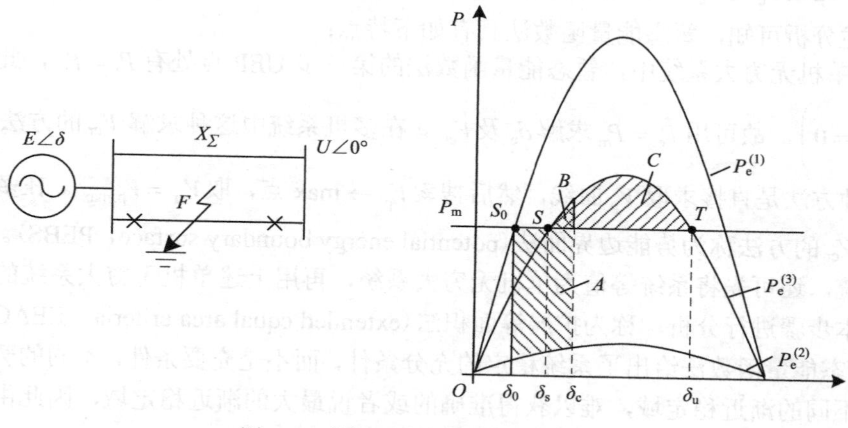

图 5-7　单机无穷大系统直接法分析

在故障后，系统的稳定平衡点为 S，对应同步发电机的功角为 δ_s；不稳定平衡点为 U，对应同步发电机的功角为 δ_u。在这两点上，均有电磁功率等于机械功率，即 $P_e^{(3)}=P_m$。

设系统动能 V_k 为

$$V_k=\frac{1}{2}M\omega^2 \tag{5-16}$$

由于 ω 为发电机转速与同步速之差，故稳态时 $V_k=0$。

加速面积 A 可由式(5-17)表示：

$$A=\int\frac{\delta_c}{\delta_0}\left(P_m-P_e^{(2)}\right)d\delta=\int_{\delta_0}^{\delta_c}M\frac{d\omega}{dt}d\delta=\int_0^{\omega_c}M\omega d\omega=\frac{1}{2}M\omega_c^2=V_{k|c} \tag{5-17}$$

定义系统势能 V_p 为以故障切除后系统稳定平衡点 S 为参考点的减速面积，则故障切除时的系统势能为面积 B：

$$B=\int\delta_c\left(P_e^{(3)}-P_m\right)d\delta=V_{p|c} \tag{5-18}$$

由此可计算出系统在扰动结束时总的暂态能量 V_c：

$$V_c=V_{k|c}+V_{p|c}=\frac{1}{2}M\omega_c^2+\int_{\delta_s}^{\delta_c}\left(P_e^{(3)}-P_m\right)d\delta=\text{面积}\ (A+B) \tag{5-19}$$

当系统处于不稳定平衡点 U 时，以 S 点为参考点的系统势能即临界能量 V_{cr}：

$$V_{cr}=\int_{\delta_s}^{\delta_u}\left(P_e^{(3)}-P_m\right)d\delta=\text{面积}(B+C) \tag{5-20}$$

根据式(5-19)和式(5-20)，可做系统稳定判别如下。

当 $V_c<V_{cr}$ 时，面积 $(A+B)$ <面积 $(B+C)$，或面积 A <面积 C，系统第一摆稳定；当 $V_c>V_{cr}$ 时，系统不稳定；当 $V_c=V_{cr}$ 时，系统处于临界状态。上述判据和 5.1.1 节所述的等面积准则是完全一致的。

由上述例子可以总结出基于暂态能量函数法的电力系统暂态同步稳定分析基本步骤：

第一，确定能量函数 V；

第二，求出扰动结束时的 ω_c 和 δ_c，计算此时总暂态能量 V_c；

第三，确定系统处于不稳定平衡点 UEP 的临界能量 V_{cr}，此时的能量一般全部为势能；

第四，比较 V_c 与 V_{cr}，判别稳定性。

由上述分析可知，暂态能量函数法具有如下特点：

(1) 在单机无穷大系统中，暂态能量函数法的第三步 UEP 点处有 $P_e=P_m$，此时势能达最大 $\left(\dfrac{dV_p}{dt}=0\right)$，故可用 $P_e=P_m$ 求解 δ_u 及 V_{cr}。在多机系统中这种求解 V_{cr} 的方法称为 UEP 法。另一种方法是直接求取 V_p 曲线，然后搜索 $V_p\to\max$ 点，取 $V_{cr}=V_{p.\max}$。在多机系统中这种求解 V_{cr} 的方法称为势能边界面法(potential energy boundary surface，PEBS)。此外，对于多机系统，还可先将系统等值为单机无穷大系统，再用上述单机无穷大系统的暂态能量函数法基本步骤进行分析，称为扩展等面积法(extended equal area criteria，EEAC)。

(2) 暂态能量函数法给出了系统稳定的充分条件，而不是充要条件，不同的暂态能量函数对应于不同的渐近稳定域，难以获得准确的或者说最大的渐近稳定域，因此由暂态能量函数法得到的分析结果一般偏保守。

(3)用 $V_{\mathrm{cr}}-V_{\mathrm{c}}$ 可量化系统稳定裕度，从而对事故严重性进行排序，以便筛选用于动态安全分析的事故集。在实际系统中通常使用规格化的稳定裕度 ΔV_n：

$$\Delta V_n=\frac{V_{\mathrm{cr}}-V_{\mathrm{c}}}{V_{\mathrm{k|c}}} \tag{5-21}$$

一般建议：

$$\Delta V_n\begin{cases}>2, & \text{安全}\\ =1\sim 2, & \text{预警}\\ =0.5\sim 1, & \text{警告}\\ =0\sim 0.5, & \text{严重警告}\\ <0, & \text{潜在危机}\end{cases}$$

(4)暂态能量函数同元件模型紧密相关，当采用复杂元件模型并计及系统内各类控制器动态时，相应的暂态能量函数将变得复杂。对于含电力电子逆变器的电力系统，还需要构造新的暂态能量函数。

3. 多机系统暂态能量函数和临界能量

不论是单机系统还是多机系统，利用暂态能量函数法进行暂态同步稳定分析的关键都在于构造表征系统能量的暂态能量函数。从前面的讨论中可以发现，能量函数可以表示为系统动能与势能之和的形式，这一点在单机系统和多机系统中是一致的。因此，多机系统能量函数的构造可仿照单机无穷大系统进行，其区别在于单机无穷大系统是以无穷大节点作为参考坐标构造能量函数，而多机系统中不存在无穷大节点，需要重新选取参考坐标。所选参考坐标的不同将会对能量函数的构造产生一定的影响。本节将讨论不同坐标系下系统的暂态能量函数和临界能量计算。

1)同步坐标下的多机系统暂态能量函数和临界能量

在以同步发电机为主要电源的电力系统中，设发电机采用经典二阶模型，忽略励磁系统、原动机及调速器动态，假定网络和负荷线性。将负荷阻抗、发电机 X_d' 归入节点导纳阵，消去负荷节点和网络节点，剩下发电机内节点，即 X_d' 后的内电动势节点，此时系统模型如图 5-8 所示。

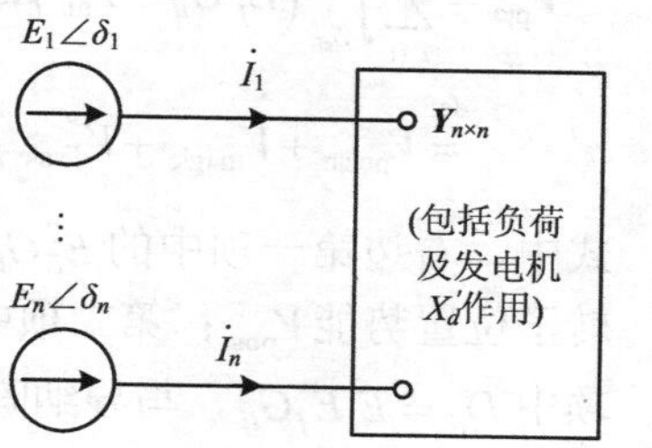

图 5-8　多机系统示意图

设系统有 n 台机，其中第 i 台发电机的转子运动方程为

$$\begin{cases}M_i\dfrac{\mathrm{d}\omega_i}{\mathrm{d}t}=P_{\mathrm{m}i}-P_{\mathrm{e}i}\\[2mm] \dfrac{\mathrm{d}\delta_i}{\mathrm{d}t}=\omega_i\end{cases}\quad (i=1,2,\cdots,n) \tag{5-22}$$

式中，$P_{\mathrm{m}i}$ 为常数；M_i、ω_i、δ_i、$P_{\mathrm{m}i}$、$P_{\mathrm{e}i}$ 的定义同式(5-15)。考虑

$$P_{\mathrm{e}i}=\mathrm{Re}(\dot{E}_i\dot{I}_i^*)=\mathrm{Re}\left(\dot{E}_i\sum_{j=1}^{n}Y_{ij}^*\dot{E}_j^*\right)=E_i^2G_{ii}+\sum_{\substack{j=1\\ j\neq i}}^{n}(E_iE_jB_{ij}\sin\delta_{ij}+E_iE_jG_{ij}\cos\delta_{ij}) \tag{5-23}$$

其中，$\dot{E}_i=E_i\angle\delta_i$，$\delta_{ij}=\delta_i-\delta_j$，$G_{ij}+\mathrm{j}B_{ij}=Y_{ij}$ 为导纳阵元素。

若定义$E_iE_jB_{ij}=C_{ij}$，$E_iE_jG_{ij}=D_{ij}$，注意到$C_{ij}=C_{ji}$，$D_{ij}=D_{ji}$，则式(5-22)中P_{ei}为

$$P_{ei}=E_i^2G_{ii}+\sum_{j=1,j\neq i}^{n}\left(C_{ij}\sin\delta_{ij}+D_{ij}\cos\delta_{ij}\right) \tag{5-24}$$

式(5-22)与式(5-24)即系统完整的动态模型。可由此定义系统动能为

$$V_{\mathrm{k}}=\sum_{i=1}^{n}\frac{1}{2}M_i\omega_i^2 \tag{5-25}$$

定义系统势能为

$$V_{\mathrm{p}}=\sum_{i=1}^{n}\int_{\delta_{si}}^{\delta_{ci}}\left(P_{ei}^{(3)}-P_{mi}\right)\mathrm{d}\delta_i \tag{5-26}$$

式中，δ_{s}为故障后稳定平衡点，作势能参考点。$P_{ei}^{(3)}$与故障切除后的系统节点导纳阵相对应，计算式见式(5-24)。

当系统处于稳态时，$\omega_i=0$，$\delta_i=\delta_{si}$，此时有$V_{\mathrm{k}}=0$，$V_{\mathrm{p}}=0$。

当系统发生故障后，在故障切除时刻，$\omega_i=\omega_{ci}$，$\delta_i=\delta_{ci}$，系统动能为

$$V_{\mathrm{k|c}}=\sum_{i=1}^{n}\frac{1}{2}M_i\omega_i^2=\sum_{i=1}^{n}\int_{\delta_{0i}}^{\delta_{ci}}M_i\frac{\mathrm{d}\omega_i}{\mathrm{d}t}\mathrm{d}\delta_i=\sum_{i=1}^{n}\int_{\delta_{0i}}^{\delta_{ci}}\left(P_{\mathrm{m}}-P_{ei}^{(2)}\right)\mathrm{d}\delta_i \tag{5-27}$$

式中，$P_{ei}^{(2)}$与故障时系统节点导纳阵相对应，由式(5-24)计算。系统势能为

$$V_{\mathrm{p|c}}=\sum_{i=1}^{n}\int_{\delta_{si}}^{\delta_{ci}}\left(P_{ei}^{(3)}-P_{mi}\right)\mathrm{d}\delta_i \tag{5-28}$$

将式(5-24)代入式(5-28)有

$$\begin{aligned}V_{\mathrm{p|c}}&=\sum_{i=1}^{n}\int_{\delta_{si}}^{\delta_{ci}}\left(E_i^2G_{ii}-P_{mi}\right)\mathrm{d}\delta_i+\sum_{i=1}^{n}\int_{\delta_{si}}^{\delta_{ci}}\sum_{j=1,j\neq i}^{n}C_{ij}\sin\delta_{ij}\mathrm{d}\delta_i+\sum_{i=1}^{n}\int_{\delta_{si}}^{\delta_{ci}}\sum_{j=1,j\neq i}^{n}D_{ij}\cos\delta_{ij}\mathrm{d}\delta_i\\&\overset{\mathrm{def}}{=}V_{\mathrm{pos|c}}+V_{\mathrm{mag|c}}+V_{\mathrm{diss|c}}\end{aligned} \tag{5-29}$$

式中，右边第一项中的$E_i^2G_{ii}-P_{mi}$为常数，因此右边第一项与转子位置变化成正比，称为转子位置势能V_{pos}；第二项中$C_{ij}=E_iE_jB_{ij}$，与导纳阵B_{ij}有关，称为磁性势能V_{mag}；第三项中$D_{ij}=E_iE_jG_{ij}$，与导纳阵G_{ij}有关，称为耗散势能V_{diss}。V_{pos}、V_{mag}以及V_{diss}的具体求解见附录B.1。

由此可知，采用暂态能量函数法分析多机系统暂态同步稳定性，系统的总能量为$V=V_{\mathrm{k}}+V_{\mathrm{p}}$。在故障切除时，$V_{\mathrm{c}}=V_{\mathrm{k|c}}+V_{\mathrm{p|c}}$，可由式(5-27)及式(5-29)分别计算系统的动能和势能。当系统处于临界状态时，$V_{\mathrm{cr}}=V_{\mathrm{k|cr}}+V_{\mathrm{p|cr}}$，其中动能$V_{\mathrm{k|cr}}$为零，临界能量近似为系统不稳定平衡点$\delta_{\mathrm{u}}$处的势能$V_{\mathrm{p|cr}}$，其求取只要把式(5-29)中的$\delta_{ci}$改为$\delta_{ui}$即可。

2) 惯量中心坐标下的多机系统暂态能量函数和临界能量

在同步坐标下，多机系统暂态能量函数包含了一些对失步不起作用的成分。例如，系统在受扰后稳定运行于高于同步转速的频率上，则系统动能$\sum_{i=1}^{n}\frac{1}{2}M_i\omega_i^2$在稳定后不为零，但该能量对系统同步失稳不起作用。上述问题可采用惯量中心(center of inertia，COI)坐标进

行修正。

系统惯量中心的等值转子角 δ_{COI} 定义为各转子角的加权平均值，其表达式如下：

$$\delta_{\text{COI}} = \frac{1}{M_{\text{T}}}\sum_{i=1}^{n} M_i \delta_i \tag{5-30}$$

其中，M_i 为发电机惯性时间常数，且

$$M_{\text{T}} = \sum_{i=1}^{n} M_i \tag{5-31}$$

同样地，惯量中心等值角速度 ω_{COI} 为

$$\omega_{\text{COI}} = \frac{1}{M_{\text{T}}}\sum_{i=1}^{n} M_i \omega_i \tag{5-32}$$

式中，ω_i 为第 i 台同步发电机角速度与同步速的偏差。显然

$$\frac{\mathrm{d}\delta_{\text{COI}}}{\mathrm{d}t} = \omega_{\text{COI}} \tag{5-33}$$

由此，可定义 COI 坐标下，各发电机转子角及转子角速度为

$$\begin{cases} \theta_i = \delta_i - \delta_{\text{COI}} \\ \tilde{\omega}_i = \omega_i - \omega_{\text{COI}} \end{cases} \tag{5-34}$$

容易证明：

$$\sum_{i=1}^{n} M_i \theta_i = 0, \quad \sum_{i=1}^{n} M_i \tilde{\omega}_i = 0, \quad \frac{\mathrm{d}\theta_i}{\mathrm{d}t} = \tilde{\omega}_i \tag{5-35}$$

对 i=1～n 的各发电机运动方程进行累加，整理后可导出惯量中心的运动方程为

$$\begin{cases} M_{\text{T}} \dfrac{\mathrm{d}\omega_{\text{COI}}}{\mathrm{d}t} = \displaystyle\sum_{i=1}^{n}\left(P_{\text{m}i} - P_{\text{e}i}\right) \overset{\text{def}}{=} P_{\text{COI}} \\ \dfrac{\mathrm{d}\delta_{\text{COI}}}{\mathrm{d}t} = \omega_{\text{COI}} \end{cases} \tag{5-36}$$

式(5-36)为 COI 的运动方程，P_{COI} 为 COI 加速功率。

下面分析第 i 台发电机在 COI 坐标下的运动方程。

将 $\omega_i = \tilde{\omega}_i + \omega_{\text{COI}}$ 代入式(5-22)的第一式，并根据式(5-36)可得

$$M_i \frac{\mathrm{d}\tilde{\omega}_i}{\mathrm{d}t} = P_{\text{m}i} - P_{\text{e}i} - \frac{M_i}{M_{\text{T}}} P_{\text{COI}} \tag{5-37}$$

由式(5-35)，有

$$\frac{\mathrm{d}\theta_i}{\mathrm{d}t} = \tilde{\omega}_i \tag{5-38}$$

另外，将式(5-34)中的 δ_i 代入式(5-24)中，可导出

$$P_{\text{e}i} = E_i^2 G_{ii} + \sum_{j=1, j\neq i}^{n}\left(C_{ij}\sin\theta_{ij} + D_{ij}\cos\theta_{ij}\right) \tag{5-39}$$

式中，$\theta_{ij} = \theta_i - \theta_j$。式(5-37)～式(5-39)即第 i 台发电机(i=1～n)在 COI 坐标下的运动方程。

与同步坐标下暂态能量函数的定义方式类似，可定义 COI 坐标下的暂态能量函数为

$$V = V_{\mathrm{k}} + V_{\mathrm{p}} = \sum_{i=1}^{n} \frac{1}{2} M_i \tilde{\omega}_i^2 + \sum_{i=1}^{n} \int_{\theta_{si}}^{\theta_i} \left(P_{\mathrm{m}i} - P_{\mathrm{e}i} - \frac{M_i}{M_{\mathrm{T}}} P_{\mathrm{COI}} \right) \mathrm{d}\theta_i \tag{5-40}$$

可以证明，因为

$$\sum_{i=1}^{n} M_i \theta_i = 0 \tag{5-41}$$

所以

$$\sum_{i=1}^{n} \int_{\theta_{si}}^{\theta_{ci}} \frac{M_i}{M_{\mathrm{T}}} P_{\mathrm{COI}} \mathrm{d}\theta_i = 0 \tag{5-42}$$

因此，式(5-40)中最后一项不起作用。

由 COI 坐标下各量的定义可以导出

$$\sum_{i=1}^{n} \frac{1}{2} M_i \omega_i^2 - \sum_{i=1}^{n} \frac{1}{2} M_i \tilde{\omega}_i^2 = \frac{1}{2} M_{\mathrm{T}} \omega_{\mathrm{COI}}^2 \tag{5-43}$$

由式(5-43)可知，COI 坐标下系统动能和同步坐标下系统动能相比减少了$\frac{1}{2} M_{\mathrm{T}} \omega_{\mathrm{COI}}^2$，而这恰好就是对系统失步不起作用的惯量中心本身的动能。基于上述分析过程可知，相比于同步坐标，采用 COI 坐标的稳定分析精度更高，这在实际工程应用中也得到了证明。

3) 双机等值坐标下的多机系统暂态能量函数和临界能量

多机系统在发生暂态同步失稳时通常表现为一部分发电机失去同步，其余发电机仍然保持同步。将 n 机系统分成两部分机群，设严重受扰且可能失稳的 k 台发电机有惯量中心 K，其余 $n–k$ 台发电机有惯量中心 $T–K$，此时动能计算可进一步用“双机等值”进行修正。此时两个中心的等值速度和转子角分别为

$$\begin{cases} \tilde{\omega}_K = \dfrac{\sum_{i=1}^{k} M_i \tilde{\omega}_i}{M_K} \\ M_K = \sum_{i=1}^{k} M_i \\ \theta_K = \dfrac{\sum_{i=1}^{k} M_i \theta_i}{M_K} \end{cases} \text{和} \quad \begin{cases} \tilde{\omega}_{T-K} = \dfrac{\sum_{i=k+1}^{n} M_i \tilde{\omega}_i}{M_{T-K}} \\ M_{T-K} = \sum_{i=k+1}^{n} M_i \\ \theta_{T-K} = \dfrac{\sum_{i=k+1}^{n} M_i \theta_i}{M_{T-K}} \end{cases} \tag{5-44}$$

显然，$M_K \theta_K + M_{T-K} \theta_{T-K} = 0$ 且 $M_K \tilde{\omega}_K + M_{T-K} \tilde{\omega}_{T-K} = 0$。

由于真正反映系统失步的动能是两个中心间的相对运动，故可进一步将该双机等值为一个单机系统，其惯性时间常数及角速度分别为

$$M_{\mathrm{eq}} = \frac{M_K M_{T-K}}{M_T} \tag{5-45}$$

$$\omega_{\mathrm{eq}} = \tilde{\omega}_K - \tilde{\omega}_{T-K} \tag{5-46}$$

此时，等值单机系统的动能为

$$V_{\mathrm{k}}=\frac{1}{2}M_{\mathrm{eq}}\omega_{\mathrm{eq}}^2 \tag{5-47}$$

可以证明：

$$\sum_{i=1}^{n}\frac{1}{2}M_i\tilde{\omega}_i^2-\frac{1}{2}M_{\mathrm{eq}}\omega_{\mathrm{eq}}^2=\sum_{i=1}^{k}\frac{1}{2}M_i\left(\tilde{\omega}_i-\tilde{\omega}_K\right)^2+\sum_{j=k+1}^{n}\frac{1}{2}M_j\left(\tilde{\omega}_j-\tilde{\omega}_{T-K}\right)^2 \tag{5-48}$$

由式(5-48)可知，相比 COI 坐标的暂态动能，双机或单机无穷大等值系统的暂态动能修正了式(5-48)右边的两项。这两项分别反映了 K 机群及 T–K 机群各自内部的无序运动，其相应的能量对系统失步没有作用。实际工程计算表明，用式(5-47)计算 V_{k} 可改善稳定分析精度。

用双机等值坐标计算 V_{k} 时，理论上也应采用双机等值坐标计算 V_{p}。但是，V_{p} 计算往往假定“线性路径”，会引起一定误差，具体说明见附录 B.1。当采用双机等值坐标计算 V_{p} 时，这一误差可能会进一步扩大，不利于改善精度。因此，在实际运用中，势能计算仍采用 COI 坐标，即采用双机等值坐标计算 V_{k}，但采用 COI 坐标计算 V_{p}。显然，动能跟势能的计算坐标不一致会引起一定误差，上述方法还存在改进空间。

4. 多机系统暂态能量函数分析法

多机系统暂态能量函数分析法主要包括相关不稳定平衡点法(RUEP 法)、势能边界面法(PEBS 法)、扩展等面积法(EEAC 法)等基本方法，并在上述方法基础上进一步发展出主导不稳定平衡点法(CUEP 法)、基于稳定域边界的主导不稳定平衡点法(BCU 法)、动态扩展等面积法(DEEAC 法)等。这些方法的出发点都是对系统全局暂态能量进行量化，从而获取稳定裕度信息，对系统稳定程度做出定量的判断，其区别主要在系统临界能量的求取上。

本节将阐述几种基础的多机系统暂态能量函数法，在具体应用时可根据实际情况对这些基础方法进行拓展延伸，设计出更为适用的方法。

1) 相关不稳定平衡点法

前面讨论了不同坐标系下系统暂态能量函数和临界能量的计算方法，其计算的思路与计算单机无穷大系统的暂态能量函数并无区别。然而单机无穷大系统失稳仅发生在一台机上，计算临界能量 V_{cr} 对应的 δ_{u} 相对简单，而多机系统的失稳情况则要比单机系统复杂。

一般来说，对 n 机系统，当系统失稳时，存在 1 台机，2 台机，…，n–1 台机失去稳定的情况。将不同组合的发电机失稳视为不同的失稳模式，则存在 $\frac{1}{2}\left(C_n^1+C_n^2+\cdots+C_n^{n-1}\right)=2^{n-1}-1$ 种失稳模式；每种失稳模式下对应一个不稳定平衡点，则将产生 $2^{n-1}-1$ 个不稳定平衡点，即存在 $2^{n-1}-1$ 个 δ_{u}，如图 5-9 所示。

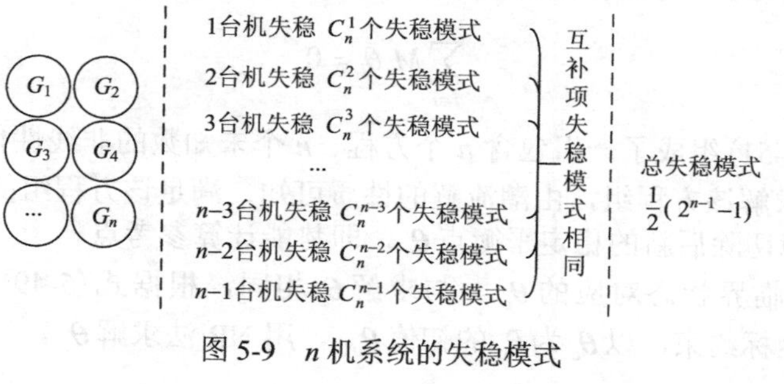

图 5-9　n 机系统的失稳模式

此时，δ_u 的选择成为采用暂态能量法进行稳定分析的关键问题。

应对该问题的一种直观的想法是，算出所有 $2^{n-1}-1$ 组 δ_u，计算相应的 $V_{cr|u}$，然后取最小值作为系统的 V_{cr}。然而，这种方法十分保守，实用性较差。实际上，对于特定的故障，在所有 $2^{n-1}-1$ 种失稳模式中，系统必将以一种真正合理的模式趋于失稳，相应的 δ_u 与故障地点和故障类型等因素紧密相关，该点被称为相关(relevant)不稳定平衡点。采用相关不稳定平衡点计算出 $V_{cr}\approx V_{p|u}$，并用于判断系统稳定性的方法，称为相关不稳定平衡点法(RUEP)。当求得 V_c 和 V_{cr} 时，即可据式(5-21)作暂态同步稳定分析及稳定裕度计算。

下面介绍相关不稳定平衡点法的求解思路。求解过程中使用的系统元件模型与前面相同，此处采用式(5-36)～式(5-39)所示的COI坐标系下的系统模型。

具体求解步骤如下：

(1)根据待分析系统的结构、线路参数、元件参数建立系统的节点导纳矩阵。在此基础上将负荷阻抗并入节点导纳矩阵，保留发电机节点和扰动或操作关联的节点，形成基础导纳阵。

(2)在基础导纳阵上追加发电机电抗 X_d' 支路，将 X_d' 并入导纳阵，使节点导纳阵收缩到只剩发电机内电势节点，得到如图5-8所示的 $\boldsymbol{Y}$ 阵。

(3)计算COI坐标下故障前稳定平衡点 $\boldsymbol{\theta}_{s0}$。

(4)对系统进行持续的机电暂态仿真计算，仿真时段为故障或操作的起始时刻到故障切除时刻，从而得到故障切除时刻系统中全部发电机的转速 $\boldsymbol{\omega}_c$ 和功角 $\boldsymbol{\theta}_c$。

(5)以故障前COI坐标下稳定平衡点 $\boldsymbol{\theta}_{s0}$ 为初值计算故障切除后新的稳定平衡点 $\boldsymbol{\theta}_s$。

具体的，根据式(5-37)考虑故障切除后新的稳定平衡点上有 $M_i\dfrac{\mathrm{d}\tilde{\omega}_i}{\mathrm{d}t}=0$，建立有功平衡方程：

$$f_i(\theta)=P_{mi}-P_{ei}-\frac{M_i}{M_T}P_{COI}=0,\quad i=1,2,\cdots,n-1 \tag{5-49}$$

式中，P_{mi} 为常数；P_{ei} 的表达式为式(5-24)，其中的导纳矩阵元素为故障切除后网络的导纳阵元素；P_{COI} 为

$$P_{COI}=\sum_{i=1}^{n}\left(P_{mi}-P_{ei}\right),\quad \theta_{ij}=\theta_i-\theta_j \tag{5-50}$$

由式(5-35)可知 $\sum\limits_{i=1}^{n}M_i\tilde{\omega}_i=0$，即 $\sum\limits_{i=1}^{n}f_i(\theta)=0$，故式(5-49)中有 n–1 个独立的功率平衡方程。同时，由式(5-35)可知存在约束方程：

$$\sum_{i=1}^{n}M_i\theta_i=0 \tag{5-51}$$

则式(5-49)与式(5-51)组成了一组包含 n 个方程、n 个未知数的非线性代数方程组。

采用NR法求解该方程组，由潮流解的性质可知，满足该方程组的稳定平衡点是唯一的，由此可得故障切除后新的稳定平衡点 $\boldsymbol{\theta}_s$，即势能计算参考点。

(6)求解系统临界状态对应的 $\boldsymbol{\theta}_u$。与求解 $\boldsymbol{\theta}_s$ 相同，根据式(5-49)的功率平衡方程和式(5-51)的COI坐标约束，以 $\boldsymbol{\theta}_c$ 为 $\boldsymbol{\theta}_u$ 的初值 $\boldsymbol{\theta}_{u0}$，用NR法求解 $\boldsymbol{\theta}_u$。

(7) 根据附录 B.2 中的式(B-9)计算 $V_c = V_{k|c} + V_{p|c}$ 及 $V_{cr} \approx V_{p|u}$。注意计算 V_p 时应当用故障切除后的导纳阵参数，然后据式(5-21)计算规格化稳定裕度。

以上是 RUEP 法的基本步骤。在得到 ΔV_n 后，可根据 ΔV_n 的大小进行预想事故严重性排序，对于稳定裕度小或为负值的预想事故应作告警。必要时，在离线分析条件下，可进一步用动态分析法配合精细的元件模型作详细研究。但是，在复杂系统情况下，RUEP 法存在模式判别困难以及 $\boldsymbol{\theta}_u$ 求解困难等缺陷，应用时还需进一步深入。

2) 势能边界面法

PEBS 法与 RUEP 法预设模型和目标相同，二者的区别在于系统临界能量的确定方法。在单机无穷大系统中，当发电机转子角达到 δ_u，即 UEP 点时，其相应的势能达到最大值。在多机系统中，判别失稳模式困难，且 RUEP 求解耗时较长，难以计算临界能量。类比单机无穷大系统，此时一个自然的替代想法是在系统失稳时的转子运动轨迹上搜索势能最大值点，并以该势能最大值 $V_{p,max}$ 作为临界能量，这就是 PEBS 法的基本思路。下面对 PEBS 法的物理意义做简要说明。

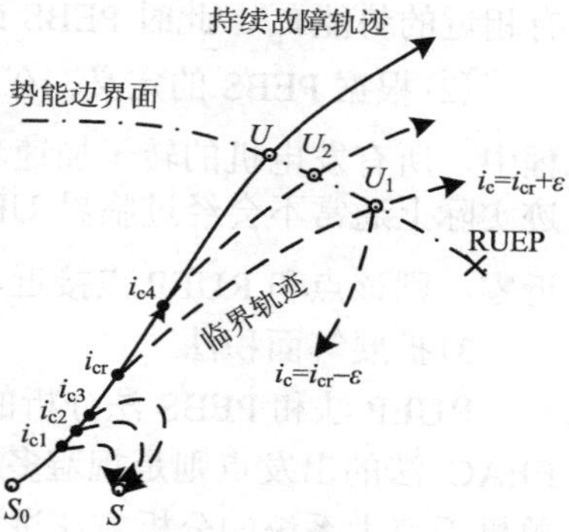

图 5-10 PEBS 法示意图

图 5-10 是类比图 5-5 绘制的转子角状态空间示意图。假设系统在故障前处于稳定平衡点 S_0，发生故障后转子状态轨迹如图中实线所示。若故障在 $t_{c1} \sim t_{c3}$ 区间切除，系统稳定，则转子角轨迹经若干时间后，最终趋于故障后稳定平衡点 S。若在临界切除时间 t_{cr} 切除故障，则系统处于临界状态，在阻尼等作用下还是能回到稳定平衡点 S，图中 ε 为微小正值。若在 $t_{c4} > t_{cr}$ 时切除故障，则系统不稳定，转子角轨迹发散并远离故障后稳定平衡点 S。由此可见，临界轨迹在 U_1 点处达到势能最大值 $V_{p,max}^{(1)}$，之后形成分叉，对于稳定轨迹将折回 S 点，对于不稳定轨迹将远离 S 点。并且，对于不稳定轨迹来说，系统势能将在达到最大值之后再次跌落，并且随着故障切除时间的延长，会形成一系列不稳定轨迹，对应具有 $U_2, U_3, \cdots, U_n$ 等一系列势能最大点，相应的最大势能分别为 $V_{p,max}^{(2)}, V_{p,max}^{(3)}, \cdots, V_{p,max}^{(n)}$。此时，这些不稳定轨迹的最大势能值和 U_1 点对应的 $V_{p,max}^{(1)}$ 不相等，由此形成势能边界面 PEBS。

当系统不为病态时，这几点对应的势能相近，即 PEBS 在这一段较“平坦”，从而可用其势能值作为临界能量 V_{cr} 的近似值进行暂态同步稳定分析，即 PEBS 法。

PEBS 法步骤(1)～(3)与 RUEP 法相同，即根据系统的结构、线路参数、元件参数建立系统的节点导纳矩阵，并将矩阵收缩至只剩发电机节点，然后计算系统故障前的稳定平衡点 S_0。从步骤(4)开始，PEBS 法的具体流程如下：

(4) 形成故障切除后系统的节点导纳矩阵，并计算故障切除后的系统稳定平衡点 S。这一步的目的是以稳定平衡点 S 为势能计算参考点，以便后续步骤中搜索不切除故障情况下的系统势能最大点。

(5) 对系统进行持续的机电暂态仿真计算。与 RUEP 法不同，此处的机电暂态仿真计算假设故障持续存在，即在本应将故障切除的时刻不做任何操作，仅记下该时刻系统中各台发电机的 $\boldsymbol{\omega}_c$、$\boldsymbol{\theta}_c$，并利用附录 B.2 中的式(B-9)中第一项和第二项分别计算故障切除时刻

COI 坐标下的暂态动能$V_{k|c}$和暂态势能$V_{p|c}$，以及故障切除时刻系统的总能量$V_c = V_{k|c} + V_{p|c}$。

(6) 当仿真时间超过本该进行故障切除的时间后，在后续的持续仿真计算中，持续记录系统的$\boldsymbol{\omega}$和$\boldsymbol{\theta}$，同时利用附录B.2中式(B-9)中第二项计算COI坐标下系统的暂态势能轨迹V_p，搜索该轨迹上势能的最大值点，即$V_{cr} \approx V_{p,max}$。此时，相应的$\boldsymbol{\theta}$即为$\boldsymbol{\theta}_u$。

(7) 将步骤(5)和步骤(6)得到的$V_{k|c}$、V_c、V_{cr}代入式(5-21)计算稳定度ΔV_n，并作稳定分析。

需要注意的是，当系统同步失稳表现为一个机群相对另一个机群的失稳时，需要对动能作“双机等值”校正，然后根据仿真轨迹判别相应的双机失稳模式及临界机群，并对步骤(5)中的动能$V_{k|c}$进行校正。

最后，简单介绍 PEBS 和 RUEP 的一些性质。

(1) 多机系统采用 PEBS 和 RUEP 分析暂态同步稳定均有一定误差。这是因为临界切除时间t_{cr}不可能预先知道，临界轨迹也不知道，真正的临界能量难以求出。但是，只要系统不为病态，系统的持续故障轨迹和 PEBS 的交点、临界轨迹到达 PEBS 的点及 RUEP 点具有相近的势能V_p，此时 PEBS 或 RUEP 分析结果均有较好的精度。

(2) 根据 PEBS 的定义，在数学上，临界 UEP 点有$\nabla V_p = 0$，而一般多机系统在动态过程中，所有发电机的转子加速功率很难有在某一瞬间均为零的情况，故多机系统中转子轨迹实际上通常不会经过临界 UEP 点。一般地，若在 PEBS 中$V_{p,max}$点处有转子加速功率接近零，则该点和 RUEP 点接近，此时 RUEP 和 PEBS 分析结果接近。

3) 扩展等面积法

RUEP 法和 PEBS 法分析的出发点均是在多机系统条件下求解 UEP 点上的临界势能。EEAC 法的出发点则是规避多机系统分析，将多机系统等值为单机无穷大系统，从而沿用单机无穷大系统的分析方法进行稳定分析。大量工程实例计算表明，EEAC 法速度快，在大多数情况下工程精度良好。缺点是在一些特殊情况下，稳定分析存在精度问题。下面进行介绍。

同步坐标下，EEAC 法采用式(5-52)的数学模型：

$$\begin{cases} M_i \dfrac{d\omega_i}{dt} = P_{mi} - P_{ei} \\ \dfrac{d\delta_i}{dt} = \omega_i \end{cases} \quad (i = 1, 2, \cdots, n) \tag{5-52}$$

假定系统为双机模式失稳，设系统主导 UEP 或失稳模式已知，把受扰严重的机群称为S机群，其余机群称为A机群，则S和A机群的等值角度及速度为

$$\begin{cases} \omega_S = \left(\sum_{i\in S} M_i\omega_i\right) \Big/ M_S \\ \delta_S = \left(\sum_{i\in S} M_i\delta_i\right) \Big/ M_S \\ M_S = \sum_{i\in S} M_i \end{cases} \quad 和 \quad \begin{cases} \omega_A = \left(\sum_{j\in A} M_j\omega_j\right) \Big/ M_A \\ \delta_A = \left(\sum_{j\in A} M_j\delta_j\right) \Big/ M_A \\ M_A = \sum_{j\in A} M_j \end{cases} \tag{5-53}$$

设 S 机群中各机组转子角间无相对摆动，A 机群类同，即

$$\begin{cases}\delta_i-\delta_{i0}=\delta_S-\delta_{S0}\\ \delta_j-\delta_{j0}=\delta_A-\delta_{A0}\end{cases}\quad\text{或}\quad\begin{cases}\delta_i=\delta_S+\delta_{iS,0}, & i\in S\\ \delta_j=\delta_A+\delta_{jA,0}, & j\in A\end{cases}\tag{5-54}$$

对全系统作双机等值，惯量中心 S 和 A 的运动方程为

$$\begin{cases}M_S\ddot{\delta}_S=\sum\limits_{i\in S}(P_{\mathrm{m}i}-P_{\mathrm{e}i})\\ M_A\ddot{\delta}_A=\sum\limits_{j\in A}(P_{\mathrm{m}j}-P_{\mathrm{e}j})\end{cases}\tag{5-55}$$

若进一步简化式(5-54)，设 $\delta_i\approx\delta_S$，$\delta_j=\delta_A$，可知

$$P_{\mathrm{e}i}\big|_{i\in S}=E_i^2G_{ii}+E_i\sum_{k\in S,k\neq i}E_kG_{ik}+E_i\sum_{l\in A}E_l\left[B_{il}\sin(\delta_S-\delta_A)+G_{il}\cos(\delta_S-\delta_A)\right]\tag{5-56}$$

其中第二项是因为 $\sin(\delta_S-\delta_S)=0$ 且 $\cos(\delta_S-\delta_S)=1$ 得到。同理可得

$$P_{\mathrm{e}j}\big|_{j\in A}=E_j^2G_{jj}+E_j\sum_{l\in A,l\neq j}E_lG_{jl}+E_j\sum_{k\in S}E_k\left[B_{jk}\sin(\delta_A-\delta_S)+G_{jk}\cos(\delta_A-\delta_S)\right]\tag{5-57}$$

式中，$G_{ij}+jB_{ij}=Y_{ij}$ 为 $\boldsymbol{Y}$ 阵中元素。

进一步，作单机无穷大系统等值，取单机转子角为 $\delta=\delta_S-\delta_A$，由式(5-55)可知：

$$\ddot{\delta}=\ddot{\delta}_S-\ddot{\delta}_A=\frac{1}{M_S}\sum_{i\in S}(P_{\mathrm{m}i}-P_{\mathrm{e}i})-\frac{1}{M_A}\sum_{j\in A}(P_{\mathrm{m}j}-P_{\mathrm{e}j})\tag{5-58}$$

若定义单机惯性时间常数 $M=\dfrac{M_SM_A}{M_T}$，其中 $M_T=M_S+M_A$，则式(5-58)改写为

$$M\ddot{\delta}=\frac{M_A}{M_T}\sum_{i\in S}(P_{\mathrm{m}i}-P_{\mathrm{e}i})-\frac{M_S}{M_T}\sum_{j\in A}(P_{\mathrm{m}j}-P_{\mathrm{e}j})\overset{\mathrm{def}}{=}P_{\mathrm{m}}-P_{\mathrm{e}}\tag{5-59}$$

式中

$$\begin{aligned}P_{\mathrm{m}}&=\frac{1}{M_T}\left(M_A\sum_{i\in S}P_{\mathrm{m}i}-M_S\sum_{j\in A}P_{\mathrm{m}j}\right)\\ P_{\mathrm{e}}&=\frac{1}{M_T}\left(M_A\sum_{i\in S}P_{\mathrm{e}i}-M_S\sum_{j\in A}P_{\mathrm{e}j}\right)\end{aligned}\tag{5-60}$$

将式(5-56)、式(5-57)代入 P_{e} 表达式，经整理化简可得

$$P_{\mathrm{e}}=P_C+P_{\max}\sin(\delta-\gamma)\tag{5-61}$$

式中

$$\begin{aligned}P_C&=\frac{M_A}{M_T}\sum_{i\in S}\sum_{k\in A}E_iE_kG_{ik}-\frac{M_S}{M_T}\sum_{j\in A}\sum_{l\in A}E_jE_lG_{jl}\\ P_{\max}&=\left(C^2+D^2\right)^{\frac{1}{2}}\\ \gamma&=-\arctan\frac{C}{D}\\ C&=\frac{M_A-M_S}{M_T}\sum_{i\in S}\sum_{j\in A}E_iE_jG_{ij}\end{aligned}\tag{5-62}$$

$$D = \sum_{j \in A} \sum_{i \in S} E_i E_j B_{ij}$$

从而得到系统单机无穷大等值数学模型：

$$M\ddot{\delta} = P_{\rm m} - P_{\rm e} = P_{\rm m} - P_C - P_{\max}\sin(\delta - \gamma) \tag{5-63}$$

根据式(5-62)，可在功角平面上画出功角曲线如图 5-11(a)所示。

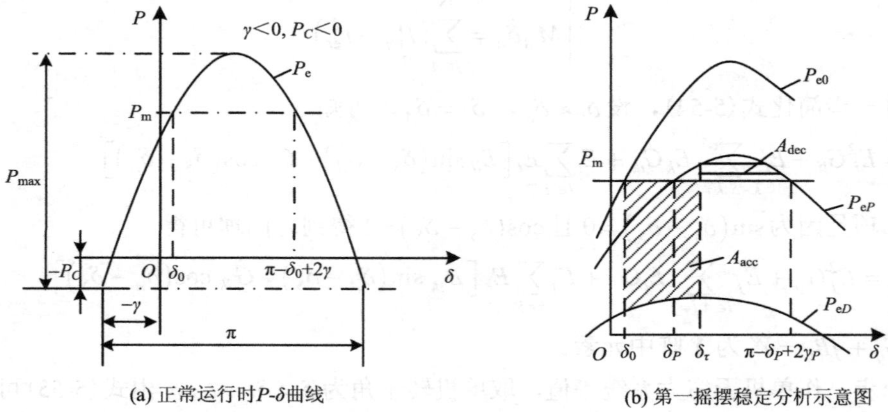

(a) 正常运行时P-δ曲线　　(b) 第一摇摆稳定分析示意图

图 5-11　单机无穷大等值系统功角特性

若设故障前系统的功角特性为$P_{\rm e0}$，故障时为$P_{{\rm e}D}$，故障后为$P_{{\rm e}P}$，相应的功角特性表达式为

$$\begin{cases} P_{\rm e0} = P_{C0} + P_{\max 0}\sin(\delta - \gamma_0), & \delta = \delta_0 \\ P_{{\rm e}D} = P_{CD} + P_{\max D}\sin(\delta - \gamma_D), & \delta \in (\delta_0, \delta_r) \\ P_{{\rm e}P} = P_{CP} + P_{\max P}\sin(\delta - \gamma_P), & \text{故障切除后} \end{cases} \tag{5-64}$$

各时段P_C、$P_{\max}$及γ可由式(5-61)及相应节点导纳阵参数确定。

可推导得到图 5-11(b)中故障前稳定平衡点为

$$\delta_0 = \arcsin\frac{P_{\rm m} - P_{C0}}{P_{\max 0}} + \gamma_0 \tag{5-65a}$$

故障后稳定平衡点为

$$\delta_P = \arcsin\frac{P_{\rm m} - P_{CP}}{P_{\max P}} + \gamma_P \tag{5-65b}$$

故障后不稳定平衡点转子角为$\pi - \delta_P + 2\gamma_P$。从而图 5-11(b)中加速面积$A_{\rm acc}$及最大减速面积$A_{\rm dec}$分别为

$$\begin{cases} A_{\rm acc} = \int_{\delta_0}^{\delta_\tau}\left[P_m - P_{CD} - P_{\max D}\sin(\delta - \gamma_D)\right]{\rm d}\delta \\ \quad = (P_m - P_{CD})(\delta_\tau - \gamma_0) + P_{\max D}\left[\cos(\delta_\tau - \gamma_D) - \cos(\delta_0 - \gamma_D)\right] \\ A_{\rm dec} = \int_{\delta_\tau}^{\pi - \delta_P - 2\gamma_P}\left[P_{CP} + P_{\max P}\sin(\delta - \gamma_P) - P_m\right]{\rm d}\delta \\ \quad = (P_{CP} - P_m)(\pi - \delta_\tau - \delta_P + 2\gamma_P) + P_{\max P}\left[\cos(\delta_\tau - \gamma_P) - \cos(\delta_P - \gamma_P)\right] \end{cases} \tag{5-66}$$

式中，δ_τ 为故障切除时等值转子角。

最后，用等面积准则可判别第一摇摆稳定性，并可定义稳定裕度为

$$\Delta V_n = \frac{A_{\text{dec}} - A_{\text{acc}}}{A_{\text{acc}}} \tag{5-67}$$

为计算 A_{dec} 及 A_{acc}，需要计算故障切除时单机无穷大等值系统的发电机转子角 δ_τ，由于实际分析中已知的是故障切除时间 t_τ，因此要根据单机无穷大等值转子运动方程式(5-63)计算 δ_τ，其中 P_{e} 与式(5-64)的第二式对应，即求解如下方程：

$$\begin{cases}\dot{\delta} = \omega \\ M\dot{\omega} = P_{\text{m}} - \left[P_{CD} + P_{\max D}\sin\left(\delta - \gamma_D\right)\right]\end{cases} \tag{5-68}$$

若要计算临界切除时间 t_{cr}，只要据式(5-66)求解 δ_τ 使 $A_{\text{dec}} = A_{\text{acc}}$，然后通过数值积分求解式(5-68)得到 δ_τ 对应的 t_τ 即为 t_{cr}。

综上所述，在简单模型及简单故障条件下，用 EEAC 法进行暂态同步稳定分析的步骤(1)和(2)与 RUEP 法相同，从步骤(3)开始，EEAC 的具体流程如下：

(3)根据扰动计算 $t = 0^+$ 时刻各台机的加速功率和惯性时间常数之比 $P_{\text{acc},i} / M_i$，根据该比值对系统中的所有发电机组进行排序，并划分出可能失稳的双机模式。

(4)对每一种可能失稳的双机模式作如下计算：

① 根据式(5-61)、式(5-63)分别计算式(5-64)中的参数；

② 根据式(5-65)计算故障前稳定平衡点 δ_0 及故障后稳定平衡点 δ_P 和故障后不稳定平衡点 $\pi - \delta_P + 2\gamma_P$；

③ 由式(5-67)计算 ΔV_n 并进行稳定性分析。若要计算 t_{cr}，可由 $A_{\text{dec}} = A_{\text{acc}}$ 求解 δ_{cr}，再根据数值积分求解与 δ_{cr} 相对应的 t_{cr}。

(5)对步骤(4)中所有可能失稳的双机模式，选择计算结果中 ΔV_n 达到最小值 $\Delta V_{n,\min}$ 或者 t_{cr} 达到最小值 $t_{\text{cr},\min}$ 的失稳模式为最终的失稳模式。此时，$\Delta V_{n,\min}$、$t_{\text{cr},\min}$ 分别为该故障下系统的稳定裕度和临界切除时间。

5.1.3 能量函数法的局限和深入

1. 传统能量函数法的局限

暂态能量函数法因其简明、快速并能够明确给出系统暂态同步稳定裕度等特点，被广泛运用于工程实践。然而，传统的暂态能量函数法也存在不少局限性。

首先，传统暂态能量函数法基于大量等效建模，包括同步发电机采用二阶模型、忽略励磁系统与调速系统动态、假设负荷为恒定阻抗并将其归入节点导纳矩阵、在分析计算的过程中消去网络所有实际结构、将网络收缩至发电机内电势节点等，存在以下问题：

(1)由于对网络进行了极大程度的化简，无法考虑发电机端、负荷侧动态过程对能量函数的影响，并且由于能量函数本身基于同步发电机的二阶模型，因此也无法对新能源发电、电力电子装备以及动态负荷等的能量进行描述。

(2)由于对网络进行了等效，所构建出的能量函数只能反映系统全局的能量变化情况，缺乏从局部视角对能量进行观察的能力，难以反映因局部能量的不稳定而导致的暂态失稳，

并且基于全局能量函数估计的稳定域往往也偏保守。

(3) 能量函数建立在仅含发电机内电势节点的等效网络基础上，无法直接利用原系统拓扑的量测数据进行计算。

其次，随着以新能源为主体的新型电力系统的构建，运用暂态能量函数法进行暂态同步稳定分析面临许多新的挑战：

(1) 大量新能源发电设备、电力电子装备的加入，使得构造新能源、电力电子设备能量函数的需求与日俱增，并且电力电子装备控制的复杂性使得系统模型的阶数进一步提高，且跟网型逆变器输出节点的相位从状态量转为代数量，使得基于二阶同步发电机模型的能量函数法适用性大大降低。

(2) 新能源的不确定性与强波动性，使得系统的运行工况极为复杂，难以采用传统暂态能量函数法对其进行分析。

(3) 系统区间振荡问题以及局部振荡失稳问题在以新能源为主体的新型电力系统中日渐显著，然而传统暂态能量函数法却难以对此类局部振荡以及整体与局部间的耦合问题进行呈现。

在上述局限性与挑战的指引下，暂态能量函数法的发展动向主要可以分为以下三个方面：

(1) 根据新能源设备与电力电子装备的特性，构造相应的暂态能量函数模型；

(2) 对能量函数的定义进行扩展，探索单机能量、系统局部能量的刻画方法；

(3) 基于量测数据计算系统全局或局部能量函数。

2. 适应新能源与电力电子装备的暂态能量函数

一般来说，构建新能源或电力电子装备的能量函数有两种思路：一是构造计及新能源或电力电子装备详细控制过程的能量函数，这种思路能够详细模拟新能源或电力电子装备的动态过程，但实现起来烦琐困难；二是寻求近似的处理方法，用端口能量表征新能源或电力电子装备端口的暂态能量。下面分别对这两种方法的基本思路进行介绍。

1) 新能源设备与电力电子装备能量函数的详细建模

对新能源设备与电力电子装备能量函数进行详细建模，需要具体分析新能源或电力电子装备运行过程中的能量构成。目前，新能源系统能量函数的构建在业内尚未形成广泛的共识，但针对一些具体场景下的新能源设备与电力电子装备，可尝试构造相应的能量函数。

例如，由于风机具有典型的机械结构，因此在关注直驱风机传动轴系能量对暂态过程的影响时，可建立直驱风机传动轴系的两质块模型，如图 5-12 所示。

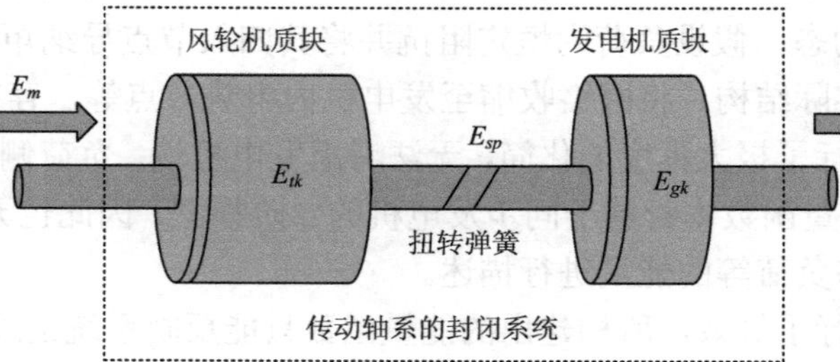

图 5-12　传动轴系的两质块模型

两质块模型将直驱风机的风轮机转子和桨叶整体等效为一个质量块，将直驱风机多极永磁同步发电机的转子等效为另一个质量块，将低速传动轴等效为可扭转的弹簧，从而将直驱风机传动轴系的能量划分为以下三个部分。

风轮机质块旋转动能：　$E_{tk}=\frac{1}{2}J_t\omega_{tm}^2$

发电机质块旋转动能：　$E_{gk}=\frac{1}{2}J_g\omega_{gm}^2$

扭转弹簧扭矩势能：　$E_{sp}=\frac{1}{2}K_s\theta_s^2$

其中，ω_{tm} 为风轮机质块的等效角速度；J_t 为风轮机转动惯量；ω_{gm} 为发电机质块的角速度；J_g 为发电机质块的转动惯量；K_s 为扭转弹簧的弹性系数；θ_s 为扭转角度。

又如，当源端逆变器采用虚拟同步发电机（virtual synchronous generator，VSG）控制时，可将并网逆变器等效为同步发电机，进而沿用经典二阶同步发电机的能量函数构造方法，将并网逆变器的能量函数分为动能与势能两部分。

VSG 控制使得并网逆变器能够模拟传统同步发电机系统的转子惯性、阻尼、有功-调频特性以及无功-调压特性等，从而将并网逆变器对外等效为一台同步发电机。在 VSG 控制下，并网逆变器等效的转子运动方程可表示为

$$\begin{cases} J\dfrac{\mathrm{d}\omega}{\mathrm{d}t}=\dfrac{P_m}{\omega_m}-\dfrac{P}{\omega_m}-D(\omega-\omega_0) \\ \dfrac{\mathrm{d}\delta}{\mathrm{d}t}=\omega-\omega_0 \end{cases} \tag{5-69}$$

式中，ω_m 为机械角速度；J 为转子的虚拟惯量；D 为阻尼系数；ω_0 为参考频率对应的转速；P_m 为机械功率；δ 为 VSG 并网点相对于无穷大系统的角度。

以单机无穷大系统为例，VSG 控制的逆变器并网运行时，等效电路如图 5-13 所示，此时 VSG 输出的有功功率为

$$P=\frac{V_tU}{X_\Sigma}\sin\delta \tag{5-70}$$

相应的功率特性曲线如图 5-14 所示。

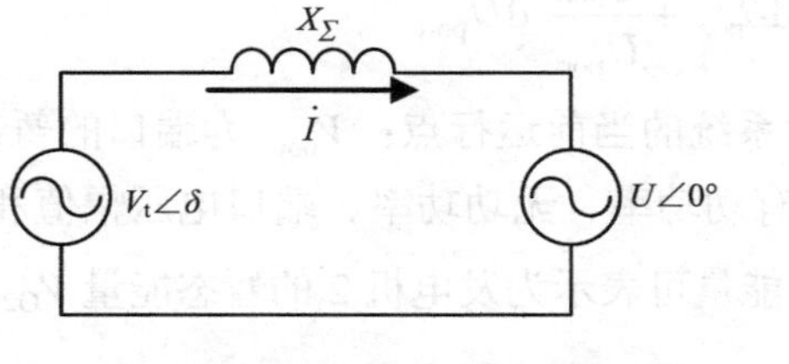

图 5-13　VSG 控制下逆变器单机无穷大系统等效电路图

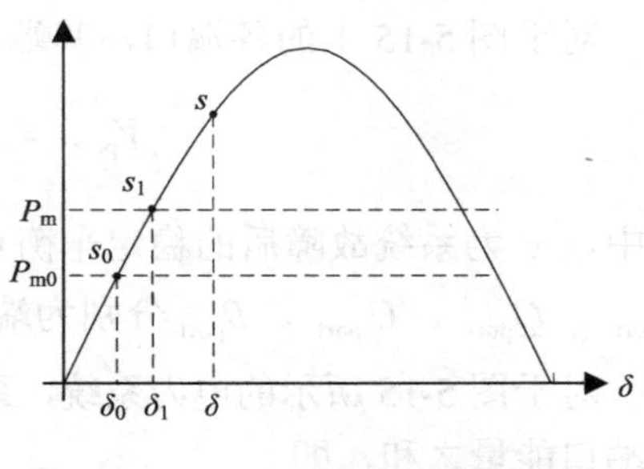

图 5-14　VSG 有功输出功率特性曲线

图 5-14 中，假设系统初始运行点为 s_0，发生扰动后的下一平衡点为 s_1，与之对应的功角为 δ_1，发生扰动后的任意时刻功角为 δ，转速为 ω，则系统的能量函数可表示为

$$V = V_{\mathrm{k}} + V_{\mathrm{p}} = \frac{1}{2}J\omega_0\Delta\omega^2 + \int_{\delta_1}^{\delta} P - P_{\mathrm{m}}\mathrm{d}\delta \tag{5-71}$$

式中，V_{k}为系统动能；V_{p}为系统的势能；$\Delta\omega$为ω与电网转速之差；P_{m}为下一平衡点处的机械功率；P为当前时刻对应的电磁功率。将式(5-70)代入式(5-71)可得

$$V = \frac{1}{2}J\omega_0\Delta\omega^2 - \frac{V_{\mathrm{t}}U}{X_{\Sigma}}\left(\cos\delta - \cos\delta_1\right) - P_{\mathrm{m}}\left(\delta - \delta_1\right) \tag{5-72}$$

式(5-72)即为VSG控制下并网逆变器的能量函数表达式。由于并网逆变器在外特性上等效为同步发电机，其能量函数的表达式与经典二阶同步发电机模型一致。

目前，VSG控制在风电-储能以及光伏-储能系统中已经得到了较多的应用。在这种情况下，沿用经典二阶同步发电机的能量函数模型，能够近似反映系统的能量情况，但这种构建建立在对新能源-并网逆变器系统的外部等效基础上，难以反映源侧风、光、储对系统暂态能量的影响。

2)端口能量视角下的新能源与电力电子设备能量函数

借助端口能量法对新能源设备与电力电子装备的暂态能量函数进行聚合，可以避免对新能源装备与电力电子设备内部结构与控制过程的详细建模。端口能量可认为是某端口下元件聚集的暂态能量。

以图5-15为例对端口能量进行进一步说明。图中，端口1下只包含负荷1，因此端口1的端口能量即负荷1的暂态能量；端口2下包含负荷1、负荷2、发电机1、线路“母线1-母线2”，因此端口2的端口能量是上述元件聚集的暂态能量。

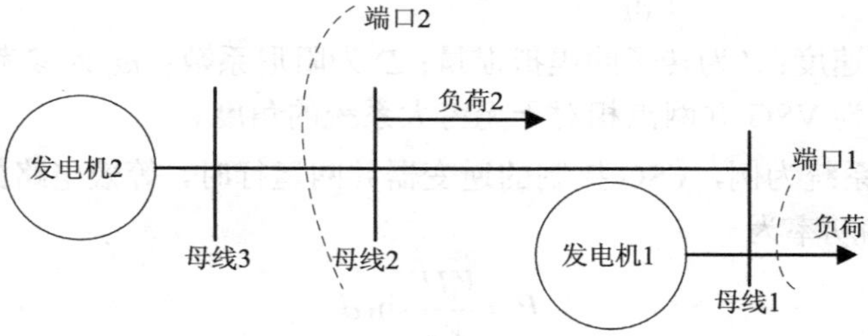

图5-15　端口能量的聚集效应

对于图5-15中的各端口，其端口能量的一般表达式为

$$V_{\mathrm{port}} = -\int_{x_{\mathrm{s}}}^{x} P_{\mathrm{port}}\,\mathrm{d}\theta_{\mathrm{port}} + \frac{Q_{\mathrm{port}}}{U_{\mathrm{port}}}\mathrm{d}U_{\mathrm{port}} \tag{5-73}$$

式中，x_{s}为系统故障后的稳定平衡点；x为系统的当前运行点；V_{port}为端口的暂态能量；P_{port}、Q_{port}、U_{port}、θ_{port}分别为端口处的有功功率、无功功率、端口电压幅值和相角。

对于图5-15所示的电力系统，系统的总能量可表示为发电机2的暂态能量V_{G2}与端口2的端口能量之和，即

$$V = V_{\mathrm{G2}} + V_{\mathrm{port2}} \tag{5-74}$$

式中，发电机2的暂态能量V_{G2}可采用经典二阶模型进行计算。

当前，端口能量法已被用于风力发电系统、光伏发电系统以及含VSC-HVDC的交直流

输电系统暂态同步稳定评估中。从式(5-73)中可以看出，计算端口能量只需要获取端口当前的 P、Q、U、θ 以及相应的增量，可实现端口能量的数值与端口下所接设备的结构、特性的解耦。由此可见，相比传统能量函数法，端口能量法具有较强的扩展性，可避免新能源或电力电子变换器的复杂动态特性建模，降低了能量函数构造的复杂度。

将式(5-73)的端口能量与传统暂态能量函数的表达式对比可以发现，端口能量没有对端口下各元件的动能和势能进行区分，其聚合后体现为整体的暂态能量。在现有研究中，当端口内的元件仅包含负荷以及新能源机组时，一般认为这些元件不提供动能，因此端口能量可全部作为势能处理。需要注意的是，相比于对端口下元件进行详细建模获取解析型暂态能量表达式的做法，这种做法会使得系统总能量中势能项偏大，进而造成对系统抗扰能力的预估值偏大，导致暂态同步稳定分析结果偏乐观。因此，倘若能够在端口能量法中根据端口内元件的物理性质，进一步区分端口能量中的动能部分与势能部分，便能进一步提高基于端口能量法的暂态同步稳定分析的精确度。

3. 结构保留模型与基于量测数据的系统能量计算

式(5-29)所示的经典模型下的暂态能量函数公式对原系统拓扑做了一定程度的等效化简，因此式中计算的电气量全部是等效后的电气量，而不是原拓扑下的电气量。为了能够直接使用网络中的量测数据进行能量函数计算，就需要采用另一种数学模型，即结构保留模型。

基于基尔霍夫电流定律的结构保留能量函数表达式为

$$
\begin{aligned}
V = &-\sum_{\text{gen}}\int\left[P_{gi}\mathrm{d}\theta_i + Q_{gi}\mathrm{d}(\ln V_i)\right] + \sum_{\text{line}}\int\left[P_{ij}\mathrm{d}\theta_{ij} + Q_{ij}\mathrm{d}(\ln V_i)\right] \\
&+ \sum_{\text{load}}\int\left[P_{\mathrm{L}i}\mathrm{d}\theta_i + Q_{\mathrm{L}i}\mathrm{d}(\ln V_i)\right] - \sum_{\text{sys}}\int D_i w_i^2 \mathrm{d}t
\end{aligned}
\tag{5-75}
$$

式中，下标 i、j 表示母线编号；下标 ij 表示从母线 i 到母线 j 的支路；P、Q 分别表示从母线流入支路的有功功率与无功功率；V、θ 分别表示母线电压幅值和相角；D 为阻尼系数，等效了系统中的发电机阻尼、负荷阻尼以及输电线路电磁损耗等因素；ω 表示节点等效角速度；下标 g、L 分别表示发电机节点与负荷节点。以 P 为例，P_{gi}、P_{Lj} 分别为发电机节点 i 与负荷节点 j 的有功功率，P_{ij} 为从节点 i 流向节点 j 的有功功率。

从式(5-75)可以看出，能量函数被自然地分为源、网、荷三个部分，每个部分都具有类似的表达式，主体都是有功功率对母线电压相角的积分以及无功功率对母线电压幅值的积分的形式。这是基于基尔霍夫电流定律的结构保留模型能量函数最通用的表达式。

式(5-75)源自基尔霍夫电流定律。对于一个 n 节点电力系统，根据基尔霍夫电流定律，节点电流方程可表示为

$$
-\boldsymbol{I}_{\mathrm{g}} + \boldsymbol{I}_{\mathrm{n}} + \boldsymbol{I}_{\mathrm{L}} = \mathbf{0} \tag{5-76}
$$

其中，$\boldsymbol{I}_{\mathrm{g}}$、$\boldsymbol{I}_{\mathrm{n}}$、$\boldsymbol{I}_{\mathrm{L}}$ 分别是发电机注入电流、节点电流以及从母线注入负荷的电流；$\boldsymbol{U}$ 为节点电压。$\boldsymbol{I}_{\mathrm{g}}$、$\boldsymbol{I}_{\mathrm{n}}$、$\boldsymbol{I}_{\mathrm{L}}$和$\boldsymbol{U}$ 均为 n 维复向量。此方程在系统运行的任意时刻都成立，因此对系统动态轨迹上的任意一点，均有

$$
[(-\boldsymbol{I}_{\mathrm{g}} + \boldsymbol{I}_{\mathrm{n}} + \boldsymbol{I}_{\mathrm{L}})^*]^{\mathrm{T}}\mathrm{d}\boldsymbol{U} = \mathbf{0} \tag{5-77}
$$

对式(5-77)等号左侧取虚部(用函数 Im(·)表示)并沿系统轨迹积分，可得

$$V=\int \operatorname{Im}\{[(-\boldsymbol{I}_{\mathrm{g}}+\boldsymbol{I}_{\mathrm{n}}+\boldsymbol{I}_{\mathrm{L}})^{*}]^{\mathrm{T}}\mathrm{d}\boldsymbol{U}\}=\int \operatorname{Im}\left(\sum_{\mathrm{gen}}-I_{gi}^{*}\mathrm{d}U_i+\sum_{\mathrm{line}}I_{ij}^{*}\mathrm{d}U_i+\sum_{\mathrm{load}}I_{\mathrm{L}i}^{*}\mathrm{d}U_i\right) \tag{5-78}$$

其中，$U_i=U_i\mathrm{e}^{\mathrm{j}\theta_i}$，$\mathrm{d}U_i=\mathrm{e}^{\mathrm{j}\theta_i}\mathrm{d}U_i+\mathrm{j}U_j\mathrm{e}^{\mathrm{j}\theta_i}\mathrm{d}\theta_i$。式(5-78)可进一步做等效处理，以等式右侧第一项为例，有

$$\begin{aligned}\operatorname{Im}\left(\sum_{\mathrm{gen}}-I_{gi}^{*}\mathrm{d}U_i\right)&=\operatorname{Im}\left(-\sum_{\mathrm{gen}}\mathrm{j}I_{gi}^{*}U_{gi}\mathrm{e}^{\mathrm{j}\theta_i}\mathrm{d}\theta_i+I_{gi}^{*}\mathrm{e}^{\mathrm{j}\theta_i}\mathrm{d}U_i\right)\\&=\operatorname{Im}\left(-\sum_{\mathrm{gen}}\mathrm{j}(P_{gi}+\mathrm{j}Q_{gi})\mathrm{d}\theta_i+\frac{P_{gi}+\mathrm{j}Q_{gi}}{U_i}\mathrm{d}U_i\right)=-\sum_{\mathrm{gen}}P_{gi}\mathrm{d}\theta_i+Q_{gi}\mathrm{d}(\ln U_i)\end{aligned} \tag{5-79}$$

同理，可对式(5-78)等号右侧其他两项进行处理，因此式(5-78)可表示为

$$V=-\sum_{\mathrm{gen}}P_{gi}\mathrm{d}\theta_i+Q_{gi}\mathrm{d}(\ln U_i)+\sum_{\mathrm{line}}P_{ij}\mathrm{d}\theta_{ij}+Q_{ij}\mathrm{d}(\ln U_i)+\sum_{\mathrm{load}}P_{\mathrm{L}i}\mathrm{d}\theta_i+Q_{\mathrm{L}i}\mathrm{d}(\ln U_i) \tag{5-80}$$

由此可见，式(5-80)将全网能量分成了源、网、荷三个部分，与式(5-75)相比，后者计及了阻尼耗散项。

若记 $\bar{\boldsymbol{I}}=-\boldsymbol{I}_{\mathrm{g}}+\boldsymbol{I}_{\mathrm{n}}+\boldsymbol{I}_{\mathrm{L}}$，则式(5-75)可化为

$$V=\int \operatorname{Im}\left(\bar{\boldsymbol{I}}^{*}\mathrm{d}\boldsymbol{U}\right)-\sum_{\mathrm{sys}}\int D_i w_i^2\mathrm{d}t \tag{5-81}$$

由式(5-81)可得

$$\frac{\mathrm{d}V}{\mathrm{d}t}=\frac{\mathrm{d}}{\mathrm{d}t}\left[\int \operatorname{Im}\left(\bar{\boldsymbol{I}}^{*}\mathrm{d}\boldsymbol{U}\right)-\sum_{\mathrm{sys}}\int D_i w_i^2\mathrm{d}t\right]=-\sum_{\mathrm{sys}}D_i w_i^2<0 \tag{5-82}$$

可以看出，只要系统中存在阻尼耗散，式(5-81)的能量函数公式在任意轨迹上严格单调递减。在实际电力系统中，阻尼是必然存在的，因此式(5-81)满足能量函数的定义，是一种严格的能量函数公式。需要注意的是，现有研究大多将阻尼耗散项认为是发电机的阻尼，因此将式(5-75)写作式(5-83)的形式。但实际上阻尼是系统中普遍存在的，因此式(5-75)中考虑全系统的阻尼耗散更加符合客观物理现象。

$$\begin{aligned}V=&-\sum_{\mathrm{gen}}P_{gi}\mathrm{d}\theta_i+Q_{gi}\mathrm{d}(\ln U_i)+\sum_{\mathrm{line}}P_{ij}\mathrm{d}\theta_{ij}+Q_{ij}\mathrm{d}(\ln U_i)\\&+\sum_{\mathrm{load}}P_{\mathrm{L}i}\mathrm{d}\theta_i+Q_{\mathrm{L}i}\mathrm{d}(\ln U_i)-\sum_{\mathrm{sys}}\int D_i w_i^2\mathrm{d}t\end{aligned} \tag{5-83}$$

不难发现，结构保留模型的能量函数与式(5-73)提到的端口能量函数具有一致的结构。实际上，端口能量函数是结构保留模型能量函数的一种特例。若定义端口电流为 I_{port}，则采用同样的方法可推导端口能量函数的表达式为

$$\begin{aligned}V_{\mathrm{port}}&=\int \operatorname{Im}I_{\mathrm{port}}^{*}\mathrm{d}U_i=\int \operatorname{Im}(\mathrm{j}I_{\mathrm{port}}^{*}U\mathrm{e}^{\mathrm{j}\theta}\mathrm{d}\theta+I_{\mathrm{port}}^{*}\mathrm{e}^{\mathrm{j}\theta}\mathrm{d}U)\\&=\int \operatorname{Im}\left[\mathrm{j}(P_{\mathrm{port}}+\mathrm{j}Q_{\mathrm{port}})\mathrm{d}\theta+\frac{P_{\mathrm{port}}+\mathrm{j}Q_{\mathrm{port}}}{U}\mathrm{d}U\right]=\int P_{\mathrm{port}}\mathrm{d}\theta+Q_{\mathrm{port}}\mathrm{d}(\ln U)\end{aligned} \tag{5-84}$$

同理，还可以将结构保留模型的能量函数构造方法推广到一般线路的能量，定义从母

线 i 经过支路 L_{ij} 传输的暂态能量为 V_{ij}，则有

$$V_{ij} = \int \mathrm{Im}(I_{ij}^* \mathrm{d}U_i) = \int P_{ij} \mathrm{d}\theta_i + Q_{ij} \mathrm{d}(\ln U_i) \tag{5-85}$$

可以看出，结构保留模型的能量函数相比于传统能量函数具有以下特点：

(1) 最大限度地保留了网络中各节点的电压信息以及支路电流信息，使构造出的能量函数具有描述局部能量的能力，可用于计算端口、支路的能量。

(2) 相比于传统能量函数，结构保留模型的能量函数表达式中仅包含 P、Q、U、θ 四种变量，而这四种变量都可以通过量测直接获取，从而直接计算出结构保留模型的能量函数值，实现在线暂态同步稳定评估。

(3) 在结构保留模型下，能量函数的结构具有一致性。不论线路、负荷节点还是发电机源节点，其能量函数都可以表示为有功功率对母线电压相角的积分以及无功功率对母线电压幅值的积分，因此能量函数可以很容易地扩展应用到带有新能源设备以及电力电子设备的节点上。

近年来，随着对结构保留模型的暂态能量函数研究的深入，已有学者初步证明了基于实测数据计算系统能量的可行性。另外，亦有学者利用结构保留模型的能量函数能够描述局部能量的特性，将支路的暂态能量定义为振荡能量，并基于实时量测数据计算各支路的振荡能量以及发电机的暂态能量，通过分析能量的产生与消耗情况，认定发出暂态能量的就是振荡源，实现了系统振荡源的定位。这种做法已在仿真算例以及实际振荡事故分析中得到了初步应用。

5.2　暂态电压稳定分析

暂态电压稳定性是指电力系统受到大扰动后，系统所有母线保持稳定电压的能力。系统受到大扰动之后，电压如果偏离正常工作范围，将使得电能传输以及负荷用电等受到严重影响，无法保证电力系统的正常运行。根据 2021 年颁布的《电力系统电压稳定评价导则》，在电力系统受到大扰动后的暂态过程中，负荷母线电压应在 10s 以内恢复到 0.8p.u.以上。当负荷母线电压跌落至 0.8p.u.以下时，可判定系统发生暂态电压失稳。当系统中的电压降低至某一阈值时，系统配置的低压保护与低压减载装置将启动，以防止系统运行状态进一步恶化而导致暂态电压崩溃。

暂态电压崩溃通常由负荷重载、短路与断线故障或无功功率缺额较大等因素引起。这些因素只发生在电力系统的局部，但在无人工干预的条件下，局部电压的下降在暂态过程中会逐步演化为区域的或系统级的电压崩溃，因此暂态电压崩溃仍是一个系统级的问题。本节将从物理与数学两个角度简要讨论暂态电压失稳的机理，并介绍暂态电压稳定的分析方法。

5.2.1　暂态电压失稳机理分析

1. 功率平衡与暂态电压失稳

一般来说，电力系统暂态电压失稳是暂态过程中系统输电特性与负荷功率特性相互作用的结果。下面以图 5-16 所示的单负荷无穷大系统为例进行说明。

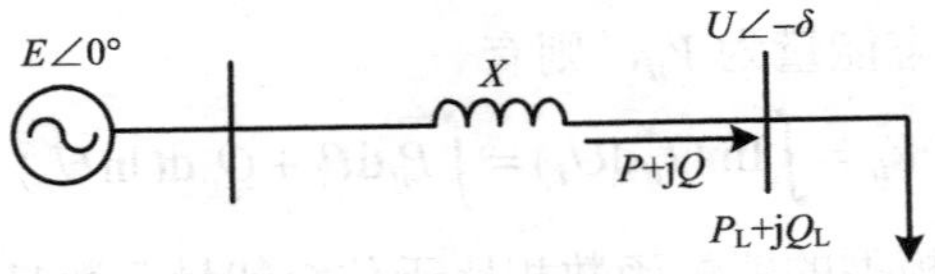

图 5-16 单负荷无穷大系统

根据第 2 章单负荷无穷大系统的功率特性可知，无穷大电源输送到负荷母线的功率 $P+jQ$ 可表示为

$$\begin{aligned} P &= \sqrt{\left(\frac{EU}{X}\right)^2 - \left(Q + \frac{U^2}{X}\right)^2} \\ Q &= \sqrt{\left(\frac{EU}{X}\right)^2 - P^2} - \frac{U^2}{X} \end{aligned} \tag{5-86}$$

式(5-86)得出的有功功率与电压间的 P-U 关系，以及无功功率与电压之间的 Q-U 关系中隐含的条件是，在分析有功功率或无功功率与电压之间的关系时，源侧容量恒定，且相应的无功功率或有功功率保持恒定，其恰好能够满足负荷的需求，即对于式(5-86)中的 P-U 关系有 $Q=Q_L$，对于 Q-U 关系有 $P=P_L$。相应地，可以绘制 P-U 曲线或 Q-U 曲线，如图 5-17 中的曲线 1 或图 5-18 中的曲线 1 所示。下面对暂态电压失稳的机理进行分类讨论。

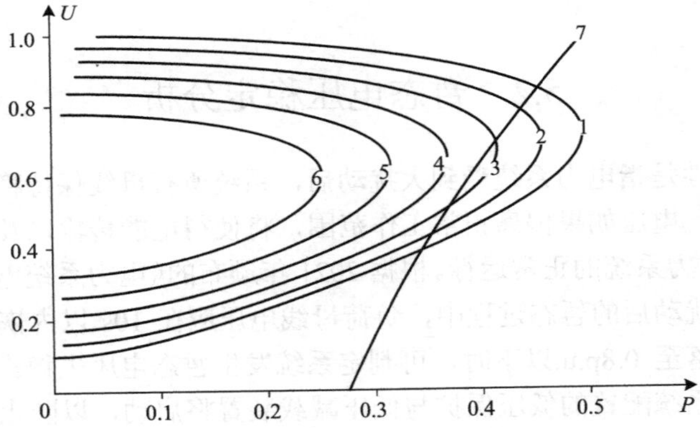

图 5-17 不同无功需求下负荷母线的 P-U 曲线

1 - $Q=0.1$; 2 - $Q=0.13$; 3 - $Q=0.16$; 4 - $Q=0.19$; 5 - $Q=0.22$; 6 - $Q=0.25$; 7-负荷有功需求 P_L

1) 系统馈入有功功率无法满足负荷需求导致暂态电压失稳

当节点下的负荷为 ZIP 负荷时，相应的有功功率 P_L 与电压 U 之间的关系如图 5-17 的曲线 7 所示。

可以看到，在静态条件下，P-U 曲线与 P_L-U 曲线存在交点，因此能够满足系统的静态稳定工作条件。然而，在系统故障后的暂态恢复过程中，系统无功需求增加，若源侧容量不变，则相应的 P-U 曲线也会发生变化。图 5-17 中的曲线 2～曲线 6 给出了负荷无功需求逐渐增大的过程中 P-U 曲线的变化情况。当无功需求逐渐增大时，P-U 曲线逐渐向内收缩，并且当无功需求增大到一定程度时，P-U 曲线与 P_L-U 曲线将失去交点。

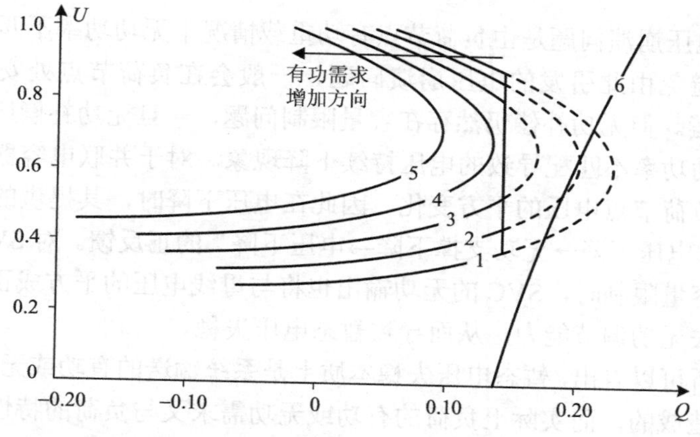

图 5-18　考虑送端无功限制时不同有功需求下负荷母线的 Q-U 曲线

1 - P = 0.32; 2 -P = 0.35; 3 -P = 0.40; 4 - P = 0.45; 5 - P = 0.50; 6 -负荷无功需求 Q_L

暂态过程中，P-U 曲线虽然不能从曲线 1 突变成曲线 2～曲线 6，但也将随着负荷的增大逐渐向曲线 2～曲线 6 过渡，可能出现 P-U 曲线与负荷需求 P_L-U 曲线失去交点的情况。此时，负荷节点可通过降低电压使系统向负荷节点馈入更多的有功，但由于馈入功率曲线与负荷需求曲线不存在交点，因此无论如何降低电压，都无法满足负荷的有功功率需求。由此可见，此时造成暂态电压失稳的原因是暂态过程中系统馈入的有功功率无法满足负荷的需求。

2）无法向负荷提供充足的无功功率导致暂态电压失稳

图 5-17 中的 P-U 曲线簇以及相应的暂态电压失稳原因分析是建立在单负荷无穷大系统基础上的，此时默认无穷大电源能够向负荷节点提供充足的无功支撑。然而在实际情况中，无论是同步发电机还是电力电子逆变器并网端口，都存在无功容量限制，因此无法无限制地向负荷节点提供无功功率。

当考虑电源侧无功容量限制时，相应的 Q-U 曲线如图 5-18 中的实线部分所示。在暂态过程中，当无功需求迅速提高并超过电源侧无功容量限制时，负荷节点无法从系统汲取更多的无功功率。从图中可以看出，当源侧达到无功容量限制后，无功需求曲线 Q_L-U 与系统馈入无功功率 Q-U 曲线将没有交点，导致电压迅速跌落，而电压的持续跌落也可能导致系统无法向负荷提供充足的有功功率，从而进一步恶化暂态电压问题。此时，系统的暂态电压问题是由于源侧的无功容量限制导致无法向负荷提供充足的无功功率造成的。

3）负荷节点有功重载情况下无功功率不匹配

从图 5-18 的 Q-U 曲线簇中还可以看到，随着负荷节点的有功需求增加，系统能够向负荷节点输送的无功功率逐渐减少。当负荷节点的有功需求非常大时，系统向负荷节点输送的无功功率将变为负数，即系统不但无法向负荷输送无功功率，反而需要负荷节点向系统输送无功功率。

造成这一现象的主要原因在于源端向负荷节点提供相应的有功时会造成输电线路上的无功损耗。当负荷有功需求非常大时，线路上的无功损耗就需要由源端和负荷节点共同承担。但由于 ZIP 负荷或感应电动机负荷本身不具备向系统提供无功功率的能力，因此若负荷节点有功重载且负荷节点下没有相应的无功补偿装置时，将导致节点电压的崩溃。

此时系统的电压崩溃问题是由负荷节点有功重载情况下无功功率不匹配造成的。

为了尽可能避免由此引发的电压崩溃问题，一般会在负荷节点处安装并联电容器或SVC进行无功补偿。但无功补偿仍然存在容量限制问题，一旦无功补偿达到容量限制后，仍会出现由于无功功率不匹配导致的电压持续下降现象。对于并联电容器来说，其能够提供的无功支撑随负荷节点电压的平方变化，因此在电压下降时，其提供的无功支撑会大大下降，从而形成“电压下降→无功支撑下降→电压下降”的正反馈。对SVC来说，当SVC达到其最大输出容量限制时，SVC的无功输出也将与母线电压的平方成正比，从而与并联电容器类似，丧失无功调节能力，从而导致暂态电压失稳。

综合以上分析可以看出，暂态电压失稳本质上是系统输送的有功或无功与负荷的有功、无功需求不匹配造成的，而实际上负荷的有功或无功需求又与负荷的特性相关。对于恒阻抗负荷来说，其功率需求依附于网络，负荷功率的大小随着负荷节点电压的变化而变化，因此如果负荷为恒阻抗负荷，则不会发生电压失稳问题。而对于恒电流或恒功率负荷而言，由于其需要时刻从网络中汲取恒定的电流或功率，这对于网络来说是一个强制因素，一旦系统不能满足负荷的电流或功率需求，就可能会出现暂态电压崩溃问题。

2. 暂态电压失稳与暂态同步失稳的耦合

暂态电压稳定问题和暂态同步稳定问题同处短期时间框架下。从失稳机理上来看，两种稳定问题的出现都是由于功率的不匹配，区别在于同步稳定问题是由源端输入功率与输出功率不匹配造成的，而电压稳定问题则是由系统馈入负荷节点的有功功率和无功功率无法满足负荷的功率需求造成的。当系统是理想的单机无穷大系统时，暂态过程中只存在同步稳定问题，而当系统是理想的单负荷无穷大系统时，暂态过程中只存在电压稳定问题。然而，真实电力系统既不存在无穷大母线也不存在无穷大电源，因此系统的失稳形式相较于单纯的暂态同步稳定或暂态电压稳定来说会更加复杂，有可能出现由电压稳定问题引起的同步稳定问题或者由同步稳定问题引发的电压稳定问题。

以图5-19所示的机端输出功率特性为例，曲线1给出了单机无穷大系统中无穷大母线电压U恒定为1p.u.时发电机的有功功率特性。但当对端不为无穷大母线，且发生暂态电压

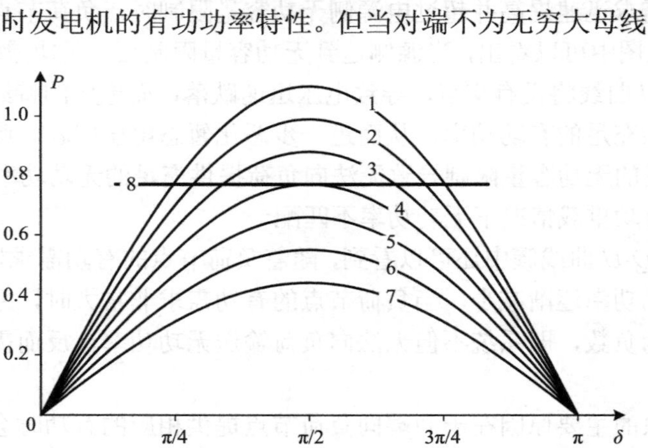

图5-19　考虑负荷侧电压跌落时源端有功输出功率特性

1 - U = 1.0; 2 - U = 0.9; 3 - U = 0.8; 4 - U = 0.7; 5 - U = 0.6; 6 - U = 0.5; 7 - U = 0.4; 8-原动机输入P_m

失稳时，负荷母线的电压 U 将持续下降，由此将造成发电机功率特性的改变，如图中曲线 2～曲线 7 所示。可以看到，随着负荷母线电压的跌落，发电机的功率极限也随之跌落。根据 5.1 节的等面积法则可知，随着负荷母线的电压跌落，故障后暂态过程中发电机的加速面积将逐渐大于减速面积，最终造成暂态同步失稳。这就是一个典型的由暂态电压失稳引发暂态同步失稳的例子。

同样地，当系统发生暂态同步失稳时，源侧与负荷侧间的相角差将持续增大，导致源侧无法正常向负荷节点提供有功以及无功功率。此时，负荷侧的负荷需求无法得到满足，就会引起第一种暂态失稳情况，引发暂态电压失稳问题。

由此可以看出，在一定条件下，暂态过程中同步稳定与电压稳定会由于源、荷端的功率不匹配问题而相互耦合、相互转化。因此，同步稳定与电压稳定问题实际上是暂态稳定问题的一体两面。从这个角度来看，系统的暂态过程会随着系统的功率不平衡问题不断地发展、演化，而同步失稳或者电压失稳则是演化过程中不同阶段表现出的不同失稳形式。对于暂态稳定问题，如果研究的目的只是判断系统是否发生暂态失稳，那么就不需要对同步失稳或电压失稳进行细致的区分。然而，暂态同步失稳与暂态电压失稳之间存在失稳原因上的差异，用于提高暂态同步稳定的稳控措施对于暂态电压稳定问题往往无效，反之亦然。因此，如果需要在暂态过程中对系统施加相应的稳定控制以提高系统的暂态稳定性，那么仍需要对暂态稳定的主导失稳形式进行判别，区分出是由同步稳定问题引发的电压稳定问题，还是由电压稳定问题引发的同步稳定问题，进而有针对性地采取有效的稳定控制方法。

关于暂态稳定主导失稳形式的判别方法将在 5.2.2 节中进行讨论。

5.2.2　暂态电压稳定分析方法

1. 基于能量函数的暂态电压稳定分析

暂态电压稳定问题与暂态同步稳定问题都属于非线性动力学系统的稳定性问题，自然也可以采用能量函数法进行暂态电压稳定分析。

早期的能量函数构造基本采用 5.1 节中介绍的传统暂态能量函数模型，在结构保留模型中主要考虑了同步发电机模型，将负荷以恒阻抗的形式等效到网络中，因此这类能量函数模型只能研究由同步发电机主导的暂态同步稳定问题。暂态电压稳定问题通常与负荷工作特性相关，因此为了将能量函数法运用于暂态电压稳定分析，需要在能量函数法中对负荷进行详细建模，计及负荷的静态特性和动态特性。

为了能够在能量函数中计及负荷的影响，需要在暂态电压稳定分析中采用 5.1 节中介绍的结构保留模型构造能量函数。结构保留模型中电力网络的结构不需要进行收缩，发电机可以采用计及凸极效应、励磁控制等因素影响的更加复杂的高阶模型，负荷可以计及静态特性和动态特性，由结构保留模型导出的暂态能量函数全面地反映了暂态过程中系统各组成部分的暂态能量变化，因此可以应用于暂态电压稳定分析。

下面对结构保留模型的暂态能量函数表达式进行推导，设发电机采用经典二阶模型：

$$
\begin{aligned}
\frac{\mathrm{d}\delta_i}{\mathrm{d}t} &= \omega_i \\
M\frac{\mathrm{d}\omega_i}{\mathrm{d}t} &= P_{\mathrm{m}i} - P_{ei}
\end{aligned} \tag{5-87}
$$

式中，δ_i 为发电机转子角；ω_i 为转子角速度与同步速的偏差；M_i 为惯性时间常数；$P_{\mathrm{m}i}$、P_{ei} 分别为机械转矩和电磁转矩的标幺值。

网络采用无损模型，即 $Y_{ij}=G_{ij}+\mathrm{j}B_{ij}=\mathrm{j}B_{ij}$，感应电动机采用忽略定子内电势暂态过程的一阶模型：

$$
\begin{aligned}
\frac{\mathrm{d}s_i}{\mathrm{d}t} &= \frac{1}{M_i}(T_{\mathrm{m}i} - T_{ei}) \\
0 &= E_i' - (X_i - X_i')I_{di} \\
0 &= -s_i + \frac{X_i - X_i'}{T_{d0i}'E_i'}I_{qi} \\
\dot{V} &= \dot{E}' + \mathrm{j}X'\dot{I}
\end{aligned} \tag{5-88}
$$

式中，$X = X_{\mathrm{r}} + X_{\mathrm{m}}$，$X' = X_{\mathrm{s}} + X_{\mathrm{m}} // X_{\mathrm{r}}$，$X_{\mathrm{s}}$、$X_{\mathrm{r}}$、$X_{\mathrm{m}}$ 分别为感应电动机定子绕组漏抗、转子绕组漏抗以及定转子互感抗。

根据式(5-78)结构保留模型能量函数的一般形式，对于网络部分有

$$
\begin{aligned}
V_{\mathrm{line}} &= \mathrm{Im}\left(\sum_{\mathrm{line}}\int I_{ij}^*\mathrm{d}V_i\right) = \int \mathrm{Im}\left[\sum_{i=1}^{n}\left(\sum_{j=1}^{n}Y_{ij}^*V_j^*\right)\mathrm{d}V_i\right] \\
&= \int \mathrm{Im}\left\{\sum_{i=1}^{n}\left[\sum_{j=1}^{n}(-\mathrm{j}B_{ij})V_j\mathrm{e}^{-\mathrm{j}\theta_j}\right](\mathrm{e}^{\mathrm{j}\theta_i}\mathrm{d}V_i + \mathrm{j}V_i\mathrm{e}^{\mathrm{j}\theta_i}\mathrm{d}\theta_i)\right\} \\
&= \int -\sum_{i=1}^{n}B_{ii}V_i\mathrm{d}V_i - \sum_{i=1}^{n-1}\sum_{j=i+1}^{n}B_{ij}\mathrm{d}(V_iV_j\cos\theta_{ij}) \\
&= \left(-\frac{1}{2}\sum_{i=1}^{n}B_{ij}V_i^2 - \sum_{i=1}^{n-1}\sum_{j=i+1}^{n}B_{ij}V_iV_j\cos\theta_{ij}\right)\Bigg|_{(V_0,\theta_0)}^{(V,\theta)}
\end{aligned} \tag{5-89}
$$

对发电机部分有

$$
\begin{aligned}
V_{\mathrm{G}} &= \mathrm{Im}\left(\sum_{\mathrm{gen}}\int -I_{\mathrm{G}i}^*\mathrm{d}V_i\right) = \int -I_{xi}\mathrm{d}V_{yi} + I_{yi}\mathrm{d}V_{xi} = \int -I_{xi}\mathrm{d}(V_i\sin\delta_i) + I_{yi}\mathrm{d}(V_i\cos\delta_i) \\
&= \sum_{\mathrm{gen}}\int -(I_{xi}V_{xi} + I_{yi}V_{yi})\mathrm{d}\delta_i = \sum_{\mathrm{gen}}\int -P_{ei}\mathrm{d}\delta_i \\
&= \sum_{\mathrm{gen}}\int -\left(P_{\mathrm{m}i} - M_i\frac{\mathrm{d}\omega_i}{\mathrm{d}t}\right)\mathrm{d}\delta_i = \sum_{\mathrm{gen}}\int -P_{\mathrm{m}i}\mathrm{d}\delta_i + M_i\omega_i\mathrm{d}\omega_i \\
&= \sum_{\mathrm{gen}}\left(\frac{1}{2}M_i\omega_i^2 - P_{\mathrm{m}i}\delta_i\right)\Bigg|_{x_0}^{x}
\end{aligned} \tag{5-90}
$$

对于感应电动机负荷有

$$
\begin{aligned}
V_{\mathrm{L}} &= \mathrm{Im}\left(\sum_{\mathrm{load}}\int -I_{\mathrm{L}i}^{*}\mathrm{d}V_i\right) = \sum_{\mathrm{load}}\int I_{xi}\mathrm{d}V_{yi} - I_{yi}\mathrm{d}V_{xi} \\
&= \sum_{\mathrm{load}}\int I_{xi}\mathrm{d}(E'_{yi} + X'_i I_{xi}) - I_{yi}\mathrm{d}(E'_{xi} - X'_i I_{yi}) \\
&= \sum_{\mathrm{load}}\int I_{xi}\mathrm{d}(E'_i\sin\delta_i) - I_{yi}\mathrm{d}(E'_i\cos\delta_i) + X'_i I_{xi}\mathrm{d}I_{xi} + X'_i I_{yi}\mathrm{d}I_{yi} \\
&= \sum_{\mathrm{load}}\int I_{di}\mathrm{d}E'_i + I_{qi}E'_i\mathrm{d}\delta_i + X'_i I_{xi}\mathrm{d}I_{xi} + X'_i I_{yi}\mathrm{d}I_{yi}
\end{aligned}
\tag{5-91}
$$

将式(5-88)的感应电动机模型代入式(5-91)，同时考虑电磁转矩 $T_{\mathrm{e}} = E'_i I_{qi}$，式(5-91)可进一步化为

$$
\begin{aligned}
V_{\mathrm{L}} &= \sum_{\mathrm{load}}\int \frac{E'_i}{X_i - X'_i}\mathrm{d}E'_i + \left(T_{\mathrm{m}i} - M_i\frac{\mathrm{d}s_i}{\mathrm{d}t}\right)\mathrm{d}\delta_i + X'_i I_{xi}\mathrm{d}I_{xi} + X'_i I_{yi}\mathrm{d}I_{yi} \\
&= \sum_{\mathrm{load}}\frac{(E'_i)^2}{2(X_i - X'_i)} + T_{\mathrm{m}i}\delta_i + \frac{1}{2}X'_i I_{xi}^2 + \frac{1}{2}X'_i I_{yi}^2\Bigg|_{x_0}^{x} - \int M_i \mathrm{d}s_i\frac{\mathrm{d}\delta_i}{\mathrm{d}t}
\end{aligned}
\tag{5-92}
$$

由于忽略了感应电动机内电势的暂态过程，因此式(5-92)中 $\dfrac{\mathrm{d}\delta_i}{\mathrm{d}t} = 0$，其可进一步化为

$$
\begin{aligned}
V_{\mathrm{L}} &= \sum_{\mathrm{load}}\frac{(E'_i)^2}{2(X_i - X'_i)} + T_{\mathrm{m}i}\delta_i + \frac{1}{2}X'_i I_{xi}^2 + \frac{1}{2}X'_i I_{yi}^2\Bigg|_{x_0}^{x} \\
&= \sum_{\mathrm{load}}\frac{(X_i - X'_i)^2 I_{di}^2}{2(X_i - X'_i)} + T_{\mathrm{m}i}\delta_i + \frac{1}{2}X'_i I_{di}^2 + \frac{1}{2}X'_i I_{qi}^2\Bigg|_{x_0}^{x} \\
&= \sum_{\mathrm{load}} T_{\mathrm{m}i}\delta_i + \frac{1}{2}X_i I_{di}^2 + \frac{1}{2}X'_i I_{qi}^2\Bigg|_{x_0}^{x}
\end{aligned}
\tag{5-93}
$$

综合式(5-89)、式(5-90)、式(5-93)可得计及感应电动机的结构保留模型暂态能量函数为

$$
\begin{aligned}
V &= \sum_{i\in i_{\mathrm{G}}}\frac{1}{2}M_i\omega_i^2\Bigg|_{x_0}^{x} - \sum_{i\in i_{\mathrm{G}}}P_{\mathrm{m}i}\delta_i\Bigg|_{x_0}^{x} + \sum_{i\in i_{\mathrm{L}}}\left(T_{\mathrm{m}i}\delta_i + \frac{1}{2}X_i I_{di}^2 + \frac{1}{2}X'_i I_{qi}^2\right)\Bigg|_{x_0}^{x} \\
&\quad - \left(\frac{1}{2}\sum_{i=1}^{n}BV_i^2 + \sum_{i=1}^{n}\sum_{j=n+1}^{n}B_{ij}V_iV_j\cos\theta_{ij}\right)\Bigg|_{(V_0,\theta_0)}^{(V,\theta)} = V_{\mathrm{k}} + V_{\mathrm{p}}
\end{aligned}
\tag{5-94}
$$

式(5-94)所示的能量函数中，等式右侧第一项为发电机动能，其余三项依次为发电机势能、感应电动机势能以及网络磁性势能。

参照式(5-94)，可根据动态分析结果或系统的实测数据计算系统的暂态能量 V_{cl}，为判断系统是否发生暂态失稳，还需要结合 CUEP 法、PEBS 法等计算系统的临界能量。下面以采用 PEBS 法计算临界能量为例，介绍能量函数法分析的基本步骤。

(1) 根据待分析系统的结构、线路参数、元件参数如并联电容等建立系统的节点导纳矩

阵。由于此处使用的是结构保留模型的暂态能量函数，因此使用包含线路及基本元件参数的原始节点导纳矩阵，无须将导纳矩阵收缩至发电机内电势节点。

(2) 计算 COI 坐标下故障前稳定平衡点 θ_{s0}。

(3) 形成故障切除后系统的节点导纳矩阵，并计算故障切除后的系统稳定平衡点 S。

(4) 对系统进行机电暂态仿真计算，记录故障切除时刻系统状态变量，并根据式(5-94)计算故障切除时刻系统的暂态能量 V_c。

(5) 假定在仿真计算中不切除故障，在本应切除故障的时刻之后根据式(5-94)中后三项持续计算系统的暂态势能轨迹 V_P，搜索该轨迹上势能最大值点，并令 $V_{cr} \approx V_{P,max}$。

(6) 对比步骤(4)和(5)中的 V_c 和 V_{cr}，即可判断是否发生暂态失稳。

暂态能量函数设计的初衷是为了反映电力系统作为非线性动力学系统的稳定问题，通过比较类似式(5-94)的能量函数计算出的系统能量与系统的临界势能的大小，能够判断系统是否发生失稳。

考虑最极端的情况，当研究的系统是单机无穷大系统时，若有 $V_c > V_{cr}$，则可判定系统发生了暂态同步失稳；当研究的系统是单负荷无穷大系统时，若有 $V_c > V_{cr}$，则可判定系统发生了暂态电压失稳。实际系统一般处于上述两种极端情况之间，源端不是无穷大电源，受端也不是无穷大母线，因此实际系统中既有可能出现暂态同步失稳，也有可能出现暂态电压失稳，并且随着暂态过程的持续，两种失稳还可能相互转化。此时，单纯通过能量函数法无法分辨系统到底是发生暂态同步失稳还是暂态电压失稳。因此，在用能量函数法判断系统是否失稳的基础上，还需要通过其他方法进行系统失稳主导性识别，进一步判定系统的失稳形式。

2. 暂态能量函数的失稳主导性判别方法

在能量函数法的思想下，一种失稳主导性识别的思想是研究 UEP 的失稳模式，由主导 UEP 模式的不同区分暂态同步失稳或者暂态电压失稳。在不同的功率分布和功率变化方式下，两者可能同时出现，也可能单独出现或相互转化。具体地，若系统的主导 UEP 体现出低电压、小功角的特征，则系统暂态过程中的轨迹将沿着负荷节点电压降低的方向移动，而发电机的功角则相对保持不变，从而该 UEP 趋向于发生暂态电压失稳；若系统的主导 UEP 体现出高电压、大功角的特征，则系统暂态过程中的轨迹将沿着发电机节点功角增大的方向移动，从而该 UEP 趋向于发生暂态同步失稳。

从主导 UEP 的失稳模式中识别系统的失稳机理物理意义清晰，但这种方法中存在的问题是“低电压”“大功角”等定义模糊，不同的评判标准下可能会出现无法准确区分两类失稳形式的情况。

近年来，学界发展出了许多识别系统失稳主导性的方法，主要可以分为机理型研究和数据驱动型研究。机理型研究从暂态电压稳定问题的机理入手，分析暂态电压失稳与暂态同步失稳出现的原因，从而提取判断系统失稳模式的指标并据此识别系统失稳主导性，主要包含基于戴维南等值的判别方法和基于功率全微分的判别法等。数据驱动型研究通常通过各种人工智能方法进行失稳主导性识别，但这些方法在模型训练上也受样本情况的影响，同时还存在物理可解释性较弱的局限性，因此本书对此类方法不作具体展开。下面对两种机理型的系统失稳主导性识别方法进行简要介绍。

1）基于戴维南等值的电压失稳和同步失稳判别方法

在系统运行的任意时刻，都可以将系统分为待研究的节点和除该节点外系统的其他部分。根据戴维南定理，可以将除该节点外的其他部分等效成一个等值电源，该电源通过一个等值阻抗向所研究的节点供电，如图 5-20 所示。其中，E_k、Z_k 分别为 k 时刻外部等值系统的戴维南等值电势和阻抗，U_k 为 k 时刻母线电压，I_k 为负荷电流，P、Q 为负荷有功功率、无功功率。等值后系统的数学模型为

$$\dot{E}_k = \dot{U}_k + Z_k \dot{I}_k \tag{5-95}$$

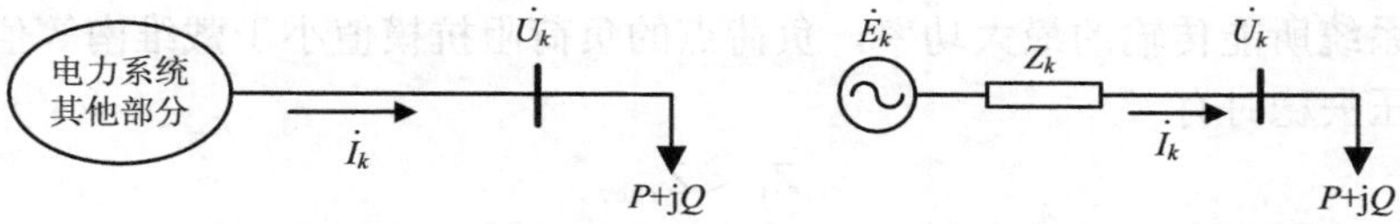

(a) 戴维南等值前系统示意图　(b) 戴维南等值后系统示意图

图 5-20　戴维南等值

在系统运行的每一个时刻，由于系统运行工况的变化，系统中各种非线性元件和动态元件将工作在不同的状态，相应的系统戴维南等值参数 E_k、Z_k 将实时地发生变化，因此戴维南等值参数的变化一定程度上反映了系统暂态过程的演变情况，可用于判别系统失稳模式。

下面以图 5-21 的双机单负荷系统为例对戴维南参数与失稳模式之间的关系进行说明。

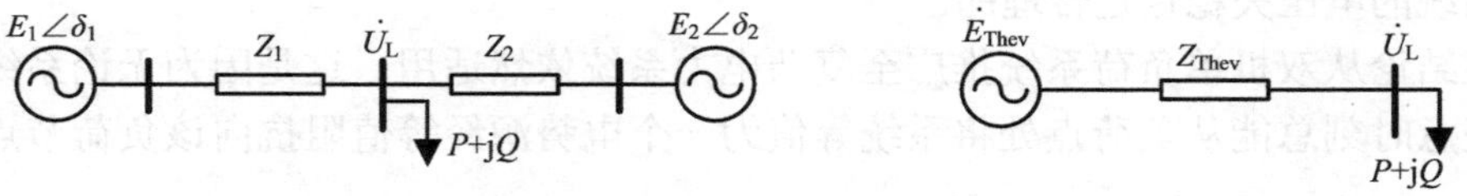

(a) 双机单负荷系统示意图　(b) 双机单负荷系统戴维南等值示意图

图 5-21　双机单负荷系统

对于图 5-21(a)所示系统，根据叠加定理，可求得负荷点处的戴维南等值电势 $\dot{E}_{\text{Thev}}$ 为

$$\dot{E}_{\text{Thev}} = \frac{Z_2}{Z_1 + Z_2}\dot{E}_1 + \frac{Z_1}{Z_1 + Z_2}\dot{E}_2 \tag{5-96}$$

戴维南等值阻抗 Z_{Thev} 为

$$Z_{\text{Thev}} = Z_1 // Z_2 = \frac{Z_1 Z_2}{Z_1 + Z_2} \tag{5-97}$$

任意时刻，根据系统量测数据可计算负荷母线处等值阻抗为

$$Z_{\text{L}} = \frac{U_{\text{L}}^2}{P - \text{j}Q} \tag{5-98}$$

根据式(5-96)可知，戴维南等值电势实际上是系统中各个电源的电势加权和，权重系数与每个电源与负荷节点间的电气距离相关。此处为简化分析，不妨假设 $E_1 = E_2 = E$ 以及 $Z_1 = Z_2 = Z$，进一步可得

$$\dot{E}_{\text{Thev}}=\frac{\dot{E}_1+\dot{E}_2}{2}=\frac{E\angle\delta_1+E\angle\delta_2}{2}=E\cos\frac{\Delta\delta}{2}\angle\frac{\delta_1+\delta}{2}$$
$$Z_{\text{Thev}}=\frac{Z}{2} \tag{5-99}$$

式中，$\Delta\delta$ 为 δ_1、δ_2 的差。

当系统发生同步失稳时，暂态过程中 $\Delta\delta$ 将逐渐增大。根据式(5-95)、式(5-99)可知，此时戴维南电势 $\dot{E}_{\text{Thev}}$ 的幅值将逐渐下降，进而导致负荷节点电压 $\dot{U}_{\text{L}}$ 下降。

当系统发生电压失稳时，系统对负荷的供电能力无法满足负荷的需求，负荷所需要的功率超出了系统所能传输的最大功率，负荷点的负荷阻抗模值小于戴维南等值阻抗模值，即当系统电压失稳时有

$$Z_{\text{L}}<Z_{\text{Thev}} \tag{5-100}$$

由此，基于戴维南等值的系统失稳主导性识别方法的一般步骤如下：

(1) 对于受扰后的系统，根据实测数据实时构造戴维南等值电路。对于每一个时刻的量测数据，都可以计算出相应的戴维南等值电势 $\dot{E}_{\text{Thev}}$ 和戴维南等值阻抗 Z_{Thev}。

(2) 若戴维南等值电势 E_{Thev} 以及负荷节点电压 U_{L} 持续下降，则可判定系统失稳是由同步失稳主导；若负荷点的负荷阻抗模值 Z_{L} 小于戴维南等值阻抗模值 Z_{Thev}，则可判定系统失稳是由电压失稳主导。

在上述判据中，戴维南等值电势与系统中各节点的相角相关，因此能够正确反映系统是否发生同步失稳；而戴维南等值阻抗综合反映了负荷点的有功需求与无功需求，因此用其判断系统的电压失稳也是合理的。

上述结论从双机单负荷系统推广至复杂电力系统依然适用。这是因为无论系统如何复杂，在任意时刻总能从负荷点处将系统等值为一个电势源经等值阻抗向该负荷节点供电的单机系统。

2) 基于功率全微分的电压失稳和同步失稳判别方法

从暂态电压失稳和同步失稳的原因来看，电压失稳与系统向负荷供电的能力有关，供电能力本质上是系统通过线路向负荷输送有功功率与无功功率的能力；同步失稳则是由源侧输入功率与输出功率之间的不平衡功率引起的，对源侧来说，输出功率即通过线路向系统各节点送出的有功功率。因此，暂态电压失稳与暂态同步失稳都与输电线路上的有功功率有关，某种程度上可以通过分析输电线路传输有功功率的变化来判别系统在暂态过程中是发生电压失稳还是同步失稳。这就是基于功率全微分进行失稳模式判别的基本思路。

下面在图 5-22 的送受端电力系统中对基于功率全微分的失稳模式判别方法进行进一步介绍。

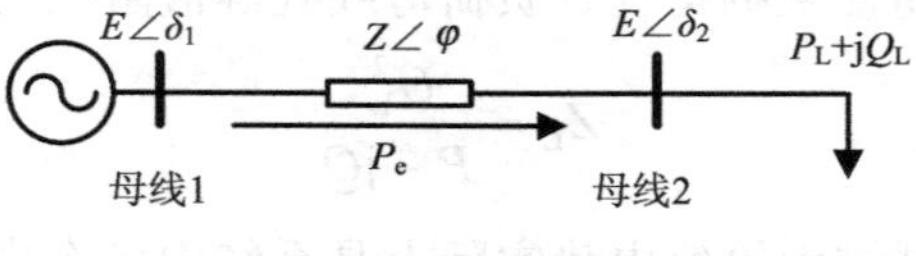

图 5-22　送受端系统

根据二端口功率特性，母线 1 侧电源经线路 1-2 送出的有功功率可表示为

$$P_{\rm e}=\frac{E^2}{|Z|}\sin\alpha+\frac{EU}{|Z|}\sin(\delta-\alpha) \tag{5-101}$$

式中，$\alpha=\frac{\pi}{2}-\varphi$；$\delta=\delta_1-\delta_2$。

忽略暂态过程中线路参数的变化，送出有功功率的全微分可表示为

$$\mathrm{d}P_{\rm e}=\frac{EU}{|Z|}\cos(\delta-\alpha)\mathrm{d}\delta+\left[\frac{2E}{|Z|}\sin\alpha+\frac{U}{|Z|}\sin(\delta-\alpha)\right]\mathrm{d}E+\frac{U}{|Z|}\sin(\delta-\alpha)\mathrm{d}U \tag{5-102}$$

若用差分代替微分，则式(5-102)可进一步表示为

$$\begin{aligned}\Delta P_{\rm e}&=\frac{EU}{|Z|}\cos(\delta-\alpha)\Delta\delta+\left[\frac{2E}{|Z|}\sin\alpha+\frac{U}{|Z|}\sin(\delta-\alpha)\right]\Delta E+\frac{U}{|Z|}\sin(\delta-\alpha)\Delta U\\&=\Delta P_\delta+\Delta P_{\rm v}\end{aligned} \tag{5-103}$$

式中

$$\begin{aligned}\Delta P_\delta&=\frac{EU}{|Z|}\cos(\delta-\alpha)\Delta\delta\\ \Delta P_{\rm v}&=\left[\frac{2E}{|Z|}\sin\alpha+\frac{U}{|Z|}\sin(\delta-\alpha)\right]\Delta E+\frac{U}{|Z|}\sin(\delta-\alpha)\Delta U\end{aligned} \tag{5-104}$$

由式(5-103)可知，在暂态过程中线路上输送有功功率的变化量包含两部分：一部分与母线电压的相角有关，为母线电压相角差变化量的函数；另一部分与母线电压幅值有关，为母线电压幅值变化量的函数。在暂态过程中，送受端母线间的电压相角、幅值的变化将体现在功率变化量ΔP_δ和$\Delta P_{\rm v}$上。当系统主导失稳模式不同时，功率变化量ΔP_δ和$\Delta P_{\rm v}$以及总功率变化量ΔP之间的关系也将相应地发生改变。

当电压失稳为主导失稳模式时，系统对负荷的供电能力无法满足负荷的需求，即系统馈入负荷母线的功率 P_1 小于负荷需求 $P_{\rm L}$。当忽略系统损耗时，系统馈入负荷母线的功率 P_1 与送端送出功率 $P_{\rm e}$ 相等，可用式(5-101)表示，因此有

$$P_{\rm e}=P_1<P_{\rm L} \tag{5-105}$$

不妨假设 $P_{\rm L}=(1+k)P_1$，其中 $k\in(0,+\infty)$，则式(5-105)可化为

$$P_{\rm e}<(1+k)P_1 \tag{5-106}$$

在式(5-106)两侧同时对时间 t 求导可得

$$\left|\frac{\mathrm{d}P_{\rm e}}{\mathrm{d}t}\right|=\left|\frac{\mathrm{d}P_{\rm e}}{\mathrm{d}\delta}\frac{\mathrm{d}\delta}{\mathrm{d}t}\right|<(1+k)\left|\frac{\mathrm{d}P_1}{\mathrm{d}U}\frac{\mathrm{d}U}{\mathrm{d}t}\right|=(1+k)\left|\frac{\mathrm{d}P_1}{\mathrm{d}t}\right| \tag{5-107}$$

式(5-107)中用差分替代微分有

$$\left|\frac{\mathrm{d}P_{\rm e}}{\mathrm{d}\delta}\Delta\delta\right|<(1+k)\left|\frac{\mathrm{d}P_1}{\mathrm{d}U}\Delta U\right| \tag{5-108}$$

进一步可得

$$\frac{\left|\frac{\mathrm{d}P_1}{\mathrm{d}U}\Delta U\right|}{\left|\frac{\mathrm{d}P_1}{\mathrm{d}U}\Delta U\right|+\left|\frac{\mathrm{d}P_e}{\mathrm{d}\delta}\Delta\delta\right|}=\frac{\Delta P_v}{\Delta P_v+\Delta P_\delta}>\frac{1}{k+2} \tag{5-109}$$

由于 $k\in(0,+\infty)$，当电压失稳为主导失稳模式时，式(5-105)恒成立，因此有

$$\frac{\Delta P_v}{\Delta P_v+\Delta P_\delta}>\frac{1}{2} \tag{5-110}$$

当同步失稳为主导失稳模式时，源侧节点输入的机械功率 P_m 大于源侧向系统送出的电磁功率 P_e。忽略系统损耗时，源侧向系统送出的电磁功率 P_e 与系统向负荷母线馈入的功率 P_1 相等，因此有

$$P_1=P_e<P_m \tag{5-111}$$

不妨假设 $P_m=(1+k)P_e$，其中 $k\in(0,+\infty)$，则式(5-111)可化为

$$P_1<(1+k)P_e \tag{5-112}$$

式(5-112)中两侧同时对时间 t 求导可得

$$\left|\frac{\mathrm{d}P_1}{\mathrm{d}t}\right|=\left|\frac{\mathrm{d}P_1}{\mathrm{d}U}\frac{\mathrm{d}U}{\mathrm{d}t}\right|<(1+k)\left|\frac{\mathrm{d}P_e}{\mathrm{d}\delta}\frac{\mathrm{d}\delta}{\mathrm{d}t}\right|=(1+k)\left|\frac{\mathrm{d}P_e}{\mathrm{d}t}\right| \tag{5-113}$$

式(5-113)中用差分替代微分有

$$\left|\frac{\mathrm{d}P_1}{\mathrm{d}U}\Delta U\right|<(1+k)\left|\frac{\mathrm{d}P_e}{\mathrm{d}\delta}\Delta\delta\right| \tag{5-114}$$

进一步可得

$$\frac{\left|\frac{\mathrm{d}P_1}{\mathrm{d}U}\Delta U\right|}{\left|\frac{\mathrm{d}P_1}{\mathrm{d}U}\Delta U\right|+\left|\frac{\mathrm{d}P_e}{\mathrm{d}\delta}\Delta\delta\right|}=\frac{\Delta P_v}{\Delta P_v+\Delta P_\delta}<\frac{k+1}{k+2} \tag{5-115}$$

由于 $k\in(0,+\infty)$，当同步失稳为主导失稳模式时，式(5-111)恒成立，因此有

$$\frac{\Delta P_v}{\Delta P_v+\Delta P_\delta}<\frac{1}{2} \tag{5-116}$$

根据式(5-110)和式(5-116)可定义主导失稳模式识别指标 S:

$$S=\frac{|\Delta P_v|}{|\Delta P_v|+|\Delta P_\delta|}=\frac{|\Delta P_e-\Delta P_\delta|}{|\Delta P_e-\Delta P_\delta|+|\Delta P_e-\Delta P_v|} \tag{5-117}$$

式中，主导性识别指标 S 可理解为线路上输送有功功率改变量 ΔP_e 曲线与分量曲线 ΔP_δ、ΔP_v 之间的几何距离。当系统失稳由同步失稳主导时，ΔP_e 曲线与 ΔP_δ 曲线之间的距离更小，两曲线的重合程度更高，说明 ΔP_e 主要由 ΔP_δ 引起，此时有 $0\leqslant S\leqslant\frac{1}{2}$；反之，当系统失稳由电压失稳主导时，$\Delta P_e$ 曲线与 ΔP_v 曲线之间的距离更小，两曲线的重合程度更高，说明 ΔP_e 主要由 ΔP_v 引起，此时有 $\frac{1}{2}<S\leqslant 1$。

考虑最极端的两种情况：当系统仅发生同步失稳时，电压相角差在增大的过程中各母线电压幅值基本稳定不变，相应的电压幅值变化量可以忽略不计，因此 $\Delta E=\Delta U\approx 0$，则有

S=0，此时 ΔP_e 全部由 ΔP_δ 引起；当系统仅发生电压失稳时，电压跌落的过程中电压相角差的变化量可以忽略不计，即 $\Delta\delta\approx 0$，则 S=1，此时 ΔP_e 全部由 ΔP_v 引起。

基于功率全微分的主导失稳模式判别虽然在一定程度上能够对电压失稳和同步失稳的主导性进行区分，但该方法的理论仍存在进一步提升的空间。根据 5.2.1 节的分析可知，系统中有功需求或无功需求与系统功率输送能力的不匹配都可能导致暂态电压失稳，而功率全微分中仅考虑了有功功率的不匹配，没有考虑无功功率的问题，因此可以从无功功率的角度进一步丰富基于功率全微分的主导失稳模式判别方法。

3. 基于分岔理论的暂态电压稳定分析

电力系统暂态电压稳定问题中，系统的数学模型通常可描述成如下的 DAEs 形式：

$$\begin{cases}\dot{\boldsymbol{x}}=\boldsymbol{f}(\boldsymbol{x},\boldsymbol{y})\\ \boldsymbol{0}=\boldsymbol{g}(\boldsymbol{x},\boldsymbol{y})\end{cases}\tag{5-118}$$

式中，$\boldsymbol{f}$ 定义为发电机及其励磁系统、负荷、HVDC、SVC 等的动态特性；$\boldsymbol{g}$ 为网络代数方程，即潮流模型；$\boldsymbol{x}$ 为系统状态变量，如发电机的角速度、功角；$\boldsymbol{y}$ 为系统代数变量，如各个母线下的电压 $\boldsymbol{u}$ 和相角 $\boldsymbol{\theta}$。

在系统保持稳态时，稳定工作点 $\boldsymbol{E}$ 满足如下条件：

$$\boldsymbol{E}=\left\{(\boldsymbol{x},\boldsymbol{y})\middle|\boldsymbol{f}(\boldsymbol{x},\boldsymbol{y})=\boldsymbol{0},\boldsymbol{g}(\boldsymbol{x},\boldsymbol{y})=\boldsymbol{0}\right\}\tag{5-119}$$

对式(5-118)，考虑微小增量 $\Delta\boldsymbol{x}$、$\Delta\boldsymbol{y}$ 并进行线性化处理可得

$$\begin{cases}\Delta\dot{\boldsymbol{x}}=\boldsymbol{f}_x\Delta\boldsymbol{x}+\boldsymbol{f}_y\Delta\boldsymbol{y}\\ 0=\boldsymbol{g}_x\Delta\boldsymbol{x}+\boldsymbol{g}_y\Delta\boldsymbol{y}\end{cases}\tag{5-120}$$

式中，$\boldsymbol{f}_x=\partial\boldsymbol{f}/\partial\boldsymbol{x}$；$\boldsymbol{f}_y=\partial\boldsymbol{f}/\partial\boldsymbol{y}$；$\boldsymbol{g}_x=\partial\boldsymbol{g}/\partial\boldsymbol{x}$；$\boldsymbol{g}_y=\partial\boldsymbol{g}/\partial\boldsymbol{y}$。

当 $\boldsymbol{g}_y$ 不奇异时，从式(5-120)中消去 $\Delta\boldsymbol{y}$ 变量，得到系统简化后的小扰动线性方程：

$$\Delta\dot{\boldsymbol{x}}=\left[\boldsymbol{f}_x-\boldsymbol{f}_y(\boldsymbol{g}_y)^{-1}\boldsymbol{g}_x\right]\Delta\boldsymbol{x}=\boldsymbol{A}\Delta\boldsymbol{x}\tag{5-121}$$

其中，$\boldsymbol{A}=\boldsymbol{f}_x-\boldsymbol{f}_y(\boldsymbol{g}_y)^{-1}\boldsymbol{g}_x$，通常称为系统状态矩阵，其特征值的实部决定系统在某个平衡点的稳定性。

关于 $\boldsymbol{A}$ 矩阵的详细分析将在第 6 章中展开，这里仅需要认识到式(5-121)的解决定了系统状态量 $\boldsymbol{x}$ 如何随时间变化。

式(5-121)是基于分岔理论分析电力系统暂态电压稳定的基础。此时，通常假设 $\boldsymbol{g}_y$ 不奇异。

否则，由式(5-120)的第二式可知，当 $\boldsymbol{g}_y$ 接近奇异时，$\Delta\boldsymbol{x}$ 的微小变化将导致 $\Delta\boldsymbol{y}$ 某些分量的无穷大变化，或者 $\Delta\boldsymbol{x}$ 的有限速度变化将导致 $\Delta\boldsymbol{y}$ 某些分量的无穷大速度变化。现有研究一般将 $\boldsymbol{g}_y$ 发生奇异的点称为奇异诱导分岔点，可用图 5-23 作几何解释。

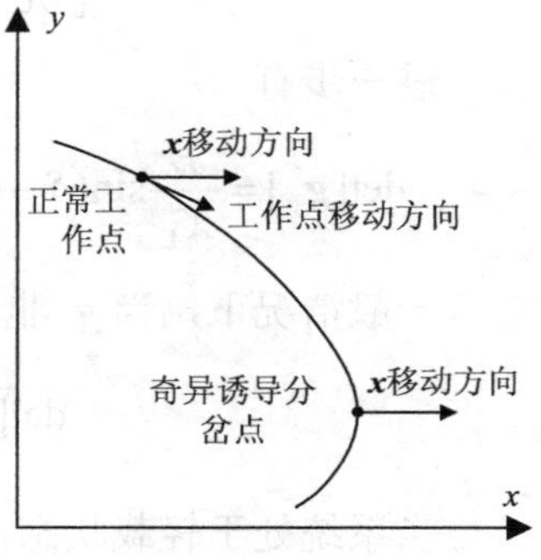

图 5-23　奇异诱导分岔示意图

图 5-23 中的曲线代表了式(5-118)中系统的代数方程。系统在运行过程中时刻满足代数方程的约束，即任意时刻系统

的状态都在代数方程所表示的曲线上。式(5-118)中的微分方程则表示了系统状态变量 $\boldsymbol{x}$ 的移动方向。在图中，$\boldsymbol{x}$ 的移动方向即 x 轴方向或逆 x 轴的方向。实际系统中由于 $\boldsymbol{x}$ 和 $\boldsymbol{y}$ 分别为状态向量和代数向量，因此图中代数约束的曲线在空间上实际上是一个约束面，$\boldsymbol{x}$ 的可移动范围也相应地被限制在约束面上。此处为方便讨论，相应的分析仍在二维平面上展开。

一般情况下，任意时刻系统状态在微分方程和代数约束的共同作用下沿代数约束曲线移动。随着系统运行点逐渐接近奇异诱导分岔点，代数约束曲线的切线逐渐垂直于 x 轴，在相同的 $\boldsymbol{x}$ 移动量下，$\boldsymbol{y}$ 要移动更多才能满足约束。当系统的状态点处在奇异诱导分岔点时，$\boldsymbol{x}$ 的移动方向和代数约束曲线的切线相垂直；此时无论 $\Delta\boldsymbol{y}$ 取多大的值，都无法满足 $\boldsymbol{x}$ 移动 $\Delta\boldsymbol{x}$ 的需求，即式(5-118)的微分-代数方程组无解。奇异诱导分岔点也称为僵死点(impasse point)。

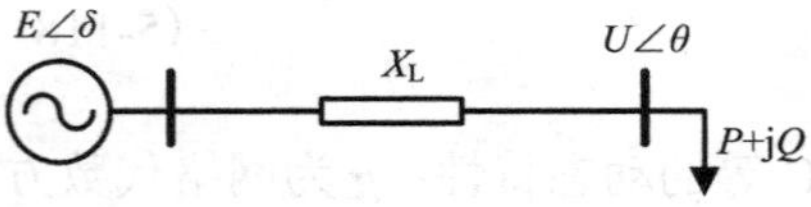

图 5-24　简单电力系统

进一步，可以从物理层面上解释奇异诱导分岔系统发生暂态电压失稳的机理。对于图 5-24 所示的简单电力系统，若发电机采用二阶模型，负荷采用恒功率模型，则系统微分方程为发电机的转子运动方程，如式(5-122)所示，系统代数方程为功率平衡方程，如式(5-123)所示。

$$\begin{cases}\dfrac{\mathrm{d}\delta}{\mathrm{d}t}=\omega_{\mathrm{B}}(\omega-1)\\[2mm]\dfrac{\mathrm{d}\omega}{\mathrm{d}t}=(P_{\mathrm{m}}-P_{\mathrm{e}}-D\omega)/T_{\mathrm{J}}\end{cases}\tag{5-122}$$

$$\begin{cases}P=\dfrac{EU}{X_{\mathrm{L}}}\sin(\delta-\theta)\\[2mm]Q=\dfrac{EU}{X_{\mathrm{L}}}\cos(\delta-\theta)-\dfrac{U^2}{X_{\mathrm{L}}}\end{cases}\tag{5-123}$$

根据式(5-123)可得，代数方程对代数变量的偏导数矩阵 $\boldsymbol{g}_y$ 为

$$\boldsymbol{g}_y=\begin{bmatrix}\dfrac{\partial P}{\partial U} & \dfrac{\partial P}{\partial\theta}\\[2mm]\dfrac{\partial Q}{\partial U} & \dfrac{\partial Q}{\partial\theta}\end{bmatrix}=\begin{bmatrix}\dfrac{E}{X_{\mathrm{L}}}\sin(\delta-\theta) & -\dfrac{EU}{X_{\mathrm{L}}}\cos(\delta-\theta)\\[2mm]\dfrac{E}{X_{\mathrm{L}}}\cos(\delta-\theta)-\dfrac{2U}{X_{\mathrm{L}}} & \dfrac{EU}{X_{\mathrm{L}}}\sin(\delta-\theta)\end{bmatrix}\tag{5-124}$$

进一步有

$$\det[\boldsymbol{g}_y]=\frac{E}{X_{\mathrm{L}}}\sin(\delta-\theta)\frac{EU}{X_{\mathrm{L}}}\sin(\delta-\theta)+\frac{EU}{X_{\mathrm{L}}}\cos(\delta-\theta)\left[\frac{E}{X_{\mathrm{L}}}\cos(\delta-\theta)-\frac{2U}{X_{\mathrm{L}}}\right]\tag{5-125}$$

一般情况下，当 $\boldsymbol{g}_y$ 非奇异时，式(5-123)恒成立，因此式(5-125)可进一步写为

$$\det[\boldsymbol{g}_y]=\frac{P^2}{U}+\frac{EQ}{X_{\mathrm{L}}}\cos(\delta-\theta)-\frac{EU^2}{X_{\mathrm{L}}^2}\cos(\delta-\theta)\tag{5-126}$$

当系统处于轻载状态，即负荷 P、Q 较小时，式(5-126)可简化为

$$\det[\boldsymbol{g}_y]=-\frac{EU^2}{X_{\mathrm{L}}^2}\cos(\delta-\theta)\tag{5-127}$$

由于 $(\delta-\theta)\in\left(0,\dfrac{\pi}{2}\right)$，$\cos(\delta-\theta)\in(0,1)$，因此式(5-127)不会出现奇异现象。而当负荷逐渐增大时，式(5-126)所示的 $\det[\boldsymbol{g}_y]$ 可能为 0，即 $\boldsymbol{g}_y$ 由于负荷的重载而产生奇异。因此，从这个角度来看，系统发生暂态电压崩溃在物理层面的原因是负荷功率过大，机端发出的功率无法支撑负荷正常工作，从而导致电压崩溃，这与前面暂态电压失稳机理分析所得出的结论是一致的。尽管当前电力系统中出现的暂态电压失稳大多是由于负荷的无功需求过大引起的，但从式(5-126)以及上述讨论中仍可以看出，负荷的有功和无功的需求都有可能引起暂态电压失稳，因此暂态电压稳定不仅与无功功率有关，而且与有功功率有关。

由于奇异诱导分岔是目前暂态电压稳定问题中公认的一种数学上的机理解释，因此有相当一部分研究也采用奇异诱导分岔作为判断电力系统暂态过程中是否发生电压失稳的方法。在对于式(5-118)所示的电力系统，系统的奇异点构成的集合可表示为如下的形式：

$$\boldsymbol{S}=\left\{(\boldsymbol{x},\boldsymbol{y})\middle|\,\boldsymbol{f}(\boldsymbol{x},\boldsymbol{y})=0,\boldsymbol{g}(\boldsymbol{x},\boldsymbol{y})=\boldsymbol{0},\det[\boldsymbol{g}_y]=\boldsymbol{0}\right\} \tag{5-128}$$

在状态变量和代数变量所构成的空间中，式(5-128)所示的集合形成了一个超平面，称为奇异面。根据奇异面的定义，判断电力系统是否发生暂态电压失稳可转化为判断系统受扰后的运动轨迹是否触及奇异面。

利用分岔理论进行暂态电压稳定分析时，需要结合动态分析的方法加以实施，如图 5-25 所示。

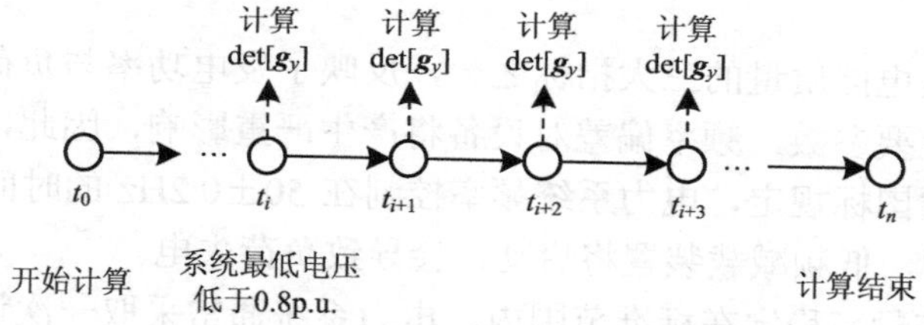

图 5-25　基于分岔理论的暂态电压稳定分析流程

具体的分析方法如下。

(1) 对待分析系统进行持续的机电暂态仿真计算；

(2) 在时域计算过程中，若某时刻系统最低电压低于某阈值，如 0.8p.u.，则根据式(5-126)计算之后系统每个时刻代数方程关于代数变量的雅可比矩阵行列式，并据此判断系统暂态电压稳定：

①若 $\det[\boldsymbol{g}_y]\neq 0$，说明系统轨迹没有触及奇异面，系统暂态电压稳定；

②若 $\det[\boldsymbol{g}_y]\to 0$，说明系统轨迹靠近奇异面，系统将发生暂态电压失稳。

基于分岔理论的暂态电压稳定分析方法不仅适用于传统以同步发电机为主体的电力系统，而且适用于以新能源为主体的电力系统的暂态电压稳定研究。近年来，已有部分研究在小系统上证实了该方法的可行性，但在大系统中其可行性仍待验证。

此外，从系统暂态失稳演化的角度来看，电压崩溃问题可以分为单纯的电压崩溃和由同步稳定问题引发的电压崩溃两种类型，与基于能量函数法的暂态稳定分析一样存在系统失稳主导性识别问题。而基于分岔理论的暂态电压稳定分析实际上是在实时计算代数方程组雅可比矩阵是否出现奇异，因此无法对系统失稳的主导性进行识别。

在失稳的主导性识别方面，有研究者提出了一种将动态分析法、能量函数法以及奇异诱导分岔法相结合的暂态电压稳定分析方法。该方法认为电力系统的稳定边界由势能边界面以及奇异面构成，具体的分析步骤如下：

(1) 通过 PEBS 法由持续故障轨迹计算系统在主导不稳定平衡点处的临界能量 V_{cr}。

(2) 计算故障清除时刻系统的能量 V_{cl}。

(3) 若 $V_{cl}<V_{cr}$，则故障后系统暂态同步稳定，此时需要进行故障清除后的动态分析，判断系统运行轨迹是否碰到奇异面。如果碰到奇异面则发生暂态电压失稳，否则系统暂态电压稳定。

(4) 若 $V_{cl}\geqslant V_{cr}$，则需要进行故障清除后的动态分析，同时计算每一时步的暂态能量，判断系统运行轨迹是否碰到奇异面以及暂态能量是否达到临界能量。如果系统暂态轨迹与奇异面相交，则系统发生暂态电压失稳；如果系统暂态轨迹中的某一点的势能达到了临界能量，则系统发生暂态同步失稳；如系统暂态轨迹不与奇异面相交，并且其势能没有超过临界能量，则系统暂态电压稳定。

上述做法考虑了暂态电压稳定与暂态同步稳定的耦合以及演化，并已在小系统中验证其有效性，但在大系统中其有效性仍待进一步考证。

5.3　暂态频率稳定分析

电力系统频率是电能质量的三大指标之一，反映了发电功率与负荷之间的平衡关系，是电力系统运行的重要参数。频率偏差对设备将产生严重影响，因此，电力系统一般对频率有控制要求。我国国标规定，电力系统频率控制在 50±0.2Hz 的时间应在 80%以上，当频率低于 49.25Hz 时，低频减载装置将启动，会导致负荷失电。

为控制电力系统频率稳定在标准范围内，电力系统通常采取一次调频、二次调频等控制措施。然而，电力系统的一、二次调频属于准稳态控制的范畴。当电力系统受扰导致系统频率下降到一定程度时，发电机组将与系统解列，这又会造成发电功率降低，引起系统频率进一步降低，产生恶性循环，最终导致电力系统发生频率崩溃，即电力系统出现暂态频率稳定问题。

解决电力系统暂态频率稳定问题需要在暂态过程中快速补偿由扰动引起的功率不平衡量，除采用具有高响应速率的一次调频控制外，电力系统的惯性将起到至关重要的作用。对传统电力系统来说，系统惯性与旋转电机转子质量有关。随着新能源的广泛接入和电力电子装备的大量应用，传统与电网直接相连的旋转设备逐步转变为通过电力电子变换器并网，这导致系统旋转惯性下降，暂态频率稳定问题突出。在第 1 章中提及的多起大规模停电事件表明，新能源电力系统的暂态频率稳定问题已经严重影响系统正常运行。

在研究电力系统暂态频率稳定问题时，主要关心以下两大要素：

(1) 频率在暂态过程中是否会低于某个阈值，然后引发低频减载；

(2) 频率跌落的速度是否高于某个阈值，以至于还来不及低频减载，发电机就已经因为低频保护被切除，继而引发频率崩溃。

研究上述问题的主流分析方法为动态分析法，即通过求解系统的动态特性观察频率响应是否满足暂态过程的要求。然而，频率在暂态过程中具有时空分布特性，若要采用动态分析法回答每个节点是否存在暂态频率稳定问题，需要穷举所有的故障可能性，并扫描每个节点的频率最低点，这给该方法的实际应用带来了极大困难。

从动力学系统分析的角度出发，由于电力系统具有惯性，因此系统受扰后的频率响应与惯性大小有关。若系统惯性足够大，则系统频率降落到最低点之前，低频减载和一次调频都将发挥作用，从而可有效避免系统频率发生崩溃。因此，通过评估电力系统惯性即可评估电力系统暂态频率稳定性，这种分析思路被称为惯性评估法。本节将简要介绍惯性评估法的基本原理和实施方法。

5.3.1　暂态频率稳定的惯性评估法

1. 惯性评估法基本原理

1) 惯性原理

物理学指出，惯性是物体的一种固有属性，表现为物体抵抗其当前运动状态变化的能力。对电力系统来说，惯性也是一种固有属性，表现为系统阻碍其状态变化的能力。

电力系统的状态可用系统中节点电气量、支路电气量及源荷等设备内部状态量表征。其中，节点电气量是核心状态量。当已知节点电气量时，根据支路参数，即可根据欧姆定律求出支路电气量。同时，元件内部状态量不一而足。元件内部状态的变化可体现在并网节点电气量的变化上。

电力系统节点电气量包括电压和电流，两者关系由节点电压方程给出。已知节点电压，可求解节点电流。因此，电力系统的状态可由系统中节点电压状态表征。同时，节点电压正弦波由幅值、频率、相位确定。系统受扰后，节点电压的幅值、频率、相位均发生变化。由电压正弦量叠加性质可知，幅值变化不一定引起频率和相位变化，相位变化不一定引起频率变化，而频率变化时会导致幅值和相位均发生变化。因此，可使用频率来表征系统状态的变化，将电力系统的惯性定义为系统阻碍其频率变化的能力。

2) 频率估计方法

对处于稳态运行的电力系统，受扰后节点状态的改变均可等效为节点注入功率改变所致。节点注入功率包括有功分量和无功分量。其中，有功分量与节点电压相位强相关，相位与频率强相关。无功分量与节点电压幅值强相关。因此，惯性体现在节点注入有功功率-频率动态过程中。

考虑暂态频率稳定问题关注的是频率在暂态过程中的最低点和频率跌落的速度，那么即可由有功功率频率动态特性，即功频动态特性，近似估计频率最低点和频率跌落速率。注意到，功频动态特性的一阶关系体现了系统阻碍频率变化的能力，即系统的惯性。因此，可以通过评估系统惯性的大小来估计系统中每个节点的频率变化情况。

同时，考虑到系统受扰后的动态过程中，系统各类动态元件将通过注入功率变化的方式阻碍系统频率的变化。因此，除上述功频动态特性的一阶关系外，还需要评估各类动态过程是否有足够容量使之能够按照自身的功频特性持续释放足够的功率来支撑系统频率稳定，即评估系统在暂态过程中和惯性有关的电量情况。

将上述与惯性有关的电量称为惯量。惯量的作用是阻碍系统受扰后的频率变化，其作用效果与惯量大小及其释放速度有关。传统电力系统惯量主要是旋转电机提供的旋转惯量，其来源于旋转电机质量块储存的旋转动能，这种惯量称为固有惯量，由设备的自然特性决定。在高比例电力电子电力系统中，除同步发电机外，装有虚拟惯性控制、虚拟同步机等附加控制的新能源发电及储能装置也能提供等效惯量，其来源于风机“隐藏”的旋转动能或储能装置储存的各种形式的能量，这种惯量可称为虚拟或合成惯量，由设备的控制特性决定。

系统受扰后惯量源将按照功频动态特性释放惯量，形成功率和频率的动态响应过程。如果按照一阶惯性环节拟合功频动态特性，则一阶环节的系数称为惯性时间常数。对于旋转同步电机来说，惯性时间常数与电机的容量和惯量之间有如下关系：

$$H_{\text{gen}} = \frac{E_{\text{n}}}{S_{\text{gen}}} \tag{5-129}$$

其中，H_{gen}为同步机惯性时间常数；E_{n}为同步机额定转速时储存的旋转动能；S_{gen}为同步机额定容量。

对并网电力电子设备来说，考虑沿用上述关系进行惯量估计，则根据系统整体惯量守恒有

$$E_{\text{sys}} = \sum_{i=1}^{n} E_i \tag{5-130}$$

此时，电力系统等效惯性时间常数为

$$H_{\text{sys}} = \frac{\sum_{1}^{n} H_{\text{gen},i} S_{\text{gen},i} + \sum_{1}^{m} H_{\text{vir},j} S_{\text{vir},j} + H_{\text{dem}} S_{\text{dem}}}{S_{\text{sys}}} \tag{5-131}$$

式中，H_{sys}、$H_{\text{gen},i}$、$H_{\text{vir},j}$和H_{dem}分别表示系统等效惯性时间常数、同步机i惯性时间常数、虚拟惯量j等效惯性时间常数和负荷侧等效惯性时间常数；S_{sys}、$S_{\text{gen},i}$、$S_{\text{vir},j}$和S_{dem}分别表示系统额定容量、同步机i额定容量、虚拟惯量j额定容量和负荷侧额定容量。对于传统电力系统来说，其惯量主要来自同步机旋转惯量，其等效惯性时间常数可以表示为

$$H_{\text{sys}} = \sum_{i=1}^{n} \frac{H_i S_i}{S_{\text{sys}}} \tag{5-132}$$

式(5-132)即为电力系统分析中常见的惯性等效公式。

将系统等效惯性时间常数H_{sys}与低频减载的启动时间H_{T}进行比较。若$H_{\text{sys}}<H_{\text{T}}$，则说明系统频率跌落速率快于低频减载措施的启动速度，系统有暂态频率失稳风险；若$H_{\text{sys}}>H_{\text{T}}$，还需要进一步分析系统在暂态过程中能否释放出足够的惯量使上述由一阶功频动态特性推导出的H_{sys}成立。

同步发电机转子旋转动能与转子之间存在如下关系：

$$E_{\text{n}} = J\Omega_{\text{N}}^2/2 \tag{5-133}$$

其中，Ω_{N}为同步发电机额定机械转速；J为转动惯量。由此，当系统频率跌落到频率最低点$f_{\min}$=49.25Hz时，同步发电机释放的惯量为

$$\Delta E_{\text{sg}} = \frac{1}{2} J\omega_{\text{N}}^2 - \frac{1}{2} J(2\pi f_{\min})^2 \tag{5-134}$$

对并网电力电子设备来说，由一阶功频动态特性中的惯性时间常数可估计出系统频率跌落到 49.25Hz 时设备所释放的惯量为

$$\Delta E_{\text{ag}} = \frac{1}{2}J\omega_{\text{N}}^2 - \frac{1}{2}J(2\pi \times 49.25)^2 \tag{5-135}$$

根据式(5-134)和式(5-135)可得，当系统频率跌落到 49.25Hz 时，系统所有设备释放的惯量总和 ΔE_{sys} 为

$$\Delta E_{\text{sys}} = \frac{1}{2}J\omega_{\text{N}}^2 - \frac{1}{2}J(2\pi f_{\min})^2 \tag{5-136}$$

系统频率跌落到 49.25Hz 时实际释放的惯量可用式(5-137)计算：

$$\Delta E = E_{\text{s}} - \int_0^t P_0 \text{d}t \tag{5-137}$$

式中，E_{s} 为系统中各惯量源储存的可用惯量；P_0 为 0～t 时刻各惯量源按照扰动前的功率注入条件向系统提供的有功功率。

将 ΔE_{sys} 与 ΔE 进行比较，若 $\Delta E_{\text{sys}} < \Delta E$，则说明系统频率在跌落至频率最低点过程中，系统实际能提供的惯量支撑大于系统的惯量需求，系统能够保持暂态频率稳定；若 $\Delta E_{\text{sys}} > \Delta E$，则说明系统频率在跌落至频率最低点过程中，系统实际能提供的惯量支撑小于系统的惯量需求，系统将可能出现暂态频率失稳问题。

在如图 5-26 所示的 IEEE 39 节点系统中对上述惯量估计方法的准确性进行测试。

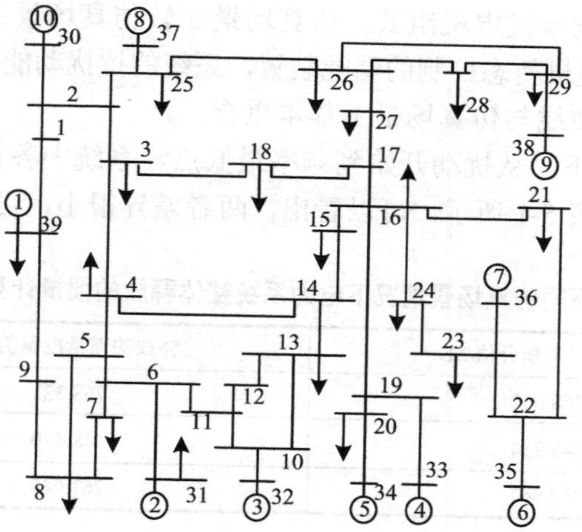

图 5-26　IEEE 39 节点系统

设置三个仿真场景，场景 1 中所有机组均为同步发电机，即无新能源渗透；场景 2 中 8 号和 9 号同步发电机同时退出运行，分别替换成相同出力的风力发电机组，即分别替换成 90 台和 139 台并联运行的 6MW 风机；场景 3 在场景 2 的基础上于 37 号母线处加入一台储能装置。

将 28 号母线上连接负荷的有功功率由 206MW 突增一倍，变为 412MW。在此功率缺额下，分别对上述 3 种仿真场景下的系统进行 50s 时域仿真，分别使用式(5-136)和式(5-137)计算释放的惯量，对比误差，并分别计算上述 3 种仿真场景下的系统各惯量源以及整体的

惯量释放水平。图 5-27 给出了 3 种仿真场景下仿真系统的频率变化曲线。

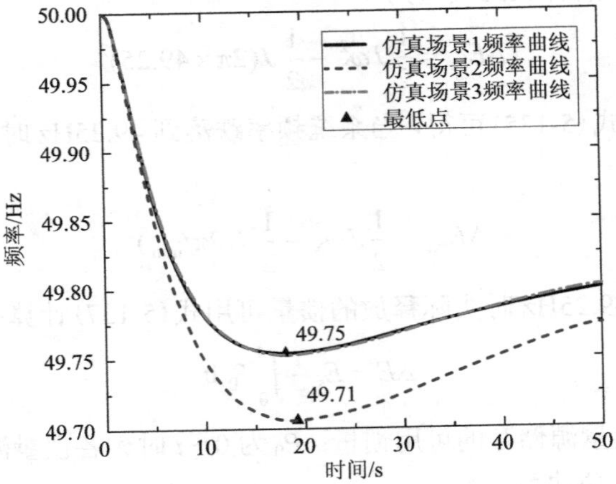

图 5-27　不同仿真场景情况下系统频率变化曲线对比图

由图 5-27 可知，对于仿真场景 1，系统频率在 18s 到达最低点，最低频率为 49.75Hz；对于仿真场景 2，系统频率在 19s 到达最低点，最低频率为 49.71Hz；对于仿真场景 3，系统频率在 18s 到达最低点，最低频率为 49.75Hz。通过对比仿真场景 2 与仿真场景 1 频率最低点可知，系统中新能源节点仅加入定有功功率稳态控制和常规 PI 暂态控制时，系统抗扰动能力比同等条件下的同步发电机组低；仿真场景 3 较仿真场景 2 增加了一台定有功功率稳态控制和虚拟同步发电机暂态控制的储能装置，系统的抗扰动能力基本恢复至仿真场景 1 的水平，系统频率变化曲线与仿真场景 1 基本重合。

上述 3 种仿真场景下，从扰动开始到频率最低点，系统中各惯量源的惯量实际释放量积分值与度量值对比如表 5-1 所示。可以看出，两者差异很小，可由度量值进行稳定判别。

表 5-1　不同仿真场景情况下电力系统整体释放的惯量计算结果对比

场景	释放的惯量积分值/MJ	释放的惯量度量值/MJ	偏差/%
1	768.062	768.321	0.034
2	848.234	848.470	0.028
3	767.867	767.046	0.107

2. 功率频率动态特性

电力系统节点注入有功功率与频率之间的功频动态特性可用如下高阶多项式来表征：

$$\Delta P + g_1\frac{\mathrm{d}\Delta P}{\mathrm{d}t} + g_2\frac{\mathrm{d}^2\Delta P}{\mathrm{d}t^2} + \cdots + g_m\frac{\mathrm{d}^m\Delta P}{\mathrm{d}t^m} = k_0\Delta f + k_1\frac{\mathrm{d}\Delta f}{\mathrm{d}t} + k_2\frac{\mathrm{d}^2\Delta f}{\mathrm{d}t^2} + \cdots + k_n\frac{\mathrm{d}^n\Delta f}{\mathrm{d}t^n} \tag{5-138}$$

其中，k_0 体现了稳态情况下单位功率变化导致的频率变化量，称为下垂系数，或功频静特性系数；高阶微分项体现了功频特性的动态过程。特别地，若将上述过程用一个一阶惯性环节等效，即

$$\Delta P = k_0 \Delta f + k_1 \frac{\mathrm{d}\Delta f}{\mathrm{d}t} \tag{5-139}$$

那么有

$$h = \frac{k_1}{2k_0} \tag{5-140}$$

其中，h 称为上述过程的惯性系数，也称为上述过程的等效惯性时间常数。

在电力系统中，不同功率源的频域功频动态特性表达不同。对与电网直接相连的旋转设备，其频域功频动态特性体现出机械过程等自然功频特性；对采用电力电子逆变器并网的设备，其频域功频动态特性将体现出控制特性。下面分别讨论。

1) 同步发电机功频动态特性

将式(5-138)在频域范围进行表达，对其做拉普拉斯变换有

$$G(s) = \frac{\Delta f(s)}{\Delta P(s)} = \frac{1 + g_1 s + g_2 s^2 + \cdots + g_m s^m}{k_0 + k_1 s + k_2 s^2 + \cdots + k_n s^n} \tag{5-141}$$

式(5-141)即同步发电机节点注入功率与节点频率之间的频域功频动态特性表达式。此处将功频动态特性表达成功率为自变量、频率为因变量的形式，是为了体现同步发电机节点处注入功率与频率变化的因果关系。

带有阻尼特性的同步发电机转子运动方程为

$$P_{\mathrm{m}} - P_{\mathrm{e}} = 2H \frac{\mathrm{d}\omega}{\mathrm{d}t} + D\omega \tag{5-142}$$

考虑系统受扰后机械环节的死区效应，则上述方程对应的频域功频动态特性为

$$\frac{\Delta f(s)}{\Delta P(s)} = \frac{1}{2Hs + D} \tag{5-143}$$

其中，功率增量由电磁功率提供。若考虑系统进入一次调频控制时段，则需要考虑一次调频控制环节引起的机械量变化，此时系统功频动态特性需要引入一次调频控制的各类 PID 环节，由此可还原为式(5-141)的高阶特性函数。

值得一提的是，上述转子运动方程中，发电机转子转速的积分对应发电机内电势功角，因此上述同步发电机功频动态特性体现的是同步发电机内电势节点的功频动态特性。当同步发电机并网后，并网节点的功率特性还需要根据后面无功率源注入的情况进一步计算得到。

2) 电力电子逆变器网侧功频动态特性

电力电子逆变器网侧控制可分为构网型控制和跟网型控制两类。构网型逆变器根据自身控制特性建立具有自主相位的电压源，其虚拟内电势节点的功频动态特性与同步发电机内电势节点特性相似；跟网型逆变器采用锁相环控制，逆变器输出虚拟内电势节点的相位始终跟随并网点的相位，相应的频率与并网点频率之间的差异由控制环路动态过程引起。尽管两种类型的逆变器在控制特性上有差异，但如果从并网端口对逆变器进行整体观察，其并网节点处的功频动态特性仍可以用式(5-141)刻画。需要注意的是，由于构网型逆变器与同步发电机功频动态特性相似，因此采用式(5-141)刻画的功频动态特性符合物理意义。对于跟网型逆变器，在功频动态特性中，频率是自变量而功率是因变量，因此虽然能够采用式(5-141)描述功频动态特性，但在具体分析时需要注意频率和功率之间的因果关系。

电力电子逆变器网侧控制包括内部 PI 控制和外部稳态及暂态控制，又称为双环控制。其中，外环控制逆变器输出的稳态和动态外特性，根据稳态控制目标设定功率、电压、频率等参考值并引入相应的反馈量，通过动态环节生成逆变器输出电流参考值；内环通过 PI 环控制逆变器输出电流跟踪其参考值。相关控制环节的详细介绍见附录 A，此处不再赘述。

在外环控制中，稳态控制可分为恒功率控制、有功类下垂控制及恒频率控制；暂态控制则包括虚拟同步发电机控制(VSG 控制)、虚拟惯量控制等。一般来说，构网型逆变器可选用任意稳态或暂态控制策略进行组合，而跟网型逆变器一般仅包含稳态的恒功率控制或有功类下垂控制。当系统发生功率扰动时，逆变器网侧控制的最终目标取决于稳态控制，而逆变器状态从初始点到目标运行点的动态过渡过程则主要取决于暂态控制。此外，逆变器内环 PI 控制也会对动态过渡过程有影响。下面分别讨论。

(1)逆变器稳态控制。

若逆变器稳态采用下垂控制，其并网节点的功频静态特性表现为一条定斜率的直线，相当于将式(5-141)中 $k_1 \sim k_n$、$g_1 \sim g_m$ 置零，此时 k_0 为下垂系数。

若逆变器稳态采用恒功率控制，其并网节点的功频静态特性表现为一条平行于频率轴的直线，此时无论频率如何变化，功率都不改变。这类控制方法常用于源测最大功率跟踪模式，相当于式(5-141)中 k_0 置零。

若逆变器稳态采用恒频率控制，其并网节点的功频静态特性表现为一条平行于功率轴的直线，此时频率被钳位在一个固定的值上，相当于无穷大电源。这类控制方法常用于经柔性直流并入大电网的送端电网源测控制。此时相当于式(5-141)中 k_0 为无穷大。当然，在实际系统中，k_0 不可能为无穷大，此时可取 k_0 为一大值，相当于让大电网承担送端电网大部分功率波动。

(2)逆变器暂态控制。

若暂态控制采用 VSG 控制，则需要在常规 PI 控制双环外侧引入类似同步发电机转子运动方程的一阶惯性环节：

$$J_{\mathrm{V}} \frac{\mathrm{d}\omega_{\mathrm{V}}}{\mathrm{d}t} = P_{\mathrm{ref}} - P_{\mathrm{e}} + D_{\mathrm{V}}\left(\omega_{\mathrm{ref}} - \omega_{\mathrm{V}}\right) \tag{5-144}$$

其中，J_{V} 为虚拟转动惯量；D_{V} 为虚拟阻尼系数；P_{ref}、P_{e} 分别为 VSG 的参考功率值和实测电磁功率值；ω_{ref}、ω_{V} 分别为 VSG 的转速参考值和实测转速。

若引入虚拟惯量控制，则可以建立 J_{V} 与反馈量之间的函数关系。例如，其中一种函数关系可以表达为

$$J_{\mathrm{V}} = \begin{cases} g\left(\dfrac{\mathrm{d}\omega_{\mathrm{V}}}{\mathrm{d}t}, \omega_{\mathrm{ref}} - \omega_{\mathrm{V}}\right), & \left|\omega_{\mathrm{ref}} - \omega_{\mathrm{V}}\right| > \omega_{\mathrm{th}} \\ J_{\mathrm{V0}}, & \left|\omega_{\mathrm{ref}} - \omega_{\mathrm{V}}\right| \leqslant \omega_{\mathrm{th}} \end{cases} \tag{5-145}$$

其中，g 为虚拟转动惯量 J_{V} 与频率变化率 $\mathrm{d}\omega_{\mathrm{V}}/\mathrm{d}t$ 和频率偏差量 $\omega_{\mathrm{ref}} - \omega_{\mathrm{V}}$ 的函数关系式；当 ω_{V} 与参考值偏差大于阈值 ω_{th} 时，虚拟转动惯量按照 g 变化。进一步引入稳态控制，例如，下垂控制：

$$P_{\mathrm{ref}} = P'_{\mathrm{ref}} + K_{\mathrm{p}}\left(\omega_{\mathrm{ref}} - \omega_{\mathrm{V}}\right) \tag{5-146}$$

其中，K_{p} 为虚拟下垂系数；P'_{ref} 为计及下垂控制后 VSG 的参考功率值。然后将式(5-144)

和式(5-146)整合，可得

$$J_{\mathrm{V}}\frac{\mathrm{d}\omega_{\mathrm{V}}}{\mathrm{d}t}=P_{\mathrm{ref}}-P_{\mathrm{e}}+D_{\mathrm{Veq}}\left(\omega_{\mathrm{ref}}-\omega_{\mathrm{V}}\right) \tag{5-147}$$

其中，$D_{\mathrm{Veq}}=D_{\mathrm{V}}+K_{\mathrm{p}}$为整合后的虚拟阻尼系数，其包含稳态下垂控制的作用。此时，式(5-145)与式(5-147)就构成了基于下垂控制、虚拟同步机控制和虚拟惯量控制的逆变器稳态和暂态控制组合。在上述多种控制综合作用下，并网逆变器虚拟内电势节点的功频动态特性具有式(5-141)的特点。

3) 其他功率源功频动态特性

除同步发电机和并网逆变器外，实际电网还存在负荷等功率源。若不计负荷动态特性，负荷的有功功率与频率的静态关系可以表示为

$$P_{\mathrm{f}}=P_{\mathrm{f0}}\left[a_0+a_1\left(\frac{f}{f_0}\right)+a_2\left(\frac{f}{f_0}\right)^2+\cdots+a_n\left(\frac{f}{f_0}\right)^n\right] \tag{5-148}$$

其中，P_{f0}为当频率等于额定频率f_0时的有功负荷；a_i为负荷中与频率的i次方成正比的负荷在总负荷中所占比例，且系数a_i满足：

$$a_0+a_1+a_2+\cdots+a_n=1 \tag{5-149}$$

若计及负荷动态特性，也可以根据负荷节点的控制方式或自然特性建立与跟网或构网型逆变器功频动态特性类似的高阶传递函数动态特性表达式。

3. 电力系统等效惯性分析

根据上述讨论可知，实际系统中各类功率源注入节点的功频动态特性都可以表示为式(5-150)所示的功率变化量与频率变化量的高阶关系。

$$G(s)=\frac{\Delta f(s)}{\Delta P(s)}=\frac{1+g_1s+g_2s^2+\cdots+g_ms^m}{k_0+k_1s+k_2s^2+\cdots+k_ns^n} \tag{5-150}$$

在暂态频率稳定分析中，往往关心的是频率跌落过程中的最低点以及频率跌落过程中的频率变化率，即频率变化的趋势线。而式(5-150)描述的功频特性曲线除了频率变化的基本趋势外，还会在基本趋势上附加频率的高频分量，这将给暂态频率稳定分析带来困难。为简化分析，可采用一阶环节对式(5-150)进行降阶等效，以获取暂态频率变化的基本趋势。

在实际进行降阶等效求取系统功频特性的一阶等效关系时，存在两个层次的等效。首先，由于实际电力系统量测条件的限制，实际的高阶功频特性无法通过量测数据进行辨识，一般只能辨识得到一个比式(5-150)低阶的传递函数。其次，在低阶传递函数的基础上，进一步利用降阶等效原理求得类似式(5-139)的系统一阶功频动态特性，在此一阶功频动态特性基础上根据式(5-140)计算出的系数h即待求取的等效惯性时间常数。下面对降阶等效原理进行介绍。

1) 降阶等效的基本原理

二阶集结法是已知系统物理模型的降阶方法。考虑如下电力系统动态模型：

$$\begin{aligned}\boldsymbol{x}&=\boldsymbol{A}\boldsymbol{x}+\boldsymbol{B}\boldsymbol{u}\\ \boldsymbol{y}&=\boldsymbol{C}\boldsymbol{x}\end{aligned} \tag{5-151}$$

其中，$\boldsymbol{x}$ 是系统状态变量；$\boldsymbol{u}$、$\boldsymbol{y}$ 分别是系统输入和输出变量；系数矩阵 $\boldsymbol{A}$、$\boldsymbol{B}$、$\boldsymbol{C}$ 是常数矩阵。

假设矩阵 $\boldsymbol{A}$ 的阶数是 n，且具有 n 个互异的特征值，则存在一个可逆矩阵 $\boldsymbol{M}$ 使得

$$\boldsymbol{M}^{-1}\boldsymbol{A}\boldsymbol{M}=\boldsymbol{\Lambda} \tag{5-152}$$

其中，$\boldsymbol{\Lambda}=\mathrm{diag}\{\lambda_i\}$ 是矩阵 $\boldsymbol{A}$ 的 n 个特征值组成的对角矩阵；矩阵 $\boldsymbol{M}=[m_1\ m_2\cdots m_n]$ 称为矩阵 $\boldsymbol{A}$ 的模态矩阵；$m_1,m_2,\cdots,m_n$ 为 $\boldsymbol{A}$ 关于 $\lambda_1,\lambda_2,\cdots,\lambda_n$ 的特征向量。

若定义新的变换 $\boldsymbol{x}=\boldsymbol{M}\boldsymbol{z}$，则系统输出方程变为

$$\boldsymbol{y}=\boldsymbol{C}\boldsymbol{M}\boldsymbol{z} \tag{5-153}$$

假设系统输出 $\boldsymbol{y}$ 对于第 j 个模式的可观性很小或输入 $\boldsymbol{u}$ 对第 j 个模式的可控性很小，那么就可以在降阶模型中忽略该模式的作用。将 z 分为有作用的模式 z_{oc} 和作用很小的模式 z_{uoc}，则系统状态矩阵可进行如下拆分：

$$z=\begin{bmatrix} z_{\mathrm{oc}} \\ z_{\mathrm{uoc}} \end{bmatrix}=\begin{bmatrix} \boldsymbol{\Lambda}_{\mathrm{oc}} & \\ & \boldsymbol{\Lambda}_{\mathrm{uoc}} \end{bmatrix}\begin{bmatrix} z_{\mathrm{oc}} \\ z_{\mathrm{uoc}} \end{bmatrix}+\begin{bmatrix} \boldsymbol{N}_{\mathrm{oc}}^{\mathrm{T}} \\ \boldsymbol{N}_{\mathrm{uoc}}^{\mathrm{T}} \end{bmatrix}\boldsymbol{B}\boldsymbol{u} \tag{5-154}$$

其中，$\boldsymbol{\Lambda}_{\mathrm{oc}}$ 表示有作用模式；$\boldsymbol{\Lambda}_{\mathrm{uoc}}$ 表示作用很小的模式；$\boldsymbol{N}^{\mathrm{T}}_{\mathrm{oc}}=[\boldsymbol{n}^{\mathrm{T}}_1,\cdots,\boldsymbol{n}^{\mathrm{T}}_p]^{\mathrm{T}}$ 表示有作用模式对应的左特征矩阵；$\boldsymbol{N}^{\mathrm{T}}_{\mathrm{uoc}}=[\boldsymbol{n}^{\mathrm{T}}_{p+1},\cdots,\boldsymbol{n}^{\mathrm{T}}_n]^{\mathrm{T}}$ 表示作用很小模式对应的左特征矩阵。此时，降阶系统对应的状态方程如下：

$$\begin{aligned} z_{\mathrm{oc}} &= \boldsymbol{\Lambda}_{\mathrm{oc}} z_{\mathrm{oc}} + \boldsymbol{N}_q^{\mathrm{T}}\boldsymbol{B}\boldsymbol{u} \\ \boldsymbol{y} &= \boldsymbol{C}\boldsymbol{M}_q z_{\mathrm{oc}} \end{aligned} \tag{5-155}$$

2) 降阶等效的误差分析

从频域角度考虑单输入单输出系统 $G(s)$。假设特征方程无重根，$G(s)$ 的传递函数可以写成：

$$G_{ij}(s)=\sum_{k=1}^{n}\frac{R_k}{s-\lambda_k} \tag{5-156}$$

其中，$R_k=\boldsymbol{C}\boldsymbol{m}_k\boldsymbol{n}_k^{\mathrm{T}}B$ 为对应特征值 λ_k 的留数；$\lambda_k=\sigma_k+\mathrm{j}\omega_k$，$\sigma_k$ 越小对应该特征值模式的阻尼越大。不失一般性地，假设 $|R_1|\geqslant|R_2|\geqslant\cdots\geqslant|R_n|$，当模式 λ_k 不可控或不可观时，留数 R_k 等于零。

假设系统降为 r 阶，降阶后的系统 $G_r(s)$ 为

$$G_r(s)=\sum_{i=1}^{r}\frac{R_i}{s-\lambda_i} \tag{5-157}$$

如果 $R_{r+1}=R_{r+2}=\cdots=R_n=0$，自然有 $G_r(s)=G(s)$。如果 $R_{r+1}\neq 0$，则降阶模型与实际系统间的误差为

$$\Delta G(s)=G(s)-G_r(s)=\sum_{i=r+1}^{n}\frac{R_i}{s-\lambda_i} \tag{5-158}$$

该误差是被舍去的模式所引入的误差之和，可以分别用 H_∞ 范数和 H_2 范数来评估。传递函数 $G(s)$ 的 H_∞ 范数定义为

$$\|G(s)\|_\infty=\sup_{\omega}[G^*(\mathrm{j}\omega)G(\mathrm{j}\omega)]^{1/2} \tag{5-159}$$

用 H_∞范数来评估模型误差，可以考察模型误差的幅频响应的峰值。模式 λ_i 在 $G(s)$中对应项为 $R_i/(s-\lambda_i)$，该项在频域上的最大幅值为$|R_i|/|\sigma_i|$，舍去该模式所带来误差的 H_∞范数即为$|R_i|/|\sigma_i|$。由于各模式对应幅频上的峰值不出现在同一频率，因此式(5-157)所示误差的 H_∞范数的上限和近似的下限为

$$\max_{i=r+1,\cdots,n}\{|R_i|/|\sigma_i|\} \leqslant \|\Delta G(s)\|_\infty \leqslant \sum_{i=r+1}^{n}|R_i|/|\sigma_i| \tag{5-160}$$

一般系统中该下限更接近误差的真实值。

传递函数 $G(s)$的 H_2 范数定义为

$$\|G(s)\|_2 = \left[\frac{1}{2\pi}\int_{-\infty}^{\infty} G^*(\mathrm{j}\omega)G(\mathrm{j}\omega)\mathrm{d}\omega\right]^{1/2} \tag{5-161}$$

由 Plancherel 定理可知：

$$\|G(s)\|_2^2 = \int_{-\infty}^{\infty} G^*(t)G(t)\mathrm{d}t \tag{5-162}$$

式(5-162)右边即对应 $G(s)$的拉普拉斯反变换信号的能量。因此，用 H_2 范数来评估模型误差，可以反映在整个频谱范围内误差的总体大小，同时也对应模型与实际系统间单位冲激响应之差的能量。

模式 λ_i 对应项 $R_i/(s-\lambda_i)$的 H_2 范数的平方为

$$\|(\lambda_i)\|_2^2 = \begin{cases} -\dfrac{(\mathrm{Re}\{R_i\}|\lambda_i|)^2 + (\mathrm{Re}\{R_i\lambda_i^*\})^2}{\sigma_i|\lambda_i|^2}, & \mathrm{Im}\{\lambda_i\} \neq 0 \\ -\dfrac{R_i^2}{2\sigma_i}, & \mathrm{Im}\{\lambda_i\} = 0 \end{cases} \tag{5-163}$$

由于单位冲激响应的总能量近似等于各模式能量的和，如式(5-158)所示总误差的 H_2 范数可近似表示为

$$\|\Delta G(s)\|_2 \approx \left(\sum_{i=r+1}^{n}\|\lambda_i\|_2^2\right)^{1/2} \tag{5-164}$$

H_∞范数和 H_2 范数误差共同指出，舍去留数小且阻尼大的模式所带来的模型误差较小。同时，模型误差的范数大小有相对的概念。譬如，测量等环节的增益变化会导致系统总的增益发生变化，从而改变系统传递函数总的范数，误差范数的绝对值也会随之改变，然而降阶模型的质量并不因此改变。因此，模型误差的范数相对于系统范数的相对大小($\|\Delta G(s)\|_\infty/\|G(s)\|_\infty$或$\|\Delta G(s)\|_2/\|G(s)\|_2$)更能准确地评价模型的质量。待辨识系统可控可观模式的 H_∞范数或者 H_2 范数贡献越大，其他模式的贡献相对就越小，降阶引入的误差相对就越小。

3) 等效惯性常数

根据降阶等效原理，式(5-150)的高阶功频动态特性可以用低阶功频动态特性进行等效，最极端的情况可以等效为一阶功频动态特性函数：

$$\frac{\Delta f(s)}{\Delta P(s)} = \frac{1}{2Hs + D} \tag{5-165}$$

式中，H 即为功率注入节点在暂态频率动态过程中的等效惯性时间常数。进一步，根据系统整体惯量守恒，电力系统等效惯性时间常数可由式(5-131)计算。

下面基于响应等效原则，在 IEEE 39 节点系统对上述等效惯性时间常数进行验证。其中 8 号和 9 号同步发电机同时退出运行，分别替换成相同出力的风力发电机组，即分别替换成 90 台和 139 台并联运行的 6MW 风机，同时在 37 号母线加入一台储能装置。采用前述方法获取系统等效惯性时间常数 H。

表 5-2 给出了同步发电机/虚拟同步发电机惯量源惯性系数 h_t 的辨识值($h_{t\,\mathrm{ide}}$)的 1/2 与其惯性时间常数 H 的对比。可以看出，系统中各惯量源惯性系数 h_t 的等效值与同步发电机/虚拟同步发电机的一阶惯性环节惯性时间常数非常接近，相对误差在 5%以内，最小误差仅为–0.99%，最大误差为 3.66%。这说明当系统中惯量源主要是同步发电机或施加了虚拟同步发电机控制的新能源时，式(5-141)中高阶环节可忽略，此时可使用同步发电机/虚拟同步发电机的一阶惯性环节的惯性时间常数来近似表征此节点的惯性大小。

表 5-2 同步发电机/虚拟同步发电机惯量源惯性系数的辨识值($h_{t\,\mathrm{ide}}$)的 1/2 与惯性时间常数对比

机组	$h_{t\,\mathrm{ide}}/2$	H	相对误差/%
G01	4.951	5.000	–0.99
G02	4.486	4.329	3.64
G03	4.619	4.475	3.22
G04	3.620	3.575	1.27
G05	4.410	4.333	1.79
G06	4.509	4.350	3.66
G07	3.733	3.771	–1.02
G10	4.301	4.200	2.39
储能	0.551	0.569	3.08

5.3.2 暂态频率稳定分析的深入

1. 节点频率与频率动态时空分布特性

在电力系统分析中，通常认为电力系统各节点有统一的频率。在实际电力系统中，各节点的频率由节点母线电压相角的变化率给出，即

$$f_j = f_0 + \frac{1}{2\pi}\frac{\mathrm{d}\theta_j}{\mathrm{d}t}, \quad j = 1,2,\cdots,l \tag{5-166}$$

此时，节点频率在暂态过程中将为不同的数值。

当节点为同步电机内电势节点时，节点频率等于同步电机内电势相量的旋转速度，由同步电机机械转子角的转速决定，是一个不能突变的状态量。当节点为非同步电机节点时，由于机电暂态过程中节点电压相量在暂态过程中可以突变，因此由节点电压相量相位变化定义的频率可突变，这是由机电暂态分析的时间尺度过大所引起的。此时，常采用信号滤波的方式平滑节点频率曲线。

图 5-28 显示了同步相量测量下北美电力系统动态频率时空特性。从图中可以清晰地看到各节点频率随时间变化，不同节点频率变化过程不同，节点动态频率呈现出时空分布特性。

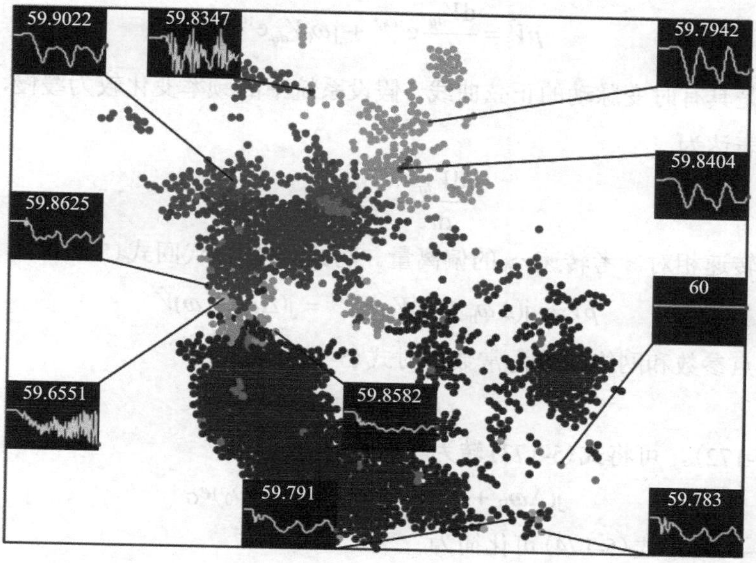

图 5-28 电力系统动态频率时空特性

若将电力系统看作一个整体，则系统频率定义为惯性中心的平均频率，为各惯量源并网节点频率的加权平均值，权系数为以系统额定容量为基准的各惯量源惯性时间常数 H_i：

$$f_{\mathrm{COI}} = \frac{\sum_{i=1}^{N} H_i f_{s,i}}{\sum_{i=1}^{N} H_i} \tag{5-167}$$

此时，系统平均频率响应反映了电力系统作为一个整体在受扰后由系统整体惯性和阻尼特性等决定的频率变化过程，而同步电机内电势节点频率、普通节点频率则可以理解为在平均频率的基础上叠加了一定成分的同步振荡分量。

2. 节点惯性的一般性推论

1) 非功率源节点的频率表达

将负荷阻抗并入节点导纳矩阵，保留功率注入节点，则此时除功率注入节点外其余节点的注入电流为 0，电力系统节点电压方程为

$$\begin{bmatrix} \dot{\boldsymbol{I}}_{\mathrm{G}} \\ \boldsymbol{0} \end{bmatrix} = \begin{bmatrix} \dot{\boldsymbol{Y}}_{\mathrm{GG}} & \dot{\boldsymbol{Y}}_{\mathrm{GB}} \\ \dot{\boldsymbol{Y}}_{\mathrm{BG}} & \dot{\boldsymbol{Y}}_{\mathrm{BB}} \end{bmatrix} \begin{bmatrix} \dot{\boldsymbol{e}}_{\mathrm{G}} \\ \dot{\boldsymbol{v}}_{\mathrm{B}} \end{bmatrix} \tag{5-168}$$

其中，$\dot{\boldsymbol{I}}_{\mathrm{G}}$ 和 $\dot{\boldsymbol{e}}_{\mathrm{G}}$ 分别为功率源节点的注入电流和电势；$\dot{\boldsymbol{v}}_{\mathrm{B}}$ 为无功率注入节点的电压。

将式(5-168)中第二行展开，可得无功率注入节点的电压表达式为

$$\dot{\boldsymbol{v}}_{\mathrm{B}} = -\dot{\boldsymbol{Y}}_{\mathrm{BB}}^{-1}\dot{\boldsymbol{Y}}_{\mathrm{BG}}\dot{\boldsymbol{e}}_{\mathrm{B}} = \dot{\boldsymbol{D}}\dot{\boldsymbol{e}}_{\mathrm{G}} \tag{5-169}$$

在 $dq0$ 坐标系下，电压 $\dot{V}$ 可以表示为一个旋转矢量 $\dot{V}=V_{dq}\mathrm{e}^{\mathrm{j}\omega_0 t}$，其参考旋转速度为 ω_0。下面考虑电压旋转矢量对时间的导数，此处用符号 p 表示：

$$p\dot{V}=\frac{\mathrm{d}V_{dq}}{\mathrm{d}t}\mathrm{e}^{\mathrm{j}\omega_0 t}+\mathrm{j}\omega_0 V_{dq}\mathrm{e}^{\mathrm{j}\omega_0 t} \tag{5-170}$$

由于电压是具有时变脉动的正弦曲线，假设系统中的频率变化较为缓慢，则 V_{dq} 对时间的导数可近似表达为

$$\frac{\mathrm{d}V_{dq}}{\mathrm{d}t}\approx \mathrm{j}\Delta\omega_{\mathrm{h}}V_{dq} \tag{5-171}$$

式中，$\Delta\omega_{\mathrm{h}}$ 为转速相对参考转速 ω_0 的偏离量。将式(5-171)代回式(5-170)可得

$$p\dot{V}\approx \mathrm{j}(\Delta\omega_{\mathrm{h}}+\omega)V_{dq}\mathrm{e}^{\mathrm{j}\omega_0 t}=\mathrm{j}(\Delta\omega_{\mathrm{h}}+\omega)\dot{V} \tag{5-172}$$

设源侧节点参数和网络参数为常数，对式(5-169)求导得

$$p\dot{\boldsymbol{v}}_{\mathrm{B}}=\dot{\boldsymbol{D}}p\dot{\boldsymbol{e}}_{\mathrm{B}} \tag{5-173}$$

结合式(5-172)，可将式(5-173)转为

$$\mathrm{j}(\Delta\boldsymbol{\omega}_{\mathrm{B}}+\boldsymbol{\omega}_0)\dot{\boldsymbol{v}}_{\mathrm{B}}\approx\dot{\boldsymbol{D}}\mathrm{j}(\Delta\boldsymbol{\omega}_{\mathrm{G}}+\boldsymbol{\omega}_0)\dot{\boldsymbol{e}}_{\mathrm{G}} \tag{5-174}$$

根据式(5-169)，式(5-174)可化简为

$$\mathrm{j}\mathrm{diag}(\Delta\boldsymbol{\omega}_{\mathrm{B}})\dot{\boldsymbol{v}}_{\mathrm{B}}\approx\dot{\boldsymbol{D}}\mathrm{j}\mathrm{diag}(\Delta\boldsymbol{\omega}_{\mathrm{G}})\dot{\boldsymbol{e}}_{\mathrm{G}} \tag{5-175}$$

在做近似计算时，可认为 $\dot{\boldsymbol{v}}_{\mathrm{B}}\approx\mathbf{1}\mathrm{p.u.}$，$\dot{\boldsymbol{e}}_{\mathrm{G}}\approx\mathbf{1}\mathrm{p.u.}$ 和 $\dot{\boldsymbol{I}}_{\mathrm{G}}\approx\mathbf{1}\mathrm{p.u.}$。此时，由式(5-175)可得

$$\mathrm{diag}(\Delta\boldsymbol{\omega}_{\mathrm{B}})\approx\dot{\boldsymbol{D}}\mathrm{j}\mathrm{diag}(\Delta\boldsymbol{\omega}_{\mathrm{G}}) \tag{5-176}$$

2) 节点惯性的引入

惯性是电力系统的固有属性，体现为系统有功功率失衡时各类惯量源对系统频率变化过程的阻碍作用。然而，不管是同步机惯性、系统某区域惯性，还是全系统惯性，都把电力系统惯性作为一个整体来研究，体现为对同步机频率、系统某区域频率、全系统频率的阻碍作用。上述惯性都可以认为是一种“集中式”的惯性，其无法对电力系统惯性的时空特性进行分析，也无法为系统安全稳定运行提供更多有价值的信息。

随着区域电网的互联，电网在地理上的分布更加广阔，且各种惯量源在地理上分布不均匀，如同步机分布的区域惯量较充裕，新能源分布的区域惯量可能较缺乏。在这种情况下，电力系统的频率动态过程会体现出时空分布特性，且在“有功-频率动态过程”中，惯量源对不同节点频率的阻碍作用不同，即电力系统的惯性也存在时空分布特性。因此，在上述“集中式”惯性的基础上，需将电力系统惯性的概念拓展到节点惯性。

节点惯性研究的是系统有功功率失衡时惯量源对各节点频率变化过程的阻碍作用，可定义为：在电力系统能量波动过程中，电力系统的惯量阻碍节点频率变化的固有属性。具体地，系统功率过剩时，节点惯性阻碍节点频率过快上升；系统功率不足时，节点惯性阻碍节点频率过快下跌。

惯量、系统惯性和节点惯性的关系如图 5-29 所示。系统惯性和节点惯性的能量来源为惯量，惯量对频率的支撑体现为系统惯性和节点惯性。在动态过程中，惯量对频率的支撑具体体现为对各节点频率变化的阻碍作用，其在整体上构成对系统频率变化的阻碍作用。因此，系统惯性体现在各节点的惯性，各节点的惯性构成了系统惯性。此外，在惯量充裕

的区域，各节点惯性相对较大；在惯量缺乏的区域，各节点惯性相对较小。因此，节点惯性可以认为是一种“分布式”的惯性，其与“集中式”惯性的比较如表 5-3 所示。

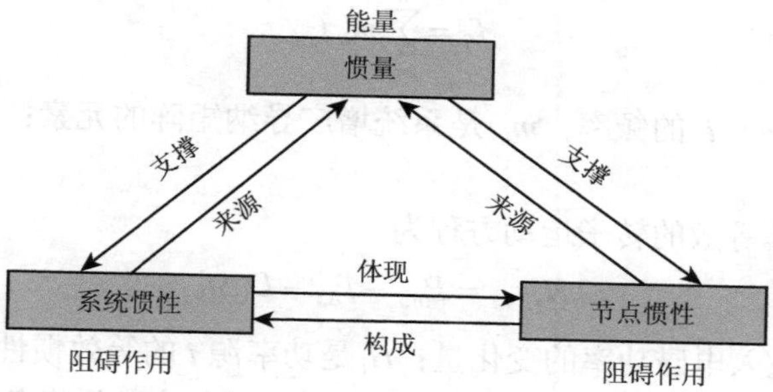

图 5-29　惯量、系统惯性和节点惯性的关系

表 5-3　“集中式”惯性和“分布式”惯性

项目	“集中式”惯性			“分布式”惯性
	同步机惯性	系统某区域惯性	全系统惯性	节点惯性
扰动	同步机功率不平衡量	区域功率不平衡量	系统功率不平衡量	节点功率不平衡量
阻碍	同步机频率	区域频率	系统频率	节点频率
度量	同步机惯性时间常数	区域等效惯性时间常数	系统等效惯性时间常数	节点惯性系数

由电力系统节点惯性的定义可知，节点惯性表征的是惯量阻碍节点频率变化的作用。对于功率源来说，可以采用等值同步机转子运动方程进行描述。但对无功率源的节点，没有对应的惯量，其节点惯性就无法用等值同步机转子运动方程表征。考虑到节点惯性体现在各节点有功频率动态过程中，故可用所有功率源的有功功率不平衡量和对应无功率源节点的频率变化率之间的关系来表征该类节点的惯性。

3) 节点惯性表征模型

从节点惯性的定义出发，在系统发生扰动的初始瞬间，节点频率变化率与节点惯性大小呈反比关系，可用式(5-177)表示：

$$\dot{f}_j\big|_{t=0}=\frac{\alpha}{h_j} \tag{5-177}$$

其中，f_j 是节点 j 的频率；h_j 定义为节点 j 的惯性系数，可用其表征节点 j 的惯性大小；α 是一个比例系数，由系统扰动幅值决定。

在电力系统中，式(5-177)普遍成立。若能够计算出 $\dot{f}_j\big|_{t=0}$，且比例系数 α 已知，则可获取节点 j 的惯性系数 h_j。

考虑到非功率源节点的惯性体现在功率源节点注入的有功功率不平衡量对非功率源节点频率的动态作用中，那么有

$$h_j = g(\Delta P_1 \cdots \Delta P_i \cdots \Delta P_n, f_j) \tag{5-178}$$

其中，ΔP_i 是功率源节点 i 的有功功率不平衡量。

联立式(5-177)和式(5-178)，消去变量 $\Delta P_1, \Delta P_2, \cdots, \Delta P_n$ 和 f_j，即可得到惯性系数 h_j 的

表达式，从而完成惯性时空特性表征模型的推导。具体地，由节点频率计算公式(5-176)，节点 j 的频率可以表示成所有功率源节点频率的加权，即

$$f_j = \sum_{i=1}^{n} m_{ij} f_{s,i} \tag{5-179}$$

其中，$f_{s,i}$ 是功率源节点 i 的频率；m_{ij} 是系统增广导纳矩阵的元素；n 是系统中功率源的数量。

对于功率源 i，其等效的转子运动方程为

$$2H_i \dot{f}_{s,i} = P_{m,i} - P_{e,i} - D_i \Delta f_{s,i} \tag{5-180}$$

其中，$P_{e,i}$ 是功率源注入电磁功率的变化量；H_i 是功率源 i 的等效惯性时间常数；D_i 是功率源节点的阻尼系数；$\Delta f_{s,i}$ 等于 $f_{s,i}$ 减去 f_0，f_0 为额定频率。那么功率源节点的功率不平衡量 $\{\Delta P_1, \Delta P_2,\cdots, \Delta P_n\}$ 和节点频率 f_j 之间的关系为

$$\dot{f}_j = \sum_{i=1}^{n} m_{ij} \dot{f}_{s,i} = \sum_{i=1}^{n} m_{ij} \left(\frac{\Delta P_i}{2H_i} - \frac{D_i \Delta f_{s,i}}{2H_i} \right) \tag{5-181}$$

对于式(5-181)，在 $t=0$ 时刻，有 $\Delta f_{s,i}|_{t=0}=0$，则

$$\dot{f}_j |_{t=0} = \sum_{i=1}^{n} \frac{m_{ij}}{2H_i} \left(\Delta P_i |_{t=0} \right) \tag{5-182}$$

将式(5-182)代入式(5-177)，可得到如下的惯性时空特性表征模型：

$$\frac{\alpha}{h_j} = \sum_{i=1}^{n} \frac{m_{ij}}{2H_i} \left(\Delta P_i |_{t=0} \right) \tag{5-183}$$

式(5-183)可进一步写成

$$\frac{1}{h_j} = \sum_{i=1}^{n} \frac{\beta_{ij}}{H_i} \tag{5-184}$$

其中

$$\beta_{ij} = \frac{m_{ij}}{2\alpha} \left(\Delta P_i |_{t=0} \right) \tag{5-185}$$

根据式(5-185)，β_{ij} 与增广导纳矩阵的元素 m_{ij} 和初始时刻的有功不平衡量 $\Delta P_i|_{t=0}$ 成正比，与系统的扰动幅值 α 成反比。考虑到初始时刻的有功不平衡量 $\Delta P_i|_{t=0}$ 与系统的扰动幅值 α 成正比，则 β_{ij} 主要由 m_{ij} 决定。因此，可以认为 h_j 主要由 m_{ij} 和 H_i 决定。

4) 惯性的时空特性

由于惯量对同一节点频率变化的阻碍作用随时间变化，惯量对不同节点频率变化的阻碍作用不同，故电力系统的惯性体现出时空特性。若能获取不同时间断面系统每个节点的惯性，绘制系统的惯性分布图，则可实现对电力系统惯性时空特性的实时感知和可视化。图 5-30 是电力系统惯性时空特性的示意图。

电力系统惯性时空特性可视化和实时感知的作用如下。

(1) 为控制器设计提供参考。虚拟惯性控制能够提高系统的惯量支撑能力，考虑到投资成本，虚拟惯性控制可配置在惯性较小的节点上。此外，通过比较控制器配置前后节点惯性的变化，能够为虚拟惯量的合理分配、控制器参数整定及惯量支撑效果评价等提供参考。

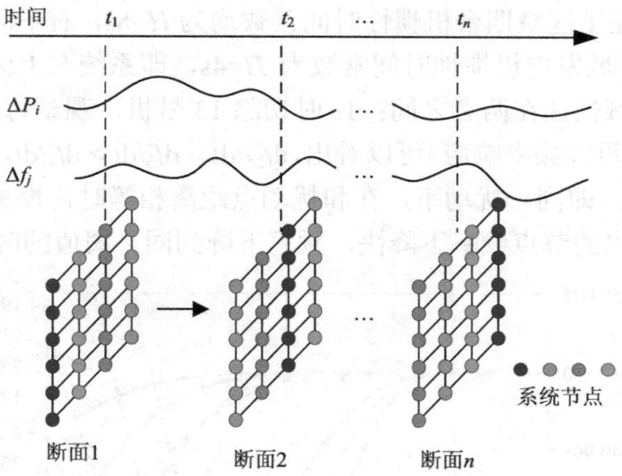

图 5-30　电力系统惯性时空特性示意图

(2) 为新能源消纳提供参考。新能源接入后，若系统各节点惯性较大，可以考虑进一步提高新能源渗透率；若系统各节点惯性较小，需要考虑配置虚拟惯性控制或配置储能装置，提高系统的惯量支撑能力。

(3) 为电力系统运行人员提供参考。若某时刻电力系统各节点惯性较小，则系统缺乏惯量，为保障系统安全稳定运行，应及时采用预防措施、增加备用容量；若某时刻系统各节点惯性较大，则系统惯量充足，可适当减少备用容量，节省运行成本。

在一个 5×5 对称系统中对大扰动下电力系统惯性时空特性进行分析。该系统有 25 台同步机、25 条母线和 25 处负荷；额定频率为 50Hz，母线额定电压为 19kV，其中 13 号机为平衡机；每台同步机 P=200MW，Q=0；每处负荷 P=200MW，Q=0，为 100%恒阻抗负荷；每条线路 R=0.2542 Ω/km，X=0.1 Ω/km，B=0 S/km，l=500km；其单线图如图 5-31 所示。

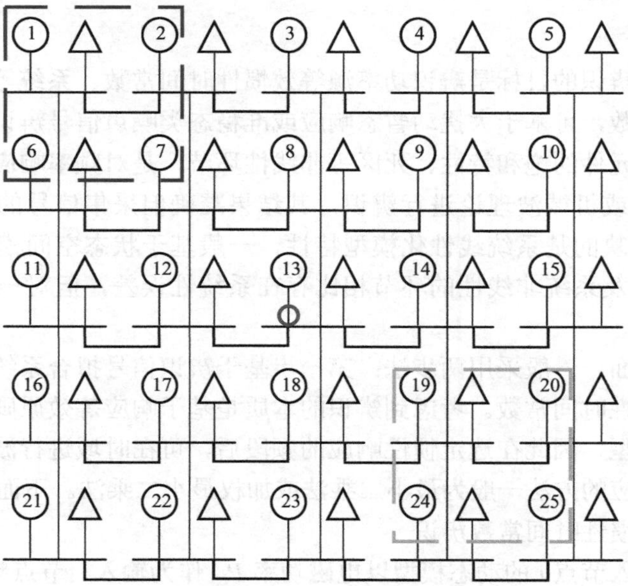

图 5-31　5×5 系统单线图

设置如下场景：左上区域四台机惯性时间常数均为 H=8s，右下区域四台机惯性时间常数均为 H=2s，其余区域发电机惯性时间常数为 H=4s，即系统左上区域惯性最大，右下区域惯性最小，其余区域惯性在两者之间；1s 时切除 13 号机，观察每条母线频率变化。

图 5-32 给出部分母线频率响应。可以看出，$df_{25}/dt > df_5/dt > df_1/dt$，$df_{24}/dt > df_4/dt > df_2/dt$，$df_{19}/dt > df_9/dt > df_7/dt$，即同一扰动下，在和扰动点距离相等时，惯性大区域内的节点频率下降慢，惯性小区域内的节点频率下降快，频率下降到同一阈值的时间不同。

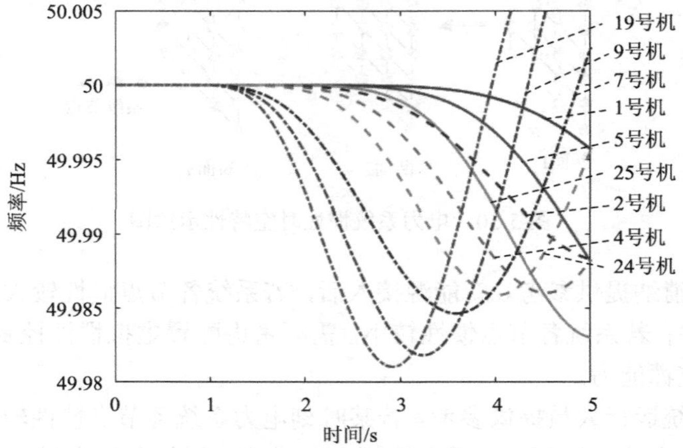

图 5-32　部分母线频率响应

图 5-33 给出了 1.5s、2.0s、2.3s、2.5s 时，5×5 系统场景二的母线频率分布传播过程图。可以看出，左上区域频率下跌速度较慢，右下区域频率下跌较快，左下区域和右上区域频率下跌速度介于两者之间，即系统有功功率不足时各节点频率下跌速度与惯性大小成反比，进一步验证了大扰动下通过节点频率时域特性分析惯性时空特性的有效性。

3. 惯性辨识

电力系统惯性辨识的目标是辨识功率源等效惯性时间常数、系统等效惯性时间常数以及任意节点惯性系数，可基于大扰动暂态响应或准稳态类噪声信号辨识。大扰动下的暂态响应计及了系统中元件的饱和特性、死区等非线性环节，是对频率响应的准确反映，一般基于转子运动方程或机械波理论进行辨识，其结果准确但采集信号的样本较少；准稳态下的类噪声信号反映的是系统线性化模型特性，一般基于状态空间模型或自回归移动平均模型辨识，与计及系统非线性的环节相比存在系统性误差，但对一阶环节的等效仍有近似价值。

在辨识方法层面，一般采用两步法：第一步基于辨识信号拟合系统模型，第二步由系统模型提取所需惯性时间常数。考虑到辨识的本质是基于响应等效原则选取与实测响应信号最匹配的数学模型，因此在选定惯性响应的频段后，可在时域进行波形拟合或频域进行传递函数拟合，相应的方法一般为最小二乘法或加权最小二乘法。下面作简要介绍。

1) 功率源等效惯性时间常数辨识

考虑功率源注入节点 i 的动态模型以电磁功率 $P_{e,i}$ 作为输入、节点频率 f_i 作为输出，则节点 i 的功频动态特性为

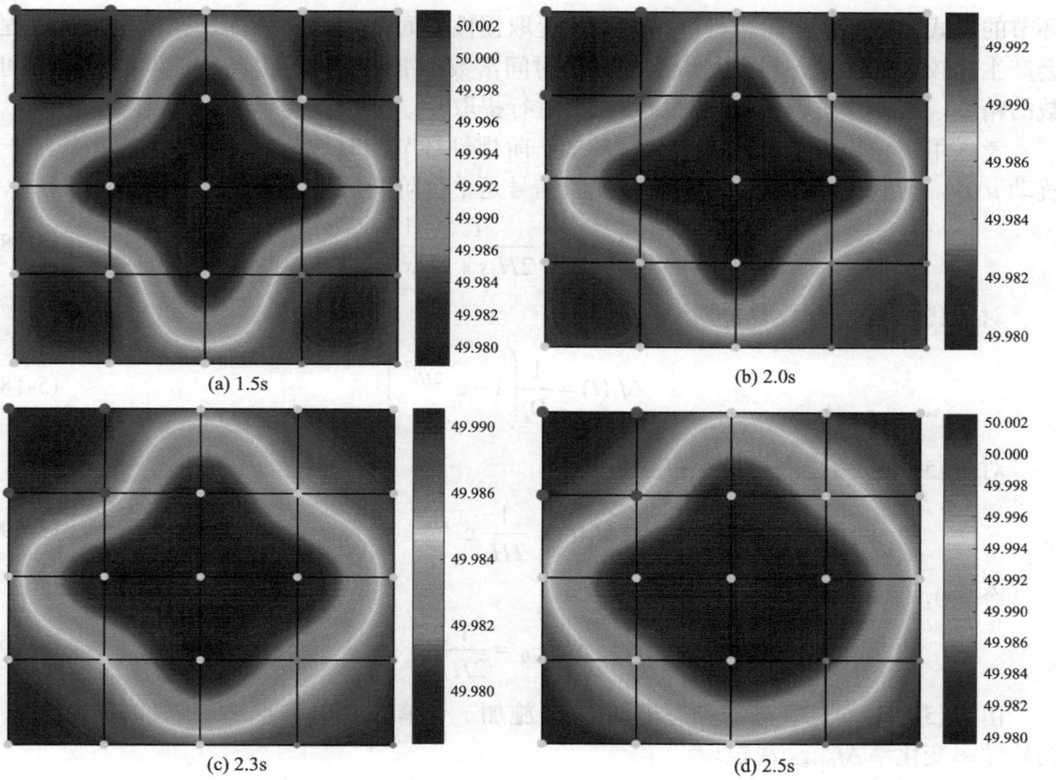

图 5-33　5×5 母线频率分布传播过程图

$$G_i(s) \approx \frac{\Delta f_i(s)}{\Delta P_i(s)} \approx -\frac{1}{2H_i s + D_i} \tag{5-186}$$

具体的辨识过程如下：

(1) 采集输入、输出信号并对其进行取均值、预滤波、再采样等预处理。

(2) 选用不同的辨识算法，辨识输入、输出系统状态空间模型或传递函数模型。

实际电力系统包含很多复杂控制环节，导致实际系统模型的阶数通常比较高。辨识电力系统惯性时间常数时，通常只关心系统惯量响应的动态过程，因此在辨识系统状态空间模型或传递函数模型时，可设置一个较低的系统阶数，从而辨识一个降阶等效模型：

$$\hat{G}(s) = \frac{b_n s_n + b_{n-1} s_{n-1} + \cdots + b_0}{a_n s_n + a_{n-1} s_{n-1} + \cdots + a_0} \tag{5-187}$$

其中，n 为辨识模型的阶数。

值得一提的是，尽管辨识模型的阶数比实际系统的阶数低，但足以包含系统惯量响应的动态特性。

(3) 对辨识模型进一步处理，提取惯性时间常数。

第 (2) 步中辨识的模型阶数往往不止一阶，因此无法直接从辨识模型中提取惯性时间常数。

一种应对方法是对辨识模型做进一步降阶处理，采用频域拟合法将其降阶为一阶惯性环节的形式，然后从一阶惯性环节中直接提取惯性时间常数 H。然而，在模型降阶过程中会产生比较大的误差，导致提取到的惯性时间常数不准确。为了提高所提取的惯性时间常数的精度，需要从辨识模型的时域响应中进行提取。

考虑用辨识模型的时域响应代替等效一阶惯性环节的时域响应。对辨识模型施加一个扰动 $u(t)$，得到扰动响应 $y(t)$。若施加的信号是单位阶跃信号，那么有

$$\Delta f_i(s)=\frac{1}{2H_i s+D_i}\frac{1}{s} \tag{5-188}$$

对式(5-188)进行拉普拉斯逆变换有

$$\Delta f_i(t)=\frac{1}{D_i}\left(1-\mathrm{e}^{-\frac{D_i}{2H_i}t}\right) \tag{5-189}$$

对式(5-189)两边求导，则有

$$\Delta\dot{f}_i(t)=\frac{1}{2H_i}\mathrm{e}^{-\frac{D_i}{2H_i}t} \tag{5-190}$$

令 t=0，则有

$$\Delta\dot{f}_i\big|_{t=0}=\frac{1}{2H_i} \tag{5-191}$$

由式(5-191)可知，若对动态模型 $G_i(s)$ 施加一个单位阶跃信号，则惯性时间常数 H_i 由初始频率变化率 $\Delta\dot{f}_i\big|_{t=0}$ 决定。

一般地，直接取辨识模型单位阶跃响应的初始斜率作为 $\Delta\dot{f}_i\big|_{t=0}$ 结果不准确，问题转化为如何从辨识模型单位阶跃响应中准确计算 $\Delta\dot{f}_i\big|_{t=0}$。由于惯量响应在扰动后马上触发，之后一次调频开始动作，为减少一次调频对惯量响应的影响，可采集辨识模型前 2s 的阶跃响应信号并结合滑动数据窗法来计算初始频率变化率。

具体地，可根据阶跃响应信号的特点选择一个较小的数据窗；然后每滑动一次数据窗，都在窗内用直线拟合方法确定数据斜率，得到一个 $\Delta\dot{f}_i\big|_{t=0}$ 辨识值样本；将滑动多次数据窗后拟合出的最大斜率作为 $\Delta\dot{f}_i\big|_{t=0}$。对于不同的功率源端口，可以根据其动态特性适当地调整用于计算 $\Delta\dot{f}_i\big|_{t=0}$ 的阶跃响应信号和数据窗长度。

2) 系统等效惯性时间常数辨识

功率源注入端口 j 的等值动态模型可以采用电磁功率 $P_{e,j}$ 作为输入、节点频率 f_j 作为输出辨识得到。对于某一区域或系统来说，电磁功率 $P_{e,j}$ 可为所有功率源的电磁功率 $P_{e,i}$ 的加和；节点频率 f_j 为区域或系统的惯性中心频率，其为区域或系统每个功率源注入端口频率 f_i 的加权平均，权重是区域或系统内每个功率源注入端口的等效惯性时间常数，即

$$f_j=\frac{\sum_{i=1}^{N_j}H_i f_{s,i}}{\sum_{i=1}^{N_j}H_i} \tag{5-192}$$

其中，N_j 为区域或系统内功率源注入端口的数量。

对于实际电力系统，在未知区域或系统内每个功率源注入端口惯性时间常数的情况下，无法得到区域或系统频率 f_j。此时，考虑类噪声条件下，功率源注入端口的惯性时间常数 H_i 越大，其并网点频率 f_i 的波动幅度越小。因此，也可以用并网点频率的倒数近似代替上述权重，则区域或系统频率 f_j 可以用式(5-193)计算：

$$f_j = \frac{\sum_{i=1}^{N_j} \omega_i f_i}{\sum_{i=1}^{N_j} \omega_i} \tag{5-193}$$

3) 功率源外任意节点惯性系数辨识

功率源外任意节点的惯性系数在定义上与功率源处有差异，其在类噪声条件下的辨识方法仍为两阶段辨识法：第一阶段，辨识出所有功率源电磁功率$\{P_{e,1}, P_{e,2},\cdots, P_{e,n}\}$和某一特定无功率源节点的频率 f_j 之间的多输入单输出模型；第二阶段，生成辨识模型的单位阶跃响应并从时域响应中提取无功率源节点的惯性系数 h_j。具体如下：

第一阶段，多输入单输出模型辨识。

采集所有功率源的类噪声电磁功率$\{P_{e,1}, P_{e,2},\cdots,P_{e,n}\}$作为输入，某一特定无功率源节点的类噪声节点频率 f_j 作为输出，辨识如下动态模型：

$$\Delta f_j(s)=\sum_{i=1}^{n} -\frac{m_{ij}}{2H_i s + D_i}\Delta P_{e,i}(s)=\sum_{i=1}^{n} G_{ij}(s)\Delta P_{e,i}(s) \tag{5-194}$$

具体的辨识方法与功率源等效惯性时间常数辨识相同。

第二阶段，惯性系数提取。

对式(5-194)的模型 $G_{ij}(s)$ 施加单位阶跃激励，即令 $\Delta P_{e,i}(t)=\varepsilon(t)$ (i=1, 2,$\cdots$,n)，$\varepsilon(t)$ 是一个单位阶跃函数，并将式(5-194)进行拉普拉斯逆变换，则有

$$\Delta f_j = \sum_{i=1}^{n} m_{ij}\Delta f_{s,i} = \sum_{i=1}^{n} -\frac{m_{ij}}{D_i}\left(1-\mathrm{e}^{-\frac{D_i}{2H_i}t}\right) \tag{5-195}$$

对式(5-195)两边求导并令 t=0，则有

$$\dot{\Delta f_j}\big|_{t=0} = \sum_{i=1}^{n} m_{ij}\Delta \dot{f}_{s,i}\big|_{t=0} = \sum_{i=1}^{n} -\frac{m_{ij}}{2H_i} \tag{5-196}$$

根据式(5-196)，$-m_{ij}/(2H_i)$ 等于 $m_{ij}\Delta f_{s,i}$ 的初始斜率。依次对 $\hat{G}_{ij}(s)$ 施加单位阶跃信号，按照功率源等效惯性时间常数辨识的方法，可计算 $\hat{G}_{ij}(s)$ 单位阶跃响应的初始斜率为 $m_{ij}/(2H_i)$。

对于多输入单输出模型，由于每次施加单位阶跃信号时都有 $\Delta P_{e,i}(t)=\varepsilon(t)$，那么系统总扰动量为 $\Delta P_i=-n\Delta P_{e,i}=-n\varepsilon(t)$，此时有

$$\frac{1}{h_j}=\frac{1}{n}\sum_{i=1}^{n}\frac{m_{ij}}{2H_i} \tag{5-197}$$

在提取完系统所有节点惯性时间常数后，就可以结合电网地理位置信息对系统惯性时空特性进行可视化分析，从而获得系统惯性时空特性。

下面在 10 机 39 节点系统中检验惯性辨识情况，系统图及分区如图 5-34 所示。系统运行在类噪声条件下，功率源为同步发电机，采用上述方法辨识得到的系统功率源节点、区域和系统的惯性时间常数如表 5-4 所示。可以看出，惯性时间常数辨识的平均值(H_{avg})和真实值(H_{ref})非常接近，方差(ρ_H)较小，并且真实值都落在了辨识结果的 95%置信区间之内。

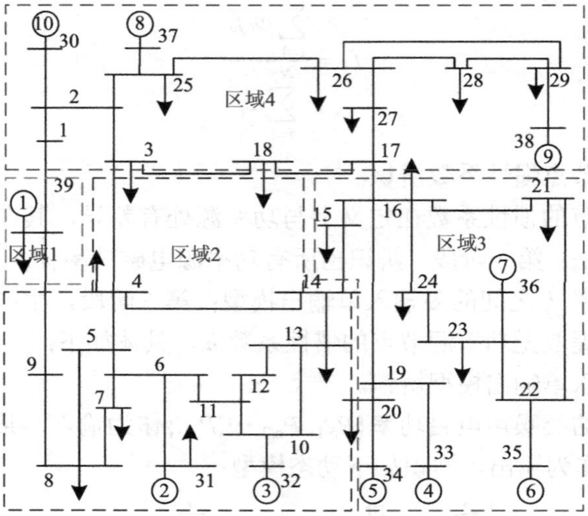

图 5-34　10 机 39 节点系统分区

表 5-4　所有功率源惯性时间常数辨识值统计分析结果

辨识对象	H_{ref}/s	H_{avg}/s	ρ_H	H_{avg} CI-95%	ρ_H CI-95%	相对误差/%
G01	500	510.01	29.61	498.73～521.28	20.50～40.06	2.00
G02	30.3	30.87	2.86	29.86～31.89	2.30～3.78	1.88
G03	35.8	36.24	3.25	35.67～36.81	2.89～3.71	1.23
G04	28.6	29.10	2.29	28.56～29.65	1.96～2.74	1.75
G05	26.0	26.54	1.52	25.97～27.10	1.21～2.04	2.08
G06	34.8	35.47	2.89	33.87～37.07	2.12～4.56	1.93
G07	26.4	26.90	1.99	26.00～27.81	1.52～2.87	1.89
G08	24.3	24.40	1.56	24.16～24.63	1.41～1.74	0.41
G09	34.5	35.02	2.13	33.77～35.08	1.75～2.70	1.51
G10	42	42.05	3.34	41.27～42.82	2.87～3.98	0.12
区域 1	500	510.01	29.61	498.73～521.28	20.50～40.06	2.00
区域 2	66.1	64.81	5.96	63.57～66.31	5.49～6.53	-1.95
区域 3	115.8	118.24	6.87	115.77～120.80	5.49～9.18	2.15
区域 4	100.8	104.43	2.29	103.25～105.63	1.70～3.48	3.60
系统	782.7	757.94	32.96	724.57～791.30	30.82～35.42	-2.94

进一步设计两个惯性分布场景。在场景一中，系统左边区域的惯性大于右边区域的惯性；在场景二中，惯性分布情况与场景一相反。辨识两个场景下节点惯性系数 h_j，并进行

可视化呈现，如图 5-35 和图 5-36 所示。对比两图可知 h_j 的辨识值和理论值分布极为相似，辨识结果有效。辨识的偏差由频率变化率计算误差、辨识算法误差等造成。

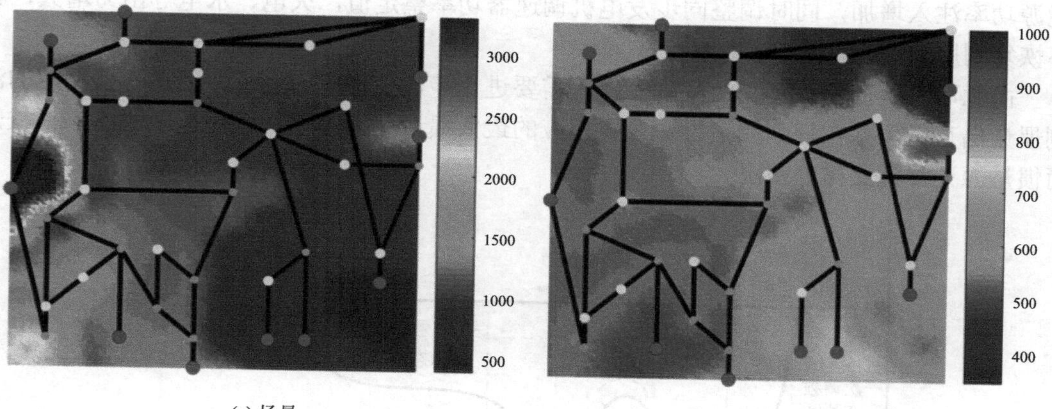

(a) 场景一　(b) 场景二

图 5-35　系统惯性时空特性可视化使用 h_j 的理论值

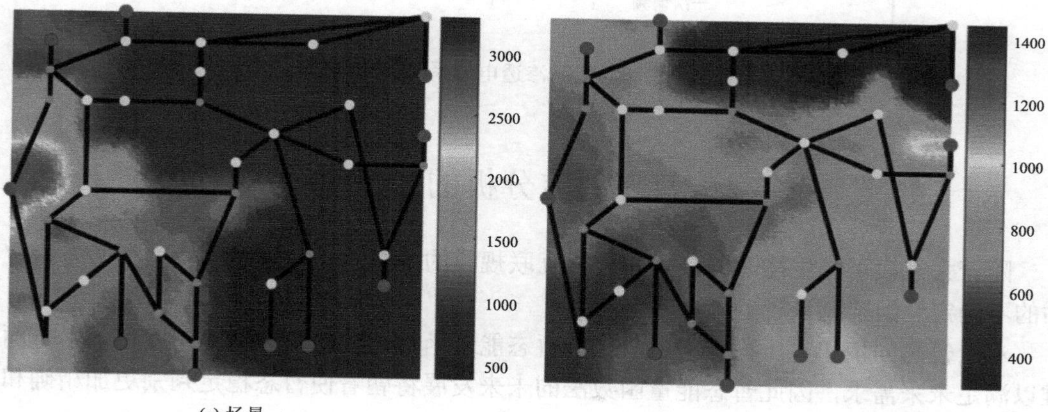

(a) 场景一　(b) 场景二

图 5-36　系统惯性时空特性可视化使用 h_j 的辨识值

4. 源侧惯量支撑与频率二次跌落问题

在惯性评估法中，给出系统惯性时间常数后还需要进一步监控系统惯量水平，这是因为新能源电力系统中由电力电子并网逆变器并网的源侧惯量储存量可能低于电力电子并网逆变器控制所要求的支撑惯量，从而出现频率二次跌落等恶化系统暂态频率支撑的情况。

以负荷突增或区域互联电网直流功率源闭锁为例，图 5-37 给出了高新能源渗透电力系统的频率响应过程。扰动后，频率开始下降，惯量响应最先动作，通过同步发电机和具有附加控制的新能源及储能装置提供惯量支撑功率，从而缓解频率跌落的速度；当频率跌至调速器死区以下后，同步发电机、虚拟同步发电机及有下垂控制的新能源或储能进一步增加出力，使频率经过暂态超调回到初次稳态值；之后，由于风机等提供支撑功率后转速降低，为调整过低的转速，不但不能继续提供等效惯量和一次调频功率，反而因源侧恒频控制从系统吸收功率，导致系统有功需求增加，频率二次跌落；然后，同步发电机、有备用容量的储能等继续增加出力，使频率恢复到新稳态；当系统二次调频动作后，功率源一次能源功率注入增加，同时调整同步发电机调速器功率整定值，火电、水电等出力增大，频率恢复到原来的运行水平。

由此可见，在惯性辨识的基础上，还需要进一步监控由电力电子并网逆变器并网的源侧惯量储存量，并在规划和运行中设置相应的最低惯量保障条件，避免出现暂态频率跌落而惯量源无惯量支撑的情况。

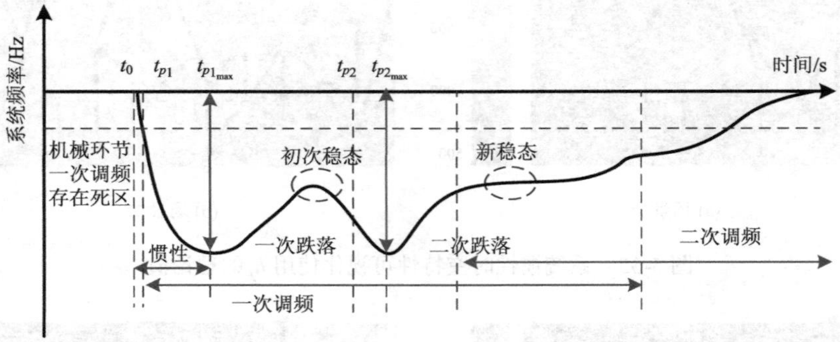

图 5-37　高新能源渗透电力系统频率响应

5.4　暂态稳定分析的未来趋势

随着大规模可再生能源的接入和电网互联规模的不断扩大，影响电力系统暂态稳定评估的不确定性因素越来越多。

对于暂态同步和电压稳定问题，传统暂态能量函数法在稳定评估的精度和效率方面均难以满足未来需求，因此暂态能量函数法的未来发展将朝着使暂态稳定判别更加精确和高效的方向前进，其研究动向大致可以分为以下几个方面：

(1) 更加精细化的暂态稳定分析模型。

不论是基于能量函数的暂态稳定分析，还是基于分岔理论的暂态电压稳定分析，都需要精确的暂态稳定分析模型作为支撑。传统电力系统暂态稳定分析计及的同步发电机、输电网络、ZIP 负荷以及感应电动机负荷等模型均有明确的动力学方程加以描述。而随着大量新能源与电力电子装备的加入，设备内部复杂控制过程以及大量非线性环节使设备模型越发复杂，刻画方程也越来越多样，但目前的暂态能量函数分析或者基于分岔理论的暂态电压稳定分析都只能考虑某些特定工作条件下的简化模型，没有计及各类非线性控制环节。如此一来，在分析实际系统能量时，就会出现模型误差。因此，为了更加真实地还原系统运行状态以及系统能量变化情况，需要在模型层面加入对复杂控制过程以及非线性环节的考虑，使能量函数模型朝着精细化的方向发展。

(2) 结合整体能量与局部能量实现准确判稳。

在新型电力系统条件下，除了传统的系统整体性失稳外，还存在局部振荡、多个局部间的相互振荡以及由于整体-局部耦合作用引起的暂态失稳场景。不同的失稳场景下，系统整体能量与局部能量在分布上存在一定差异，呈现出不同的能量时空动态分布特征。基于这一特点，为了实现更加精准的暂态稳定评估，一种思路是根据历史运行数据中的不同失稳场景，计算系统的整体能量与局部能量，建立能量分布的特征指标体系，形成决策树；这样在后续分析中，便可根据系统实测数据，判断不同场景下系统是否发生失稳并区分失稳是全局问题还是局部问题。

(3) 知识与数据融合的暂态稳定评估。

基于广域量测数据以及外部信息(环境、气象等)并采用人工智能方法进行暂态稳定评估已有近 20 年的研究历史。人工智能方法是通过离线训练得到系统状态变量与暂态稳定性之间的映射关系，然后将映射关系用于电力系统实时暂态稳定评估，其具有精度高、耗时短、维度低等优点，在电力系统暂态稳定实时评估中具有广泛的应用前景。然而，当前多数人工智能方法是纯数据驱动的，相比于传统暂态稳定评估方法，这些方法存在解释性不足的问题，难以从机理上对失稳现象进行解释。

随着知识与数据混合驱动暂态稳定分析的发展，已有研究者通过对暂态失稳的机理进行分析，从而导出通用的稳定判据，实现基于量测数据的暂态稳定评估。这类研究目前还处在通过人工分析解释稳定机理从而推导稳定判据的阶段，其未来发展趋势可能是通过数据驱动的方法来发现、揭示新的机理，并以此制定相应的稳定判据。

对于暂态频率稳定问题，基于惯性评估法的暂态稳定分析目前仍处在起步阶段，未来的发展可从分析框架、辨识方法以及应用场景的普适性等方面进一步深化。具体来说，可以在以下两方面进行深入研究。

(1) 频率稳定评估框架的完善。

当前基于系统惯性的暂态稳定评估，主要是通过辨识系统惯性时间常数和估算系统频率跌落过程中释放惯量的水平来评估系统是否会发生暂态频率失稳。这套理论框架的有效性在以同步发电机为主体的传统电力系统中能够充分得到验证。然而，在新型电力系统发展背景下，大量新能源与电力电子装备的接入，使得系统的频率时空分布特性与惯量时空分布特性产生巨大的变化，系统的动态频率特性也将随之更加复杂，暴露出传统电力系统中没有的问题，例如，暂态过程的频率二次跌落等。由此一来，进一步完善暂态频率稳定评估框架时就需要对这些新的问题进行考虑，提出新的频率稳定评估指标。

(2) 系统惯性精确与高效辨识。

惯性时间常数的精确辨识取决于两个问题：如何对系统的功频动态特性进行描述以及具体的辨识算法能否准确地辨识出系统的惯性时间常数。

在功频动态特性描述方面，惯性时间常数辨识建立在将所有功率注入节点的功频动态特性降阶为一阶功频动态特性的前提下，这个前提对于同步发电机节点来说是自然成立的。但对于新型电力系统来说，电力电子并网逆变器的惯量属性是由控制决定的，相应地，其功频动态特性也随控制特性的多样而呈现出多样化形态，当前采用一阶功频特性进行等效的做法在未来未必是最优的做法。如何对电力电子并网逆变器的功频动态特性进行更加准确的建模，是未来需要深入研究的问题。

在辨识算法方面，当前主要可以分为在暂态响应信号下借助转子运动方程或机械波理论的辨识方法和在类噪声信号下采用回归移动平均模型或状态空间模型的辨识方法。虽然这些方法都能够实现惯性时间常数的辨识，但在系统正常运行时，测量数据包含惯量响应、电压控制、机电振荡等动态信息，如何从辨识的模型中提取惯量响应的动态信息并降低其他动态对惯性辨识的影响成为应用这些方法的主要难点。

另外，相较于传统电力系统，新能源电力系统中源侧有功出力的时变性、波动性和随机性增强，系统中各节点的功频动态关系的时变性和波动性也随之增强，惯性时间常数的时变性也增强。因此未来需要考虑如何实现惯性时间常数的实时辨识，这将有助于系统调度人员实时掌握系统的惯性水平，为系统备用容量、储能装置的分配、运行机组出力以及惯性控制策略的高效调整提供参考。

参考文献

陈乾，沈沉，刘锋，2015. 端口能量及其在风电系统暂态稳定分析中的应用[J]. 电力系统自动化，39(15)：9-16.

吴浩，韩祯祥，2003. 电压稳定和功角稳定关系的平衡点分析[J]. 电力系统自动化，27(12)：28-31.

吴为，汤涌，孙华东，等，2014. 电力系统暂态功角失稳与暂态电压失稳的主导性识别[J]. 中国电机工程学报，34(31)：5610-5617.

曾繁宏，张俊勃，2020. 电力系统惯性的时空特性及分析方法[J]. 中国电机工程学报，40(1)：50-58.

仲悟之，汤涌，2010. 电力系统微分代数方程模型的暂态电压稳定性分析[J]. 中国电机工程学报，30(25)：10-16.

MILANO F, ORTEGA A, 2016. Frequency divider[J]. IEEE transactions on power systems, 32(2): 1493-1501.

ZENG F, ZHANG J, ZHOU Y, et al., 2020. Online identification of inertia distribution in normal operating power system[J]. IEEE transactions on power systems, 35(4): 3301-3304.

ZHANG J, XU H, 2017. Online identification of power system equivalent inertia constant[J]. IEEE transactions on industrial electronics, 64(10): 8098-8107.

第6章 电力系统振荡问题分析

电力系统中变压器分接头投切、负荷波动、新能源功率波动等将使系统运行受到扰动。扰动消失后，系统经过一段时间的过渡，若能逐渐恢复到扰动前的运行工况，则称此系统在扰动作用下是稳定的，不会出现振荡问题。对于含高渗透率新能源、高比例电力电子装备的“双高”电力系统，由于源荷数量大幅增加、不确定性增强且直流换流站、并网逆变器等电力电子设备中存在大量控制环节，系统时刻都可能受到小的扰动且受扰后出现振荡的概率比传统电力系统大幅增加。因此，振荡问题成为“双高”电力系统中极为突出的稳定问题。

电力系统振荡问题涉及的稳定性基本分析方法包括以下四种。

1) 特征分析法

将系统非线性微分方程组在运行工作点附近线性化，表示为线性微分方程组，然后用线性系统理论进行稳定分析，称为特征分析法或者李雅普诺夫间接法。特征分析法能提供大量与系统动态稳定相关的有价值信息，是大规模电力系统动态稳定分析最有效的方法之一。特征分析法和动态分析法结合，可实现“线性系统控制器设计+非线性系统大扰动校核”，被广泛应用于实际工程控制器的设计。

2) 阻抗法

“双高”电力系统运行工况复杂多变，且不同类型的新能源并网逆变器控制系统由于知识产权保护等原因难以获取，导致需要详细建立状态方程模型的特征分析法使用困难。为此，可采用基于阻抗的稳定分析方法，其思路是将复杂电力系统等价表示为电源和负荷两个内部动态未知的“黑箱”，通过仿真或实验等手段探寻两个“黑箱”的频率响应特性，并通过奈奎斯特判据开展稳定分析。如果说特征分析法是基于现代控制理论中状态方程模型进行稳定分析，那么与之相对应的阻抗法(或称频率响应法)则是基于传统控制理论中传递函数模型进行稳定分析。目前，该方法已被广泛应用于分析电力系统谐振问题。

3) 复转矩系数法

电力系统振荡问题研究始于同步发电机低频振荡。早期研究表明，低频振荡与发电机的转子运动状态紧密相关，振荡频率低且衰减较慢。相比而言，与其他状态量相关的振荡，频率较高且衰减较快。利用电力系统这种“多时标特性”进行降阶分析，可导出复转矩系数法。与前面两种方法相比，复转矩系数法简单易懂且物理意义清楚，能够从本质上揭示振荡问题的内在机理，找到引发振荡问题的根本原因，同时也可以为基于相位补偿的振荡抑制控制器设计提供理论依据。

4) 分岔理论法

电力系统具有强非线性，导致特征分析法无法解释电力系统在临界稳定点附近出现的一些非线性奇异现象。为弥补特征分析法的不足，可将分岔理论应用于电力系统振荡分析，从而更加精确地分析非线性电力系统的振荡特性。

在大规模“双高”电力系统中直接运用上述四种基本分析方法存在计算规模大、不确定性强、实验条件苛刻等缺点，需要提出更为适用的实施方法。例如，实际电力系统中可能包含成千上万个动态元件，在运用特征分析法时，对应的系统状态方程可能达到几十万阶，用一般性的求解矩阵特征方程的方法进行特征分析是不现实的，需要采用幂法、QR 法、Arnoldi 法等数值计算的方法求解矩阵的特征值和特征向量。若针对“双高”电力系统不确定性强的问题，需要引入概率特征分析法。此外，在实际电力系统中开展频率响应特性测试，需要尽可能降低实验带来的扰动，由此需要提出基于小幅激励的频率响应测试方法。

最后，本章从算法、数据融合和工程应用方面，对相关领域最新的研究发展方向进行展望。在算法方面，可以研究系统特征值的并行计算方法，提高现代电力系统稳定分析的计算效率，并且适应其多区域运行组织架构；在数据融合方面，可借助广域测量系统，利用快速发展的人工智能技术，以电力系统的海量运行数据为驱动，实现电力系统的在线特征分析与稳定性辨识；在工程应用方面，可以研究反映“双高”电力系统振荡稳定性的指标，并运用这些指标指导系统的规划和运行。

6.1　特征分析法基本原理

第 5 章介绍了基于李雅普诺夫直接法的暂态稳定分析方法，用于分析一个非线性电力系统 $\dot{\boldsymbol{X}}=\boldsymbol{f}(\boldsymbol{X},t)$ 在给定初始状态下，能否随着时间 $t\to+\infty$ 而趋于稳定。然而，对于复杂的大规模电力系统而言，如何构造一个合理的李雅普诺夫函数使分析结果不过于保守，仍然面临较大挑战。

对于电力系统而言，人们通常更加关心其运行在平衡状态时，若受到一定的扰动，经过足够长的时间是否可以重新恢复稳定。为此，可以采用李雅普诺夫间接法，开展系统的动态稳定分析。其基本思路是，对于非线性动态系统 $\dot{\boldsymbol{X}}=\boldsymbol{f}(\boldsymbol{X},t)$，假设对所有时间 t，存在某个状态 $\boldsymbol{X}=\boldsymbol{X}_{\mathrm{e}}$ 满足 $\dot{\boldsymbol{X}}=0$，则称 $\boldsymbol{X}_{\mathrm{e}}$ 为系统的平衡状态。围绕平衡状态 $\boldsymbol{X}_{\mathrm{e}}$ 可以对非线性系统进行线性化，并表示为 $\dot{\boldsymbol{X}}=\boldsymbol{A}\boldsymbol{X}$。与非线性系统相比，线性系统的稳定分析更加简单，且理论体系更加成熟。最简单直接的方法便是以系统特征方程求解出的特征根作为稳定性判据，下面展开详述。

6.1.1　线性系统的稳定性

设系统 N 维线性化状态方程为

$$\dot{\boldsymbol{X}}=\boldsymbol{A}\boldsymbol{X} \tag{6-1}$$

式中，$\boldsymbol{X}$ 为系统增量形式的状态向量；$\boldsymbol{A}$ 为系统状态矩阵。由常微分方程求解方法可知系统的特征方程为

$$|\lambda \boldsymbol{I}-\boldsymbol{A}|=0 \tag{6-2}$$

式中，$\boldsymbol{I}$ 为与 $\boldsymbol{A}$ 维数相同的单位矩阵。

由线性微分方程特征根与时域解的对应关系可知，若式(6-2)所有的根均有负实部，则式(6-1)所描述的系统在相应的稳态工作点上小扰动稳定；反之，若有一个或多个根有正实部，则系统不稳定。若 $\boldsymbol{A}$ 阵有一个零根或一对纯虚根，而其他根均有负实部，则系统处于临界状态，相当于运行在极限工况。

事实上，工程中不仅对系统稳定性感兴趣，而且还希望分析小扰动下系统过渡过程的特征。例如，对于振荡性过渡过程，需分析的特征包括振荡频率、衰减因子、振荡分布、振荡原因以及振荡与哪些状态量密切相关等，从而为抑制振荡提供有用信息。对于非振荡性过渡过程，需分析的特征包括衰减时间常数及其与系统各状态量间的相关性等，从而为设计控制对策提供参考。此外，稳定极限及稳定裕度也是计算分析的重要内容之一。

上述分析涉及特征根、特征向量、相关因子(参与因子)、相关比(参与比)、特征根灵敏度计算等，下面将详细介绍。

6.1.2　线性系统的特征量及其性质

1. 模式和模态

设常微分方程为

$$a\ddot{x}+b\dot{x}+cx=0 \quad \left(a、c\neq 0,\ b^2<4ac\right) \tag{6-3}$$

相应的特征根为 $p_{1,2}=\dfrac{-b\pm\sqrt{b^2-4ac}}{2a}=\alpha\pm \mathrm{j}\omega$，从而 $x=c_1\mathrm{e}^{p_1t}+c_2\mathrm{e}^{p_2t}$，即

$$\begin{bmatrix} x \\ \dot{x} \end{bmatrix}=c_1\begin{bmatrix} 1 \\ p_1 \end{bmatrix}\mathrm{e}^{p_1t}+c_2\begin{bmatrix} 1 \\ p_2 \end{bmatrix}\mathrm{e}^{p_2t} \tag{6-4}$$

式中，c_1 和 c_2 分别为与初值有关的常数。

若把式(6-3)化为标准状态方程，令 $x_1=x$，$x_2=\dot{x}$，则

$$\dot{\boldsymbol{X}}=\begin{bmatrix} \dot{x}_1 \\ \dot{x}_2 \end{bmatrix}=\begin{bmatrix} 0 & 1 \\ \dfrac{-c}{a} & \dfrac{-b}{a} \end{bmatrix}\begin{bmatrix} x_1 \\ x_2 \end{bmatrix}=\boldsymbol{AX} \tag{6-5}$$

令 $|\lambda\boldsymbol{I}-\boldsymbol{A}|=0$，可解出

$$\lambda_{1,2}=\frac{-b\pm\sqrt{b^2-4ac}}{2a}\overset{\text{def}}{=}\alpha\pm \mathrm{j}\omega=p_{1,2} \tag{6-6}$$

由特征向量的定义可知，满足 $\boldsymbol{A}\boldsymbol{u}_i=\lambda_i\boldsymbol{u}_i$ 的向量 $\boldsymbol{u}_i$ 称为特征根 λ_i 相对应的特征向量。则根据 λ_1、λ_2 可求出相应的 $\boldsymbol{u}_1$、$\boldsymbol{u}_2$ 分别为

$$\boldsymbol{u}_1=\begin{bmatrix} 1 \\ p_1 \end{bmatrix},\ \boldsymbol{u}_2=\begin{bmatrix} 1 \\ p_2 \end{bmatrix} \tag{6-7}$$

比较式(6-4)与式(6-7)可知：

$$\begin{bmatrix} x_1 \\ x_2 \end{bmatrix}=c_1\begin{bmatrix} 1 \\ p_1 \end{bmatrix}\mathrm{e}^{p_1t}+c_2\begin{bmatrix} 1 \\ p_2 \end{bmatrix}\mathrm{e}^{p_2t}=c_1\boldsymbol{u}_1\mathrm{e}^{p_1t}+c_2\boldsymbol{u}_2\mathrm{e}^{p_2t} \tag{6-8}$$

由于 $\mathrm{e}^{(\alpha\pm \mathrm{j}\omega)t}=\mathrm{e}^{\alpha t}\left(\cos\omega t\pm \mathrm{j}\sin\omega t\right)$，故 α 反映了系统响应的衰减性能，ω 反映了振荡频率，特征向量 $\boldsymbol{u}_1$、$\boldsymbol{u}_2$ 反映了在 $\boldsymbol{X}$ 上观察相应振荡时的相对振幅大小和相对相位关系。特别地，当 $\alpha>0$ 时，状态量 $\boldsymbol{X}$ 的时域波形为增幅振荡，系统失稳；当 $\alpha<0$ 时，状态量 $\boldsymbol{X}$ 的时域波形为减幅振荡，系统稳定；当 $\alpha=0$ 时为等幅振荡，系统处于临界状态。

物理上把一对共轭复根称为系统的一个振荡模式(mode)，把它相应的特征向量称为振

荡模态(mode shape)。

2. 特征根和右特征向量的数学性质

对于式(6-1)的 N 维线性系统，设特征根为 λ_1, λ_2, …, λ_N ，且 $\lambda_i \neq \lambda_j\,(i \neq j)$，则由矩阵特征根的相关理论，$\lambda_i$ 的特征向量满足：

$$\boldsymbol{A}\boldsymbol{u}_i = \lambda_i \boldsymbol{u}_i, \quad i = 1,2,\cdots,N \tag{6-9}$$

式中，特征向量 $\boldsymbol{u}_i$ 称为 λ_i 的右特征向量，和后面介绍的左特征向量相区别。

定义特征根对角阵 $\boldsymbol{\Lambda} = \mathrm{diag}(\lambda_1,\lambda_2,\cdots,\lambda_N)$，右特征向量矩阵 $\boldsymbol{U} = [\boldsymbol{u}_1,\boldsymbol{u}_2,\cdots,\boldsymbol{u}_N]$，则由式(6-9)可知：

$$\boldsymbol{AU} = \boldsymbol{U\Lambda}, \quad \boldsymbol{U}^{-1}\boldsymbol{AU} = \boldsymbol{\Lambda} \tag{6-10}$$

对原系统作线性变换，定义新的状态变量 $\boldsymbol{Z}$，使 $\boldsymbol{X}=\boldsymbol{UZ}$，则有

$$\dot{\boldsymbol{Z}} = \boldsymbol{U}^{-1}\boldsymbol{AUZ} = \boldsymbol{\Lambda Z} \tag{6-11}$$

因为 $\boldsymbol{\Lambda}$ 为对角阵，故在新的状态空间中可实现系统状态变量的相互解耦，即式(6-11)中第 i 个方程为 $\dot{Z}_i = \lambda_i Z_i$，特征根为 λ_i，相应的时域解为

$$Z_i = c_i \mathrm{e}^{\lambda_i t}, \quad i = 1,2,\cdots,N \tag{6-12}$$

式中，c_i 为 Z_i 的初值。将式(6-12)代入 $\boldsymbol{X} = \boldsymbol{UZ}$，则有

$$\begin{aligned}\boldsymbol{X} = \boldsymbol{UZ} &= \boldsymbol{u}_1 Z_1 + \boldsymbol{u}_2 Z_2 + \cdots + \boldsymbol{u}_N Z_N \\ &= c_1\boldsymbol{u}_1\mathrm{e}^{\lambda_1 t} + c_2\boldsymbol{u}_2\mathrm{e}^{\lambda_2 t} + \cdots + c_N\boldsymbol{u}_N\mathrm{e}^{\lambda_N t}\end{aligned} \tag{6-13}$$

此即式(6-8)的一般形式。

由式(6-13)可知，在 X_j 和 $X_k\,(j \neq k)$ 上观察某复数特征根 $\lambda_i = \alpha_i + \mathrm{j}\omega_i$ 对应的过渡过程，其振幅大小之比为 $|u_{ji}/u_{ki}|$，其中 u_{ji} 为 $\boldsymbol{U}$ 的 j 行 i 列元素，u_{ki} 类同；振荡相对相位差为 $\arg(u_{ji}) - \arg(u_{ki})$，其中 $\arg(u_{ji})$ 表示复数 u_{ji} 的幅角，$\arg(u_{ki})$ 类同。若 λ_i 为实根，则相应的 $\boldsymbol{u}_i$ 为实数向量，从而 $|u_{ji}/u_{ki}|$ 反映了在 X_j 和 X_k 上观察 $\mathrm{e}^{\lambda_i t}$ 模式过渡过程时的相对幅值大小。

3. 左特征向量及其性质

λ_i 的左特征向量 $\boldsymbol{v}_i$ (列向量)定义为

$$\boldsymbol{v}_i^{\mathrm{T}}\boldsymbol{A} = \boldsymbol{v}_i^{\mathrm{T}}\boldsymbol{\lambda}_i \tag{6-14}$$

将式(6-14)两边取转置有

$$\boldsymbol{A}^{\mathrm{T}}\boldsymbol{v}_i = \boldsymbol{\lambda}_i\boldsymbol{v}_i \tag{6-15}$$

表明 $\boldsymbol{v}_i$ 为 $\boldsymbol{A}^{\mathrm{T}}$ 矩阵的同一特征根 λ_i 的右特征向量，可据此计算 $\boldsymbol{v}_i$。

由式(6-15)和矩阵右特征向量性质可以导出：

$$\boldsymbol{V}^{-1}\boldsymbol{A}^{\mathrm{T}}\boldsymbol{V} = \boldsymbol{\Lambda} \tag{6-16}$$

其中，$\boldsymbol{V} = [\boldsymbol{v}_1,\boldsymbol{v}_2,\cdots,\boldsymbol{v}_N]$ 为左特征向量矩阵；$\boldsymbol{\Lambda}$ 为特征根对角阵。对式(6-16)两边取转置有 $\boldsymbol{V}^{\mathrm{T}}\boldsymbol{A}\left(\boldsymbol{V}^{-1}\right)^{\mathrm{T}} = \boldsymbol{\Lambda}^{\mathrm{T}} = \boldsymbol{\Lambda}$。与 $\boldsymbol{U}^{-1}\boldsymbol{AU} = \boldsymbol{\Lambda}$ 比较可知，取 $\boldsymbol{V}^{\mathrm{T}} = \boldsymbol{U}^{-1}$ 时，有 $\boldsymbol{V}^{\mathrm{T}}\boldsymbol{U} = \boldsymbol{I}$，即

$$
\boldsymbol{v}_i^{\mathrm{T}} \boldsymbol{u}_j = \begin{cases} 1, & i = j \\ 0, & i \neq j \end{cases} \tag{6-17}
$$

称上述操作为 $\boldsymbol{V}$ 的规格化取法。

将 $\boldsymbol{V}^{\mathrm{T}} = \boldsymbol{U}^{-1}$ 代入 $\boldsymbol{X} = \boldsymbol{UZ}$ 有 $\boldsymbol{Z} = \boldsymbol{V}^{\mathrm{T}}\boldsymbol{X}$。当 $t = 0$ 时，有 $\boldsymbol{Z}_0 = \boldsymbol{V}^{\mathrm{T}}\boldsymbol{X}_0$。再由式(6-12)可知：

$$
c_i = Z_i \big|_{t=0} = \boldsymbol{v}_i^{\mathrm{T}} \boldsymbol{X}_0 \tag{6-18}
$$

式(6-18)反映了 $Z_i|_{t=0}$ 和 $\boldsymbol{X}_0$ 的关系，将其代入式(6-13)得

$$
\boldsymbol{X} = \boldsymbol{v}_1^{\mathrm{T}} \boldsymbol{X}_0 \mathrm{e}^{\lambda_1 t} \boldsymbol{u}_1 + \cdots + \boldsymbol{v}_N^{\mathrm{T}} \boldsymbol{X}_0 \mathrm{e}^{\lambda_N t} \boldsymbol{v}_N \tag{6-19}
$$

当解出系统全部 λ_i 和 $\boldsymbol{u}_i$（$i = 1, 2, \cdots, N$），取 $\boldsymbol{V}^{\mathrm{T}} = \boldsymbol{U}^{-1}$，即可根据初值 $\boldsymbol{X}_0$ 直接得出 $\boldsymbol{X}$ 的时域解。

4. 相关因子

为了量度第 k 个状态量 X_k 同第 i 个特征根 λ_i 的相关性，定义相关因子 p_{ki} 为

$$
p_{ki} = \frac{v_{ki} u_{ki}}{\boldsymbol{v}_i^{\mathrm{T}} \boldsymbol{u}_i} \tag{6-20}
$$

式中，v_{ki}、u_{ki} 分别为左、右特征向量矩阵 $\boldsymbol{U}$、$\boldsymbol{V}$ 中第 k 行第 i 列的元素。p_{ki} 的模 $|p_{ki}|$ 反映了 x_k 和 λ_i 的相关性大小。显然，$\sum_{k=1}^{N} p_{ki} = 1$。

由式(6-13)可知，$\boldsymbol{u}_i$ 中元素 u_{ki} 反映了在状态量 X_k 上观察 λ_i 模式的相对幅值及相位，故 u_{ki} 模越大，则 X_k 对 λ_i 的"可观性"越强。进一步，设 v_{ki} 为 $\boldsymbol{V}^{\mathrm{T}}$ 的第 i 行第 k 列元素，由 $\boldsymbol{Z} = \boldsymbol{V}^{\mathrm{T}}\boldsymbol{X}$ 可知，v_{ki} 的模越大，那么 X_k 的单位变化引起的 Z_i 的变化越大，其中 Z_i 是与模式 λ_i 对应的解耦状态量。因此可知 v_{ki} 反映了 X_k 对 λ_i 的"可控性"。p_{ki} 定义为二者之积，并在分母上作规格化处理，当取 $\boldsymbol{V}^{\mathrm{T}} = \boldsymbol{U}^{-1}$ 时，分母为 1，此时 $|p_{ki}|$ 的值就反映了 X_k 对 λ_i 的可观性及可控性，是一个综合性指标，故称 p_{ki} 为 X_k 与 λ_i 的相关因子。

5. 相关比

在电力系统动态稳定分析中，由系统特征方程 $\dot{\boldsymbol{X}} = \boldsymbol{AX}$ 求出的特征根并不都与振荡有关。需要从中选出与振荡有关的特征根，或者和一部分或某一类变量强相关的根。此时需要用到相关比的概念。

例如，低频振荡问题是同步发电机转子运动方程相关的机电振荡模式，因此要选出和 $\Delta\boldsymbol{\omega}$、$\Delta\boldsymbol{\delta}$ 强相关的根，不能光凭频率作判断。对于电压稳定问题，一般要选出与动态负荷等值异步机滑差以及有载调压变压器变比(此时需要将变比作为连续变量处理)强相关的根进行讨论。

以低频振荡为例，定义 λ_i 的机电回路相关比 ρ_i 为

$$
\rho_i = \left| \frac{\sum_{X_k \in (\Delta\omega, \Delta\delta)} p_{ki}}{\sum_{X_k \notin (\Delta\omega, \Delta\delta)} p_{ki}} \right| \tag{6-21}
$$

实际电力系统中，若求出的某个特征根 λ_i 满足：

$$\begin{cases} \rho_i > 1 \\ \lambda_i = \alpha_i \pm \mathrm{j}\omega_i\ , \quad \omega_i \in [0.2\text{Hz},\ 2.5\text{Hz}] \end{cases} \tag{6-22}$$

则认为 λ_i 为低频振荡模式，又称“机电模式”。

6.1.3　电力系统状态空间模型及特征分析法

利用前述线性系统的稳定性原理，可以得到分析电力系统振荡问题的特征分析法，其标准步骤如下：

(1)根据振荡问题分析需求，选择电力系统元件和网络模型，构建电力系统微分代数方程组模型。

(2)计算系统在运行工作点处的稳态潮流及各状态量的初值。其中，稳态潮流是系统时域计算达到稳态后的潮流值，对于稳定的系统，可以由时域仿真计算得到；对于不稳定的系统，则采用网络潮流方程求解的潮流值代替。

(3)将系统微分代数方程组模型在运行工作点附近线性化，消去代数变量，得到系统标准状态方程 $\dot{\boldsymbol{X}} = \boldsymbol{AX}$ 。

(4)计算 $\boldsymbol{A}$ 的全部特征根及左、右特征向量。

(5)根据实际问题需要，计算所关心问题的特征根相关因子、相关比和特征根的灵敏度等。

(6)根据计算结果判断系统动态稳定性并分析小扰动过渡过程的特点。

上述过程的关键在于建立系统标准状态方程模型，即步骤(3)。考虑到单机无穷大系统的线性化模型是多机系统线性化模型的基础，也是研究动态稳定问题机理的基础，因此，本节首先介绍单机无穷大系统线性化模型，然后将其推广应用于多机系统的情况。步骤(4)中涉及的特征值的数值计算方法则在 6.5.1 节中展开介绍。

1. 单机无穷大系统的线性化模型

本节首先考虑同步发电机接无穷大系统的情况，然后考虑并网逆变器接无穷大系统的情况。

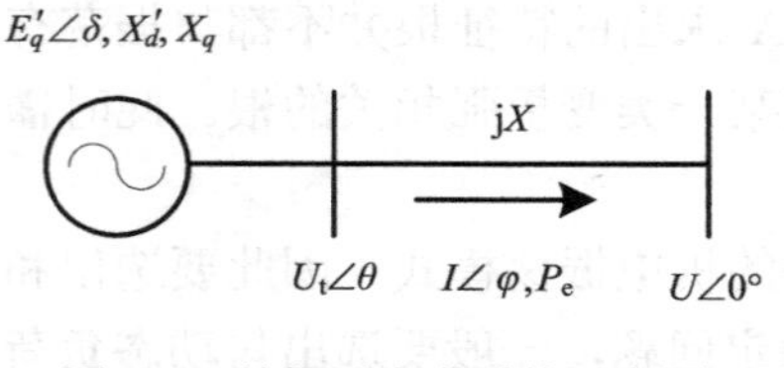

图 6-1　单机无穷大系统示意图

对于同步发电机的情况，从最简单的二阶转子运动方程开始，然后向高阶系统过渡，阐述电力系统机电振荡中的若干物理概念。

1)二阶同步发电机接无穷大系统线性化模型

单机无穷大系统如图 6-1 所示。

图 6-1 中，设同步发电机 E'_q 恒定，$U_t = \sqrt{U_d^2 + U_q^2}$ 为发电机端电压。考虑二阶实用模型，其定子电压方程为

$$\begin{aligned} U_d &= X_q I_q \\ U_q &= E'_q - X'_q I_d \end{aligned} \tag{6-23}$$

转子运动方程为

$$
\begin{aligned}
&\frac{\mathrm{d}\delta}{\mathrm{d}t}=\omega-1\\
&M\frac{\mathrm{d}\omega}{\mathrm{d}t}=P_{\mathrm{m}}-P_{\mathrm{e}}-D(\omega-1)
\end{aligned}
\tag{6-24}
$$

在同步 xy 坐标系下，网络方程为 $U_{\mathrm{t}}\angle\theta-U\angle0°=\mathrm{j}XI\angle\varphi$。设 $U_x+\mathrm{j}U_y=U_{\mathrm{t}}\angle\theta$，将方程实部、虚部分开，有

$$
\begin{bmatrix}U_x-U\\U_y\end{bmatrix}=\begin{bmatrix}0&-X\\X&0\end{bmatrix}\begin{bmatrix}I_x\\I_y\end{bmatrix}
\tag{6-25}
$$

由图 6-2 的 xy-dq 坐标关系，可知：

$$
\begin{bmatrix}f_d\\f_q\end{bmatrix}=\begin{bmatrix}\sin\delta&-\cos\delta\\\cos\delta&\sin\delta\end{bmatrix}\begin{bmatrix}f_x\\f_y\end{bmatrix}
\tag{6-26}
$$

式中，f 可为 U、I 等电量。

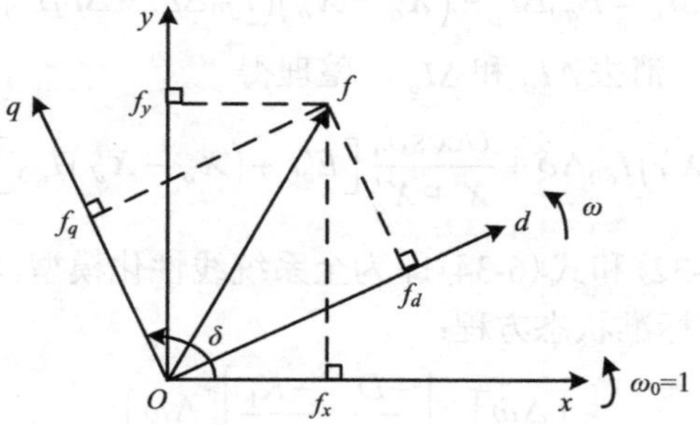

图 6-2　xy-dq 坐标关系

式(6-23)～式(6-26)构成了全系统数学模型，是一组联立的非线性微分代数方程组。其中，ω、δ 为状态变量，构成二阶微分方程组。

下面将方程线性化，消去代数变量，转化为纯状态方程。根据式(6-26)，将式(6-25)化为 dq 坐标形式为

$$
\begin{bmatrix}U_d\\U_q\end{bmatrix}-\begin{bmatrix}\sin\delta\\\cos\delta\end{bmatrix}U=\begin{bmatrix}\sin\delta&-\cos\delta\\\cos\delta&\sin\delta\end{bmatrix}\begin{bmatrix}0&-X\\X&0\end{bmatrix}\begin{bmatrix}\sin\delta&\cos\delta\\-\cos\delta&\sin\delta\end{bmatrix}\begin{bmatrix}I_d\\I_q\end{bmatrix}=\begin{bmatrix}0&-X\\X&0\end{bmatrix}\begin{bmatrix}I_d\\I_q\end{bmatrix}
\tag{6-27}
$$

将式(6-27)与式(6-23)和式(6-24)联立，同时考虑到 E_q' 为常数，可解出用 E_q' 和 δ 表示的 U_d、U_q、I_d、I_q 的函数表达式为

$$
\begin{bmatrix}U_d\\U_q\end{bmatrix}=\frac{1}{(X+X_q)(X+X_d')}\left\{\begin{bmatrix}-X_q(X+X_d')&0\\0&-X_d'(X+X_q)\end{bmatrix}\begin{bmatrix}-U\sin\delta\\-U\cos\delta\end{bmatrix}+\begin{bmatrix}0\\X(X+X_q)\end{bmatrix}E_q'\right\}
\tag{6-28}
$$

$$
\begin{bmatrix}I_d\\I_q\end{bmatrix}=\frac{1}{(X+X_q)(X+X_d')}\begin{bmatrix}0&X+X_q\\-(X+X_d')&0\end{bmatrix}\begin{bmatrix}-U\sin\delta\\E_q'-U\cos\delta\end{bmatrix}
\tag{6-29}
$$

相应的增量方程为

$$\begin{bmatrix}\Delta U_d\\ \Delta U_q\end{bmatrix}=\begin{bmatrix}\dfrac{U}{X+X_q'}\cos\delta_0\\ \dfrac{U}{X+X_d'}\sin\delta_0\end{bmatrix}\Delta\delta \tag{6-30}$$

$$\begin{bmatrix}\Delta I_d\\ \Delta I_q\end{bmatrix}=\begin{bmatrix}\dfrac{U}{X+X_d'}\sin\delta_0\\ \dfrac{U}{X+X_q'}\cos\delta_0\end{bmatrix}\Delta\delta \tag{6-31}$$

将式(6-24)进行增量化，考虑原动机死区因素，即 $\Delta P_{\mathrm{m}}=0$，于是有

$$\begin{aligned}M\Delta\dot{\omega}&=-\Delta P_{\mathrm{e}}-D\Delta\omega\\ \Delta\dot{\delta}&=\Delta\omega\end{aligned} \tag{6-32}$$

其中

$$\Delta P_{\mathrm{e}}=E_{q0}'\Delta I_q-\left(X_d'-X_q\right)\left(I_{d0}\Delta I_q+\Delta I_d I_{q0}\right) \tag{6-33}$$

将式(6-31)代入式(6-33)，消去 ΔI_d 和 ΔI_q，整理得

$$\Delta P_{\mathrm{e}}=\frac{U\sin\delta_0}{X+X_d'}\left(X_q-X_d'\right)I_{q0}\Delta\delta+\frac{U\cos\delta_0}{X+X_q'}\left[E_{q0}'+\left(X_q-X_d'\right)I_{d0}\right]\Delta\delta=K_1\Delta\delta \tag{6-34}$$

式(6-30)、式(6-31)、式(6-32)和式(6-34)即为全系统线性化模型。将式(6-34)代入式(6-32)，可以得到只含状态变量的标准状态方程：

$$\begin{bmatrix}\Delta\dot{\omega}\\ \Delta\dot{\delta}\end{bmatrix}=\begin{bmatrix}\dfrac{-D}{M} & \dfrac{-K_1}{M}\\ 1 & 0\end{bmatrix}\begin{bmatrix}\Delta\omega\\ \Delta\delta\end{bmatrix} \tag{6-35}$$

2) 计及静止励磁的三阶同步发电机接无穷大系统线性化模型

为了计及励磁系统动态及发电机的凸极效应，进一步考虑发电机的三阶实用模型。在 dq 坐标下，发电机的定子电压方程为

$$\begin{aligned}U_d&=X_qI_q\\ U_q&=E_q'-X_d'I_d\end{aligned} \tag{6-36}$$

转子运动方程为

$$\begin{aligned}M\frac{\mathrm{d}\omega}{\mathrm{d}t}&=P_{\mathrm{m}}-P_{\mathrm{e}}-D(\omega-1)\\ \frac{\mathrm{d}\delta}{\mathrm{d}t}&=\omega-1\end{aligned} \tag{6-37}$$

励磁电压方程为

$$T_{d0}'\frac{\mathrm{d}E_q'}{\mathrm{d}t}=E_f-E_q=E_f-\left[E_q'+\left(X_d-X_d'\right)I_d\right] \tag{6-38}$$

式中，P_{e} 和 P_{m} 与式(6-23)中的定义相同；E_f 为励磁系统输出励磁电压。考虑简单的静止励磁系统，对应的控制框图如图 6-3 所示，传递函数可以表示为

$$G_{\mathrm{E}}(s)=\frac{\Delta E_f}{-\Delta U_{\mathrm{t}}}=\frac{K_{\mathrm{E}}}{1+T_{\mathrm{E}}s} \tag{6-39}$$

式中，$U_{\mathrm{t}}=\sqrt{U_d^2+U_q^2}$ 为发电机端电压；图 6-3 中 U_{ref} 是电压参考信号，一般为常数。

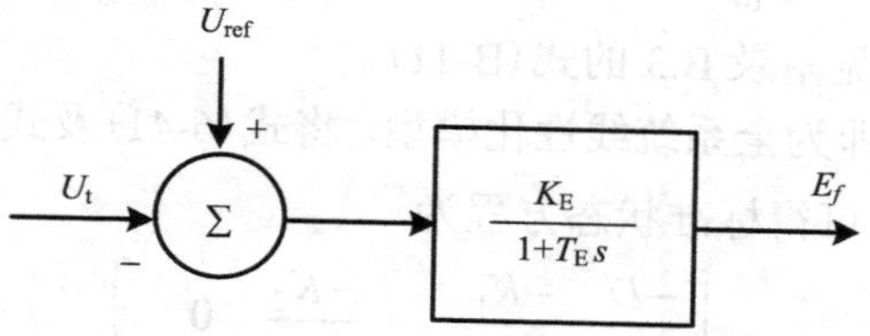

图 6-3　单机无穷大系统采用的励磁系统传递函数

发电机的微分代数方程式(6-36)～式(6-39)与网络方程式(6-25)、式(6-26)构成了全系统数学模型，是非线性微分代数方程组。在忽略调速器动态时，状态变量为 ω、δ、E_q'、E_f，从而构成四阶微分方程组。

下面将方程组线性化，消去代数变量，转化为纯状态方程。首先，将网络方程化为 dq 坐标方程，并和发电机电压方程联立，导出 U_d、U_q、I_d、I_q 用 E_q' 和 δ 表示的表达式，其与式(6-28)和式(6-29)中的 U_d、U_q、I_d、I_q 表达式相同，但对应的增量方程变为

$$\begin{gathered}\begin{bmatrix}\Delta U_d\\ \Delta U_q\end{bmatrix}=\begin{bmatrix}\dfrac{U}{X+X_q'}\cos\delta_0\\ \dfrac{U}{X+X_d'}\sin\delta_0\end{bmatrix}\Delta\delta+\begin{bmatrix}0\\ \dfrac{1}{X+X_d'}\end{bmatrix}\Delta E_q'\\ \begin{bmatrix}\Delta I_d\\ \Delta I_q\end{bmatrix}=\begin{bmatrix}\dfrac{U}{X+X_q'}\sin\delta_0\\ \dfrac{U}{X+X_d'}\cos\delta_0\end{bmatrix}\Delta\delta+\begin{bmatrix}\dfrac{1}{X+X_d'}\\ 0\end{bmatrix}\Delta E_q'\end{gathered} \tag{6-40}$$

将式(6-37)和式(6-38)进行增量化，其中 $\Delta P_{\mathrm{m}}=0$，有

$$\begin{gathered}M\Delta\dot{\omega}=-\Delta P_{\mathrm{e}}-D\Delta\omega\\ \Delta\dot{\delta}=\Delta\omega\\ T_{d0}'\Delta\dot{E}_q'=\Delta E_f-\Delta E_q\end{gathered} \tag{6-41}$$

式中

$$\begin{gathered}\Delta P_{\mathrm{e}}=\left(E_{q0}'\Delta I_q+\Delta E_q'I_{q0}\right)-\left(X_d'-X_q\right)\left(I_{d0}\Delta I_q+\Delta I_d I_{q0}\right)\\ \Delta E_q=\Delta E_q'+\left(X_d-X_d'\right)\Delta I_d\end{gathered} \tag{6-42}$$

将式(6-40)代入式(6-42)，消去 ΔI_d 和 ΔI_q，整理得

$$\begin{gathered}\Delta P_{\mathrm{e}}=K_1\Delta\delta+K_2\Delta E_q'\\ \Delta E_q=K_4\Delta\delta+K_3\Delta E_q'\end{gathered} \tag{6-43}$$

式中，K_1、K_2、K_3、K_4 的表达式见附录 B.3 的式(B-10)。

对励磁系统微分方程做同样处理，得到励磁系统增量方程为

$$T_{\mathrm{E}}\Delta\dot{E}_f = -\Delta E_f - K_{\mathrm{E}}\Delta U_{\mathrm{t}} \tag{6-44}$$

式中

$$\Delta U_{\mathrm{t}} = \frac{1}{U_{\mathrm{t0}}}\left(U_{d0}\Delta U_d + U_{q0}\Delta U_q\right) = K_5\Delta\delta + K_6\Delta E_q' \tag{6-45}$$

式中，K_5、K_6 的表达式见附录 B.3 的式(B-11)。

式(6-41)～式(6-45)即为全系统线性化模型。将式(6-41)及式(6-44)联立，并用 K_1～K_6 参数消去其中的代数量，可得标准状态方程为

$$\begin{bmatrix}\Delta\dot{\omega}\\ \Delta\dot{\delta}\\ \Delta\dot{E}_q'\\ \Delta\dot{E}_f\end{bmatrix} = \begin{bmatrix}\dfrac{-D}{M} & \dfrac{-K_1}{M} & \dfrac{-K_2}{M} & 0\\ 1 & 0 & 0 & 0\\ 0 & \dfrac{-K_4}{T_{d0}'} & \dfrac{-K_3}{T_{d0}'} & \dfrac{1}{T_{d0}'}\\ 0 & \dfrac{-K_{\mathrm{E}}K_5}{T_{\mathrm{E}}} & \dfrac{-K_{\mathrm{E}}K_6}{T_{\mathrm{E}}} & \dfrac{-1}{T_{\mathrm{E}}}\end{bmatrix}\begin{bmatrix}\Delta\omega\\ \Delta\delta\\ \Delta E_q'\\ \Delta E_f\end{bmatrix} \tag{6-46}$$

上述线性化模型在电力系统低频振荡研究中应用广泛，但在电压动态稳定研究中还应考虑负荷动态、有载调压变压器分接头以及调相机等的动态作用，在次同步振荡研究时还应考虑多质块轴系动态和网络在非工频电量下的暂态模型。相应的系统模型推导过程与上述过程基本相同，即首先建立元件方程，经过适当坐标变换并与网络方程接口，形成全系统的数学模型；然后，对系统做线性化处理并利用代数方程消去代数变量，得到只含状态变量的线性微分方程组；最后，将方程写成标准矩阵形式的状态方程。

3) 基于跟网型控制(grid-following control, GFL)的电力电子逆变器并网系统线性化模型

电力电子逆变器并网系统的线性化模型推导流程与前面介绍的同步发电机类似。下面以目前最常见的跟网型逆变器并网系统为例加以说明。

跟网型逆变器并网系统如图 6-4 所示，其线性化模型包括了锁相环 PLL、dq 坐标系下的逆变器控制系统和逆变器并网系统三部分。

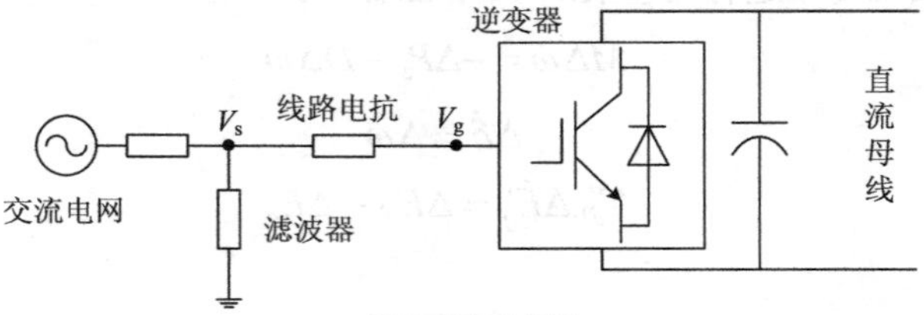

(a) 并网系统示意图

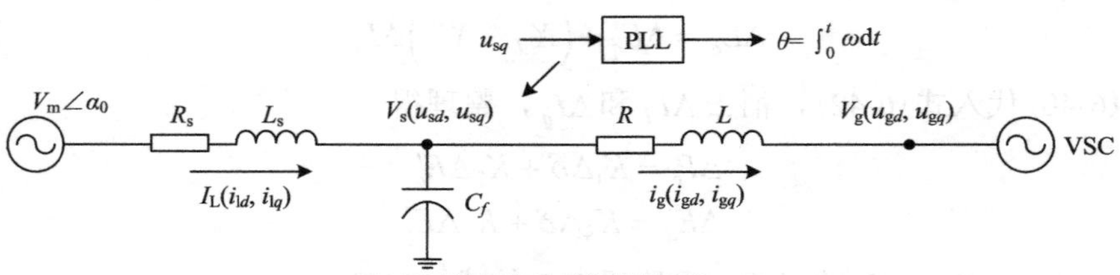

(b) 用于线性化分析的等效电路

图 6-4　跟网型逆变器并网系统

首先推导 dq 坐标下的逆变器控制系统的线性化模型，对应的控制框图与附录 A.2 中的图 A-24 类似，唯一的区别在于此处控制器外环控制采用有功–电压控制。为了表述方便，控制器参数采用式(6-47)的 α、β 和 λ 表示。

$$\begin{cases} \alpha_{001} = \beta_{001} = \dfrac{1}{T_{\text{mv}d}} & \begin{cases} \beta_{01} = K_{\text{ig}d} \\ \lambda_1 = K_{\text{pg}d} \end{cases} \begin{cases} \beta_{02} = K_{\text{ig}q} \\ \lambda_2 = K_{\text{pg}q} \end{cases} \\ \alpha_{002} = \beta_{002} = \dfrac{1}{T_{\text{mv}q}} & \\ \alpha_{003} = \beta_{003} = \dfrac{1}{T_{\text{mi}d}} & \begin{cases} \beta_{03} = C_{\text{ig}} \\ \lambda_3 = C_{\text{pg}} \end{cases} \begin{cases} \beta_{04} = C_{\text{ig}} \\ \lambda_4 = C_{\text{pg}} \end{cases} \\ \alpha_{004} = \beta_{004} = \dfrac{1}{T_{\text{mi}q}} & \end{cases} \tag{6-47}$$

下面列写逆变器控制环节对应的微分代数方程，分别如式(6-48)～式(6-55)所示。式中符号“⇒”的左边是根据控制器物理意义列写的微分方程，右边是经过状态变量替换及变换得到的微分代数方程。跟网型控制器的全部微分方程包含以下 10 个状态变量 x_{01}、x_{02}、x_{03}、x_{04}、x_1、x_2、x_3、x_4、θ 和 ω。

滤波测量环节如下所示：

$$u_{\text{sdm}} + T_{\text{mv}d}\frac{\mathrm{d}u_{\text{sdm}}}{\mathrm{d}t} = u_{sd} \Rightarrow \begin{aligned} &\frac{\mathrm{d}x_{01}}{\mathrm{d}t} = -\alpha_{001}x_{01} + u_{sd} \\ &u_{\text{sdm}} = \beta_{001}x_{01} \end{aligned} \tag{6-48}$$

$$u_{\text{sqm}} + T_{\text{mv}q}\frac{\mathrm{d}u_{\text{sqm}}}{\mathrm{d}t} = u_{sq} \Rightarrow \begin{aligned} &\frac{\mathrm{d}x_{02}}{\mathrm{d}t} = -\alpha_{002}x_{02} + u_{sq} \\ &u_{\text{sqm}} = \beta_{002}x_{02} \end{aligned} \tag{6-49}$$

$$i_{\text{gdm}} + T_{\text{mi}d}\frac{\mathrm{d}i_{\text{gdm}}}{\mathrm{d}t} = i_{gd} \Rightarrow \begin{aligned} &\frac{\mathrm{d}x_{03}}{\mathrm{d}t} = -\alpha_{003}x_{03} + i_{gd} \\ &i_{\text{gdm}} = \beta_{003}x_{03} \end{aligned} \tag{6-50}$$

$$i_{\text{gqm}} + T_{\text{mi}q}\frac{\mathrm{d}i_{\text{gqm}}}{\mathrm{d}t} = i_{gq} \Rightarrow \begin{aligned} &\frac{\mathrm{d}x_{04}}{\mathrm{d}t} = -\alpha_{004}x_{04} + i_{gq} \\ &i_{\text{gqm}} = \beta_{004}x_{04} \end{aligned} \tag{6-51}$$

逆变器的外环控制如下所示：

$$\begin{aligned} &e_{\text{P}} = P_{\text{ref}} - \left(u_{\text{sdm}}i_{\text{gdm}} + u_{\text{sqm}}i_{\text{gqm}}\right) \\ &i_{gd\_\text{ref}} = K_{\text{pg}d}e_{\text{P}} + K_{\text{ig}d}\int e_{\text{P}}\mathrm{d}t \end{aligned} \Rightarrow \begin{aligned} &\frac{\mathrm{d}x_1}{\mathrm{d}t} = e_{\text{P}} \\ &i_{gd\_\text{ref}} = \beta_{01}x_1 + \lambda_1 e_{\text{P}} \end{aligned} \tag{6-52}$$

$$\begin{aligned} &e_{\text{V}} = V_{\text{ref}} - \sqrt{u_{\text{sdm}}^2 + u_{\text{sqm}}^2} \\ &i_{gq\_\text{ref}} = K_{\text{pg}q}e_{\text{V}} + K_{\text{ig}q}\int e_{\text{V}}\mathrm{d}t \end{aligned} \Rightarrow \begin{aligned} &\frac{\mathrm{d}x_2}{\mathrm{d}t} = e_{\text{V}} \\ &i_{gq\_\text{ref}} = \beta_{02}x_2 + \lambda_2 e_{\text{V}} \end{aligned} \tag{6-53}$$

逆变器的内环控制如下所示：

$$\begin{aligned}&e_{id}=i_{gd\_ref}-i_{gdm}\\&y_d=u_{sdm}+i_{gqm}\omega L-u_{gd}\Rightarrow\\&C_{pg}e_{id}+C_{ig}\int e_{id}\mathrm{d}t=y_d\end{aligned}\quad\begin{aligned}&\frac{\mathrm{d}x_3}{\mathrm{d}t}=e_{id}\\&y_d=\beta_{03}x_3+\lambda_3e_{id}\end{aligned}\tag{6-54}$$

$$\begin{aligned}&e_{iq}=i_{gq\_ref}-i_{gqm}\\&y_q=v_{sqm}+i_{gdm}\omega L-u_{gq}\Rightarrow\\&C_{pg}e_{iq}+C_{ig}\int e_{iq}\mathrm{d}t=y_q\end{aligned}\quad\begin{aligned}&\frac{\mathrm{d}x_4}{\mathrm{d}t}=e_{iq}\\&y_q=\beta_{04}x_4+\lambda_4e_{iq}\end{aligned}\tag{6-55}$$

锁相环动态过程对应的微分代数方程如下所示：

$$\frac{\mathrm{d}}{\mathrm{d}t}\begin{bmatrix}\theta\\\omega\end{bmatrix}=\begin{bmatrix}0&1\\0&0\end{bmatrix}\begin{bmatrix}\theta\\\omega\end{bmatrix}+\begin{bmatrix}0\\K_{\mathrm{PLLi}}u_{sq}+K_{\mathrm{PLLp}}\dfrac{\mathrm{d}u_{sq}}{\mathrm{d}t}\end{bmatrix}\tag{6-56}$$

逆变器并网系统中的储能元件对应的微分代数方程如式(6-57)～式(6-59)所示。其中包含逆变器并网系统的 6 个状态变量i_{gd}、i_{gq}、i_{ld}、i_{lq}、u_{sd}、u_{sq}。

具体地，电感L对应的微分方程如下所示：

$$\begin{aligned}L\frac{\mathrm{d}}{\mathrm{d}t}\begin{bmatrix}i_{gd}\\i_{gq}\end{bmatrix}=&\begin{bmatrix}u_{sd}\\u_{sq}\end{bmatrix}-\omega L\begin{bmatrix}-i_{gq}\\i_{gd}\end{bmatrix}-R\begin{bmatrix}i_{gd}\\i_{gq}\end{bmatrix}-\begin{bmatrix}\beta_{001}x_{01}\\\beta_{002}x_{02}\end{bmatrix}-\begin{bmatrix}\lambda_3\beta_{003}&\omega L\beta_{004}\\-\omega L\beta_{003}&\lambda_4\beta_{004}\end{bmatrix}\begin{bmatrix}x_{03}\\x_{04}\end{bmatrix}\\&+\begin{bmatrix}\beta_{03}x_3\\\beta_{04}x_4\end{bmatrix}+\begin{bmatrix}\lambda_3\beta_{01}x_1\\\lambda_4\beta_{02}x_2\end{bmatrix}+\begin{bmatrix}\lambda_3\lambda_1P_{\mathrm{ref}}\\\lambda_4\lambda_2v_{\mathrm{ref}}\end{bmatrix}-\begin{bmatrix}\lambda_3\lambda_1\left(\beta_{001}x_{01}\beta_{003}x_{03}+\beta_{002}x_{02}\beta_{004}x_{04}\right)\\\lambda_4\lambda_2\sqrt{\beta_{001}^2x_{01}^2+\beta_{002}^2x_{02}^2}\end{bmatrix}\end{aligned}\tag{6-57}$$

电感L_s对应的微分方程如下所示：

$$L_s\frac{\mathrm{d}}{\mathrm{d}t}\begin{bmatrix}i_{ld}\\i_{lq}\end{bmatrix}=-\omega L_s\begin{bmatrix}-i_{lq}\\i_{ld}\end{bmatrix}-R_s\begin{bmatrix}i_{ld}\\i_{lq}\end{bmatrix}-\begin{bmatrix}u_{sd}\\u_{sq}\end{bmatrix}+\begin{bmatrix}v_m\cos\delta\\v_m\sin(-\delta)\end{bmatrix}\tag{6-58}$$

电容C_f对应的微分方程如下所示：

$$C_f\frac{\mathrm{d}}{\mathrm{d}t}\begin{bmatrix}u_{sd}\\u_{sq}\end{bmatrix}=-\begin{bmatrix}i_{gd}\\i_{gq}\end{bmatrix}+\begin{bmatrix}i_{ld}\\i_{lq}\end{bmatrix}-\omega C_f\begin{bmatrix}-u_{sq}\\u_{sd}\end{bmatrix}\tag{6-59}$$

综合式(6-48)～式(6-59)，可以得到全系统的特征方程，记作：

$$\Delta\dot{\boldsymbol{x}}=\boldsymbol{A}\Delta\boldsymbol{x}+\boldsymbol{B}\Delta\boldsymbol{u}\tag{6-60}$$

其中，$\Delta\boldsymbol{x}=\left[\Delta x_{01},\Delta x_{02},\Delta x_{03},\Delta x_{04},\Delta x_1,\Delta x_2,\Delta x_3,\Delta x_4,\Delta\theta,\Delta\omega,\Delta i_{gd},\Delta i_{gq},\Delta i_{ld},\Delta i_{lq},\Delta u_{sd},\Delta u_{sq}\right]^{\mathrm{T}}$；$\Delta\boldsymbol{u}=\left[\Delta P_{\mathrm{ref}},\Delta v_{\mathrm{ref}}\right]^{\mathrm{T}}$；$\boldsymbol{A}$、$\boldsymbol{B}$的表达式见附录 B.3。

2. 多机系统的线性化模型

对于包含同步发电机和电力电子逆变器的多机系统，其线性化模型的推导与单机无穷大系统类似，但采用发电机定子电压方程和网络方程联立求解机端电压、电流时，应先将各并网节点方程由各自的d_iq_i坐标转化为公共的xy同步坐标，其中i为并网节点号，然后在xy同步坐标下求取用各并网节点状态量表示的接口电压和电流表达式，再转化为各并网节点d_iq_i坐标下的表达式。

下面以用K_1～K_6参数表示的三阶发电机实用模型为例，说明推导多机系统线性化模型的基本思路。该模型可被用于分析系统受到扰动时的振荡稳定性及暂态同步稳定性。在实际应用中，机组模型也可以采用更加精确的高阶同步发电机模型，或各类电力电子并网逆变器模型，多机系统线性化模型的推导思路相同。对于振荡稳定问题，忽略负荷的动态特性，仅计及其电压特性。对于暂态电压稳定问题还应计及动态负荷作用，以使结果更准确严格。控制器部分，励磁系统如附录 A.1 中图 A-4 所示，电压调节器一阶、励磁机一阶、励磁电压负反馈一阶，其中 ΔU_{pss} 为励磁附加控制信号。原动机、调速系统传递函数如附录 A.1 中图 A-8 所示。对于汽轮机，图中 $K_\beta = 0$，$K_i = 1$，$T_{\text{W}} = 0$，$T_0 = T_{\text{CH}}$；对于水轮机，则 $T_0 = 0.5T_{\text{W}}$，$T_{\text{CH}} = 0$。框图中 $K_{\text{mH}} = S_{\text{R}} / S_{\text{B}}$ 为标幺基值转换系数，其中 S_{R} 为机组额定容量，S_{B} 为系统容量基值。设网络是线性的，负荷计及电压静特性。考虑电力系统稳定器 PSS 的作用，以发电机转速 $\Delta\omega$ 或电磁功率 ΔP_{e} 为输入信号，输出 ΔU_{PSS} 为励磁系统附加控制信号，如附录 A.1 中图 A-9 所示。

全系统模型导出过程如下：

(1) 列出各元件方程，同步发电机用 dq 坐标，网络用 xy 坐标，形成网络节点导纳阵 $\boldsymbol{Y}$。

(2) 将同步发电机定子电压方程由 dq 坐标转化为 xy 坐标，并进行线性化。

(3) 将负荷模型线性化，并入网络方程，同时将负荷节点化为零功率注入节点；然后消去网络中全部联络节点，得到只含同步发电机端节点的网络增量方程，并入负荷后的节点导纳阵记为 $\boldsymbol{Y}'$。

(4) 将 (2)、(3) 所得 xy 坐标下的方程联立，求解各同步发电机端电压和电流增量表达式，其为各机 $\Delta E_q'$ 和 $\Delta\delta$ 的函数；然后将端电压和电流的增量表达式从 xy 同步坐标转化为各机的 dq 坐标。

(5) 将励磁系统、原动机及调速器、PSS 模型及转子运动方程、发电机励磁绕组方程线性化，其中代数变量 ΔP_{e}、ΔE_q、ΔU_{t} 利用 (4) 的结果，表示为各机状态量 $\Delta E_q'$ 和 $\Delta\delta$ 的函数。

(6) 根据 (5) 的结果可画出全系统传递函数框图，并整理得标准的线性化系统状态方程 $\dot{\boldsymbol{X}} = \boldsymbol{AX}$，$\boldsymbol{X}$ 为全系统的状态变量矢量。

下面按照上述顺序推导具体的表达式。

(1) 系统各元件方程、网络节点电压方程见前述章节及附录 A。

(2) 发电机定子电压方程经 dq-xy 坐标变换，转化为 xy 同步坐标，进行线性化。

dq 坐标下发电机三阶实用模型见式 (6-36) ～式 (6-38)，将其中定子电压方程化为导纳形式有

$$\begin{bmatrix} I_d \\ I_q \end{bmatrix} = \frac{1}{X_d' X_q} \begin{bmatrix} 0 & X_q \\ -X_d' & 0 \end{bmatrix} \begin{bmatrix} -U_d \\ E_q' - U_q \end{bmatrix} \tag{6-61}$$

式 (6-61) 两边做 dq-xy 坐标变换，转化为 xy 同步坐标有

$$\begin{bmatrix} I_x \\ I_y \end{bmatrix} = \begin{bmatrix} G_{\text{F1}} & -B_{\text{F1}} \\ B_{\text{F2}} & G_{\text{F2}} \end{bmatrix} \begin{bmatrix} \cos\delta E_q' - U_x \\ \sin\delta E_q' - U_y \end{bmatrix} \tag{6-62}$$

式中，G_{F1}、B_{F1}、B_{F2}、G_{F2} 的表达式见附录 B.3 中式 (B-12)。

式 (6-62) 的增量形式为

$$\begin{bmatrix} \Delta I_x \\ \Delta I_y \end{bmatrix} = -\begin{bmatrix} G_{\text{F1}} & -B_{\text{F1}} \\ B_{\text{F2}} & G_{\text{F2}} \end{bmatrix} \begin{bmatrix} \Delta U_x \\ \Delta U_y \end{bmatrix} + \begin{bmatrix} a_q \\ b_q \end{bmatrix} \Delta E_q' + \begin{bmatrix} a_\delta \\ b_\delta \end{bmatrix} \Delta\delta \tag{6-63}$$

式中，a_q、b_q、a_δ、b_δ的表达式见附录 B.3 中式(B-13)。

(3)负荷模型线性化。负荷考虑经典的 ZIP 模型，其中 Z、I、P 分别表示负荷的恒阻抗、恒电流、恒功率分量：

$$
\begin{aligned}
P_{\mathrm{L}} &= P_{\mathrm{L0}}\left[a_1\left(\frac{U}{U_0}\right)^2 + b_1\left(\frac{U}{U_0}\right) + c_1\right] \\
Q_{\mathrm{L}} &= Q_{\mathrm{L0}}\left[a_2\left(\frac{U}{U_0}\right)^2 + b_2\left(\frac{U}{U_0}\right) + c_2\right]
\end{aligned}
\tag{6-64}
$$

式中，$a_1+b_1+c_1=1$，$a_2+b_2+c_2=1$；U_0和$P_{\mathrm{L0}}/Q_{\mathrm{L0}}$分别表示负荷运行的额定电压和额定有功/无功功率。$U$ 的表达式见附录 B.3 中式(B-14)。将式(6-64)线性化得

$$
\begin{aligned}
\Delta P_{\mathrm{L}} &= \frac{\mathrm{d}P_{\mathrm{L}}}{\mathrm{d}U}\frac{1}{U}\left(U_x\Delta U_x + U_y\Delta U_y\right) \\
\Delta Q_{\mathrm{L}} &= \frac{\mathrm{d}Q_{\mathrm{L}}}{\mathrm{d}U}\frac{1}{U}\left(U_x\Delta U_x + U_y\Delta U_y\right)
\end{aligned}
\tag{6-65}
$$

式中，$\mathrm{d}P_{\mathrm{L}}/\mathrm{d}U$ 和 $\mathrm{d}Q_{\mathrm{L}}/\mathrm{d}U$ 均取 $U=U_0$ 时，即 $\mathrm{d}P_{\mathrm{L}}/\mathrm{d}U=\left(P_{\mathrm{L0}}/U_0\right)\left(2a_1+b_1\right)$，$\mathrm{d}Q_{\mathrm{L}}/\mathrm{d}U=\left(Q_{\mathrm{L0}}/U_0\right)\left(2a_2+b_2\right)$。

考虑负荷注入网络的电流为

$$
\dot{I}_{\mathrm{L}} = -S^*/\dot{U}_{\mathrm{L}} = -\left(P_{\mathrm{L}}-\mathrm{j}Q_{\mathrm{L}}\right)/\dot{U}_{\mathrm{L}}
\tag{6-66}
$$

在 xy 同步坐标系下有 $\dot{I}_{\mathrm{L}}=I_{\mathrm{L}x}+\mathrm{j}I_{\mathrm{L}y}$，$\dot{U}_{\mathrm{L}}=U_{\mathrm{L}x}+\mathrm{j}U_{\mathrm{L}y}$，因此有

$$
\begin{bmatrix} I_{\mathrm{L}x} \\ I_{\mathrm{L}y} \end{bmatrix} = \frac{-1}{U_{\mathrm{L}x}^2+U_{\mathrm{L}y}^2}\begin{bmatrix} P_{\mathrm{L}} & Q_{\mathrm{L}} \\ -Q_{\mathrm{L}} & P_{\mathrm{L}} \end{bmatrix}\begin{bmatrix} U_{\mathrm{L}x} \\ U_{\mathrm{L}y} \end{bmatrix}
\tag{6-67}
$$

其线性化表达式为($U_{\mathrm{L}x}$ 和 $U_{\mathrm{L}y}$ 的下角标“L”从略)

$$
\begin{aligned}
\begin{bmatrix} \Delta I_{\mathrm{L}x} \\ \Delta I_{\mathrm{L}y} \end{bmatrix} =& \frac{2}{U^4}\begin{bmatrix} P_{\mathrm{L}} & Q_{\mathrm{L}} \\ -Q_{\mathrm{L}} & P_{\mathrm{L}} \end{bmatrix}\begin{bmatrix} U_x^2 & U_xU_y \\ U_xU_y & U_y^2 \end{bmatrix}\begin{bmatrix} \Delta U_x \\ \Delta U_y \end{bmatrix} - \frac{1}{U^2}\begin{bmatrix} P_{\mathrm{L}} & Q_{\mathrm{L}} \\ -Q_{\mathrm{L}} & P_{\mathrm{L}} \end{bmatrix}\begin{bmatrix} \Delta U_x \\ \Delta U_y \end{bmatrix} \\
&- \frac{1}{U^2}\begin{bmatrix} U_x & U_y \\ U_y & -U_x \end{bmatrix}\begin{bmatrix} \Delta P_{\mathrm{L}} \\ \Delta Q_{\mathrm{L}} \end{bmatrix}
\end{aligned}
\tag{6-68}
$$

将式(6-65)代入式(6-68)，消去ΔP_{L}、ΔQ_{L}，得负荷注入网络的电流和负荷节点电压之间的增量关系，整理为

$$
\begin{bmatrix} \Delta I_{\mathrm{L}x} \\ \Delta I_{\mathrm{L}y} \end{bmatrix} = -\begin{bmatrix} G_{\mathrm{L1}} & -B_{\mathrm{L1}} \\ B_{\mathrm{L2}} & G_{\mathrm{L2}} \end{bmatrix}\begin{bmatrix} \Delta U_{\mathrm{L}x} \\ \Delta U_{\mathrm{L}y} \end{bmatrix}
\tag{6-69}
$$

式中，各个参数的表达式见附录 B.3 中式(B-15)。

(4)将(2)、(3)所得 xy 坐标下的同步发电机、负荷方程联立，求解同步发电机端电压、端电流。

设有 N 阶节点电压方程 $\dot{\boldsymbol{I}}=\boldsymbol{Y}\dot{\boldsymbol{U}}$，先增阶，化为实数方程，再线性化后，有

$$\begin{bmatrix}\begin{bmatrix}\Delta I_{x1}\\ \Delta I_{y1}\end{bmatrix}\\ \vdots \\ \begin{bmatrix}\Delta I_{xN}\\ \Delta I_{yN}\end{bmatrix}\end{bmatrix}=\begin{bmatrix}\begin{bmatrix}G_{11} & -B_{11}\\ B_{11} & G_{11}\end{bmatrix} & \cdots & \begin{bmatrix}G_{1N} & -B_{1N}\\ B_{1N} & G_{1N}\end{bmatrix}\\ \vdots & \ddots & \vdots \\ \begin{bmatrix}G_{N1} & -B_{N1}\\ B_{N1} & G_{N1}\end{bmatrix} & \cdots & \begin{bmatrix}G_{NN} & -B_{NN}\\ B_{NN} & G_{NN}\end{bmatrix}\end{bmatrix}\begin{bmatrix}\begin{bmatrix}\Delta U_{x1}\\ \Delta U_{y1}\end{bmatrix}\\ \vdots \\ \begin{bmatrix}\Delta U_{xN}\\ \Delta U_{yN}\end{bmatrix}\end{bmatrix} \tag{6-70}$$

式中，$G_{ij}+\mathrm{j}B_{ij}=Y_{ij}$，为 $\boldsymbol{Y}$ 阵元素。

将所有负荷节点的电流增量表达式(6-69)代入式(6-70)，消去负荷节点注入电流增量，把其余项移到等式右边，和相应的对角元子块合并，从而将负荷并入导纳阵，将负荷节点化为联络节点，此时式(6-70)中节点电压方程的导纳矩阵新子块为

$$\begin{bmatrix}G'_{ii} & -B'_{ii}\\ B''_{ii} & G'_{ii}\end{bmatrix}=\begin{bmatrix}G_{ii}+G_{\mathrm{L1}} & -(B_{ii}+B_{\mathrm{L1}})\\ B_{ii}+B_{\mathrm{L2}} & G_{ii}+G_{\mathrm{L2}}\end{bmatrix} \tag{6-71}$$

进一步消去节点电压方程中注入电流为零的网络联络节点，得到只含发电机端节点的节点电压方程。若系统有 n 台机，相应发电机端节点号为 1～n，则有

$$\begin{bmatrix}\begin{bmatrix}\Delta I_{x1}\\ \Delta I_{y1}\end{bmatrix}\\ \vdots \\ \begin{bmatrix}\Delta I_{xn}\\ \Delta I_{yn}\end{bmatrix}\end{bmatrix}=\begin{bmatrix}\begin{bmatrix}G^{*}_{11} & -B^{*}_{11}\\ B^{**}_{11} & G^{**}_{11}\end{bmatrix} & \cdots & \begin{bmatrix}G^{*}_{1n} & -B^{*}_{1n}\\ B^{**}_{1n} & G^{**}_{1n}\end{bmatrix}\\ \vdots & \ddots & \vdots \\ \begin{bmatrix}G^{*}_{n1} & -B^{*}_{n1}\\ B^{**}_{n1} & G^{**}_{n1}\end{bmatrix} & \cdots & \begin{bmatrix}G^{*}_{nn} & -B^{*}_{nn}\\ B^{**}_{nn} & G^{**}_{nn}\end{bmatrix}\end{bmatrix}\begin{bmatrix}\begin{bmatrix}\Delta I_{x1}\\ \Delta I_{y1}\end{bmatrix}\\ \vdots \\ \begin{bmatrix}\Delta I_{xn}\\ \Delta I_{yn}\end{bmatrix}\end{bmatrix} \tag{6-72}$$

将定子电流增量方程(6-63)代入式(6-72)的左边，消去$\left[\Delta I_{xi},\Delta I_{yi}\right]^{\mathrm{T}}$，$i=1,2,\cdots,n$，并把含$(\Delta U_{xi},\Delta U_{yi})^{\mathrm{T}}$ 的项移到等式右边，和导纳阵合并，则修正的导纳阵相应对角块元素为

$$\begin{bmatrix}G^{\Delta}_{ii} & -B^{\Delta}_{ii}\\ B^{\Delta\Delta}_{ii} & G^{\Delta\Delta}_{ii}\end{bmatrix}=\begin{bmatrix}(G^{*}_{ii}+G_{\mathrm{F1}}) & -(B^{*}_{ii}+B_{\mathrm{F1}})\\ (B^{**}_{ii}+B_{\mathrm{F2}}) & (G^{**}_{ii}+G_{\mathrm{F2}})\end{bmatrix} \tag{6-73}$$

从而方程(6-72)可化为

$$\begin{bmatrix}\begin{bmatrix}a_{q1}\\ b_{q1}\end{bmatrix}\Delta E'_{q1}+\begin{bmatrix}a_{\delta 1}\\ b_{\delta 1}\end{bmatrix}\Delta\delta_{1}\\ \vdots \\ \begin{bmatrix}a_{qn}\\ b_{qn}\end{bmatrix}\Delta E'_{qn}+\begin{bmatrix}a_{\delta 1}\\ b_{\delta 1}\end{bmatrix}\Delta\delta_{n}\end{bmatrix}=\boldsymbol{Y}^{\Delta}\begin{bmatrix}\begin{bmatrix}\Delta U_{x1}\\ \Delta U_{y1}\end{bmatrix}\\ \vdots \\ \begin{bmatrix}\Delta U_{xn}\\ \Delta U_{yn}\end{bmatrix}\end{bmatrix} \tag{6-74}$$

式中，$\boldsymbol{Y}^{\Delta}$ 的非对角(2×2)子块与式(6-72)相同，对角(2×2)子块需经式(6-73)修正。

从式(6-74)可求解出 ΔU_{xi} 和 ΔU_{yi} 为

$$\begin{aligned}\begin{bmatrix}\Delta U_{xi}\\ \Delta U_{yi}\end{bmatrix}&=\sum_{j=1}^{n}\begin{bmatrix}R_{1,ij} & -X_{1,ij}\\ X_{2,ij} & R_{2,ij}\end{bmatrix}\left\{\begin{bmatrix}a_{qj}\\ b_{qj}\end{bmatrix}\Delta E'_{qj}+\begin{bmatrix}a_{\delta j}\\ b_{\delta j}\end{bmatrix}\Delta\delta_{j}\right\}\\ &\overset{\text{def}}{=}\sum_{j=1}^{n}\left\{\begin{bmatrix}c_{q,ij}\\ d_{q,ij}\end{bmatrix}\Delta E'_{qj}+\begin{bmatrix}c_{\delta,ij}\\ d_{\delta,ij}\end{bmatrix}\Delta\delta_{j}\right\}\end{aligned} \tag{6-75}$$

其中，$\begin{bmatrix} R_{1,ij} & -X_{1,ij} \\ X_{2,ij} & R_{2,ij} \end{bmatrix}$为$\left[\boldsymbol{Y}^{\Delta}\right]^{-1}$的 i 行 j 列(2×2)子块。

式(6-75)写成矩阵形式为

$$\begin{bmatrix} \Delta \boldsymbol{U}_x \\ \Delta \boldsymbol{U}_y \end{bmatrix} = \begin{bmatrix} \boldsymbol{c}_q \\ \boldsymbol{d}_q \end{bmatrix} \Delta \boldsymbol{E}'_q + \begin{bmatrix} \boldsymbol{c}_\delta \\ \boldsymbol{d}_\delta \end{bmatrix} \Delta \boldsymbol{\delta} \tag{6-76}$$

此即 xy 坐标下发电机端电压的增量表达式，为系统状态量$\Delta \boldsymbol{E}'_q$和$\Delta \boldsymbol{\delta}$的函数。

将式(6-75)代入式(6-63)，可得 xy 坐标下发电机电流的增量表达式，记作：

$$\begin{bmatrix} \Delta I_{xi} \\ \Delta I_{yi} \end{bmatrix} = \sum_{j=1}^{n} \left\{ \begin{bmatrix} e_{q,ij} \\ f_{q,ij} \end{bmatrix} \Delta E'_{qj} + \begin{bmatrix} e_{\delta,ij} \\ f_{\delta,ij} \end{bmatrix} \Delta \delta_j \right\} \tag{6-77}$$

或改写为矩阵形式：

$$\begin{bmatrix} \Delta \boldsymbol{I}_x \\ \Delta \boldsymbol{I}_y \end{bmatrix} = \begin{bmatrix} \boldsymbol{e}_q \\ \boldsymbol{f}_q \end{bmatrix} \Delta \boldsymbol{E}'_q + \begin{bmatrix} \boldsymbol{e}_\delta \\ \boldsymbol{f}_\delta \end{bmatrix} \Delta \boldsymbol{\delta} \tag{6-78}$$

式中，各个参数的表达式见附录 B.3 中式(B-16)。

至此，同步发电机端电压、端电流在 xy 坐标下的增量表达式已全部导出，矩阵形式由式(6-76)及式(6-78)表示，是$\Delta \boldsymbol{E}'_q$和$\Delta \boldsymbol{\delta}$的函数。

(5)处理励磁系统、原动机及调速器、PSS 方程。

根据附录 A.1 中图 A-4，励磁系统状态量为电压调节器输出电压ΔU_{A}、励磁系统输出电压ΔE_f及励磁反馈电压ΔU_{F}，相应的线性微分方程组为

$$\begin{aligned} T_{\mathrm{A}} \Delta \dot{U}_{\mathrm{A}} &= -\Delta U_{\mathrm{A}} - K_{\mathrm{A}} \Delta U_{\mathrm{F}} + K_{\mathrm{A}} \left(-\Delta U_{\mathrm{t}} + \Delta U_{\mathrm{PSS}}\right) \\ T_{\mathrm{E}} \Delta \dot{E}_f &= -\Delta E_f + \Delta U_{\mathrm{A}} \\ T_{\mathrm{F}} \Delta \dot{U}_{\mathrm{F}} &= -\Delta U_{\mathrm{F}} + K_{\mathrm{F}} \Delta \dot{E}_f = -\Delta U_{\mathrm{F}} + \frac{K_{\mathrm{F}}}{T_{\mathrm{E}}} \left(-\Delta E_f + \Delta U_{\mathrm{A}}\right) \end{aligned} \tag{6-79}$$

转化为状态方程形式为

$$\begin{bmatrix} \Delta \dot{U}_{\mathrm{A}} \\ \Delta \dot{E}_f \\ \Delta \dot{U}_{\mathrm{F}} \end{bmatrix} = \begin{bmatrix} \dfrac{-1}{T_{\mathrm{A}}} & 0 & \dfrac{-K_{\mathrm{A}}}{T_{\mathrm{A}}} \\ \dfrac{1}{T_{\mathrm{E}}} & \dfrac{-1}{T_{\mathrm{E}}} & 0 \\ \dfrac{K_{\mathrm{F}}}{T_{\mathrm{F}} T_{\mathrm{E}}} & -\dfrac{K_{\mathrm{F}}}{T_{\mathrm{F}} T_{\mathrm{E}}} & \dfrac{-1}{T_{\mathrm{F}}} \end{bmatrix} \begin{bmatrix} \Delta U_{\mathrm{A}} \\ \Delta E_f \\ \Delta U_{\mathrm{F}} \end{bmatrix} + \begin{bmatrix} \dfrac{-K_{\mathrm{A}}}{T_{\mathrm{A}}} & \dfrac{K_{\mathrm{A}}}{T_{\mathrm{A}}} \\ 0 & 0 \\ 0 & 0 \end{bmatrix} \begin{bmatrix} \Delta U_{\mathrm{t}} \\ \Delta U_{\mathrm{PSS}} \end{bmatrix} \tag{6-80}$$

式中，$\Delta U_{\mathrm{t}} = \left(U_x \Delta U_x + U_y \Delta U_y\right) / U_{\mathrm{t}}$为发电机端电压增量，待消去；$\Delta U_{\mathrm{PSS}}$为 PSS 输出。

励磁系统若用传递函数表示，则有

$$\frac{\Delta E_f}{-\Delta U_{\mathrm{t}} + \Delta U_{\mathrm{PSS}}} \stackrel{\mathrm{def}}{=} G_{\mathrm{E}}(s) = \frac{K_{\mathrm{A}}\left(1 + T_{\mathrm{F}} s\right)}{\left(1 + T_{\mathrm{A}} s\right)\left(1 + T_{\mathrm{E}} s\right)\left(1 + T_{\mathrm{F}} s\right) + K_{\mathrm{A}} K_{\mathrm{F}} s} \tag{6-81}$$

由附录 A.1 中图 A-8，可导出原动机及调速器一阶微分方程组表达形式。对于水轮机，在忽略了死区及限幅作用后，可用ΔP_{m}、$\Delta \mu$和Δx_2为状态量，相应的微分方程组为

$$T_0\Delta\dot{P}_{\rm m} = -\Delta P_{\rm m} + K_{\rm mH}\left(\Delta\mu - T_{\rm W}s\Delta\mu\right) = -\Delta P_{\rm m} + K_{\rm mH}\Delta\mu - \frac{K_{\rm mH}T_{\rm W}}{T_{\rm S}}\left(-K_\delta\Delta\omega - K_i\Delta\mu - \Delta x_2\right)$$

$$T_{\rm S}\Delta\dot{\mu} = -K_\delta\Delta\omega - K_i\Delta\mu - \Delta x_2 \tag{6-82}$$

$$T_i\Delta\dot{x}_2 = -\Delta x_2 + K_\beta T_i s\Delta\mu = -\Delta x_2 + \frac{K_\beta T_i}{T_{\rm S}}\left(-K_\delta\Delta\omega - K_i\Delta\mu - \Delta x_2\right)$$

转化为状态方程形式为

$$\begin{bmatrix}\Delta\dot{P}_{\rm m}\\ \Delta\dot{\mu}\\ \Delta\dot{x}_2\end{bmatrix} = \begin{bmatrix}\dfrac{-1}{T_0} & \dfrac{K_{\rm mH}}{T_0}\left(1+\dfrac{T_{\rm W}K_i}{T_{\rm S}}\right) & \dfrac{K_{\rm mH}T_{\rm W}}{T_0T_{\rm S}}\\ 0 & -K_i/T_{\rm S} & -1/T_{\rm S}\\ 0 & -K_\beta K_i/T_{\rm S} & -\left(\dfrac{K_\beta}{T_{\rm S}}+\dfrac{1}{T_i}\right)\end{bmatrix}\begin{bmatrix}\Delta P_{\rm m}\\ \Delta\mu\\ \Delta x_2\end{bmatrix} + \begin{bmatrix}\dfrac{K_{\rm mH}T_{\rm W}K_\delta}{T_{\rm S}T_0}\\ -K_\delta/T_{\rm S}\\ -K_\delta K_\beta/T_{\rm S}\end{bmatrix}\Delta\omega \tag{6-83}$$

对于汽轮机，由于无软反馈，可用$\Delta P_{\rm m}$、$\Delta\mu$和Δx_1为状态量，导出状态方程为

$$\begin{bmatrix}\Delta\dot{P}_{\rm m}\\ \Delta\dot{\mu}\\ \Delta\dot{x}_1\end{bmatrix} = \begin{bmatrix}\dfrac{-1}{T_{\rm RH}} & \dfrac{\alpha K_{\rm mH}}{T_0}\left(1+\dfrac{T_{\rm W}}{T_{\rm S}}K_i\right) & \left(\dfrac{1}{T_{\rm RH}}-\dfrac{\alpha}{T_0}\right)\\ 0 & \dfrac{-1}{T_{\rm S}} & 0\\ 0 & \dfrac{K_{\rm mH}}{T_0}\left(1+\dfrac{T_{\rm W}K_i}{T_{\rm S}}\right) & \dfrac{-1}{T_0}\end{bmatrix}\begin{bmatrix}\Delta P_{\rm m}\\ \Delta\mu\\ \Delta x_1\end{bmatrix} + \begin{bmatrix}\dfrac{\alpha K_{\rm mH}T_{\rm W}K_\delta}{T_{\rm S}T_0}\\ \dfrac{-K_\delta}{T_{\rm S}}\\ \dfrac{K_{\rm mH}T_{\rm W}K_\delta}{T_{\rm S}T_0}\end{bmatrix}\Delta\omega \tag{6-84}$$

将原动机及调速器的传递函数记作：

$$\frac{\Delta P_{\rm m}}{-\Delta\omega} = G_{\rm GOV}(s) \tag{6-85}$$

具体表达式可由式(6-83)或式(6-84)消去$\Delta P_{\rm m}$和$\Delta\omega$以外的变量获得。

电力系统稳定器 PSS 的等值传递函数框图如附录 A.1 中图 A-9 所示，所含的 3 个状态变量记作y_1、y_2、y_3。当以$\Delta\omega$为输入量时，$K_\omega=1$，$K_{\rm P}=0$；当以$\Delta P_{\rm e}$为输入量时，$K_\omega=0$，$K_{\rm P}=1$。PSS 的线性化微分方程组为

$$\begin{aligned}
&T_5\dot{y}_1 = -y_1 + K_{\rm PSS}\left(K_\omega\Delta\omega + K_{\rm P}\Delta P_{\rm e}\right)\\
&T_2\dot{y}_2 = -y_2 + (1-a)\left[K_{\rm PSS}\left(K_\omega\Delta\omega + K_{\rm P}\Delta P_{\rm e}\right) - y_1\right]\\
&T_2\dot{y}_3 = -y_3 + (1-a)\left\{y_2 + a\left[-y_1 + K_{\rm PSS}\left(K_\omega\Delta\omega + K_{\rm P}\Delta P_{\rm e}\right)\right]\right\}
\end{aligned} \tag{6-86}$$

式中$a=T_1/T_2$。此外，有

$$\Delta U_{\rm PSS} = y_3 + ay_2 - a^2y_1 + a^2K_{\rm PSS}\left(K_\omega\Delta\omega + K_{\rm P}\Delta P_{\rm e}\right) \tag{6-87}$$

将式(6-86)化为标准状态方程形式有

$$\begin{bmatrix}\dot{y}_1\\ \dot{y}_2\\ \dot{y}_3\end{bmatrix}=\begin{bmatrix}\dfrac{-1}{T_5} & 0 & 0\\ \dfrac{-(1-a)}{T_2} & \dfrac{-1}{T_2} & 0\\ \dfrac{-1(1-a)a}{T_2} & \dfrac{(1-a)}{T_2} & \dfrac{-1}{T_2}\end{bmatrix}\begin{bmatrix}y_1\\ y_2\\ y_3\end{bmatrix}+\begin{bmatrix}K_{\mathrm{PSS}}/T_5\\ K_{\mathrm{PSS}}(1-a)/T_2\\ K_{\mathrm{PSS}}(1-a)/T_2\end{bmatrix}\left[K_\omega\Delta\omega+K_{\mathrm{P}}\Delta P_{\mathrm{e}}\right] \tag{6-88}$$

式中，ΔP_{e}为代数量。

PSS 的传递函数可以记作：

$$G_{\mathrm{PSS}}(s)=\frac{\Delta U_{\mathrm{PSS}}}{K_{\mathrm{P}}\Delta P_{\mathrm{e}}+K_\omega\Delta\omega} \tag{6-89}$$

(6) 导出全系统状态方程及传递函数框图。

将式(6-37)、式(6-38)中发电机微分方程线性化，得矩阵形式发电机方程为

$$\begin{aligned}&\Delta\dot{\boldsymbol{\delta}}=\Delta\boldsymbol{\omega}\\ &\boldsymbol{M}\Delta\dot{\boldsymbol{\omega}}=\Delta\boldsymbol{P}_{\mathrm{m}}-\Delta\boldsymbol{P}_{\mathrm{e}}-\boldsymbol{D}\Delta\boldsymbol{\omega}\\ &\boldsymbol{T}'_{d0}\Delta\dot{\boldsymbol{E}}'_q=\Delta\boldsymbol{E}_f-\Delta\boldsymbol{E}_q\end{aligned} \tag{6-90}$$

将式(6-90)和发电机励磁系统、原动机及调速器、PSS 的微分方程式(6-81)、式(6-85)和式(6-89)联立，可得

$$\begin{aligned}&\Delta\boldsymbol{E}_f=\boldsymbol{G}_{\mathrm{E}}(s)(-\Delta\boldsymbol{U}_{\mathrm{t}}+\Delta\boldsymbol{U}_{\mathrm{PSS}})\\ &\Delta\boldsymbol{P}_{\mathrm{m}}=-\boldsymbol{G}_{\mathrm{GOV}}(s)\Delta\boldsymbol{\omega}\\ &\Delta\boldsymbol{U}_{\mathrm{PSS}}=\boldsymbol{G}_{\mathrm{PSS}}(s)(\boldsymbol{K}_{\mathrm{P}}\Delta\boldsymbol{P}_{\mathrm{e}}+\boldsymbol{K}_\omega\Delta\boldsymbol{\omega})\end{aligned} \tag{6-91}$$

式(6-90)和式(6-91)中$\boldsymbol{M}$、$\boldsymbol{D}$、$\boldsymbol{T}'_{d0}$、$\boldsymbol{G}_{\mathrm{E}}(s)$、$\boldsymbol{G}_{\mathrm{PSS}}(s)$、$\boldsymbol{G}_{\mathrm{GOV}}(s)$、$\boldsymbol{K}_{\mathrm{P}}$、$\boldsymbol{K}_\omega$是各台同步发电机相应参数构成的对角阵。其他矢量则为各台同步发电机相应的状态量或代数量构成的矢量，其中$\Delta\boldsymbol{P}_{\mathrm{e}}$、$\Delta\boldsymbol{E}_q$、$\Delta\boldsymbol{U}_{\mathrm{t}}$为代数量，可以表示为状态量的函数从而消去。下面导出消去$\Delta\boldsymbol{P}_{\mathrm{e}}$、$\Delta\boldsymbol{E}_q$、$\Delta\boldsymbol{U}_{\mathrm{t}}$用的表达式。

在忽略发电机定子绕组内阻时，i 号机（$i=1,2,\cdots,n$）电磁功率增量为

$$\Delta P_{\mathrm{e}i}=U_{xi}\Delta I_{xi}+I_{xi}\Delta U_{xi}+U_{yi}\Delta I_{yi}+I_{yi}\Delta U_{yi} \tag{6-92}$$

定义$\mathrm{diag}(U_{xi})=\mathrm{diag}(U_{x1},U_{x2},\cdots,U_{xn})$，同理定义$\mathrm{diag}(U_{yi})$、$\mathrm{diag}(I_{xi})$和$\mathrm{diag}(I_{yi})$，并将式(6-76)和式(6-78)中的$\Delta\boldsymbol{U}_x$、$\Delta\boldsymbol{U}_y$、$\Delta\boldsymbol{I}_x$、$\Delta\boldsymbol{I}_y$代入式(6-92)相应的矩阵表达式，有

$$\Delta\boldsymbol{P}_{\mathrm{e}}\overset{\mathrm{def}}{=}\boldsymbol{K}_1\Delta\boldsymbol{\delta}+\boldsymbol{K}_2\Delta\boldsymbol{E}'_q \tag{6-93}$$

式中，各个参数表达式见附录 B.3 中式(B-17)。

由于

$$E_{qi}=E'_{qi}+(X_{di}-X'_{di})I_{di}=E'_{qi}+(X_{di}-X'_{di})(I_{xi}\sin\delta_i-I_{yi}\cos\delta_i) \tag{6-94}$$

故

$$\Delta E_{qi}=\Delta E'_{qi}+(X_{di}-X'_{di})\left[(I_{xi}\cos\delta_i+I_{yi}\sin\delta_i)\Delta\delta_i+\Delta I_{xi}\sin\delta_i-\Delta I_{xi}\cos\delta_i\right] \tag{6-95}$$

将式(6-78)中ΔI_x和ΔI_y代入式(6-95)的矩阵形式，可得

$$\Delta \boldsymbol{E}_q \overset{\text{def}}{=} \boldsymbol{K}_4\Delta\boldsymbol{\delta} + \boldsymbol{K}_3\Delta\boldsymbol{E}'_q \tag{6-96}$$

式中，$\boldsymbol{I}$ 为单位阵，且各个参数表达式见附录 B.3 中式(B-18)。

发电机端电压为

$$\Delta U_{ti} = \frac{1}{U_{ti}}\left(U_{xi}\Delta U_{xi} + U_{yi}\Delta U_{yi}\right),\quad i=1,2,\cdots,n \tag{6-97}$$

将式(6-76)代入式(6-97)的矩阵形式，有

$$\Delta \boldsymbol{U}_t \overset{\text{def}}{=} \boldsymbol{K}_5\Delta\boldsymbol{\delta} + \boldsymbol{K}_6\Delta\boldsymbol{E}'_q \tag{6-98}$$

式中，各个参数表达式见附录 B.3 中式(B-19)。

将式(6-93)、式(6-96)、式(6-98)代入式(6-90)及式(6-91)，消去代数量 $\Delta\boldsymbol{P}_e$、$\Delta\boldsymbol{E}_q$、$\Delta\boldsymbol{U}_t$，可得全系统含传递函数 $\boldsymbol{G}_E(s)$、$\boldsymbol{G}_{PSS}(s)$、$\boldsymbol{G}_{GOV}(s)$ 的线性化数学模型为

$$\begin{cases}\Delta\dot{\boldsymbol{\delta}} = \Delta\boldsymbol{\omega}\\ \boldsymbol{M}\Delta\dot{\boldsymbol{\omega}} = \Delta\boldsymbol{P}_m - \left(\boldsymbol{K}_1\Delta\boldsymbol{\delta} + \boldsymbol{K}_2\Delta\boldsymbol{E}'_q\right) - \boldsymbol{D}\Delta\boldsymbol{\omega}\\ \boldsymbol{T}'_{d0}\Delta\dot{\boldsymbol{E}}'_q = \Delta\boldsymbol{E}_f - \left(\boldsymbol{K}_4\Delta\boldsymbol{\delta} + \boldsymbol{K}_3\Delta\boldsymbol{E}'_q\right)\\ \Delta\boldsymbol{E}_f = \boldsymbol{G}_E(s)\left[-\left(\boldsymbol{K}_5\Delta\boldsymbol{\delta} + \boldsymbol{K}_6\Delta\boldsymbol{E}'_q\right) + \Delta\boldsymbol{U}_{PSS}\right]\\ \Delta\boldsymbol{P}_m = -\boldsymbol{G}_{GOV}(s)\Delta\boldsymbol{\omega}\\ \Delta\boldsymbol{U}_{PSS} = \boldsymbol{G}_{PSS}(s)\left[\boldsymbol{K}_P\left(\boldsymbol{K}_1\Delta\boldsymbol{\delta} + \boldsymbol{K}_2\Delta\boldsymbol{E}'_q\right) + \boldsymbol{K}_\omega\Delta\boldsymbol{\omega}\right]\end{cases} \tag{6-99}$$

式中，$\boldsymbol{K}_1 \sim \boldsymbol{K}_6$ 为反映网络结构、元件参数、运行工况和负荷特征的系数矩阵。

$\boldsymbol{K}_1 \sim \boldsymbol{K}_6$ 均为满阵，反映了机组间的耦合。其中 $\boldsymbol{K}_1$、$\boldsymbol{K}_4$ 和 $\boldsymbol{K}_5$ 矩阵每一行元素相加和为零，这是因为当 $\Delta\boldsymbol{\delta} = (a,a,\cdots,a)^{\mathrm{T}}$ 时，$\Delta\boldsymbol{P}_e$、$\Delta\boldsymbol{E}_q$、$\Delta\boldsymbol{U}_t$ 为零。由于早期部分文献对 $\boldsymbol{K}_3$ 与 $\boldsymbol{K}_4$ 的导出顺序不同，$\boldsymbol{K}_3$ 与 $\boldsymbol{K}_4$ 和 $\boldsymbol{K}_1$、$\boldsymbol{K}_2$、$\boldsymbol{K}_5$、$\boldsymbol{K}_6$ 的下标顺序不一致。式(6-99)能适用于各种不同的 $\boldsymbol{G}_E(s)$、$\boldsymbol{G}_{PSS}(s)$、$\boldsymbol{G}_{GOV}(s)$ 传递函数，具有一般性。

下面根据上述发电机、励磁系统、原动机调速器和 PSS 的线性化方程组表达式，建立全系统标准的状态方程模型。将全系统变量排列为

$$\Delta\boldsymbol{X} = \left(\Delta\boldsymbol{\delta}^{\mathrm{T}}, \Delta\boldsymbol{\omega}^{\mathrm{T}}, \Delta\boldsymbol{E}_q'^{\mathrm{T}}, \Delta\boldsymbol{X}_E^{\mathrm{T}}, \Delta\boldsymbol{X}_{GOV}^{\mathrm{T}}, \Delta\boldsymbol{X}_{PSS}^{\mathrm{T}}\right)^{\mathrm{T}} \tag{6-100}$$

其中，$\Delta\boldsymbol{X}_E = \left(\Delta\boldsymbol{U}_A^{\mathrm{T}}, \Delta\boldsymbol{E}_f^{\mathrm{T}}, \Delta\boldsymbol{U}_F^{\mathrm{T}}\right)^{\mathrm{T}}$；$\Delta\boldsymbol{X}_{GOV} = \left(\Delta\boldsymbol{P}_m^{\mathrm{T}}, \Delta\boldsymbol{\mu}^{\mathrm{T}}, \Delta\boldsymbol{x}_m^{\mathrm{T}}\right)^{\mathrm{T}}$；$\Delta\boldsymbol{x}_m$ 中 $m=1$ 时代表汽轮机，$m=2$ 时代表水轮机；$\Delta\boldsymbol{X}_{PSS} = \left(\boldsymbol{y}_1^{\mathrm{T}}, \boldsymbol{y}_2^{\mathrm{T}}, \boldsymbol{y}_3^{\mathrm{T}}\right)^{\mathrm{T}}$。

发电机的状态方程，即式(6-99)的前三式，为

$$\begin{cases}\Delta\dot{\boldsymbol{\delta}} = \Delta\boldsymbol{\omega}\\ \Delta\dot{\boldsymbol{\omega}} = -\boldsymbol{M}^{-1}\boldsymbol{K}_1\Delta\boldsymbol{\delta} - \boldsymbol{M}^{-1}\boldsymbol{D}\Delta\boldsymbol{\omega} - \boldsymbol{M}^{-1}\boldsymbol{K}_2\Delta\boldsymbol{E}'_q + \boldsymbol{M}^{-1}\Delta\boldsymbol{P}_m\\ \Delta\boldsymbol{E}'_q = -\left(\boldsymbol{T}'_{d0}\right)^{-1}\boldsymbol{K}_4\Delta\boldsymbol{\delta} - \left(\boldsymbol{T}'_{d0}\right)^{-1}\boldsymbol{K}_3\Delta\boldsymbol{E}'_q + \left(\boldsymbol{T}'_{d0}\right)^{-1}\Delta\boldsymbol{E}_f\end{cases} \tag{6-101}$$

对励磁系统状态空间表达式(6-80)，需将其中代数量 $\Delta\boldsymbol{U}_t$ 及 $\Delta\boldsymbol{U}_{PSS}$ 消去。

由式(6-87)可得各发电机 $\Delta\boldsymbol{U}_{PSS,i}$ 的矩阵形式表达式为

$$\Delta \boldsymbol{U}_{\mathrm{PSS},i} = -\mathrm{diag}\left(a_i^2\right)\boldsymbol{y}_1 + \mathrm{diag}\left(a_i\right)\boldsymbol{y}_2 + \boldsymbol{y}_3 + \mathrm{diag}\left(a_i^2 K_{\mathrm{PSS},i} K_{\omega i}\right)\Delta\boldsymbol{\omega} + \mathrm{diag}\left(a_i^2 K_{\mathrm{PSS},i} K_{Pi}\right)\left(\boldsymbol{K}_1 \Delta\boldsymbol{\delta} + \boldsymbol{K}_2 \Delta\boldsymbol{E}_q'\right) \tag{6-102}$$

将式(6-102)及式(6-98)代入式(6-80)相对应的矩阵形式表达式，从而消去$\Delta \boldsymbol{U}_{\mathrm{t}}$及$\Delta \boldsymbol{U}_{\mathrm{PSS}}$，可得励磁系统的状态方程为

$$\begin{bmatrix} \Delta\dot{\boldsymbol{U}}_{\mathrm{A}} \\ \Delta\dot{\boldsymbol{E}}_f \\ \Delta\dot{\boldsymbol{U}}_{\mathrm{F}} \end{bmatrix} = \begin{bmatrix} \boldsymbol{A}_{11} & \boldsymbol{0} & \boldsymbol{A}_{13} \\ \boldsymbol{A}_{21} & \boldsymbol{A}_{22} & \boldsymbol{0} \\ \boldsymbol{A}_{31} & \boldsymbol{A}_{32} & \boldsymbol{A}_{33} \end{bmatrix} \begin{bmatrix} \Delta\boldsymbol{U}_{\mathrm{A}} \\ \Delta\boldsymbol{E}_f \\ \Delta\boldsymbol{U}_{\mathrm{F}} \end{bmatrix} + \begin{bmatrix} \boldsymbol{D}_{11}\boldsymbol{D}_{12}\boldsymbol{D}_{13}\boldsymbol{D}_{14}\boldsymbol{D}_{15}\boldsymbol{D}_{16} \\ \boldsymbol{0}_{(n\times 6n)} \\ \boldsymbol{0}_{(n\times 6n)} \end{bmatrix} \begin{bmatrix} \Delta\boldsymbol{\delta} \\ \Delta\boldsymbol{\omega} \\ \Delta\boldsymbol{E}_q' \\ \boldsymbol{y}_1 \\ \boldsymbol{y}_2 \\ \boldsymbol{y}_3 \end{bmatrix} \tag{6-103}$$

式中，矩阵$\boldsymbol{A}$和矩阵$\boldsymbol{D}$的表达式可由上述提及的相关公式整理获得。

原动机调速器方程可根据式(6-83)或式(6-84)改写为矩阵形式的状态方程：

$$\begin{bmatrix} \Delta\dot{\boldsymbol{P}}_{\mathrm{m}} \\ \Delta\dot{\boldsymbol{\mu}} \\ \Delta\dot{\boldsymbol{x}}_{\mathrm{m}} \end{bmatrix} = \begin{bmatrix} \boldsymbol{B}_{11} & \boldsymbol{B}_{12} & \boldsymbol{B}_{13} \\ \boldsymbol{0} & \boldsymbol{B}_{22} & \boldsymbol{B}_{23} \\ \boldsymbol{0} & \boldsymbol{B}_{32} & \boldsymbol{B}_{33} \end{bmatrix} \begin{bmatrix} \Delta\boldsymbol{P}_{\mathrm{m}} \\ \Delta\boldsymbol{\mu} \\ \Delta\boldsymbol{x}_m \end{bmatrix} + \begin{bmatrix} \boldsymbol{E}_{11} \\ \boldsymbol{E}_{21} \\ \boldsymbol{E}_{31} \end{bmatrix} \Delta\boldsymbol{\omega} \tag{6-104}$$

式中，$\Delta\boldsymbol{x}_m$第j号元素若对于水轮机为$\Delta\boldsymbol{x}_{2j}$，对于汽轮机为$\Delta\boldsymbol{x}_{1j}$；矩阵$\boldsymbol{B}$和矩阵$\boldsymbol{E}$的表达式可由上述提及的相关公式整理获得。

同理，PSS方程可根据式(6-88)表示为矩阵形式的状态方程：

$$\begin{bmatrix} \dot{\boldsymbol{y}}_1 \\ \dot{\boldsymbol{y}}_2 \\ \dot{\boldsymbol{y}}_3 \end{bmatrix} = \begin{bmatrix} \boldsymbol{C}_{11} & \boldsymbol{0} & \boldsymbol{0} \\ \boldsymbol{C}_{21} & \boldsymbol{C}_{22} & \boldsymbol{0} \\ \boldsymbol{C}_{31} & \boldsymbol{C}_{32} & \boldsymbol{C}_{33} \end{bmatrix} \begin{bmatrix} \boldsymbol{y}_1 \\ \boldsymbol{y}_2 \\ \boldsymbol{y}_3 \end{bmatrix} + \begin{bmatrix} \boldsymbol{F}_{11} & \boldsymbol{F}_{12} & \boldsymbol{F}_{13} \\ \boldsymbol{F}_{21} & \boldsymbol{F}_{22} & \boldsymbol{F}_{23} \\ \boldsymbol{F}_{31} & \boldsymbol{F}_{32} & \boldsymbol{F}_{33} \end{bmatrix} \begin{bmatrix} \Delta\boldsymbol{\delta} \\ \Delta\boldsymbol{\omega} \\ \Delta\boldsymbol{E}_q' \end{bmatrix} \tag{6-105}$$

式中，矩阵$\boldsymbol{C}$和矩阵$\boldsymbol{F}$的表达式可由上述提及的相关公式整理获得。

由式(6-101)、式(6-103)～式(6-105)可汇总得全系统线性化状态方程为

$$\begin{bmatrix} \Delta\dot{\boldsymbol{\delta}} \\ \Delta\dot{\boldsymbol{\omega}} \\ \Delta\dot{\boldsymbol{E}}_q' \\ \hline \Delta\dot{\boldsymbol{U}}_{\mathrm{A}} \\ \Delta\dot{\boldsymbol{E}}_f \\ \Delta\dot{\boldsymbol{U}}_{\mathrm{F}} \\ \hline \Delta\dot{\boldsymbol{P}}_{\mathrm{m}} \\ \Delta\dot{\boldsymbol{\mu}} \\ \Delta\dot{\boldsymbol{x}}_m \\ \hline \dot{\boldsymbol{y}}_1 \\ \dot{\boldsymbol{y}}_2 \\ \dot{\boldsymbol{y}}_3 \end{bmatrix} = \left[\begin{array}{ccc|ccc|ccc|ccc} \boldsymbol{0} & \boldsymbol{I} & \boldsymbol{0} & \boldsymbol{0} & \boldsymbol{0} & \boldsymbol{0} & \boldsymbol{0} & \boldsymbol{0} & \boldsymbol{0} & & & \\ -\boldsymbol{M}^{-1}\boldsymbol{K}_1 & -\boldsymbol{M}^{-1}\boldsymbol{D} & -\boldsymbol{M}^{-1}\boldsymbol{K}_2 & \boldsymbol{0} & \boldsymbol{0} & \boldsymbol{0} & \boldsymbol{M}^{-1} & \boldsymbol{0} & \boldsymbol{0} & & \boldsymbol{0}_{(3n\times 3n)} & \\ -(\boldsymbol{T}_{d0}')^{-1}\boldsymbol{K}_4 & \boldsymbol{0} & -(\boldsymbol{T}_{d0}')^{-1}\boldsymbol{K}_3 & \boldsymbol{0} & -(\boldsymbol{T}_{d0}')^{-1} & \boldsymbol{0} & \boldsymbol{0} & \boldsymbol{0} & \boldsymbol{0} & & & \\ \hline \boldsymbol{D}_{11} & \boldsymbol{D}_{12} & \boldsymbol{D}_{13} & \boldsymbol{A}_{11} & \boldsymbol{0} & \boldsymbol{A}_{13} & & & & \boldsymbol{D}_{14} & \boldsymbol{D}_{15} & \boldsymbol{D}_{16} \\ \boldsymbol{0} & \boldsymbol{0} & \boldsymbol{0} & \boldsymbol{A}_{21} & \boldsymbol{A}_{22} & \boldsymbol{0} & & \boldsymbol{0}_{(3n\times 3n)} & & \boldsymbol{0} & \boldsymbol{0} & \boldsymbol{0} \\ \boldsymbol{0} & \boldsymbol{0} & \boldsymbol{0} & \boldsymbol{A}_{31} & \boldsymbol{A}_{32} & \boldsymbol{A}_{33} & & & & \boldsymbol{0} & \boldsymbol{0} & \boldsymbol{0} \\ \hline \boldsymbol{0} & \boldsymbol{E}_{11} & \boldsymbol{0} & & & & \boldsymbol{B}_{11} & \boldsymbol{B}_{12} & \boldsymbol{B}_{13} & & & \\ \boldsymbol{0} & \boldsymbol{E}_{21} & \boldsymbol{0} & & \boldsymbol{0}_{(3n\times 3n)} & & \boldsymbol{0} & \boldsymbol{B}_{22} & \boldsymbol{B}_{23} & & \boldsymbol{0}_{(3n\times 3n)} & \\ \boldsymbol{0} & \boldsymbol{E}_{31} & \boldsymbol{0} & & & & \boldsymbol{0} & \boldsymbol{B}_{32} & \boldsymbol{B}_{33} & & & \\ \hline \boldsymbol{F}_{11} & \boldsymbol{F}_{12} & \boldsymbol{F}_{13} & & & & & & & \boldsymbol{C}_{11} & \boldsymbol{0} & \boldsymbol{0} \\ \boldsymbol{F}_{21} & \boldsymbol{F}_{22} & \boldsymbol{F}_{23} & & \boldsymbol{0}_{(3n\times 3n)} & & & \boldsymbol{0}_{(3n\times 3n)} & & \boldsymbol{C}_{21} & \boldsymbol{C}_{22} & \boldsymbol{0} \\ \boldsymbol{F}_{31} & \boldsymbol{F}_{32} & \boldsymbol{F}_{33} & & & & & & & \boldsymbol{C}_{31} & \boldsymbol{C}_{32} & \boldsymbol{C}_{33} \end{array}\right] \begin{bmatrix} \Delta\boldsymbol{\delta} \\ \Delta\boldsymbol{\omega} \\ \Delta\boldsymbol{E}_q' \\ \hline \Delta\boldsymbol{U}_{\mathrm{A}} \\ \Delta\boldsymbol{E}_f \\ \Delta\boldsymbol{U}_{\mathrm{F}} \\ \hline \Delta\boldsymbol{P}_{\mathrm{m}} \\ \Delta\boldsymbol{\mu} \\ \Delta\boldsymbol{x}_m \\ \hline \boldsymbol{y}_1 \\ \boldsymbol{y}_2 \\ \boldsymbol{y}_3 \end{bmatrix} \tag{6-106}$$

式中，各子矩阵元素的计算式见式(6-101)及式(6-103)～式(6-105)，均用稳态运行点的参数计算。其中，除去$\Delta\boldsymbol{\delta}$和$\Delta\boldsymbol{E}_q'$相对应的两列子矩阵外，所有非零子矩阵均为对角阵，故

式(6-106)的系数矩阵十分稀疏。

与单机无穷大系统类似，上述线性化模型可用于分析系统受小扰动时控制系统的稳定性及同步发电机机电振荡稳定性，如低频振荡等。

由式(6-106)可知，若计及简单的励磁、调速系统及 PSS 动态，一台同步发电机系统状态方程可高达 12 阶。对于含电力电子逆变器的多机系统，上述状态方程系数矩阵的总阶数更高，将使特征根计算遇到精度和计算复杂度问题。因此，对于大规模电力系统，需要研究高阶特征矩阵计算方法。

6.2　基于阻抗的稳定分析方法

当采用特征分析方法研究电力系统的稳定性时，若系统的电源出力或负载发生变化，就需要重新对系统进行建模和分析。同时，随着多源异构的电力电子设备接入电网，不同类型的可再生能源并网系统所采用的控制策略及参数各异，且知识产权归设备厂商所有，通常情况下不会向电网运营商公开，导致建立电力系统的线性化状态方程存在困难。在这种情况下，特征分析法有很大的局限性。

针对这种问题，本节将介绍一种基于阻抗的分析方法，其与特征分析法在模型确定时是等效的，但优势在于当系统的电源或负载变化时可以较快地评估稳定性，且即使无法解析地写出系统阻抗模型的传递函数，也可以通过测量来获得需要的数据进行稳定分析。

6.2.1　阻抗法的分析原理

任意一个电力系统模型可通过合适的端口分为电源侧和负载侧。对于电源侧和负载侧的端口特性，可采用戴维南定理或者诺顿定理进行等效。例如，对电源侧进行戴维南等效并对负载侧进行诺顿等效后，便可以得到如图 6-5 所示的电力系统简化示意图。电源侧和负载侧的小扰动都可以通过戴维南和诺顿等效后 $Z_S(s)$ 和 $Y_L(s)$ 的变化来体现，其中，$Z_S(s)$ 是电源侧的等效阻抗，$Y_L(s)=Z_L^{-1}(s)$ 是负载侧的等效导纳。

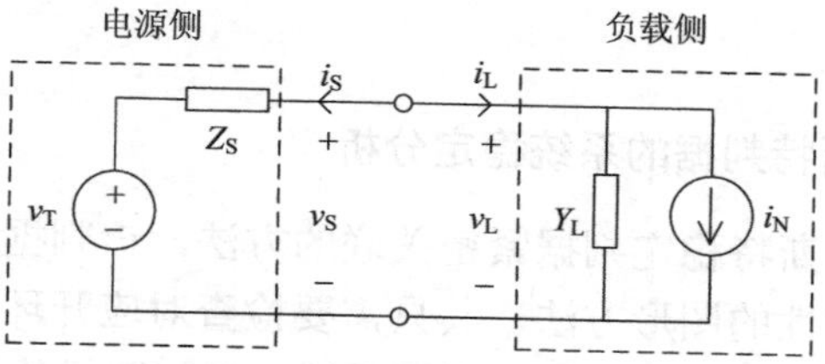

图 6-5　戴维南和诺顿等效后的电力系统模型

根据图 6-5 的电力系统等效模型，可以得到如下关系：

$$v_T(s)=Z_S(s)i_L(s)+\frac{\left[i_L(s)-i_N(s)\right]}{Y_L(s)} \tag{6-107}$$

整理后可得 $i_L(s)$ 和 $v_T(s)$ 的关系如式(6-108)所示：

$$i_{\mathrm{L}}(s)=\left[v_{\mathrm{T}}(s)+\frac{i_{\mathrm{N}}(s)}{Y_{\mathrm{L}}(s)}\right]\frac{Y_{\mathrm{L}}(s)}{1+Z_{\mathrm{S}}(s)Y_{\mathrm{L}}(s)} \tag{6-108}$$

在系统稳定分析中，可以假设电压源和电流源在没有连接负载的情况下是稳定的，负载在被理想电压源供电时也是稳定的。在这样的条件下，可以认为$v_{\mathrm{T}}(s)$、$Y_{\mathrm{L}}(s)$和$i_{\mathrm{N}}(s)$都是稳定的。此时，系统的稳定性就取决于式(6-109)：

$$T(s)=\frac{Y_{\mathrm{L}}(s)}{1+Z_{\mathrm{S}}(s)Y_{\mathrm{L}}(s)} \tag{6-109}$$

式中，$T(s)$可以看作前向增益为$Y_{\mathrm{L}}(s)$、反馈增益为$Z_{\mathrm{S}}(s)$的闭环负反馈传递函数，如图 6-6所示。当且仅当开环传递函数$Z_{\mathrm{S}}(s)Y_{\mathrm{L}}(s)$满足(广义)奈奎斯特稳定判据时$T(s)$系统稳定。

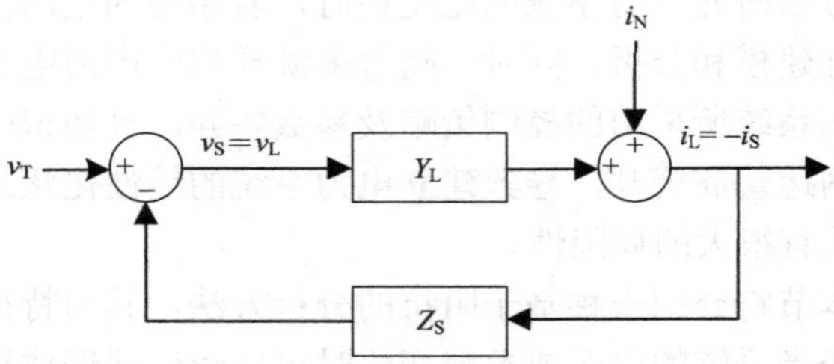

图 6-6　电力系统的等效闭环负反馈传递函数框图

相比于特征分析法，阻抗法有以下优点：

(1) 当系统电源和负载增加或减少时，仅影响系统中阻抗参数$Z_{\mathrm{S}}(s)$和$Y_{\mathrm{L}}(s)$，对系统的整体模型影响较小，因此十分适用于对电源和负载变化较大的系统进行稳定分析。

(2) 当系统的阻抗分析模型难以建立时，输入输出阻抗参数$Z_{\mathrm{S}}(s)$和$Y_{\mathrm{L}}(s)$可以通过仿真或实验测量的方法来获取。

(3) 通过阻抗法可以对系统的稳定性特征进行数值分析。当系统的模型建立后，可以通过计算出系统满足稳定性所需的$Z_{\mathrm{S}}(s)$和$Y_{\mathrm{L}}(s)$的数值，并据此对系统进行重新设计，以此改善系统稳定性。

6.2.2　基于(广义)奈奎斯特判据的系统稳定分析

阻抗法是一种与奈奎斯特稳定判据紧密关联的方法，该判据是一种控制理论和稳定性理论中确定动态系统稳定性的图形方法，其只需要检查对应开环系统的奈奎斯特图便可分析系统稳定性，广泛用于分析和设计闭环反馈系统，但仅限于线性时不变系统。

在前面提到当且仅当$Z_{\mathrm{S}}(s)Y_{\mathrm{L}}(s)$满足奈奎斯特判据时，系统稳定。$Z_{\mathrm{S}}(s)Y_{\mathrm{L}}(s)$的传递函数可以表示为

$$Z_{\mathrm{S}}(s)Y_{\mathrm{L}}(s)=\frac{(s-z_1)(s-z_2)\cdots(s-z_k)}{(s-p_1)(s-p_2)\cdots(s-p_n)} \tag{6-110}$$

式中，$z_1,\cdots,z_k$是$Z_{\mathrm{S}}(s)Y_{\mathrm{L}}(s)$函数的零点；$p_1,\cdots,p_n$是$Z_{\mathrm{S}}(s)Y_{\mathrm{L}}(s)$函数的极点。使用奈奎斯特稳定判据进行稳定分析时，首先需要先画出函数$Z_{\mathrm{S}}(s)Y_{\mathrm{L}}(s)$的奈奎斯特图。奈奎斯特图

是在复频域从 $s=-\mathrm{j}\infty$ 到 $s=+\mathrm{j}\infty$ 画出的封闭曲线，并且被定义为顺时针方向。闭环系统稳定的充要条件是：开环传递函数 $Z_S(s)Y_L(s)$ 的奈奎斯特图逆时针包围 $(-1,\mathrm{j}0)$ 点的圈数等于其在右半平面的极点数量。

该结论的证明和奈奎斯特判据的四个重要的性质有关，这四个性质如下。

性质 1：式(6-109)所对应的闭环系统稳定的充要条件是 $T(s)$ 没有右半平面的极点。

性质 2：闭环系统传递函数 $T(s)$ 的极点是 $1+Z_S(s)Y_L(s)$ 项的零点。

性质 3：若 $1+Z_S(s)Y_L(s)$ 的奈奎斯特图有 Z 个右半平面的零点和 P 个右半平面的极点，且奈奎斯特曲线围绕原点转 N 圈，那么 N、Z 和 P 三个量之间的关系如式(6-111)所示：

$$N=Z-P \tag{6-111}$$

式中，N 的符号代表了奈奎斯特曲线围绕原点的方向，正为顺时针方向，负为逆时针方向。

性质 4：$1+Z_S(s)Y_L(s)$ 的奈奎斯特曲线围绕原点的圈数和 $Z_S(s)Y_L(s)$ 的奈奎斯特曲线围绕 $(-1,\mathrm{j}0)$ 的圈数相同。

通过性质 1 和性质 2 可以得到系统稳定的充要条件是传递函数 $1+Z_S(s)Y_L(s)$ 没有右半平面的零点。

根据性质 3，可以得出 $1+Z_S(s)Y_L(s)$ 在右半平面的零点数量可以由 $1+Z_S(s)Y_L(s)$ 在右半平面的极点数量和奈奎斯特曲线绕原点的圈数计算得到，即 $Z=P+N$。当 $Z=0$ 时，系统稳定。

最后通过性质 4 可以得到，当且仅当 $Z_S(s)Y_L(s)$ 的奈奎斯特图逆时针包围 $(-1,\mathrm{j}0)$ 点的圈数等于右半平面的极点数量时，系统稳定。

$Z_S(s)Y_L(s)$ 的奈奎斯特图对应从 $s=-\mathrm{j}\infty$ 到 $s=+\mathrm{j}\infty$ 画出的闭合曲线，如图 6-7 所示。为了便于说明，假设 $Z_S(s)Y_L(s)$ 恰好有两个位于右半平面的极点 p_1 和 p_2，系统的奈奎斯特曲线可能出现以下三种不同的情况：图 6-7(a)中曲线逆时针绕 $(-1,\mathrm{j}0)$ 零圈，即 $N=0$，因此系统不稳定；图 6-7(b)中曲线正好穿越 $(-1,\mathrm{j}0)$ 点，处于临界稳定状态；图 6-7(c)中的奈奎斯特曲线逆时针绕 $(-1,\mathrm{j}0)$ 两圈，即 $N=-2$，恰好等于 $Z_S(s)Y_L(s)$ 位于右半平面的极点数量，因此系统稳定。

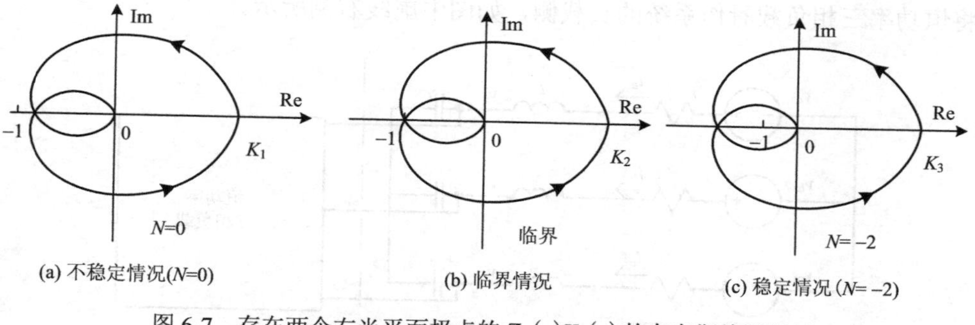

(a) 不稳定情况(N=0)　(b) 临界情况　(c) 稳定情况(N= −2)

图 6-7　存在两个右半平面极点的 $Z_S(s)Y_L(s)$ 的奈奎斯特图举例

以上的结论是在 $Z_S(s)$ 和 $Y_L(s)$ 是标量的情况下得到的，只适用于单相电力系统所对应的单输入单输出系统。若要分析三相电力系统，那么便需要将奈奎斯特稳定判据推广到多输入多输出系统中，形成广义奈奎斯特判据。

对于三相电力系统，可以利用 Park 变换将三相系统从原来的 abc 三相转化为 dq 轴的形式：

$$\begin{bmatrix} v_d \\ v_q \end{bmatrix} = \sqrt{\frac{2}{3}} \begin{bmatrix} \cos\theta & \cos\left(\theta - \frac{2\pi}{3}\right) & \cos\left(\theta + \frac{2\pi}{3}\right) \\ -\sin\theta & -\sin\left(\theta - \frac{2\pi}{3}\right) & -\sin\left(\theta + \frac{2\pi}{3}\right) \end{bmatrix} \begin{bmatrix} v_a \\ v_b \\ v_c \end{bmatrix} \tag{6-112}$$

式中，v_a、v_b 和 v_c 是 abc 三相系统对应的信号；v_d 和 v_q 是转化为 dq 轴后对应的信号；θ 是变换角度。

经过 Park 变换后，dq 轴下的阻抗从之前的标量形式变为一个 2×2 矩阵的形式：

$$\begin{bmatrix} v_d(s) \\ v_q(s) \end{bmatrix} = \boldsymbol{Z}_{dq}(s) \begin{bmatrix} i_d(s) \\ i_q(s) \end{bmatrix} = \begin{bmatrix} Z_{dd}(s) & Z_{dq}(s) \\ Z_{qd}(s) & Z_{qq}(s) \end{bmatrix} \begin{bmatrix} i_d(s) \\ i_q(s) \end{bmatrix} \tag{6-113}$$

所以在三相电力系统中的 $\boldsymbol{Z}_\mathrm{S}(s)$ 和 $\boldsymbol{Y}_\mathrm{L}(s)$ 分别为 2×2 的矩阵，推广式 (6-109) 到 $\boldsymbol{Z}_\mathrm{S}(s)$ 和 $\boldsymbol{Y}_\mathrm{L}(s)$ 为矩阵的形式，可以得到多输入多输出闭环反馈系统的传递函数：

$$\boldsymbol{T}(s) = \left[\boldsymbol{I} + \boldsymbol{Z}_\mathrm{S}(s)\boldsymbol{Y}_\mathrm{L}(s)\right]^{-1} \boldsymbol{Y}_\mathrm{L}(s) \tag{6-114}$$

根据矩阵特征值的基本性质，可以得到

$$\det\left[\boldsymbol{I} + \boldsymbol{Z}_\mathrm{S}(s)\boldsymbol{Y}_\mathrm{L}(s)\right] = \prod_{i=1}^{2}\left[1 + \lambda_i(s)\right] \tag{6-115}$$

其中，$\lambda_i(s)$ 为 $\boldsymbol{I} + \boldsymbol{Z}_\mathrm{S}(s)\boldsymbol{Y}_\mathrm{L}(s)$ 的第 i 个特征值。对于经过 Park 变换后的三相电力系统而言，$\boldsymbol{I} + \boldsymbol{Z}_\mathrm{S}(s)\boldsymbol{Y}_\mathrm{L}(s)$ 是一个 2×2 的矩阵，所以 $\boldsymbol{I} + \boldsymbol{Z}_\mathrm{S}(s)\boldsymbol{Y}_\mathrm{L}(s)$ 有两个特征值。在多输入多输出情况下，闭环系统稳定的充要条件是 $\lambda_1(s)$ 和 $\lambda_2(s)$ 的奈奎斯特曲线逆时针绕 $(-1, \mathrm{j}0)$ 点的总圈数等于 $\boldsymbol{Z}_\mathrm{S}(s)$ 和 $\boldsymbol{Y}_\mathrm{L}(s)$ 右半平面极点个数的总和。

考虑构网型逆变器向恒功率三相负载供电的简单电力系统。为分析方便，忽略逆变器控制模块内部动态，用三相恒压源进行表示，如图 6-8 所示。图中 r、L 和 C 依次代表电阻、电感和电容。将具有滤波装置的构网型逆变器看作系统的电源侧，如图中虚线左侧所示。将恒功率三相负载看作系统的负载侧，如图中虚线右侧所示。

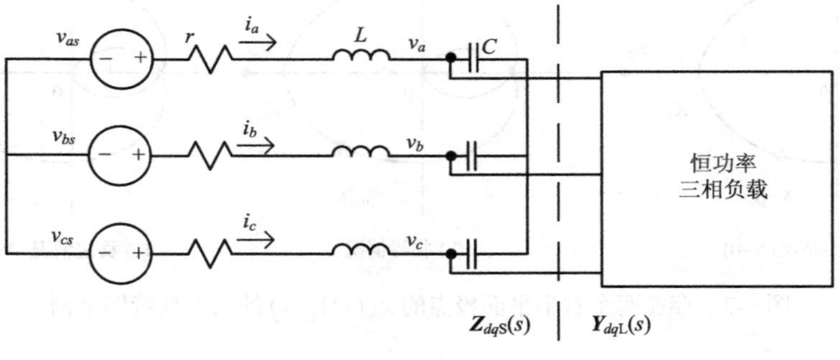

图 6-8　具有恒功率负载的简单三相电力系统

负载的功率需求对系统的稳定性有十分大的影响：

(1) 当系统初始运行于轻载状态时，$\boldsymbol{Z}_{dq\mathrm{S}}(s)$和$\boldsymbol{Y}_{dq\mathrm{L}}(s)$对应的两条特征根轨迹如图 6-9(a)所示，均不包围关键点(−1, j0)。由于其位于右半平面的极点个数也为零，根据广义奈奎斯特判据可以判定系统稳定。

(2) 当系统运行于重载状态时，$\boldsymbol{Z}_{dq\mathrm{S}}(s)$和$\boldsymbol{Y}_{dq\mathrm{L}}(s)$对应的两条特征根轨迹如图 6-9(b)所示，$\lambda_1(s)$的特征根轨迹不包围(−1, j0)点，$\lambda_2(s)$的特征根轨迹顺时针绕(−1, j0)两圈，因此总共顺时针绕(−1, j0)点两圈。由于位于右半平面的极点个数为零，因此可判定系统不稳定。

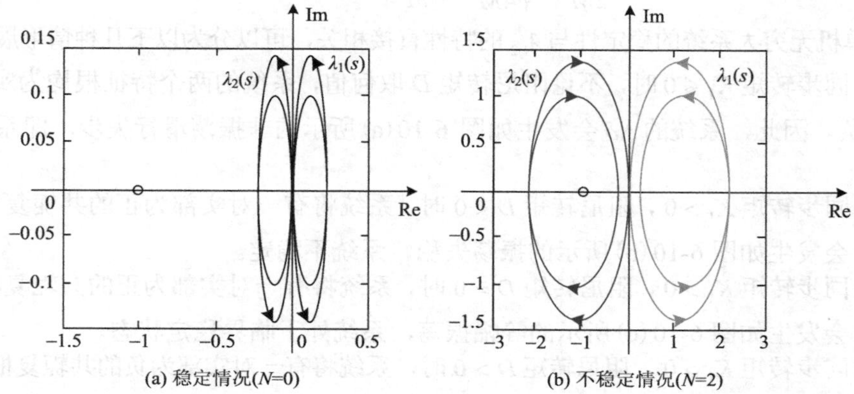

图 6-9　$\lambda_1(s)$ 和 $\lambda_2(s)$ 奈奎斯特图

6.3　复转矩系数法

用阻尼转矩及同步转矩分析发电机受到扰动后的动态过程，又称复阻尼转矩系数方法。这是一种很有效且物理概念清晰的方法，在电力系统中得到了广泛应用。本节将介绍这种方法的基本理论依据和思路。

6.3.1　单机无穷大系统的复转矩系数分析

首先以式(6-35)所示的二阶单机无穷大系统线性化状态方程为例，说明阻尼转矩和同步转矩的概念。由发电机转子运动方程的物理特性可知，在忽略调速器作用的情况下，即假定机械转矩恒定时，转子角频率的变化率与电磁转矩增量ΔT_e成正比。因此式(6-35)的第一式又可记作：

$$M\Delta\dot{\omega} = -\Delta T_\mathrm{e} = -K_1\Delta\delta - D\Delta\omega \tag{6-116}$$

其中，ΔT_e由两部分构成，包括与$\Delta\delta$成比例的同步转矩$K_1\Delta\delta$和与转速$\Delta\omega = s\Delta\delta$成比例的阻尼转矩$D\Delta\omega$。$K_1$和$D$分别称为同步转矩系数和阻尼转矩系数。

阻尼转矩和同步转矩将会直接影响单机无穷大系统稳定性。下面通过与特征分析所得的结论进行对比，揭示阻尼转矩与同步转矩的性质。

对于如式(6-35)所示的二阶单机无穷大系统而言，很容易通过计算得到如式(6-117)所示的二阶特征方程：

$$\lambda^2+\frac{D}{M}\lambda+\frac{K_1}{M}\overset{\text{def}}{=}\lambda^2+2\xi\omega_{\mathrm{n}}\lambda+\omega_{\mathrm{n}}^2=0 \tag{6-117}$$

其中，$\omega_{\mathrm{n}}=\sqrt{\dfrac{K_1}{M}}$ 称为自然振荡频率；$\xi=\dfrac{D}{2M\omega_{\mathrm{n}}}$ 称为阻尼系数。该二阶特征方程的两个特征根为

$$\lambda_{1,2}=-\frac{D}{2M}\pm\sqrt{\frac{D^2}{4M^2}-\frac{K_1}{M}}=-\xi\omega_{\mathrm{n}}\pm\omega_{\mathrm{n}}\sqrt{\xi^2-1} \tag{6-118}$$

二阶单机无穷大系统的稳定性与 $\lambda_{1,2}$ 的特性直接相关，可以分为以下几种情形展开讨论。

(1) 当同步转矩 $K_1 \leqslant 0$ 时，不论阻尼转矩 D 取何值，系统的两个特征根均为实数，且其中一个非负。因此，系统的 $\Delta\delta$ 会发生如图 6-10(a) 所示的非振荡滑行失步，即系统是不稳定的。

(2) 当同步转矩 $K_1>0$，阻尼转矩 $D<0$ 时，系统将有一对实部为正的共轭复根。因此，系统的 $\Delta\delta$ 会发生如图 6-10(b) 所示的振荡失稳，系统不稳定。

(3) 当同步转矩 $K_1>0$，阻尼转矩 $D=0$ 时，系统将有一对实部为正的共轭复根。因此，系统的 $\Delta\delta$ 会发生如图 6-10(c) 所示的等幅振荡，系统处于临界稳定状态。

(4) 当同步转矩 $K_1>0$，阻尼转矩 $D>0$ 时，系统将有一对实部为负的共轭复根。因此，系统的 $\Delta\delta$ 会在经历振幅衰减的暂态过程后逐渐趋于稳定，如图 6-10(d) 所示，系统是稳定的。

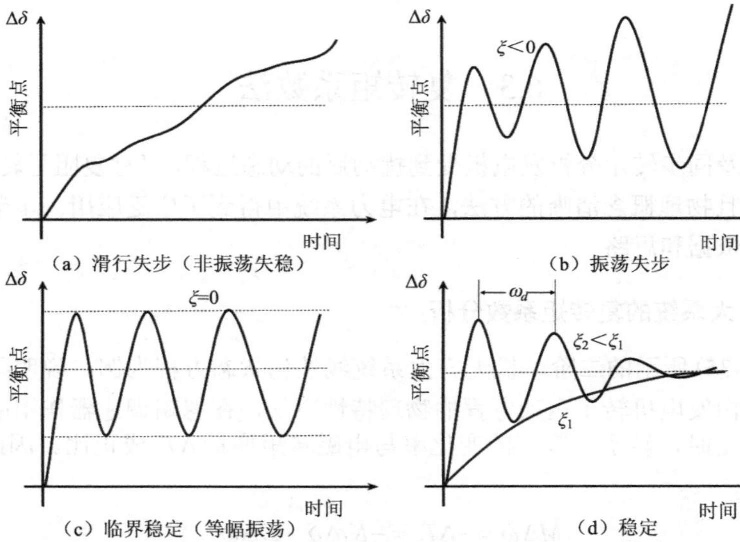

(a) 滑行失步（非振荡失稳）　(b) 振荡失步

(c) 临界稳定（等幅振荡）　(d) 稳定

图 6-10　同步转矩和阻尼转矩不同取值情况下的 $\Delta\delta$ 时域仿真结果

综上可知，系统保持振荡稳定需要满足的条件是：系统的同步转矩 $K_1>0$，阻尼转矩 $D>0$。当系统稳定时，可以将系统的两个共轭特征根记作：

$$\lambda_{1,2}=-\xi\omega_{\mathrm{n}}\pm \mathrm{j}\omega_{\mathrm{n}}\sqrt{1-\xi^2}\overset{\text{def}}{=}-\sigma\pm \mathrm{j}\omega_{\mathrm{d}} \tag{6-119}$$

其中，$\sigma=\xi\omega_{\mathrm{n}}=D/(2M)$ 称为阻尼比，反映振荡衰减的速度。阻尼转矩系数 D 越大，阻尼比越大，则振荡衰减越快。$\omega_{\mathrm{d}}=\omega_{\mathrm{n}}\sqrt{1-\xi^2}$ 称为阻尼频率，反映振荡的频率。由于阻尼系数

ξ 通常接近于 0，因此 $\omega_d \approx \omega_n$。显然，同步转矩系数 K_1 越大，振荡频率越快。

6.3.2　控制系统引起的同步转矩和阻尼转矩变化

本节以 6.1.3 节中推导的考虑快速励磁系统的单机无穷大系统为例，进一步分析发电机控制系统对同步转矩和阻尼转矩的影响。根据如式(6-46)所示的全系统标准状态方程可得到相应的传递函数，如图 6-11 所示。图中虚线表示调速器 $G_{\mathrm{GOV}}(s)$ 及以转速为反馈信号的电力系统稳定器 PSS- $G_{\mathrm{PSS}}(s)$ 后，对系统传递函数的影响。

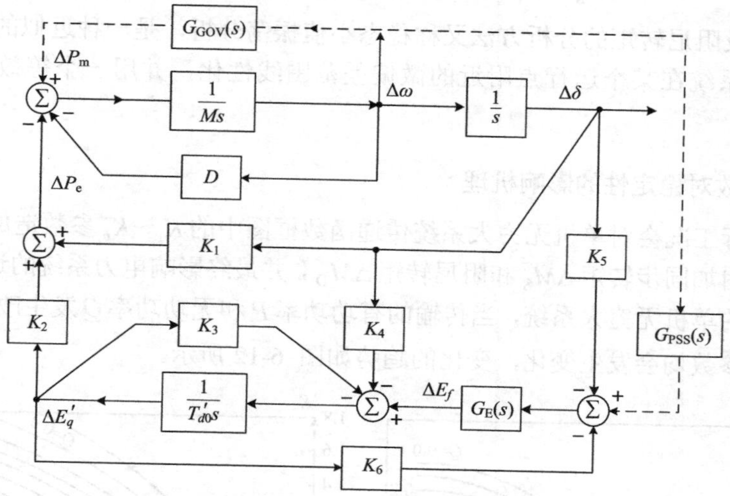

图 6-11　单机无穷大系统的传递函数框图

已知 $\Delta T_e = \Delta P_e$，通过图 6-11 可以得到由 $\Delta\delta$ 到 ΔT_e 的开环传递函数：

$$\frac{\Delta T_e}{\Delta\delta} = K_1 + Ds + \left[-\frac{K_2 G_3 (K_4 + K_5 G_E)}{1 + G_E G_3 K_6}\right] \tag{6-120}$$

该传递函数由两项组成，第一项为与 6.3.1 节中推导的机组固有同步转矩和阻尼转矩相同，第二项是考虑励磁控制系统的作用而引入的附加转矩，其中 $G_3 = K_3 / (1 + K_3 T'_{d0} s)$。

G_E 的传递函数如式(6-39)所示。将 G_3 和 G_E 的传递函数代入式(6-120)可得

$$\frac{\Delta T_e}{\Delta\delta} = (K_1 + Ds) - \frac{K_2 K_3 (1 + T_E s) + K_2 K_3 K_5 K_E}{(1 + K_3 T'_{d0} s)(1 + T_E s) + K_3 K_6 K_E} \tag{6-121}$$

为了分析频率为 ω_d 的振荡模式对应的复转矩系数，将 $s = j\omega_d$ 代入式(6-121)。同时考虑到快速励磁系统的 T_E 很小，可认为 $T_E \approx 0$，而 $K_3 K_E K_6 \gg 1$，因此可略去分母中的“1”。由此可得

$$\Delta T_e = (K_1 + \Delta M_S)\Delta\delta + (D + \Delta M_D) s \Delta\delta \tag{6-122}$$

其中

$$\Delta M_S = -\frac{\dfrac{K_2}{K_6}\left(\dfrac{K_4}{K_E} + K_5\right)}{1 + \omega_d^2 T_{EQ}^2} \approx -\frac{K_2 K_5}{(1 + \omega_d^2 T_{EQ}^2) K_6} \tag{6-123}$$

$$\Delta M_{\mathrm{D}}=\frac{T_{\mathrm{EQ}}\dfrac{K_2}{K_6}\left(\dfrac{K_4}{K_E}+K_5\right)}{1+\omega_{\mathrm{d}}^2T_{\mathrm{EQ}}^2}\approx\frac{K_2K_5T_{\mathrm{EQ}}}{\left(1+\omega_{\mathrm{d}}^2T_{\mathrm{EQ}}^2\right)K_6} \tag{6-124}$$

式中，ΔM_{S} 和 ΔM_{D} 分别表示由快速励磁控制引起的附加同步转矩和阻尼转矩：$T_{\mathrm{EQ}}=T'_{d0}/(K_{\mathrm{E}}K_6)$。

基于 6.3.1 节中的分析思路，系统不发生同步失稳及振荡的条件应为

$$M_{\mathrm{S}}=K_1+\Delta M_{\mathrm{S}}>0,\quad M_{\mathrm{D}}=D+\Delta M_{\mathrm{D}}>0 \tag{6-125}$$

基于同步及阻尼转矩的分析方法又称稳态小值振荡分析，是一种近似的方法。它相当于将一个高阶系统在某个运行点附近的微偏差范围线性化，并用一个等效的二阶系统来近似。

6.3.3　系统参数对稳定性的影响机理

系统的运行工况会对单机无穷大系统传递函数框图中的 K_1～K_6 参数造成影响，从而直接影响系统的附加同步转矩 ΔM_{S} 和阻尼转矩 ΔM_{D}，并最终影响电力系统的运行稳定性。对于远距离送电的单机无穷大系统，当传输的有功功率 P 和无功功率 Q 发生改变时，除了 K_3 参数外的其余参数均会发生变化，变化的趋势如图 6-12 所示。

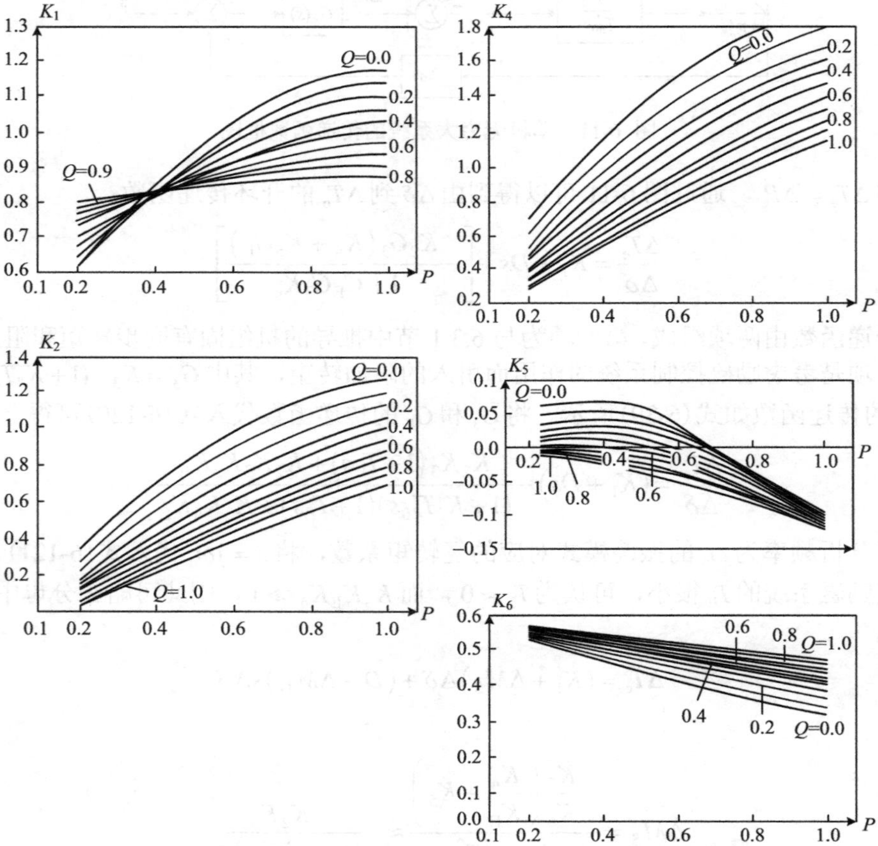

图 6-12　远距离输电时，系数 K_1、K_2、K_4～K_6 的变化情况

不同运行工况下的系统稳定特性如下。

(1) 当系统负荷较轻，即功角 δ 较小时，由式(B-11)可知 $K_5 > 0$。由式(6-123)和式(6-124)可见，此时 $\Delta M_S < 0$。但是，机组总的同步转矩系数为 $M_S = K_1 + \Delta M_S$，由于 K_1 通常较大，仍能够保证 $M_S > 0$。因此，在功角 δ 较小时，不会发生因电压调节器作用使得 $M_S < 0$ 从而出现滑行失步的情况。另外，$\Delta M_D > 0$ 说明电压调节器加入后，机组的阻尼转矩增大了，由于机组固有的阻尼转矩系数 D>0，所以在功角较小时，也不会出现振荡失步的情况。

(2) 当负荷较重，即功角 δ 较大时，$K_5 < 0$。此时，$\Delta M_S > 0$，即电压调节器加入后对增加系统的同步能力是有利的。但是，在这种情况下 $\Delta M_D < 0$，即加入电压调节器后，系统总的阻尼转矩系数 M_D 将会减小，这对维持系统稳定运行是不利的。随着电压放大系数 K_E 的增加，T_{EQ} 将会减小。由式(6-124)可知，这会导致 $|\Delta M_D|$ 增大。当系统总的阻尼转矩系数 $M_D < 0$ 时，阻尼转矩将会加剧 $\Delta\delta$ 的上下波动，从而引起机组的振荡失步。

6.4 基于 Hopf 分岔理论的非线性电力系统稳定分析

前面的章节均采用了基于线性化的特征分析方法研究小扰动下的非线性电力系统稳定性。若系统线性化模型的全部特征根均位于复平面的左半平面，则系统是李雅普诺夫意义下渐近稳定的；只要有一个特征根越过虚轴，系统就是不稳定的。

实际上，考虑到系统的非线性特性、系统解的不唯一性以及转折点和分岔点的存在，当特征根位于虚轴附近时，可能会引发电力系统的奇异现象。也就是说，即使系统全部特征根都位于虚轴左侧，系统非线性造成的分岔也可能导致发生增幅性振荡；反之，即使有一对特征根位于虚轴右侧，分岔的出现也可能使系统的动态特性由增幅性振荡转化为稳定的非线性振荡。这种稳定与李雅普诺夫稳定有着本质上的区别：李雅普诺夫稳定是在给定系统初始条件的情况下研究系统的稳定性；计及分岔时，系统动态特性将发生质变，反映出来的是系统状态的一种突变或跳跃。在介绍基于 Hopf 分岔的非线性电力系统稳定分析基本原理前，首先引入极限环(limit cycle)的概念。

6.4.1 极限环

对于由微分方程 $\dot{\boldsymbol{x}} = \boldsymbol{F}(\boldsymbol{x})$ ($\boldsymbol{x} \in \mathbf{R}^n$) 描述的自治系统，它的解是由无穷多条互不相交的解曲线 $\boldsymbol{x}(t)$ 构成的。如果平面上的一点 $\boldsymbol{x}_0$ 是该微分方程的一个奇点，那么经过 $\boldsymbol{x}_0$ 点附近任一点的解曲线在时间 t 趋向正无穷或者负无穷时都无限趋近 $\boldsymbol{x}_0$，或者环绕 $\boldsymbol{x}_0$ 周期性地旋转。解曲线趋向 $\boldsymbol{x}_0$ 的方式有三种，它们对应的 $\boldsymbol{x}_0$ 分别称为微分系统的焦点、结点、鞍点，在二维平面的示意图如图 6-13(a)～(c)所示。而解曲线环绕 $\boldsymbol{x}_0$ 旋转时的 $\boldsymbol{x}_0$ 则称为微分系统的中心，在二维平面的示意图如图 6-13(d)所示。

如果平面上的一个闭环 T 是上述微分方程的一个孤立周期解，那么过 T 附近任意一点的解曲线在时间 t 趋向正无穷或者负无穷时都会无限逼近 T，这时 T 就是微分系统的极限环。如果解曲线都在 t 趋向负无穷时逼近 T，则称该极限环不稳定，如图 6-14(a)所示。换句话说，当初始运行点位于环内时，解曲线将围绕极限环螺旋环绕并最终收敛于原点；当初始运行点位于环外时，解曲线将围绕极限环螺旋环绕并最终向环外发散。如果解曲线都在 t 趋向正无穷时逼近 T，则称该极限环稳定，如图 6-14(b)所示。换句话说，无论初始运行点位于环内还是环外，解曲线都将围绕极限环螺旋环绕并无限逼近极限环。

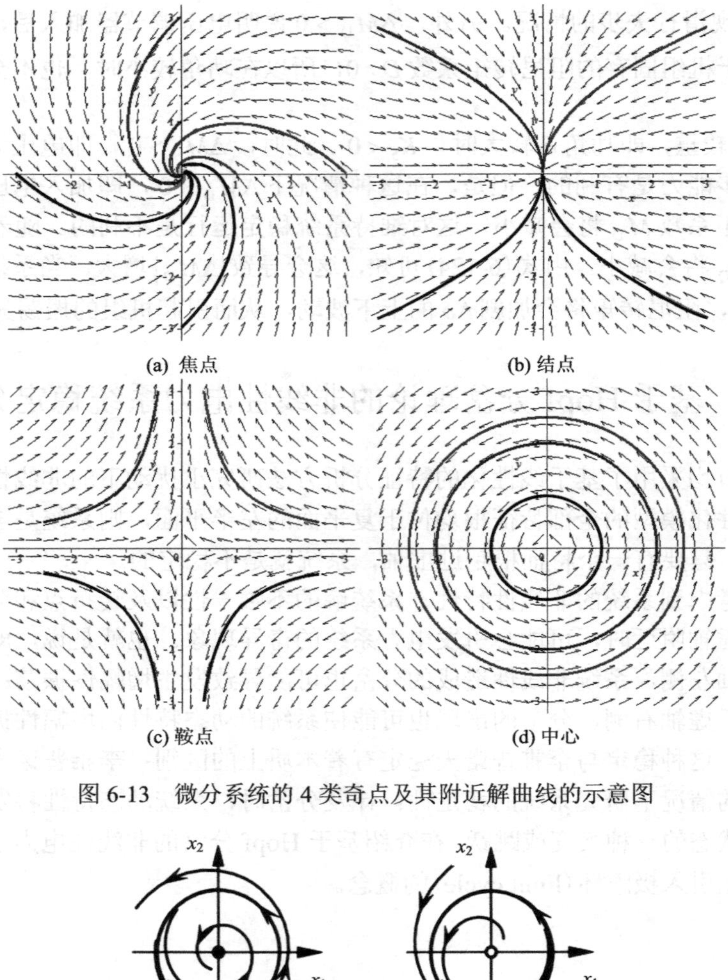

(a) 焦点　　(b) 结点　　(c) 鞍点　　(d) 中心

图 6-13　微分系统的 4 类奇点及其附近解曲线的示意图

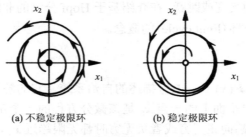

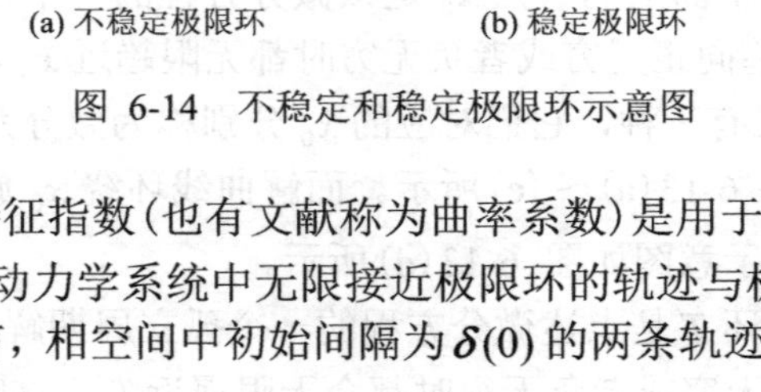

(a) 不稳定极限环　　(b) 稳定极限环

图 6-14　不稳定和稳定极限环示意图

系统的李雅普诺夫特征指数(也有文献称为曲率系数)是用于判断极限环稳定与否的关键指标。该指标用于量化动力学系统中无限接近极限环的轨迹与极限环轨迹之间的分离率，如图 6-15 所示。具体而言，相空间中初始间隔为 $\boldsymbol{\delta}(0)$ 的两条轨迹的分离率经过线性近似后可表示为

$$\boldsymbol{\delta}(t) \approx \mathrm{e}^{\lambda t}\boldsymbol{\delta}(0) \tag{6-126}$$

其中，λ 即为李雅普诺夫特征指数。当 $\lambda > 0$ 时，表明初值无限接近极限环的轨迹随着时间

t的推移将会逐渐远离极限环，如图 6-15(a)所示，这表明该极限环为不稳定极限环；当$\lambda<0$时，表明初值无限接近极限环的轨迹随着时间 t 的推移将会更加逐渐趋近于极限环，如图 6-15(b)所示，这表明该极限环为稳定极限环。

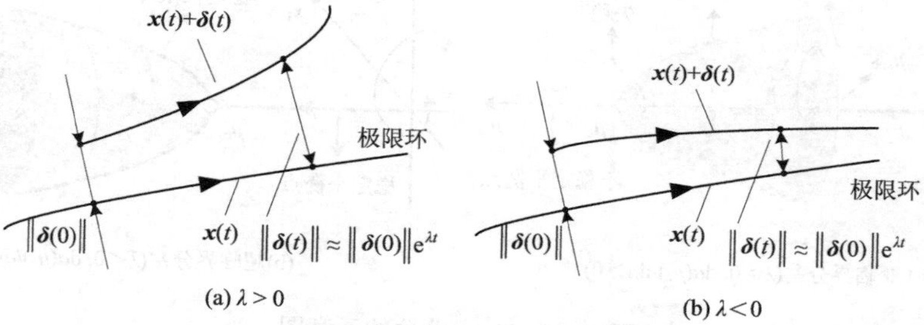

图 6-15　李雅普诺夫特征指数示意图

6.4.2　Hopf 分岔理论

对非线性动态系统：

$$\dot{\boldsymbol{x}}=\boldsymbol{F}(\boldsymbol{x},\mu) \tag{6-127}$$

其中，$\boldsymbol{x}\in\mathbf{R}^n, n\geqslant 2$；$\mu\in\mathrm{R}$ 是系统参数；原点是系统的平衡点。在平衡点处展开式(6-127)得

$$\dot{\boldsymbol{x}}=\boldsymbol{A}\boldsymbol{x}+\hat{\boldsymbol{F}}(\boldsymbol{x},\mu) \tag{6-128}$$

其中，$\boldsymbol{A}=(\partial\boldsymbol{F}/\partial\boldsymbol{x})\big|_{x=0}$ ≮；$\hat{\boldsymbol{F}}(\boldsymbol{x},\mu)=\boldsymbol{F}(\boldsymbol{x},\mu)-\boldsymbol{A}\boldsymbol{x}$。$\mu$变化时，式(6-127)可能从一种响应突然跃变为另一种响应，称连接这两种响应的现象为分岔。如果式(6-127)从李雅普诺夫意义下的稳定状态突然跃变为非线性振荡，这两种响应间的分岔就是 Hopf 分岔。

设 $\boldsymbol{A}$ 矩阵有一对共轭复根 $\lambda(\mu)=\alpha(\mu)\pm \mathrm{j}\omega(\mu)$。当 $\mu=\mu_{\mathrm{c}}$ 时，满足 $\alpha(\mu_{\mathrm{c}})=0$，$\mathrm{d}\alpha(\mu_{\mathrm{c}})/\mathrm{d}\mu\neq 0$，而 $\boldsymbol{A}$ 矩阵的其余特征根都位于复平面的左半平面。μ_{c} 点称为临界点，在临界点附近将会发生 Hopf 分岔。Hopf 分岔将会伴随平衡点由稳定变为不稳定，并诱发极限环。

当上述条件得到满足从而诱发 Hopf 分岔时，需要进一步分析 Hopf 分岔的特性。当 Hopf 分岔诱发出不稳定极限环，即李雅普诺夫特征指数 $\lambda>0$ 时，对应的 Hopf 分岔为亚临界分岔；当 Hopf 分岔诱发出稳定极限环，即李雅普诺夫特征指数 $\lambda<0$ 时，对应的 Hopf 分岔称为超临界分岔。

发生亚临界分岔时，如果 $\mathrm{d}\alpha(\mu_{\mathrm{c}})/\mathrm{d}\mu>0$，则分岔发生在临界点 μ_{c} 左侧，反之则发生在临界点 μ_{c} 右侧。图 6-16(a)展示了亚临界分岔发生在临界点 μ_{c} 左侧的情形，分岔点记作 μ_{sub}。由图可见，当 $\mu<\mu_{\mathrm{sub}}$ 时，平衡点是稳定平衡点；当 $\mu_{\mathrm{sub}}<\mu<\mu_{\mathrm{c}}$ 时，如果运行点受到扰动后仍然位于极限环内部，则仍然能够收敛到平衡点，反之当运行点位于极限环外侧时，则会发生伴随增幅振荡的运行点发散；当 $\mu>\mu_{\mathrm{c}}$ 时，平衡点变为不稳定平衡点。

而在超临界分岔发生时，如果 $\mathrm{d}\alpha(\mu_{\mathrm{c}})/\mathrm{d}\mu>0$，分岔发生在临界点右侧，反之发生在临界点左侧。图 6-16(b)展示了超临界分岔发生在临界点 μ_{c} 右侧的情形，分岔点记作 μ_{sup}。由图可见，当 $\mu<\mu_{\mathrm{c}}$ 时，平衡点是稳定平衡点；当 $\mu_{\mathrm{c}}<\mu<\mu_{\mathrm{sup}}$ 时，系统运行点将会螺旋环

绕并无限接近稳定极限环(等幅振荡)，平衡点位于稳定极限环内部，虽然不稳定，但是并不会发散；当 $\mu > \mu_{\text{sup}}$ 时，平衡点变为不稳定平衡点，系统运行点将会发散。

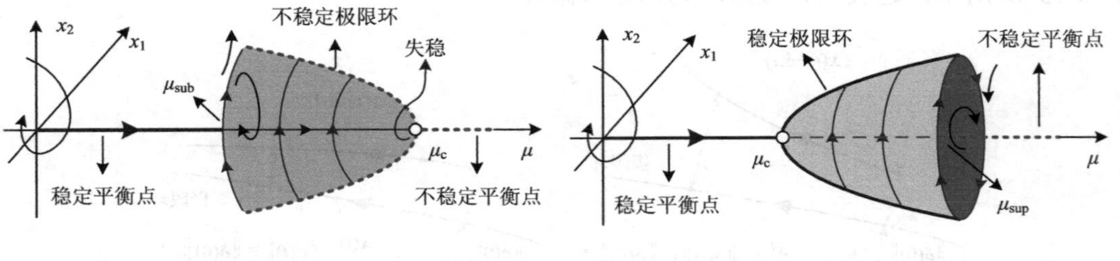

(a) 亚临界分岔($\lambda>0$, $\mathrm{d}\alpha(\mu_c)/\mathrm{d}\mu>0$)　　(b)超临界分岔($\lambda<0$, $\mathrm{d}\alpha(\mu_c)/\mathrm{d}\mu>0$)

图 6-16　Hopf 分岔的示意图

当系统为 2 阶（$n=2$）时，系统的李雅普诺夫特征指数 λ 计算较为容易。2 阶动态系统可记作：

$$\begin{aligned}\dot{x}_1 &= f_1(x_1, x_2, \mu) \\ \dot{x}_2 &= f_2(x_1, x_2, \mu)\end{aligned} \tag{6-129}$$

λ 的计算表达式为

$$\begin{aligned}\lambda = \frac{1}{8\omega_c}&\left[f_{11}^1\left(f_{12}^1 - f_{11}^2\right) + f_{22}^2\left(f_{22}^1 - f_{12}^2\right) + f_{12}^2 f_{22}^1 - f_{11}^2 f_{12}^2\right] \\ &+ \left(f_{111}^1 + f_{122}^1 + f_{112}^2 + f_{222}^2\right)\end{aligned} \tag{6-130}$$

其中，$\omega_c = \omega(\mu_c)$，$f_{pq}^i = \partial^2 f_i / \left(\partial x_p \partial x_q\right)$，$f_{pqr}^i = \partial^3 f_i / \left(\partial x_p \partial x_q \partial x_r\right)$。

对于高维系统($n>2$)，需要进行约化。实现这一过程最普遍的方法是采用中心流形理论，其基本思想为：将非线性特征空间分裂为两个子空间 W^s 和 W^c。子空间 W^s 是局部衰减的子空间，其中的全部特征指数收敛；子空间 W^c 是一个二维的子空间，凝聚系统的全部奇异特征。这样一来，仅用一个二维的微分方程就能够描述出系统在临界点附近的全部动态信息。通过求取这个二维微分方程对应的 λ，就可以判定 Hopf 分岔的特性。

6.4.3　基于 Hopf 分岔理论的简单电力系统稳定分析

最后，基于简单的四阶电力系统模型，说明采用 Hopf 分岔理论分析非线性电力系统稳定性的有效性。考虑如图 6-17 所示的单机无穷大系统，忽略线路电容和电阻，线路电抗为 x，无穷大系统电压为 $\dot{U} = 1\angle 0°$。发电机采用实用的三阶模型，采用可控硅快速励磁的电压自动调节系统传递函数为

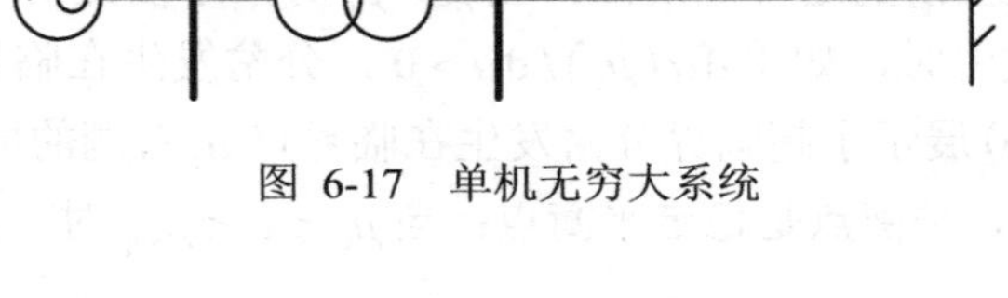

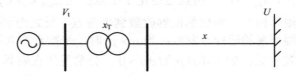

图 6-17　单机无穷大系统

$$\frac{\Delta E_{\mathrm{fd}}}{-\Delta V_{\mathrm{t}}}=\frac{K_{\mathrm{e}}}{1+T_{\mathrm{e}}s} \tag{6-131}$$

描述系统的微分方程为

$$\begin{cases}\dot{\delta}=\omega_0(\omega-1)\\ \dot{\omega}=\dfrac{1}{M}\left[P_{\mathrm{m}}-P_{\mathrm{e}}-D(\omega-1)\right]\\ \dot{E}'_q=\dfrac{1}{T'_{d0}}\left(E_{\mathrm{fd}}-E_q\right)\\ \dot{E}_{\mathrm{fd}}=\dfrac{1}{T_{\mathrm{e}}}\left(-E_{\mathrm{fd}}-K_{\mathrm{e}}V_{\mathrm{t}}\right)\end{cases} \tag{6-132}$$

其中

$$P_{\mathrm{e}}=\frac{E'_qU}{x'_{d\Sigma}}\sin\delta+\frac{U^2\left(x'_{d\Sigma}-x_{q\Sigma}\right)}{2x'_{d\Sigma}x_{q\Sigma}}\sin(2\delta) \tag{6-133}$$

$$E_q=E'_q+\left(x_d-x'_d\right)I_d=\frac{x_{d\Sigma}}{x'_{d\Sigma}}E'_q+\frac{\left(x_d-x'_d\right)U}{x'_{d\Sigma}}\cos\delta \tag{6-134}$$

$$V_{\mathrm{t}}=\sqrt{\left(x_qI_q\right)^2+\left(E'_q-x'_dI_d\right)^2}=\sqrt{\left(\frac{x_qU\sin\delta}{x_{q\Sigma}}\right)^2+\left(\frac{x_{\mathrm{e}}E'_q+x'_dU\cos\delta}{x'_{d\Sigma}}\right)^2} \tag{6-135}$$

线性化式(6-132)得到的雅可比矩阵 $\boldsymbol{A}$ 为

$$\boldsymbol{A}=\begin{bmatrix}0 & \omega_0 & 0 & 0\\ -\dfrac{K_1}{M} & -\dfrac{D}{M} & -\dfrac{K_2}{M} & 0\\ -\dfrac{K_4}{T_{d0}} & 0 & -\dfrac{K_3}{T_{d0}} & \dfrac{1}{T_{d0}}\\ -\dfrac{K_{\mathrm{e}}K_5}{T_{\mathrm{e}}} & 0 & -\dfrac{K_{\mathrm{e}}K_6}{T_{\mathrm{e}}} & -\dfrac{1}{T_{\mathrm{e}}}\end{bmatrix} \tag{6-136}$$

系统线性化后的微分方程表示为

$$\begin{cases}\dot{\boldsymbol{X}}=\boldsymbol{A}\boldsymbol{X}\\ \boldsymbol{X}=\left[\Delta\delta,\Delta\omega,\Delta E_q,\Delta E_{\mathrm{fd}}\right]^{\mathrm{T}}\end{cases} \tag{6-137}$$

其中，参数 $K_1=1.158$，$K_2=0.89$，$K_3=0.571$，$K_4=0.568$，$K_5=-0.1$，$K_6=0.542$。系统参数为 $x_d=0.982$，$x'_d=0.344$，$x_{d\Sigma}=x_{q\Sigma}=1.486$，$x'_{d\Sigma}=0.848$，$T'_{d0}=5.0$，$M=10$，$D=0.75$，$T_{\mathrm{e}}=0.4$，$\delta=49°$，取放大倍数 K_{e} 作为系统控制参数 μ。下面分别用特征分析方法和 Hopf 分岔理论分析系统的动态行为。

首先算得系统临界点 $\mu_{\mathrm{c}}=K_{\mathrm{ec}}=39.41086$，此时系统特征根为 $\{0\pm \mathrm{j}5.886204,-1.462736\pm \mathrm{j}3.368631\}$，当 $\mu<\mu_{\mathrm{c}}$ 时，系统的全部特征值均在虚轴左侧，根据特征分析法的基本理论，只要 $\mu<\mu_{\mathrm{c}}$，系统就是李雅普诺夫意义下渐近稳定的，不会出现增幅性低频振荡。下面利用 Hopf 分岔理论分析系统是否会在临界点附近出现奇异现象。

经过计算得出，系统的李雅普诺夫特征指数 $\lambda = 0.126168 > 0$，$\mathrm{d}\alpha(\mu_c)/\mathrm{d}\mu = 0.018256 > 0$。根据 Hopf 分岔理论，在临界点附近，系统发生了如图 6-16(a) 所示的亚临界分岔，而且分岔发生在临界点左侧，于是得出这样的结论：在 $\mu < \mu_c$ 的邻域内，虽然系统特征根仍在虚轴左侧，但是只要出现扰动使系统运行点位于不稳定极限环外侧，系统就会失稳，并出现增幅性低频振荡。

为了验证这一结论的正确性，进一步利用数值积分的方法加以验证。以输入机械功率的变化 ΔP_m 作为扰动量，显然在平衡点 $P_m = 1.0$（即 $\Delta P_m = 0$）处，当 $K_e = 39 < K_{ec}$ 时，系统特征根均位于复平面的左半平面，此时系统是李雅普诺夫意义下稳定的。加入小扰动 $\Delta P_m = 0.05$，并对线性化前后的两组微分方程式(6-132)和式(6-137)进行数值积分，得到的曲线如图 6-18 所示。这与前面的理论分析结论一致。

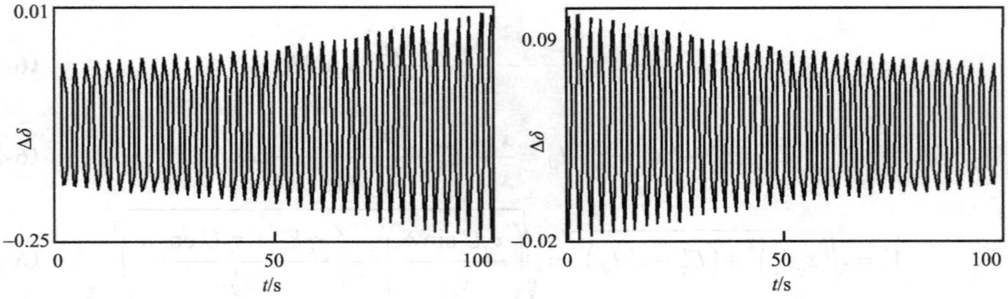

(a) 式(6-132)的数值积分结果　　(b) 式(6-137)的数值积分结果

图 6-18　$K_e = 39$ 时线性化前后的时域仿真结果

综上所述，在电力系统稳定性的实际分析过程中，需要配合使用特征分析方法与基于 Hopf 分岔理论的方法。具体而言，首先可以采用特征分析法确定系统运行点对应的特征值位置。当所有特征值都位于复平面左侧远离虚轴的位置时，说明系统运行点具有较大的稳定裕度，因而无须再执行基于 Hopf 分岔理论的分析方法。当检测到存在特征值位于复平面上靠近虚轴的位置时，需要进一步基于 Hopf 分岔理论进行分析，判断系统是否稳定。

6.5　关于振荡问题的深入研究

6.5.1　高阶系统特征分析的数值计算方法

实际电力系统中可能会包含上百个动态元件，每个动态设备可能涉及多个状态变量，这样系统状态方程将达到上千阶，用求解矩阵特征方程 $\det(\lambda \boldsymbol{I} - \boldsymbol{A}) = 0$ 的方法计算矩阵的特征值是完全不可能的。为此，本节将介绍用数值计算的方法求解矩阵的特征值和特征向量，包括幂法、QR 法和 Arnoldi 法。

1. 幂法

幂法是一种计算实矩阵 $\boldsymbol{A}$ 的主特征值（模最大的特征值）及其对应的特征向量的方法。此方法适用于大型稀疏矩阵。

设 $\boldsymbol{A}$ 有 n 个线性无关的特征向量 $\boldsymbol{x}^{(1)},\boldsymbol{x}^{(2)},\cdots,\boldsymbol{x}^{(n)}$，即 $\boldsymbol{A}\boldsymbol{x}^{(i)}=\lambda_i\boldsymbol{x}^{(i)}\left(i=1,2,\cdots,n\right)$，且假设 $|\lambda_1|\geqslant|\lambda_2|\geqslant\cdots\geqslant|\lambda_n|$。下面介绍幂法求 λ_1 和 $\boldsymbol{x}^{(1)}$ 的基本思想。

任意取初始向量 $\boldsymbol{v}_0\in\mathbf{R}^n$，则 $\boldsymbol{v}_0$ 可表示为

$$\boldsymbol{v}_0=\alpha_1\boldsymbol{x}^{(1)}+\alpha_2\boldsymbol{x}^{(2)}+\cdots+\alpha_n\boldsymbol{x}^{(n)}\left(\alpha_1\neq 0\right) \tag{6-138}$$

可构造下式：

$$\begin{aligned}\boldsymbol{v}_1&=\boldsymbol{A}\boldsymbol{v}_0=\alpha_1\lambda_1\boldsymbol{x}^{(1)}+\alpha_2\lambda_2\boldsymbol{x}^{(2)}+\cdots+\alpha_n\lambda_n\boldsymbol{x}^{(n)}\\ \boldsymbol{v}_2&=\boldsymbol{A}\boldsymbol{v}_1=\alpha_1\lambda_1^2\boldsymbol{x}^{(1)}+\alpha_2\lambda_2^2\boldsymbol{x}^{(2)}+\cdots+\alpha_n\lambda_n^2\boldsymbol{x}^{(n)}\end{aligned} \tag{6-139}$$

一般地，有

$$\begin{aligned}\boldsymbol{v}_k&=\boldsymbol{A}\boldsymbol{v}_{k-1}=\alpha_1\lambda_1^k\boldsymbol{x}^{(1)}+\alpha_2\lambda_2^k\boldsymbol{x}^{(2)}+\cdots+\alpha_n\lambda_n^k\boldsymbol{x}^{(n)}\\ &=\lambda_1^k\left[\alpha_1\boldsymbol{x}^{(1)}+\alpha_2\frac{\lambda_2^k}{\lambda_1}\boldsymbol{x}^{(2)}+\cdots+\alpha_n\frac{\lambda_n^k}{\lambda_1}\boldsymbol{x}^{(n)}\right]\end{aligned} \tag{6-140}$$

当 k 足够大时，由于 $|\lambda_i/\lambda_1|<1$ （$i=2,3,\cdots,n$），故 $\boldsymbol{v}_k\approx\lambda_1^{k+1}\alpha_1\boldsymbol{x}^{(1)}$，$\boldsymbol{v}_{k+1}\approx\lambda_1^{k+1}\alpha_1\boldsymbol{x}^{(1)}=\lambda_1\boldsymbol{v}_k$，而 $\boldsymbol{v}_{k+1}\approx\boldsymbol{A}\boldsymbol{v}_k$，所以 $\boldsymbol{A}\boldsymbol{v}_k\approx\lambda_1\boldsymbol{v}_k$。因此，$\boldsymbol{v}_k$ 可近似地作为对应于 λ_1 的特征向量。如果用 $(\boldsymbol{v}_k)_i$ 表示 $\boldsymbol{v}_k$ 的第 i 个分量，则

$$\frac{\left(\boldsymbol{v}_{k+1}\right)_i}{\left(\boldsymbol{v}_k\right)_i}\approx\frac{\lambda_1^{k+1}\alpha_1\left(\boldsymbol{x}^{(1)}\right)_i}{\lambda_1^k\alpha_1\left(\boldsymbol{x}^{(1)}\right)_i}=\lambda_1,\quad i=1,2,\cdots,n \tag{6-141}$$

这说明两个相邻迭代向量分量的比值收敛于主特征值 λ_1。上述方法首先采用非零初始向量 $\boldsymbol{v}_0$ 与矩阵 $\boldsymbol{A}$ 的幂 $\boldsymbol{A}^k$ 来构造向量序列 $\{\boldsymbol{v}_k\}$，然后用 $\{\boldsymbol{v}_k\}$ 计算 $\boldsymbol{A}$ 的主特征值 λ_1 及相应的特征向量，该方法称为幂法。

值得注意的是，应用幂法计算 $\boldsymbol{A}$ 的主特征值 λ_1 及对应的特征向量时，如果 $|\lambda_1|>1$（或 $|\lambda_1|<1$），则迭代向量 $\boldsymbol{v}_k=\lambda_1^k\alpha_1\boldsymbol{x}^{(1)}$ 将随 $k\to\infty$ 而趋向于无穷（或 0）。这样在借助计算机执行幂法时，就可能发生“溢出”。为了克服这一缺点，需将 $\boldsymbol{v}_k$ 规范化，即令

$$\boldsymbol{u}_k=\frac{\boldsymbol{v}_k}{\max\left(\boldsymbol{v}_k\right)},\quad k=0,1,2,\cdots \tag{6-142}$$

式中，$\max(\boldsymbol{v}_k)$ 表示 $\boldsymbol{v}_k$ 中绝对值最大的分量。通常取 $\boldsymbol{v}_0=\boldsymbol{u}_0=[1,\cdots,1]^{\mathrm{T}}$，则有

$$\boldsymbol{v}_1=\boldsymbol{A}\boldsymbol{v}_0=\boldsymbol{A}\boldsymbol{u}_0,\quad \boldsymbol{u}_1=\frac{\boldsymbol{v}_1}{\max\left(\boldsymbol{v}_1\right)}=\frac{\boldsymbol{A}\boldsymbol{u}_0}{\max\left(\boldsymbol{A}\boldsymbol{u}_0\right)}$$

$$\boldsymbol{v}_2=\boldsymbol{A}\boldsymbol{u}_1=\frac{\boldsymbol{A}^2\boldsymbol{u}_0}{\max\left(\boldsymbol{A}\boldsymbol{u}_0\right)},\quad \boldsymbol{u}_2=\frac{\boldsymbol{v}_2}{\max\left(\boldsymbol{v}_2\right)}=\frac{\boldsymbol{A}^2\boldsymbol{u}_0}{\max\left(\boldsymbol{A}^2\boldsymbol{u}_0\right)}$$

$$\vdots$$

$$\boldsymbol{v}_k=\boldsymbol{A}\boldsymbol{u}_{k-1}=\frac{\boldsymbol{A}^k\boldsymbol{u}_0}{\max\left(\boldsymbol{A}^{k-1}\boldsymbol{u}_0\right)},\quad \boldsymbol{u}_k=\frac{\boldsymbol{v}_k}{\max\left(\boldsymbol{v}_k\right)}=\frac{\boldsymbol{A}^k\boldsymbol{u}_0}{\max\left(\boldsymbol{A}^k\boldsymbol{u}_0\right)}$$

由式(6-138)可得

$$\boldsymbol{A}^k\boldsymbol{v}_0=\sum_{i=1}^{n}\alpha_1\lambda_i^k\boldsymbol{x}^{(i)}=\lambda_1^k\left[\alpha_1\boldsymbol{x}^{(1)}+\sum_{i=2}^{n}\alpha_i\frac{\lambda_i^k}{\lambda_1}\boldsymbol{x}^{(i)}\right]\tag{6-143}$$

$$\begin{aligned}\boldsymbol{u}_k&=\frac{\boldsymbol{A}^k\boldsymbol{v}_0}{\max\left(\boldsymbol{A}^k\boldsymbol{v}_0\right)}=\frac{\lambda_1^k\left[\alpha_1\boldsymbol{x}^{(1)}+\sum_{i=2}^{n}\alpha_i\left(\frac{\lambda_i}{\lambda_1}\right)^k\boldsymbol{x}^{(i)}\right]}{\max\left\{\lambda_1^k\left[\alpha_1\boldsymbol{x}^{(1)}+\sum_{i=2}^{n}\alpha_i\left(\frac{\lambda_i}{\lambda_1}\right)^k\boldsymbol{x}^{(i)}\right]\right\}}\\&=\frac{\alpha_1\boldsymbol{x}^{(1)}+\sum_{i=2}^{n}\alpha_i\left(\frac{\lambda_i}{\lambda_1}\right)^k\boldsymbol{x}^{(i)}}{\max\left[\alpha_1\boldsymbol{x}^{(1)}+\sum_{i=2}^{n}\alpha_i\left(\frac{\lambda_i}{\lambda_1}\right)^k\boldsymbol{x}^{(i)}\right]}\to\frac{\boldsymbol{x}^{(1)}}{\max\left(\boldsymbol{x}^{(1)}\right)}(k\to\infty)\end{aligned}\tag{6-144}$$

式(6-144)说明规范化向量序列 $\boldsymbol{u}_k=\boldsymbol{v}_k/\max(\boldsymbol{v}_k)$ $(k=0,1,2,\cdots)$ 收敛于主特征值对应的特征向量。

同理可得

$$\boldsymbol{v}_k=\boldsymbol{A}\boldsymbol{u}_{k-1}=\frac{\boldsymbol{A}^k\boldsymbol{u}_0}{\max\left(\boldsymbol{A}^{k-1}\boldsymbol{u}_0\right)}=\frac{\lambda_1^k\left[\alpha_1\boldsymbol{x}^{(1)}+\sum_{i=2}^{n}\alpha_i\frac{\lambda_i^k}{\lambda_1}\boldsymbol{x}^{(i)}\right]}{\max\left\{\lambda_1^{k-1}\left[\alpha_1\boldsymbol{x}^{(1)}+\sum_{i=2}^{n}\alpha_i\frac{\lambda_i^{k-1}}{\lambda_1}\boldsymbol{x}^{(i)}\right]\right\}}\tag{6-145}$$

因此

$$\boldsymbol{u}_k=\max\left(\boldsymbol{v}_k\right)=\frac{\lambda_1\max\left[\alpha_1\boldsymbol{x}^{(1)}+\sum_{i=2}^{n}\alpha_i\frac{\lambda_i^k}{\lambda_1}\boldsymbol{x}^{(i)}\right]}{\max\left[\alpha_1\boldsymbol{x}^{(1)}+\sum_{i=2}^{n}\alpha_i\frac{\lambda_i^k}{\lambda_1}\boldsymbol{x}^{(i)}\right]}\to\lambda_1\left(k\to\infty\right)\tag{6-146}$$

值得注意的是，当存在两个具有相同绝对值的最大特征值时，幂法就会失败。考虑到实矩阵 $\boldsymbol{A}$ 的特征值一般为复数并且以共轭对的形式存在，两者必然有相等的绝对值。因此，如果 $\boldsymbol{A}$ 的最大特征值不是实数，那么幂法必然无法收敛。由于这个原因，幂法只适用于已知其特征值为实数的矩阵。在其特征值为实数的所有矩阵中，对称矩阵是其中的一类。

同时，在 $\alpha_1=0$ 时，幂法还存在一种无法收敛到主特征值对应的特征向量的情况。这意味着初始向量 $\boldsymbol{v}_0$ 不包含特征向量 $\boldsymbol{x}^{(1)}$ 但假定包含特征向量 $\boldsymbol{x}^{(2)}$，在这种情况下，幂法会收敛到与绝对值第二大的特征值所对应的特征向量。

幂法的收敛速度取决于比值 $\left|\lambda_2/\lambda_1\right|$。因此，如果 $|\lambda_2|$ 比 $|\lambda_1|$ 小一点，那么幂法会收敛很慢，需要很多次的迭代才能得到符合精度要求的结果。

此外，有两种幂法的扩展方法。

(1) 反幂法。如果需要求的是绝对值最小的特征值而不是主特征值，那么可以将幂法应用于 $\boldsymbol{A}^{-1}$。因为 $\boldsymbol{A}^{-1}$ 的特征值是 $1/\lambda_n,\cdots,1/\lambda_1$，反幂法的收敛结果将会是 $1/\lambda_n$。

(2) 频谱移位。利用 $\boldsymbol{A}-p\boldsymbol{I}$（$p$ 为选择参数）的特征值是 $\lambda_1-p,\cdots,\lambda_n-p$ 这个性质，在

计算出第一个特征值 λ_1 后，可以将幂法再次应用于移位矩阵 $\boldsymbol{A}-\lambda_1\boldsymbol{I}$ 上。这将会使得第一个特征值减小到 0，此时幂法将会向 $\lambda_2-\lambda_1,\cdots,\lambda_n-\lambda_1$ 中绝对值最大的那一个收敛。

2. QR 法

与幂法不同，QR 法可以求解矩阵的全部特征值与特征向量。它是以矩阵的正交三角分解为基础的一种矩阵变换方法。

1）矩阵的 QR 分解

设矩阵 $\boldsymbol{A}\in\mathbf{R}^{n\times n}$ 非奇异，则存在正交三角分解 $\boldsymbol{A}=\boldsymbol{QR}$，其中，$\boldsymbol{Q}$ 是 n 阶正交矩阵，$\boldsymbol{R}$ 是非奇异的上三角矩阵。若限定 $\boldsymbol{R}$ 的对角元素均为正数，则此分解唯一。

设 $\boldsymbol{A}=(\boldsymbol{a}_1,\boldsymbol{a}_2,\cdots,\boldsymbol{a}_n)$，$\boldsymbol{a}_j=(a_{1j},a_{2j},\cdots,a_{nj})^{\mathrm{T}}$，$j=1,2,\cdots,n$，以 $\boldsymbol{A}$ 矩阵为例，$\boldsymbol{A}$ 矩阵的 QR 分解可采用如下方法。

第一步，构造 Householder 矩阵 $\boldsymbol{H}_1$，满足：

$$\boldsymbol{H}_1=\boldsymbol{I}-2\frac{\boldsymbol{u}_1\boldsymbol{u}_1^*}{\boldsymbol{u}_1^*\boldsymbol{u}_1} \tag{6-147}$$

其中，$\boldsymbol{I}$ 为单位矩阵；*表示共轭转置，$\boldsymbol{u}_1$ 满足：

$$\boldsymbol{u}_1=\boldsymbol{a}_1\pm\boldsymbol{e}_1\|\boldsymbol{a}_1\|_2 \tag{6-148}$$

其中，$\boldsymbol{e}_1$ 表示特定维数单位矩阵的第一列。

$$\boldsymbol{H}_1\boldsymbol{A}=\boldsymbol{H}_1(\boldsymbol{a}_1,\boldsymbol{a}_2,\cdots,\boldsymbol{a}_n)=\begin{bmatrix}\sigma_1 & a_{12}^{(2)} & \cdots & a_{1n}^{(2)}\\ 0 & a_{22}^{(2)} & \cdots & a_{2n}^{(2)}\\ \vdots & \vdots & & \vdots\\ 0 & a_{n2}^{(2)} & \cdots & a_{nn}^{(2)}\end{bmatrix} \tag{6-149}$$

$\boldsymbol{H}_1\boldsymbol{A}$ 为非奇异矩阵，且 $a_{22}^{(2)}\neq 0$。

第二步，定义 $\boldsymbol{a}_2^{(2)}=\left[a_{22}^{(2)},\cdots,a_{n2}^{(2)}\right]^{\mathrm{T}}$，并构造 $\boldsymbol{H}_2$：

$$\boldsymbol{H}_2=\begin{bmatrix}1 & 0\\ 0 & \tilde{\boldsymbol{H}}_2\end{bmatrix},\quad \tilde{\boldsymbol{H}}_2=\boldsymbol{I}-2\frac{\boldsymbol{u}_2\boldsymbol{u}_2^*}{\boldsymbol{u}_2^*\boldsymbol{u}_2},\quad \boldsymbol{u}_2=\boldsymbol{a}_2^{(2)}\pm\boldsymbol{e}_1\left\|\boldsymbol{a}_2^{(2)}\right\| \tag{6-150}$$

则有

$$\boldsymbol{H}_2\boldsymbol{H}_1\boldsymbol{A}=\begin{bmatrix}\sigma_1 & a_{12}^{(2)} & \cdots & a_{1n}^{(2)}\\ 0 & \sigma_2 & \cdots & a_{2n}^{(3)}\\ \vdots & \vdots & & \vdots\\ 0 & 0 & \cdots & a_{nn}^{(3)}\end{bmatrix} \tag{6-151}$$

重复上述步骤，经过 $n-1$ 步，得到 $n-1$ 个 Householder 矩阵 $\boldsymbol{H}_1,\boldsymbol{H}_2,\cdots,\boldsymbol{H}_{n-1}$，使得

$$\boldsymbol{A}=(\boldsymbol{H}_{n-1}\boldsymbol{H}_{n-2}\cdots\boldsymbol{H}_2\boldsymbol{H}_1)^{-1}\boldsymbol{R}=\boldsymbol{QR} \tag{6-152}$$

式中，$\boldsymbol{R}$ 为上三角矩阵；$\boldsymbol{Q}$ 和 $\boldsymbol{Q}^{-1}$ 为正交矩阵，即 $\boldsymbol{QQ}^*=\boldsymbol{QQ}^{-1}=\boldsymbol{I}$，$\boldsymbol{I}$ 为单位矩阵。

2) QR 方法的实现

求解特征值问题的很多方法都是基于一系列正交相似变换。因为如果 $\boldsymbol{Q}$ 是正交矩阵，那么矩阵 $\boldsymbol{A}$ 和 $\boldsymbol{QAQ}^*$ 具有相同的特征值。更进一步，如果 $\boldsymbol{x}$ 是 $\boldsymbol{A}$ 的一个特征向量，那么 $\boldsymbol{Qx}$ 便是 $\boldsymbol{QAQ}^*$ 的一个特征向量。这便是相似变换法的基础。

本节介绍基于矩阵 QR 分解的 QR 法，该方法可用于求出矩阵 $\boldsymbol{A}$ 的全部特征值。

令 $\boldsymbol{A}_1 = \boldsymbol{A}$，对 $\boldsymbol{A}_1$ 矩阵进行 QR 分解求出 $\boldsymbol{A}_1 = \boldsymbol{Q}_1\boldsymbol{R}_1$。然后令 $\boldsymbol{A}_2 = \boldsymbol{R}_1\boldsymbol{Q}_1$，对 $\boldsymbol{A}_2$ 进行 QR 分解有 $\boldsymbol{A}_2 = \boldsymbol{Q}_2\boldsymbol{R}_2$，并令 $\boldsymbol{A}_3 = \boldsymbol{R}_2\boldsymbol{Q}_2$，同理可得矩阵序列 $\{\boldsymbol{A}_k\}$，即

$$\begin{cases} \boldsymbol{A}_1 = \boldsymbol{A} \\ \boldsymbol{A}_k = \boldsymbol{Q}_k\boldsymbol{R}_k \qquad (k=1,2,\cdots) \\ \boldsymbol{A}_{k+1} = \boldsymbol{R}_k\boldsymbol{Q}_k \end{cases} \tag{6-153}$$

因为

$$\begin{aligned} \boldsymbol{A}_{k+1} = \boldsymbol{R}_k\boldsymbol{Q}_k &= \boldsymbol{Q}_k^{-1}\boldsymbol{A}_k\boldsymbol{Q}_k = \boldsymbol{Q}_k^{-1}\boldsymbol{Q}_{k-1}^{-1}\boldsymbol{A}_{k-1}\boldsymbol{Q}_{k-1}\boldsymbol{Q}_k = \cdots \\ &= \boldsymbol{Q}_k^{-1}\cdots\boldsymbol{Q}_2^{-1}\boldsymbol{Q}_1^{-1}\boldsymbol{A}\boldsymbol{Q}_1\boldsymbol{Q}_2\cdots\boldsymbol{Q}_{k-1}\boldsymbol{Q}_k \end{aligned} \tag{6-154}$$

所以，式(6-153)的矩阵序列 $\{\boldsymbol{A}_k\}$ 两两正交相似，即 $\boldsymbol{A}_k$ 与 $\boldsymbol{A}$ 有相同的特征值。而矩阵序列 $\{\boldsymbol{A}_k\}$ 本质上收敛于上三角矩阵或块上三角矩阵，且对角块为 1×1 或 2×2 矩阵。1×1 矩阵就是 $\boldsymbol{A}$ 的实特征值；每个 2×2 矩阵含有 $\boldsymbol{A}$ 的一对复特征值。

3) 移位 QR 法

在很多情况下，QR 迭代法的收敛很慢。然而，如果事先知道一个或多个特征值的部分信息，那么有很多技术可以用来加速迭代的收敛过程。其中的一种便是移位 QR 法，该方法在每一次迭代时引入了移位系数 σ，使得第 k 次 QR 分解对如下矩阵进行：

$$\begin{aligned} \boldsymbol{A}_k - \sigma\boldsymbol{I} &= \boldsymbol{Q}_k\boldsymbol{R}_k \\ \boldsymbol{A}_{k+1} &= \boldsymbol{Q}_k^*\left(\boldsymbol{A}_k - \sigma\boldsymbol{I}\right)\boldsymbol{Q}_k + \sigma\boldsymbol{I} \end{aligned} \tag{6-155}$$

如果 σ 接近 $\boldsymbol{A}$ 的某个特征值，那么 $\boldsymbol{A}_k$ 矩阵的 $(n,n-1)$ 元素会很快地收敛至 0，$\boldsymbol{A}_k$ 矩阵的 (n,n) 元素会收敛到接近 σ 的特征值。一旦这种情况发生，便可以进一步使用新的移位系数。

3. Arnoldi 法

对于大型互联系统，受计算机内存和计算速度的限制，求出系统状态矩阵的所有特征值极其困难。Arnoldi 法是用迭代方法计算 $n\times n$ 矩阵 k 个特征值的算法，这里的 k 比 n 小得多。因此，这种方法绕过了很多大型矩阵运算所构成的障碍，而这些大型矩阵运算在诸如 QR 分解那样的算法中是不可避免的。如果 k 个特征值是经过挑选的，就可以提供丰富的关于待研究系统的信息，而不一定需要得到所有的特征值。

Arnoldi 法存在诸如失去正交性和收敛速度慢等不良数值计算特性，但是对 Arnoldi 法的多种改进已弥补了这些缺点。改进的 Arnoldi 法已经在电力系统相关的特征值计算中得到广泛应用。这种方法引入预处理和显式重启动技术来保持正交性。然而，显式重启动经常会丢失有用信息。隐式重启动 Arnoldi 法通过引入隐式移位 QR 分解过程，解决了上述显式重启动存在的问题。

Arnoldi 法的基本思路是通过迭代不断更新一个低阶的矩阵 $\boldsymbol{H}$，使 $\boldsymbol{H}$ 的特征值逐次逼

近高阶矩阵 $\boldsymbol{A}$ 中已选定的特征值：

$$\boldsymbol{AV}=\boldsymbol{VH},\quad \boldsymbol{V}^{*}\boldsymbol{V}=\boldsymbol{I} \tag{6-156}$$

式中，$\boldsymbol{V}$ 是一个 $n\times k$ 矩阵；$\boldsymbol{H}$ 是一个 $k\times k$ 的上三角矩阵。随着 $\boldsymbol{H}$ 的不断迭代更新，矩阵 $\boldsymbol{H}$ 的对角元将逼近 $\boldsymbol{A}$ 的特征值，有

$$\boldsymbol{HV}_i=\boldsymbol{V}_i\boldsymbol{D} \tag{6-157}$$

式中，$\boldsymbol{V}_i$ 是一个 $k\times k$ 矩阵，它的列是矩阵 $\boldsymbol{H}$ 的特征向量(逼近 $\boldsymbol{A}$ 的特征向量)；$\boldsymbol{D}$ 是一个 $k\times k$ 矩阵，其对角元是矩阵 $\boldsymbol{H}$ 的特征值，可用于逼近 $\boldsymbol{A}$ 的特征值。因此，Arnoldi 法是一种正交投影到 Krylov 子空间上的方法。下面进行具体介绍。

1) Krylov 子空间

设 $\boldsymbol{A}\in\mathbf{R}^{n\times n}$，$\boldsymbol{v}_1\in\mathbf{R}^{n}$，

$$\boldsymbol{K}_{\mathrm{k}}\left(\boldsymbol{A},\boldsymbol{v}_1\right)\overset{\mathrm{def}}{=}\mathrm{span}\left\{\boldsymbol{v}_1,\boldsymbol{A}\boldsymbol{v}_1,\cdots,\boldsymbol{A}^{k-1}\boldsymbol{v}_1\right\}\subseteq\mathbf{R}^{n} \tag{6-158}$$

是由 $\boldsymbol{A}$ 和 $\boldsymbol{v}_1$ 生成的 Krylov 子空间。为了书写方便，通常记为 $\boldsymbol{K}_{\mathrm{k}}$。通常情况下，求解 $\boldsymbol{K}_{\mathrm{k}}$ 一组正交基的方法就是 Arnoldi 分解，如表 6-1 所示。

表 6-1　k 步 Arnoldi 分解

k步Arnoldi分解
1. 给定非零向量 $\boldsymbol{v}_1$，计算 $\boldsymbol{v}_1\leftarrow\boldsymbol{v}_1/\left\|\boldsymbol{v}_1\right\|_2$
2. for $j=1,2,\cdots,k$ do
3. $\boldsymbol{\omega}_j=\boldsymbol{A}\boldsymbol{v}_j$
4. for $i=1,2,\cdots,j$ do
5. $h_{ij}=\boldsymbol{v}_i^{\mathrm{T}}\boldsymbol{A}\boldsymbol{v}_j$
6. end for
7. $\boldsymbol{\omega}_j\leftarrow\boldsymbol{\omega}_j-\sum_{i=1}^{j}h_{i,j}\boldsymbol{v}_i$
8. $h_{j+1,j}=\left\|\boldsymbol{\omega}_j\right\|_2$
9. if $h_{j+1,j}=0$ then
10. break
11. end if
12. $\boldsymbol{v}_{j+1}=\boldsymbol{\omega}_j/h_{j+1,j}$
13. end for

向量 $\boldsymbol{v}_j$ 称为 Arnoldi 向量，需要注意的是，在算法中是用 $\boldsymbol{A}$ 乘以 $\boldsymbol{v}_j$，然后与之前的 Arnoldi 向量正交化，而不是直接计算 $\boldsymbol{A}^{j}\boldsymbol{v}_1$。事实上，它们是等价的。如果 Arnoldi 分解不提前终止，则向量 $\boldsymbol{v}_1,\boldsymbol{v}_2,\cdots,\boldsymbol{v}_k$ 构成 $\boldsymbol{K}_{\mathrm{k}}$ 的一组标准正交基，即满足式(6-158)。

由 Arnoldi 过程的第 7 步和第 12 步可知，$h_{j+1,j}\boldsymbol{v}_{j+1}=\boldsymbol{A}\boldsymbol{v}_j-\sum\limits_{i=1}^{j}h_{i,j}\boldsymbol{v}_i$，因此有

$$
\boldsymbol{A}\boldsymbol{v}_j = h_{j+1,j}\boldsymbol{v}_{j+1} + \sum_{i=1}^{j} h_{i,j}\boldsymbol{v}_i = h_{j+1,j}\boldsymbol{v}_{j+1} + \left[\boldsymbol{v}_1, \boldsymbol{v}_2, \cdots, \boldsymbol{v}_j\right]\begin{bmatrix} h_{1,j} \\ h_{2,j} \\ \vdots \\ h_{j,j} \end{bmatrix}
$$

$$
= \left[\boldsymbol{v}_1, \boldsymbol{v}_2, \cdots, \boldsymbol{v}_j, \boldsymbol{v}_{j+1}\right]\begin{bmatrix} h_{1,j} \\ h_{2,j} \\ \vdots \\ h_{j,j} \\ h_{j+1,j} \end{bmatrix}
$$

$$
= \left[\boldsymbol{v}_1, \boldsymbol{v}_2, \cdots, \boldsymbol{v}_j, \boldsymbol{v}_{j+1}, \boldsymbol{v}_{j+2}, \cdots, \boldsymbol{v}_{k+1}\right]\begin{bmatrix} h_{1,j} \\ h_{2,j} \\ \vdots \\ h_{j,j} \\ h_{j+1,j} \\ 0 \\ \vdots \\ 0 \end{bmatrix} = \boldsymbol{V}_{k+1}\boldsymbol{H}_{(k+1)\times k}(:, j) \tag{6-159}
$$

其中

$$
\boldsymbol{V}_{k+1} = \left[\boldsymbol{v}_1, \boldsymbol{v}_2, \cdots, \boldsymbol{v}_{k+1}\right], \quad \boldsymbol{H}_{(k+1)\times k} = \begin{bmatrix} h_{11} & h_{12} & h_{13} & \cdots & h_{1,k-1} & h_{1,k} \\ h_{21} & h_{22} & h_{23} & \cdots & h_{2,k-1} & h_{2,k} \\ 0 & h_{32} & h_{33} & \cdots & h_{3,k-1} & h_{3,k} \\ 0 & 0 & h_{43} & \cdots & h_{4,k-1} & h_{4,k} \\ \vdots & \vdots & \vdots & & \vdots & \vdots \\ 0 & 0 & 0 & \cdots & h_{k,k-1} & h_{k,k} \\ 0 & 0 & 0 & \cdots & 0 & h_{k+1,k} \end{bmatrix} \in \mathbf{R}^{(k+1)\times k} \tag{6-160}
$$

这里的 $h_{i,j}$ 是由 Arnoldi 过程所定义的。

根据上面的推导，我们可以得出以下结论：

$$
\boldsymbol{A}\boldsymbol{V}_k = \boldsymbol{V}_{k+1}\boldsymbol{H}_{(k+1)\times k} = \boldsymbol{V}_k\boldsymbol{H}_k + h_{k+1,k}\boldsymbol{v}_{k+1}\boldsymbol{e}_k^{\mathrm{T}} = \boldsymbol{V}_k\boldsymbol{H}_k + \boldsymbol{\omega}_k\boldsymbol{e}_k^{\mathrm{T}} \tag{6-161}
$$

$$
\boldsymbol{V}_k^{\mathrm{T}}\boldsymbol{A}\boldsymbol{V}_k = \boldsymbol{H}_k \tag{6-162}
$$

其中，$\boldsymbol{e}_k = [0,\cdots,0,1]^{\mathrm{T}} \in \mathbf{R}^k, \boldsymbol{H}_k = \boldsymbol{H}_{(k+1)\times k}(1:k,1:k) \in \mathbf{R}^{k\times k}$，即 $\boldsymbol{H}_k$ 是由 $\boldsymbol{H}_{(k+1)\times k}$ 的前 k 行组成的上三角矩阵，式(6-161)的分解结果如图 6-19 所示，图中的阴影部分代表非零元素，$\boldsymbol{\omega}_k\boldsymbol{e}_k^{\mathrm{T}}$ 的非阴影部分是一个具有 $k-1$ 列的零矩阵，$\boldsymbol{\omega}_k\boldsymbol{e}_k^{\mathrm{T}}$ 的最后一列是 $\boldsymbol{\omega}_k$。

期望 $\boldsymbol{\omega}_k$ 尽量小，因为这意味着 $\boldsymbol{H}_k$ 的特征值已精确逼近 $\boldsymbol{A}$ 的特征值。然而，这个收敛过程是以对 $\boldsymbol{V}_k$ 进行数值正交化为代价的。因此，k 步 Arnoldi 分解需重新启动，以保持正交性。

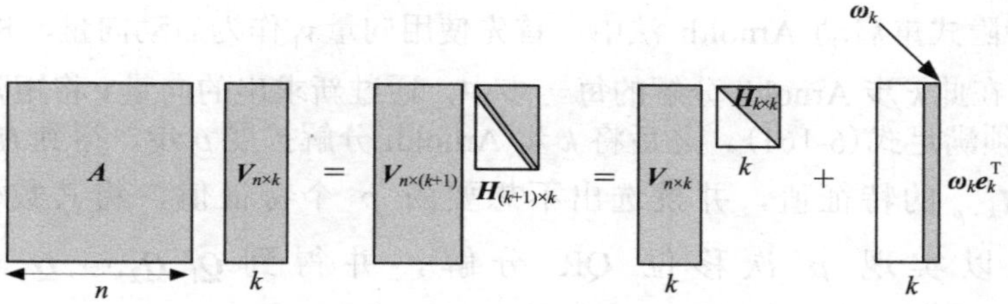

图 6-19　k 步 Arnoldi 分解的结果

2）隐式重启动 Arnoldi 法

隐式重启动过程提供了一种从很大的 Krylov 子空间中提取丰富信息的方法，并避免了标准方法中存在的存储问题和不良数值特性。这是通过使用移位 QR 法不停地将信息压缩到一个固定维数的 k 维子空间中来实现的。隐式重启动过程将 k 步 Arnoldi 分解扩展为 $k+p$ 步 Arnoldi 分解，即

$$\boldsymbol{A}\boldsymbol{V}_{k+p}=\boldsymbol{V}_{k+p}\boldsymbol{H}_{k+p}+\boldsymbol{\omega}_{k+p}\boldsymbol{e}_{k+p}^{\mathrm{T}} \tag{6-163}$$

式(6-163)的分解结果如图 6-20 所示，图中阴影部分代表非零元素。隐式重启动 Arnoldi 法的流程如表 6-2 所示。

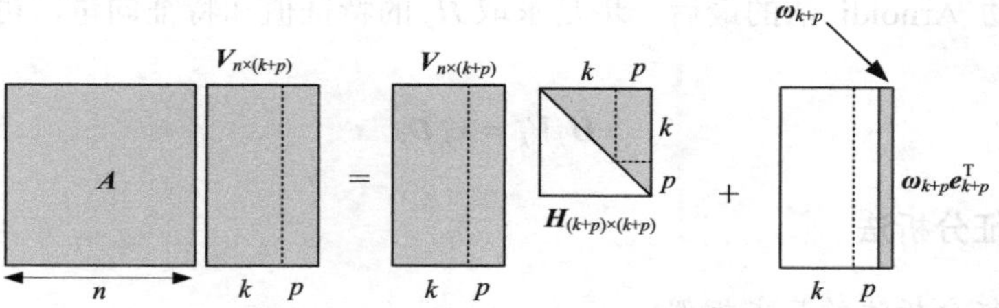

图 6-20　$k+p$ 步 Arnoldi 分解示意图

表 6-2　k+p 步隐式重启动 Arnoldi 法

k+p 步隐式重启动 Arnoldi 法
输入($\boldsymbol{A},\boldsymbol{v}_1$)。
执行 k 步 Arnoldi 过程，并继续扩展执行 p 步得 $\boldsymbol{A}\boldsymbol{V}_{k+p}=\boldsymbol{V}_{k+p}\boldsymbol{H}_{k+p}+\boldsymbol{\omega}_{k+p}\boldsymbol{e}_{k+p}^{\mathrm{T}}$ 。
while 1
使用 QR 分解法计算 $\boldsymbol{H}_{k+p}$ 的特征值集合 $\sigma(\boldsymbol{H}_{k+p})$，即 $\sigma(\boldsymbol{H}_{k+p})=\{\lambda_j : j=1,2,\cdots,k+p\}$，并且从中选择 p 个最差/不想要的特征值 $(\lambda_1,\lambda_2\cdots,\lambda_p)$ 作为移位值 $(\sigma_1,\sigma_2,\cdots,\sigma_p)$。
for $j=1,2,\cdots,p$
对($\boldsymbol{H}_{k+p}-\sigma_j I$) 使用移位 QR 法，得到 $\boldsymbol{Q}_j$；
$\boldsymbol{H}_{k+p}\leftarrow\boldsymbol{Q}_j^{*}\boldsymbol{H}_{k+p}\boldsymbol{Q}_j$； $\boldsymbol{V}_{k+p}\leftarrow\boldsymbol{V}_{k+p}\boldsymbol{Q}_j$； $\boldsymbol{\omega}_{k+p}\leftarrow\boldsymbol{\omega}_{k+p}\boldsymbol{e}_{k+p}^{\mathrm{T}}\boldsymbol{Q}_j$
end for
$\boldsymbol{H}_k\leftarrow\boldsymbol{H}_{k+p}(1:k,1:k)$； $\boldsymbol{V}_k\leftarrow\boldsymbol{V}_{k+p}(1:n,1:k)$； $\boldsymbol{\omega}_k\leftarrow\boldsymbol{\omega}_{k+p}(1:n,1:k)$
if $\lVert\boldsymbol{A}\boldsymbol{V}_k-\boldsymbol{V}_k\boldsymbol{H}_k\rVert\leqslant\varepsilon$
break
else
形成 k 步 Arnoldi 分解 $\boldsymbol{A}\boldsymbol{V}_k=\boldsymbol{V}_k\boldsymbol{H}_k+\boldsymbol{\omega}_k$，续扩展执行 p 步得到 $\boldsymbol{A}\boldsymbol{V}_{k+p}=\boldsymbol{V}_{k+p}\boldsymbol{H}_{k+p}+\boldsymbol{\omega}_{k+p}$
end if
end while
计算 $\boldsymbol{H}_k$ 的特征值和特征向量。

在 $k+p$ 步隐式重启动 Arnoldi 法中，首先使用向量 $\boldsymbol{v}_1$ 作为启动向量，构造一个 k 步的 Arnoldi 分解。在此 k 步 Arnoldi 分解的每一步中，通过新求出的向量 $\boldsymbol{v}$ 将矩阵 $\boldsymbol{V}$ 扩展 1 列，但相互之间必须满足式(6-161)。之后将 k 步 Arnoldi 分解扩展 p 步，得到 $\boldsymbol{H}_{k+p}$。通过 QR 分解法计算 $\boldsymbol{H}_{k+p}$ 的特征值，并挑选出不想要的 p 个特征值，将其数值用作移位值 $(\sigma_1,\sigma_2,\cdots,\sigma_p)$ 以实现 p 次移位 QR 分解，并得到 $\boldsymbol{Q}_1,\boldsymbol{Q}_2,\cdots,\boldsymbol{Q}_p$。通过计算 $\boldsymbol{Q}_p^*\boldsymbol{Q}_{p-1}^*\cdots\boldsymbol{Q}_1^*\boldsymbol{H}_{k+p}\boldsymbol{Q}_1\boldsymbol{Q}_2\cdots\boldsymbol{Q}_p$、$\boldsymbol{V}_{k+p}\boldsymbol{Q}_1\boldsymbol{Q}_2\cdots\boldsymbol{Q}_p$、$\boldsymbol{\omega}_{k+p}\boldsymbol{e}_{k+p}\boldsymbol{Q}_1\boldsymbol{Q}_2\cdots\boldsymbol{Q}_p$，将计算结果赋值给 $\boldsymbol{H}_{k+p}$、$\boldsymbol{V}_{k+p}$、$\boldsymbol{\omega}_{k+p}$，并形成新的 $\boldsymbol{A}\boldsymbol{V}_{k+p}=\boldsymbol{V}_{k+p}\boldsymbol{H}_{k+p}+\boldsymbol{\omega}_{k+p}$，并令该式两边的前 k 列相等，即提取出 $\boldsymbol{H}_{k+p}$ 的前 k 行 k 列 $\boldsymbol{H}_{k+p}(1:k,1:k)$、$\boldsymbol{V}_{k+p}$ 的前 n 行 k 列 $\boldsymbol{V}_{k+p}(1:n,1:k)$ 和 $\boldsymbol{\omega}_{k+p}$ 的前 n 行 k 列 $\boldsymbol{\omega}_{k+p}(1:n,1:k)$，将提出的值赋给 $\boldsymbol{H}_k$、$\boldsymbol{V}_k$ 和 $\boldsymbol{\omega}_k$，并形成新的 $k+p$ 步 Arnoldi 分解。$\boldsymbol{\omega}_k$ 向量是每次迭代后产生新的残差向量，会随着迭代的不断重复而逐渐趋向于 $\boldsymbol{0}$。

如果

$$\|\boldsymbol{A}\boldsymbol{V}_k-\boldsymbol{V}_k\boldsymbol{H}_k\|\leqslant\varepsilon \tag{6-164}$$

那么迭代步骤完成，输出 $\boldsymbol{H}_k$。否则，根据 k 步 Arnoldi 分解的结果重新进行迭代步骤直到上式成立。式中，ε 是一个预先设定的收敛阈值。

隐式重启动 Arnoldi 法的最后一步是求取 $\boldsymbol{H}_k$ 的特征值和特征向量，可通过式(6-165)计算：

$$\boldsymbol{H}_k\boldsymbol{V}_k=\boldsymbol{V}_h\boldsymbol{D}_k \tag{6-165}$$

6.5.2 概率特征分析法

1. 概率特征分析法的基本框架

现代电力系统的运行过程中存在大量不确定因素，如节点负荷水平、同步发电机组的运行状态、新能源机组出力、输配电线路参数和各类控制器参数等。

前面介绍的电力系统特征分析法是面向确定性的系统，无法计及这些不确定因素的影响。概率特征分析能够有效考虑电力系统不确定运行因素的影响，其主要目标是基于不确定源的概率分布确定系统关键特征根的概率分布，从而计算系统能够维持稳定运行的概率分布。这种方法在电力系统规划、安全稳定性评估和稳定控制器设计中具有广泛应用。

概率特征分析法的基本框架如图 6-21 所示。

其中所涉及的关键步骤论述如下：

(1) 将动态电力系统模型中的参数不确定性用概率密度函数(probabilistic density function)或累积分布函数(cumulative distribution function)进行表征；

(2) 建立运行于额定状态的电力系统线性化模型，并通过前面介绍的确定性特征分析法识别系统中的关键特征根；

(3) 计及系统不确定参数影响，用不同的概率特征分析法计算关键特征根的概率分布，包括数值方法、解析方法及混合方法，这些方法的基本原理将在后面进行详细介绍；

(4) 计算含有不确定参数的动态电力系统能够维持稳定运行的概率，即所有关键特征根均含有负实部的概率。计算公式如下：

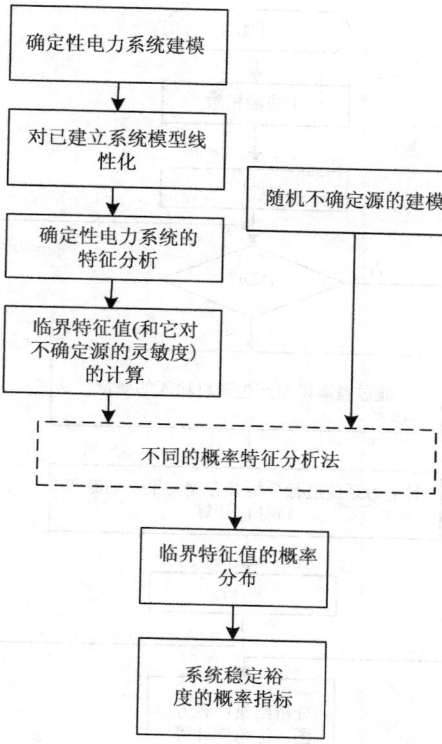

图 6-21　概率特征分析的基本框架

$$P\left(\mathrm{Re}\left(\lambda_k\right)<0\right)=F_{\mathrm{Re}\left(\lambda_k\right)}\left(0\right)=\int_{-\infty}^{0}f_{\mathrm{Re}\left(\lambda_k\right)}\left(x\right)\mathrm{d}x \tag{6-166}$$

其中，$\mathrm{Re}\left(\lambda_k\right)$表示系统第$k$个特征根$\lambda_k$，即关键特征根的实部；$F_{\mathrm{Re}\left(\lambda_k\right)}\left(\cdot\right)$和$f_{\mathrm{Re}\left(\lambda_k\right)}\left(\cdot\right)$表示特征根随机变量的累积分布函数和概率密度函数。

2. 概率特征分析的基本方法

概率特征分析的基本方法主要可以分为三类，分别为数值分析方法、解析分析方法及混合分析方法。

1) 数值分析方法

概率特征分析的数值分析方法又称为蒙特卡罗仿真(Monte Carlo simulation)方法。该方法目前广泛应用于分析电力系统电源侧或负荷侧不确定性对系统运行稳定性的影响。基于蒙特卡罗的数值分析方法的基本流程如图 6-22 所示。

其中所涉及的关键步骤详述如下。

(1) 参数不确定性建模：需要建立不确定参数的概率分布模型，例如，采用正态分布刻画负荷不确定性，并基于历史数据拟合得到概率特征参数(即平均值与方差)。概率分布模型的准确度将直接影响蒙特卡罗仿真分析的精确程度。

(2) 随机场景生成：基于所建立的不确定参数概率分布模型，通过随机抽样的方式产生n组不确定性场景。n通常需要取足够大的值，以确保不确定状态的统计分布已经趋于稳定。

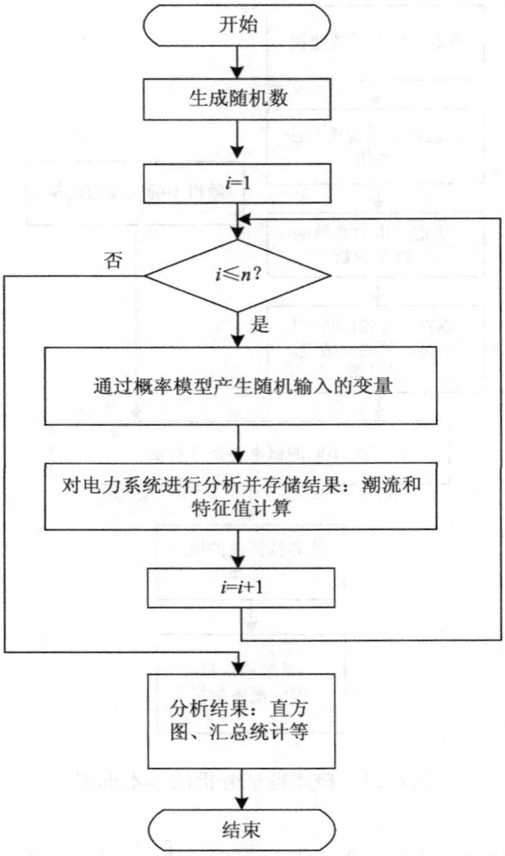

图 6-22　基于蒙特卡罗的数值分析方法流程

(3) 针对每一场景 $i \in \{1,\cdots,n\}$ 对应的系统运行状态，对电力系统进行潮流计算，确定系统的运行平衡点。在系统平衡点处对动态电力系统模型进行线性化，并采用确定性特征分析方法获取场景 i 对应的关键特征根。

(4) 基于对 n 个场景的关键特征根计算，汇总含有不确定参数电力系统的关键特征根的统计分布情况，并基于式(6-166)计算系统能够维持稳定运行的概率。

显然，基于蒙特卡罗仿真的数值分析方法执行简便，并且能够得到足够精确的结果。然而，执行这种方法非常耗时，因此并不适用于大规模电力系统稳定性的概率特征分析。

2) 解析分析方法

为了简化分析，假设电力系统中存在单一的不确定参数 ξ 。该参数的概率分布函数满足正态分布 $N\left(\xi_0,\sigma^2\right)$，其中 ξ_0 为 ξ 的期望值，σ^2 为其方差。在电力系统的运行平衡点处进行线性化，得到的系统状态矩阵，记作 $\boldsymbol{A}$ 。关键特征根 λ_k 对应的左、右特征向量分别记作 $\boldsymbol{v}_k$ 和 $\boldsymbol{u}_k$，并且满足：

$$\boldsymbol{A}\boldsymbol{u}_k = \lambda_k \boldsymbol{u}_k \tag{6-167}$$

$$\boldsymbol{A}^{\mathrm{T}}\boldsymbol{v}_k = \lambda_k \boldsymbol{v}_k \tag{6-168}$$

$$\boldsymbol{v}_k^{\mathrm{T}}\boldsymbol{u}_k = 1 \tag{6-169}$$

现在，对式(6-167)左右两侧关于系统不确定参数 ξ 求导，可以得到

$$\frac{\partial \boldsymbol{A}}{\partial \xi}\boldsymbol{u}_k + \boldsymbol{A}\frac{\partial \boldsymbol{u}_k}{\partial \xi} = \frac{\partial \lambda_k}{\partial \xi}\boldsymbol{u}_k + \lambda_k \frac{\partial \boldsymbol{u}_k}{\partial \xi} \tag{6-170}$$

对式(6-170)左乘 $\boldsymbol{v}_k^{\mathrm{T}}$，并根据式(6-168)和式(6-169)可得

$$\frac{\partial \lambda_k}{\partial \xi} = \boldsymbol{v}_k^{\mathrm{T}} \frac{\partial \boldsymbol{A}}{\partial \xi}\boldsymbol{u}_k \tag{6-171}$$

将不确定参数 ξ 记作 $\xi = \xi_0 + \Delta\xi$，其中，$\Delta\xi$ 表示 ξ 实际值与期望值间的微小误差。显然 $\Delta\xi \sim N\left(0,\sigma^2\right)$。基于式(6-171)，$\Delta\xi$ 引起的关键特征根 λ_k 的变化可以表示为

$$\lambda_k = \lambda_k^0 + \frac{\partial \lambda_k}{\partial \xi}\Delta\xi = \lambda_k^0 + \left(\boldsymbol{v}_k^{\mathrm{T}} \frac{\partial \boldsymbol{A}}{\partial \xi}\boldsymbol{u}_k\right)\Delta\xi \tag{6-172}$$

其中，λ_k^0 表示 $\xi = \xi_0$ 时 λ_k 的取值。对于电力系统受到扰动后的稳定性分析而言，特征根的实部更加值得关注。由于 $\Delta\xi$ 为实数，故

$$\mathrm{Re}\left(\lambda_k\right) = \mathrm{Re}\left(\lambda_k^0\right) + \mathrm{Re}\left(\boldsymbol{v}_k^{\mathrm{T}} \frac{\partial \boldsymbol{A}}{\partial \xi}\boldsymbol{u}_k\right)\Delta\xi \tag{6-173}$$

因此

$$\mathrm{Re}\left(\lambda_k\right) \sim N\left[\mathrm{Re}\left(\lambda_k^0\right), \mathrm{Re}\left(\boldsymbol{v}_k^{\mathrm{T}} \frac{\partial \boldsymbol{A}}{\partial \xi}\boldsymbol{u}_k\right)\sigma^2\right] \tag{6-174}$$

基于 $\mathrm{Re}\left(\lambda_k\right)$ 的概率分布函数，利用式(6-166)即可计算系统能够维持稳定运行的概率。

3) 混合分析方法

虽然上述解析分析方法能够克服基于蒙特卡罗仿真的数值分析方法计算量大的不足，但是其仍然存在数学推导复杂、计算费时等弊端，且当动态系统中存在高维不确定参数时，这些局限性更加突出。为此，有必要设计一种既能够减轻计算压力，又具有足够计算精度的高效概率特征分析方法。

点估计方法(point estimate method)可以视作对数值分析方法和解析分析方法的结合，能够有效达成高效率和高精度的目标。具体来说，对于具有 m 个随机参数(记作向量 $\boldsymbol{\xi} = \left[\xi_1, \xi_2, \cdots, \xi_m\right]$)的系统，点估计方法只需要运行 $2m$ 次确定性特征分析法，便可估计出关键特征根的概率分布函数。与蒙特卡罗仿真方法需要执行足够大的 n 次确定性特征分析法相比，运算量显著降低。

下面介绍如何运用 $2m$ 点估计法解决含不确定参数电力系统的概率特征分析问题，其中 m 是系统所含不确定参数的个数。

假设系统的关键特征根记作 λ_k，则其可以表示为 m 个不确定参数 $\boldsymbol{\xi} = \left[\xi_1, \xi_2, \cdots, \xi_m\right]$ 的函数：

$$\lambda_k = F_k\left(\boldsymbol{\xi}\right) = F_k\left(\xi_1, \xi_2, \cdots, \xi_m\right) \tag{6-175}$$

令 $\bar{\xi}_i$ 和 σ_i 分别表示 ξ_i 的期望值和标准差。为简单起见，仅考虑不确定参数 ξ_i 和 $\xi_j\left(i \neq j\right)$ 相互独立的情形。

在点估计法中，每个变量取两个离散状态值，记为 $\xi_{i,h}\ \left(h = 1,2\right)$。设 $p_{i,h}$ 为集中点

$\left(\overline{\xi}_1,\overline{\xi}_2,\cdots,\xi_{i,h},\cdots,\overline{\xi}_{m-1},\overline{\xi}_m\right)$的权重，其计算方法详见后面。$\xi_{i,h}$的表达式如下：

$$\xi_{i,h}=\overline{\xi}_i+\zeta_{i,h}\sigma_i,\quad i=1,2,\cdots,m,\ h=1,2 \tag{6-176}$$

式中，$\zeta_{i,h}$称为规格化的位置系数，计算方法如下：

$$\zeta_{i,h}=\frac{l_{i,3}}{2}+(-1)^{3-h}\sqrt{n+\frac{3}{4}l_{i,3}^2},\quad i=1,2,\cdots,m,\ h=1,2 \tag{6-177}$$

式中，$l_{i,3}$为ξ_i的3阶标准化中心矩，其表达式如下：

$$M_3\left(\xi_i\right)=\int_{-\infty}^{\infty}\left(\xi_i-\overline{\xi}_i\right)^3 f_i\left(x\right)\mathrm{d}x \tag{6-178}$$

$$l_{i,3}=M_3\left(\xi_i\right)/\sigma_i^3 \tag{6-179}$$

其中，$f_i(\cdot)$为ξ_i的概率密度函数。

权重$p_{i,h}$的表达式如下：

$$p_{i,h}=\frac{\frac{1}{m}(-1)^h\zeta_{i,h}}{\eta_i},\quad i=1,2,\cdots,m,\quad h=1,2 \tag{6-180}$$

其中，$\eta_i=2\sqrt{m+\left(l_{i,3}/2\right)^2}$。

至此，关键特征根λ_k的j阶矩可表示为

$$E\left(\lambda_k^j\right)=\sum_{i=1}^{m}\sum_{h=1}^{2}p_{i,h}\left[F_k\left(\overline{\xi}_1,\overline{\xi}_2,\cdots,\xi_{i,h},\cdots,\overline{\xi}_{m-1},\overline{\xi}_m\right)\right]^j \tag{6-181}$$

λ_k的期望值和标准差可按照如下公式进行计算：

$$E\left(\lambda_k\right)=\sum_{i=1}^{m}\sum_{h=1}^{2}p_{i,h}\left[F_k\left(\overline{\xi}_1,\overline{\xi}_2,\cdots,\xi_{i,h},\cdots,\overline{\xi}_{m-1},\overline{\xi}_m\right)\right] \tag{6-182}$$

$$\sigma_{\lambda_k}=\sqrt{E\left(\lambda_k^2\right)-\left[E\left(\lambda_k\right)\right]^2} \tag{6-183}$$

6.5.3　基于微扰动的频率响应特性实测法

6.2节指出，新能源电力系统存在源荷变化快、源侧模型因知识产权归属问题难以公开、负荷侧模型因数量庞大难以聚合等问题，这导致实际电力系统线性化状态方程建立困难，此时可以通过实际测量的方式获取系统中某一端口的输入、输出阻抗，按照阻抗法分析系统的振荡稳定性，并对控制器参数进行修订。

本节介绍一种基于微扰动的端口频率响应特性辨识方法，可用于实际系统中端口输入、输出阻抗特性的在线辨识。

1. 微扰动辨识原理

微扰动是指在系统内加入特殊设计的微幅激励信号，产生不影响系统正常运行的微幅扰动。微扰动辨识是利用现代信息处理技术从含有大量噪声的实测数据中提取与微幅激励信号相关的扰动响应，最后利用系统辨识方法辨识电力系统端口频率响应特性或主导动态

模型。从微扰动的定义可知，其难点在于激励信号微弱、扰动响应受系统内部噪声干扰严重。能否从含有大量噪声的实测数据中提取与激励信号相关的扰动响应，成为该方案成功与否的关键。

考虑如图 6-23 所示的实际电力系统辨识过程。其中，r 为激励信号，n_u、n_y 分别是系统输入噪声和过程噪声，m_u、m_y 分别是输入、输出采样过程中产生的噪声，u_g 是执行器输出的激励信号，u_1 和 y_1 是辨识对象的输入和输出，u_2 和 y_2 是采集到的输入和输出。

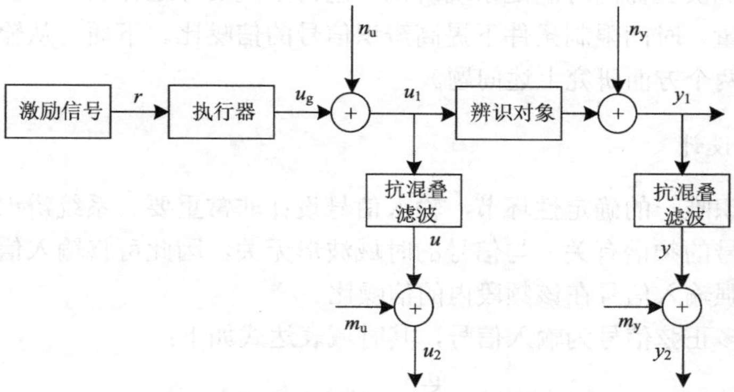

图 6-23　实际系统辨识框图

从频域角度看，图 6-23 的关系可以表示为

$$\begin{aligned}U_2(\mathrm{j}\omega)&=U_1(\mathrm{j}\omega)+N_\mathrm{U}(\mathrm{j}\omega)\\Y_2(\mathrm{j}\omega)&=Y_1(\mathrm{j}\omega)+N_\mathrm{Y}(\mathrm{j}\omega)\end{aligned}\tag{6-184}$$

其中，U_2、U_1、Y_2、Y_1 分别表示采集的和真实的输入、输出频谱；N_U、N_Y 分别表示输入和输出中包含的噪声频谱。估计的系统传递函数可以表示为

$$\hat{G}(\mathrm{j}\omega)=\frac{Y_1(\mathrm{j}\omega)+N_\mathrm{Y}(\mathrm{j}\omega)}{U_1(\mathrm{j}\omega)+N_\mathrm{U}(\mathrm{j}\omega)}=G_1(\mathrm{j}\omega)\frac{1+N_\mathrm{Y}(\mathrm{j}\omega)/Y_1(\mathrm{j}\omega)}{1+Y_1(\mathrm{j}\omega)/U_1(\mathrm{j}\omega)}\tag{6-185}$$

假设系统噪声与输入和输出不相关，且均值为零，方差分别是 σ_U 和 σ_Y，那么式(6-185)的偏差可以写为

$$\mathrm{bias}(\mathrm{j}\omega)=\frac{E\left[\hat{G}(\mathrm{j}\omega)\right]}{G_1(\mathrm{j}\omega)}-1=-\exp\left[-\frac{U_1^2(\mathrm{j}\omega)}{\sigma_\mathrm{U}^2(\mathrm{j}\omega)}\right]\tag{6-186}$$

方差可以表示为

$$\begin{aligned}\mathrm{var}\left[\hat{G}(\mathrm{j}\omega)\right]&\approx\sigma_\mathrm{G}^2(\mathrm{j}\omega)=E\left[N_\mathrm{G}^2(\mathrm{j}\omega)\right]\\&=\left|G_1(\mathrm{j}\omega)\right|^2\left\{\frac{\sigma_\mathrm{Y}^2(\mathrm{j}\omega)}{\left|Y_1^2(\mathrm{j}\omega)\right|^2}+\frac{\sigma_\mathrm{U}^2(\mathrm{j}\omega)}{\left|U_1^2(\mathrm{j}\omega)\right|^2}-2\,\mathrm{Re}\left[\frac{\sigma_\mathrm{YU}(\mathrm{j}\omega)}{Y_1(\mathrm{j}\omega)\bar{U}_1(\mathrm{j}\omega)}\right]\right\}\end{aligned}\tag{6-187}$$

由此可见，模型辨识的偏差与输入信号的信噪比有关。输入信号信噪比越高，辨识模型的偏差越低。辨识模型的方差与系统输入、输出信号的信噪比成反比。信号的信噪比越高，方差越小，估计的准确性越高。要想在实际系统中获得较好的辨识效果，必须加大输

入信号的信噪比，同时提高输出响应的信噪比。

对于电力系统频率响应特性辨识来说，还需要考虑实际条件限制。首先，为保障电网在实验期间正常工作，系统激励信号必须很小。其次，电力系统内部存在由于负荷投切、变压器分接头变化所带来的多种干扰类噪声信号，这导致本就很弱的响应信号被严重污染，信噪比大幅下降，加大辨识的难度。最后，电力系统运行方式不断变化，实际辨识实验必须注意时间尺度，使得辨识实验设计要求更高。

电力系统微扰实验需同时满足系统辨识和电力系统实际运行要求，因此可将该问题转化为：如何在能量、时间限制条件下提高辨识信号的信噪比。下面，从输入信号设计及辨识信号统计分析两个方面研究上述问题。

2. 微扰信号设计

作为微扰辨识唯一的确定性环节，输入信号设计非常重要。系统辨识的理论指出，辨识模型与输入信号的频谱有关，与信号的时域波形无关，因此可将输入信号的能量集中于关心的频段，加强输入信号在该频段内的信噪比。

指定频带的多正弦信号为输入信号，其时域表达式如下：

$$u(t)=\sum_{k=0}^{N_k-1} a_k \sin(\omega_k t+\varphi_k) \tag{6-188}$$

其中，t 为时间；a_k、ω_k 和 φ_k 分别为第 k 个正弦信号的幅值、频率和初相位；N_k 为正弦频率的个数。

考虑输入信号需满足时域波形幅值限制，则设计问题转化为指定信号的 a_k、ω_k，求解一组信号 $\{a_k, \omega_k, \varphi_k\}$，$k=0,\cdots,N_k-1$，使得 $u(t)$ 的最大值 $\max[u(t)]$ 尽可能小。

上述信号设计问题可转化为如下优化问题。

目标函数：
$$f(\varphi_k)=\min\{\max[u(t,\varphi_k)]\} \tag{6-189}$$

约束条件： 指定信号的 a_k 和 ω_k (6-190)

实际电力系统的微扰信号激励源包括直流功率调制系统、发电机励磁调制系统和 FACTS 设备调制系统等。其中，直流功率调制系统与 FACTS 设备调制系统可直接在晶闸管整流电路中加入调制信号，完成输入信号注入。对于发电机励磁调制系统而言，需考虑电压放大、晶闸管整流、励磁机输出和发电机输出等环节，由于每个环节限幅条件及非线性因素不同，因此在输入信号设计时需加以考虑。

采用式(6-188)的输入信号，其经过一个中间环节后的输出可以表示为

$$y(t)=\sum_{k=0}^{N_k-1} a_k g_k \sin(\omega_k t+\varphi_k+\theta_k) r(t) \tag{6-191}$$

其中，g_k 与 θ_k 分别是中间环节对第 k 个频率分量造成的幅值和相位变化。要考虑输入及中间环节的限幅情况，则输入信号设计问题为，指定信号的 a_k、ω_k，求解一组信号 $\{a_k, \omega_k, \varphi_k\}$，$k=0,\cdots,N_k-1$，使得 $u(t)$ 的最大值 $\max[u(t)]$ 以及 $y(t)$ 的最大值 $\max[y(t)]$ 尽可能小。

上述信号设计问题同样可转化为如下优化问题。

$$f = w_1 f_1 + w_2 f_2$$

目标函数：

$$f_1(\varphi_k) = \min\left\{\max\left[u(t,\varphi_k)\right]\right\} \tag{6-192}$$

$$f_2(\varphi_k) = \min\left\{\max\left[y(t,\varphi_k)\right]\right\}$$

约束条件：　　指定输入信号的 a_k 和 ω_k　　(6-193)

输出信号满足式(6-191)

其中，w_1 和 w_2 是子函数 f_1 和 f_2 的权函数，可根据实际情况进行选取。若 $w_1 = w_2$，求解出 $\max\left[u(t)\right] = \max\left[y(t)\right]$；若 $w_2 = 0$，则式(6-192)退化为式(6-190)描述的优化问题。

上述优化问题可通过非线性梯度算法、现代内点法、遗传算法等优化方法进行求解，其中效果较好的是非线性梯度算法。在实际使用时，求解出的 $u(t)$ 还需要根据波形幅值限制条件进行幅值换算，以得到满足幅值限制条件和指定频域分量的能量最大信号。

3. 采集信号的统计分析

对图 6-23 描述的辨识系统，假设激励信号 r 是周期的，噪声项 $n_{\rm u}$、$n_{\rm y}$、$m_{\rm u}$ 和 $m_{\rm y}$ 是非周期的，则采集到的输入信号 u_2 及输出信号 y_2 中与 r 相关的部分是周期的，其余部分都是非周期的，可通过相干平均估计提高辨识信号的信噪比。

假设一共进行了 N 个周期激励，则系统输入、输出信号在一个周期激励中的估计值为

$$\hat{u}_1(t) = \frac{1}{N}\sum_{i=1}^{N} u_{2i}(t) = \frac{1}{N}\sum_{i=1}^{N}[u_{1i}(t) + n_{{\rm u}i}(t) + m_{{\rm u}i}(t)] = u_1(t) + \frac{1}{N}\sum_{i=1}^{N}[n_{{\rm u}i}(t) + m_{{\rm u}i}(t)] \tag{6-194}$$

$$\hat{y}_1(t) = \frac{1}{N}\sum_{i=1}^{N} y_{2i}(t) = \frac{1}{N}\sum_{i=1}^{N}[y_{1i}(t) + n_{{\rm y}i}(t) + m_{{\rm u}i}(t)] = y_1(t) + \frac{1}{N}\sum_{i=1}^{N}[n_{{\rm u}i}(t) + m_{{\rm u}i}(t)] \tag{6-195}$$

考虑到电力系统微扰辨识中，噪声量与输入信号不相关，且具有零均值特性，若采用相干平均估计，当 N 足够大时，有

$$E[\hat{u}_1(t)] = E\left\{u_1(t) + \frac{1}{N}\sum_{i=1}^{N}[n_{{\rm u}i}(t) + m_{{\rm u}i}(t)]\right\} = u_1(t) \tag{6-196}$$

$$E[\hat{y}_1(t)] = E\left\{y_1(t) + \frac{1}{N}\sum_{i=1}^{N}[n_{{\rm y}i}(t) + m_{{\rm y}i}(t)]\right\} = y_1(t) \tag{6-197}$$

即相干平均估计是真实系统输入和输出的无偏估计。

当 N 受到实际辨识时间限制时，可进一步通过最优线性无偏估计进行加权平均，获取较相干平均估计信噪比更高的估计值：

$$\hat{u}_1(t) = \sum_{i=1}^{N} w_{{\rm u}i} u_{2i}(t) = \sum_{j=1}^{N} w_{{\rm u}i}[u_{1i}(t) + n_{{\rm u}i}(t) + m_{{\rm u}i}(t)] = u_1(t) + \sum_{i=1}^{N} w_{{\rm u}i}[n_{{\rm u}i}(t) + m_{{\rm u}i}(t)] \tag{6-198}$$

$$\hat{y}_1(t) = \sum_{i=1}^{N} w_{{\rm y}i} y_{2i}(t) = \sum_{i=1}^{N} w_{{\rm y}i}[y_{1i}(t) + n_{{\rm y}i}(t) + m_{{\rm y}i}(t)] = y_1(t) + \sum_{i=1}^{N} w_{{\rm y}i}[n_{{\rm y}i}(t) + m_{{\rm y}i}(t)] \tag{6-199}$$

其中，$w_{{\rm u}i}$、$w_{{\rm y}i}$ 分别是输入、输出信号在第 i 个周期的加权值。若取 $w_{{\rm u}i} = w_{{\rm y}i} = 1/N$，则上述两式退化为基本“相干平均”估计。

一般地，噪声信号在不同时间周期的统计特性不同，特别是电力系统类噪声信号，在

不同频段、不同时间相对分散独立，因此权值可根据噪声在不同频段、不同周期的方差大小进行选取，从而获得更高信噪比的估计值。

4. 实验验证及结论

在单机无穷大系统中验证上述微扰动实验方法的可行性。为符合实际情况，考虑发电机处于在线闭环运行状态，原动机与调速器采用转速与输出功率反馈，励磁系统采用机端电压反馈，机组厂用电负荷用机端 ZIP 负荷进行模拟，发电机采用机组-变压器接线方式直接连接系统高压输电线。具体的系统框图如图 6-24 所示。

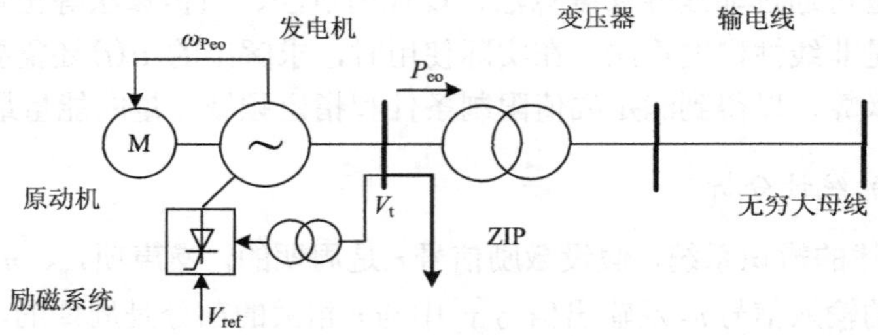

图 6-24 发电机并网系统示意图

下面介绍具体的扰动实验流程：

(1) 给定激励信号设计条件 a_k 和 ω_k，设计输入限幅激励 $r_0(t)$ 用于预辨识。

(2) 采用 $r_0(t)$ 作为励磁参考电压激励信号，采集此时发电机输出功率信号，并通过辨识模型获取式(6-191)的 g_k 与 θ_k 条件。

(3) 根据式(6-191)中 g_k 与 θ_k 的取值及式(6-192)，设计输入、输出限幅的激励 $r(t)$ 用于正式组辨识。

(4) 采用 $r(t)$ 作为励磁参考电压激励信号，采集此时的发电机输出功率信号。

(5) 对输出信号进行预处理，获得系统频率响应特性。

为模拟实际工况，在发电机机端负荷处加入随机扰动功率信号，使机端产生约 2%的随机功率波动。在励磁电压参考端加入激励信号，测量 ΔP_{eo}，辨识系统闭环模型，并利用频域拟合方法求解式(6-191)。仿真过程采用蒙特卡罗方法，下面以一次辨识过程为例进行说明。

(1) 给定激励信号设计条件 a_k 和 ω_k，设计输入限幅激励 $r_0(t)$ 用于预辨识。此时用于辨识的波形 $r_0(t)$ 在时域与频域的波形如图 6-25 所示。

(2) 采用 $r_0(t)$ 作为励磁参考电压激励信号，采集此时发电机输出功率信号，并通过辨识模型获取式(6-191)的 g_k 与 θ_k 条件。图 6-26 显示了类噪声环境下的电压及功率信号测量值，并与加入 $r_0(t)$ 后的波形进行对比。可以看到，加入激励后，输出电压波动控制在 1%以内，输出功率波动最大不超过 3%。

(3) 根据初步辨识 g_k 与 θ_k 的取值及式(6-192)，设计输入、输出限幅的激励 $r(t)$ 用于正式组辨识。设计信号如图 6-25 中浅色线所示。可以看到，在限制了输出幅值后，输入信号的幅值可以加大约 70%，此时单位输出波动包含的能量在频域上增加了约 3.673dB。

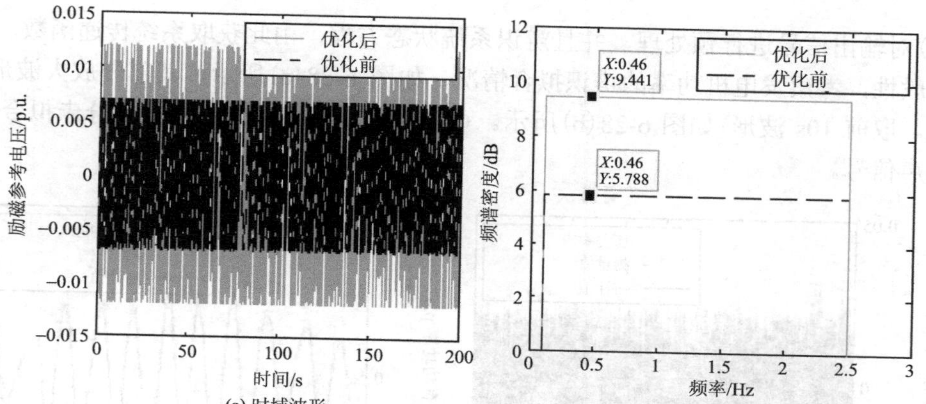

(a) 时域波形　　(b) 频域能量

图 6-25　$r_0(t)$ 和 $r(t)$ 在时域与频域的波形

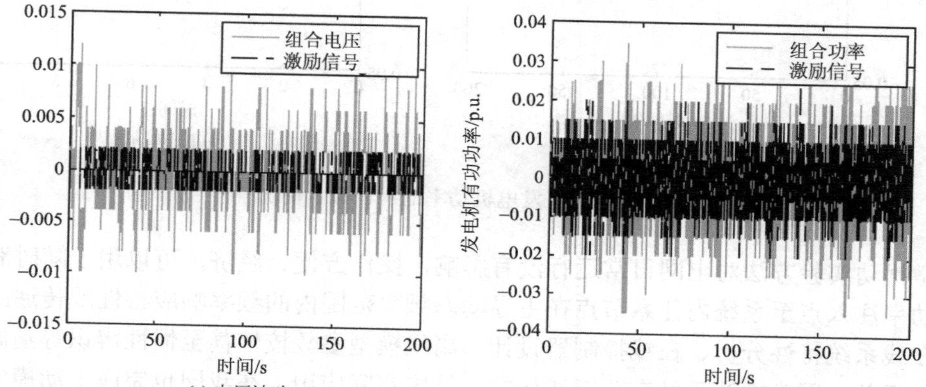

(a) 电压波动　　(b) 功率波动

图 6-26　$r_0(t)$ 激励时的输出波形

(4) 采用 $r(t)$ 作为励磁参考电压激励信号，采集此时发电机输出功率信号及发电机转子角度信号。若不考虑类噪声信号的影响，发电机输出有功的时域波形如图 6-27(a) 所示。可以看到，经过输出功率优化，发电机输出有功被限制在一定范围内。考虑类噪声信号的影响，发电机输出有功的频域能量对比如图 6-27(b) 所示。可以看到，经过优化，发电机在同样幅值输出条件下频域信噪比更高，由此可提高闭环辨识精度。

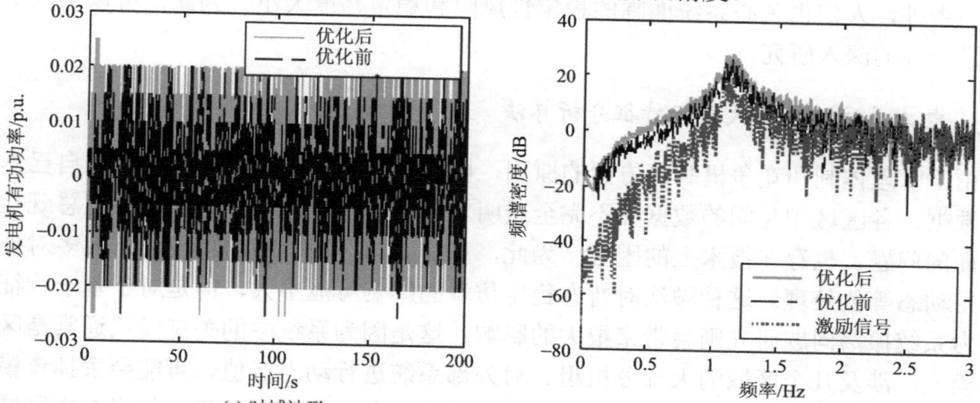

(a) 时域波形　　(b) 频域能量

图 6-27　发电机有功响应波形对比

(5) 对输出信号进行预处理，并且辨识系统状态方程，由此获取系统传递函数。此时，不失一般性，考察发电机功率的辨识拟合情况，如图 6-28 (a) 所示，其部分放大波形 (不失一般性，取前 10s 波形) 如图 6-28 (b) 所示。可以看到，辨识拟合良好，部分未拟合的信号是类噪声信号。

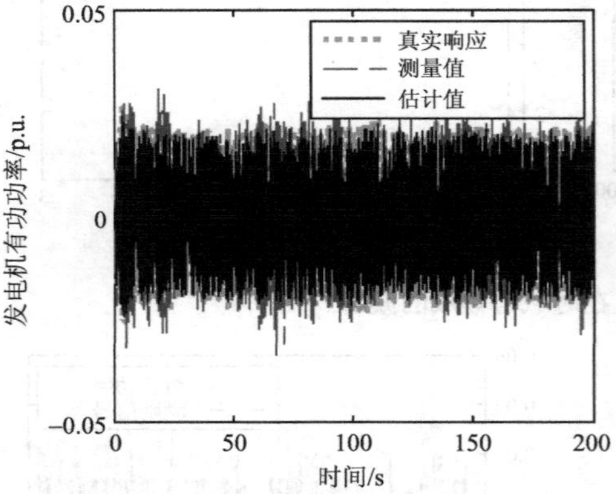

(a) 200s情况

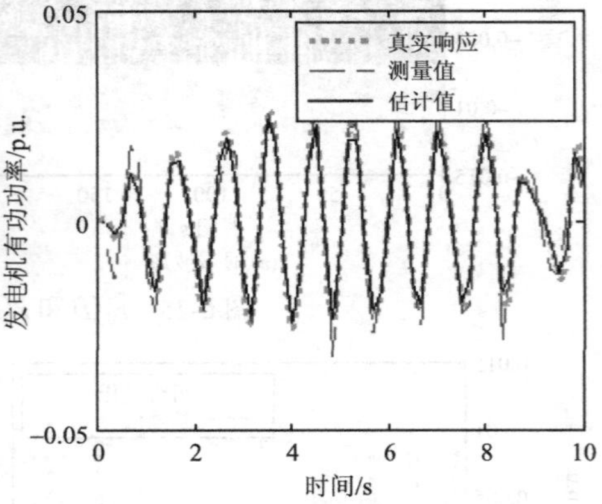

(b) 前10s情况

图 6-28　发电机功率的辨识拟合情况

微扰动实验方法对电网日常运行没有影响，操作方便、经济，可以用于随时获取电网不同功率注入点至系统内任意节点在主导动态频率范围内的频率响应特性或传递函数，可用于在线系统特性分析、在线控制器设计、离线模型参数校核甚至惯性辨识等基础性支撑业务。目前，同类方法已经在美国和加拿大等国实际应用，在我国也完成了动模实验，有望进一步推广应用。

6.6　振荡分析方法发展展望

随着大规模可再生能源的接入和电网互联规模的不断扩大，现有的电力系统稳定分析方法难以满足新型电力系统对多区域协作和计算实时性的要求。同时，除了判断系统运行稳定与否外，人们也关心系统面临的稳定性风险和稳定裕度大小。为此，可以从以下方面展开进一步的深入研究。

1. 电力系统的分布式并行特征分析算法

由于管理体制和竞争机制等方面的原因，电力系统全网内每个区域仅已知自己本地的运行数据，各区域相互间的数据并不完全透明。全网各区域运行数据的集中汇总既存在管理方面的问题，也存在技术上的困难。为此，目前面向区域电网的特征分析大多对外网系统采用动态等值处理。这种做法对暂态稳定仿真的影响可能不大，但是对于基于特征分析的电力系统振荡问题研究则会带来很大的影响。这是因为系统中的关键模式通常是区域间振荡模式，涉及几个区域的大部分机组。对外部系统进行动态等值，可能会丢掉该模式的部分信息，甚至找不到该模式。因此，有必要研究在各区域电网运营商仅已知本区域内部的系统参数和运行数据的条件下，通过多区域协作分布式并行获取整个多区域电力系统的关键特征信息的计算方法。目前，学术界已经提出了常见的特征分析数值计算方法的分布式并行计算版本，如逆迭代转 Rayleigh 商迭代分布式并行算法、隐式重启动 Arnoldi 分布式并行算法等。

2. 电力系统的在线特征分析方法

随着大量新能源和柔性负荷的接入，电力系统呈现出时变性和波动性的特点，这就要求运行调度中的安全稳定评估能够在更短的时间尺度内完成，以达到在系统运行过程中进行实时分析的目的。在这种情况下，即使采用分布式并行的思路计算系统的部分特征值，也仍然难以达到实时计算的要求。因此有必要研究系统稳定特性的在线分析方法。广域测量系统(wide area measurement system，WAMS)的迅速发展，为捕捉电网动态特性、实现电网状态的实时观测、解决规模化电网的稳定问题提供了新的渠道。

系统内负荷变化、变压器分接头投切等引起的类噪声信号包含丰富的机电动态特性，可用于辨识系统主导振荡模式。由于类噪声信号属于系统日常运行伴随的输出信号，反映了系统当前主导动态特性，并且在 WAMS 条件下可实时采集，因此特别适合系统动态稳定在线监测。然而，面对规模化电网成千上万个 PMU 节点，如果对所有信号同时进行建模分析，一定会带来计算效率、数值精度等“数据灾”问题。为了避免该问题，可以从以下方面开展研究：

(1) 选用一种简单高效的多维信号处理方法；

(2) 分析确定代表系统主导动态特性的关键节点；

(3) 通过多维信号建模组建全网动态稳定监测系统。

为了克服基于类噪声方法由于缺乏系统输入信号，难以辨识电网完整状态方程的弊端，也可以采用微扰辨识方法检测电力系统主导振荡模式。

另外，随着近年来人工智能的兴起，利用机器学习将量测方法和数值计算方法的优势相结合，可实现实时稳定评估。这类方法首先基于确定性线性模型得到系统的特征值作为历史训练数据，再将 WAMS 系统采集到的实时测量数据输入训练好的模型中，得到稳定评估结果。

3. 反映“双高”电力系统的振荡稳定性的静态指标

与同步机不同，电力电子设备一般需要交流电网提供电压支撑，当馈入交流电网的电力电子设备数量增多且容量增大后，交流系统电压支撑能力相对变弱，导致设备间、设备与系统间的耦合加剧，进而可能引起系统出现振荡问题，稳定风险变大。为此，如何准确度量和评估电力电子设备接入后交流电网的强度，定量分析电力电子设备间的相互作用，反映多馈入系统的动态稳定特性，对保证电力系统的安全稳定运行至关重要。

短路比(short circuit ratio, SCR)常被用于分析电力电子单设备(如直流、风机和光伏等)馈入交流系统时交流电网的相对强度和系统的稳定性，在物理上短路比反映了单位容量的设备到等效无穷大母线的电气距离或连接强度。由于短路比只使用交流电网参数和设备容量，不涉及设备的具体控制参数，故使用起来非常简单。由于基于短路比的稳定性刻画方法的这一优势，工业界希望将针对单馈入系统的短路比分析方法推广到多馈入电力系统。

然而，多馈入系统本质上是多机系统，在保留短路比的便捷性和准确性方面存在矛盾，这也是近年来国内外学者提出不同的短路比指标时关注的重点。

根据技术路线的不同，多馈入短路比的研究总体可以划分为基于母线等值和基于模态解耦两大类。前者的思路是将母线短路容量、设备容量按照一定的加权系数折算到选定的母线上，进而评估出系统的电网强度和稳定性，例如，国际大电网组织(CIGRE)针对直流馈入系统定义的多馈入短路比(multi-infeed SCR)；后者的思路是通过数学变换，在“设备动态外特性相似”这一条件下将多馈入系统的动态进行解耦，找到系统振荡模态和网络特征的显式关系，并以此为基础推导出电网强度的度量方法，例如，近年来提出的广义短路比(generalized SCR)。除此之外，如何运用上述这些衡量系统振荡稳定性的指标指导电力系统的规划和运行，也将是未来的热点研究方向。

参考文献

邓集祥, 马景兰, 1999. 电力系统中非线性奇异现象的研究[J]. 电力系统自动化, 23(22): 1-4.

刘取, 2007. 电力系统稳定性及发电机励磁控制[M]. 北京: 中国电力出版社.

陆超, 张俊勃, 韩英铎, 2015. 电力系统广域动态稳定辨识与控制[M]. 北京: 科学出版社.

CROW M L, 2016. Computational methods for electric power systems[M]. 3rd ed. Boca Raton: CRC Press.

KHALIL H K, GRIZZLE J, 1992. Nonlinear systems[M]. New York: Macmillan Publishing Company.

SUN J, 2009. Small-signal methods for AC distributed power systems–a review[J]. IEEE transactions on power electronics, 24(11): 2545-2554.

XU Z, DONG Z, ZHANG P, 2005. Probabilistic small signal analysis using Monte Carlo simulation[C]. IEEE power engineering society general meeting: 1658-1664.

ZHANG J, XU H, 2016. Microperturbation method for power system online model identification[J]. IEEE transactions on industrial informatics, 12(3): 1055-1063.

第7章 提升电力系统稳定性的方法

电力系统稳定性科学研究链条的末端是提出可提升电力系统稳定性的方法，即根据系统动态特性和稳定机理，对电力系统网架参数、源荷配置等进行合理设计或采用合适的控制方法，使电力系统动态特性按预期的方向改变，进而提高系统稳定性。

电力系统规划与稳定控制是提升电力系统稳定性的两个相辅相成的侧面。电力系统规划给系统的运行和稳定控制提供初始条件。一般来说，在具体制定电力系统规划时需要考虑系统的动态行为以及稳定控制措施的有效性。如果系统的暂态稳定控制方法有效性较差，则需要在制定规划时为系统留出充足的安全裕度，即让系统的稳定工作点位于裕度较大的位置，预防系统失稳。同时，在规划层面也需要考虑暂态稳定控制中使用的储能容量、动态无功补偿装置容量等，为暂态稳定控制留出足够的裕度与动作空间。电力系统稳定控制则需要考虑在规划得到的初始运行点上通过怎样的控制手段，才能保证系统暂态过程的运行轨迹不会超过稳定边界。同时，控制的效果也需要反馈给规划，以使系统能够在规划层面上留出合理的暂态裕度，给控制留出腾挪空间。

针对电力系统静态、暂态和振荡稳定问题，相应的稳定性提升方法有不同侧重点。静态稳定问题关注电力系统能否建立起稳定工作点，相应的稳定性提升方法侧重通过调节电力系统预期的潮流，使系统的静态工作点尽量合理，在实现上主要依靠规划手段以及运行方式的调整；对于暂态稳定与振荡稳定问题，一方面需考虑扰动后能否建立起新的稳定工作点，另一方面也关注控制手段能否保证系统回到新的稳定工作点上，因此要提升系统暂态稳定性和振荡稳定性，需要靠规划与控制两个层面的方法相互配合完成。

在电力系统稳定性研究的发展过程中，各类系统稳定控制方法层出不穷，无法一一讨论。本章侧重提升电力系统稳定性的方法论，首先介绍从规划层面提高静态稳定性的思路，然后针对电力系统受扰后的暂态过程和系统振荡过程，介绍电力系统暂态稳定和振荡稳定的控制机理，并从控制机理的角度出发，分析各类稳定控制方法提出的思路，最后简要介绍一些相关控制器的设计方法。

值得一提的是，对任一给定系统，采用单一提高静态、暂态或振荡稳定性的方法可能并不能从根本上解决系统整体稳定问题。较好的做法是挑选几种规划或控制方法进行组合，在不同的事故和系统运行工况下，都能有效维持系统稳定。但是，任何一种规划或者控制都有其相应的代价。在应用各类方法解决特定稳定问题时，必须考虑其经济成本以及电力系统整体稳定性的变化，避免因解决某一问题付出过高代价，以及解决某一类稳定问题时恶化其他类型的稳定问题。

7.1 考虑系统稳定性的电力系统规划

电力系统规划是系统在实际运行前，从电网静态稳定性以及暂态稳定性的角度出发，对系统的网架拓扑、线路参数、电压等级、电源容量等进行设计；或者针对已有的网架，对系统进行扩充。电力系统规划一方面要解决系统在静态条件下系统功率平衡问题，从而建立起合理的静态工作点；另一方面要保证系统在暂态过程中稳定边界足够大，并预留充足的有功、无功调节容量，从而确保系统的暂态稳定性。

电力系统规划需要考虑的要素如图 7-1 所示。下面从静态和暂态的角度分别阐述图 7-1 中各要素对于保持或改善系统稳定性的意义。

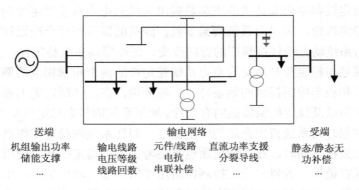

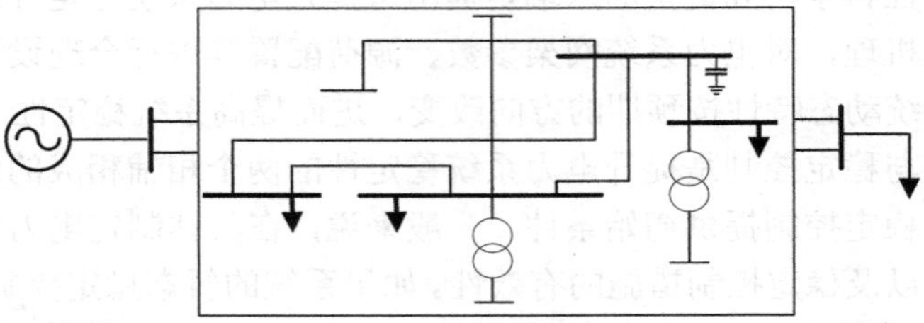

图 7-1　电力系统规划要素

7.1.1　改善系统静态稳定性

在改善系统静态稳定性层面，电力系统规划的主要工作是设计电网的结构与参数、确定电压等级以及确定源荷位置。在初步给出规划方案后，还需判断该方案能否满足静态稳定要求，即在充分考虑负荷波动特性以及发电特性的情况下，对系统在全年不同时间点、不同运行方式下进行潮流校核，判断其是否能够满足各种工况下 N-1 校核要求以及关键节点和线路的 N-2 校核要求。通常来说，能够满足静态稳定要求的电力系统规划方案不唯一，需要从多个方案中选出一种最终方案。在选取方案时，需要在经济可承受范围内最大限度地改善系统静态稳定性。系统静态稳定性的改善主要涵盖提高系统静态功率极限以及改善系统功率平衡两方面，下面进行具体介绍。

1. *提高系统静态功率极限*

根据二端口网络的功率特性表达式，在忽略线路损耗，即线路电阻 $R=0$ 时，源侧向负荷节点输送的功率可表示为

$$P=\frac{EU}{X_{\Sigma}}\sin\delta \tag{7-1}$$

从式(7-1)中可以看出，功率特性主要取决于系统的整体电压水平以及系统的电抗 X_{Σ}，在规划中可以从这两方面入手提高功率极限，具体包括以下方法。

1) 提高输电线路额定电压等级

假设输电线路两端的压降较小，即可认为线路两端电压相等，则由式(7-1)可知，线路能够输送的有功功率极限与电压的平方成正比。因此，提高线路额定电压等级，能够有效提高静态稳定极限，从而改善系统的静态稳定性。然而，在实际规划设计过程中，输电线路额定电压等级并不能无限制地提高。在提高电压等级时，还需要提高输电线路以及相应

设备的绝缘水平、加大杆塔尺寸等，这些因素都使系统的建设成本增加。电力系统规划是综合考虑系统运行稳定性、经济性之后的结果，在实际规划设计中，只能在合理的经济性条件下尽量提高输电线路电压等级。

2) 降低传输通道电抗

系统传输通道的电抗 X_{Σ} 主要取决于输电系统的串联感性电抗，其主要来源于输电线路、变压器等设备。显然，减小系统电抗 X_{Σ} 最直接的方法为改进输电线路材料，合理设计输电线路的导线结构。除此之外，还可以通过以下方法降低系统电抗。

(1) 减小变压器的电抗。

变压器的电抗在系统总电抗中占有相当的比重。在超高压输电系统中，同步发电机电抗较小，且输电线路也已采取措施减小其电抗，此时减小变压器的电抗可进一步提高网络输送能力进而提高系统静态稳定性。例如，某 400kV、800km 的输电系统，当升、降压变压器的电抗从 17%减至 12%时，单回路的输送能力可提高 8%左右。

目前，超高压远距离输电系统广泛采用了自耦变压器。这不仅是因为自耦变压器能节省材料且成本较低，还因为其较小的电抗对提高同步稳定性有良好作用。当然，自耦变压器的使用也存在相应代价，如导致短路电流增大和调压困难等。

(2) 采用分裂导线或增加输电线路回数。

系统中输电线路采用分裂导线一方面可避免电晕引起的功率损耗及其对无线通信设备的干扰，同时还可以有效减小线路电抗。一般单导线线路每千米的电抗为 0.4Ω 左右，而采用两根、三根、四根分裂导线时每千米的电抗分别约为 0.33Ω、0.30Ω、0.28Ω。此外，增加输电线路回数也能够起到类似的作用，其相当于将各回线路进行并联，进而减小输电线路的总电抗，提高功率极限。

(3) 输电线路采用串联电容补偿。

电容器容抗与输电线路感抗具有相反的性质，因此可在输电线路上接入串联电容器来减小线路的等值电抗，这种做法称为串联电容补偿。接入串联电容之后，输电线路的等值电抗为

$$X_{\mathrm{Leq}} = X_{\mathrm{L}} - X_{\mathrm{C}} = X_{\mathrm{L}}(1 - k_{\mathrm{C}}) \tag{7-2}$$

式中，k_{C} 为串联补偿度，且 $k_{\mathrm{C}} = X_{\mathrm{C}} / X_{\mathrm{L}}$。

串联电容器可直接补偿线路串联电抗。利用串联电容器组可大幅降低系统电抗并提高输电线的最大功率输送能力。但是，当系统发生故障后，电容器会被旁路，在故障切除后，电容器才将重新投入，其重投入的速度将显著影响系统电抗并进而影响系统的同步稳定性。

早期保护间隙和旁路开关的设计使电容器在故障切除后重新投入的速度较慢，限制了串联电容器补偿的效益。现在，串联电容器组多采用非线性的氧化锌电阻器，其在故障切除后可瞬间完成重新投入动作，从而能显著降低系统暂态电抗，提高系统同步稳定性。

值得注意的是，通过上述方法减小元件的电抗不仅能有效提升系统静态功率极限并进而改善系统的静态稳定性，而且还能在一定程度上改善系统的暂态稳定性。以单机无穷大系统为例，减小系统电抗前后系统暂态过程中加减速面积的对比如图 7-2 所示。当输电网各种元件电抗减小时，由于系统有功功率特性曲线整体抬高，因此故障后同步发电机输出有功功率增加，系统暂态过程中的减速面积增大，从而可提高系统暂态同步稳定性。

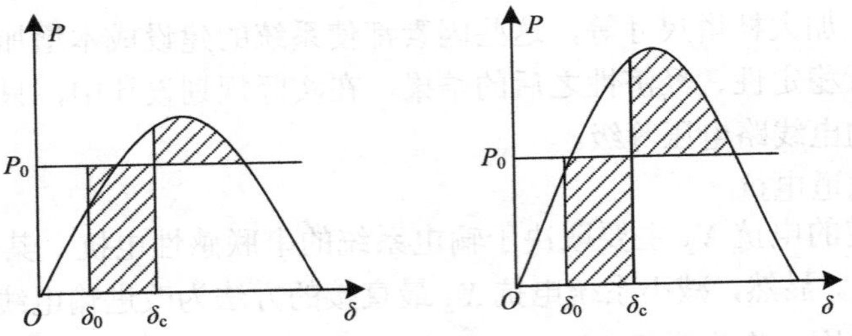

图 7-2 减小输电系统阻抗对系统暂态同步稳定性的影响

2. 改善系统功率平衡

根据第 2 章二端口网络功率特性的讨论可知，随着源端送出有功功率的上升，输电线路上的无功损耗也将上升。当输电线路上传输的有功较少时，源端发出的无功功率在负担线路的损耗后尚且有一部分能够输送到输电线路的另一端；当输电线路处于重载状态时，源端发出的无功将无法承担输电线路的无功损耗，同时若考虑源端同步发电机或并网逆变器的输出容量限制，源端能够发出的无功将进一步减小，间接地将导致源端输出的有功也受到限制。

考虑到输电线路上的无功损耗需要由源端和荷端共同承担，由于源端无功容量限制以及负荷端一般不能主动发出无功，因此在规划时需要考虑在网络中各节点处配备静电电容器作无功补偿。记并联电容的容抗为 X_C，则静电电容器能够向系统提供的无功功率为 $Q_C = U^2 / X_C$。

一般来说，静电电容器的装设容量可大可小，在规划时常将各节点的补偿电容分设为多个挡位，根据系统有功输送需求来确定投入的并联电容的容抗 X_C。同时，静电电容器既可集中装设在某一节点上，又可以分散装设在网络中各电源节点、负荷节点以及联络节点上，分散地在各处提供无功功率，以补偿各线路上的无功损耗，从而改善系统的有功功率与无功功率传输情况。在实际系统运行时，静电电容器分组投切对系统的作用是离散的，无法做到对系统运行状态的连续调整，因此其常被用于改善系统的静态功率传输与静态潮流分布。

7.1.2 改善系统暂态稳定性

电力系统规划设计在改善系统暂态稳定性方面主要起到预防控制作用。预防控制的目标是考虑系统暂态控制能力后，确保系统在极端故障条件下仍能保持暂态稳定。因此，需要在规划层面对机组备用容量、储能容量等进行合理设计，为系统暂态过程留出充足的调节裕度。下面简要介绍规划过程中需要考虑的几个要素。

1. 储能容量规划

储能容量规划需要考虑电力系统可能出现的暂态有功缺额，防止频率暂态跌落等情况。在具体规划时，需要通过机电暂态分析方法对各类极端事件下系统的频率跌落情况进行分析，评估系统中各节点的惯量支撑水平。若某节点处惯量支撑充足，则在该节点处需要配置的储能容量就较小，反之则需要该节点处配置较大的储能容量，以保障在极端条件下可向系统提供足够的惯量支撑。

2. 配置动态无功补偿

暂态过程中动态无功补偿主要由同步调相机、STATCOM 等提供。为了使暂态过程中具备充足的无功调节容量，需要分析系统在不同故障或扰动条件下的暂态无功特性，以及受端电网或负荷中心的电压跌落情况，评估各负荷节点在暂态过程中的最大无功需求，并以此确定动态无功补偿容量。在具体操作时，还需要考虑受端电网未来负荷增长的需要，为负荷的持续增长留出裕度。

3. 直流输电规划

高压直流输电具有灵活且高度可控的特点。在暂态过程中可以根据不同的控制方式迅速调整直流输电线路的传输功率，实现紧急功率支援，从而有效改善系统的暂态稳定性。在直流输电规划中，需要考虑直流落点和直流容量两方面的规划问题。

在直流落点规划方面，若仅考虑直流功率支援的效率，忽略直流本身的故障和失效问题，则可将直流落点设置在负荷密集的负荷中心，点对点地进行功率输送，从而支撑受端电网的正常运行。然而，受端电网自身一般缺乏同步发电机电源或构网型逆变器，若直流换流站发生闭锁，需要依靠远端的同步发电机组通过交流输电线路对受端电网提供功率支援，不利于受端电网的暂态稳定性。因此，在直流落点的规划上需要在直流功率支援的高效率和发生直流闭锁等故障后受端电网的功率支撑上进行权衡。

此外，直流容量规划还需要综合考虑受端电网的负荷需求以及通过交流线路能够向受端电网提供的功率支撑大小等因素，并为受端电网的负荷增长留出一定裕度。

7.2 暂态稳定控制

由第 1 章可知，暂态稳定问题可分为暂态同步稳定问题、电压稳定问题和频率稳定问题。在实际电力系统中，三类问题分别在源侧或送端电网、负荷侧或受端电网以及弱惯性电网中凸显。暂态同步与频率稳定控制一般采用有功控制，而暂态电压稳定控制一般需要同时进行有功控制和无功控制，以满足源侧与负荷侧的功率匹配需求。虽然有功控制和无功控制的具体方法不同，但在分析控制机理、选择合理的策略或方法以及设计控制算法时，它们在方法论层面是相通的，均满足复杂动力学系统控制的朴素方法论。

本节将对暂态同步、电压和频率稳定问题的控制机理展开介绍，并在 7.3 节中以暂态频率稳定问题为例介绍具体控制方法的设计，对于暂态同步和电压稳定问题，可采用类似的思路设计控制方法。

7.2.1 暂态同步稳定控制

由第 5 章讨论电力系统暂态同步稳定分析的内容可知，当系统受到一个大的扰动时，只有当系统能量能够在暂态过程中快速收敛时，系统才能保持暂态同步稳定，这对应于等面积法则与扩展等面积法则中减速面积大于加速面积的稳定条件。因此，改善系统同步稳定性就需要尽量增大减速面积或减小加速面积。在系统运行控制层面，增大系统输送的电磁功率极限或减小暂态过程中源侧输入的功率，可以起到增大减速面积或减小加速面积的作用，从而提高系统的暂态同步稳定性，如图 7-3 所示。

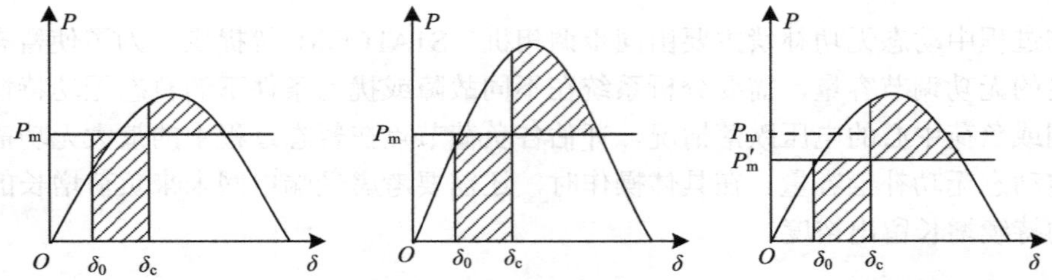

(a) 不含稳定控制　(b) 提高输送功率极限　(c) 减小源侧输入功率

图 7-3　提高暂态稳定性的出发点

下面列举一些具体的控制方法。

1. 同步发电机调速系统及原动机调速控制

电力系统受到大扰动后，同步发电机输出的电磁功率会突然变化。如果可对原动机进行灵敏、快速且准确的调节，使原动机输出的功率变化能跟上同步发电机输出的电磁功率的变化，那么同步发电机转子轴上的不平衡功率便可大大减小，从而避免电力系统发生暂态同步失稳。

但是，由于原动机调节器具有一定的机械惯性，且存在动作死区，其调节作用总有一定的迟滞，当发电机转速变化到一定值后，调节器才会动作。此外，原动机本身从调节器改变输入工质的数量，如汽轮机的蒸汽量，到原动机输出转矩发生相应的变化也需要一定的时间，因此原动机调速控制的动作速度较慢，对暂态稳定性第一个摇摆周期影响较小。

为了弥补原动机调速响应速度慢的缺点，可在原动机汽门阀上安装一些特殊设备，使原动机能够根据系统故障情况快速调节其出力，这称为原动机故障调节，如汽门快关控制等。目前，汽门快关已广泛应用于原动机故障调节中，其动作条件会综合考虑发电机转速、发电机转速变化率等因素，可在 0.3s 内关闭 50%以上的功率，使得暂态稳定极限提高 20%～30%。

原动机汽门快关对暂态同步稳定性的影响如图 7-4(a)可知，假如没有汽门快关，系统是不稳定的。当有汽门快关时，如果发生短路，保护装置或专门的检测控制装置使汽门快速动作，原动机功率迅速下降，加速面积减小，可能的减速面积增大，使系统在第一个摇摆周期内可保持暂态同步稳定。

此外，为了减小发电机振荡幅度，可以在发电机功角摇摆开始减小时重新开放汽门，如图 7-4(b)所示。在第一个振荡的后半周期重新开放汽门，可使减速面积减小，从而减小转子振荡幅度。另外，重新开放汽门还可以避免系统失去部分有功电源。

根据暂态过程中同步发电机功角变化的情况交替进行汽门开、关，例如，功角开始增大时，关闭汽门，功角开始减小时，开放汽门，即在相对速度改变符号的瞬间控制汽门的开关，将会得到更好的暂态控制效果。

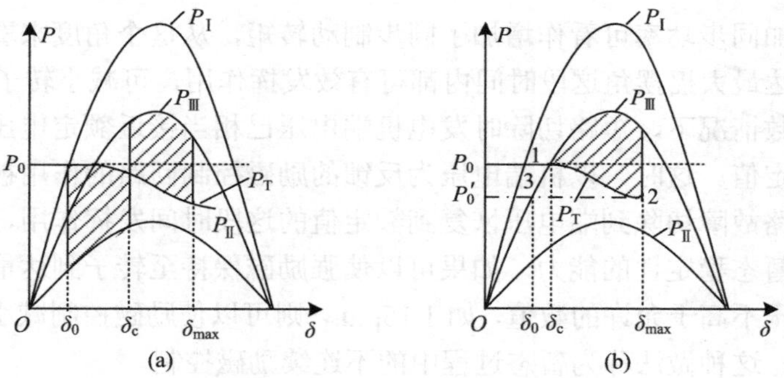

图 7-4　汽门快关的作用

2. 同步发电机励磁系统及励磁控制

系统受到大扰动时，若快速地增加发电机励磁，可使发电机内电势增加，进而增加同步功率并提高系统暂态稳定性。

高速励磁系统对于暂态稳定性的影响与励磁系统能否快速将磁场电压增加至较高水平有关。高起始响应励磁系统采用机端电压作为励磁反馈信号，通过高比例放大实现暂态过程中的高顶值强励控制，可有效提高暂态稳定性。然而，顶值电压受发电机转子绝缘的限制。对火电机组而言，顶值电压为额定负载磁场电压的 2.5～3.0 倍。此外，当励磁系统对端电压变化作出快速响应时，会减弱地区电厂振荡模式的阻尼，系统振荡问题变得更为严重，此时需要配置 PSS 来增加阻尼从而抑制系统振荡。因此，采用附加 PSS 的高起始响应励磁系统是增强全系统稳定的有效且经济的方法。

励磁系统响应对暂态稳定的影响可由图 7-5 来解释。图中比较了具有二极管整流器的交流励磁机和具有 PSS 的母线馈电式晶闸管励磁机这两种不同形式的励磁系统的发电机响应。设定干扰为靠近发电厂的主要输电线上的三相故障，并在 60ms 内切除。由图中可以看出，具有二极管整流器的交流励磁机的系统是不稳定的，而具有 PSS 的晶闸管励磁机的系统是稳定的。经过分析计算可得，具有二极管整流器的交流励磁机系统的临界故障切除时间约为 47.5ms，而具有 PSS 的晶闸管励磁机系统的临界故障切除时间约为 62.5ms。

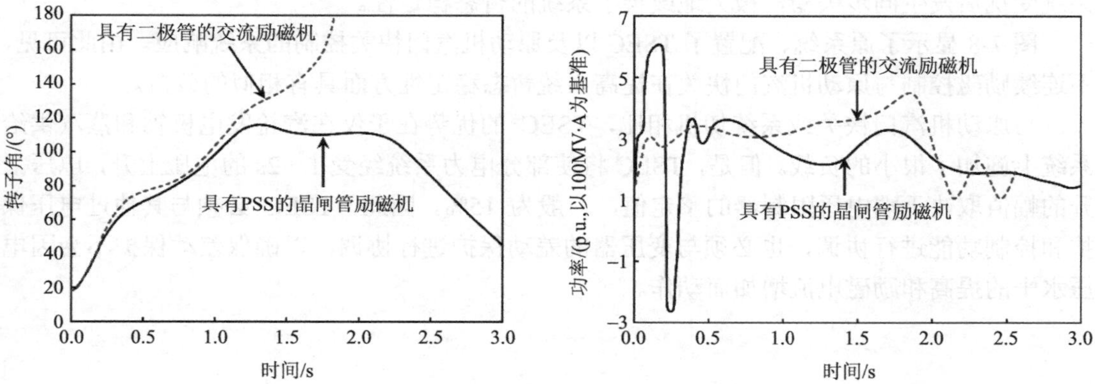

图 7-5　具有交流励磁机和母线馈电晶闸管励磁机的暂态稳定性比较

励磁系统增加同步功率可看作增加了同步制动转矩，从这个角度来看，励磁系统在短路切除至转子到达最大摇摆角这段时间内都可有效发挥作用，可减小转子最大摇摆角。

然而，在多数情况下，短路切除时发电机端电压已相当接近额定电压，并且会在很短时间内上升到额定值。这时，以机端电压为反馈的励磁控制回路的作用被削弱，导致高速励磁系统只在短路故障切除到端电压恢复到额定值的这段时间发挥作用，未能充分发挥励磁系统提高系统暂态稳定性的能力。如果可以使强励磁保持至转子到达最大摇摆角，同时保证发电机端电压不高于允许的数值，如 1.15p.u.，则可以使励磁控制减小第一摆摆幅的潜力充分发挥出来，这种做法称为暂态过程中的不连续励磁控制。

图 7-6 展示了不连续励磁控制方案的框图。图中，TSEC 回路构成一个基于就地测量的闭环控制，与 PSS 回路结合在一起，分别实现暂态和小扰动稳定控制。TSEC 回路以速度偏差信号 $\Delta\omega$ 为输入，通过具有隔直功能的积分器，将速度偏差信号积分为角度偏差信号。其中 T_{ANG} 值的选择应使特定频率范围内 TSEC 回路的输出与角度偏差成正比。当端电压下降超过预定值，磁场电压位于正向顶值，速度偏差量增加超过预定值时，继电器触点 S 将闭合，TSEC 回路开始积分并输出。当速度偏差量回落到门槛值下或励磁机出现不饱和时，继电器触点打开，之后 TSEC 回路输出积分开始下降并以时间常数 T_{ANG} 按指数曲线衰减。

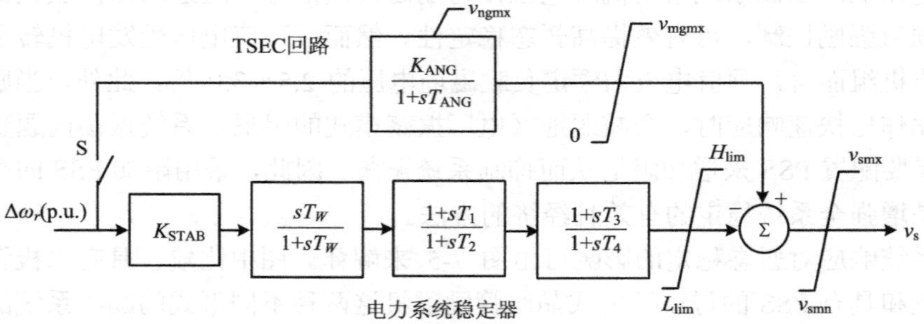

图 7-6　TSEC 方案框图

图 7-7 显示了配置 TSEC 和没有配置 TSEC 时的发电机响应。由图可知，当配置了 TSEC 后，励磁系统对端电压变化作出快速响应，并且维持了较长时间的高顶值励磁电压，避免系统受扰后发生同步失稳，极大地改善了系统的暂态稳定性。

图 7-8 显示了原系统、配置了 TSEC 以及原动机汽门快关控制的系统响应。由此可见，不连续励磁控制与原动机汽门快关在提高系统暂态稳定性方面具有相似的效益。

与原动机汽门快关或系统切机相比，TSEC 的优势在于仅在汽轮发电机轴和蒸汽供给系统上施加了很小的负载。但是，TSEC 将使部分电力系统经受 1～2s 的电压上升，电压上升的幅值取决于端电压限制器的整定值，一般为 15%。因此，TSEC 必须与其他过电压保护和控制功能进行协调，也必须与变压器的差动保护进行协调，以确保差动保护不会因电压水平的提高和励磁电流增加而动作。

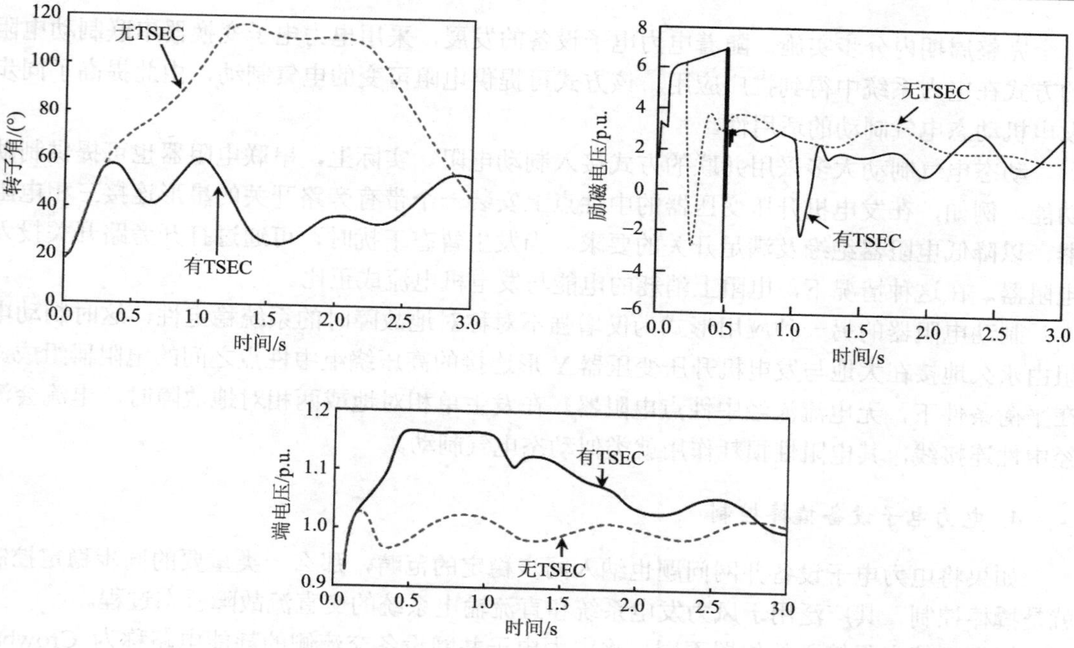

图 7-7　TSEC 对暂态稳定的影响

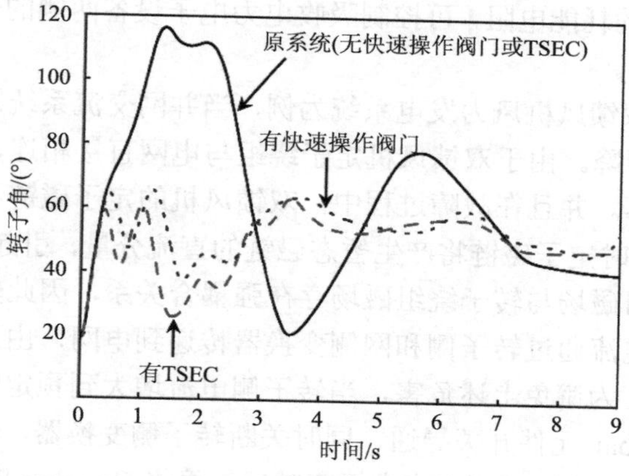

图 7-8　TSEC 和快速操作阀门对延长的系统相应的影响

3. 动态电气制动

当系统受到暂态干扰时，如果在同步发电机上施加一个人工电气负荷，那么发电机输出的电磁功率将增加，从而可抑制转子加速，改善系统暂态同步稳定性。这种控制方法称为动态电气制动。

早期的动态电气制动采用断路器开关电路实现制动电阻投入。在动态电气制动中，制动电阻一般用于远离负荷中心的水力发电站。与火电机组相比，水力机组耐冲击能力强，能承受电阻器投入时的突然冲击。如果对火电机组施加电气制动，则须仔细校核其对轴系寿命的疲劳损耗。若发现负载无法承受开关操作，则电阻器的投入必须在最低扭转模式的一个完整周期内分步实施。随着电力电子设备的发展，采用电力电子变换器串联制动电阻的方式在电力系统中得到推广应用。该方式可提供电阻可变的电气制动，由此提高了同步发电机动态电气制动的适用性。

动态电气制动大多采用并联的方式接入制动电阻。实际上，串联电阻器也可提供制动功能。例如，在发电机升压变压器的中性点上安装一个带有旁路开关的星形连接三相电阻器，以降低电阻器绝缘及满足开关的要求。当发生暂态干扰时，可通过打开旁路开关投入电阻器。在这种情况下，电阻上消耗的电能与发电机电流成正比。

制动电阻器的另一种应用形式为仅增强不对称对地故障时的系统稳定性，这时制动电阻由永久地接在大地与发电机升压变压器 Y 形连接的高压绕组中性点之间的电阻器组成。在平衡条件下，无电流流经中性点电阻器。在发生单相对地或两相对地故障时，电流会流经中性连接线，其电阻性损耗作用就类似动态电气制动。

4. 电力电子设备撬棒控制

如果将电力电子设备并网问题也纳入同步稳定的范畴，那么一类重要的同步稳定控制就是撬棒控制，其广泛用于风力发电系统和直流输电系统的交直流故障暂态过程。

根据耗能电阻接入的位置不同，将电力电子并网设备交流侧的耗能电路称为 Crowbar 电路，将直流侧的耗能电路称为 Chopper 电路或 DC Crowbar。在暂态过程中，通过控制 Crowbar/Chopper 投入的耗能电阻，可控制吸收电力电子设备两侧的暂态能量，从而维持电力电子设备的并网状态。

以图 7-9 所示的双馈风机风力发电系统为例，当并网交流系统发生短路故障时，风力发电系统并网点电压骤降。由于双馈风机定子绕组与电网直接相连，并网点电压的跌落将直接导致定子电压跌落。并且在故障过程中，双馈风机的定子磁链不能随定子电压跌落发生突变。因此，在故障时定子磁链将产生暂态磁链的直流分量，引起定子电流的大幅增加。而双馈风机的定子绕组磁场与转子绕组磁场存在强耦合关系，因此转子侧也会感应出较大的过电流。转子侧过电流通过转子侧和网侧变换器传递到电网，由过电流引起的过电压可能对变换器造成损害。为避免上述危害，当转子侧电流增大到预定的阈值时，应触发转子侧变换器的交流 Crowbar 元件开关导通，同时关断转子侧变换器，使得转子故障电流通过 Crowbar 电路进行消耗。待转子侧电流大幅衰减后，再将 Crowbar 电路从转子侧切除，同

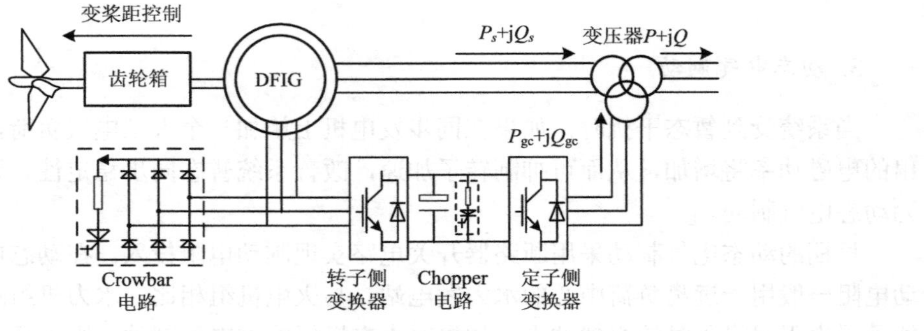

图 7-9 双馈风机风力发电系统

时检测系统电压，如果电压正常，则恢复转子侧变换器，使风力发电系统重新恢复正常运行。上述过程称为风力发电系统的低电压穿越过程。在实际逆变器装备设计时，对转子侧电流的检测可以是测电流，也可以通过测量直流回路的电压或者功率实现。

与风力发电系统并网交流系统发生短路故障相对应的是风力发电系统送出电网发生断线故障，或者双馈支路网侧变换器发生故障，导致转子侧能量无法外送的情况。在这种情况下，若不及时采取控制方式将无法外送的能量消耗掉，转子侧的能量堆积将使转子侧变换器电压升高，进而可能导致转子侧变换器损坏。因此，在风力发电系统送出电网断线或者双馈支路网侧变换器故障时，应触发转子侧逆变器的直流 Chopper 元件开关导通，使故障电流流经 Chopper 电路进行消耗。若断线故障或网侧变换器故障恢复并且风力发电系统的能量能够正常外送，则可将 Chopper 电路切除，使风力发电系统正常运行。需要注意的是，直流侧 Chopper 电路吸收故障电流只能维持转子侧变换器在故障后一段时间内的并网运行，若故障长时间没有修复，则应考虑风力发电系统停机并从电网中退出。

对于图 7-10 所示的直流输电系统，当系统发生单极闭锁时，系统中将只剩下一条直流线路进行功率送出，发生闭锁的直流线路原本传输的能量将全部转移到没有发生闭锁的直流线路上。为避免因功率盈余导致直流线路过流，当直流电路电流增大到预定的阈值时，应触发直流侧 Chopper 元件开关导通，使盈余的能量经 Chopper 电路进行消耗。但 Chopper 电路的投入只能在闭锁故障发生的初期进行能量的消耗以缓解闭锁故障给系统带来的暂态扰动。在投入 Chopper 电路的同时，系统在源端交流侧应启动相应的切机装置，并对负荷侧进行负荷调整，从而减少经直流系统送出的能量。当没有发生闭锁的直流线路上的电流恢复至正常水平时，即可将 Chopper 电路切除。

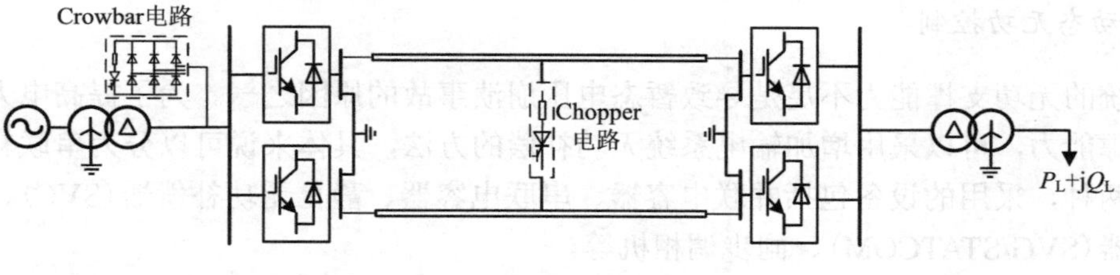

图 7-10　直流输电系统

当系统发生双极闭锁时，两条直流线路将全部从电网中退出。此时交流系统失去功率外送的能力。对交流系统来说，能量无法外送相当于切除了一个大负荷，交流侧将出现大量的功率盈余，如果没有及时采取控制手段，这将导致交流系统的电压在暂态过程中迅速抬升。因此当发生双极闭锁，并检测到交流侧电压升高到预定的阈值时，应触发交流侧 Crowbar 元件开关导通，使能量经 Crowbar 电路进行消耗。与单极闭锁类似，双极闭锁发生时，交流侧 Crowbar 电路的能量消耗只能短时间内缓解暂态扰动，在投入 Crowbar 电路的同时，应在源端配合切机措施，避免因功率无法送出而导致源端窝电及暂态稳定问题。当通过切机措施使源端电压水平恢复正常时，即可将 Crowbar 电路切除。

通过 Crowbar 或 Chopper 电路能够有效消耗单极或双极闭锁期间系统中的盈余功率，避免闭锁故障引发更加严重的暂态稳定问题。但 Crowbar 或 Chopper 电路的缺陷在于无法解决交流系统的短路故障。当交流系统发生短路故障时，即便交流侧投入 Crowbar 电路，该电路也将被短路，无法起到消耗故障期间暂态能量的作用。此时可以通过交流系统降压运行的方法降低交流系统整体电压水平，避免暂态能量的大量释放。

5. 高压直流(HVDC)输电联络线紧急功率支援

高压直流输电的换流站是高度可控的，通过控制阀控装置可快速地增大或减小高压直流输电系统传输的功率。在交流系统发生故障时，高压直流输电可有针对性地对交流系统进行紧急快速功率支援，改善交直流互联系统的暂态稳定性。

当交直流互联系统发生故障时，若快速增大高压直流的输电功率，即增大受端的输出功率，相当于在受端系统采用电气制动；若减小高压直流的输电功率，即减少受端的输出功率，相当于在送端系统切除有功负荷，或者相当于降低了受端系统原动机的输入功率。值得注意的是，若故障出现在互联电网的送端交流电网，虽然快速调节高压直流输电功率可改善送端系统的暂态稳定性，但这也会对无故障的受端系统产生影响。受端系统的波动大小取决于受端系统的动态特性。

7.2.2 暂态电压稳定控制

由第 5 章讨论电力系统暂态电压稳定分析的内容可知，暂态电压失稳本质上是由系统输送的有功或无功与负荷的有功、无功需求不匹配造成。因此，暂态电压稳定控制方法的出发点是尽可能地提高源侧与负荷侧的功率匹配程度。在系统运行层面，减小负荷需求或增加系统的有功、无功支撑都能够起到改善源侧与负荷侧功率匹配程度的作用，从而提高系统暂态电压稳定性。下面介绍几种具体的控制方法。

1. 动态无功控制

系统的无功支撑能力不足是导致暂态电压崩溃事故的原因之一。为了提高电力系统的无功支撑能力，可以采用增加输电系统无功补偿的方法，具体来说可以分为串联补偿和并联补偿两种，采用的设备包括并联电容器、串联电容器、静止无功补偿器(SVC)、静止无功发生器(SVG/STATCOM)、同步调相机等。

在实际使用中，由于串、并联电容器需要分组按挡位进行投切，难以实现无功的平滑调整，因此这两种装置无法满足动态无功控制的需求。SVC 和 STATCOM 均采用晶闸管进行输出控制，输出的无功功率能够根据调制信号进行平滑调节，因此能够满足动态无功控制的需要。同步调相机作为大容量无功电源，其本质上是一个只发出无功功率的同步发电机。通过快速调节调相机的励磁电流，使调相机工作在过励或者欠励的状态下，分别能够起到发出或吸收无功的作用。由于同步调相机的励磁电流连续可控，因此同步调相机也具备连续调节无功的能力。因此，在暂态过程中，一般采用 SVC、STATCOM 以及同步调相机等动态性能优良的设备进行无功调节。下面以 SVC 为例对动态无功补偿的作用进行分析，对于 STATCOM 或同步调相机的情况，也可以进行类似的分析。

以图 7-11 所示的简单电力系统为例，若负荷母线处投入不同容量的 SVC，可得到如图 7-12 所示的有功-电压特性曲线簇，其中，曲线 1～曲线 3 的 SVC 容量大小为曲线 1>曲线 2>曲线 3，曲线 4 为没有无功补偿的情况。

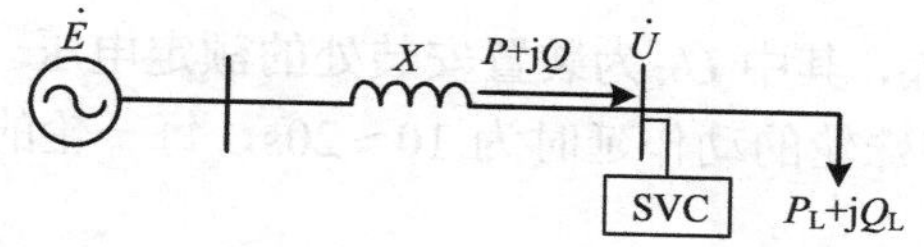

图 7-11　负荷处接入 SVC 进行无功补偿

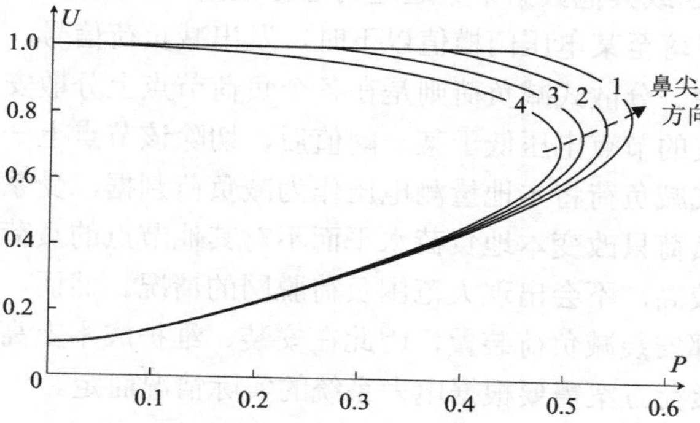

图 7-12　不同容量 SVC 对负荷节点馈入有功-电压特性的影响

从图 7-12 中可以看出，在负荷节点投入无功补偿后，负荷节点的电压在一定的负荷区间内能够保持恒定，且补偿 SVC 的容量越大，能保持电压恒定的负荷区间就越大。因此，在暂态过程中，若 SVC 装设容量足够大，通过动态调节 SVC 对负荷节点的无功支撑，可以在一定的负荷增长范围内保持负荷节点电压不变，从而提高暂态电压稳定性。

从图 7-12 中还可以看出，无功补偿容量的增大，一方面增加了系统向负荷节点的最大传输功率，另一方面也使 *P-U* 曲线的鼻尖点逐渐向上移动，即临界电压随着最大传输功率的提高而增加。这说明在源端有功容量充足的情况下，无功补偿后系统能够馈入负荷节点的有功功率增加，一定程度上缓解了电压崩溃，但过重的负荷使无功补偿后的系统运行在电压裕度较低的状态。可见负荷节点重载才是导致电压崩溃的根本原因。因此，若想要从根本上解决电压崩溃问题，在暂态过程中采用动态无功控制的同时，还需要进行运行方式的调整，将重载负荷节点的部分负荷转移到其他负荷节点上，使受端电网的负荷均匀分布。

2. 自动低压减负荷

根据第 5 章中的分析，暂态电压稳定问题的物理本质是系统功率传输能力与负荷功率需求之间的不匹配。暂态过程中，当负荷功率需求超过系统的功率传输极限时，就可能发生暂态电压失稳。因此，最直接的维持电压稳定的措施就是根据负荷节点的电压水平自动低压减负荷。

当前电力系统中自动低压减负荷装置采取的是分轮次并考虑延迟时间的分级减负荷方法。针对暂态电压稳定问题，自动低压减负荷装置一般会设置 2～5 个基本轮，并另外设置长延时的特殊轮。各轮次分别设定动作电压阈值、延迟动作时间以及减负荷量。根据各轮次的动作电压阈值不同，先由基本轮动作再由特殊轮动作进行减负荷，各轮间不应越级动作。当系统电压低于当前基本轮或特殊轮的电压设定值并满足该轮内的动作延迟时，自动低压减负荷装置便动作进行减负荷。在具体自动低压减负荷装置的配置中，各基本轮的电压级差一般为(2%～5%) U_N，其中 U_N 为装置安装处的额定电压。每一轮的动作延时根据实际情况设置为 0.2～5s，特殊轮的动作延时为 10～20s，每一轮的减负荷量需要根据电网情况计算确定。

目前，自动低压减负荷装置可分为集中式减负荷和分散式减负荷两种形式。集中式减负荷通过接收来自 EMS 或其他数据采集通道的运行数据，分析系统运行状态，当预先设置的系统关键节点电压跌落至某电压门槛值以下时，发出减负荷信号，对预先设置的某一区域内负荷进行集中切除。分散式减负荷则是在各个负荷节点上分散安装自动低压减负荷装置，当检测到装置安装的节点电压低于某一阈值后，切除该节点上一定量的负荷。相比于集中式减负荷，分散式减负荷将本地量测电压作为减负荷判据，受系统中其他节点量测信号的影响较小，且减负荷只改变本地负荷水平而不对其他节点的负荷产生影响，因此在系统整体层面上可靠性较高，不会出现大范围负荷脱网的情况。然而，由于分散式自动减负荷需要在各负荷节点都安装减负荷装置，因此在安装、维护成本上高于集中式减负荷。具体选择哪种形式的减负荷方案需要根据电力系统的实际情况而定。

3. 直流输电功率调节

送端系统通过直流输电向受端系统提供有功功率时，在送端和受端的换流站分别需要经过“交流-直流”以及“直流-交流”的换流过程。换流过程需要消耗大量的无功功率，因而对于送端和受端系统来说，换流过程的无功消耗都表现为无功负荷特性，且随着直流线路传输的有功功率增加，相应消耗的无功功率也会增加。

对于送端系统来说，直流输电线路可以看作有功和无功功率负荷。当送端系统发生故障时，一方面，减少有功功率的传输能够减少送端换流站换流过程中的无功需求，改善无功支撑不足的问题；另一方面，减小有功功率的传输相当于减小送端系统暂态过程中的有功负荷需求，亦有助于改善系统的暂态电压稳定性。

然而，对于受端系统来说，直流线路相当于容量极大的电源，对于受端电网的功率支撑有重要作用。当送端系统发生故障时，降低直流线路输送的有功功率虽然能够减少送端换流站无功需求，但其更大的影响体现为受端退出了一个大电源，导致受端系统的有功支撑大幅度减小，不利于受端系统的暂态稳定性。因此，在利用直流功率调节来改善送端系统暂态电压稳定性时，必须在受端系统配置相应的减负荷策略，保证直流线路输送功率减小后受端系统能够维持功率的供需匹配。

7.2.3　暂态频率稳定控制

由第 1 章讨论电力系统稳定问题研究体系的内容可知，系统频率是表征电网安全稳定的一项关键指标。根据我国《供电营业规则》的要求，在正常运行情况下，装机容量在 300 万千瓦及以上的大电网可接受的频率偏差为±0.2Hz，装机容量在 300 万千瓦以下的电网可接受的频率偏差为±0.5Hz。

实际上，系统频率波动表征了电力系统中有功功率与负荷需求间的平衡情况，并且与系统自身运行控制有关。当系统负荷波动或者发电机故障导致系统输出的有功功率变化时，系统频率可能会偏离额定值，甚至超出正常范围，此时若不快速地采取一定的控制措施，可能会使得系统的频率稳定性遭到破坏。

在系统运行层面，为提高系统暂态频率稳定性，可从系统惯性以及有功功率与负荷需求间的平衡两个层面来设计暂态频率控制方法。其中，前者主要利用了系统惯性阻碍频率变化进而避免频率快速地偏离至危险值的原理，相关控制方法主要包括并网逆变器 VSG 控制和并网逆变器虚拟惯性控制；而后者主要是对系统的有功功率和系统负荷进行调节，减少由于有功功率与负荷波动引起的频率偏差，相关的稳定控制方法主要包括高频切机和低频减载。下面对暂态频率稳定控制方法进行简要介绍。

1. 并网逆变器 VSG 虚拟同步机控制

风光等新能源以及直流输电系统采用并网逆变器接入交流系统。并网逆变器本身不具备机械旋转惯性。随着系统中新能源渗透率的增加，系统暂态频率和同步稳定性都将由于旋转惯量的匮乏而逐渐变差。对于构网型逆变器，若采用 VSG 控制，则在系统受扰后，并网逆变器能够以同步发电机转子运动方程的形式向系统提供惯量支撑，减缓系统受扰后的频率变化速度，以此避免系统频率在短时间内发生大幅改变。

并网逆变器 VSG 控制的基本框图如图 7-13 所示。不同 VSG 控制方式的差别主要在于是否引入有功下垂控制，电压、电流环设计精度不同以及无功功率的控制方式不同，其共同点是相位控制由控制器中转子运动方程决定，这也是 VSG 控制的核心所在。

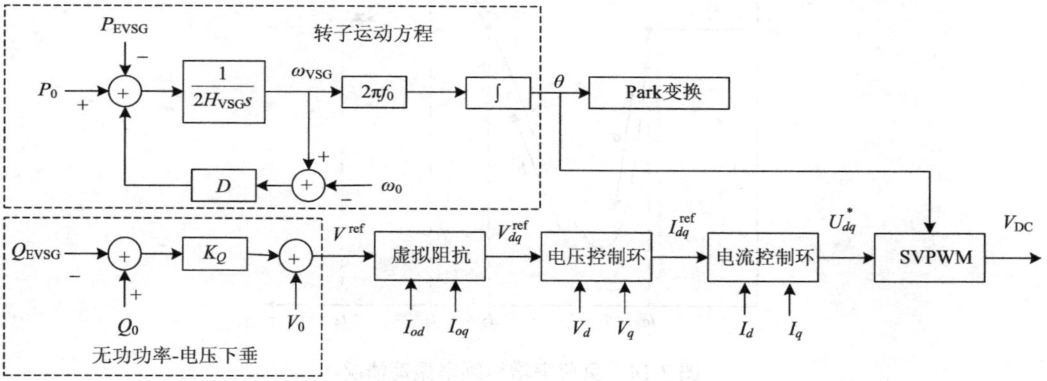

图 7-13　并网逆变器 VSG 控制的基本框图

VSG 的转子运动方程可表示为

$$\begin{cases} \dfrac{\mathrm{d}\theta}{\mathrm{d}t} = 2\pi f_0 \omega_{VSG} \\ 2H_{VSG}\dfrac{\mathrm{d}\omega_{VSG}}{\mathrm{d}t} = P_0 - P_{EVSG} - D(\omega_{VSG} - \omega_0) \end{cases} \tag{7-3}$$

式中，θ 为同步旋转坐标相对于静止坐标的角度；ω_{VSG} 为 VSG 旋转坐标的角频率，可视为 VSG 的输出频率；H_{VSG} 为虚拟惯性时间常数；P_0 为有功功率设定值；P_{EVSG} 为 VSG 的输出电磁功率；D 为等效的电气阻尼系数；ω_0 为角频率设定值，取标幺值 1.0。f_0 为频率基准值，取 50Hz。

同步发电机的转子运动方程可写为

$$\begin{cases}\dfrac{\mathrm{d}\delta}{\mathrm{d}t}=2\pi f_0(\omega_{\mathrm{SG}}-1)\\ 2H_{\mathrm{SG}}\dfrac{\mathrm{d}\omega_{\mathrm{SG}}}{\mathrm{d}t}=\dfrac{P_{\mathrm{M}}}{\omega}-\dfrac{P_{\mathrm{ESG}}}{\omega}-D_{\mathrm{SG}}\omega_{\mathrm{SG}}\end{cases} \tag{7-4}$$

式中，δ 为同步发电机功角；ω_{SG} 为转子转速；H_{SG} 为惯性时间常数；P_{M} 为输入的机械功率；P_{ESG} 为同步发电机的输出电磁功率；D_{SG} 为机械阻尼系数；f_0 为频率基准值，取 50Hz。

对比上述式(7-3)和式(7-4)可知，VSG 的转子运动方程与同步发电机的转子运动方程的形式是相似的，VSG 会具有与同步发电机类似的频率响应特性，在系统受扰时也可以为系统提供惯量支撑，以此减缓系统频率的变化速度。

2. 并网逆变器虚拟惯性控制

前面提到在并网逆变器上采用 VSG 控制可在系统受扰时提供惯量支撑，提高暂态稳定性，这实际上是在并网逆变器上施加了一个恒定的惯性。但实际上，系统的惯性并不是在任何时候都是越高越好的，更好的办法是对并网逆变器的虚拟惯性进行自适应控制。下面以图 7-14 为例说明自适应虚拟惯性控制的基本思路。

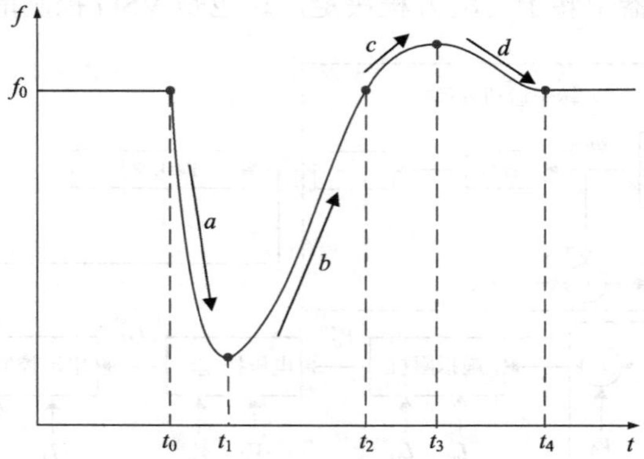

图 7-14　负荷突增后频率振荡情况

图 7-14 展示了 t_0 时刻发生负荷突增扰动后频率的振荡情况。为便于分析，将该振荡过程分为四个阶段，即阶段 $a(t_0 \sim t_1)$、阶段 $b(t_1 \sim t_2)$、阶段 $c(t_2 \sim t_3)$、阶段 $d(t_3 \sim t_4)$。

在阶段 a 中 t_0 时刻，扰动瞬间的频率变化率非常大，但此时频率偏差为零；在 $t_0 \sim t_1$ 过程中，转速变化率逐渐减小、转速偏差逐渐增大；t_1 时刻，频率变化率为零，但频率偏差很大。因此，该阶段处于加速度先突增到最大值而后不断减小的加速状态。阶段 c 也具有相似的频率动态特性。在阶段 a 和阶段 c 中，频率都偏离额定值，且频率偏差 $\Delta f\left(\Delta f = f - f_0\right)$ 与频率变化率 $\mathrm{d}f/\mathrm{d}t$ 的符号相同，频率的偏差量逐渐增大，a、c 两阶段统称为频率偏离阶段。在阶段 b 和阶段 d 中，Δf 与 $\mathrm{d}f/\mathrm{d}t$ 的符号相反，处于减速状态，且频率逐渐恢复至额定值，故将 b、d 两阶段统称为频率恢复阶段。

对并网逆变器施加虚拟惯性控制时，在频率偏移阶段应增强虚拟惯性，以此降低系统在受扰后的频率变化率 $\mathrm{d}f/\mathrm{d}t$，避免频率快速地大幅偏离额定值至危险水平；而在频率恢复阶段则应减小虚拟惯性，以此提高频率变化率 $\mathrm{d}f/\mathrm{d}t$，让频率能够较快地恢复至额定值。

下面以图 7-15 所示的仿真系统为例来说明虚拟惯性控制的效果。图中所示系统包含两个 VSG 节点，VSG1 带负载单独运行，VSG2 空载运行。1.5s 时退出 VSG2 并网预同步控制，同时闭合 VSG2 并网开关；3.0s 时，母线 2 处投入 10kW 负载。

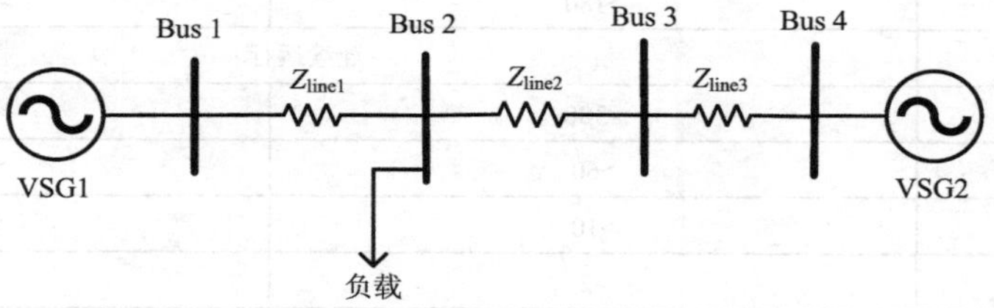

图 7-15　惯性控制仿真系统

图 7-16 显示了系统在该场景下 VSG2 的频率变化曲线。分析图中曲线可知，在 VSG 上施加了自适应惯性控制后，在频率偏离阶段 df/dt 相对变小，频率以一个较慢的速度偏离频率额定值；在频率恢复阶段，df/dt 的大小与不施加惯性控制时的大小基本相同，系统频率快速恢复到额定值。

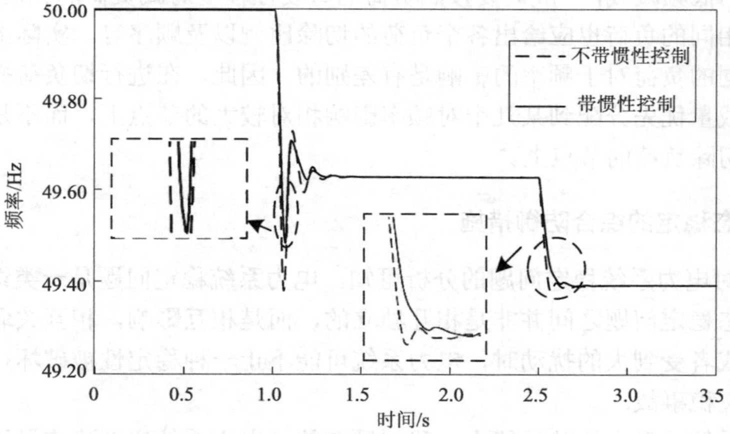

图 7-16　VSG2 频率曲线

3. 高频切机

高频切机是在电网发生严重故障或扰动后，为防止系统频率大幅升高所采取的紧急控制措施。高频切机相当于减小系统中原动机输入的功率，可有效减轻系统中有功功率过剩的问题，从而避免系统发生暂态频率失稳。

表 7-1 给出了系统中汽轮发电机频率异常时的允许运行时间。在系统发生故障或受到扰动后，当装置检测到发电机频率超出表 7-1 中允许范围的频率异常升高情况时，保护装置会在一定延时后将频率异常的机组从系统中切除。

表 7-1　汽轮发电机频率异常允许运行时间

频率范围/Hz	累计允许运行时间/min	每次允许运行时间/s
51.0～51.5	>30	>30
50.5～51.0	>180	>180
48.5～50.5	连续运行	
48.0～48.5	>300	>300
47.5～48.0	>60	>60
47.0～47.5	>10	>20
46.5～47.0	>2	>5

4. 低频减载

当系统发生故障而出现较大的功率缺额时，系统的频率将会下降。为避免系统频率持续下降，应减小系统负荷，使得系统频率恢复至正常水平。这种因系统频率过低切除部分负荷的控制方法称为低频减载。

实际系统的低频减载，一般需要按照负荷的重要性程度对减负荷的先后顺序进行排序。对于重要程度相同的负荷也应给出各个负荷的切除比例以及顺序等。实际上，在频率下降的过程中，不同的负荷对于频率的影响是有差别的。因此，在进行切负荷操作时，可以有针对性地将减载量优先分配到某几个对频率影响相对较大的节点上，而不是将减载量平均分配到所有可切除负荷的节点上。

7.2.4　提高暂态稳定的综合防御措施

由第 1 章对电力系统稳定问题的分析可知，电力系统稳定问题是一类综合性非常强的问题，各种暂态稳定问题之间并非是相互独立的，而是相互影响，相互关联。当电力系统发生严重故障或者受到大的扰动时，电力系统可能不止一种稳定性被破坏，进而有可能引发严重的暂态失稳事故。

根据电力系统承受大扰动的能力，我国颁布的《电力系统安全稳定导则》将电力系统安全稳定标准分为以下三个等级。

第一级标准：保持系统稳定运行和正常供电。

第二级标准：保持系统稳定，但允许损失部分负荷。

第三级标准：当系统不能保持稳定运行，必须尽量防止系统崩溃并减少负荷损失。

针对上述三个标准，电力系统中配置了一系列提高系统暂态稳定性的综合防御措施，形成了保障电力系统安全的三道防线。

第一道防线：通过快速可靠的继电保护，精准切除故障，保障系统可靠供电。

第二道防线：采用稳定控制装置及切机切负荷等紧急控制措施，确保电网在发生严重故障时能保持稳定运行。

第三道防线：将已失稳的系统解列为若干部分，防止事故影响范围扩大，尽可能避免大规模停电事故。

在上述三道防线中，第一道防线主要涉及的防御措施包括故障精准切除、故障快速切除以及重合闸等；第二道防线主要包括 HVDC 紧急功率支援以及切机切负荷等措施；第三道防线主要涉及系统解列等措施。其中部分措施在前述暂态稳定控制中已有介绍，下面对余下的综合防御措施进行介绍。

1. 故障快速切除

短路故障的切除时间对电力系统三类暂态稳定问题都有着重要意义。

以暂态同步稳定为例，在图 7-17 中，加快故障切除速度，意味着切除角 δ_c 将减小，可使加速面积减小并同时增大可能的减速面积，从而显著提高暂态同步稳定性。

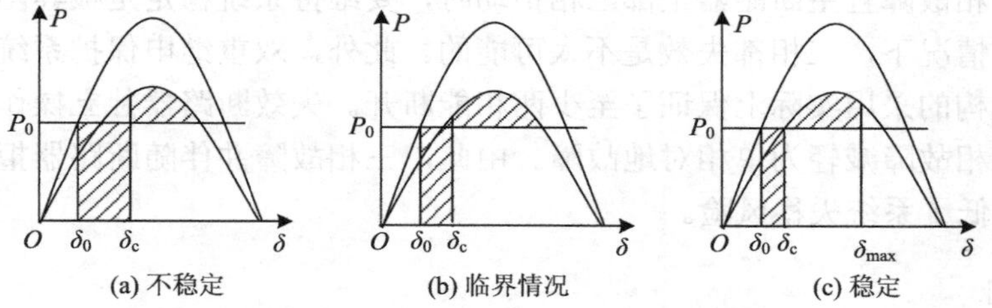

图 7-17　快速切除短路对暂态同步稳定的影响

在系统发生故障后，故障的切除时间为继电保护动作时间和开关接到跳闸脉冲到触头分开后电弧熄灭为止的时间总和。因此，要缩短短路切除时间，可从改善开关和继电保护两个方面着手。

应该指出，减少故障切除时间对暂态同步稳定性具有一定的提高效果，但具体的提高效果还与短路故障的类型有很大关系。图 7-18 显示了不同短路类型下快速切除短路故障对暂态同步稳定的作用。其中，故障均为某双回路输电线路在线路首端发生短路，并以 0s 切除故障的暂态同步稳定极限 P_{Val} 作为基准。

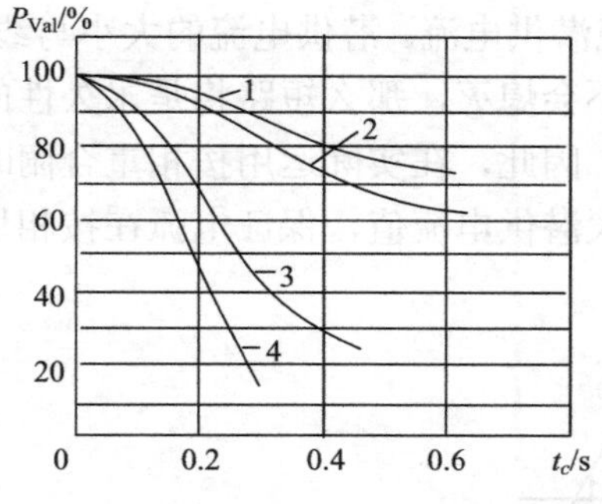

图 7-18　不同短路类型时，快速切除短路的作用

1-单相接地；2-两相短路；3-两相接地短路；4-三相短路

由图 7-18 可知，当短路地点和短路类型给定时，不同的切除时间会对应不同的暂态同步稳定极限值。当切除时间从 0.2s 缩短到 0.1s 时，对于三相短路，P_{Val} 从 45%提高到 82%，而对于单相接地则仅由 94%提高到 98%。这是因为当发生严重短路，同步发电机转子上的不平衡功率较大时，减少切除时间能较大程度地减小加速动能，进而提高暂态同步稳定极

限值。

2. 故障精准切除

故障精准切除指对断路器的每一相采用分离机械装置，使得三相合、断相互间独立，实现按相操作。在采用故障精准切除装置后，当某一相失效时，其他两相的操作不会受到限制。虽然断路器各相间相互独立地操作，但通常继电保护系统设计成对任何类型故障都三相跳闸。

按相操作保护装置能够降低故障下断路器拒动的可能性和严重性，提高系统暂态稳定性。当发生三相故障且主断路器全部三相拒动时，要维持系统稳定是极其困难的，而在断路器按相操作情况下，三相都失效是不太可能的。此外，双重继电保护系统、断路器跳闸线圈及操动机构的采用实际上保证了至少两相能断开。失效断路器独立操作，当两相断开时就将一个三相故障减轻为单相对地故障。由此，三相故障并伴随断路器拒动的严重性就大大减小，降低了系统失稳风险。

3. 重合闸

电力系统的短路故障，特别是高压电力网的短路故障，绝大多数是单相短路故障。因此，当系统发生短路故障时，没有必要把三相导线都从电网中切除，而是应该通过继电保护装置判别出故障相后将其切除，并且应在此基础上配置按相重合闸。按相切除故障并采用重合闸，可以提高电力系统的暂态稳定性，这对单回路输电系统具有特别重要的意义。

以暂态同步稳定为例，图 7-19 表明了输电线路按相自动重合闸的作用。图中，$P_{\text{Ⅲ}}$为切除一相导线后的功率特性。此时同步发电机可能的减速面积将比没有重合闸时更大。

应特别注意的是，当采用按相重合闸并且短路相被切除时，其他完好的两相导线仍然带电。由于相间电容耦合作用(图 7-20)，被切除相仍然有相当高的电压，使电弧不易熄灭。同时，由于相间电容的作用，从完好相经过相间耦合电容到故障相，再经过短路点到大地，会形成电容电流的通路，出现潜供电流。潜供电流的大小与线路的长度及其额定电压有关，当其超过一定值时，电弧将不会熄灭，那么短路将是永久性的，这时如果采用重合闸，则会把有故障的线路投入电网。因此，在实际运用按相重合闸时，应根据不同电压等级的输电线路计算校核其允许的最大潜供电流值，保证电弧在按相切除后能够熄灭，使按相重合闸成功。

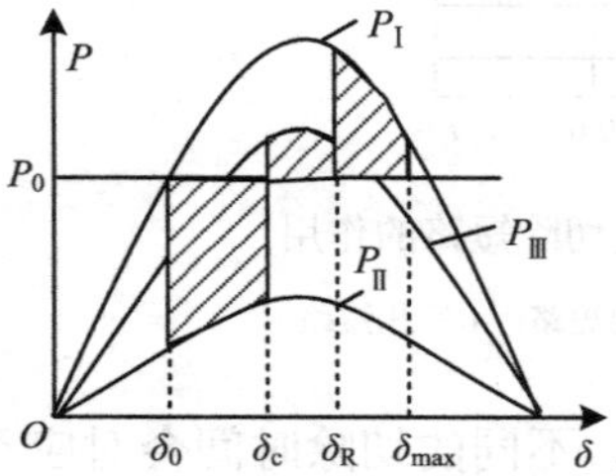

图 7-19　按相自动重合闸的作用

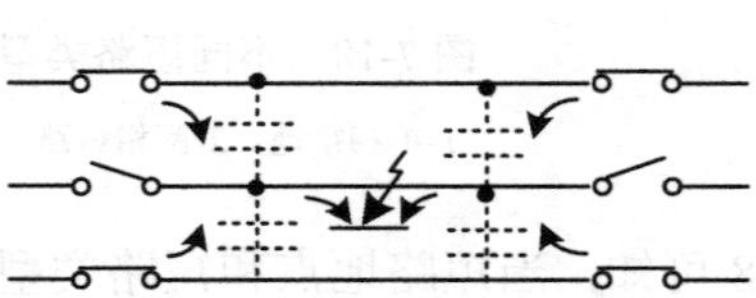

图 7-20　线路电容产生的潜供电流

此外，如果短路故障不是闪络放电而是永久性的，如线路绝缘被破坏、外物引起短路等，重合闸时系统会再次受到短路故障的冲击，这将大大恶化甚至破坏系统暂态稳定性。为此，必须针对这一恶化情况事先制定出相应的应急措施，以避免系统失稳。

4. 切机切负荷

互联电力系统发生联络线故障或其他严重故障将会使得系统产生不平衡功率，危害系统的暂态稳定性。假如能减小暂态过程中系统全局的不平衡功率，可有效提高系统暂态稳定性。一般可以从增加发电机的电磁功率、减少原动机输入功率、减少负荷需要的电磁功率等多方面着手。

如果系统备用容量足够，在切除故障线路的同时，连锁切除部分发电机是一种减少原动机输入功率的简单且有效的措施。

图 7-21 显示了在暂态过程中切除部分发电机对系统暂态同步稳定性的影响。从图中可以看出，当线路送端发生三相短路时，如果不切除发电机，则由于加速面积大于可能的减速面积，系统是不稳定的。如果在切除短路线路后接着切除一台发电机，则相当于等值发电机组的原动机输入功率减少了 1/3。虽然这时等值发电机的电抗也增大了，致使发电机功率特性略有下降，但是，总的来说，切除一台发电机后极大地增加了可能的减速面积，使得系统能够保持暂态同步稳定。

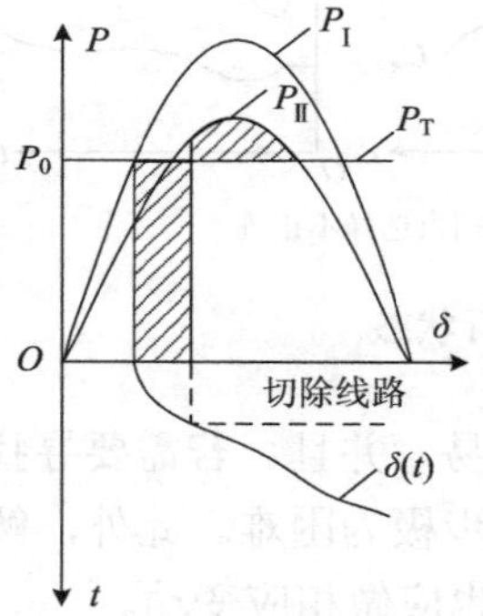

(a) 不切除发电机

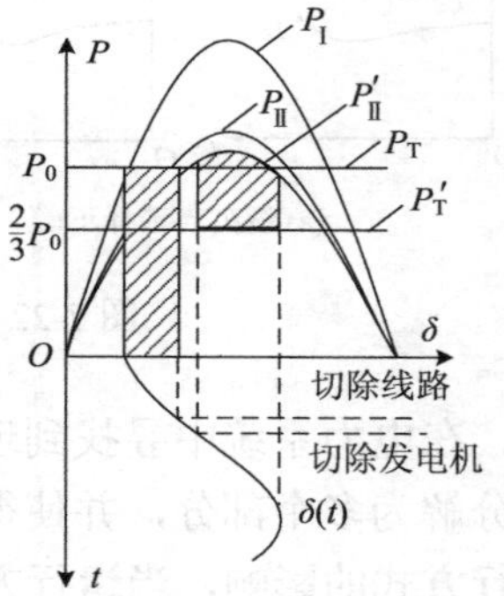

(b) 切除一台发电机

图 7-21　切除部分发电机对暂态同步稳定的影响

应该指出，切除部分发电机后系统频率和电压将会下降。如果切除的发电机容量较大，虽然在暂态过程的初期阶段可以保持各发电机之间的同步，但是在后续阶段有可能引发系统频率和电压过分下降，导致频率崩溃或电压崩溃，最终使得系统失去稳定。为防止这种情况发生，在切除部分发电机之后，应根据频率和电压下降的情况来切除部分负荷。

此外，对火电站来说，从切机到故障后的恢复将带来较大的热力和燃料损失，使得系统运行的经济效益降低，因此首先考虑将切机措施运用于水电站中。

5. 系统解列

当电力系统出现超过校验规定的严重故障，或者出现事前未预料到的严重扰动时，系统可能会失去稳定，波及整个电力系统。为了尽可能降低由此带来的损失，可采用系统解列作为应急控制方法，尽可能保证对部分用户的可靠供电。

系统解列就是在已经失去同步的电力系统中的适当地点断开互联开关，把系统分解成几个独立的、各自保持同步的部分。这样，各部分可以继续同步地工作，保证对用户的供电。在事故消除后，经过调整，再把各部分并列起来，恢复正常运行方式。

在系统解列时，应选择合适的解列点使得解列后系统各部分电源和负荷大致平衡，否则，解列后某些部分系统的频率和电压可能会过分降低或升高，导致解列后的系统无法保持稳定运行。

图 7-22 显示了在不同解列点下系统频率和电压的变化趋势。其中，图 7-22(a)表示选择了正确的解列点，系统频率和电压最终维持在正常幅值范围内；而图 7-22(b)表示选择了错误的解列点，导致解列后两部分系统的频率和电压过低或过高。

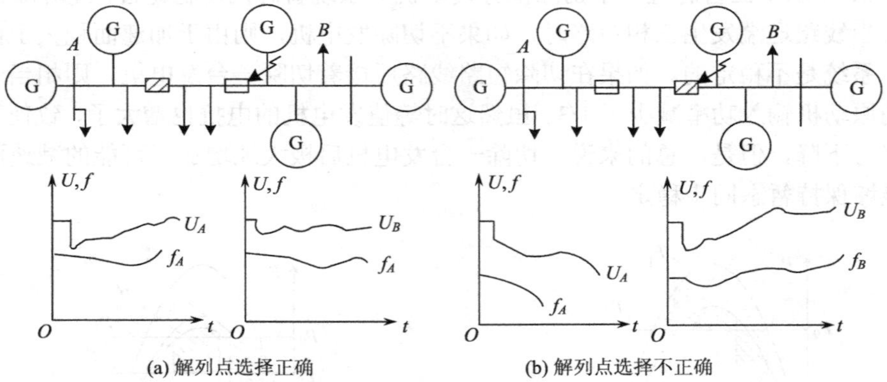

图 7-22　不同解列点下系统运行状态

实际上，在电力系统中寻找到理想的解列点并不容易。并且，若需要寻找多个解列点将复杂系统分解为多个部分，并使得每个部分都能自同步极为困难。此外，解列点的选择还会受到运行方式的影响，当运行方式改变时，解列点也应做相应变动。

7.3　暂态稳定控制器设计方法简介

暂态稳定控制方法的设计在工程中遵循“离线计算、在线匹配”的思想，即暂态稳定控制装置按预先设计好的控制策略实施控制。

控制策略是在预想的各种工况和故障条件下运用离线稳定分析方法确定系统应该采取的暂态稳定控制措施，并在此基础上归纳、整理而成。对于离散控制而言，当电力系统发生故障时，由稳定控制装置根据故障前运行工况、实际故障信息以及策略表，通过匹配得到相应的控制措施并付诸实施。

除“离线计算、在线匹配”的思想外，“在线预算、实时匹配”的思想也引起了广泛的重视和研究。具体地，根据系统运行的实际工况，预想各种可能的故障，用快速筛选算法对预想故障全集进行快速筛选后，对于可能引起系统不稳定的预想事故进行详细的仿真计算，判断系统是否失稳并给出相应的控制策略。对于综合防御措施中的安全稳定策略表，其更新时间通常要求为 5～10min。

无论是“离线计算、在线匹配”，还是“在线预算、实时匹配”，都需要生成控制策略，区别仅在于策略的生成方式不同，其中前者是离线手工生成，后者是在线自动生成。无论采取哪种方式生成控制策略，当发生故障时，都要根据控制策略计算或查询相应的暂态稳定控制措施。

通过分析计算制定控制策略的思路不仅可应用于离散稳定控制装置的配置，还可以应用于连续反馈控制算法的设计，其中一个典型的例子是 VSG 的自适应惯性控制。

对 7.2.3 节中讨论的惯性控制问题，考虑到暂态过程中频率控制的目标是同时调整频率偏差和频率变化率的大小，因此可在频率偏差和频率变化率构成的二维空间制定惯性调节策略，实现频率控制。

为了更好地解释惯性控制机理，图 7-23 给出了惯性控制的时序过程。图中采用频率偏差量 Δf 和频率变化率 $\mathrm{d}f/\mathrm{d}t$ 来刻画任一时刻的频率状态，即在以频率变化率为横坐标、频率偏差为纵坐标构成的二维坐标系中，标出频率随时间变化曲线上的任一点。二维坐标系中，圆点表示当前时刻频率对应的 Δf 与 $\mathrm{d}f/\mathrm{d}t$ 的大小，实线表示未施加控制时频率的轨迹，方框表示希望通过控制达到的状态区域，虚线表示通过控制使频率从当前状态转移到目标区域的轨迹。由此可将惯性控制的时序过程转化为目标动态调整的自适应控制过程。

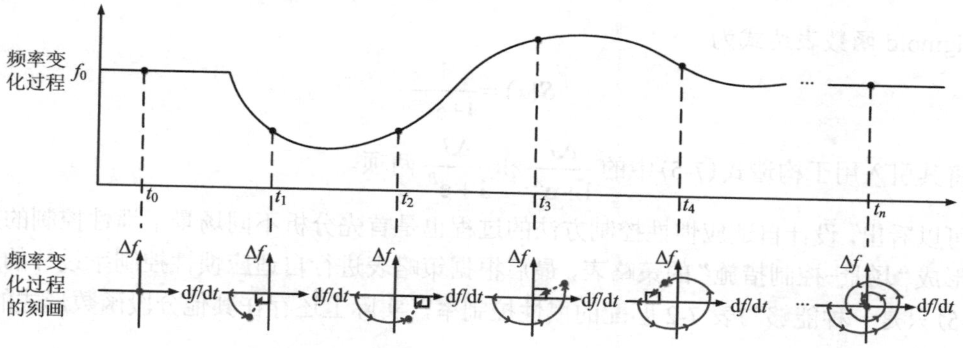

图 7-23　惯性控制时序过程示意图

为实现上述控制目标，结合 7.1.2 节的分析，在频率偏离阶段，$\Delta\omega$ 与 $\mathrm{d}\omega/\mathrm{d}t$ 虽同号，但两者大小的变化过程不一致，$\Delta\omega$ 不断增大，$\mathrm{d}\omega/\mathrm{d}t$ 起初较大而后不断减小，应当设计较大的虚拟惯性以阻碍频率的骤变。在频率恢复阶段，为使频率尽快恢复到额定值，需要设计较小的虚拟惯性。整个振荡过程自适应虚拟惯性的控制策略如表 7-2 所示。

表 7-2　自适应虚拟惯性控制策略

阶段		$\Delta\omega$	$\mathrm{d}\omega/\mathrm{d}t$	$\Delta\omega\cdot\mathrm{d}\omega/\mathrm{d}t$	状态	虚拟惯性
频率偏离阶段	a	<0	<0	>0	加速状态	增大(>J)
	c	>0	>0	>0	加速状态	增大(>J)
频率恢复阶段	b	>0	<0	<0	减速状态	减小(<J)
	d	<0	>0	<0	减速状态	减小(<J)

鉴于 $\Delta\omega$ 与 $\mathrm{d}\omega/\mathrm{d}t$ 从不同的维度描述频率振荡过程，为了充分利用它们的控制能力，需要分别构建虚拟惯性与 $\Delta\omega$ 及 $\mathrm{d}\omega/\mathrm{d}t$ 的关系，并对两者采用加权和的方式，如下所示：

$$J_{\mathrm{V}}=\begin{cases}\dfrac{1}{2}\left(\dfrac{\Delta J}{1+\mathrm{e}^{A}}+J_{\min}+\dfrac{\Delta J}{1+\mathrm{e}^{B}}+J_{\min}\right), & |\Delta\omega|>\omega_{\mathrm{th}}\\ J_0, & |\Delta\omega|\leqslant\omega_{\mathrm{th}}\end{cases}\tag{7-5}$$

其中

$$\begin{gathered}\Delta J=J_{\max}-J_{\min}\\ \Delta J_1=J_{\max}-J_0\\ \Delta J_2=J_0-J_{\min}\\ A=L+\ln\left(\frac{\Delta J_1}{\Delta J_2}\right),\quad B=M+\ln\left(\frac{\Delta J_1}{\Delta J_2}\right)\\ L=-2\sinh(\Delta\omega)\mathrm{sign}(\mathrm{d}\omega/\mathrm{d}t)\\ M=-2\sinh(\mathrm{d}\omega/\mathrm{d}t)\mathrm{sign}(\Delta\omega)\end{gathered}\tag{7-6}$$

式中，J_0 为电压型 VSG 虚拟惯性稳态值；$J_{\max}$、$J_{\min}$ 分别为电压型 VSG 虚拟惯性的最大值与最小值；ω_{th} 为转速偏差阈值；$\mathrm{sign}(x)$ 为符号函数；$\sinh(x)$ 为双曲正弦函数，即

$$\sinh(x)=\frac{\mathrm{e}^{x}-\mathrm{e}^{-x}}{2}\tag{7-7}$$

sigmoid 函数表达式为

$$S(x)=\frac{1}{1+\mathrm{e}^{-x}}\tag{7-8}$$

此处将其引入用于构造式(7-5)中的 $\dfrac{\Delta J}{1+\mathrm{e}^{A}}$ 和 $\dfrac{\Delta J}{1+\mathrm{e}^{B}}$ 两项。

可以看出，设计自适应惯性控制方法的过程也是首先分析不同场景下惯性控制的措施，其次形成“场景-控制措施”的策略表，最后根据策略表进行自适应惯性控制率设计的过程。式(7-5)只是一种能够与表 7-2 匹配的惯性控制率，实际上还存在其他分段函数形式的自适应控制率。

7.4　振荡稳定控制

在第 1 章中提到，高比例电力电子电力系统包含多种类型的动态元件，除源侧的同步发电机、风光等电力电子并网设备外，还有网侧的直流换流站、并网储能以及负荷侧的异步电机、变频负荷等，由此带来各类设备自然特性和控制特性的相互耦合，在暂态过程中呈现出复杂的振荡问题。

从机理上讲，振荡问题的发生大都由于系统内动态元件之间存在正反馈作用，从而引起系统内元件动态行为出现反复，包括单一设备内多个控制器之间控制闭环不稳定性引起的振荡、小范围内不同设备多个控制器通过网络相互作用引起的振荡、单个设备控制环节与电网相互作用引起的电磁谐振、单个设备机械环节与电网相互作用引起的机电扭振、单个设备功率控制环节与电网相互作用引起的功率振荡、不同设备机械环节或控制环节通过

电网相互作用引起的机电扭振、不同设备功率环节或功率控制环节通过电网相互作用引起的功率振荡、设备群体之间通过电网相互作用引起的功率振荡以及由于振荡传播引起的强迫振荡等。

各类振荡问题在不涉及分岔现象时均可采用特征分析法和阻抗法进行分析，对于功率控制环节的振荡还可以采用复转矩系数法进行分析。对于采用特征分析法的场景，振荡稳定机理均可表征为待分析系统存在阻尼比为负或者阻尼比虽然为正但接近零的特征根。因此，其稳定控制思路是在不恶化其他特征根的前提下通过改善运行条件或新增反馈控制提高相应特征根的阻尼比。对于采用阻抗法和复转矩系数法的场景，可根据其与特征分析法的映射等价关系，采取带相位补偿的负反馈控制措施等思路。

考虑到各类振荡问题的控制机理具有相似性，本节以同步发电机转子与电网相互作用引起的低频机电功率振荡为例，阐述抑制电力系统振荡的方法，其他类型的振荡抑制方法可类比相应的方法论获得。

大量分析表明，电力系统低频机电功率振荡阻尼主要与系统中送受端电气距离以及控制系统引起的附加阻尼转矩有关。为提高系统低频机电功率振荡的稳定性，可以在系统规划设计层面减小系统送受端电气距离，或者在系统运行控制层面设计合适的阻尼控制器增强系统振荡阻尼。其中，系统规划设计层面的方法主要包括：

(1) 增强网架结构，缩短送受端电气距离和减少重负荷输电线，减小送受端转子角差。

(2) 采用串联补偿电容，缩短送、受电端的电气距离。

(3) 采用直流输电隔离，避免送受端间的功率振荡。

系统运行控制层面的方法主要包括：

(1) 在同步发电机侧采用 PSS 励磁附加控制，适当整定 PSS 参数以抑制低频振荡。

(2) 在电网重要无功支撑点采用 SVC/SVG 附加阻尼控制提供附加阻尼。

(3) 在交直流电网的直流换流站处采用 HVDC 直流功率调制附加阻尼控制提供附加阻尼。

(4) 在各类电力电子构网型逆变器中附加阻尼控制提供附加阻尼。

相比系统规划设计层面的策略而言，系统运行控制层面的方法具有价格低、易实现、易维修以及性能良好、经济效益显著等明显优点，在实际电力系统中得到广泛应用。因此，本节将主要介绍通过附加阻尼控制提高系统振荡稳定性的方法，包括同步发电机励磁附加控制、高压直流输电联络线功率调制附加阻尼控制，以及静止无功补偿器附加阻尼控制。

7.4.1　同步发电机励磁附加控制

同步发电机励磁附加控制即在同步发电机励磁参考电压处增加电力系统稳定器 PSS，通过 PSS 输出附加励磁调节信号，从而通过励磁控制在转子运动方程中形成一个与转子速度偏差同相位的电扭矩分量，增加发电机转子振荡时的阻尼。

值得注意的是，PSS 可分为本地 PSS 以及广域 PSS 两类，如图 7-24 所示。

图 7-24 中，顶部为发电机励磁控制，其输入信号为机端电压 U_{L}；中间部分为本地 PSS 控制，输入信号为发电机机械轴速度；底部为广域 PSS 控制，可采用区间联络线功率变化 ΔP_{line}、角速度差 $\Delta\omega_{\mathrm{remote}}$ 以及相关功角差 $\Delta\delta_{\mathrm{remote}}$ 构成反馈。其中，$\boldsymbol{K}_{\mathrm{WADC}}=\left[K_{\Delta P},K_{\Delta\omega},K_{\Delta\delta}\right]$ 是一个平行于本地 PSS 控制器的附加控制环节，控制器的输出信号 V_{s} 将作用到励磁控

制器上。

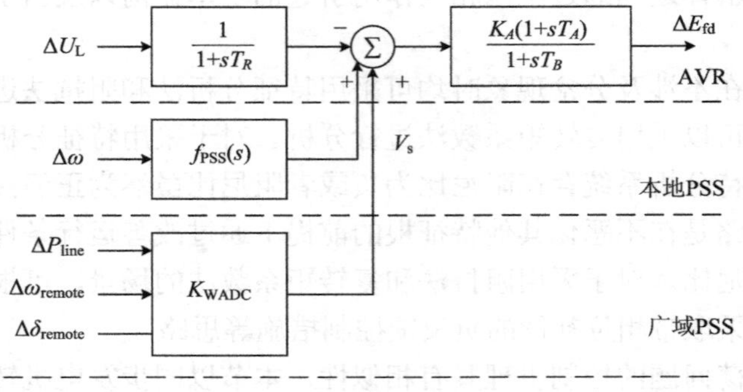

图 7-24　包含本地 PSS 和广域 PSS 的快速励磁系统

本地 PSS 采用本地量测信号，如发电机机械轴速度、有功功率积分值以及发电机机端频率作为输入信号，对抑制单台同步机与系统的振荡有较好效果，但不能很好地反映区间振荡模式，导致控制系统虽然能抑制本地振荡，但有时难以有效抑制区间振荡。广域 PSS 控制系统可利用广域量测系统采集所需的相对功角差和角速度差等广域量测信号，并且可向各个分散布置的 PSS 提供全局信息，使其能够有效抑制本地和区间两种模式的低频振荡。但实际上，无论是本地 PSS 还是广域 PSS，它们对电力系统振荡的影响机理是一致的，都通过产生正的附加阻尼转矩来抑制系统振荡，提高系统振荡稳定性。

下面以图 7-25 所示的系统为例来说明 PSS 对抑制系统振荡的作用。系统共含 4 台同步发电机，并且覆盖了两个区域，区域间通过交流联络线相连。假设区域间交流联络线发生持续时间为 50ms 的三相短路故障。

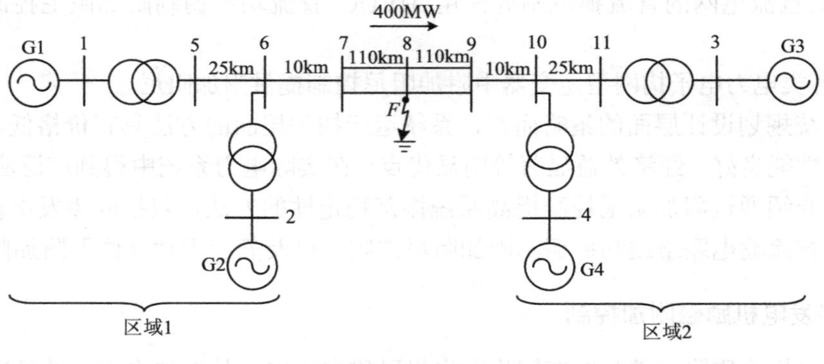

图 7-25　简单两区域系统

1. 所有同步发电机均配有 PSS

系统中 4 台同步发电机均采用了包含 PSS 的晶闸管式快速励磁控制器，结构如图 7-26 所示，其中省略了限幅环节，AVR 参数为 $K_A = 200$、$T_R = 0.01\text{s}$、$T_A = 0\text{s}$、$T_B = 0.01\text{s}$，$E_{fd_{max}} = 5.64$、$E_{fd_{min}} = -4.53$。

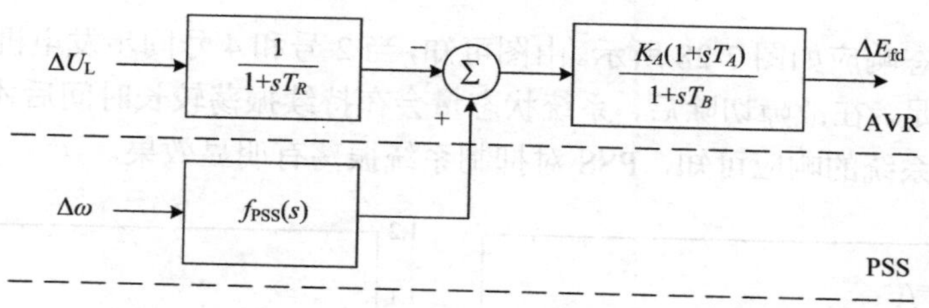

图 7-26　包括 PSS 的晶闸管式快速励磁系统

机组采用本地 PSS，输入信号为同步机组的角速度，传递函数 $f_{PSS}(s)$ 设置如下：

$$f_{PSS}(s)=30\frac{10s(1+0.05s)(1+3.0s)}{(1+10s)(1+0.03s)(1+5.4s)} \tag{7-9}$$

阻尼控制的限幅范围为–0.1～0.2p.u.。

在发生短路后，系统的动态响应如图 7-27 所示。图中分别显示了区域间交流联络线功率、联络线电压以及 4 号发电机转速的变化曲线。由图可知，当所有同步发电机均配置有 PSS 时，在故障切除后系统运行状态将快速趋于稳定。

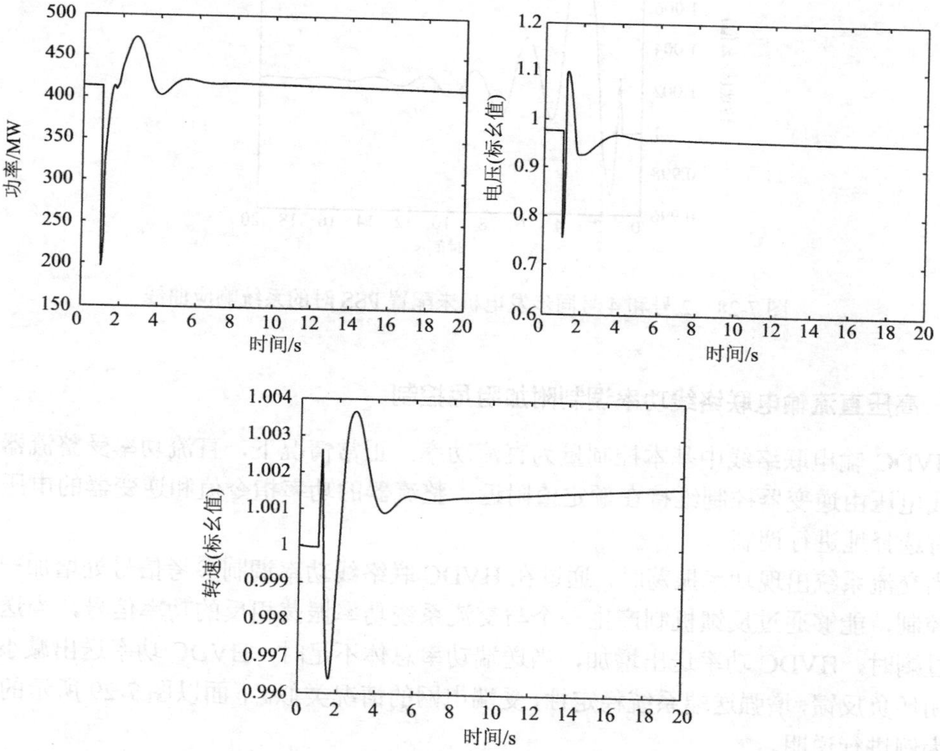

图 7-27　所有同步发电机均配有 PSS 时的系统响应曲线

2. 2 号机和 4 号机上未配置 PSS

假若系统中只有 1 号和 3 号同步发电机配有 PSS，而 2 号和 4 号同步发电机未配置 PSS，系统短路后的动态响应如图 7-28 所示。由图可知，当 2 号和 4 号同步发电机未配置 PSS 时，系统振荡阻尼不足，在故障切除后，系统状态量会在持续振荡较长时间后才最终趋于稳定。对比两种情况下系统的响应可知，PSS 对抑制系统振荡有明显效果。

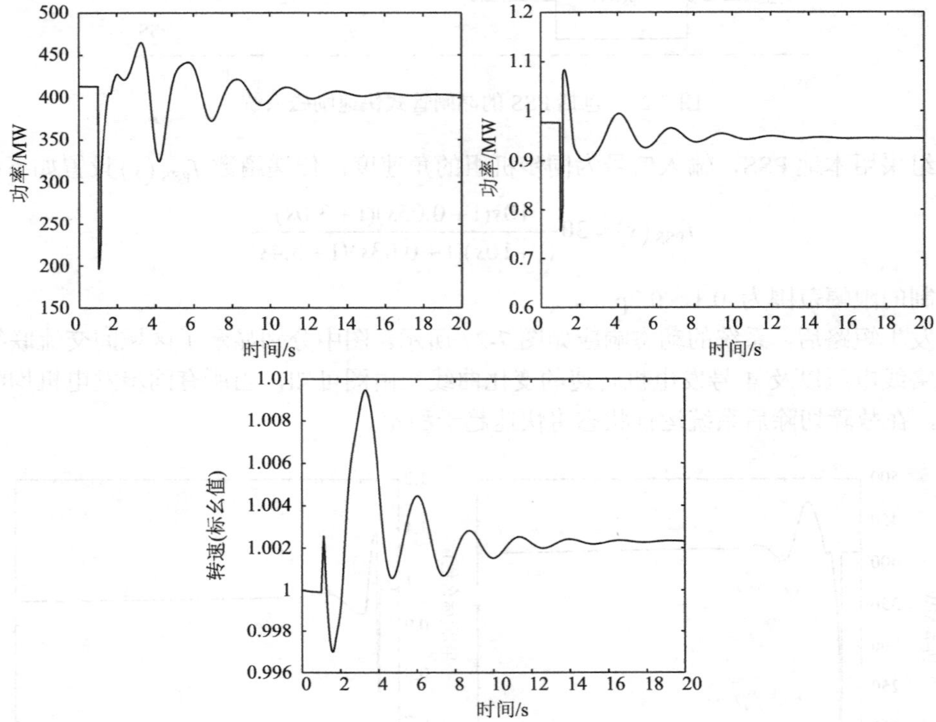

图 7-28　2 号和 4 号同步发电机未配置 PSS 时的系统响应曲线

7.4.2　高压直流输电联络线功率调制附加阻尼控制

HVDC 输电联络线中基本控制量为直流功率。正常情况下，直流功率受整流器控制，直流线电压由逆变器控制维持在额定值附近。整流器的功率指令值和逆变器的电压指令值均可有选择地进行调制。

当交流系统出现功率振荡时，通过在 HVDC 联络线功率调制参考信号处增加一个附加阻尼控制，能够通过反馈机制产生一个与交流系统功率振荡相反的功率信号，当送端功率总体过剩时，HVDC 功率送出增加，当送端功率总体不足时，HVDC 功率送出减小，从而形成闭环负反馈，增强送端系统稳定性，受端电网的情况类似。下面以图 7-29 所示的 HVDC 系统为例进行说明。

图 7-29 所示系统为一个简单两区域系统。母线 7 和母线 9 间存在一条 200MW 的直流双极联络线，与两回交流联络线并列运行。直流联络线可用额定电压为 56kV、额定电流为 3600A 的一条单极联络线表示。直流线路电阻为 1.5Ω，电感为 100mH，与每台换流器有关的换相电抗 X_C 为 0.57Ω。线路每侧均有一个 50mH 的平波电抗器。

下面分别讨论具有或不具有直流联络线功率调制附加阻尼控制的系统的性能。

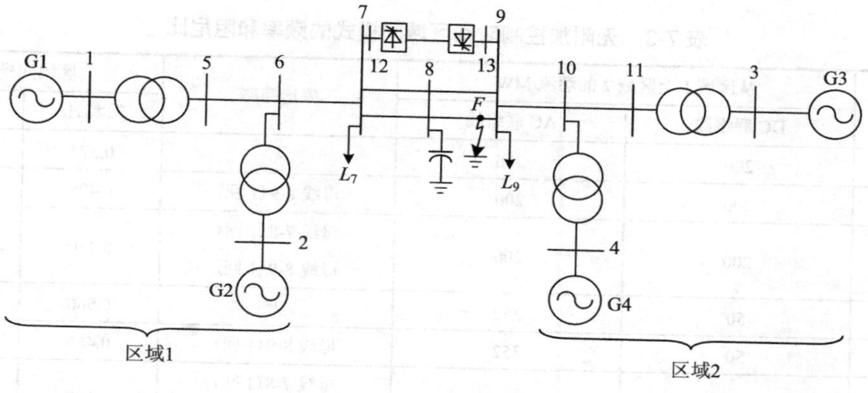

图 7-29　具有并行直流和交流联络线的两区域系统

1. HVDC 不具有功率调制附加阻尼控制

若 HVDC 不带有附加控制，当母线 8 和母线 9 间的一回线路上近母线 9 处发生三相故障，且故障回路在 83ms 予以隔离时，系统相关状态量的响应如图 7-30 和图 7-31 所示。由图可知，虽然系统是暂态稳定的，但是由于区域 1 和区域 2 发电机间的振荡阻尼非常小，系统状态量将长时间持续振荡。

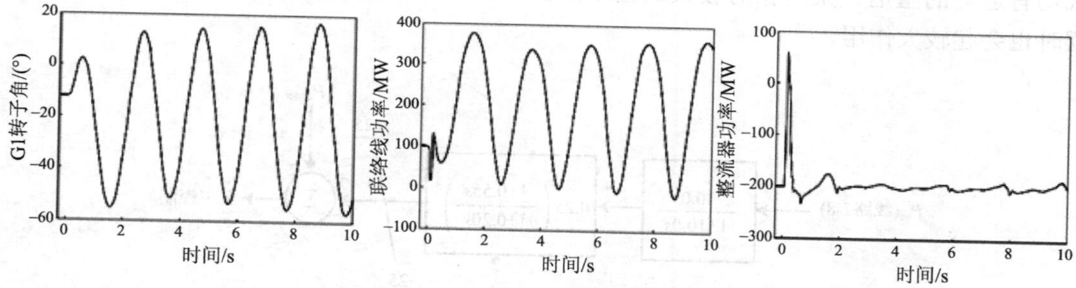

图 7-30　无附加阻尼控制时近逆变器处交流系统故障的系统响应

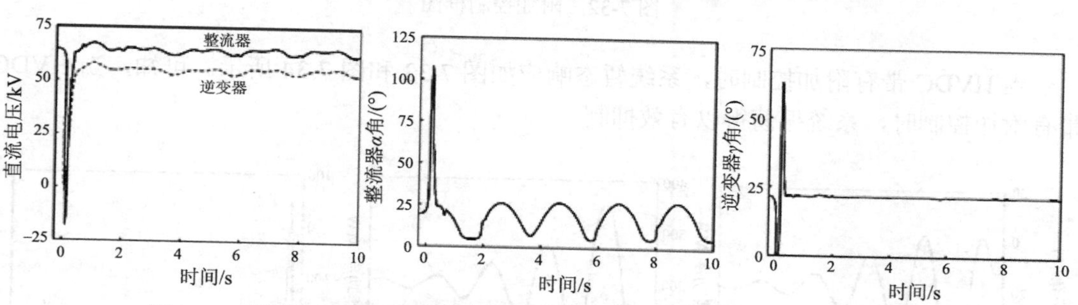

图 7-31　无附加阻尼控制时近逆变器处交流系统故障的 HVDC 联络线响应

表 7-3 列出了不同系统工况下的区域间模式的频率和阻尼比，可见区域间模式阻尼较差或为负阻尼。

表 7-3　无附加控制时间区域间模式的频率和阻尼比

算例号	从区域 1 至区域 2 的潮流/MW		停运回路	区域间模式	
	DC 联络线	AC 联络线		频率/Hz	ξ
1(a)	200	200	无	0.575	0.0076
1(b)	200	200	母线 8-9(1 回)	0.495	–0.0054
1(c)	200	200	母线 7-8(1 回) 母线 8-9(1 回)	0.440	–0.0167
2(a)	50	352	无	0.560	0.0052
2(b)	50	352	母线 8-9(1 回)	0.466	–0.0110
2(c)	50	352	母线 7-8(1 回) 母线 8-9(1 回)	0.397	–0.0254

2. HVDC 具有功率调制附加阻尼控制

HVDC 附加控制的框图如图 7-32 所示。基于可观性考虑，流经母线 7 与母线 8 间线路上的有功功率被选择为反馈信号。图中隔直环节的时间常数为 10s。按复频率(–0.64±j3.1)来选择相位超前环节的参数，以提供 100°的相位补偿，增益为 0.25，可确保对所有系统模式均有适当的阻尼。采用相对较大的输出限值(±25MW)使附加控制器在系统发生大的摇摆时也会起较大作用。

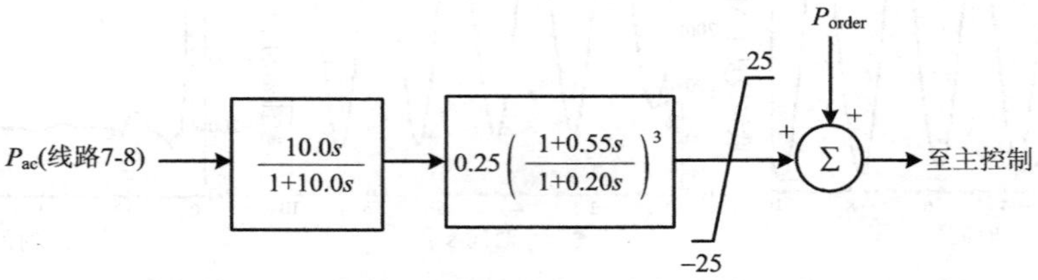

图 7-32　附加控制框图

当 HVDC 带有附加控制时，系统暂态响应如图 7-33 和图 7-34 所示。可知，当 HVDC 带有附加控制时，系统振荡得以有效抑制。

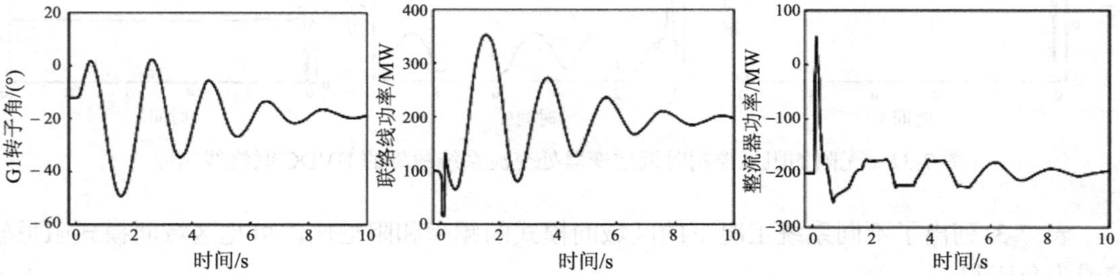

图 7-33　具有附加阻尼控制时近逆变器处交流系统故障的系统响应

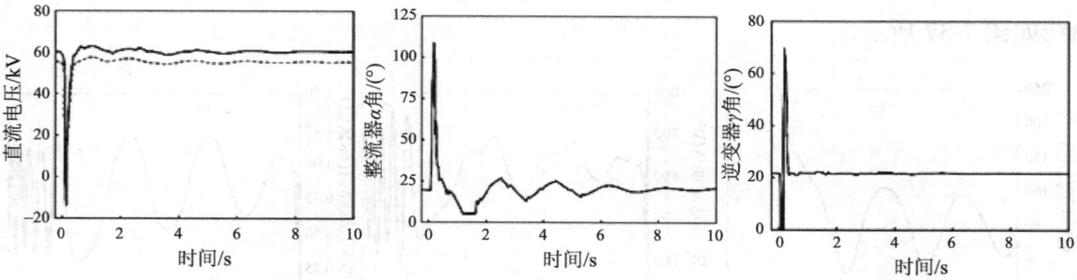

图 7-34　具有附加阻尼控制时近逆变器处交流系统故障的 HVDC 联络线响应

7.4.3　静止无功补偿器附加阻尼控制

静止无功补偿器 SVC 可通过快速控制电压和无功功率来改善电力系统的动态性能。在工程实践中，SVC 的基本控制是无功电压调节控制，通常用于改善电力系统的电压静态和暂态稳定性。然而，若仅仅采用无功电压调节，SVC 对系统机电功率振荡的阻尼作用往往是较小的。要增强 SVC 对系统机电功率振荡的阻尼作用，则必须要采用附加控制。

下面以图 7-35 所示的简单两区域系统来说明如何应用 SVC 抑制系统机电功率振荡。假定图示系统中 4 台发电机都具有自励式直流励磁机。

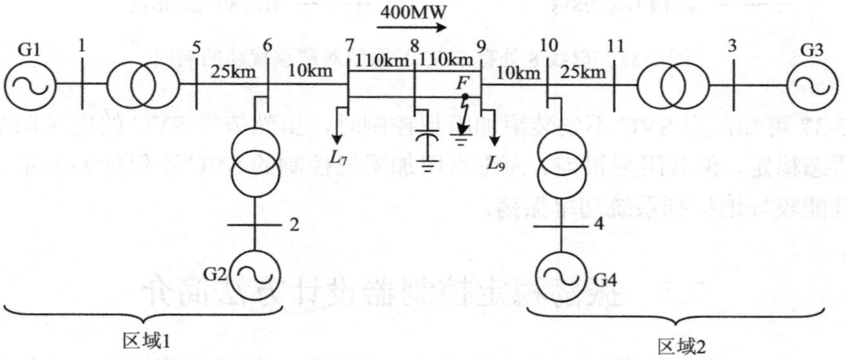

图 7-35　具有 SVC 的简单两区域系统

1. 无 SVC 时的系统性能

当母线 8 和母线 9 间一回线路上靠近母线 9 侧发生三相故障，且假定通过隔离故障线路而将故障于 74ms 切除，系统在该扰动下的响应如图 7-36 所示。分析图 7-36 可知，系统存在约 0.4Hz 的增幅振荡，发电机 G1 的功角大约在 6s 后逐步增大，系统同步稳定被破坏。

2. 有 SVC 时的系统性能及 SVC 附加阻尼控制对系统稳定性的影响

在图 7-35 所示的简单系统中，假定 SVC 安装于电压波动幅度最大的母线 8 处，系统受到的扰动为母线 8 和母线 9 之间一条回线上一个历时 74ms 的三相故障，系统的动态响应曲线如图 7-37 所示。

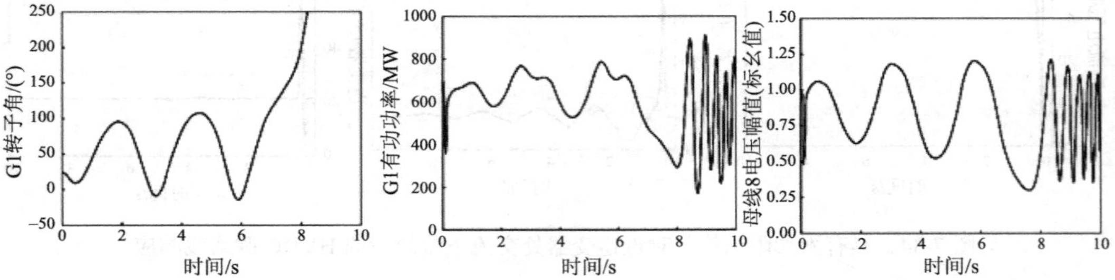

图 7-36　无 SVC 时，对严重扰动的系统响应

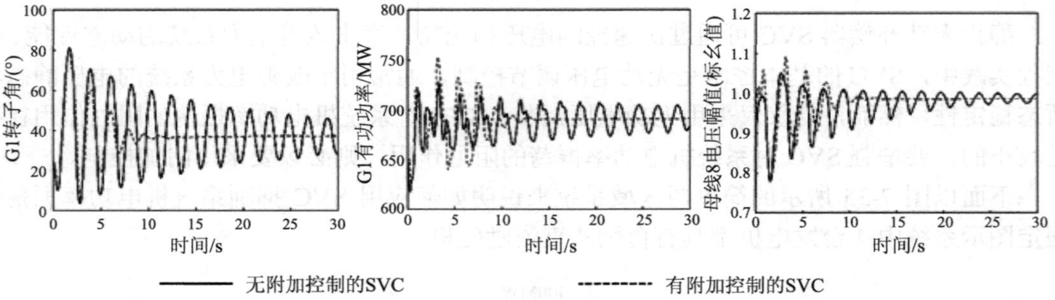

图 7-37　母线 8 处有 SVC 时系统对严重扰动的响应

由图 7-37 可知，当 SVC 不安装附加阻尼控制时，虽然依靠 SVC 的电压调节作用能使系统保持暂态稳定，但其阻尼很差。而带有附加阻尼控制的 SVC 不仅能够使系统保持暂态稳定，而且能较好地抑制系统功率振荡。

7.5　振荡稳定控制器设计方法简介

早期电力系统的振荡问题主要是同步发电机转子角之间的低频振荡。工程师和学者在研究这一振荡问题时，通过对系统振荡过程中各个量之间的相位关系进行全面分析，认为诱发系统振荡问题的主要原因是在一定条件下励磁调节器、励磁系统及发电机励磁绕组的相位滞后特性使电压调节器产生了相位滞后于功角并且与转速变化相位相反的负阻尼转矩。基于这种认识，业界提出了在系统中采用某个附加信号经过相位补偿使电压调节器产生正阻尼转矩从而抑制系统振荡的想法，并通过本地 PSS 进行落实。此时，合理地设计本地 PSS 就成为抑制系统低频振荡的主要手段。

随着电力系统的发展，系统振荡稳定问题的种类不断增加，但仍可将其看作一个严格意义上的李雅普诺夫稳定性问题，从而可从控制系统的角度出发，采用经典控制理论或者现代控制理论应对系统振荡问题。

本节以低频振荡控制为例阐述振荡稳定控制的基本思路，介绍相位补偿法、特征根配置法和留数法三种典型控制方法，相关方法论对于其他类型的振荡问题也同样适用。三种方法体现了振荡稳定控制的一般思路和控制器设计的基本考虑，如果要采用现代控制理论的其他方法，如线性最优控制、非线性控制、鲁棒控制、滑模自适应等，则在这三种典型方法的基础上对控制算法予以修改即可实现。

7.5.1　基于复力矩系数法的 PSS 相位补偿设计方法

PSS 传递函数如图 7-38 所示。PSS 的输入为发电机转子角偏差 $\Delta\omega$，输出为发电机励磁附加信号 $\Delta U_{\rm PSS}$，其输出会经过励磁系统及发电机励磁绕组对 $\Delta E_q'$ 起作用，产生附加电磁力矩 $\Delta T_{\rm e}$。根据复力矩系数法，为抑制低频振荡，要求 $\Delta T_{\rm e}$ 与 PSS 输入信号 $\Delta\omega$ 同相位，从而对 $\Delta\omega$ 相应的机电模式提供附加阻尼力矩。由于励磁系统及发电机励磁绕组传输信号具有滞后作用，因此 PSS 一般要求作超前相位补偿。

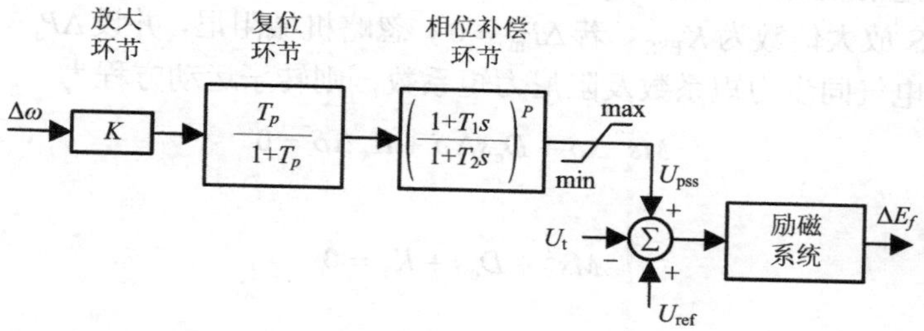

图 7-38　PSS 传递函数框图

针对图 7-38 所示的传递函数框图，PSS 的具体设计步骤如下。

(1) 根据系统转子运动方程求解系统机电振荡模式的自然振荡频率 $\omega_{\rm n}$，其特征方程为

$$Ms^2 + K_1 = 0 \tag{7-10}$$

式中，M 为发电机惯性时间常数；$K_1 = \partial P_{\rm e} / \partial \delta$ 为系统常数，计算见 6.3 节。在计算 $\omega_{\rm n}$ 近似值时不考虑励磁作用，设 $K_2 = \partial P_{\rm e} / \partial E_q' \approx 0$，由式(7-10)可得

$$s = \pm {\rm j}\sqrt{K_1 / M} = \pm {\rm j}\omega_{\rm n} \tag{7-11}$$

(2) 求 PSS 输出励磁附加信号 $\Delta U_{\rm PSS}$ 相对 $\Delta E_q'$ 的相位滞后，由图 7-39 有

$$\frac{\Delta E_q'}{\Delta U_{\rm PSS}} = \frac{K_{\rm E}}{(1+sT_{\rm E})(K_3 + sT_{d0}') + K_{\rm E}K_6} \overset{\rm def}{=} G_{\rm E}'(s) \tag{7-12}$$

设

$$G_{\rm E}'(s)|_{p={\rm j}\omega_{\rm n}} = A(\omega_{\rm n}) \angle -\varphi(\omega_{\rm n}) \tag{7-13}$$

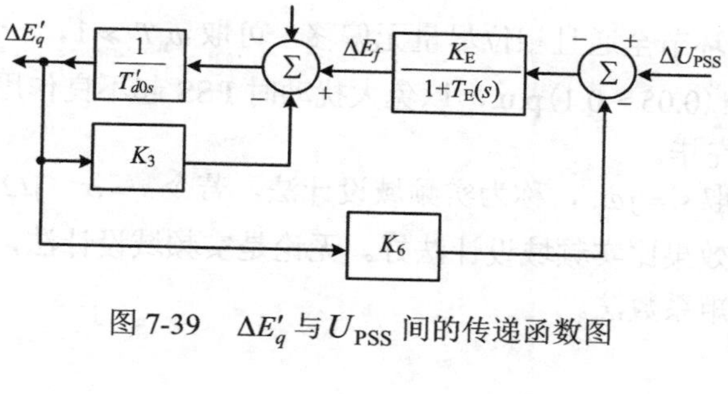

图 7-39　$\Delta E_q'$ 与 $U_{\rm PSS}$ 间的传递函数图

则当 $s = j\omega_n$ 时，ΔU_{PSS} 滞后 $\Delta E'_q$ 相位为

$$\varphi(\omega_n) \overset{\text{def}}{=} \varphi_E \tag{7-14}$$

式(7-12)中，K_3、K_6 的计算方法见 6.3 节。

(3) 据 φ_E 的大小选择 PSS 超前补偿环节数 P。一般 P 取 1～3，一个超前环节一般最大可校正 30°～40° 电角度。确定 P 后，由图 7-38 可知，应使

$$\arg\left(\left.\frac{1+sT_1}{1+sT_2}\right|_{s=j\omega_n}\right)^P = \varphi_E \tag{7-15}$$

其中，$T_1 > T_2$ 为超前校正，一般取 T_2 为 0.05～0.1s，可据此求 T_1。

(4) 设计 PSS 放大倍数为 K_{PSS}，若 $\Delta P_m = 0$，忽略机械阻尼，并设 $\Delta P_e = K_e\Delta\delta + D_e\Delta\omega$，$K_e$ 及 D_e 分别为电气同步力矩系数及阻尼力矩系数，则转子运动方程为

$$Ms^2\Delta\delta + D_e s\Delta\delta + K_e\Delta\delta = 0 \tag{7-16}$$

特征方程为

$$Ms^2 + D_e s + K_e = 0 \tag{7-17}$$

规格化方程为

$$s^2 + 2\xi\omega_n s + \omega_n^2 = 0 \tag{7-18}$$

一般 PSS 设计中使阻尼比 $\xi > 0.1$，以保证必要的阻尼，则

$$D_e = 2\xi\omega_n M \tag{7-19}$$

由图 7-38 可知，PSS 提供的附加电磁力矩的电气阻尼系数为

$$D_e = K_2 K_{PSS}\left|\left(\frac{1+j\omega_n T_1}{1+j\omega_n T_2}\right)^P\right|\left|G'_E(j\omega_n)\right| \tag{7-20}$$

式中，$G'_E(s)$ 的表达式见式(7-12)。联立式(7-19)及式(7-20)，可求出 K_{PSS} 为

$$K_{PSS} = \frac{2\xi\omega_n M}{K_2\left|\left(\frac{1+j\omega_n T_1}{1+j\omega_n T_2}\right)^P\right|\left|G'_E(j\omega_n)\right|} \tag{7-21}$$

(5) 复位环节的作用是隔离直流，其传递函数为

$$\frac{sT}{1+sT} \tag{7-22}$$

对 $s = j\omega_n$，要求环节全通且相位尽量无偏移，可取 $\omega_n T \gg 1$，一般 $T = 3$～10s。

(6) 限幅限制在 ±(0.05～0.1) p.u.，以免大扰动时 PSS 起不良作用。

至此，PSS 设计完毕。

上面介绍的方法取 $s = j\omega_n$，称为实频域设计法。若令 $s = \sigma + j\Omega$ 进行 PSS 设计，则称为复频域设计法，其效果比实频域设计法好。无论是实频域设计法，还是复频域设计法，其理论基础都是复转矩系数法。

7.5.2　基于特征根配置法的 PSS 设计

基于复转矩系数法设计 PSS 时采用的是相位补偿设计，若采用阻抗法设计 PSS，则可以通过传递函数的极点配置实现特定模式的极点相消，并将新的模式配置到复平面上的期望位置。下面介绍这类方法。

已知 PSS 的传递函数为

$$G_P(s)=\frac{K_P s}{1+T_W s}\left(\frac{1+\alpha Ts}{1+Ts}\right)^2 \tag{7-23}$$

若已知系统的闭环特征方程为

$$1+G(s)H(s)=0 \tag{7-24}$$

假定系统振荡相关的共轭主导特征根由转子摇摆方程决定，如果确定了该特征根希望达到的阻尼比 ξ_P，则可以确定该特征根在 s 平面上的位置为

$$s_{1,2}=-\xi_P\omega_n\pm j\sqrt{1-\xi_P^2}\,\omega_n \tag{7-25}$$

一般设置阻尼比 ξ_P 在 0.5 以下，并将特征根直接向复平面的左半平面平移，则特征根的频率可控制在原自然频率处，此时的阻尼振荡频率为

$$\omega_d=\sqrt{1-\xi_P^2}\,\omega_n \tag{7-26}$$

该频率与 ω_n 相差不大。

基于上述考虑，将 s_1 代入特征方程，并将实部与虚部分开，并令它们等于零，可得到两个等式，由此确定稳定器传递函数中的两个参数。考虑到式(7-23)中有四个参数，一般需要先假定 T_W 和 T，然后依靠上述两个方程求出 α 和 K_P。下面具体推导。

同步发电机控制系统的结构如图 7-40 所示。如果将 $G_P(s)$ 以外的环节合并为前向传递函数 $H(s)$，那么有

$$H(s)=\frac{-K_2K_A s/(T_J T'_{d0}T_E)}{\left(s^2+2\xi_x\omega_x s+\omega_x^2\right)\left(s^2+2\xi_n\omega_n s+\omega_n^2\right)+K_2K_5K_A\omega_0/(T_J T'_{d0}T_E)} \tag{7-27}$$

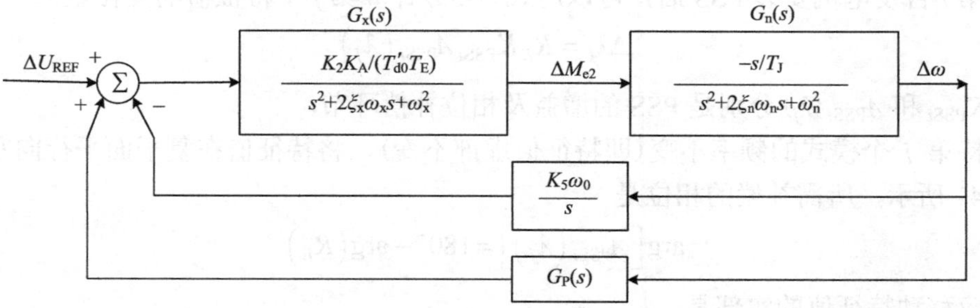

图 7-40　发电机控制系统的结构

因为 G_P 为正反馈，故特征方程为

$$1-G_P(s)H(s)=0 \tag{7-28}$$

将 $s=s_1$ 代入式(7-28)并分为实部及虚部两个方程，则可求得 PSS 的参数 αT 及 K_P 分别为

$$\alpha T_{(1),(2)}=\frac{-B\pm\sqrt{B^2-4AC}}{2A} \tag{7-29}$$

$$\begin{aligned}K_P=1/\Big\{&T_W\left[C_q\sigma_d\left(\xi_P^2\omega_n^2-3\omega_d^2\right)-C_{10}\omega_d\left(3\sigma_d^2-\omega_d^2\right)\right]\alpha^2T^2\\&+2T_W\left[\left(\sigma_d^2-\omega_d^2\right)-2C_{10}\sigma_d\omega_d\right]\alpha T+T_W\left(C_9\sigma_d-C_{10}\omega_d\right)\Big\}\end{aligned} \tag{7-30}$$

7.5.3　基于留数法的多机系统 PSS 设计

最后介绍一种基于特征分析法的 PSS 设计方法。一个单输入单输出的电力系统 n 阶线性化模型可以表示为

$$\begin{aligned}\dot{\boldsymbol{x}}&=\boldsymbol{A}\boldsymbol{x}+\boldsymbol{B}_i u_i\\y_i&=\boldsymbol{C}_i\boldsymbol{x}\end{aligned} \tag{7-31}$$

其中，$\boldsymbol{x}\in\mathbf{R}^n$ 是状态向量；$\boldsymbol{A}$ 是状态矩阵；u_i 和 y_i 分别是第 i 台发电机的励磁电压输入和系统输出；$\boldsymbol{B}_i$ 和 $\boldsymbol{C}_i$ 是对应的输入、输出矩阵。对 $\boldsymbol{A}$ 矩阵进行模式分解，可以得到如下结果：

$$\begin{aligned}\boldsymbol{AM}&=\boldsymbol{M\Lambda}\\\boldsymbol{MN}^{\mathrm{T}}&=\boldsymbol{I}\end{aligned} \tag{7-32}$$

其中，$\boldsymbol{M}$ 和 $\boldsymbol{N}$ 分别是右、左模态矩阵；$\boldsymbol{\Lambda}$ 是特征根对角矩阵。

假设第 i 台发电机开环运行，即未投入阻尼控制器 PSS，要使系统稳定，则设计的阻尼控制器需要将系统所有闭环极点都移到复平面的左半平面。将系统状态方程表示成传递函数的形式有

$$G_i(s)=\frac{y_i}{u_i}=\sum_{j=1}^{n}\frac{R_{ij}}{s-\lambda_j} \tag{7-33}$$

其中，R_{ji} 是第 j 个模式对应的留数，可以用状态矩阵表示为

$$R_{ij}=\boldsymbol{C}_i\boldsymbol{m}_i\boldsymbol{n}_j^{\mathrm{T}}\boldsymbol{B}_j \tag{7-34}$$

当第 i 台发电机安装 PSS 后，可以用式(7-35)计算第 j 个特征值的变化量：

$$\Delta\lambda_j=R_{ji}K_{\mathrm{PSS}i}A_{\mathrm{PSS}i}\left(\lambda_j\right) \tag{7-35}$$

其中，$K_{\mathrm{PSS}i}$ 和 $A_{\mathrm{PSS}i}(\lambda_j)$ 分别是 PSS 的增益及相位补偿环节。

保持第 j 个模式的频率不变(即特征值虚部不变)，将特征值在复平面平行向左移动，如图 7-41 所示，所需补偿的相位是

$$\arg\left[A_{\mathrm{PSS}i}\left(\lambda_j\right)\right]=180^\circ-\arg\left(R_{ji}\right) \tag{7-36}$$

相应移动特征值的实部是

$$\Delta\sigma_j=K_{\mathrm{PSS}i}\left|R_{ji}A_{\mathrm{PSS}i}\left(\lambda_j\right)\right| \tag{7-37}$$

PSS 控制器对系统状态矩阵 $\boldsymbol{A}$ 会产生影响，每一个特征值 $\Delta\lambda_j$ 的改变量可由式(7-37)求出。如果 PSS 把所有模式都补偿到–90°～90°，那么所有模式都往复平面左半平面移动，控制器对所有模式都起到正的作用，如图 7-41 所示。

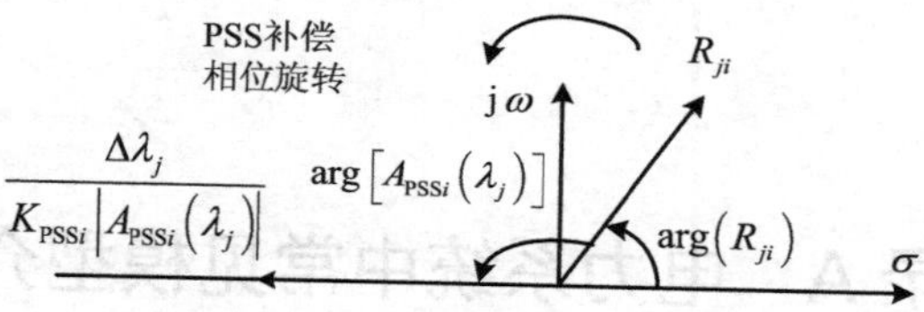

图 7-41　基于留数法的阻尼控制

但是，在实际设计中，控制器很难保证对每种模式都起到正的作用。因此，需要选择控制器的安装地点、输入信号及设计合理的传递函数幅频特性，保证其对所关心的模式起作用。

参 考 文 献

陆超，张俊勃，韩英铎，2015. 电力系统广域动态稳定辨识与控制[M]. 北京：科学出版社.

年珩，程鹏，贺益康，2015. 故障电网下双馈风电系统运行技术研究综述[J]. 中国电机工程学报，35(16)：4184-4197.

徐政，等，2017. 柔性直流输电系统[M]. 2 版. 北京：机械工业出版社.

周杨，张俊勃，2022. 适用于孤岛微电网的电压型虚拟同步发电机自适应惯性控制与频率恢复控制[J]. 南方电网技术，16(1)：127-136.

KUNDUR P, 1994. Power system stability and control[M]. New York: McGraw-Hill.

ZHANG J, CHUNG C Y, LU C, et al., 2014. A novel adaptive wide area PSS based on output-only modal analysis[J]. IEEE transactions on power systems, 30(5): 2633-2642.

附录A 电力系统中常见模型介绍

A.1 同步发电机及其控制系统模型

在电力系统中，为了保证发电机的合理运行及电网的频率稳定，需要在每一台原动机上配置调速器。通过对发电机的转速 ω 和给定速度 ω_{ref} 作比较，将其偏差 ε 作为调速器的控制信号，以控制汽轮机汽门或水轮机导水叶开度 μ，从而改变原动机输出的机械功率 P_m。原动机如水轮机、汽轮机的旋转带动发电机旋转，为发电机提供机械能以及机械功率。为了提高电力系统稳定运行的能力和维持电力系统的电压水平，引入励磁系统显得尤为重要。将发电机的机端电压 U_t 和给定的参考电压 U_{ref} 的偏差作为励磁系统控制信号，以控制励磁电动势 E_f，从而改变发电机的机端电压和输出功率。图 A-1 展示了电力系统结构示意图。

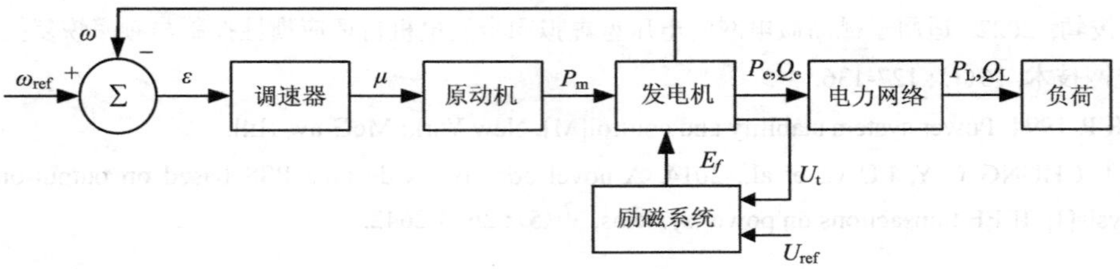

图 A-1 电力系统结构示意图

A.1.1 同步电机实用模型

同步电机常常作为发电设备，是集旋转与静止、电磁变化与机械运动于一体、实现电能与机械能变换的元件，其动态性能十分复杂，而且其动态性能又对整个电力系统的动态性能有极大影响，因此应对其作进一步分析，以便建立用于研究分析电力系统各种物理问题的同步电机数学模型。

为了建立同步电机的数学模型，必须对实际的三相同步电机作必要的假定，以便简化分析计算。通常假定:

(1) 电机磁铁部分的磁导率为常数，既忽略掉磁滞、磁饱和的影响，也不计涡流及集肤效应等的影响。

(2) 对纵轴及横轴而言，电机转子在结构上是完全对称的。

(3) 定子的 3 个绕组的位置在空间互相相差 120° 电角度，3 个绕组在结构上完全相同。同时，它们均在气隙中产生正弦分布的磁动势。

(4) 认为电机的定子及转子具有光滑的表面，即忽略定子及转子的槽和通风沟等对电机定、转子电感的影响。

满足上述假定条件的电机称为理想电机，图 A-2 即为双极理想电机的示意图。

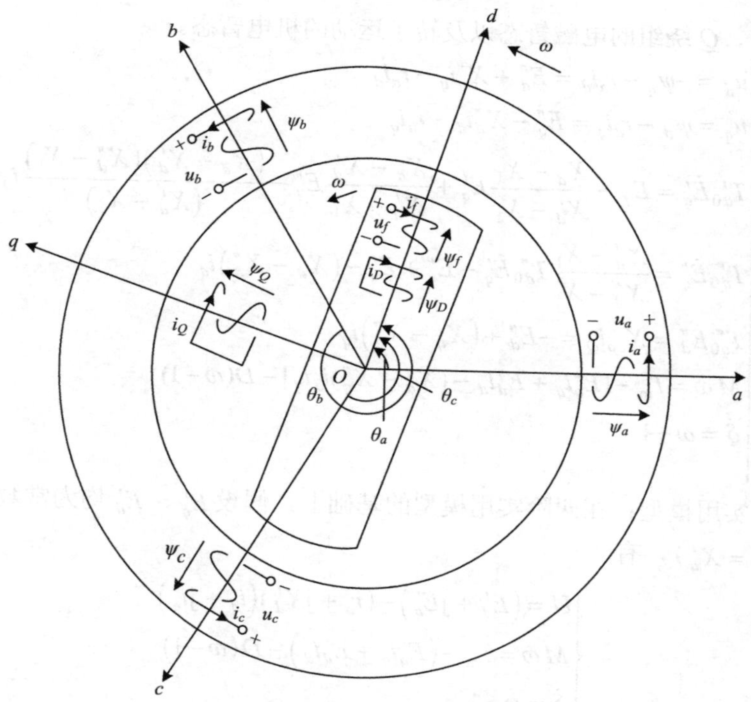

图 A-2 双极理想电机的示意图

在此模型的正方向上，可以得出同步电机的实用模型。下面直接展示结果，不涉及公式推导。

三阶实用模型：忽略定子 d 绕组、q 绕组的暂态，即定子电压方程 $s\psi_d = s\psi_q = 0$；在定子电压方程中，设 $\omega \approx 1\text{p.u.}$，在速度变化不大的过渡过程中，引起的误差很小；忽略 D 绕组、Q 绕组，其作用可在转子运动方程补入阻尼项来近似考虑。

$$\begin{cases} u_d = X_q i_q - r_a i_d \\ u_q = E_q' - X_d' i_d - r_a i_q \\ T_{d0}' \dot{E}_q' = E_f - E_q' - (X_d - X_d') i_d \\ M\dot{\omega} = T_{\mathrm{m}} - [E_q' i_q - (X_d' - X_q) i_d i_q] \\ \dot{\delta} = \omega - 1 \end{cases} \tag{A-1}$$

四阶实用模型：在三阶实用模型的基础上，近似计及 D 绕组、Q 绕组在动态过程中阻尼作用以及转子运动中的机械阻尼时，常在转子运动方程中补入等效阻尼项 $D(\omega-1)$。

$$\begin{cases} u_d = E_d' + X_q' i_q - r_a i_d \\ u_q = E_q' - X_q' i_d - r_a i_q \\ T_{d0}' \dot{E}_q' = E_f - E_q' - (X_d - X_d') i_d \\ T_{q0}' \dot{E}_d' = -E_d' + (X_q - X_q') i_q \\ M\dot{\omega} + D(\omega - 1) = T_{\mathrm{m}} - [E_q' i_q + E_d' i_d - (X_d' - X_q') i_d i_q] \\ \dot{\delta} = \omega - 1 \end{cases} \tag{A-2}$$

五阶实用模型：忽略定子电磁暂态，但计及转子阻尼绕组作用的五阶模型，亦即考虑

f 绕组、D 绕组、Q 绕组的电磁暂态以及转子运动的机电暂态。

$$\begin{cases} u_d = -\psi_q - r_a i_d = E_d'' + X_q'' i_q - r_a i_d \\ u_q = \psi_d - r_a i_q = E_q'' - X_d'' i_d - r_a i_q \\ T_{d0}' \dot{E}_q' = E_f - \dfrac{X_d - X_1}{X_d' - X_1} E_q' + \dfrac{X_d - X_d'}{X_d' - X_1} E_q'' - \dfrac{(X_d - X_d')(X_d'' - X_1)}{(X_d' - X_1)} i_d \\ T_{d0}'' \dot{E}_q'' = \dfrac{X_d'' - X_1}{X_d' - X_1} T_{d0}'' \dot{E}_q' - E_q'' + E_q' - (X_d' - X_d'') i_d \\ T_{q0}'' \dot{E}_d'' = X_{aq} i_Q = -E_d'' + (X_q - X_q'') i_q \\ M\dot{\omega} = T_m - [E_q'' i_q + E_d'' i_d - (X_d'' - X_q'') i_d i_q] - D(\omega - 1) \\ \dot{\delta} = \omega - 1 \end{cases} \tag{A-3}$$

经典二阶实用模型：在四阶实用模型的基础上，假设 E_q'、E_d' 均为常数，忽略暂态凸极效应(即 $X_d' = X_q'$)，有

$$\begin{cases} \dot{U} = (E_d' + jE_q') - (r_a + jX_d')(i_d + ji_q) \\ M\dot{\omega} = T_m - (E_q' i_q + E_d' i_d) - D(\omega - 1) \\ \dot{\delta} = \omega - 1 \end{cases} \tag{A-4}$$

E_q' 恒定二阶实用模型：在三阶实用模型的基础上，假定 $E_q' = E_{q0}' = \text{const}$，考虑凸极效应，即

$$\begin{cases} u_d = X_q i_q - r_a i_d \\ u_q = E_q' - X_q' i_d - r_a i_q \\ M\dot{\omega} = T_m - [E_q' i_q - (X_d' - X_q) i_d i_q] - D(\omega - 1) \\ \dot{\delta} = \omega - 1 \end{cases} \tag{A-5}$$

上述公式中所涉及的关键参数定义如表 A-1 所示。

表 A-1　同步电机实用模型中的关键参数定义

参数	定义	参数	定义
U_d、U_q	d、q 轴电压	T_m	机械外力矩
i_d、i_q	d、q 轴电流	δ	转子 q 轴领先 x 轴的角度
r_a	定子各项绕组的电阻	D	定常阻尼系数
X_d、X_q	d、q 轴同步电抗	ψ_d、ψ_q	d、q 轴磁链
X_d'、X_q'	d、q 轴瞬变电抗	X_d''、X_q''	d、q 轴超瞬变电抗
E_d'、E_q'	d、q 轴瞬变电动势	X_1	绕组漏抗
T_{d0}'	d 轴开路暂态时间常数	T_{d0}''、T_{q0}''	d、q 轴开路次暂态时间常数
E_f	励磁电压	X_{ad}、X_{aq}	d、q 轴转子与定子绕组间的互感标幺值
E_d''、E_q''	d、q 轴超瞬变电动势	$\dot{U}$、$\dot{I}$	xy 坐标下的定子端电压、端电流
M	机组惯性时间常数	$\dot{E}'$	dq 坐标下瞬变电动势的复数量
ω	电角速度标幺值	δ'	E' 与 x 轴的夹角

A.1.2　典型励磁系统数学模型

励磁系统在电力系统中起着极其重要的作用，它为发电机提供励磁功率，能够维持并网点电压恒定并使得发电机端电压保持在合理范围，同时还可以控制并列运行发电机无功功率的分配。图A-3为典型的励磁系统结构示意图，通过量测环节后的发电机机端电压U_t和给定的参考电压U_{ref}及励磁附加控制信号U_s作比较，得到偏差ε，然后通过电压调节器的放大效果，得到输出电压U_R，即励磁机励磁电压，从而控制发电机励磁电压E_f。引入励磁系统稳定器作为励磁系统负反馈环节，保证励磁系统的稳定运行并改善励磁系统动态品质。励磁系统稳定器一般为一个软反馈环节，称速度反馈。U_s为励磁附加控制信号，往往是电力系统稳定器PSS的输出。

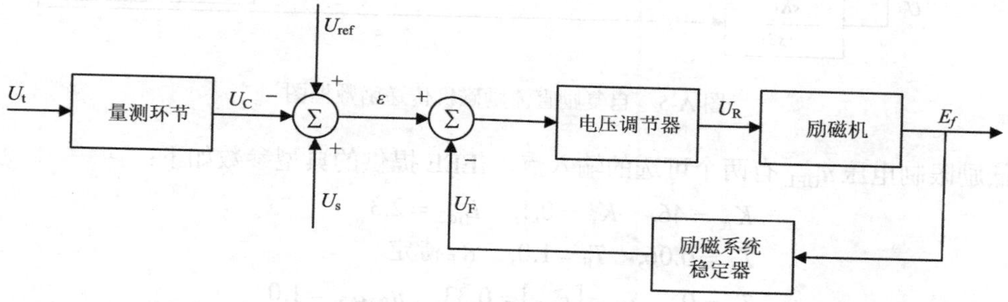

图A-3　典型励磁系统结构

下面将展示几种典型的励磁模型及其常用参数。

1. 简化的常规励磁模型

图A-4为美国电气电子工程师学会(IEEE)提供的常规励磁系统结构图。其中，K_A为调节器放大倍数，通常取25～400；T_A为调节器的时间常数，通常取0.02～0.1s；$\dfrac{K_F s}{1+T_F s}$为转子软反馈环节，其中K_F为0.03～0.08，T_F为0.35～1.1s；T_E为励磁机的时间常数，通常取0.5～0.95s。

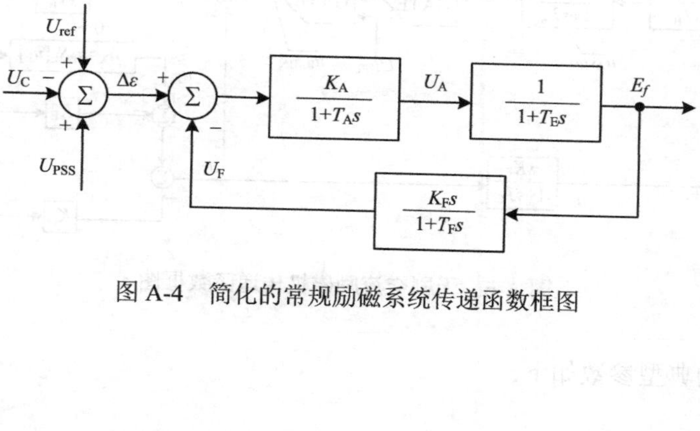

图A-4　简化的常规励磁系统传递函数框图

2. 直流励磁模型

下面以自复励直流励磁机为例介绍直流励磁模型，其中的电压调节器包括串联校正(领先-滞后)及励磁电压软反馈，如图 A-5 所示。

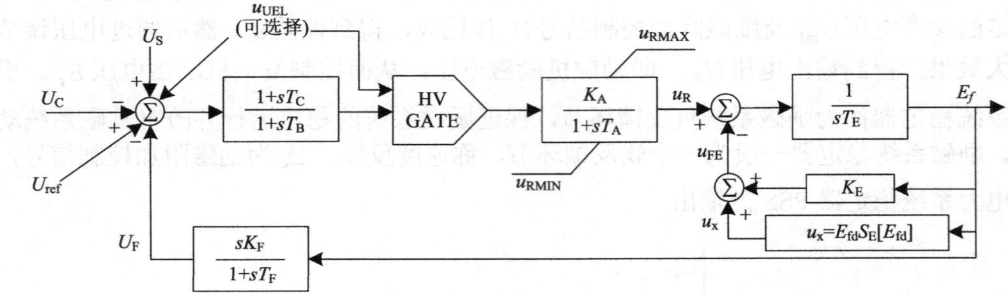

图 A-5　自复励直流励磁机传递函数框图

低励限制电压 u_{UEL} 有两个可选的输入点。IEEE 提供的典型参数如下：

$$K_A=46,\quad K_F=0.1,\quad E_{fd2}=2.3$$
$$T_A=0.06,\quad T_F=1.0,\quad K_E\text{待定}$$
$$T_B=0,\quad S_E=\left[E_{fd1}\right]=0.33,\quad u_{RMAX}=1.0$$
$$T_C=0,\quad S_E=\left[E_{fd2}\right]=0.10,\quad u_{RMIN}=-0.9$$
$$T_E=0.46,\quad E_{fd1}=3.1$$

3. 交流励磁模型

下面以无刷交流励磁机为例介绍交流励磁模型。该交流励磁机的电枢及整流器都与主轴转速相同，所以励磁机输出电压无法引出，只能采用励磁机励磁电流软反馈，如图 A-6 所示。

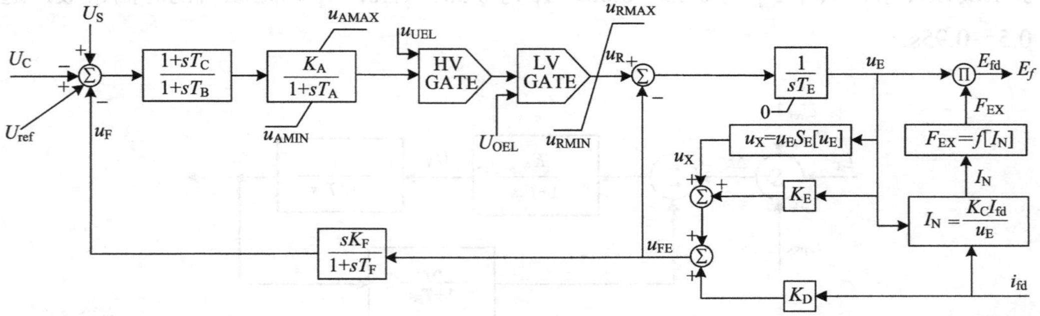

图 A-6　无刷交流励磁机传递函数框图

IEEE 提供的典型参数如下：

$$K_A = 400,\quad K_E = 1.0,\quad u_{RMAX} = 6.03$$
$$T_A = 0.02,\quad T_E = 0.8,\quad S_E[u_{E1}] = 0.10$$
$$T_B = 0,\quad K_C = 0.20,\quad u_{E1} = 4.18$$
$$T_C = 0,\quad K_D = 0.38,\quad S_E[u_{E2}] = 0.03$$
$$K_F = 0.03,\quad u_{AMAX} = 14.5,\quad u_{RMIN} = -5.43$$
$$T_F = 1.0,\quad u_{AMIN} = -14.5,\quad u_{E2} = 3.14$$

4. 静态励磁模型

以自复励静态励磁机为例介绍静态励磁模型。其中，低励限制 u_{UEL} 可从三个输入口选择一个，电力系统稳定器 PSS 输入 U_S 可从两个输入口选择一个，如图 A-7 所示。

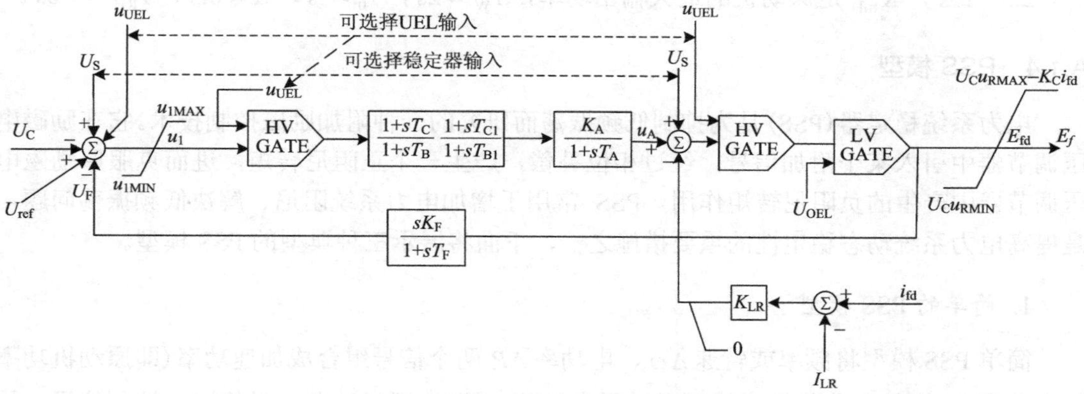

图 A-7　自复励静态励磁机传递函数框图

IEEE 提供的典型参数如下：

$$K_A = 210,\quad T_{B1} = 0,\quad K_F = 0$$
$$T_A = 0,\quad u_{RMAX} = 6.43,\quad T_F = 0$$
$$T_C = 1.0,\quad u_{RMIN} = -6.0,\quad K_{LR} = 4.54$$
$$T_B = 1.0,\quad K_C = 0.038,\quad I_{LR} = 4.4$$
$$T_{B1} = 1.0,\quad u_{1MAX} = 999,\quad u_{1MIN} = -999$$
$$T_{C1} = 0$$

A.1.3　调速器数学模型

为了保证发电机的合理运行，进而保证电网的频率稳定及电力系统的稳定运行，需要在每一台原动机上配置调速器。调速系统的工作原理主要是控制汽轮机的汽门开度或水轮机的导水叶开度来实现功率和频率调节，以水轮机机械调速器传递函数框图为例，如图 A-8 所示。

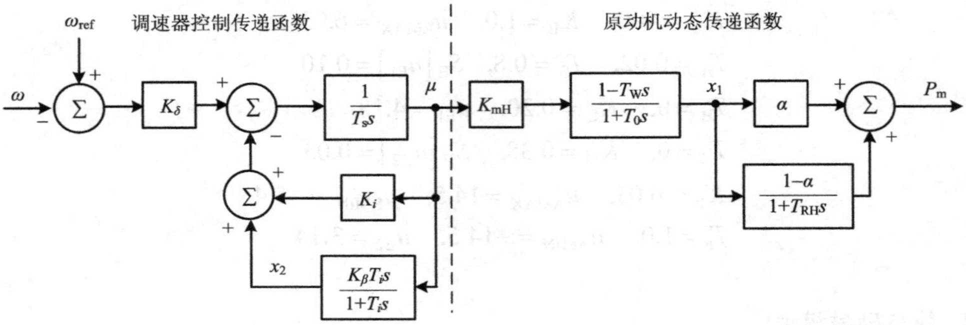

图 A-8 调速器和原动机的传递函数框图

调速器常用参数为：$K_\delta = 10\sim20$，$K_i = 0.03\sim0.06$，$K_\beta = 0\sim0.6$，$T_s = 4\sim7\text{s}$，$T_i = 2.5\sim15\text{s}$，K_{mH}是原动机的最大输出功率，$T_W = 2\text{s}$，$T_0 = 1\text{s}$，$\alpha = 0.3$，$T_{RH} = 7.0\text{s}$。

A.1.4 PSS 模型

电力系统稳定器(PSS)是为抑制低频振荡而研究的一种附加励磁控制技术。它在励磁电压调节器中引入某个附加信号，经过相位补偿，产生一个正阻尼转矩，进而克服原励磁电压调节器中产生的负阻尼转矩作用。PSS 常用于增加电力系统阻尼、解决低频振荡问题，是提高电力系统动态稳定性的重要措施之一，下面将展示三种典型的 PSS 模型。

1. 简单的 PSS 模型

简单 PSS 模型将频率或转速$\Delta\omega$、电功率ΔP_e两个信号组合成加速功率(即原动机功率与电功率之差)的积分信号，然后通过隔直环节、超前-滞后环节，最终输出控制信号，如图 A-9 所示。

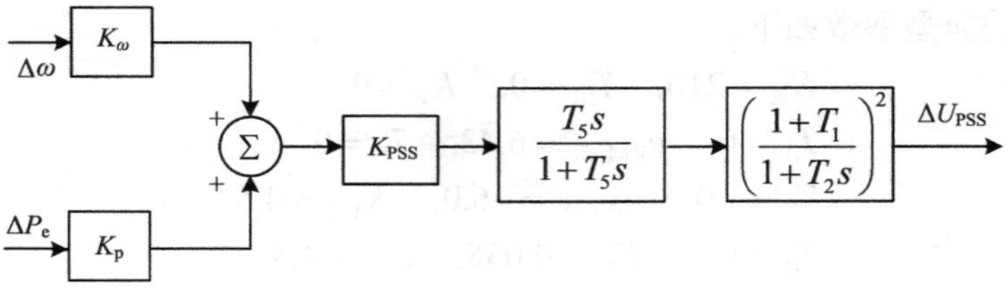

图 A-9 简单的 PSS 传递函数框图

图 A-9 中 PSS 稳定器的典型参数如下：

$\Delta\omega$ = 速度（标幺值），$K_\omega = 1/0$，$K_{PSS} = 5$，$T_1 = 0.3$

ΔP_e = 电功率（标幺值），$K_p = 0/1$，$T_5 = 10$，$T_2 = 0.03$

2. IEEE PSS2A 模型

IEEE PSS2A 模型用于模拟一种新型的电力系统稳定器。它将频率或转速u_{SI1}、电功率u_{SI2}两个信号组合成加速功率(即原动机功率与电功率之差)的积分信号，然后通过超前-滞后环节送入电力系统稳定器，如图 A-10 所示。

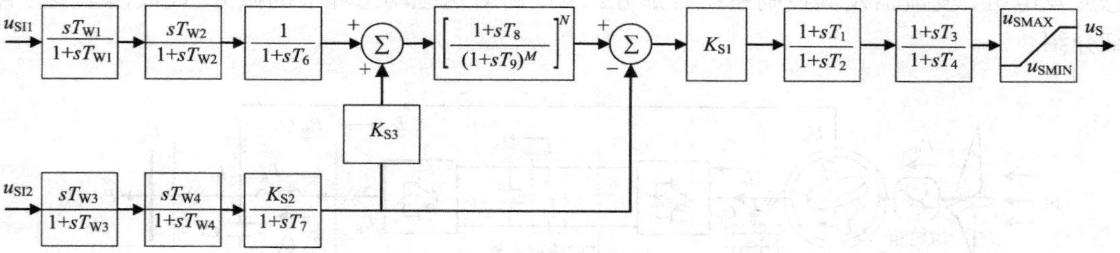

图 A-10　IEEE PSS2A 传递函数框图

PSS2A 稳定器的典型参数如下：

$$u_{SI1} = \text{速度（标幺值）},\quad T_2 = T_4 = 0.02,\quad T_6 = 0$$
$$u_{SI2} = \text{电功率（标幺值）},\quad N = 4,\quad T_7 = 10$$
$$K_{S1} = 20,\quad M = 2,\quad T_8 = 0.3$$
$$K_{S2} = 2.26,\quad u_{SMAX} = 0.2,\quad T_9 = 0.15$$
$$K_{S3} = 1,\quad u_{SMIN} = 0.066$$
$$T_1 = T_3 = 0.16,\quad T_{W1} = T_{W2} = T_{W3} = T_{W4} = 10$$

3. IEEE PSS3B 模型

IEEE PSS3B 模型是按照 ABB 公司生产的一种电力系统稳定器制定的模型。它可以很方便地在领先于转速角度为 0°～90°调整，但缺点是无法应用于慢速励磁系统中需要多于 90°领先角的情况。该模型的传递函数框图如图 A-11 所示。

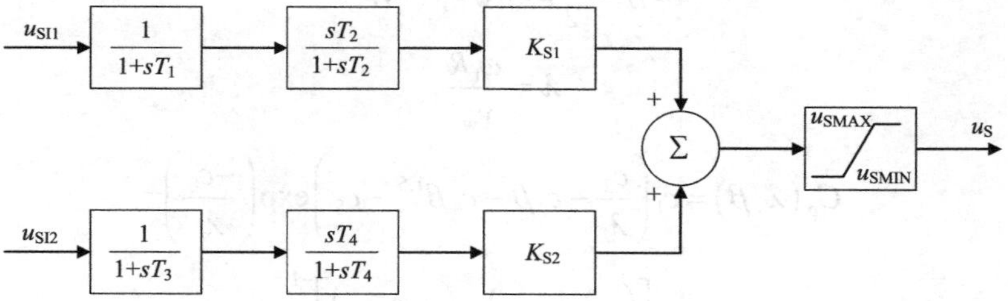

图 A-11　IEEE PSS3B 传递函数框图

PSS3B 稳定器的典型参数如下：

$$K_{S1} = 1/0,\quad T_3 = 0.02,\quad T_1 = 0.02,\quad u_{SMAX} = 0.1$$
$$K_{S2} = 0/1,\quad T_4 = 1.5,\quad T_2 = 1.5,\quad u_{SMIN} = -0.1$$

A.2　风力发电机模型

常见的风力发电机类型包括双馈感应发电机、永磁同步发电机和半直驱同步风力发电机等。最常见的双馈感应发电系统如图 A-12 所示，包括风轮、轮毂、齿轮箱、传动系统、感应发电机、变流器及其控制系统等部分。下面将对这些动态环节的微分-代数模型展开详细介绍。

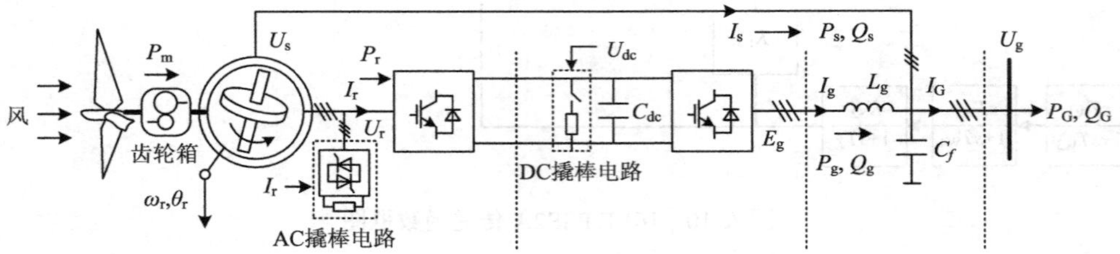

图 A-12　常规的双馈风机交流并网系统组成结构示意图

A.2.1　风电机组机械系统模型

1. 风轮空气动力学模型

风机桨叶是将风能转化为机械能的关键元件，其主要作用是捕获风能。风能转化为机械能的功率(即风机的输入功率)表达式为式(A-6)，叶尖速比的定义为式(A-7)，风能利用系数的表达式见式(A-8)和式(A-9)。其中涉及的关键参数定义见表 A-2。对于不同型号的风机，系数 $c_1 \sim c_8$ 的取值会有所不同，典型取值如表 A-3 所示。对于不同的 β 和 λ，所对应的风能利用系数 C_p 的三维拟合如图 A-13 所示。风机的空气动力学模型可简单地表示为图 A-14。

$$P_M = \frac{1}{2}\rho A v_w^3 C_p(\lambda, \beta) \tag{A-6}$$

$$\lambda = \frac{\omega_t R}{v_w} \tag{A-7}$$

$$C_p(\lambda, \beta) = c_1\left(\frac{c_2}{\lambda_i} - c_3\beta - c_4\beta^{1.5} - c_5\right)\exp\left(\frac{-c_6}{\lambda_i}\right) \tag{A-8}$$

$$\lambda_i = \left[\left(\frac{1}{\lambda + c_7\beta}\right) - \left(\frac{c_8}{\beta^3 + 1}\right)\right]^{-1} \tag{A-9}$$

表 A-2　风电机组机械系统关键参数定义

参数	定义	参数	定义
P_M	风机输入功率	$C_p(\cdot)$	风能利用系数
ρ	大气密度	ω_t	风机旋转角速度
v_w	风速	β	桨叶的桨距角
R	风轮的半径	λ	叶尖速比
A	风轮的扫风面积		

表 A-3　系数 $c_1 \sim c_8$ 的典型取值

系数	c_1	c_2	c_3	c_4	c_5	c_6	c_7	c_8
取值	0.5	116	0.4	0	5	21	0.08	0.035

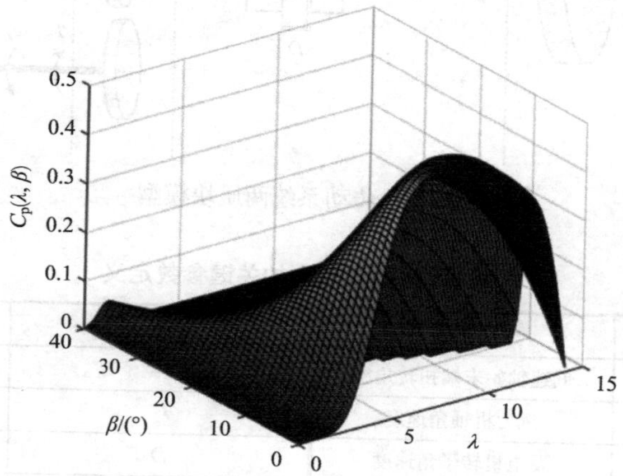

图 A-13　风能利用系数 C_p 的三维拟合图

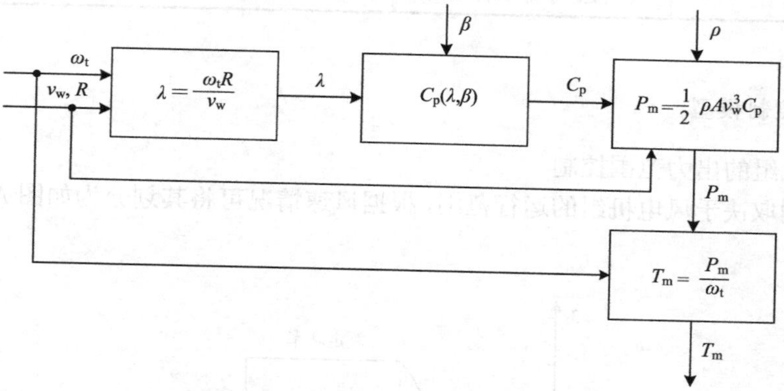

图 A-14　风机的空气动力学模型

2. 轴系模型

风轮捕获风能转化为机械能后，经过转轴传给发电机，此过程需要经过变速箱机械传动环节等。风机的轴系可用两质块模型近似表示，如图 A-15 所示，所对应的动力学方程如式(A-10)所示，其中涉及的关键参数定义见表 A-4。

$$\begin{cases} \dot{\omega}_t = \dfrac{1}{2H_t}\left[T_m - K_s\theta_s - D(\omega_t - \omega_r)\right] \\ \dot{\omega}_r = \dfrac{1}{2H_g}\left[K_s\theta_s + D(\omega_t - \omega_r) - T_e\right] \\ \dot{\theta}_s = \omega_t - \omega_r \end{cases} \tag{A-10}$$

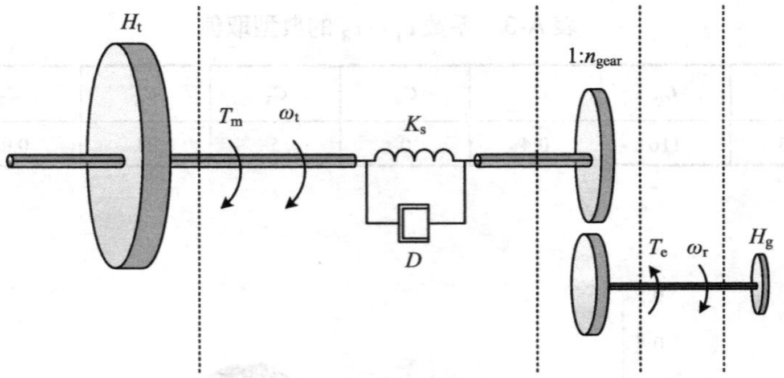

图 A-15　传动系统两质块模型

表 A-4　轴系模型中的关键参数定义

参数	定义	参数	定义
θ_s	低速轴始末端扭转角度	T_m	风力机机械转矩
ω_t	风力机轴角速度	T_e	发电机的电磁转矩
ω_r	发电机转子角速度	D	轴系等效阻尼系数
H_t	风轮惯性时间常数	K_s	轴系等效刚性系数
H_g	发电机转子惯性时间常数		

3. 桨叶控制模型

1) 风电机组的出力范围控制

风机控制取决于风电机组的运行范围，根据风速情况可将其划分为如图 A-16 所示的四个区域。

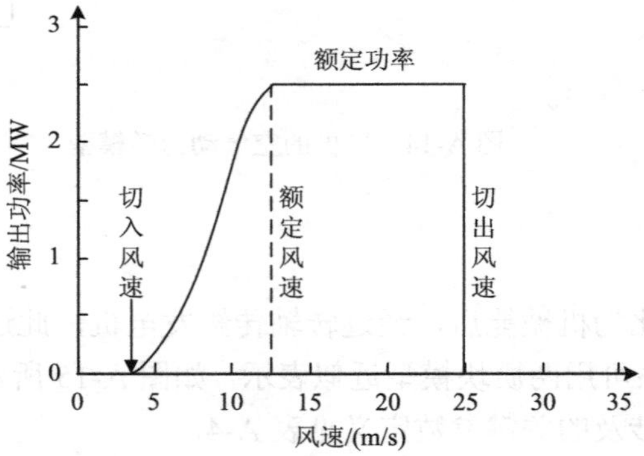

图 A-16　风机的功率出力曲线

(1) 当风速小于风机切入风速 V_{in} 时，由于此时的风能无法为风机转子提供启动转速，所以风机不能转换电能，此时功率输出为零。

(2) 当风速高于切入风速但低于系统工作的额定风速 V_{rated} 时，桨距角基本不变，以保持风能利用系数最大。根据最大功率点跟踪算法得到系统输入电网的最大功率，由此得到风机的最佳转速。

(3) 当风速高于系统的额定风速但小于切出风速 V_{out} 时，为了减少功率输出，调节桨距角以减小 C_p 值，实现功率限制。风机和变流器都运行在额定条件，系统注入电网的功率最大。

(4) 当风速超过风机的切出风速时，风机停机，注入电网的功率为零。

2) 桨距角控制系统

桨距角控制系统通过控制叶片迎风角度(桨距角)，以改变风能利用系数 C_P，实现风电机组输出功率的调整。桨距角控制模块为分段控制：当发电机输出功率低于额定功率时，桨距角一般保持在 0°，以实现最优功率的捕获；当发电机输出功率高于额定功率时，为了防止发电机旋转过速，需要对风机桨距角进行调节来减少机械功率输入，以实现额定功率输出。桨距角控制模型如图 A-17 所示，状态方程如式(A-11)所示。

$$\dot{\beta}=K_{pp}\frac{T_m-K_s\theta_s-D\left(\omega_t-\omega_r\right)}{2H_t}+K_{pi}\Delta\omega_t \tag{A-11}$$

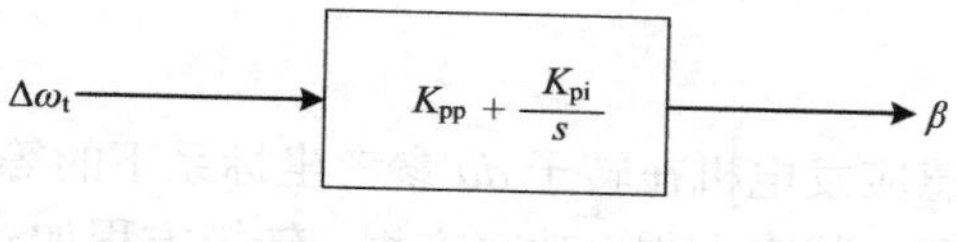

图 A-17 桨距角控制系统模型

3) 最大功率点跟踪(maximum power point tracking, MPPT)策略

对于给定的风速而言，风机输出的机械功率会随风轮的转速上升，呈现先升后降的趋势，如图 A-18 所示。为了实现风机运行效率的最大化，从而确保经济性，通常要求风机能够自适应地运行于最大输出功率对应的风轮转速，即始终将运行点维持在如图 A-18 所示的 MPPT 曲线上，从而实现最大功率点跟踪运行。

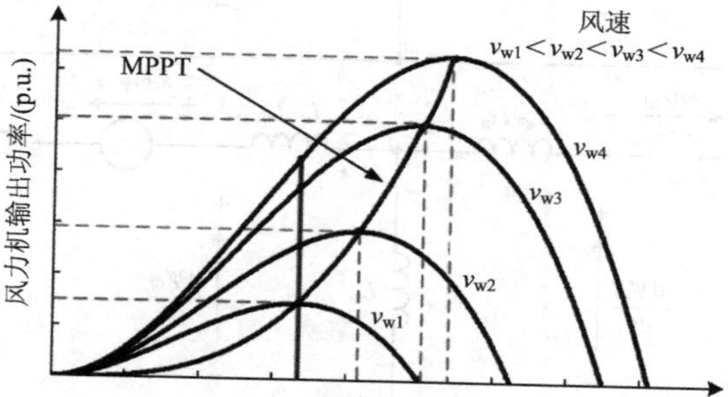

图 A-18 不同风速下风机出力曲线和 MPPT 曲线

为了实现最大功率点跟踪的目标，首先给出一种最简单的最大功率点跟踪策略：对不同的风机，不同风速对应的最佳叶尖速比 λ_{opt} 通常近似恒定，可以由厂家通过实际测量获得并提供给用户。为了使实际叶尖速比 λ 跟踪 λ_{opt}，用户只需检测风速 v_w，并控制风机的转速满足式(A-12)便可获得最大输出功率 P_{opt}。P_{opt} 只与 ω_t 有关。其可表示为如式(A-13)

所示的函数。

$$\omega_t = \frac{\lambda_{opt}}{R} v_w \tag{A-12}$$

$$P_{opt} = k\omega_t^3 \tag{A-13}$$

其中，$k = \frac{1}{2}\rho AC_{pmax}\left(\frac{R}{\lambda_{opt}}\right)^3$。

为了更为便利、精确地实现最大功率点跟踪控制，即避免对风速的实时检测，本书后面将介绍另外一种工业界中最常用的 MPPT 控制策略。该策略基于厂家借助实际测量提供的 MPPT 曲线(如式(A-13)所示)，通过反馈控制的手段，使风机的实时运行点时刻维持在 MPPT 曲线上。

A.2.2　双馈感应发电机动态模型

下面对双馈感应风力发电并网系统中涉及的关键物理部件和控制策略进行详细介绍。

1. 感应发电机模型

经过 Park 变换，双馈感应发电机在转子 dq 参考坐标系下的等效电路图如图 A-19 所示。对应的电压方程、磁链方程、状态方程、功率方程、转矩方程如式(A-14)～式(A-18)所示，其中涉及关键参数的定义见表 A-5。

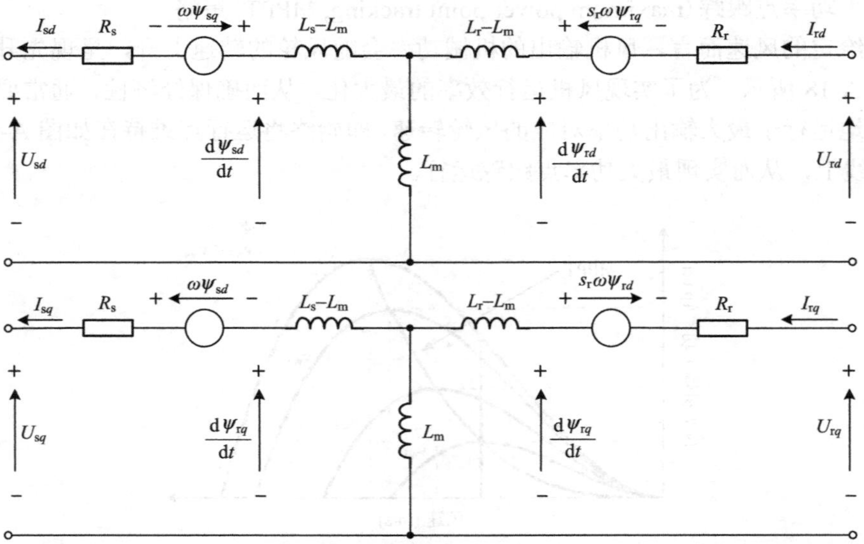

图 A-19　转子 dq 参考坐标系下感应发电机等效电路图

$$\begin{cases} U_{sd} = -R_s I_{sd} + \dot{\psi}_{sd} - \omega\psi_{sq} \\ U_{sq} = -R_s I_{sq} + \dot{\psi}_{sq} + \omega\psi_{sd} \\ U_{rd} = R_r I_{rd} + \dot{\psi}_{rd} - s_r\omega\psi_{rq} \\ U_{rq} = R_r I_{rq} + \dot{\psi}_{rq} + s_r\omega\psi_{rd} \end{cases} \tag{A-14}$$

$$
\begin{cases}
\psi_{sd} = -L_{ss}I_{sd} + L_{m}I_{rd} \\
\psi_{sq} = -L_{ss}I_{sq} + L_{m}I_{rq} \\
\psi_{rd} = L_{rr}I_{rd} - L_{m}I_{sd} \\
\psi_{rq} = L_{rr}I_{rq} - L_{m}I_{sq}
\end{cases} \tag{A-15}
$$

$$
\begin{cases}
\dot{\psi}_{sd} = -\dfrac{R_s}{L_{ss}}\psi_{sd} + R_s L'' I_{rd} + \omega\psi_{sd} + U_{sd} \\
\dot{\psi}_{sq} = -\dfrac{R_s}{L_{ss}}\psi_{sq} + R_s L'' I_{rq} - \omega\psi_{sd} + U_{sq} \\
\dot{I}_{rd} = \dfrac{1}{L'}\left(-R_r I_{rd} + U_{rd} + s_r\omega L' I_{rq} + s_r\omega L''\psi_{sq} - L''\dot{\psi}_{sd}\right) \\
\dot{I}_{rq} = \dfrac{1}{L'}\left(-R_r I_{rq} + U_{rq} - s_r\omega L' I_{rd} - s_r\omega L''\psi_{sd} - L''\dot{\psi}_{sq}\right)
\end{cases} \tag{A-16}
$$

$$
\begin{aligned}
&P_s = U_{sd}I_{sd} + U_{sq}I_{sq} \\
&P_r = U_{rd}I_{rd} + U_{rq}I_{rq} \\
&P_g = U_{gd}I_{gd} + U_{gq}I_{gq} \\
&P_G = P_s + P_g \\
&Q_s = U_{sq}I_{sd} - U_{sd}I_{sq} \\
&Q_g = U_{gq}I_{gd} - U_{gd}I_{gq} \\
&Q_G = Q_s + Q_g
\end{aligned} \tag{A-17}
$$

$$
T_e = L''\left(\psi_{sd}I_{rq} - \psi_{sq}I_{rd}\right) \tag{A-18}
$$

表 A-5　感应发电机模型中的关键参数定义

参数	定义	参数	定义
U、I、R、ψ	电压、电流、电阻和磁链	L_s、L_r、L_m	定子、转子的自感和互感
下标 d、q	d 轴和 q 轴分量	L_{ss}、L_{rr}	$L_s + L_m$、$L_r + L_m$
下标 s、r、g	定子、转子和电网分量	L'、L''	$L_{rr} - \dfrac{L_m^2}{L_{ss}}$、$\dfrac{L_m}{L_{ss}}$
ω	同步转速	P_G、Q_G	双馈风机的净有功功率、无功功率
s_r	转差率 $(\omega-\omega_r)/\omega$	T_e	双馈风机的电磁转矩

2. 背靠背变流器间直流母线模型

根据输入、输出功率平衡关系可得直流母线电压的状态方程满足：

$$
C_{dc}U_{dc}\dot{U}_{dc} = U_{gd}I_{gd} + U_{gq}I_{gq} - \left(U_{rd}I_{rd} + U_{rq}I_{rq}\right) \tag{A-19}
$$

3. 变流器跟网型控制(grid-following control, GFL)系统模型

当双馈风力发电机与强电网相连时，通常运行于跟网型控制模式 GFL：通过锁相环获取并网点电压矢量信息，并维持与电网的同步运行。对于电网而言，GFL 模式双馈风力发电机可以视作 PQ/PV 节点，其整体控制方案如图 A-20 所示。下面将对图中涉及的关键控制模块展开介绍。撬棒电路的故障穿越保护方案在后面进行介绍。

1)锁相环(PLL)模型

PLL 输入为采自交流母线的三相电压 U_a、U_b 和 U_c，经过 Clark 和 Park 变换后利用 PI 控制使得输出相角和输入相角相等。下面以对称电路为例说明其原理。

设输入的电压表达式为

$$\begin{bmatrix} U_a \\ U_b \\ U_c \end{bmatrix} = U_{\mathrm{m}} \begin{bmatrix} \cos\theta \\ \cos(\theta - 120^\circ) \\ \cos(\theta + 120^\circ) \end{bmatrix} \tag{A-20}$$

其中，U_{m} 为交流母线电压幅值；$\theta = \omega t + \theta_0$，$\omega$ 为角频率，θ_0 为初相角。

首先，通过 Clark(abc-$\alpha\beta$)变换矩阵将三相电压转换为直角坐标得到

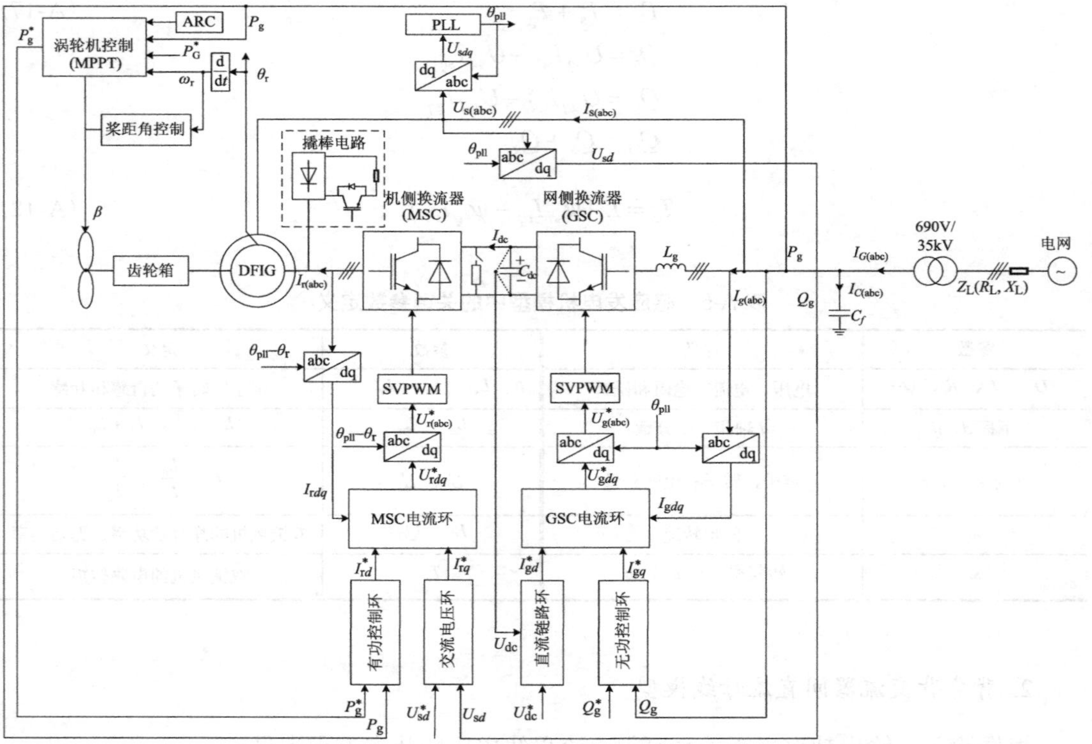

图 A-20　GFL 模式双馈风力发电机整体控制方案示意图

$$\begin{bmatrix} U_\alpha \\ U_\beta \end{bmatrix} = \frac{1}{3}\begin{bmatrix} 2 & -1 & -1 \\ 0 & \sqrt{3} & -\sqrt{3} \end{bmatrix}\begin{bmatrix} U_a \\ U_b \\ U_c \end{bmatrix} = U_{\mathrm{m}}\begin{bmatrix} \cos\theta \\ \sin\theta \end{bmatrix} \tag{A-21}$$

再通过 Park($\alpha\beta$-pq)变换得到 U_d 和 U_q，即

$$\begin{bmatrix} U_d \\ U_q \end{bmatrix} = \begin{bmatrix} \cos\hat{\theta} & \sin\hat{\theta} \\ -\sin\hat{\theta} & \cos\hat{\theta} \end{bmatrix}\begin{bmatrix} U_\alpha \\ U_\beta \end{bmatrix} \tag{A-22}$$

其中，$\hat{\theta}$ 为 PLL 测量的输出角度，也是 d 轴与 α 轴的夹角。

结合式(A-21)和式(A-22)得

$$\begin{bmatrix} U_d \\ U_q \end{bmatrix} = U_{\mathrm{m}}\begin{bmatrix} \cos(\theta-\hat{\theta}) \\ \sin(\theta-\hat{\theta}) \end{bmatrix} \tag{A-23}$$

根据上面的公式可知，用 $\sin(\theta-\hat{\theta})$ 作为误差输入，然后通过 PI 控制回路的调节作用，使得 $\hat{\theta}$ 趋于母线电压相角 θ，从而实现相角的测量。对应的传递函数框图如图 A-21 所示。

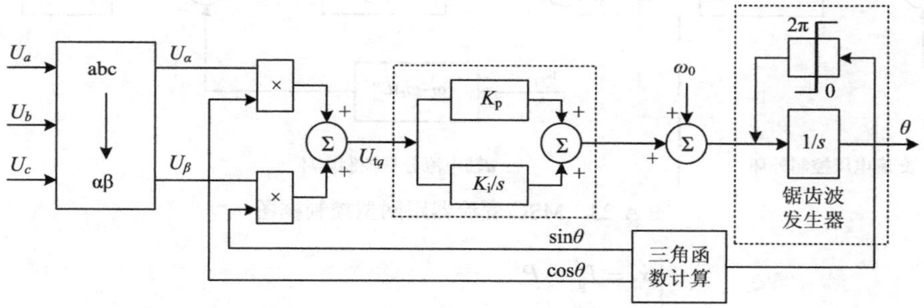

图 A-21 PLL 的基本原理和传递函数框图

2) 涡轮机控制

常规的涡轮机控制采用 MPPT 控制策略。图 A-22 给出一种无需风速检测的 MPPT 控制策略，其中 ω_{r}^* 和 P_{g}^* 为风力机最大输出功率对应的双馈电机转速及输出功率。

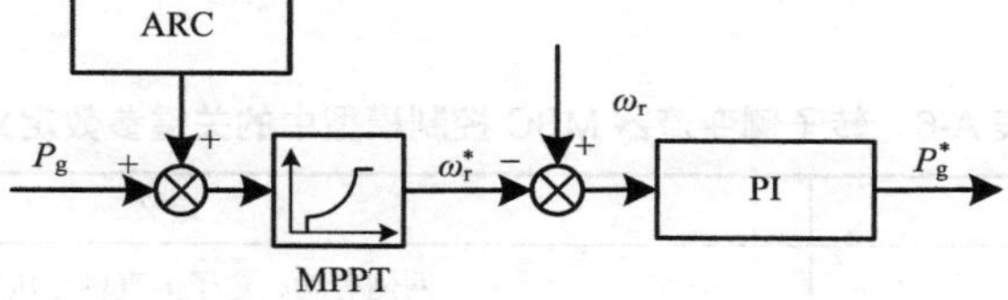

图 A-22 无需风速检测的 MPPT 控制策略

3) 机侧变流器(MSC)控制模型

电网跟踪型控制模式下的机侧变流器可采用如图 A-23 所示的双闭环控制结构，外环为图 A-20 所示的有功控制环与交流电压环，内环为 MSC 电流控制环。对应的状态方程和代数方程如式(A-24)和式(A-25)所示，其中涉及关键参数的定义见表 A-6。

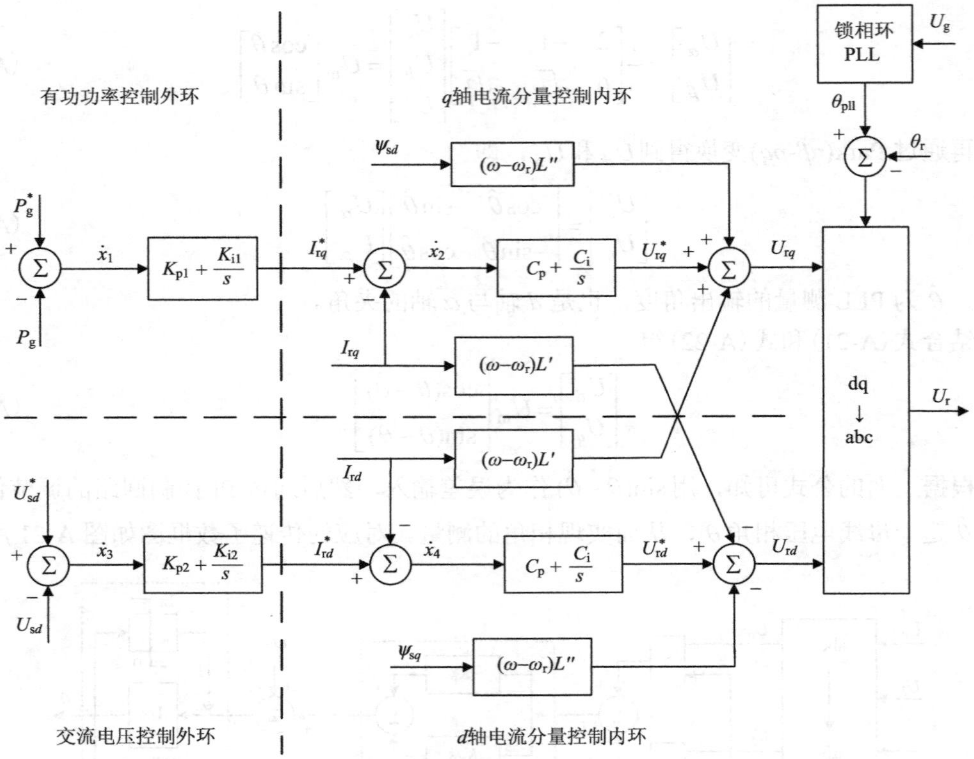

图 A-23　MSC 变流器跟网型控制框图

$$\begin{cases} \dot{x}_1 = P_g^* - P_g \\ \dot{x}_2 = K_{p1}\left(P_g^* - P_g\right) + K_{i1}x_1 - I_{rq} \\ \dot{x}_3 = U_{sd}^* - U_{sd} \\ \dot{x}_4 = K_{p2}\left(U_{sd}^* - U_{sd}\right) + K_{i2}x_3 - I_{rd} \end{cases} \tag{A-24}$$

$$\begin{cases} U_{rd} = C_p\left[K_{p2}\left(U_{sd}^* - U_{sd}\right) + K_{i2}x_3 - I_{rd}\right] + C_i x_4 - (\omega-\omega_r)\left(L'I_{rq} + L''\psi_{sq}\right) \\ u_{rq} = C_p\left[K_{p1}\left(P_g^* - P_g\right) + K_{i1}x_1 - I_{rq}\right] + C_i x_2 + (\omega-\omega_r)\left(L'I_{rd} + L''\psi_{sd}\right) \end{cases} \tag{A-25}$$

表 A-6　转子侧变流器 MSC 控制模型中的关键参数定义

参数	定义
P_g^*、U_{sd}^*	网侧有功、定子侧直轴电压参考值
P_g、U_{sd}	网侧有功、定子侧直轴电压测量值
K_{p1}、K_{i1}	有功功率外环控制器的比例和积分系数
K_{p2}、K_{i2}	无功功率外环控制器的比例和积分系数
C_p、C_i	电流内环控制器的比例和积分系数
I_{rd}、I_{rq}	转子电流 d 轴和 q 轴分量测量值
ψ_{sd}、ψ_{sq}	定子磁链 d 轴和 q 轴分量测量值

续表

参数	定义
x_1、x_2、x_3、x_4	控制系统状态变量
U_{rd}、U_{rq}	转子侧变流器 d、q 轴调制信号
θ_{pll}、θ_r	并网点电压相位、发电机转子角相位

4) 电网侧变流器(GSC)控制模型

电网侧变流器控制系统可以采用如图 A-24 所示的双闭环控制结构。外环为图 A-20 所示的直流链路环与无功控制环，内环为 GSC 电流控制环。对应的状态方程和代数方程如式(A-26)和式(A-27)所示，其中涉及关键参数的定义见表 A-7。

$$\begin{cases} \dot{x}_5 = U_{dc}^* - U_{dc} \\ \dot{x}_6 = K_{pgd}\left(U_{dc}^* - U_{dc}\right) + K_{igd}x_5 - I_{gd} \\ \dot{x}_7 = Q_g^* - Q_g \\ \dot{x}_8 = K_{pgq}\left(Q_g^* - Q_g\right) + K_{igq}x_7 - I_{gq} \end{cases} \tag{A-26}$$

$$\begin{cases} U_{gd} = -C_{pg}\left[K_{pgd}\left(U_{dc}^* - U_{dc}\right) + K_{igd}x_5 - I_{gd}\right] - C_{ig}x_6 + \omega LI_{gq} + U_{sd} \\ U_{gq} = -C_{pg}\left[K_{pgq}\left(Q_g^* - Q_g\right) + K_{igq}x_7 - I_{gq}\right] - C_{ig}x_8 - \omega LI_{gd} + U_{sq} \end{cases} \tag{A-27}$$

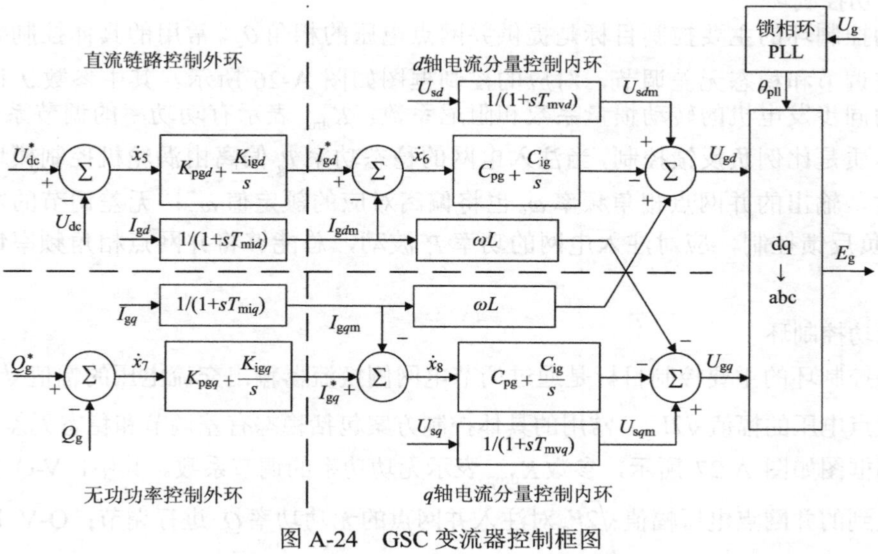

图 A-24　GSC 变流器控制框图

表 A-7　机侧变流器 GSC 控制模型中的关键参数定义

参数	定义
U_{dc}^*、Q_g^*	直流母线电压和输出无功功率参考值
U_{dc}、Q_g	直流母线电压和输出无功功率测量值
K_{pgd}、K_{igd}	直流母线电压控制环的比例和积分系数

续表

参数	定义
C_{pg}、C_{ig}	电流内环控制器的比例和积分系数
I_{gd}、I_{gq}	网侧变流器电流 d 轴和 q 轴分量测量值
U_{sd}、U_{sq}	定子电压 d 轴和 q 轴分量测量值
x_5、x_6、x_7、x_8	控制系统状态变量
U_{gd}、U_{gq}	电网侧变流器 d、q 轴调制信号

4. 变流器构网型控制(grid-forming control, GFM)系统模型

在可再生能源渗透率较高的弱电网中，由于采用锁相环跟踪电网电压和频率的难度较大，因此采用常规的跟网型控制模式会导致控制效果恶化，甚至引发系统失稳。在这种情况下，双馈风力发电机可以采用构网型控制模式 GFM，从而为系统提供频率控制、惯性支撑和电压调节的功能。对于电网而言，GFM 模式双馈风力发电机的整体控制方案如图 A-25 所示。

其中的关键环节是有功控制环和无功控制环，分别提供定子并网点电压的相角和幅值，从而使 GFM 模式双馈风力发电机对电网而言表现出 $V\theta$ 节点的外部特性。下面将对图 A-25 中涉及的关键控制模块展开介绍。

1) 有功控制环

有功控制环的主要控制目标是提供并网点电压的相角 θ_v。常用的具体控制方案包括稳态有差调节和稳态无差调节，对应的控制框图如图 A-26 所示。其中参数 J 和 D 表示所模拟的同步发电机的转动惯量系数和阻尼系数，K_{drop} 表示有功功率的调节系数。有差调节的本质是比例负反馈控制，当注入电网的稳态功率 P_g 偏离由涡轮机控制模块提供的额定值时，输出的并网点相角频率 ω_v 也将偏离对应的额定值 ω_v^*；无差调节的本质是比例-积分负反馈控制，应对注入电网的功率 P_g 波动，总能够将并网点相角频率恢复至额定值。

2) 无功控制环

无功控制环的主要控制目标是通过调节电网侧换流器输出交流电压的幅值 $\sqrt{2}E_m$，以控制并网点电压的幅值 $\sqrt{2}V_g$。常用的具体控制方案包括稳态有差调节和稳态无差调节，对应的控制框图如图 A-27 所示，参数 K_{drop} 表示无功功率的调节系数。其中，V-Q 回路是指根据测量到的并网点电压幅值 $\sqrt{2}V_g$ 对注入并网点的无功功率 Q_g 进行调节；Q-V 回路是指根据测量到的注入并网点的无功功率 Q_g 对并网点电压幅值 $\sqrt{2}V_g$ 进行调节。与有功控制的有差/无差调节类似，无功控制的有差调节是指当注入电网的稳态无功功率 Q_g 偏离给定的额定值时，输出的并网点电压幅值 $\sqrt{2}V_g$ 也将偏离对应的额定值 $\sqrt{2}V_g^*$；当采用无功控制的无差调节时，应对注入电网的 Q_g 波动，总能够将并网点电压幅值恢复至额定值。

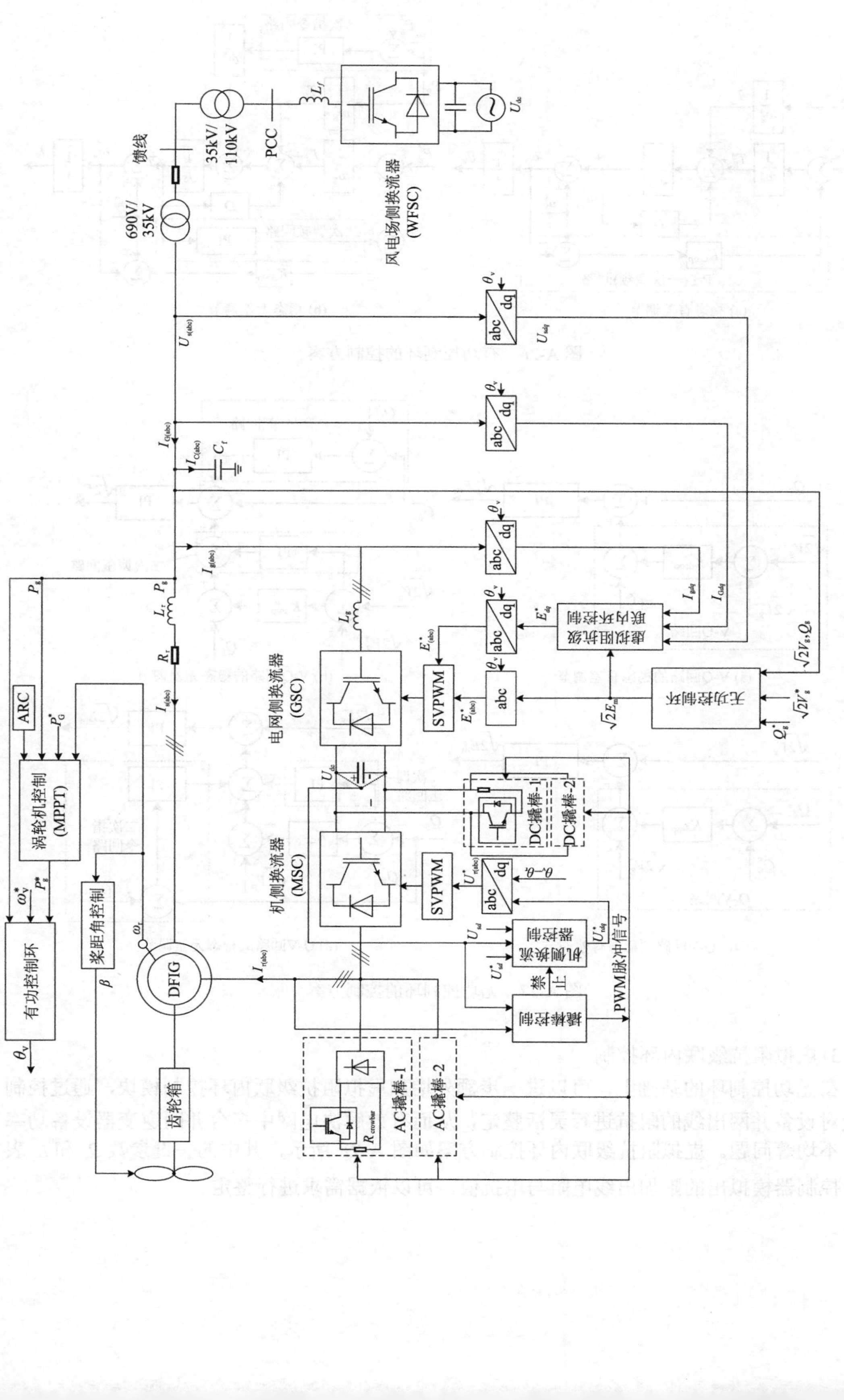

图 A-25　GFM 模式双馈风力发电机整体控制方案示意图

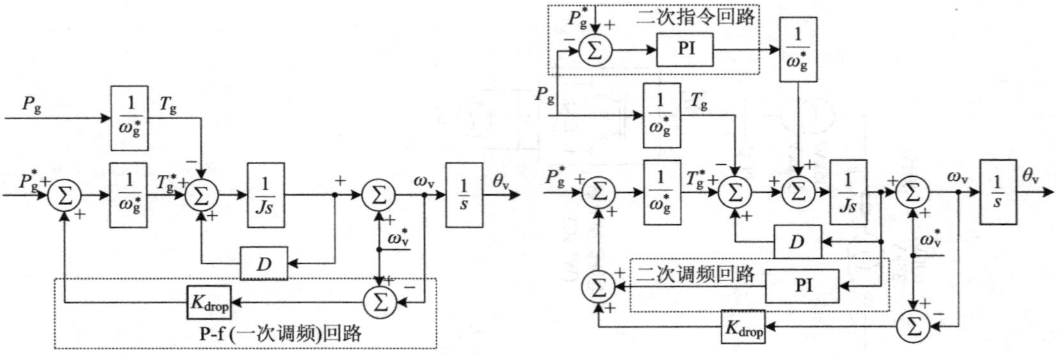

(a) 稳态有差调节　　(b) 稳态无差调节

图 A-26　有功控制环的控制方案

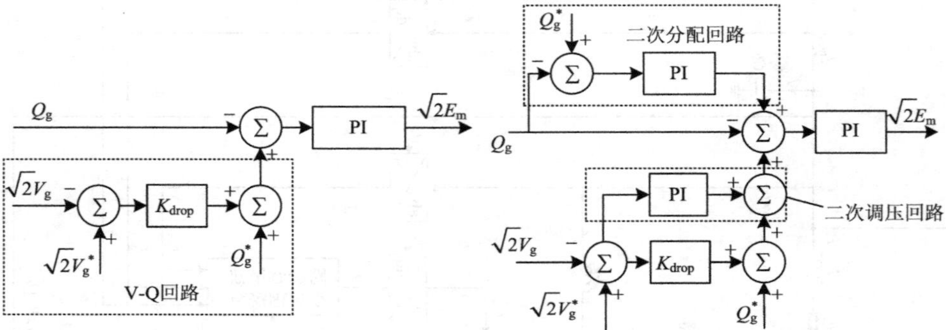

(a) V-Q回路的稳态有差调节　　(b) V-Q回路的稳态无差调节

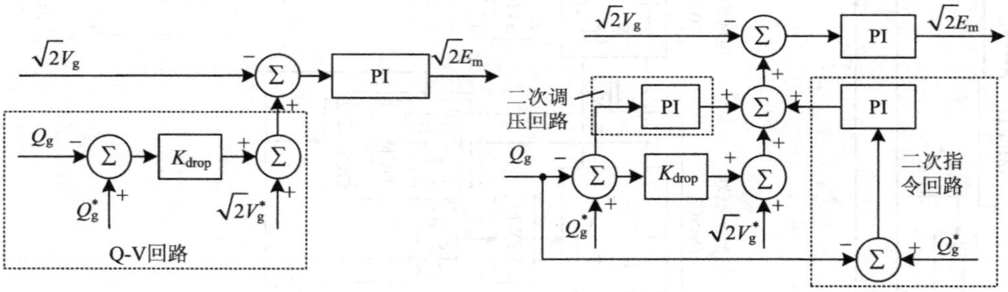

(c) Q-V回路的稳态有差调节　　(d) Q-V回路的稳态无差调节

图 A-27　无功控制环的控制方案

3) 虚拟阻抗级联内环控制

在无功控制环的基础上，可以进一步额外增加虚拟阻抗级联内环控制模块，通过控制手段对设备并网出线的阻抗进行灵活整定，从而有效解决电网中多台并网逆变器设备功率分配不均等问题。虚拟阻抗级联内环控制方案如图 A-28 所示，其中的关键参数 R_v 和 L_v 表示由控制器模拟出的附加出线电阻与电抗值，可以依据需求进行整定。

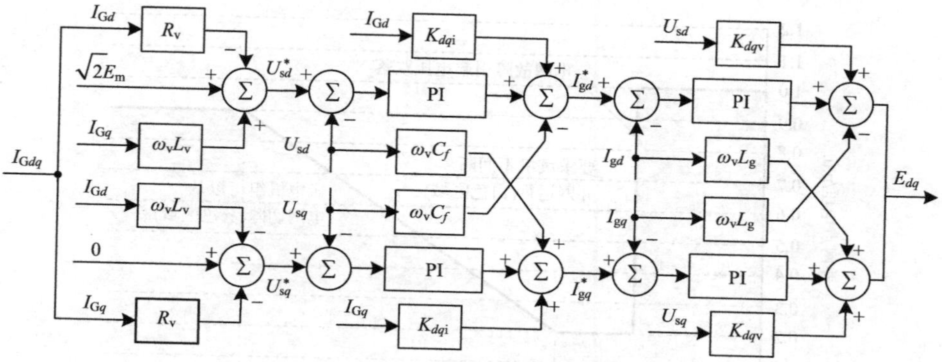

图 A-28　虚拟阻抗级联内环控制方案

4) 机侧换流器控制环

机侧换流器控制可以采用与 GFM 模式下双馈风力发电系统机/网侧换流器类似的双闭环控制策略：与图 A-20 中的控制模块类似，有功功率外环采用直流链路环，无功功率外环采用交流电压控制环/无功控制环，内环采用 MSC 电流控制环，具体的控制框图可以参考图 A-23 和图 A-24 进行搭建。

5) 撬棒电路的故障穿越保护方案

双馈风力发电并网系统的各个环节可能发生线路短路等故障，这会造成能量传输通路的电压过低，从而因为功率难以外送而造成直流母线电压过高和转子侧变流器电流过大。这可能会造成变流设备的损坏，或导致风力发电机组与电网解列。低电压穿越是指风力发电系统在确定的时间内承受一定限值的电网低电压而不退出运行的能力。为了实现风机的低电压穿越，可以在检测到低电压故障时，激活如图 A-25 所示的撬棒控制环节，并禁用常规运行状况下的机侧换流器控制环节。撬棒控制将会根据如图 A-29 所示的逻辑快速投入 AC 撬棒和 DC 撬棒电阻，从而瞬时把巨大能量耗散掉。AC 撬棒电阻位于风力发电机转子侧，用于旁路转子侧变流器；DC 撬棒电阻与直流母线的电容并联，从而实现电容的泄流功能。图 A-30 展示了一种常见的对风力发电机组低电压穿越能力的要求曲线。

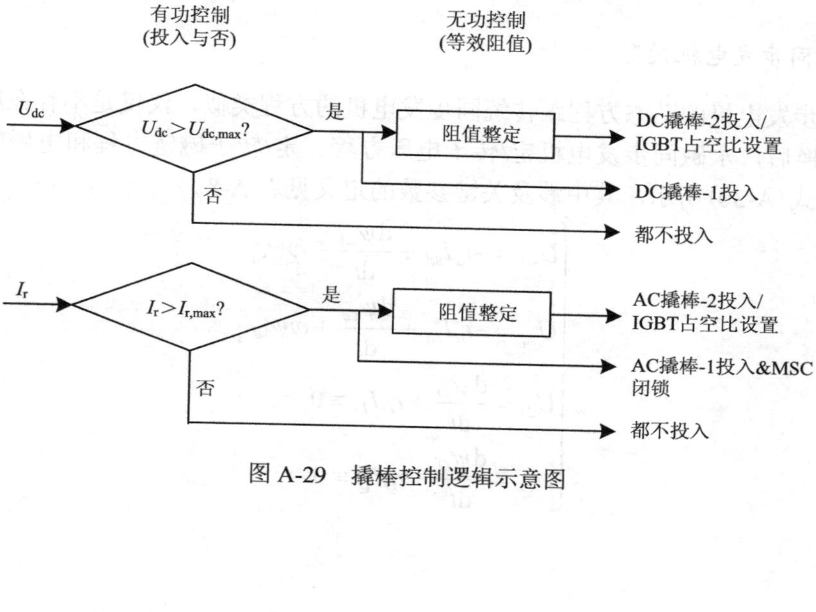

图 A-29　撬棒控制逻辑示意图

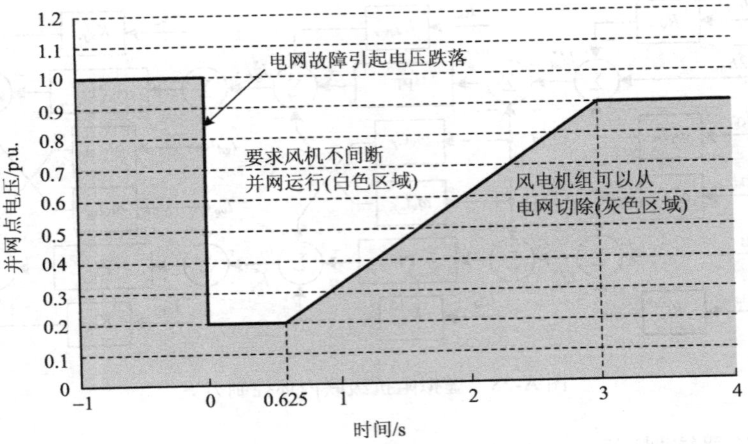

图 A-30　风力发电机低电压穿越要求

A.2.3　永磁同步发电机动态模型

永磁同步风力发电机组的结构框图如图 A-31 所示，包括风轮、永磁同步发电机、变流器及其控制系统、风力机桨距角控制部分等。

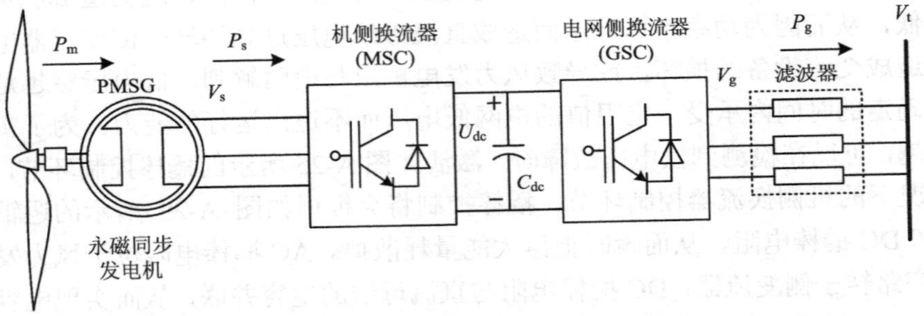

图 A-31　永磁同步风力发电机组框图

1. 永磁同步发电机模型

永磁同步发电机的动态方程跟传统同步发电机的方程类似，仅仅是不存在励磁绕组。经 Park 变换后，永磁同步发电机定/转子电压方程、定/转子磁链方程和电磁转矩方程如式(A-28)～式(A-30)所示，其中涉及关键参数的定义见表 A-8。

$$\begin{cases} U_{sd} = -r_a I_{sd} + \dfrac{d\psi_{sd}}{dt} - \omega\psi_{sq} \\ U_{sq} = -r_a I_{sq} + \dfrac{d\psi_{sq}}{dt} + \omega\psi_{sd} \\ U_D = \dfrac{d\psi_D}{dt} + r_D I_D \equiv 0 \\ U_Q = \dfrac{d\psi_Q}{dt} + r_Q I_Q \equiv 0 \end{cases} \tag{A-28}$$

$$\begin{cases}\psi_{sd} = -L_{dd}I_{sd} + \psi_f + L_{dD}I_D \\ \psi_{sq} = -L_{qq}I_{sq} + L_{qQ}I_Q \\ \psi_D = \psi_f + L_{DD}I_D - L_{Dd}I_{sd} \\ \psi_Q = L_{QQ}I_Q - L_{Qq}I_{sq}\end{cases} \tag{A-29}$$

$$T_e = \psi_{sd}I_{sq} - \psi_{sq}I_{sd} \tag{A-30}$$

表 A-8　永磁同步发电机模型中的关键参数定义

参数	定义
U_{sd}、U_{sq}	定子 d、q 轴电压
I_{sd}、I_{sq}	定子 d、q 轴电流
ψ_{sd}、ψ_{sq}、ψ_f、ψ_D、ψ_Q	定子 d、q 轴及转子 f、D、Q 轴的磁链
L_{dd}、L_{qq}、L_{DD}、L_{QQ}	定子 d、q 轴及转子 D、Q 轴自感
L_{dD}、L_{qQ}、L_{Dd}、L_{Qq}	下标相应绕组的互感
r_a	定子绕组电阻
r_D、r_Q	转子 D、Q 轴绕组电阻
ω	转子角速度
T_e	电磁转矩

2. 变流器及控制系统模型

与双馈风机类似，永磁同步风力发电系统也可以采用跟网型控制策略和构网型控制策略。此处着重介绍跟网型控制策略，这是永磁同步风力发电系统最为常见的控制策略。永磁同步风力发电系统的构网型控制策略与双馈风力发电系统类似，此处从略。

发电机侧变流器常见的控制是在坐标变换解耦后进行 PI 双环控制，通过控制发电机侧变流器的 q、d 轴电流可以实现有功和无功功率控制，有功的参考值由最大功率点跟踪策略获得。控制系统如图 A-32 所示，对应的状态方程和代数方程如式(A-31)和式(A-32)所示，其中涉及关键参数的定义见表 A-9。电网侧变流器的控制器策略与双馈风机电网侧变流器策略相同，对应的控制框图详见图 A-24。

$$\begin{cases}\dot{x}_1 = P_s^* - P_s \\ \dot{x}_2 = K_p\left(P_s^* - P_s\right) + K_i x_1 - I_{sq} \\ \dot{x}_3 = Q_s^* - Q_s \\ \dot{x}_4 = K_p\left(Q_s^* - Q_s\right) + K_i x_3 - I_{sd}\end{cases} \tag{A-31}$$

$$\begin{cases}U_{sd} = C_p\left[K_p\left(Q_s^* - Q_s\right) + K_i x_3 - I_{sd}\right] + C_i x_4 - \omega L_s I_{sq} \\ U_{sq} = C_p\left[K_p\left(P_s^* - P_s\right) + K_i x_1 - I_{sq}\right] + C_i x_2 + \left(\omega L_s I_{sd} + \omega\psi_f\right)\end{cases} \tag{A-32}$$

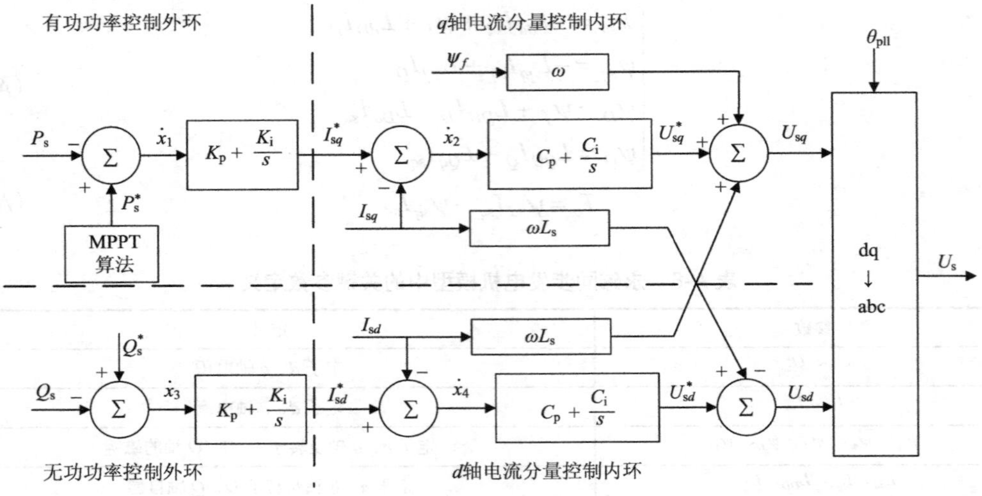

图 A-32　发电机侧变流器电网跟踪型控制框图

表 A-9　发电机侧变流器控制模型中的关键参数定义

参数	定义
P_s^*、Q_s^*	发电机有功功率、无功功率的参考值
P_s、Q_s	发电机有功功率、无功功率的实际值
L_s	发电机定子电感
I_{sd}^*、I_{sq}^*	定子 d、q 轴电流参考值
I_{sd}、I_{sq}	定子 d、q 轴电流实际值
K_p、K_i	功率外环控制器的比例和积分系数
C_p、C_i	电流内环控制器的比例和积分系数
x_1、x_2、x_3、x_4	控制系统状态变量

A.3　光伏发电系统模型

A.3.1　光伏阵列实用模型

通常采用如图 A-33 所示的单指数等效电路模型来描述光伏发电装置的动态特性。单个光伏发电装置的终端电流关系，即流过负载的电流如式(A-33)所示。其中涉及关键参数的定义见表 A-10。不同光照强度/温度下光伏阵列输出电流/功率和输出电压的关系曲线形状见图 A-34。

$$I_{PV}=I_{ph}-I_d-I_r \tag{A-33}$$

其中

$$I_{ph}=I_{sc}\left(\frac{S}{1000}\right)+C_T\left(T-T_{ref}\right) \tag{A-34}$$

$$I_d = I_0 \left\{ \exp\left[\frac{q\left(U_{PV} + IR_s\right)}{nkT} \right] - 1 \right\} \tag{A-35}$$

$$I_0 = I_{do} \left(\frac{T}{T_{ref}} \right)^3 \exp\left[\frac{qE_g}{nk} \left(\frac{1}{T_{ref}} - \frac{1}{T} \right) \right] \tag{A-36}$$

$$I_r = \frac{U_{PV} + R_s I_{PV}}{R_{sh}} \tag{A-37}$$

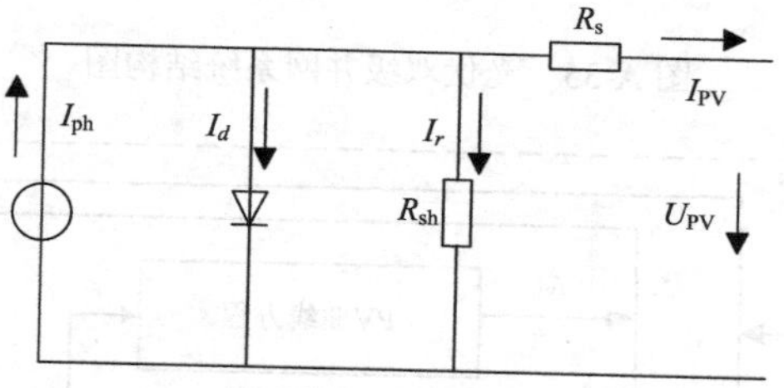

图 A-33 光伏阵列等效电路图

表 A-10 单个光伏发电装置等效电路变量及常量参数表

变量或常量名	I_{PV}（变量）	U_{PV}（变量）	I_{ph}（变量）	S（变量）	q（常量）
含义	负载电流	电池端电压	光生电流	光照强度	电子电量
变量或常量名	T_{ref}（常量）	T（变量）	E_g（未知常量）	k（常量）	R_s（未知常量）
含义	参考温度	电池温度	能带系能量	玻尔兹曼常量	串联电阻
变量或常量名	R_{sh}（未知常量）	n（未知常量）	I_{do}（未知常量）	I_{sc}（未知常量）	C_T（常量）
含义	分流电阻	二极管排放系数	二极管反向电流	短路电流	温度系数

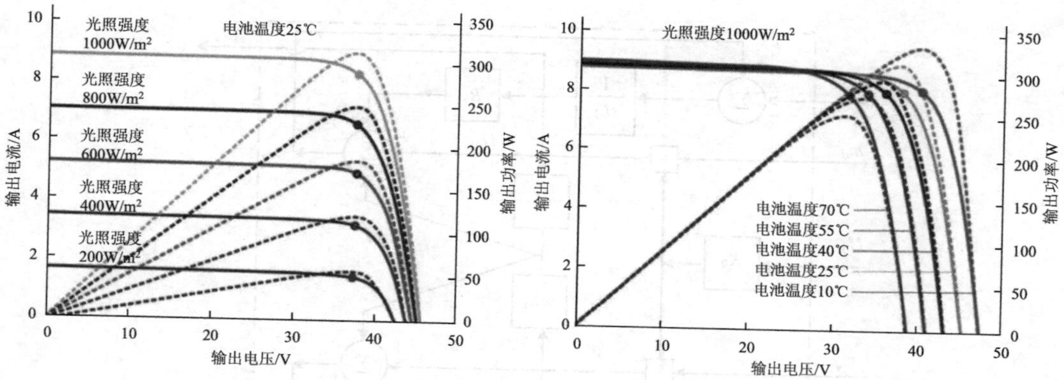

图 A-34 不同光照强度/温度下光伏阵列输出电流/功率和输出电压的关系曲线

A.3.2 光伏并网变流器动态模型

将光伏电池阵列产生的直流电馈送给交流电网，其间能量的传递与变换可以有多种电路结构，如单级、双级、多级换流方式。其中，常见的光伏双级并网电路结构如图 A-35 所示，其所对应的微分代数方程如式(A-38)～式(A-44)所示，式中的 m_d、m_q 和 d_c 是此动态模型的控制输入量，K_0 是调制常数，其余变量含义详见图 A-35。根据这些公式可得逆变器直流侧和交流侧的传递函数框图分别如图 A-36 和图 A-37 所示。

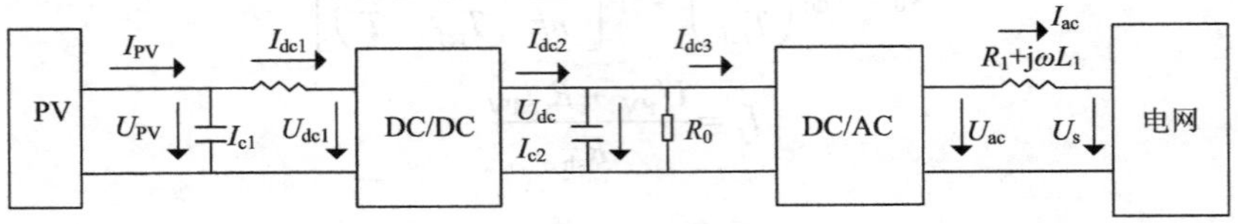

图 A-35　光伏双级并网系统结构图

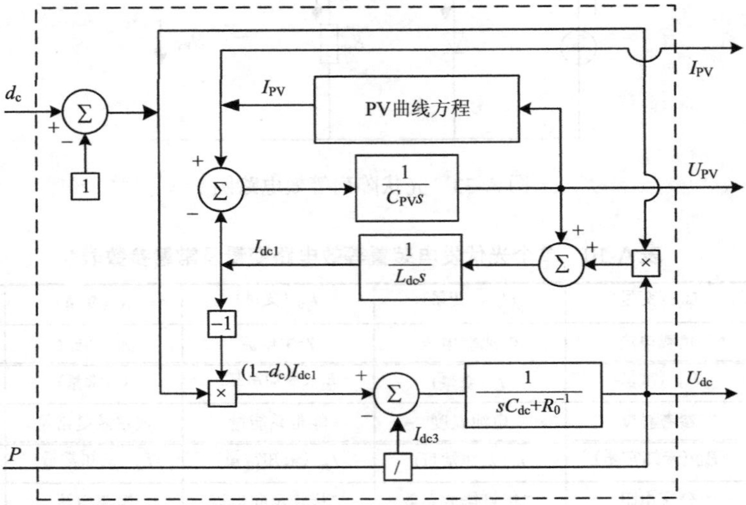

图 A-36　光伏直流侧传递函数图(光伏面板含并联电容)

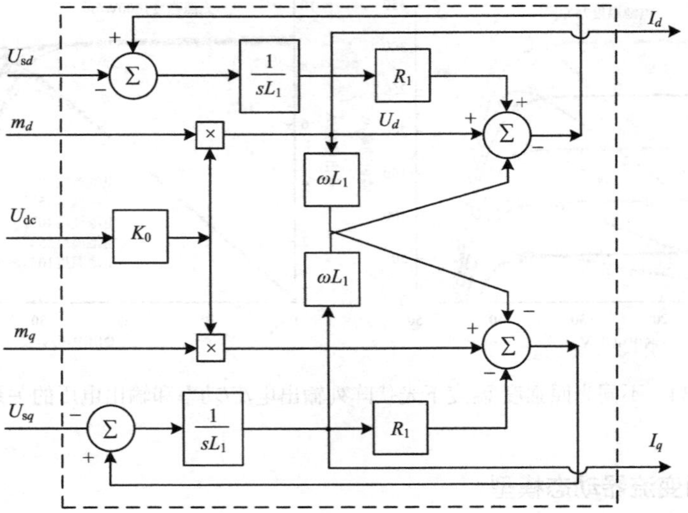

图 A-37　逆变器与网络接口

$$L_{dc}\dot{I}_{dc1}=U_{PV}-\left(1-d_c\right)U_{dc} \tag{A-38}$$

$$C_{PV}\dot{U}_{PV}=I_{PV}-I_{dc1} \tag{A-39}$$

$$C_{dc}\dot{U}_{dc}=-R_0^{-1}U_{dc}+\left(1-d_c\right)I_{dc1}-\frac{U_dI_d+U_qI_q}{U_{dc}} \tag{A-40}$$

$$L_1\dot{I}_d=-R_1I_d+\omega L_1I_q+U_d-U_{sd} \tag{A-41}$$

$$L_1\dot{I}_q=-R_1I_q-\omega L_1I_d+U_q-U_{sq} \tag{A-42}$$

$$I_{PV}=I_{PV}^0-I_s^0\left[e^{(U_{PV}+R_sI_{PV})/(V_ta)}-1\right]-\left(U_{PV}+R_sI_{PV}\right)/R_p \tag{A-43}$$

$$\begin{bmatrix}U_d\\U_q\end{bmatrix}=U_{dc}K_0\begin{bmatrix}m_d\\m_q\end{bmatrix} \tag{A-44}$$

A.3.3　光伏并网变流器控制模型

经典的基于扰动观察的最大功率点跟踪算法如式(A-45)和式(A-46)所示，其控制框图见图 A-38。斩波电路的占空比控制如式(A-47)所示。公式中的关键参数定义见表 A-11。并网逆变器的控制策略与双馈风机电网侧变流器控制策略相同,对应的控制框图详见图 A-24。

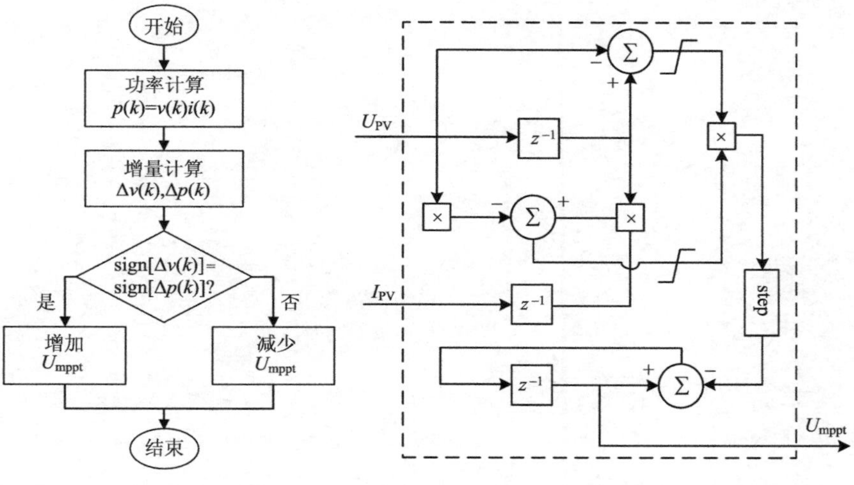

图 A-38　基于扰动观察的最大功率点跟踪算法框图

表 A-11　光伏并网变流器控制模型中的关键参数定义

参数	定义
U_{mppt}	光伏阵列端口参考电压
step	参考电压扰动步长
$\{t_0,t_1,\cdots\}$	最大功率点跟踪控制的检测与更新时间序列
K_{c1}	占空比控制放大倍数
$\overline{d}_c$	占空比的饱和上界
d_{c1}、d_c	占空比状态变量、实际输出占空比

$$U_{\mathrm{mppt}}(t)=U_{\mathrm{mppt}}(t_k),\quad \forall t\in[t_k,t_{k+1}) \tag{A-45}$$

$$\begin{aligned}U_{\mathrm{mppt}}(t_{k+1})=U_{\mathrm{mppt}}(t_k)-\mathrm{step}\cdot\mathrm{sign}\left[U_{\mathrm{PV}}(t_k)I_{\mathrm{PV}}(t_k)-U_{\mathrm{PV}}(t_{k+1})I_{\mathrm{PV}}(t_{k+1})\right]\\ \cdot\mathrm{sign}\left[U_{\mathrm{PV}}(t_k)-U_{\mathrm{PV}}(t_{k+1})\right]\end{aligned} \tag{A-46}$$

$$\begin{cases}\dot{d}_{\mathrm{c1}}=K_{\mathrm{c1}}\left[U_{\mathrm{mppt}}(t)-U_{\mathrm{PV}}(t)\right]\\ d_{\mathrm{c}}(t)=\lim\left\{d_{\mathrm{c1}}(t),0,\bar{d}_{\mathrm{c}}\right\}\end{cases} \tag{A-47}$$

附录B 部分公式推导

B.1 同步坐标下多机系统暂态能量函数实际计算公式

实际计算多机系统暂态能量函数时，先用时域仿真法计算 $\omega_{\rm c}$ 和 $\delta_{\rm c}$，由此计算 $V_{\rm k|c}$ 和 $V_{\rm p|c}$，得到 $V_{\rm c}$；然后求出 $\delta_{\rm u}$，由此计算 $V_{\rm cr}$。下面进行具体的计算推导。

式(5-29)右边第一项 $V_{\rm pos|c}$ 为

$$V_{\rm pos|c}=\sum_{i=1}^{n}(-P_i)(\delta_{{\rm c}i}-\delta_{{\rm s}i}) \tag{B-1}$$

式中，$P_i=P_{{\rm m}i}-E_i^2G_{ii}={\rm const}$。

式(5-29)右边第二项 $V_{\rm mag|c}$ 为

$$V_{\rm mag|c}=\sum_{i=1}^{n}\int_{\delta_{{\rm s}i}}^{\delta_{{\rm c}i}}\sum_{\substack{j=1\\j\neq i}}^{n}C_{ij}\sin\delta_{ij}{\rm d}\delta_i=-\sum_{i=1}^{n}\sum_{j=i+1}^{n}C_{ij}\left(\cos\delta_{ij}^{({\rm c})}-\cos\delta_{ij}^{({\rm s})}\right) \tag{B-2}$$

式中，上标(c)表示故障切除时刻的值，(s)表示在平衡点处的值，具体推导见后面。

式(5-29)右边第三项 $V_{\rm diss|c}$ 为

$$V_{\rm diss|c}=\sum_{i=1}^{n}\int_{\delta_{{\rm s}i}}^{\delta_{{\rm c}i}}\sum_{\substack{j=1\\j\neq i}}^{n}D_{ij}\cos\delta_{ij}{\rm d}\delta_i\approx\sum_{i=1}^{n}\sum_{j=i+1}^{n}\frac{a}{b}D_{ij}\left(\sin\delta_{ij}^{({\rm c})}-\sin\delta_{ij}^{({\rm s})}\right) \tag{B-3}$$

其中，$\dfrac{a}{b}=\dfrac{\left(\delta_{{\rm c}i}+\delta_{{\rm c}j}\right)-\left(\delta_{{\rm s}i}+\delta_{{\rm s}j}\right)}{\delta_{ij}^{({\rm c})}-\delta_{ij}^{({\rm s})}}$ 是积分路径引起的近似系数，会引起一定误差，具体推导见后面。

当系统运行到临界状态时，动能为零，临界能量近似为系统不稳定平衡点 $(\delta_{\rm u})$ 处的势能：

$$V_{\rm cr}\approx V_{\rm p|u}=V_{\rm pos|u}+V_{\rm mag|u}+V_{\rm diss|u} \tag{B-4}$$

$V_{\rm cr}$ 的计算与 $V_{\rm p|c}$ 相似，只要把 $\delta_{\rm c}$ 改为 $\delta_{\rm u}$ 即可。

下面说明式(B-2)和式(B-3)的推导问题。首先是式(B-2)。

$$\begin{aligned}\sum_{i=1}^{n}\int_{\delta_{{\rm s}i}}^{\delta_{{\rm c}i}}\sum_{\substack{j=1\\j\neq i}}^{n}C_{ij}\sin\delta_{ij}{\rm d}\delta_i&=\left(\sum_{i=1}^{n}\int_{\delta_{{\rm s}i}}^{\delta_{{\rm c}i}}\sum_{\substack{j=1\\j\neq i}}^{n}C_{ij}\sin\delta_{ij}{\rm d}\delta_i-\sum_{j=1}^{n}\int_{\delta_{{\rm s}j}}^{\delta_{{\rm c}j}}\sum_{\substack{i=1\\i\neq j}}^{n}C_{ij}\sin\delta_{ij}{\rm d}\delta_j\right)+\sum_{i=1}^{n}\int_{\delta_{{\rm s}i}}^{\delta_{{\rm c}i}}\sum_{\substack{j=1\\j\neq i}}^{n}C_{ij}\sin\delta_{ij}{\rm d}\delta_j\\&=\sum_{i=1}^{n}\sum_{\substack{j=1\\j\neq i}}^{n}\int_{\delta_{{\rm s}ij}}^{\delta_{{\rm c}ij}}C_{ij}\sin\delta_{ij}{\rm d}\delta_{ij}-\sum_{j=1}^{n}\int_{\delta_{{\rm s}j}}^{\delta_{{\rm c}j}}\sum_{\substack{i=1\\i\neq j}}^{n}C_{ij}\sin\delta_{ji}{\rm d}\delta_j\end{aligned}$$

上述第一项和最后一项完全对称，移项后合并有

$$\sum_{i=1}^{n}\int_{\delta_{si}}^{\delta_{ci}}\sum_{\substack{j=1\\ j\neq i}}^{n}C_{ij}\sin\delta_{ij}\mathrm{d}\delta_i=\frac{1}{2}\sum_{i=1}^{n}\sum_{\substack{j=1\\ j\neq i}}^{n}\int_{\delta_{sij}}^{\delta_{cij}}C_{ij}\sin\delta_{ij}\mathrm{d}\delta_{ij}=-\sum_{i=1}^{n}\sum_{j=i+1}^{n}C_{ij}\left(\cos\delta_{ij}^{(c)}-\cos\delta_{ij}^{(s)}\right)$$

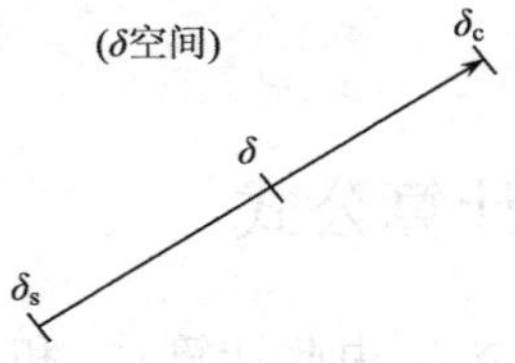

图 B-1　线性路径假定

由于 cos 是偶函数，因此上述推导过程中第三步 sin 的变号不成立，此时需要考虑 δ_i 与 δ_j 存在相互影响，导致式(B-3)中 $V_{\mathrm{diss}}|_{\mathrm{c}}$ 的积分存在积分路径问题。即 δ_i 变化导致 δ_j 变化，从而影响积分结果。由于不知道实际的摇摆曲线，因此无法写出 $\delta_j(\delta_i)$ 的函数，此时可以假设 δ_i 与 δ_j 之间存在线性关系，即“线性路径”假定。

设系统运行轨迹上任一运行点的转子角矢量 $\boldsymbol{\delta}$ 如图 B-1 所示，其表达式如下：

$$\boldsymbol{\delta}=\boldsymbol{\delta}_{\mathrm{s}}+\alpha\left(\boldsymbol{\delta}_{\mathrm{c}}-\boldsymbol{\delta}_{\mathrm{s}}\right),\quad \alpha\in[0,1] \tag{B-5}$$

则

$$\begin{cases}\delta_i=\delta_{si}+\alpha\left(\delta_{ci}-\delta_{si}\right)\\ \delta_j=\delta_{sj}+\alpha\left(\delta_{cj}-\delta_{sj}\right)\end{cases} \tag{B-6}$$

对式(B-6)两边取微分得

$$\begin{cases}\mathrm{d}\delta_i=\mathrm{d}\alpha\left(\delta_{ci}-\delta_{si}\right)\\ \mathrm{d}\delta_j=\mathrm{d}\alpha\left(\delta_{cj}-\delta_{sj}\right)\end{cases}$$

从而

$$\begin{cases}\mathrm{d}\left(\delta_i+\delta_j\right)=\mathrm{d}\delta_i+\mathrm{d}\delta_j=\left[\left(\delta_{ci}-\delta_{si}\right)+\left(\delta_{cj}-\delta_{sj}\right)\right]\mathrm{d}\alpha\overset{\mathrm{def}}{=}a\mathrm{d}\alpha\\ \mathrm{d}\delta_{ij}=\mathrm{d}\delta_i-\mathrm{d}\delta_j=\left(\delta_{ij}^{(c)}-\delta_{ij}^{(s)}\right)\mathrm{d}\alpha\overset{\mathrm{def}}{=}b\mathrm{d}\alpha\end{cases} \tag{B-7}$$

因此有

$$\mathrm{d}\left(\delta_i+\delta_j\right)=\frac{a}{b}\mathrm{d}\delta_{ij} \tag{B-8}$$

式中，$\dfrac{a}{b}=\dfrac{\left(\delta_{ci}+\delta_{cj}\right)-\left(\delta_{si}+\delta_{sj}\right)}{\delta_{ij}^{(c)}-\delta_{ij}^{(s)}}$，是一个常数。考虑到

$$\sum_{i=1}^{n}\int_{\delta_{si}}^{\delta_{ci}}\sum_{\substack{j=1\\ j\neq i}}^{n}D_{ij}\cos\delta_{ij}\mathrm{d}\delta_i+\sum_{j=1}^{n}\int_{\delta_{sj}}^{\delta_{cj}}\sum_{\substack{i=1\\ i\neq j}}^{n}D_{ij}\cos\delta_{ji}\mathrm{d}\delta_j=\sum_{i=1}^{n}\sum_{\substack{j=1\\ j\neq i}}^{n}\int_{\delta_{sij}}^{\delta_{cij}}D_{ij}\cos\delta_{ij}\frac{a}{b}\mathrm{d}\delta_{ij}$$

其中，等式左边两个部分相等，因此等式右侧的求和项可认为被均分至左侧的两项中，从而近似有

$$\sum_{i=1}^{n}\int_{\delta_{si}}^{\delta_{ci}}\sum_{\substack{j=1\\ j\neq i}}^{n}D_{ij}\cos\delta_{ij}\mathrm{d}\delta_i\approx\sum_{i=1}^{n}\sum_{j=i+1}^{n}D_{ij}\frac{a}{b}\left(\sin\delta_{ij}^{(c)}-\sin\delta_{ij}^{(s)}\right)$$

B.2　惯量中心坐标下的多机系统暂态能量函数和临界能量实际计算

当故障切除时，设 $\theta_{\mathrm{s}}\rightarrow\theta_{\mathrm{c}}$ 为线性路径，参照式(B-1)～式(B-3)，可计算出：

$$
\begin{aligned}
V_{\mathrm{c}}=V_{\mathrm{k|c}}+V_{\mathrm{p|c}}&=\sum_{i=1}^{n}\frac{1}{2}M_i\tilde{\omega}_i^2\big|_c+\sum_{i=1}^{n}(-P_i)(\theta_{\mathrm{c}i}-\theta_{\mathrm{s}i})\\
&\quad-\sum_{i=1}^{n}\sum_{j=i+1}^{n}C_{ij}\left(\cos\theta_{ij}^{(\mathrm{c})}-\cos\theta_{ij}^{(\mathrm{s})}\right)+\sum_{i=1}^{n}\sum_{j=i+1}^{n}D_{ij}\frac{a}{b}\left(\sin\theta_{ij}^{(\mathrm{c})}-\sin\theta_{ij}^{(\mathrm{s})}\right)
\end{aligned}
\tag{B-9}
$$

式中， $P_i=P_{\mathrm{m}i}-E_i^2G_{ii}$； $\dfrac{a}{b}=\dfrac{(\theta_{\mathrm{c}i}+\theta_{\mathrm{c}j})-(\theta_{\mathrm{s}i}+\theta_{\mathrm{s}j})}{\theta_{ij}^{(\mathrm{c})}-\theta_{ij}^{(\mathrm{s})}}$； C_{ij} 、 D_{ij} 的定义同式(5-24)，均用故障切除后的导纳阵参数。

式(B-9)中右侧第一项为动能，第二项为位置势能，第三项为磁性势能，第四项为耗散势能，其中势能与式(5-29)对应。

计算系统临界能量，只要把式(B-9)中 θ_{c} 换成 θ_{u} ，取 $V_{\mathrm{cr}}\approx V_{\mathrm{p}|\theta_{\mathrm{u}}}$ 即可。这里同样有确定主导 UEP 及 θ_{u} 的求解问题，与同步坐标相似，不再重复。

B.3　电力电子并网系统特征方程表达式

(1)式(6-60)中 $\boldsymbol{A}=\boldsymbol{M}^{-1}\boldsymbol{A}''$ 和 $\boldsymbol{B}=\boldsymbol{M}^{-1}\boldsymbol{B}''$ ，且

$$
\boldsymbol{M}=\begin{bmatrix}
1&&&&&&&&&&&&&&&\\
&1&&&&&&&&&&&&&&\\
&&1&&&&&&&&&&&&&\\
&&&1&&&&&&&&&&&&\\
&&&&1&&&&&&&&&&&\\
&&&&&1&&&&&&&&&&\\
&&&&&&1&&&&&&&&&\\
&&&&&&&1&&&&&&&&\\
&&&&&&&&1&&&&&&&\\
&&&&&&&&&1&&&&&&-K_{\mathrm{PLLp}}\\
&&&&&&&&&&L&&&&&\\
&&&&&&&&&&&L&&&&\\
&&&&&&&&&&&&L_s&&&\\
&&&&&&&&&&&&&L_s&&\\
&&&&&&&&&&&&&&C_f&\\
&&&&&&&&&&&&&&&C_f
\end{bmatrix}
$$

$$
\boldsymbol{B}'' = \begin{bmatrix} 0 & 0 \\ 0 & 0 \\ 0 & 0 \\ 0 & 0 \\ 1 & 0 \\ 0 & 1 \\ \lambda_1 & 0 \\ 0 & \lambda_2 \\ 0 & 0 \\ 0 & 0 \\ \lambda_1\lambda_3 & 0 \\ 0 & \lambda_2\lambda_4 \\ 0 & 0 \\ 0 & 0 \\ 0 & 0 \\ 0 & 0 \end{bmatrix}
$$

$$
\boldsymbol{A}'' = \begin{bmatrix}
a_{1,1} & & & & & & & & & & & & & & a_{1,15} & \\
 & a_{2,2} & & & & & & & & & & & & & & a_{2,16} \\
 & & a_{3,3} & & & & & & & & a_{3,11} & & & & & \\
 & & & a_{4,4} & & & & & & & & a_{4,12} & & & & \\
a_{5,1} & a_{5,2} & a_{5,3} & a_{5,4} & & & & & & & & & & & & \\
a_{6,1} & a_{6,2} & & & & & & & & & & & & & & \\
a_{7,1} & a_{7,2} & a_{7,3} & a_{7,4} & a_{7,5} & & & & & & & & & & & \\
a_{8,1} & a_{8,2} & & a_{8,4} & & a_{8,6} & & & & & & & & & & \\
 & & & & & & & & & a_{9,10} & & & & & & \\
 & & & & & & & & & & & & & & & a_{10,16} \\
a_{11,1} & a_{11,2} & a_{11,3} & a_{11,4} & a_{11,5} & & a_{11,7} & & & a_{11,10} & a_{11,11} & a_{11,12} & & & a_{11,15} & \\
a_{12,1} & a_{12,2} & a_{12,3} & a_{12,4} & & a_{12,6} & & a_{12,8} & & a_{12,10} & a_{12,11} & a_{12,12} & & & & a_{12,16} \\
 & & & & & & & & a_{13,9} & a_{13,10} & & & a_{13,13} & a_{13,14} & a_{13,15} & \\
 & & & & & & & & a_{14,9} & a_{14,10} & & & a_{14,13} & a_{14,14} & & a_{14,16} \\
 & & & & & & & & & a_{15,10} & a_{15,11} & & a_{15,13} & & & a_{15,16} \\
 & & & & & & & & & a_{16,10} & & a_{16,12} & & a_{16,14} & a_{16,15} &
\end{bmatrix}
$$

其中

$a_{1,1} = -\alpha_{001}$， $a_{1,15} = 1$

$a_{2,2} = -\alpha_{002}$， $a_{2,16} = 1$

$a_{3,3} = -\alpha_{003}$， $a_{3,11} = 1$

$a_{4,4} = -\alpha_{004}$， $a_{4,12} = 1$

$a_{5,1} = -\beta_{001}\beta_{003}x_{03}$， $a_{5,2} = -\beta_{002}\beta_{004}x_{04}$

$a_{5,3} = -\beta_{001}\beta_{003}x_{01}$， $a_{5,4} = -\beta_{002}\beta_{004}x_{02}$

$$a_{6,1}=\frac{-\beta_{001}^2 x_{01}}{\sqrt{\left(\beta_{001}x_{01}\right)^2+\left(\beta_{002}x_{02}\right)^2}}，\quad a_{6,2}=\frac{-\beta_{002}^2 x_{02}}{\sqrt{\left(\beta_{001}x_{01}\right)^2+\left(\beta_{002}x_{02}\right)^2}}$$

$$a_{7,1}=-\beta_{001}\beta_{003}x_{03}\lambda_1，\quad a_{7,2}=-\beta_{002}\beta_{004}x_{04}\lambda_1，\quad a_{7,3}=-\beta_{003}-\beta_{001}\beta_{003}x_{01}\lambda_1$$

$$a_{7,4}=-\beta_{002}\beta_{004}x_{02}\lambda_1，\quad a_{7,5}=\beta_{01}$$

$$a_{8,1}=\frac{-\beta_{001}^2 x_{01}\lambda_2}{\sqrt{\left(\beta_{001}x_{01}\right)^2+\left(\beta_{002}x_{02}\right)^2}}，\quad a_{8,2}=\frac{-\beta_{002}^2 x_{02}\lambda_2}{\sqrt{\left(\beta_{001}x_{01}\right)^2+\left(\beta_{002}x_{02}\right)^2}}$$

$$a_{8,4}=-\beta_{004}，\quad a_{8,6}=\beta_{02}$$

$$a_{9,10}=1$$

$$a_{10,16}=K_{\mathrm{PLLi}}$$

$$a_{11,1}=-\beta_{001}-\lambda_3\lambda_1\beta_{001}\beta_{003}x_{03}，\quad a_{11,2}=-\lambda_3\lambda_1\beta_{002}\beta_{004}x_{04}$$

$$a_{11,3}=-\lambda_3\beta_{003}-\lambda_3\lambda_1\beta_{001}\beta_{003}x_{03}，\quad a_{11,4}=-\omega L\beta_{004}-\lambda_3\lambda_1\beta_{002}\beta_{004}x_{04}$$

$$a_{11,5}=\lambda_3\beta_{01}，\quad a_{11,7}=\beta_{03}，\quad a_{11,10}=-L\beta_{004}x_{04}+Li_{qg}$$

$$a_{11,11}=-R，\quad a_{11,12}=\omega L，\quad a_{11,15}=1$$

$$a_{12,1}=\frac{-\lambda_4\lambda_2\beta_{001}^2 x_{01}}{\sqrt{\left(\beta_{001}x_{01}\right)^2+\left(\beta_{002}x_{02}\right)^2}}，\quad a_{12,2}=-\beta_{002}-\frac{-\lambda_4\lambda_2\beta_{002}^2 x_{02}}{\sqrt{\left(\beta_{001}x_{01}\right)^2+\left(\beta_{002}x_{02}\right)^2}}$$

$$a_{12,3}=\omega L\beta_{003}，\quad a_{12,4}=-\lambda_4\beta_{004}，\quad a_{12,6}=\lambda_4\beta_{02}，\quad a_{12,8}=\beta_{04}$$

$$a_{12,10}=-L\beta_{003}x_{03}-Li_{dg}，\quad a_{12,11}=-\omega L，\quad a_{12,12}=-R，\quad a_{12,16}=1$$

$$a_{13,9}=-v_{\mathrm{m}}\sin\delta，\quad a_{13,10}=L_s i_{ql}，\quad a_{13,13}=-R_{\mathrm{s}}，\quad a_{13,14}=\omega L_{\mathrm{s}}，\quad a_{13,15}=-1$$

$$a_{14,9}=-v_{\mathrm{m}}\cos\delta，\quad a_{14,10}=-L_s i_{dl}，\quad a_{14,13}=-\omega L_{\mathrm{s}}，\quad a_{14,14}=-R_{\mathrm{s}}，\quad a_{14,16}=-1$$

$$a_{15,10}=C_f u_{qs}，\quad a_{15,11}=-1，\quad a_{15,13}=1，\quad a_{15,16}=\omega C_f$$

$$a_{16,10}=-C_f u_{ds}，\quad a_{16,12}=-1，\quad a_{16,14}=1，\quad a_{16,15}=-\omega C_f$$

(2) 式(6-43)中 K_1、K_2、K_3、K_4 的表达式为

$$\begin{bmatrix}K_1\\K_2\end{bmatrix}=\begin{bmatrix}0\\I_{q0}\end{bmatrix}+\begin{bmatrix}\dfrac{U\sin\delta_0}{X+X_d'} & \dfrac{U\cos\delta_0}{X+X_q'}\\ \dfrac{1}{X+X_d'} & 0\end{bmatrix}\begin{bmatrix}\left(X_q-X_d'\right)I_{q0}\\ E_{q0}'+\left(X_q-X_d'\right)I_{d0}\end{bmatrix}$$

$$K_3=1+\frac{X_d-X_d'}{X+X_d'} \tag{B-10}$$

$$K_4=\left(X_d-X_d'\right)\frac{U}{X+X_d'}\sin\delta_0$$

(3) 式(6-45)中 K_5、K_6 的表达式为

$$\begin{bmatrix}K_5\\K_6\end{bmatrix}=\begin{bmatrix}0\\ \dfrac{U_{q0}}{U_{t0}}\end{bmatrix}+\begin{bmatrix}\dfrac{U\sin\delta_0}{X+X_d'} & \dfrac{U\cos\delta_0}{X+X_q'}\\ \dfrac{1}{X+X_d'} & 0\end{bmatrix}\begin{bmatrix}-X_d'\dfrac{U_{q0}}{U_{t0}}\\ X_q\dfrac{U_{d0}}{U_{t0}}\end{bmatrix} \tag{B-11}$$

(4) 式(6-62)中 G_{F1}、B_{F1}、B_{F2}、G_{F2} 的表达式为

$$\begin{bmatrix} G_{\mathrm{F1}} & -B_{\mathrm{F1}} \\ B_{\mathrm{F2}} & G_{\mathrm{F2}} \end{bmatrix} = \frac{1}{X'_d X_q} \begin{bmatrix} \sin\delta & \cos\delta \\ -\cos\delta & \sin\delta \end{bmatrix} \begin{bmatrix} 0 & X_q \\ -X'_d & 0 \end{bmatrix} \begin{bmatrix} \sin\delta & \cos\delta \\ -\cos\delta & \sin\delta \end{bmatrix}^{-1} \tag{B-12}$$

因此有

$$G_{\mathrm{F1}} = -\frac{X'_d - X_q}{2X'_d X_q}\sin(2\delta), \quad B_{\mathrm{F1}} = -\frac{1}{X'_d X_q}\left(X'_d \cos^2\delta + X_q \sin^2\delta\right)$$

$$B_{\mathrm{F2}} = -\frac{1}{X'_d X_q}\left(X'_d \sin^2\delta + X_q \cos^2\delta\right), \quad G_{\mathrm{F2}} = \frac{X'_d - X_q}{2X'_d X_q}\sin(2\delta)$$

(5) 式(6-63)中 a_q、b_q、a_δ、b_δ 的表达式为

$$a_q = G_{\mathrm{F1}}\cos\delta - B_{\mathrm{F1}}\sin\delta$$

$$b_q = B_{\mathrm{F2}}\cos\delta + G_{\mathrm{F2}}\sin\delta$$

$$a_\delta = E'_q\left[\left(G'_{\mathrm{F1}} - B_{F1}\right)\cos\delta - \left(B'_{\mathrm{F1}} + G_{F1}\right)\sin\delta\right] - \left(G'_{\mathrm{F1}}U_x - B'_{\mathrm{F1}}U_y\right)$$

$$b_\delta = E'_q\left[\left(B_{\mathrm{F2}} + G_{\mathrm{F2}}\right)\cos\delta - \left(G'_{\mathrm{F2}} - B_{\mathrm{F2}}\right)\sin\delta\right] - \left(B'_{\mathrm{F2}}U_x + G_{\mathrm{F2}}U_y\right)$$

$$G'_{\mathrm{F1}} = \frac{\mathrm{d}G_{\mathrm{F1}}}{\mathrm{d}\delta} = -\frac{X'_d - X_q}{X'_d X_q}\cos(2\delta) \tag{B-13}$$

其中，B'_{F1}、B'_{F2}、G'_{F2} 分别为 B_{F1}、B_{F2}、G_{F2} 对 δ 的导数，表达式从略。

(6) 式(6-64)中 U 的表达式为

$$U = \sqrt{U_x^2 + U_y^2} \tag{B-14}$$

(7) 式(6-69)中各个参数表达式为(各电量取稳态值，下标“0”从略)

$$G_{\mathrm{L1}} = \left\{P_{\mathrm{L}}\left[\left(2a_1 + b_1 - 1\right)U_x^2 + U_y^2\right] + Q_{\mathrm{L}}\left(2a_2 + b_2 - 2\right)U_xU_y\right\} / U^4$$

$$B_{\mathrm{L1}} = \left[P_{\mathrm{L}}\left(2 - 2a_1 - b_1\right)U_xU_y + Q_{\mathrm{L}}\left(1 - 2a_2 - b_2\right)U_y^2 - U_x^2\right] / U^4$$

$$B_{\mathrm{L2}} = \left[P_{\mathrm{L}}\left(2a_1 + b_1 - 2\right)U_xU_y + Q_{\mathrm{L}}\left(1 - 2a_2 - b_2\right)U_x^2 - U_y^2\right] / U^4$$

$$G_{\mathrm{L2}} = \left\{P_{\mathrm{L}}\left[U_x^2 + \left(2a_1 + b_1 - 1\right)U_y^2\right] + Q_{\mathrm{L}}\left(2 - 2a_2 - b_2\right)U_xU_y\right\} / U^4 \tag{B-15}$$

对恒阻抗负荷，当 $a_1 = a_2 = 1,\ b_1 = b_2 = 0$ 时，有 $G_{\mathrm{L1}} = G_{\mathrm{L2}} = P_{\mathrm{L}} / U^2$，$B_{\mathrm{L1}} = B_{\mathrm{L2}} = -Q_{\mathrm{L}} / U^2$。

(8) 式(6-77)中各个参数表达式为

$$\begin{bmatrix} e_{q,ij} \\ f_{q,ij} \end{bmatrix} = \begin{cases} -\begin{bmatrix} c_{q,ij} \\ d_{q,ij} \end{bmatrix}, & i \neq j \\ -\begin{bmatrix} G_{\mathrm{F1},i} & -B_{\mathrm{F1},i} \\ B_{\mathrm{F2},i} & G_{\mathrm{F2},i} \end{bmatrix}\begin{bmatrix} c_{q,ij} \\ d_{q,ij} \end{bmatrix} + \begin{bmatrix} a_{qi} \\ b_{qi} \end{bmatrix}, & i = j \end{cases} \tag{B-16a}$$

$$\begin{bmatrix} e_{\delta,ij} \\ f_{\delta,ij} \end{bmatrix} = \begin{cases} -\begin{bmatrix} G_{\mathrm{F1},i} & -B_{\mathrm{F1},i} \\ B_{\mathrm{F2},i} & G_{\mathrm{F2},i} \end{bmatrix} \begin{bmatrix} c_{\delta,ij} \\ d_{\delta,ij} \end{bmatrix}, & i \neq j \\ -\begin{bmatrix} G_{\mathrm{F1},i} & -B_{\mathrm{F1},i} \\ B_{\mathrm{F2},i} & G_{\mathrm{F2},i} \end{bmatrix} \begin{bmatrix} c_{\delta,ij} \\ d_{\delta,ij} \end{bmatrix} + \begin{bmatrix} a_{\delta i} \\ b_{\delta i} \end{bmatrix}, & i = j \end{cases} \tag{B-16b}$$

(9) 式(6-93)中各个参数表达式为

$$\begin{aligned} \boldsymbol{K}_1 &= \mathrm{diag}(U_{xi})\boldsymbol{e}_\delta + \mathrm{diag}(U_{yi})\boldsymbol{f}_\delta + \mathrm{diag}(I_{xi})\boldsymbol{c}_\delta + \mathrm{diag}(I_{yi})\boldsymbol{d}_\delta \\ \boldsymbol{K}_2 &= \mathrm{diag}(U_{xi})\boldsymbol{e}_q + \mathrm{diag}(U_{yi})\boldsymbol{f}_q + \mathrm{diag}(I_{xi})\boldsymbol{c}_q + \mathrm{diag}(I_{yi})\boldsymbol{d}_q \end{aligned} \tag{B-17}$$

(10) 式(6-96)中各个参数表达式为

$$\mathrm{diag}\left[f(\boldsymbol{x}_i)\right] = \mathrm{diag}\left[f(\boldsymbol{x}_1), f(\boldsymbol{x}_2), \cdots, f(\boldsymbol{x}_n)\right]$$

$$\boldsymbol{K}_4 = \mathrm{diag}\left(X_{di} - X'_{di}\right)\left[\mathrm{diag}\left(I_{xi}\cos\delta_i + I_{yi}\sin\delta_i\right) + \mathrm{diag}(\sin\delta_i)e_\delta\right] - \mathrm{diag}(\cos\delta_i)f_\delta$$

$$\boldsymbol{K}_3 = \boldsymbol{I} + \mathrm{diag}\left(X_{di} - X'_{di}\right)\left[\mathrm{diag}(\sin\delta_i)e_q - \mathrm{diag}(\cos\delta_i)f_q\right] \tag{B-18}$$

(11) 式(6-98)中各个参数表达式为

$$\mathrm{diag}\left[f(\boldsymbol{x}_i)\right] = \mathrm{diag}\left[f(\boldsymbol{x}_1), f(\boldsymbol{x}_2), \cdots, f(\boldsymbol{x}_n)\right]$$

$$\begin{aligned} \boldsymbol{K}_5 &= \mathrm{diag}\left(\frac{U_{xi}}{U_{\mathrm{t}i}}\right)\boldsymbol{c}_\delta + \mathrm{diag}\left(\frac{U_{yi}}{U_{\mathrm{t}i}}\right)\boldsymbol{d}_\delta \\ \boldsymbol{K}_6 &= \mathrm{diag}\left(\frac{U_{xi}}{U_{\mathrm{t}i}}\right)\boldsymbol{c}_q + \mathrm{diag}\left(\frac{U_{yi}}{U_{\mathrm{t}i}}\right)\boldsymbol{d}_q \end{aligned} \tag{B-19}$$